应用型本科机电类专业"十三五"规划精品教材

工程力学 II

GONGCHENG LIXUE II

主　编　王海文　林　巍

副主编　曹　锋　石　琳

参　编　刘绍力　董少峥

课件PPT 教案

习题/试题（含答案）

课程标准 教学计划

www.ibook4us.com

华中科技大学出版社

http://www.hustp.com

中国·武汉

内 容 简 介

本书为“工程力学”系列教材(共三册)的第Ⅱ册,由运动学和动力学两部分内容组成,在满足教学基本要求的前提下,力求做到提高起点、精炼内容、减少重复、合理组织,尽量符合学生的认知特点和教学规律。

本书可作为高等工科院校本科各专业的力学基础课程教材,也可满足大学专科及高等职业技术学院力学课程的教学需求,并可供学生自学及广大工程技术人员阅读、参考。

为了方便教学,本书还配有电子课件等教学资源包,任课教师和学生可以登录“我们爱读书”网(www.ibook4us.com)免费注册并浏览,或者发邮件至 hustpeiit@163.com 免费索取。

图书在版编目(CIP)数据

工程力学. Ⅱ/王海文,林巍主编. —武汉: 华中科技大学出版社,2017.1 (2023.8重印)
应用型本科机电类专业“十三五”规划精品教材
ISBN 978-7-5680-1995-8

Ⅰ.① 工… Ⅱ.①王… ②林… Ⅲ.①工程力学-高等学校-教材 Ⅳ.①TB12

中国版本图书馆 CIP 数据核字(2016)第 144860 号

工程力学Ⅱ
Gongcheng Lixue Ⅱ

王海文　林　巍　主编

策划编辑: 康　序
责任编辑: 舒　慧
封面设计: 原色设计
责任监印: 朱　玢
出版发行: 华中科技大学出版社(中国·武汉)　电话:(027)81321913
武汉市东湖新技术开发区华工科技园　邮编:430223
录　排: 武汉正风天下文化发展有限公司
印　刷: 广东虎彩云印刷有限公司
开　本: 787mm×1092mm　1/16
印　张: 17.5
字　数: 456 千字
版　次: 2023 年 8 月第 1 版第 2 次印刷
定　价: 38.00 元

前言 PREFACE

为了积极推进工程力学教学内容和课程体系的改革，更好地适应高等院校“工程力学”课程的教学需求，在总结近年来的探索与实践经验的基础上，我们编写了这套“工程力学”系列教材。本书将传统的“理论力学”和“材料力学”课程内容进行融汇、整合和取舍后，分成几个模块，每个模块内容单独成册。第Ⅰ册为静力学和材料力学基础模块，第Ⅱ册为运动学和动力学基础模块，第Ⅲ册为工程动力学和材料力学专题模块。

本书在满足教学基本要求的前提下，力求做到提高起点、精炼内容、减少重复、合理组织，以进一步突出基本概念、基本理论和基本方法，同时适当拓宽知识面，介绍本学科发展的新成果。

本书在编写过程中尽量做到符合学生的认知特点和教学规律，合理选择和安排例题及习题，书中采用的力学术语名词均执行了最新发布的国家标准的有关规定。

本书由大连工业大学的王海文、林巍担任主编，由大连工业大学艺术与信息工程学院的曹锋、石琳担任副主编，大连工业大学艺术与信息工程学院的刘绍力、董少峥参与了相关章节的编写。全书共有 14 章，其中王海文老师编写了绪论及第 1 章至第 4 章，林巍老师编写了第 13、14 章，曹锋老师编写了第 6 章至第 8 章，石琳老师编写了第 10 章，刘绍力老师编写了附录及习题答案，董少峥老师编写了第 5 章，肖杨、王晓俊、殷铭一、王艺荧、刘倩伶、刘春萌协助进行了资料的整理工作。全书最后由林巍老师审核并统稿。

为了方便教学，本书还配有电子课件等教学资源包，任课教师和学生可以登录“我们爱读书”网(www.ibook4us.com)免费注册并浏览，或者发邮件至 hustpeiit@163.com 免费索取。

编　者

2016 年 12 月

目录 CONTENTS

绪论 …… 1

一、本课程的研究对象 …… 1

二、本课程的任务 …… 1

三、本课程的学习方法 …… 1

四、本课程的基本内容 …… 1

第1篇 运 动 学

引言 …… 3

第 1 章 点的运动学 …… 4

1.1 点的运动方程、速度和加速度 …… 4

1.2 点的速度和加速度在直角坐标轴上的投影 …… 8

1.3 点的速度和加速度在自然坐标轴上的投影 …… 11

思考与习题 …… 16

第 2 章 刚体的基本运动 …… 19

2.1 刚体的平行移动 …… 19

2.2 刚体绕定轴转动 …… 20

2.3 绕定轴转动的刚体上的点的速度和加速度 …… 22

2.4 角速度矢量和角加速度矢量 用矢量积表示点的速度和加速度 …… 23

2.5 轮系的传动比 …… 24

思考与习题 …… 25

第 3 章 点的合成运动 …… 28

3.1 点的合成运动的概念 …… 28

3.2 点的速度合成定理 …… 29

3.3 牵连运动为平动时点的加速度合成定理 …… 32

3.4　牵连运动为定轴转动时点的加速度合成定理 …… 35
思考与习题 …… 41

第4章　刚体的平面运动 …… 45
4.1　刚体平面运动的基本概念 …… 45
4.2　平面图形上的点的速度分析——基点法 …… 47
4.3　平面图形上的点的速度分析——瞬心法 …… 51
4.4　平面图形上的点的加速度分析 …… 54
4.5　刚体绕平行轴转动的合成 …… 58
4.6　运动学综合问题的分析 …… 63
思考与习题 …… 69

第2篇　动　力　学

引言 …… 74
第5章　质点的动力学基本方程 …… 75
5.1　动力学基本定律 …… 75
5.2　质点的运动微分方程 …… 76
5.3　质点动力学的两类问题 …… 77
思考与习题 …… 82

第6章　动量定理 …… 86
6.1　质点的动量定理 …… 86
6.2　质点系的动量定理 …… 88
6.3　质心运动定理 …… 92
6.4　变质量质点的运动微分方程 …… 96
思考与习题 …… 98

第7章　动量矩定理 …… 102
7.1　质点的动量矩定理 …… 102
7.2　质点系的动量矩定理 …… 103
7.3　刚体的转动惯量及其计算 …… 107
7.4　刚体绕定轴转动的微分方程 …… 112
7.5　质点系相对于质心的动量矩定理 …… 115
7.6　刚体平面运动微分方程 …… 116
思考与习题 …… 119

第8章　动能定理 …… 124
8.1　力的功及其计算 …… 124

8.2 质点的动能定理 …… 129
8.3 质点系的动能 …… 132
8.4 功率与功率方程　机械效率 …… 137
8.5 势力场与势能　机械能守恒定律 …… 140
8.6 动力学普遍定理的综合应用 …… 144
思考与习题 …… 150

第9章　碰撞 …… 158
9.1 碰撞的基本特征和基本概念 …… 158
9.2 用于碰撞过程的基本定理 …… 158
9.3 物体的正碰撞　动能损失 …… 160
9.4 碰撞冲量对转动刚体的作用　撞击中心 …… 165
思考与习题 …… 167

第10章　达朗伯原理 …… 170
10.1 惯性力的概念 …… 170
10.2 质点的达朗伯原理 …… 171
10.3 质点系的达朗伯原理 …… 172
10.4 刚体惯性力系的简化 …… 174
10.5 绕定轴转动的刚体的轴承动反力 …… 178
思考与习题 …… 182

第11章　虚位移原理 …… 188
11.1 约束及其分类 …… 188
11.2 虚位移及其计算 …… 190
11.3 虚功与理想约束 …… 191
11.4 虚位移原理 …… 191
11.5 质点系的自由度与广义坐标 …… 197
11.6 用广义坐标表示的质点系的平衡条件 …… 198
思考与习题 …… 200

第12章　动力学普遍方程与拉格朗日方程 …… 205
12.1 动力学普遍方程 …… 205
12.2 拉格朗日方程 …… 208
思考与习题 …… 214

第13章　机械振动基础 …… 218
13.1 振动系统最简单的力学模型 …… 218
13.2 单自由度系统的自由振动 …… 221

13.3 计算单自由度系统的固有频率的能量法 …… 228
13.4 单自由度系统的有阻尼自由振动 …… 230
13.5 单自由度系统的无阻尼强迫振动 …… 234
13.6 单自由度系统的有阻尼强迫振动 …… 240
13.7 隔振 …… 243
思考与习题 …… 245

第 14 章 质点相对运动的动力学基础 …… 250
14.1 质点相对运动的动力学基本方程 …… 250
14.2 基本方程的应用举例 …… 251
思考与习题 …… 255

附录 …… 258
附录 A 国际单位制(SI)与工程单位制及其换算关系表 …… 258
附录 B 习题答案 …… 259

参考文献 …… 271

绪　论

一、本课程的研究对象

本课程是研究物体机械运动的一般规律的学科。

所谓机械运动，是指物体在空间的位置随时间变化的运动形式。机械运动是我们日常生活和生产实践中常见的一种运动。例如，各种机构的运动及气体和液体的流动都属于机械运动。

在自然界中，除机械运动外，还存在各种各样的其他形式的物体运动，例如发热、发光、化学反应、电磁现象等，这些物体运动形式都与机械运动存在着一定的联系。在各种运动形式中，机械运动是物体运动最简单、最基本的一种运动形式。因此，本课程是各门与机械运动密切相关的工程技术学科的基础。

二、本课程的任务

本课程是我国高等工科院校各专业的一门理论性较强的技术基础课，它是力学与机械学科的基础，并在许多工程技术领域中有着广泛的应用。

本课程的任务是使学生掌握质点、质点系和刚体机械运动的基本规律和研究方法。对本课程的学习可为学生学好有关的后续课程，如“机械原理”“机械零件”及许多其他的专业课程打好基础，并为学生将来学习和掌握新的科学技术创造条件。通过对本课程的学习，学生能够初步学会应用运动学和动力学的基本理论与研究方法，分析、解决一些较简单的工程实际问题，树立辩证唯物主义世界观，培养分析和解决问题的能力。

三、本课程的学习方法

理论力学同其他学科一样，都不能脱离人类认识世界的客观规律，这就是“通过实践发现真理，又通过实践而证实真理和发展真理”。因此，不断实践是学好本课程的重要方法。

由于本课程的内容来源于以牛顿定律为基础的古典力学，因此，深刻理解、熟练运用这些公理、定律、定理是学好本课程的关键。

这些公理、定律和定理来源于实践，又服务于实践，有的与我们日常生活和生产实践密切相关，书中的大量例题、习题正是这种依赖关系的再现。所以，学生在学习本课程的过程中，必须完成足够数量的习题；在深刻理解基本概念、基本理论的基础上，勤于思考、举一反三；注意培养逻辑思维能力、抽象化能力及数学演绎与运算能力。可以相信，学生只要注重能力的培养，一定能在本课程的学习过程中取得优异成绩。

四、本课程的基本内容

本课程包括传统理论力学内容中的运动学和动力学两方面内容。

运动学：不考虑引起物体运动的原因，仅从几何学的观念出发，研究物体的机械运动特征，如轨迹、速度和加速度。

动力学：研究物体的运动与作用于物体上的力之间的关系。

上述两部分内容既是相对独立的，又是相关联而不可分的。

本课程的研究内容属于古典力学范畴，它只适用于速度远小于光速的宏观物体的运动。但在现代的一般工程实践中遇到的力学问题，用古典力学方法来解决已经足够精确了，而且古典力学的研究方法应用简便。所以学习应用古典力学方法解决工程实际问题，仍具有很大的实用价值。

第1篇 运 动 学

【引 言】

运动学是研究物体机械运动的几何规律的科学。

在静力学中，我们所研究的对象都由于受到平衡力系的作用而处于静止或匀速直线运动的状态，即所谓的平衡状态。但当力系的平衡条件不能满足时，物体将改变其原有的静止或匀速直线运动状态。运动学只是从几何学方面来研究物体的运动规律，即研究物体在空间的位置随时间变化的几何性质，例如点的轨迹、速度、加速度等，而不考虑力和质量等与运动有关的物理因素。

运动学一方面是学习动力学的基础，另一方面在工程技术中也有许多直接的应用。例如在机械设计和结构分析中，运动学的知识是必不可少的。另外，在仪表设计中，由于零件受力较小，其运动分析成为设计的主要依据。

在运动学中，将引入两个描述时间的概念：瞬时 t 和时间间隔 Δt。瞬时 t 是指某一时刻或某一刹那，一般用离开初始时刻的秒数来表示，例如第五秒末，而运动的初始时刻称为初瞬时；时间间隔 Δt 是指从某一瞬时开始到另一瞬时为止所经过的秒数，例如从瞬时 t_1 到瞬时 t_2 的时间间隔是 $\Delta t=t_2-t_1$。

我们在描述某一物体的运动时，总是选定合适的物体作参考体。固连在参考体上的参考坐标系，称为参考系。在日常生活和工程实际中，我们总是选取地球作为参考体，取固连在地球上的坐标系作为定参考系。值得注意的是，站在不同的参考系上观察同一物体的运动，往往会得到不同的结果。例如下雨时，站在地面上观察到的雨点的运动情况，与坐在行驶的汽车中观察到的雨点的运动情况是不同的。因此，对任何物体运动的描述都是相对于某一参考系而言的。

在运动学中，可将物体抽象成点和刚体两个模型。所谓点，是指一个没有质量和大小的纯几何点。当物体的几何尺寸和形状在运动过程中不起主要作用时，物体的运动便可简化为点的运动，否则便视为刚体的运动。应当指出的是，一个物体应当抽象成点还是抽象成刚体并不取决于物体几何尺寸的大小，而是决定于所讨论问题的性质。例如地球虽庞大，但当研究其在绕太阳公转的轨道上的运行规律时，可将其视为一个点；而精密仪表上的小齿轮的体积虽小，但当研究它的转动时，就必须将其当作刚体。并且，同一个物体在不同的问题中，有时视为刚体，有时则视为点，一切均由所研究的问题的性质来决定。

由于刚体是由无数个点组成的，因此点的运动学既有其独立的应用，又是刚体运动学的基础。我们将首先研究点的运动学，然后研究刚体的运动规律。

第1章 点的运动学

点的运动学是研究点在空间中的位置随时间变化的规律，并进一步研究能够代表点在每个瞬时的运动情况的特征量——轨迹、速度、加速度。

点在空间内所走过的路线，称为点的轨迹。点的轨迹为直线的点的运动，称为点的直线运动；点的轨迹为曲线的点的运动，称为点的曲线运动。

1.1 点的运动方程、速度和加速度

1.1.1 点的运动方程

当动点 M 作直线运动时，其轨迹为一条直线，取此直线为 Ox 轴，利用点的 x 坐标来确定点在空间中的位置。在图 1-1 中，取直线上的任一点 O 作为坐标原点，且规定沿直线的某一方向为 x 轴的正向。当点运动时，点的位置即坐标 x 随时间 t 变化。故可将坐标 x 表示为时间的单值连续函数，即

$$x = f(t) \tag{1-1}$$

若函数 $x = f(t)$ 为已知，则动点在每一瞬时的空间位置便可唯一确定。式(1-1) 称为点的运动方程。

一般，动点作曲线运动时，同样可用函数描述其运动。根据所选参考系的不同，点的曲线运动可以有多种表达方式。现介绍几种常见的形式。

1. 矢量法

由某一固定原点 O 画出动点 M 的矢径 $\boldsymbol{r} = \boldsymbol{OM}$，如图 1-2 所示。点 M 在任一瞬时的位置均可由矢径 $\boldsymbol{r}$ 唯一确定。当动点 M 运动时，矢径 $\boldsymbol{r}$ 的大小和方向随时间 t 发生变化，即 $\boldsymbol{r}$ 是时间的单值连续函数，即

$$\vec{\boldsymbol{r}} = \vec{\boldsymbol{r}}(t) \tag{1-2}$$

式(1-2) 即为用矢量表示的点的运动方程。矢径 $\boldsymbol{r}$ 随动点 M 在空间划过的矢端曲线就是点 M 的运动轨迹。

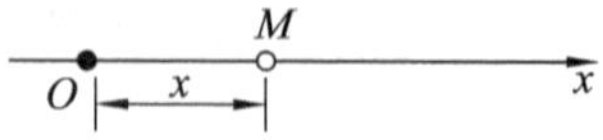

图 1-1

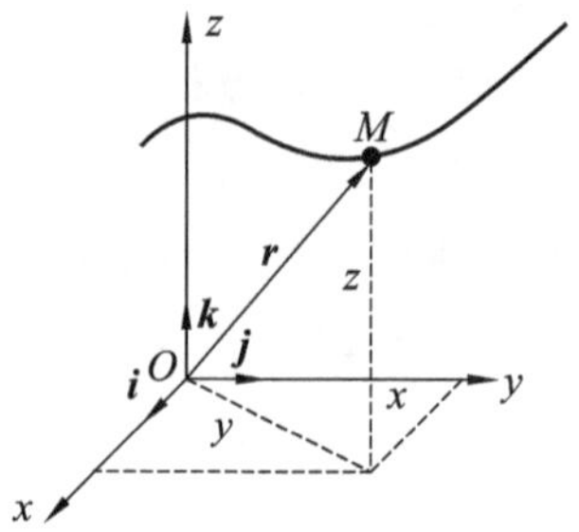

图 1-2

2. 直角坐标法

在图 1-2 中，以 O 点作为原点建立直角坐标系 $Oxyz$，则任一瞬时点 M 的位置可用它的直角坐标 x、y、z 表示。当动点 M 在空间运动时，其位置坐标随时间 t 变化，即 x、y、z 均可写成时间 t 的单值连续函数，即

$$\begin{cases}x = f_1(t)\\ y = f_2(t)\\ z = f_3(t)\end{cases} \tag{1-3}$$

式(1-3)称为用直角坐标表示的动点 M 的运动方程。当事先不知道点在空间的运动轨迹时，采用直角坐标法描述其运动情况通常是较方便的。

实际上，式(1-3)是以时间 t 为参数的空间曲线方程，从方程中消去参数 t 后，便可得到动点 M 的轨迹方程。

利用点的直角坐标可将点的矢径表示成

$$\boldsymbol{r}(t) = x(t)\boldsymbol{i} + y(t)\boldsymbol{j} + z(t)\boldsymbol{k}$$

其中，$\boldsymbol{i}$、$\boldsymbol{j}$、$\boldsymbol{k}$ 分别为沿三个坐标轴方向的单位矢量。

3. 柱坐标法

由高等数学知识可知，动点在空间的位置可由点的柱坐标唯一确定。如图 1-3 所示，参数 φ、r、z 为动点 M 的柱坐标。当点 M 在空间运动时，其柱坐标随点的位置的不同而变化，即柱坐标为时间 t 的单值连续函数，即

$$\begin{cases}\varphi = f_1(t)\\ r = f_2(t)\\ z = f_3(t)\end{cases} \tag{1-4}$$

式(1-4)即为用柱坐标表示的动点 M 的运动方程。

当点 M 作平面曲线运动时，其位置用坐标 φ 和 r 便可唯一确定。因此，可用极坐标系代替柱坐标系来描述动点 M 的运动，如图 1-4 所示。此时，动点 M 的运动方程可简化为

$$\begin{cases}\varphi = f_1(t)\\ r = f_2(t)\end{cases} \tag{1-5}$$

从上式中消去参数 t，即可得到用极坐标表示的动点 M 的轨迹方程。

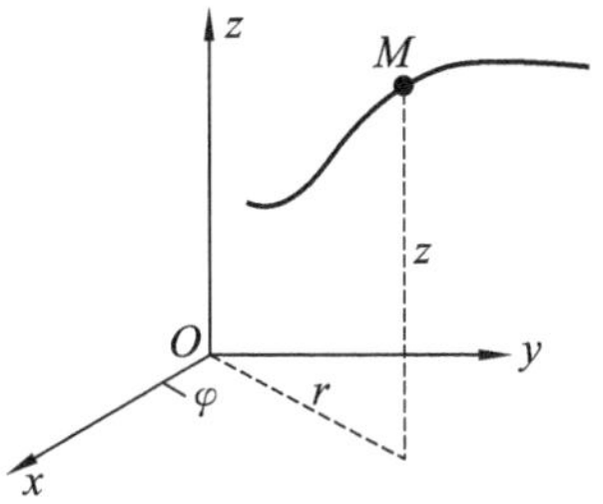

图 1-3

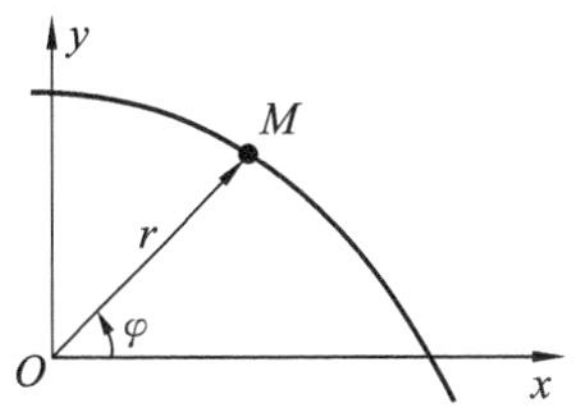

图 1-4

除此之外，有时为了方便起见，也可采用空间球坐标系来描述动点的运动情况。

4. 自然法

当动点的运动轨迹已知时，可参照点作直线运动时的表示方法，以轨迹曲线本身作为参考系来决定点的位置，如图 1-5 所示。在轨迹曲线上任选一点 O 作为原点，并规定点 O 的某一侧为正向，动点 M 的位置由 $s = \overset{\frown}{OM}$ 弧长来确定。s 为一代数量，称为动点 M 的弧坐标。当点 M 运动时，弧坐标 s 随时间变化，它是时间 t 的单值连续函数，可写成

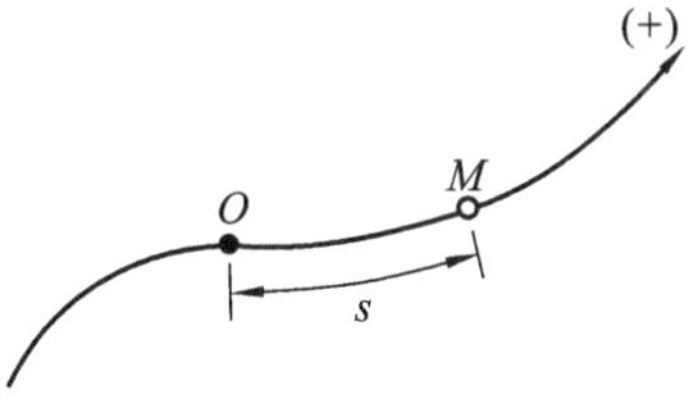

图 1-5

$$s = f(t) \tag{1-6}$$

式(1-6)称为用弧坐标表示的点的运动方程。若 $s = f(t)$ 已知，则动点在轨迹上的位置可唯一确定。这种用动点在其自身轨迹上的弧坐标来表示点的位置的方法，称为自然法。

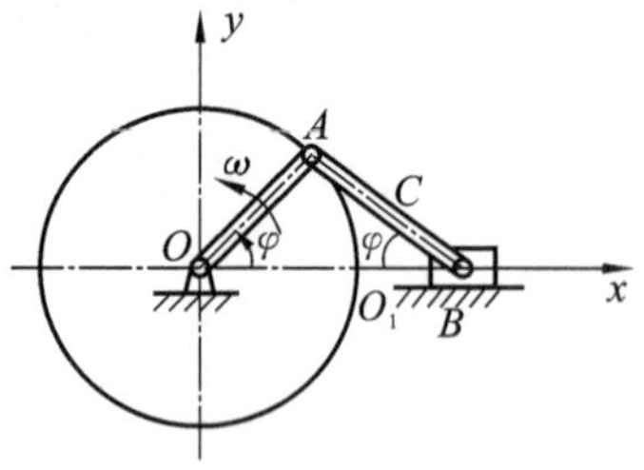

图 1-6

【例 1-1】 图 1-6 所示为一曲柄连杆机构。曲柄 OA 以等角速度 ω 绕定轴 O 转动，设 $\varphi = \omega t$，连杆 AB 在 A 端用铰链与曲柄 OA 相连，而在 B 端通过铰链带动滑块沿水平槽运动。已知 $OA = AB = l$，求 A、B 点和连杆中点 C 的运动方程。

【解】 在支座 O 处建立直角坐标系 Oxy。对于所要讨论的各点，可根据其运动轨迹的不同，采用适当的方法建立各点的运动方程。

(1) A 点。

由于已知 A 点的运动轨迹为圆，则采用自然法确定 A 点的运动方程较为方便。为此，在圆周上选取与 x 轴相交的 O_1 点作为原点，φ 角从 Ox 轴量起，并以 φ 增加的方向作为弧坐标的正向。于是 A 点的运动方程为

$$s = OA \cdot \varphi = l\varphi = l\omega t$$

(2) B 点。

由于 B 点沿 Ox 轴作直线运动，因此可用 B 点的 x 坐标来描述它的位置。于是 B 点的运动方程为

$$x_B = OA\cos\varphi + AB\cos\varphi = 2l\cos\varphi = 2l\cos\omega t$$

(3) C 点。

C 点在 Oxy 坐标平面内作曲线运动，但其运动轨迹不清楚。因此，采用直角坐标法来表示 C 点的运动方程，即

$$\begin{aligned} x_C &= OA\cos\varphi + AC\cos\varphi \\ &= l\cos\varphi + \frac{l}{2}\cos\varphi \\ &= \frac{3l}{2}\cos\varphi = \frac{3l}{2}\cos\omega t \\ y_C &= \frac{l}{2}\sin\varphi = \frac{l}{2}\sin\omega t \end{aligned}$$

消去 x_C、y_C 的表达式中的 t，则可得到 C 点的轨迹方程为

$$\left(\frac{x_C}{\frac{3}{2}l}\right)^2 + \left(\frac{y_C}{\frac{1}{2}l}\right)^2 = 1$$

上式为一椭圆方程，其长轴为 $2 \times \frac{3}{2}l = 3l$，其短轴为 $2 \times \frac{1}{2}l = l$。可见，$C$ 点的运动轨迹为一椭圆。

也可用直角坐标法统一建立 A、B、C 三点的运动方程，请读者自行练习。

1.1.2 点的速度

设有一点作曲线运动，从瞬时 t 到瞬时 $t + \Delta t$，点由位置 M 移动到 M'，其矢径分别为 $\boldsymbol{r}$ 和 $\boldsymbol{r}'$，如图 1-7 所示。在时间间隔 Δt 内，矢径的改变量为

$$\Delta \boldsymbol{r} = \boldsymbol{r}' - \boldsymbol{r} = \boldsymbol{MM}'$$

$\Delta\boldsymbol{r}$ 称为 M 点在 Δt 时间间隔内的位移；$\dfrac{\Delta\boldsymbol{r}}{\Delta t}$ 表示点在时间间隔 Δt 内运动的平均快慢程度，称为点的平均速度，用 $\boldsymbol{v}^*$ 表示，即 $\boldsymbol{v}^*=\dfrac{\Delta\boldsymbol{r}}{\Delta t}$，其方向与割线 MM' 的方向一致。

当 $\Delta t\to 0$ 时，$\dfrac{\Delta\boldsymbol{r}}{\Delta t}$ 的极限称为动点在瞬时 t 的速度 $\boldsymbol{v}$，即

$$\boldsymbol{v}=\lim_{\Delta t\to 0}\boldsymbol{v}^*=\lim_{\Delta t\to 0}\frac{\Delta\boldsymbol{r}}{\Delta t}=\frac{\mathrm{d}\boldsymbol{r}}{\mathrm{d}t}=\dot{\boldsymbol{r}} \tag{1-7}$$

即动点的速度等于动点的矢径对时间的一阶导数。注意：函数对时间的导数用在函数上方加"·"表示。

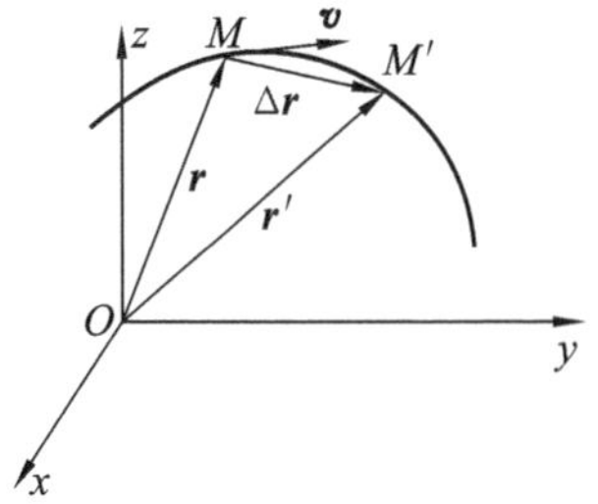

图 1-7

速度 $\boldsymbol{v}$ 描述点在 t 瞬时运动的快慢与方向，它是一个矢量，其方向沿动点运动轨迹上的 M 点的切线方向，并指向点的运动方向，如图 1-7 所示，其大小为

$$v=\left|\frac{\mathrm{d}\boldsymbol{r}}{\mathrm{d}t}\right|$$

速度的大小又称为速率。

速度的单位通常为米每秒(m/s) 或千米每小时(km/h)。

1.1.3 点的加速度

点的加速度是为了描述点的速度大小和方向的变化情况而引入的又一物理量。设一动点作空间曲线运动，其运动轨迹如图 1-8 所示。设从瞬时 t 到瞬时 $t+\Delta t$，点由 M 移动到 M'，其速度由 $\boldsymbol{v}$ 变为 $\boldsymbol{v}'$，则在 Δt 时间内，速度的变化量为 $\Delta\boldsymbol{v}=\boldsymbol{v}'-\boldsymbol{v}$。将矢量 $\boldsymbol{v}'$ 平移至 M 点，并令 $\boldsymbol{v}=\boldsymbol{MA}$，$\boldsymbol{v}'=\boldsymbol{MB}$，$\Delta\boldsymbol{v}=\boldsymbol{AB}$，则速度的改变量 $\Delta\boldsymbol{v}$ 与时间间隔 Δt 的比值，描述在 Δt 时间间隔内速度 $\boldsymbol{v}$ 的平均变化情况，称为动点在 Δt 时间内的平均加速度，记为 $\boldsymbol{a}^*$，则有

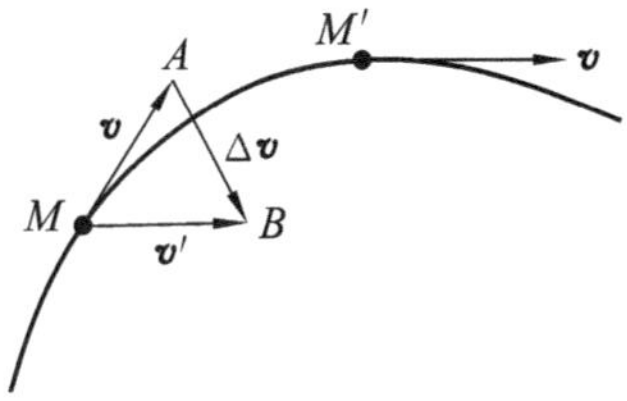

图 1-8

$$\boldsymbol{a}^*=\frac{\Delta\boldsymbol{v}}{\Delta t}$$

当 $\Delta t\to 0$ 时，平均加速度趋于一极限值，记为 $\boldsymbol{a}$。$\boldsymbol{a}$ 描述点的速度在瞬时 t 的变化情况，称为点的瞬时加速度，简称点的加速度，即

$$\boldsymbol{a}=\lim_{\Delta t\to 0}\frac{\Delta\boldsymbol{v}}{\Delta t}=\frac{\mathrm{d}\boldsymbol{v}}{\mathrm{d}t}=\dot{\boldsymbol{v}} \tag{1-8}$$

或

$$\boldsymbol{a}=\frac{\mathrm{d}\boldsymbol{v}}{\mathrm{d}t}=\frac{\mathrm{d}^2\boldsymbol{r}}{\mathrm{d}t^2}=\ddot{\boldsymbol{r}} \tag{1-9}$$

即动点的加速度等于其速度对时间的一阶导数，或其矢径对时间的二阶导数。

动点的加速度 $\boldsymbol{a}$ 是一个矢量，它的模等于 $\left|\dfrac{\mathrm{d}\boldsymbol{v}}{\mathrm{d}t}\right|$，它的方向由下述方法确定：在空间任选一点 O，将 M 点在各不同瞬时的速度矢量 $\boldsymbol{v}_1,\boldsymbol{v}_2,\boldsymbol{v}_3,\cdots,\boldsymbol{v}_n$ 都平行移动到 O 点，如图 1-9 所示，并连接各速度矢量的端点，得到一条曲线，由此而得到的图称为动点 M 的速度矢端图。由高等数学可知，动点在 t 时刻的加速度方向沿速度矢端图相对应的点的切线方向。加速度的常用单位为米每二次方秒($\mathrm{m/s^2}$) 或毫米每二次方秒($\mathrm{mm/s^2}$)。

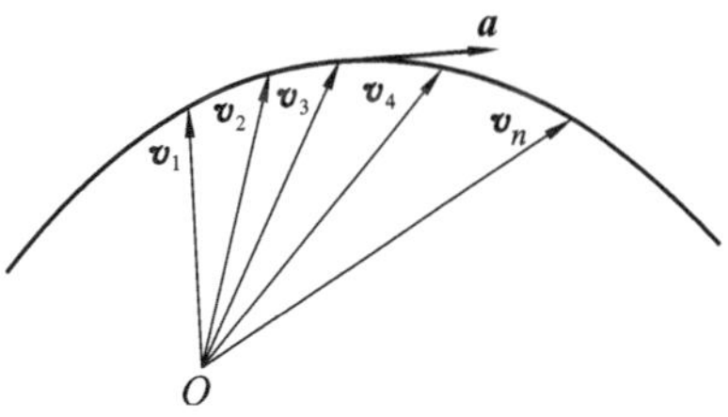

图 1-9

1.2 点的速度和加速度在直角坐标轴上的投影

1.2.1 速度在直角坐标轴上的投影

若动点在空间作曲线运动，则在直角坐标系 $Oxyz$ 中，点的运动方程可由式(1-3) 表示。如图 1-2 所示，动点 M 的矢径 $\boldsymbol{r}$ 可写成

$$\boldsymbol{r} = x\boldsymbol{i} + y\boldsymbol{j} + z\boldsymbol{k}$$

其中，$\boldsymbol{i}$、$\boldsymbol{j}$、$\boldsymbol{k}$ 分别为沿三个坐标轴方向的单位矢量。对于固定坐标系 $Oxyz$ 而言，$\boldsymbol{i}$、$\boldsymbol{j}$、$\boldsymbol{k}$ 是常矢量。于是由式(1-7) 可知

$$\boldsymbol{v} = \frac{\mathrm{d}\boldsymbol{r}}{\mathrm{d}t} = \frac{\mathrm{d}}{\mathrm{d}t}(x\boldsymbol{i} + y\boldsymbol{j} + z\boldsymbol{k}) = \frac{\mathrm{d}x}{\mathrm{d}t}\boldsymbol{i} + \frac{\mathrm{d}y}{\mathrm{d}t}\boldsymbol{j} + \frac{\mathrm{d}z}{\mathrm{d}t}\boldsymbol{k} \tag{1-10}$$

另外，可将速度矢量 $\boldsymbol{v}$ 沿直角坐标轴分解，得

$$\boldsymbol{v} = v_x\boldsymbol{i} + v_y\boldsymbol{j} + v_z\boldsymbol{k} \tag{1-11}$$

比较式(1-10) 和式(1-11)，可得

$$\begin{cases} v_x = \dfrac{\mathrm{d}x}{\mathrm{d}t} \\ v_y = \dfrac{\mathrm{d}y}{\mathrm{d}t} \\ v_z = \dfrac{\mathrm{d}z}{\mathrm{d}t} \end{cases} \tag{1-12}$$

即速度在各直角坐标轴上的投影等于动点的相应坐标对时间的一阶导数。

于是，速度的大小和方向为

$$v = \sqrt{v_x^2 + v_y^2 + v_z^2} = \sqrt{\left(\frac{\mathrm{d}x}{\mathrm{d}t}\right)^2 + \left(\frac{\mathrm{d}y}{\mathrm{d}t}\right)^2 + \left(\frac{\mathrm{d}z}{\mathrm{d}t}\right)^2} \tag{1-13}$$

$$\cos\alpha = \frac{v_x}{v}, \quad \cos\beta = \frac{v_y}{v}, \quad \cos\gamma = \frac{v_z}{v}$$

其中，α、β、γ 为速度矢量 $\boldsymbol{v}$ 的方向角。

1.2.2 加速度在直角坐标轴上的投影

由式(1-9) 可知，动点的加速度等于其速度对时间的一阶导数，因此由式(1-11) 及式(1-12) 可得

$$\boldsymbol{a} = \frac{\mathrm{d}\boldsymbol{v}}{\mathrm{d}t} = \frac{\mathrm{d}v_x}{\mathrm{d}t}\boldsymbol{i} + \frac{\mathrm{d}v_y}{\mathrm{d}t}\boldsymbol{j} + \frac{\mathrm{d}v_z}{\mathrm{d}t}\boldsymbol{k} = \frac{\mathrm{d}^2x}{\mathrm{d}t^2}\boldsymbol{i} + \frac{\mathrm{d}^2y}{\mathrm{d}t^2}\boldsymbol{j} + \frac{\mathrm{d}^2z}{\mathrm{d}t^2}\boldsymbol{k} \tag{1-14}$$

令

$$\boldsymbol{a} = a_x\boldsymbol{i} + a_y\boldsymbol{j} + a_z\boldsymbol{k} \tag{1-15}$$

比较式(1-14) 和式(1-15)，可得

$$\begin{cases} a_x = \dfrac{\mathrm{d}v_x}{\mathrm{d}t} = \dfrac{\mathrm{d}^2x}{\mathrm{d}t^2} \\ a_y = \dfrac{\mathrm{d}v_y}{\mathrm{d}t} = \dfrac{\mathrm{d}^2y}{\mathrm{d}t^2} \\ a_z = \dfrac{\mathrm{d}v_z}{\mathrm{d}t} = \dfrac{\mathrm{d}^2z}{\mathrm{d}t^2} \end{cases} \tag{1-16}$$

即加速度在直角坐标轴上的投影，等于动点的速度的相应投影对时间的一阶导数，或等于动点的相应坐标对时间的二阶导数。

加速度的大小和方向分别为

$$a = \sqrt{a_x^2 + a_y^2 + a_z^2} = \sqrt{\left(\frac{d^2 x}{dt^2}\right)^2 + \left(\frac{d^2 y}{dt^2}\right)^2 + \left(\frac{d^2 z}{dt^2}\right)^2} \tag{1-17}$$

$$\cos\alpha = \frac{a_x}{a}, \quad \cos\beta = \frac{a_y}{a}, \quad \cos\gamma = \frac{a_z}{a}$$

其中，α、β、γ 为加速度 $\boldsymbol{a}$ 的方向角。

【例 1-2】 如图 1-10 所示为一椭圆规，曲柄 OC 绕 O 轴转动，并在 C 点与规尺 AB 的中点以铰链连接，规尺 AB 的两端分别装有滑块，并在相互垂直的滑道中运动。若 $OC = AC = CB = l$，$MC = a$，$\varphi = \omega t$，求规尺上任意点 M 相对滑道的轨迹及它的速度、加速度。

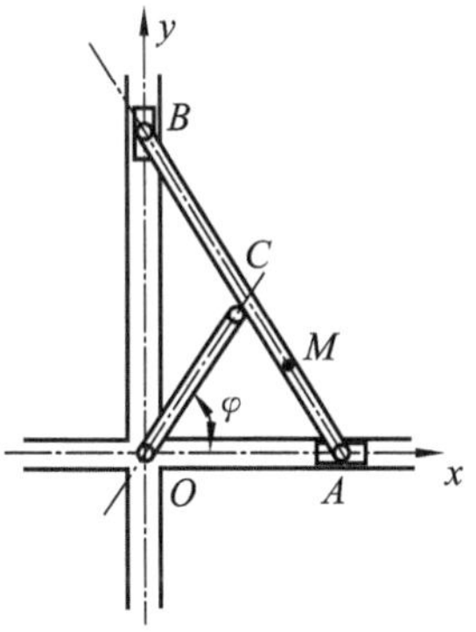

图 1-10

【解】 在图 1-10 所示的坐标系下，动点 M 的运动方程为

$$\begin{cases} x = (OC + CM)\cos\varphi = (l + a)\cos\omega t \\ y = AM \cdot \sin\varphi = (l - a)\sin\omega t \end{cases}$$

消去上面两式中的时间 t，可得 M 点的轨迹方程为

$$\frac{x^2}{(l+a)^2} + \frac{y^2}{(l-a)^2} = 1$$

这是一个以 x 轴为长轴、以 y 轴为短轴的椭圆，长半轴为 $l + a$，短半轴为 $l - a$。可以证明，除 A、B、C 三点外，规尺上各点的轨迹均为椭圆。

由式(1-12)可得

$$\begin{cases} v_x = \dfrac{dx}{dt} = -(l+a)\omega\sin\omega t \\ v_y = \dfrac{dy}{dt} = (l-a)\omega\cos\omega t \end{cases}$$

因此，M 点速度的大小和方向为

$$v = \sqrt{v_x^2 + v_y^2} = \omega\sqrt{(l+a)^2\sin^2\omega t + (l-a)^2\cos^2\omega t}$$
$$= \omega\sqrt{l^2 + a^2 - 2al\cos 2\omega t}$$

$$\cos\alpha = \frac{v_x}{v} = \frac{-(l+a)\sin\omega t}{\sqrt{l^2 + a^2 - 2al\cos 2\omega t}}$$

$$\cos\beta = \frac{v_y}{v} = \frac{(l-a)\cos\omega t}{\sqrt{l^2 + a^2 - 2al\cos 2\omega t}}$$

由式(1-16)可得

$$\begin{cases} a_x = \dfrac{dv_x}{dt} = -\omega^2(l+a)\cos\omega t \\ a_y = \dfrac{dv_y}{dt} = -\omega^2(l-a)\sin\omega t \end{cases}$$

因此，M 点加速度的大小和方向为

$$a = \sqrt{a_x^2 + a_y^2} = \sqrt{\omega^4(l+a)^2\cos^2\omega t + \omega^4(l-a)^2\sin^2\omega t}$$
$$= \omega^2\sqrt{l^2 + a^2 + 2al\cos 2\omega t}$$

$$\cos\alpha_1 = \frac{a_x}{a} = -\frac{(l+a)\cos\omega t}{\sqrt{l^2 + a^2 + 2al\cos 2\omega t}}$$

$$\cos\beta_1=\frac{a_y}{a}=-\frac{(l-a)\sin\omega t}{\sqrt{l^2+a^2+2al\cos2\omega t}}$$

其中，α、β 为速度 $\boldsymbol{v}$ 的方向角；α_1、β_1 为加速度 $\boldsymbol{a}$ 的方向角。

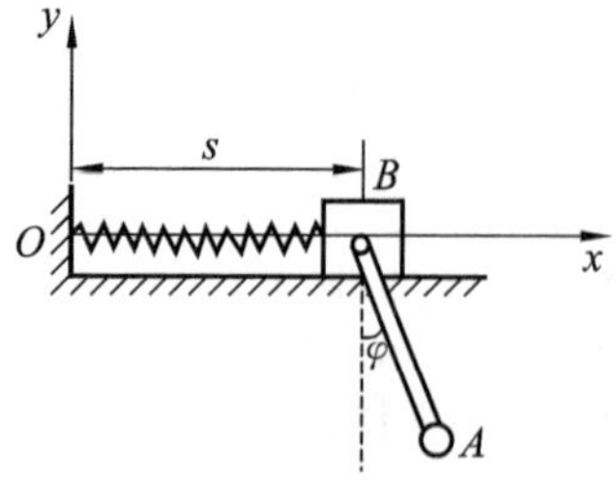

图 1-11

【例 1-3】 如图1-11所示，长度为 l 的杆 AB 以匀角速度 ω 绕 B 点转动，$\varphi=\omega t$，与杆 AB 连接的滑块 B 按规律 $s=a+b\sin\omega t$ 沿水平方向作简谐振动，其中 a 和 b 为常数。求 A 点的轨迹、速度、加速度。设 $\omega=2$ rad/s，求 $t=5$ s 时 A 点的速度及加速度。

【解】 在任意瞬时 t，A 点的运动方程为

$$\begin{cases}x=s+l\sin\varphi=a+b\sin\omega t+l\sin\omega t=a+(b+l)\sin\omega t\\y=-l\cos\omega t\end{cases}$$

消去上面两式中的时间 t，可得 A 点的轨迹方程为

$$\frac{(x-a)^2}{(b+l)^2}+\frac{y^2}{l^2}=1$$

A 点的速度为

$$\begin{cases}v_x=\dfrac{\mathrm{d}x}{\mathrm{d}t}=\omega(b+l)\cos\omega t\\[2ex]v_y=\dfrac{\mathrm{d}y}{\mathrm{d}t}=l\omega\sin\omega t\end{cases}$$

则

$$\begin{aligned}v&=\sqrt{v_x^2+v_y^2}=\sqrt{\omega^2(b+l)^2\cos^2\omega t+l^2\omega^2\sin^2\omega t}\\&=\omega\sqrt{l^2+(b^2+2bl)\cos^2\omega t}\end{aligned}$$

A 点的加速度为

$$\begin{cases}a_x=\dfrac{\mathrm{d}v_x}{\mathrm{d}t}=-\omega^2(b+l)\sin\omega t\\[2ex]a_y=\dfrac{\mathrm{d}v_y}{\mathrm{d}t}=l\omega^2\cos\omega t\end{cases}$$

则

$$\begin{aligned}a&=\sqrt{a_x^2+a_y^2}=\sqrt{\omega^4(b+l)^2\sin^2\omega t+l^2\omega^4\cos^2\omega t}\\&=\omega^2\sqrt{l^2+(b^2+2bl)\sin^2\omega t}\end{aligned}$$

若设 α、β 分别为速度 $\boldsymbol{v}$ 与 x、y 轴的夹角，α_1、β_1 分别为加速度 $\boldsymbol{a}$ 与 x、y 轴的夹角，则可求得速度矢量与加速度矢量的方向余弦为

$$\cos\alpha=\frac{v_x}{v}=\frac{(b+l)\cos\omega t}{\sqrt{l^2+(b^2+2bl)\cos^2\omega t}}$$

$$\cos\beta=\frac{v_y}{v}=\frac{l\sin\omega t}{\sqrt{l^2+(b^2+2bl)\cos^2\omega t}}$$

$$\cos\alpha_1=\frac{a_x}{a}=-\frac{(b+l)\sin\omega t}{\sqrt{l^2+(b^2+2bl)\sin^2\omega t}}$$

$$\cos\beta_1=\frac{a_y}{a}=\frac{l\cos\omega t}{\sqrt{l^2+(b^2+2bl)\sin^2\omega t}}$$

当 $t=5$ s 时，$v=\omega\sqrt{l^2+(b^2+2bl)\cos^2\omega t}=2\sqrt{l^2+0.7(b^2+2bl)}$

$a=\omega^2\sqrt{l^2+(b^2+2bl)\sin^2\omega t}=4\sqrt{l^2+0.3(b^2+2bl)}$

1.3 点的速度和加速度在自然坐标轴上的投影

1.3.1 自然轴系

由 1.1 节可知，当点的运动轨迹已知时，采用自然法描述点的运动是较为方便的。当采用自然法表示速度和加速度时，首先需建立自然轴系。

设有一任意空间曲线 AB，如图 1-12 所示，在该曲线上任取两相邻点 M 与 M'，并分别作曲线在此两点的切线 MT 及 $M'T'$。若过 M 点作 MQ 平行于 $M'T'$，则直线 MT 与 MQ 构成一平面 P。当点 M' 逐渐趋近于点 M 时，平面 P 将绕 MT 旋转而不断改变它在空间的方位。最终当 M' 趋近于 M 时，平面 P 趋近于某一极限位置，这个极限平面 P 称为曲线在 M 点的密切面。曲线上任意点的切线必然在该点的密切面上。

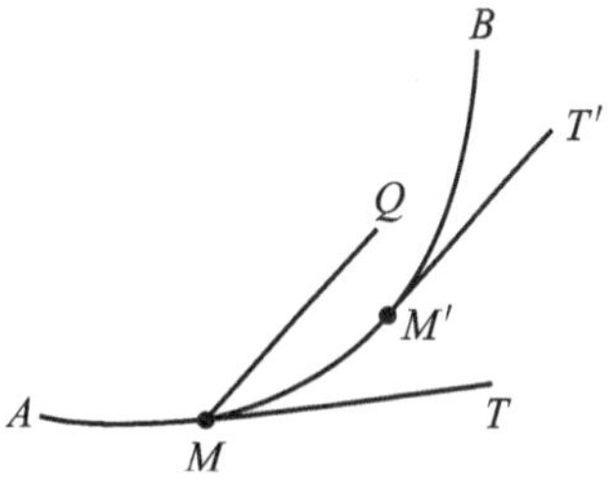

图 1-12

显然，空间曲线上各点的密切面随各点位置的不同而变化，而平面曲线的密切面就是曲线所在的平面。因而，密切面也可理解成：在空间曲线上的 M 点附近截取一段非常短的曲线，这段曲线短到可将其视为平面曲线，则 M 点的密切面即为这段短曲线所在的平面。

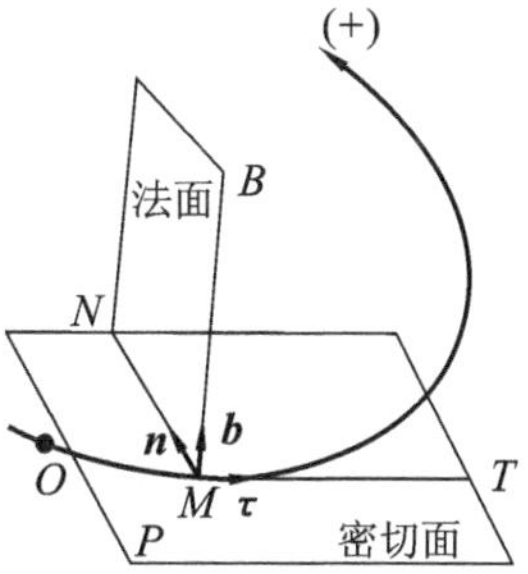

图 1-13

过 M 点垂直于切线 MT 的平面，称为曲线在 M 点的法面，如图 1-13 所示。在法面上，所有经过 M 点的直线都与切线 MT 垂直，即均为曲线在 M 点的法线。其中，位于密切面内的法线 MN 称为主法线，MN 即为密切面与法面的交线；而垂直于密切面的法线 MB 称为副法线或次法线，MB 既垂直于 MN，又垂直于 MT，即为密切面的法线。于是，在曲线上任一点处，其切线、主法线和副法线可组成一组正交轴系，该正交轴系称为自然轴系。其中，切线的正方向与所规定的弧坐标的正向一致，其单位矢量记为 $\boldsymbol{\tau}$；规定主法线的正方向指向曲线凹的一侧，即指向曲率中心，其单位矢量记为 $\boldsymbol{n}$；副法线的正方向由 $\boldsymbol{b}=\boldsymbol{\tau}\times\boldsymbol{n}$ 决定，其中 b 为副法线的单位矢量。切线、主法线、副法线形成一右手正交坐标系，如图 1-13 所示。必须特别指出的是，单位矢量 $\boldsymbol{\tau}$、$\boldsymbol{n}$ 及 $\boldsymbol{b}$ 的方位和指向随动点位置的不同而变化。因此，自然轴系是一个动参考系，与 $Oxyz$ 固定参考系不同。

1.3.2 速度在自然坐标轴上的投影

已知用自然法表示的点的运动方程为 $s=f(t)$，如图 1-14 所示。其中，s 为动点的弧坐标，在时间间隔 Δt 内，动点由 M_0 运动到 M 处。根据式(1-7)，动点的速度可表示为

$$\boldsymbol{v}=\frac{\mathrm{d}\boldsymbol{r}}{\mathrm{d}t}=\lim_{\Delta t\to 0}\frac{\Delta\boldsymbol{r}}{\Delta t}$$

其中，$\Delta\boldsymbol{r}$ 为时间间隔 Δt 内动点的矢径的增量。将上式的分子、分母同乘以弧坐标的增量 Δs，则有

$$\boldsymbol{v}=\frac{\mathrm{d}\boldsymbol{r}}{\mathrm{d}t}=\lim_{\Delta t\to 0}\frac{\Delta\boldsymbol{r}}{\Delta s}\cdot\frac{\Delta s}{\Delta t}=\lim_{\Delta t\to 0}\frac{\Delta\boldsymbol{r}}{\Delta s}\cdot\lim_{\Delta t\to 0}\frac{\Delta s}{\Delta t}$$

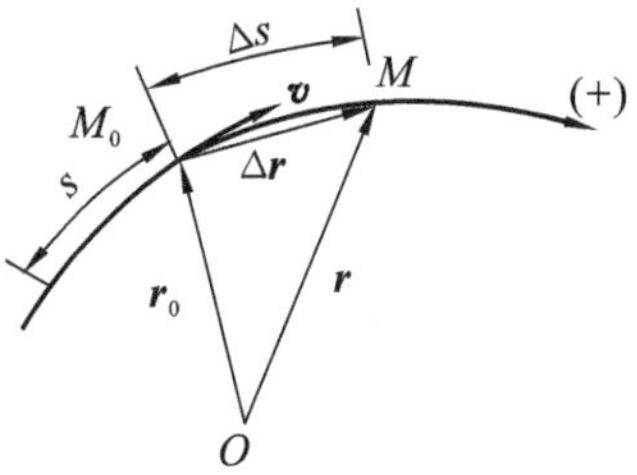

图 1-14

当 $\Delta t\to 0$ 时，$\Delta s\to 0$，并且 M_0 与 M 点间的距离与弧长之比趋近于 1，即 $\left|\frac{\Delta\boldsymbol{r}}{\Delta s}\right|$ 趋近于 l，而 $\Delta\boldsymbol{r}$ 的方向趋近于轨迹在 M 点的切线方向。因为 Δs 为代数量，因此不论点的运动沿轨迹的正向还是沿轨迹的反向，都有

$$\lim_{\Delta t\to 0}\frac{\Delta \boldsymbol{r}}{\Delta s}=\lim_{\Delta s\to 0}\frac{\Delta \boldsymbol{r}}{\Delta s}=\boldsymbol{\tau}$$

而$\lim\limits_{\Delta t\to 0}\dfrac{\Delta s}{\Delta t}=\dfrac{\mathrm{d}s}{\mathrm{d}t}$，于是有

$$\boldsymbol{v}=\frac{\mathrm{d}s}{\mathrm{d}t}\boldsymbol{\tau}=v\boldsymbol{\tau} \tag{1-18}$$

可见，点的速度沿轨迹的切线方向，其大小等于弧坐标对时间的一阶导数，其指向由$\dfrac{\mathrm{d}s}{\mathrm{d}t}$的正负来决定（$\dfrac{\mathrm{d}s}{\mathrm{d}t}>0$时，速度与$\boldsymbol{\tau}$同向；$\dfrac{\mathrm{d}s}{\mathrm{d}t}<0$时，速度与$\boldsymbol{\tau}$反向）。

1.3.3 加速度在自然坐标轴上的投影

由式(1-8)及式(1-18)可知

$$\boldsymbol{a}=\frac{\mathrm{d}\boldsymbol{v}}{\mathrm{d}t}=\frac{\mathrm{d}}{\mathrm{d}t}(v\boldsymbol{\tau})=\frac{\mathrm{d}v}{\mathrm{d}t}\boldsymbol{\tau}+v\frac{\mathrm{d}\boldsymbol{\tau}}{\mathrm{d}t}$$

可见，点的加速度由两部分组成：第一部分表示速度大小的变化，第二部分表示速度方向的变化。

加速度$\boldsymbol{a}$的第一个分量$\dfrac{\mathrm{d}v}{\mathrm{d}t}\boldsymbol{\tau}$的方向总是沿着曲线的切线方向，$\dfrac{\mathrm{d}v}{\mathrm{d}t}\boldsymbol{\tau}$称为切向加速度，记为$\boldsymbol{a}_\tau$，即

$$\boldsymbol{a}_\tau=\frac{\mathrm{d}v}{\mathrm{d}t}\boldsymbol{\tau}=\frac{\mathrm{d}^2 s}{\mathrm{d}t^2}\boldsymbol{\tau} \tag{1-19}$$

当$\dfrac{\mathrm{d}v}{\mathrm{d}t}>0$时，$\boldsymbol{a}_\tau$指向轨迹的正向；反之，$\boldsymbol{a}_\tau$指向轨迹的负向。$\boldsymbol{a}_\tau$即为加速度$\boldsymbol{a}$在轨迹切线轴$\boldsymbol{\tau}$上的投影。

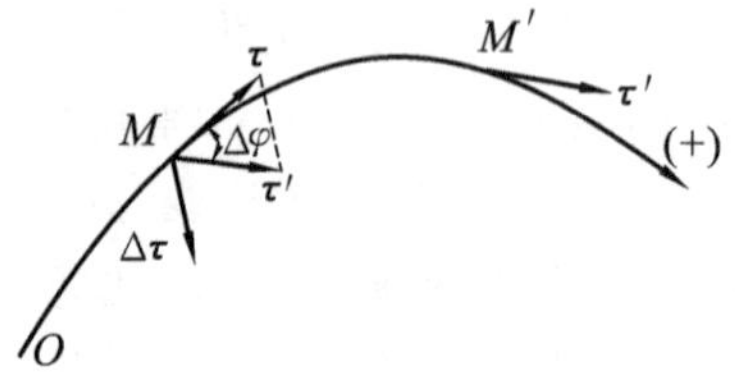

图 1-15

加速度$\boldsymbol{a}$的第二个分量$v\dfrac{\mathrm{d}\boldsymbol{\tau}}{\mathrm{d}s}$表示速度方向的变化。如图1-15所示，在瞬时$t$，动点在$M$处，此处的切向单位矢量为$\boldsymbol{\tau}$；在瞬时$t+\Delta t$，动点运动到$M'$处，此处的切向单位矢量为$\boldsymbol{\tau}'$。因此，在时间间隔$\Delta t$内，切向单位矢量的增量为

$$\Delta\boldsymbol{\tau}=\boldsymbol{\tau}'-\boldsymbol{\tau}$$

所以

$$\frac{\mathrm{d}\boldsymbol{\tau}}{\mathrm{d}t}=\lim_{\Delta t\to 0}\frac{\Delta\boldsymbol{\tau}}{\Delta t}$$

我们先来讨论$\dfrac{\mathrm{d}\boldsymbol{\tau}}{\mathrm{d}t}$的大小，即$\lim\limits_{\Delta t\to 0}\left|\dfrac{\Delta\boldsymbol{\tau}}{\Delta t}\right|$的值。由图1-15可知，当$\Delta t$很小时，亦即$\Delta\varphi$（$\Delta\varphi$为$\boldsymbol{\tau}$、$\boldsymbol{\tau}'$间的夹角）很小时，有

$$|\Delta\boldsymbol{\tau}|=2|\boldsymbol{\tau}|\sin\frac{\Delta\varphi}{2}$$

由于$|\boldsymbol{\tau}|=1$，$\sin\dfrac{\Delta\varphi}{2}\approx\dfrac{\Delta\varphi}{2}$，则$|\Delta\boldsymbol{\tau}|\approx\Delta\varphi$，于是有

$$\lim_{\Delta t\to 0}\left|\frac{\Delta\boldsymbol{\tau}}{\Delta t}\right|=\lim_{\Delta t\to 0}\left|\frac{\Delta\varphi}{\Delta t}\right|$$

引入弧坐标增量Δs，当$\Delta t\to 0$时，$\Delta s\to 0$，则

$$\left|\frac{\mathrm{d}\boldsymbol{\tau}}{\mathrm{d}t}\right| = \lim_{\Delta t \to 0}\left|\frac{\Delta\varphi}{\Delta t}\right| = \lim_{\Delta s \to 0}\left|\frac{\Delta\varphi}{\Delta s}\right| \lim_{\Delta t \to 0}\left|\frac{\Delta s}{\Delta t}\right|$$

由高等数学知识可知，上式中右端第一个式子代表轨迹曲线在 M 处的曲率 K 或曲率半径 ρ 的倒数 $\frac{1}{\rho}$，即 $\lim\limits_{\Delta s \to 0}\left|\frac{\Delta\varphi}{\Delta s}\right| = \frac{1}{\rho}$，而 $\lim\limits_{\Delta t \to 0}\left|\frac{\Delta s}{\Delta t}\right| = \left|\frac{\mathrm{d}s}{\mathrm{d}t}\right| = |\boldsymbol{v}| = v$，于是有

$$\left|\frac{\mathrm{d}\boldsymbol{\tau}}{\mathrm{d}t}\right| = \frac{v}{\rho}$$

再来讨论 $\frac{\mathrm{d}\boldsymbol{\tau}}{\mathrm{d}t}$ 的方向。$\frac{\mathrm{d}\boldsymbol{\tau}}{\mathrm{d}t}$ 的方向应与 $t \to 0$ 时 $\Delta\boldsymbol{\tau}$ 的极限方向一致。在图 1-15 中，$\Delta\boldsymbol{\tau}$ 与 $\boldsymbol{\tau}$ 间的夹角为 $\frac{\pi}{2} + \frac{\Delta\varphi}{2}$，指向曲线内凹的一侧。当 $\Delta t \to 0$ 时，$\Delta\varphi \to 0$，则 $\Delta\boldsymbol{\tau}$ 与 $\boldsymbol{\tau}$ 间的夹角趋于 $\frac{\pi}{2}$。可见，$\frac{\mathrm{d}\boldsymbol{\tau}}{\mathrm{d}t}$ 垂直于 $\boldsymbol{\tau}$，即沿曲线在 M 点的主法线方向，并指向曲率中心。按照自然坐标轴的定义，$\boldsymbol{n}$ 表示沿主法线正方向的单位矢量，则

$$\frac{\mathrm{d}\boldsymbol{\tau}}{\mathrm{d}t} = \frac{|\boldsymbol{v}|}{\rho}\boldsymbol{n}$$

可见，加速度的第二个分量为 $v\frac{\mathrm{d}\boldsymbol{\tau}}{\mathrm{d}t} = \frac{v^2}{\rho}\boldsymbol{n}$。$\frac{v^2}{\rho}$ 恒为正值，因此不论 v 本身的正负如何，加速度的第二个分量 $v\frac{\mathrm{d}\boldsymbol{\tau}}{\mathrm{d}t}$ 的方向始终沿主法线的正向，并指向曲率中心，$v\frac{\mathrm{d}\boldsymbol{\tau}}{\mathrm{d}t}$ 称为法向加速度，记为 $\boldsymbol{a}_n$，即

$$\boldsymbol{a}_n = \frac{v^2}{\rho}\boldsymbol{\tau} \tag{1-20}$$

综上所述，动点的加速度的自然表示法公式为

$$\boldsymbol{a} = \boldsymbol{a}_\tau + \boldsymbol{a}_n = a_\tau\boldsymbol{\tau} + a_n\boldsymbol{n} \tag{1-21}$$

$\boldsymbol{a}$ 称为点的全加速度，其大小和方向为

$$\begin{cases} a = \sqrt{a_\tau^2 + a_n^2} \\ \tan\alpha = \dfrac{|a_\tau|}{a_n} \end{cases} \tag{1-22}$$

其中，α 为全加速度 $\boldsymbol{a}$ 与主法线 $\boldsymbol{n}$ 间的夹角，如图 1-16 所示。

于是可得到以下结论：动点作曲线运动时的全加速度，等于切向加速度与法向加速度的矢量和。其中，切向加速度的大小等于速度的代数值对时间的一阶导数，或等于弧坐标对时间的二阶导数，它的方向沿轨迹的切线方向；法向加速度的大小等于点的速度的平方除以该点的曲率半径，它的方向沿该点的主法线的方向，并指向曲率中心。

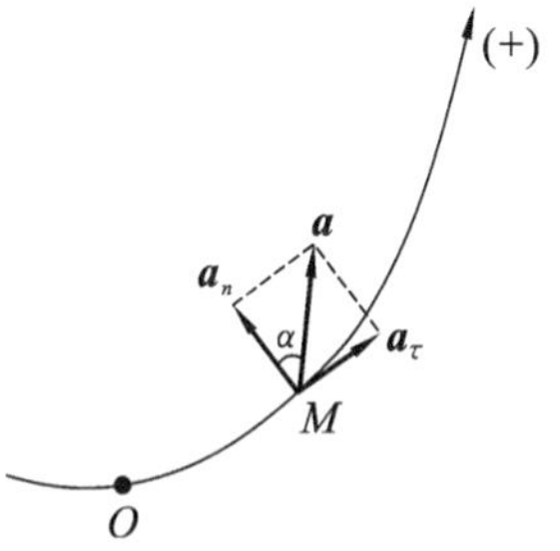

图 1-16

点作曲线运动时，反映动点速度大小变化的是切向加速度。切向加速度与速度同向时，点作加速运动；切向加速度与速度反向时，点作减速运动；切向加速度为零时，点作匀速运动。法向加速度反映动点速度方向变化的快慢程度，其大小取决于速度的平方和曲线的曲率的比值。

例如，当 $\rho = \infty$ 时，$\frac{v^2}{\rho} \to 0$，点的运动速度的方向不变，此时点作直线运动。

下面讨论几种特殊情况。

1. 直线运动

此时曲率半径 $\rho \to \infty$，即 $a_n = \dfrac{v^2}{\rho} = 0$，于是点的全加速度变为

$$\boldsymbol{a} = \boldsymbol{a}_\tau = \frac{\mathrm{d}v}{\mathrm{d}t}\boldsymbol{\tau}$$

可见，反映速度变化快慢的是切向加速度。

2. 匀速曲线运动

此时 $v =$ 常数，$a_\tau = \dfrac{\mathrm{d}v}{\mathrm{d}t} = 0$，于是点的全加速度变为

$$\boldsymbol{a} = \boldsymbol{a}_n = \frac{v^2}{\rho}\boldsymbol{n}$$

可见，法向加速度反映了速度方向的变化。

3. 匀变速曲线运动

此时 $a_\tau =$ 常量。设 $t = 0$ 时，动点的初始速度为 v_0，弧坐标为 s_0，则可求出动点的速度和运动方程。

由 $a_\tau = \dfrac{\mathrm{d}v}{\mathrm{d}t}$，$v = \dfrac{\mathrm{d}s}{\mathrm{d}t}$ 可得

$$v = v_0 + a_\tau t \tag{1-23}$$

$$s = s_0 + v_0 t + \frac{1}{2}a_\tau t^2 \tag{1-24}$$

消去上两式中的时间 t，可得

$$v^2 = v_0^2 + 2a_\tau(s - s_0) \tag{1-25}$$

式(1-23)至式(1-25)即为匀变速曲线运动的三个常用公式。

若点作匀变速直线运动，设其加速度 $a = a_\tau$，则上述公式变为

$$\begin{cases} v = v_0 + at \\ s = s_0 + v_0 t + \dfrac{1}{2}at^2 \\ v^2 = v_0^2 + 2a(s - s_0) \end{cases} \tag{1-26}$$

式(1-26)即为匀变速直线运动的三个常用公式。

【例 1-4】 动点 M 在空间作螺旋运动，其运动方程为 $x = 2\cos t$，$y = 2\sin t$，$z = 2t$。求：(1) 点 M 的轨迹；(2) 点 M 的切向加速度和法向加速度；(3) 轨迹的曲率半径。(题中的长度单位为厘米，时间单位为秒)

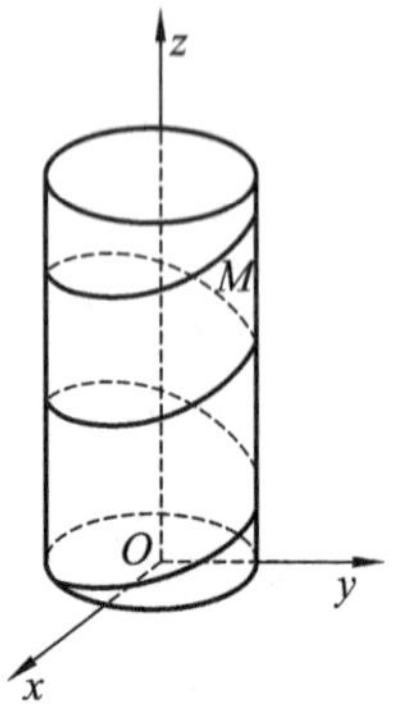

图 1-17

【解】 (1) 点 M 的轨迹。

由于点的运动方程为

$$\begin{cases} x = 2\cos t \\ y = 2\sin t \\ z = 2t \end{cases}$$

消去上面方程中的时间 t，则点 M 的轨迹为

$$\begin{cases} x^2 + y^2 = 4 \\ x = 2\cos\dfrac{z}{2} \end{cases} \quad (t \geqslant 0 \text{ 时}, -2 \leqslant x \leqslant 2, -2 \leqslant y \leqslant 2, z \geqslant 0)$$

因此，点 M 的轨迹为半螺旋线，如图 1-17 所示。

（2）点 M 的切向加速度和法向加速度。

利用点 M 的运动方程，可求得点 M 的速度为

$$\begin{cases} v_x = \dfrac{\mathrm{d}x}{\mathrm{d}t} = -2\sin t \\ v_y = \dfrac{\mathrm{d}y}{\mathrm{d}t} = 2\cos t \\ v_z = \dfrac{\mathrm{d}z}{\mathrm{d}t} = 2 \end{cases}$$

于是

$$v = \sqrt{v_x^2 + v_y^2 + v_z^2} = \sqrt{4\sin^2 t + 4\cos^2 t + 4} = 2\sqrt{2}\ \mathrm{cm/s}$$

而加速度为

$$\begin{cases} a_x = \dfrac{\mathrm{d}v_x}{\mathrm{d}t} = -2\cos t \\ a_y = \dfrac{\mathrm{d}v_y}{\mathrm{d}t} = -2\sin t \\ a_z = \dfrac{\mathrm{d}v_z}{\mathrm{d}t} = 0 \end{cases}$$

于是

$$a = \sqrt{a_x^2 + a_y^2 + a_z^2} = \sqrt{4\cos^2 t + 4\sin^2 t + 0} = 2\ \mathrm{cm/s^2}$$

由于 $v = 2\sqrt{2}\ \mathrm{cm/s}$（$v$ 为一常量），所以有

$$a_\tau = \frac{\mathrm{d}v}{\mathrm{d}t} = 0,\quad a_n = \sqrt{a^2 - a_\tau^2} = a = 2\ \mathrm{cm/s^2}$$

$\boldsymbol{a}$ 的方向沿曲线在 M 点的内法线 n 的方向。

（3）轨迹的曲率半径。

由于 $a_n = \dfrac{v^2}{\rho}$，所以曲率半径为

$$\rho = \frac{v^2}{a_n} = \frac{(2\sqrt{2})^2}{2}\ \mathrm{cm} = 4\ \mathrm{cm}$$

【例 1-5】 如图 1-18 所示，半径为 r 的车轮在直线轨道上滚动而不滑动。已知轮心 C 的速度 $\boldsymbol{u}$ 为常量，求轮缘上任意一点 M 的轨迹、速度和加速度，以及轨迹的曲率半径。

【解】 以 O 点为坐标原点建立坐标系 Oxy，如图 1-18 所示。设 $t=0$ 时，轮心 C 在 y 轴上；t 瞬时，轮子运动到图示位置。由于轮子只滚动而不滑动，于是

$$OH = \overset{\frown}{MH} = r\varphi = ut$$

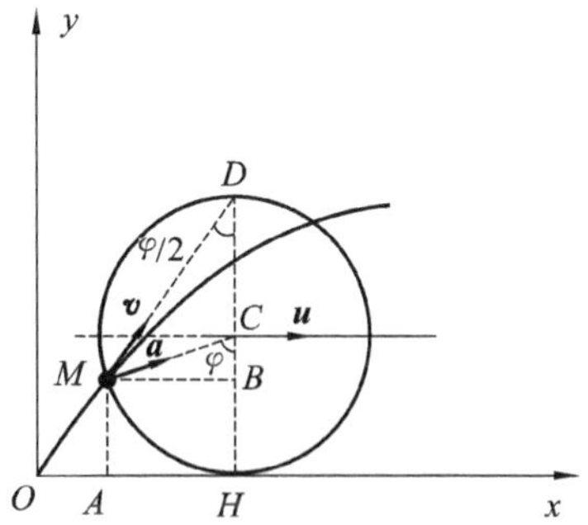

图 1-18

则

$$\varphi = \frac{\overset{\frown}{MH}}{r} = \frac{ut}{r}$$

因此，点 M 的坐标为

$$\begin{cases} x = OH - AH = ut - r\sin\varphi = ut - r\sin\dfrac{ut}{r} \\ y = CH - CB = r - r\cos\varphi = r - r\cos\dfrac{ut}{r} \end{cases}$$

上式即为用直角坐标表示的点的运动方程。消去上式中的时间 t 后，可得点 M 的轨迹方程。该轨迹为旋轮线(摆线)。

点 M 的速度为

$$\begin{cases} v_x = \dfrac{dx}{dt} = u - r\dfrac{u}{r}\cos\dfrac{ut}{r} = u(1-\cos\dfrac{ut}{r}) \\ v_y = \dfrac{dy}{dt} = r\dfrac{u}{r}\sin\dfrac{ut}{r} = u\sin\dfrac{ut}{r} \end{cases}$$

由上式可求得动点 M 的速度的大小和方向为

$$v = \sqrt{v_x^2 + v_y^2} = \sqrt{u^2\left(1-\cos\dfrac{ut}{r}\right)^2 + u^2\sin^2\dfrac{ut}{r}} = 2u\sin\dfrac{ut}{2r}$$

$$\cos\alpha = \dfrac{v_x}{v} = \sin\dfrac{ut}{2r} = \sin\dfrac{\varphi}{2} = \dfrac{MB}{MD}$$

$$\cos\beta = \dfrac{v_y}{v} = \cos\dfrac{ut}{2r} = \cos\dfrac{\varphi}{2} = \dfrac{BD}{MD}$$

其中，α、β 为速度 $\boldsymbol{v}$ 的方向角。由上述两式可知，速度指向车轮的最高点 D。

点 M 的加速度为

$$\begin{cases} a_x = \dfrac{dv_x}{dt} = \dfrac{u^2}{r}\sin\dfrac{ut}{r} \\ a_y = \dfrac{dv_y}{dt} = \dfrac{u^2}{r}\cos\dfrac{ut}{r} \end{cases}$$

于是，点 M 的加速度的大小和方向为

$$a = \sqrt{a_x^2 + a_y^2} = \dfrac{u^2}{r} = \text{常量}$$

$$\cos\alpha_1 = \dfrac{a_x}{a} = \sin\dfrac{ut}{r} = \sin\varphi = \dfrac{MB}{MC}$$

$$\cos\beta_1 = \dfrac{a_y}{a} = \cos\dfrac{ut}{r} = \cos\varphi = \dfrac{BC}{MC}$$

其中，α_1、β_1 为加速度 $\boldsymbol{a}$ 的方向角。由上述两式可知，加速度指向轮心 C。

由于 $v = 2u\sin\dfrac{ut}{2r}$，所以

$$a_\tau = \dfrac{dv}{dt} = \dfrac{u^2}{r}\cos\dfrac{ut}{2r}$$

而

$$a_n = \sqrt{a^2 - a_\tau^2} = \sqrt{\dfrac{u^4}{r^2} - \dfrac{u^4}{r^2}\cos^2\dfrac{ut}{2r}} = \dfrac{u^2}{r}\sin\dfrac{ut}{2r}$$

于是曲率半径为

$$\rho = \dfrac{v^2}{a_n} = 4r\sin\dfrac{ut}{2r}$$

思考与习题

1. 半径 $r = 6$ cm 的凸轮以 $\varphi = 5t$ 的规律绕 O 轴转动，如图 1-19 所示，偏心距 $e = 4$ cm。试求：(1) 从动杆上任意一点 M 的运动方程；(2)$t_1 = 0$ 和 $t_2 = \dfrac{\pi}{20}$ 瞬时，M 点的位置。(时间以秒计)

2. 已知点的运动方程，求其轨迹方程，并计算 $t=0$ s，$t=1$ s，$t=2$ s 时，点的位置。

(1) $x=2t^2+4$，$y=3t^2-3$。

(2) $x=3+5\sin t$，$y=5\cos t$。

(3) $x=5e^{-t}-1$，$y=5e^{-t}+1$。

3. 如图 1-20 所示为一曲柄摇杆机构，摇杆 BC 绕 B 轴转动，并通过滑块 A 带动曲柄 OA 绕 O 轴转动，求曲柄 OA 上的 A 点的运动方程。设 $OA=OB=90$ mm；$\varphi=3t^2$，单位为弧度。

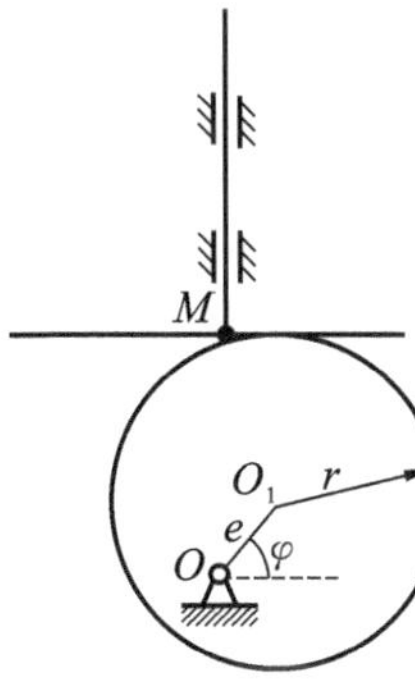

图 1-19

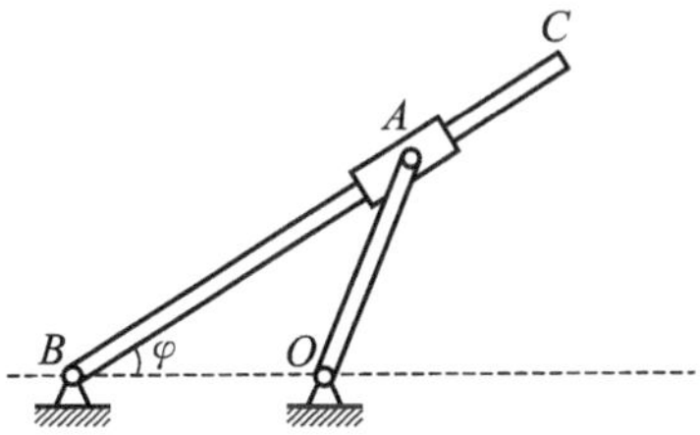

图 1-20

4. 已知动点的运动方程为 $x=a\cos kt$，$y=b\sin kt$，求该点的运动轨迹、速度和加速度。(其中，a、b 及 k 均为常数)

5. 点的运动方程为 $x=10\ln(2t+1)$，$y=30t-5t^2$，求 $t=2$ s时，点的速度及加速度的大小与方向。(长度的单位为厘米，时间的单位为秒)

6. 如图 1-21 所示为一曲柄滑块机构，曲柄 $OA=r$，连杆 $AB=l$，滑道与曲柄轴的高度差为 h。已知曲柄 OA 以匀角速度 ω 绕 O 轴转动，且 $\varphi=\omega t$，求滑块 B 的运动方程及速度。

7. 已知点的矢径方程为 $\boldsymbol{r}=50\cos 2t\boldsymbol{i}+50\sin 2t\boldsymbol{j}+50t\boldsymbol{k}$，求点的轨迹、速度及加速度，并求 $t=\pi$ s 时，点的速度、加速度。(长度的单位为厘米，时间的单位为秒)

8. 具有铅垂固定转轴的起重机回转时，其转角 $\varphi=\omega t$(ω 为常量)，起重臂 AB 与撑杆 OA 间的夹角 β 保持不变，经 A 点用缆绳吊起一重物 M，且重物 M 以速度 $\boldsymbol{u}$ 匀速上升，缆绳到 z 轴的距离为 l，如图 1-22 所示，求重物 M 的运动轨迹、速度、加速度和轨迹在 M 处的曲率半径。

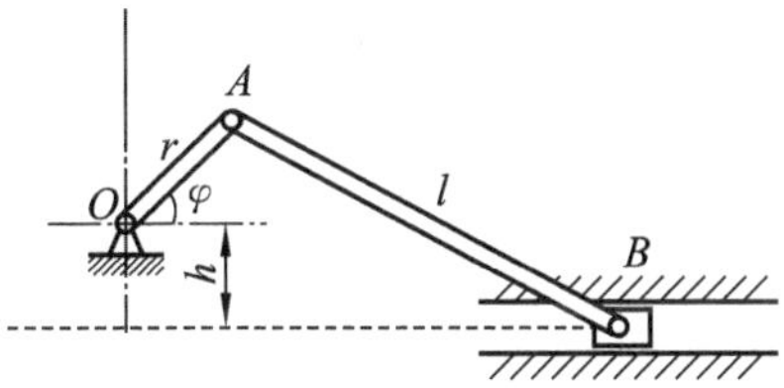

图 1-21

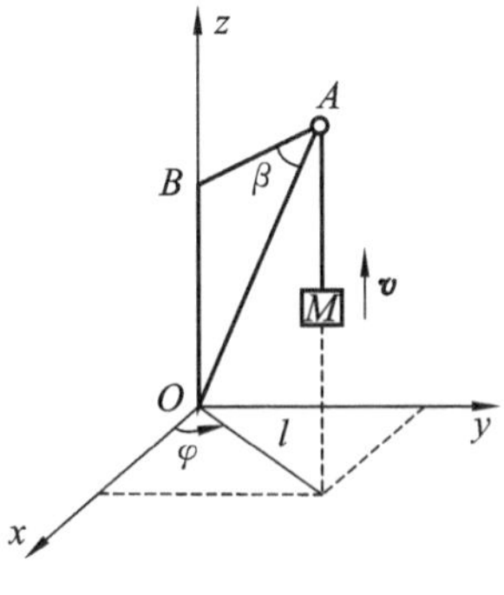

图 1-22

9. 已知质点的运动方程为 $x=2t$，$y=4t^2$，$z=3t^2(t\geqslant 0)$，求质点在其速度的大小为 5 m/s 时的轨迹的曲率半径。

10. 如图 1-23 所示，飞轮作加速转动，其轮缘上 M 点的运动规律为 $s=0.02t^2$ m，飞轮的半径 $R=40$ cm。当 M 点的速度达到 $v=6$ m/s 时，求该点的加速度。

11. 一平面封闭曲线由两条相等的线段和两个半径 $R=30$ m 的半圆组成，其总长为 1000 m，如图1-24所示。现有一物体沿此曲线作匀速运动，且在75 s内通过全程，求该物体在运动过程中加速度的最大值和最小值。

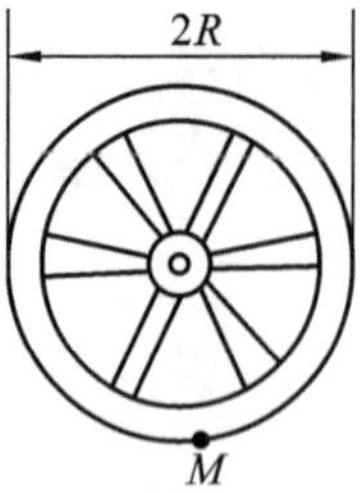

图 1-23

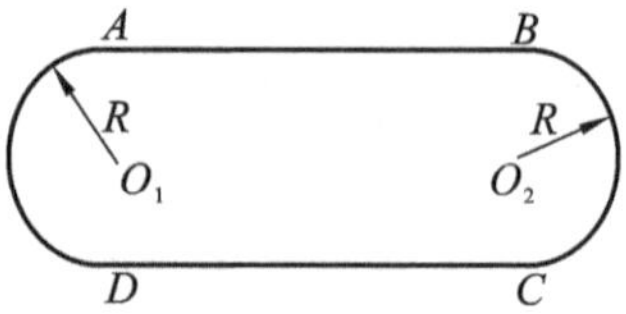

图 1-24

12. 列车沿半径 $R=1\,000$ m的圆弧轨道作匀减速运动，初速度 $v_0=54$ km/h，经过800 m路程后，车速减为 $v=18$ km/h，求列车通过这段路程所需的时间及其在运动开始和末尾时的加速度。

13. 半径 $r=10$ cm的小齿轮由曲柄 OA 带动，在半径 $R=20$ cm的固定大齿轮上滚动，如图1-25所示。设曲柄 OA 转动时，$\varphi=4t$，试求在 $t=0$ 时，小齿轮上与大齿轮上的 M_0 点接触的 M 点的运动方程和速度。

14. 在半径 $R=0.5$ m 的鼓轮上绕有一绳子，绳子的一端挂有一重物，重物以 $s=0.6t^2$（t 以秒计，s 以米计）的规律下降，并带动鼓轮转动，如图1-26所示，求运动开始1 s后，鼓轮边缘上最高处 M 点的加速度。

15. 如图1-27所示，从飞机上扔出的炸弹的运动方程为 $x=139t$，$y=-4.9t^2$（x、y 以米计，t 以秒计），飞机水平飞行的高度 $h=4\,000$ m，试问被炸弹击中的地面目标 B 位于投弹点前方多远处？

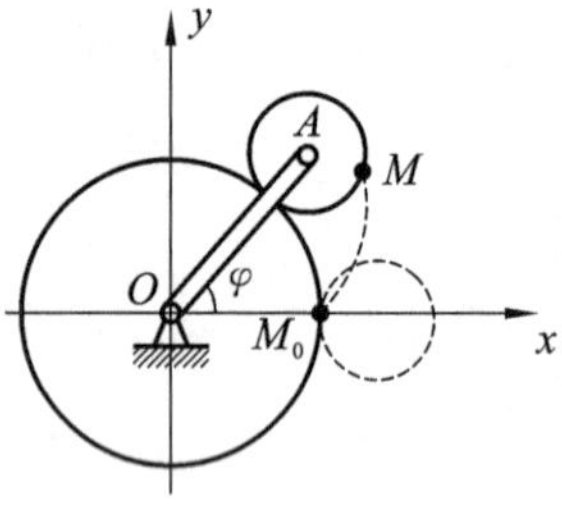

图 1-25

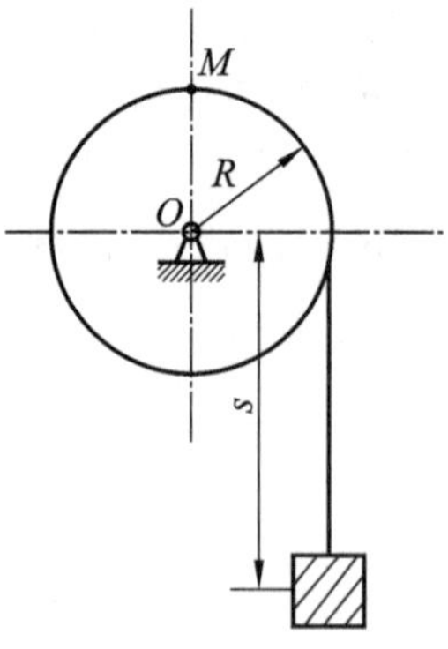

图 1-26

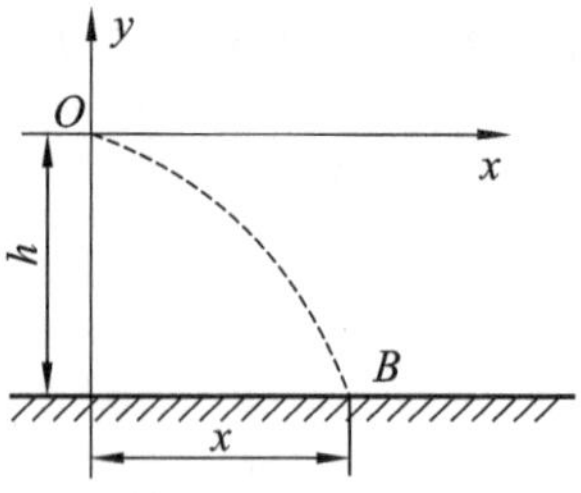

图 1-27

第2章 刚体的基本运动

研究了点的运动之后，我们进一步研究刚体的运动。

一般来说，物体由许多质点组成，在运动过程中，物体内各点的运动规律可能各不相同。但是，若在运动过程中忽略变形而把物体视为刚体，由于刚体内各点的相对位置保持不变，刚体内各点的运动规律虽然不同，却存在着一定的关系。因此，对于整体来说，可以归纳出一个总的规律，这个总的规律称为刚体的运动规律。在研究刚体运动时，我们先从整体着手，研究刚体的运动规律，然后寻求它与体内各点的运动规律之间的关系。

本章研究刚体的最简单，也是最基本的两种运动——刚体的平行移动和刚体绕定轴转动。由于刚体的其他运动都可以分解为这两种运动，因此我们将这两种运动称为刚体的基本运动。

2.1 刚体的平行移动

如果在刚体内任取一直线段，在刚体的运动过程中，这条直线段始终平行于它的初始位置，则称刚体的运动为刚体的平行移动，简称刚体的平动。

例如，如图 2-1 所示的沿直线轨道行驶的车厢上的任一直线始终平行于其初始位置，车厢的平动是沿直线轨道的平动，称为直线平动。

又如图 2-2 所示的摆动式送料槽，由于两曲柄 AO_1 和 BO_2 的长度相等，且 $AB = O_1O_2$，因此在运动过程中，直线 AB 始终与其初始位置平行，又因为料槽上的各点沿曲线轨道运动，故称料槽的运动为曲线平动。

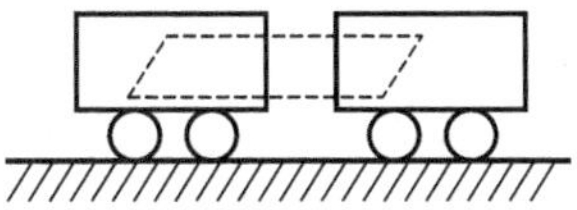

图 2-1

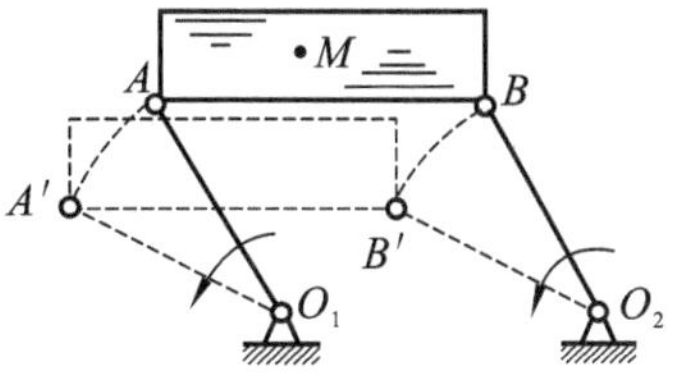

图 2-2

根据刚体平行移动的特性，可进一步研究刚体上各点的运动轨迹、速度和加速度。设刚体作平动，其上任意两点在任意瞬时 t 的位置为 A、B，经过一段时间后的位置分别为 A_1、B_1，再经过一段时间后的位置为 A_2、B_2，…，A_n、B_n。

由于刚体作平动，又有 $AB \mathrel{\underline{\underline{/\!/}}} A_1B_1 \mathrel{\underline{\underline{/\!/}}} A_2B_2 \mathrel{\underline{\underline{/\!/}}} \cdots \mathrel{\underline{\underline{/\!/}}} A_nB_n$，因此，图 2-3 中的四边形全为平行四边形。于是 $AA_1 \mathrel{\underline{\underline{/\!/}}} BB_1$，$A_1A_2 \mathrel{\underline{\underline{/\!/}}} B_1B_2$，…，$A_{n-1}A_n \mathrel{\underline{\underline{/\!/}}} B_{n-1}B_n$，这说明折线 $AA_1\cdots A_n$ 可以与折线 $BB_1\cdots B_n$ 叠合。若令时间间隔趋于零，则折线的极限位置即为点的轨迹曲线。因此刚体平行移动时，刚体上任意两点的轨迹形状相同。

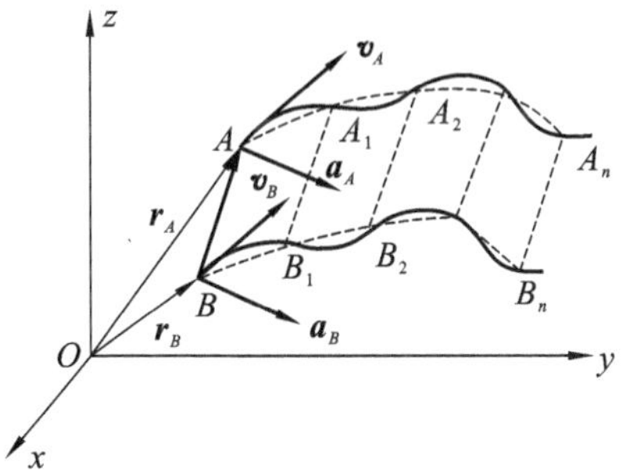

图 2-3

在图 2-3 中，$\boldsymbol{r}_A$ 和 $\boldsymbol{r}_B$ 分别为 A 点和 B 点的矢径，用 $\boldsymbol{BA}$ 表示由 B 点到 A 点的矢量，则

$$\boldsymbol{r}_A = \boldsymbol{r}_B + \boldsymbol{BA}$$

上式中,矢径是时间 t 的函数,而 $\boldsymbol{BA}$ 是一个大小和方向都不随时间变化的常矢量。将矢径对时间 t 求一阶导数和二阶导数,可得到

$$\frac{\mathrm{d}\boldsymbol{r}_A}{\mathrm{d}t} = \frac{\mathrm{d}\boldsymbol{r}_B}{\mathrm{d}t}, \quad \boldsymbol{v}_A = \boldsymbol{v}_B \tag{2-1}$$

$$\frac{\mathrm{d}^2\boldsymbol{r}_A}{\mathrm{d}t^2} = \frac{\mathrm{d}^2\boldsymbol{r}_B}{\mathrm{d}t^2}, \quad \boldsymbol{a}_A = \boldsymbol{a}_B \tag{2-2}$$

上述两式说明:刚体平动时,在任一瞬时,刚体上各点的速度和加速度相等。

由此可知,刚体平动时,若刚体上任一点的运动已知,则其他各点的运动规律就可以完全确定了。故刚体平动的运动学问题可以归结为点的运动学问题,而点的运动学问题是上一章已经解决的问题。例如,图2-2所示的摆动式送料槽上的 A、B 和 M 三点的轨迹是半径相同的圆弧,在任一瞬时,三点具有相同的速度和加速度,只要求出 A 点或 B 点的速度和加速度,则 M 点乃至送料槽上任意一点的速度和加速度全为已知。

应该着重指出的是,刚体的平动可以分为直线平动和曲线平动。直线平动的刚体上的各点的轨迹是直线,而曲线平动的刚体上的各点的轨迹是形状相同的曲线。图 2-2 所示的摆动式送料槽上的各点的轨迹是圆心不同,但半径相等的圆弧。

2.2 刚体绕定轴转动

若刚体运动时,其上有一直线段始终保持不动,则将刚体的运动称为刚体绕固定轴的转动,简称刚体的定轴转动。固定不动的直线称为转轴或定轴,轴上各点的速度恒为零。显然,不在轴上的各点在垂直于轴的平面内,并以此平面与轴的交点为中心作圆周运动。工程中的飞轮、机床的主轴和发电机的转子均为刚体绕定轴转动的实例。

为确定定轴转动的刚体在任一时刻的位置,先选定一通过转轴 z 并与参考系相固结的参考平面,该平面是固定不动的,称为定平面;再选取一通过转轴 z 并固结于转动刚体上的平面 P,该平面随刚体一起转动,称为动平面。

显然,只要确定了动平面 P 的位置,整个刚体的位置也就唯一确定了。如图 2-4 所示,动平面的位置可用它与定平面间的夹角 φ 来确定。φ 称为刚体的转角,其单位为弧度。φ 是代数量,习惯上用下述方法确定其正负号:从 z 轴的正向看,从定平面按逆时针转至动平面时,φ 为正;反之,φ 为负。

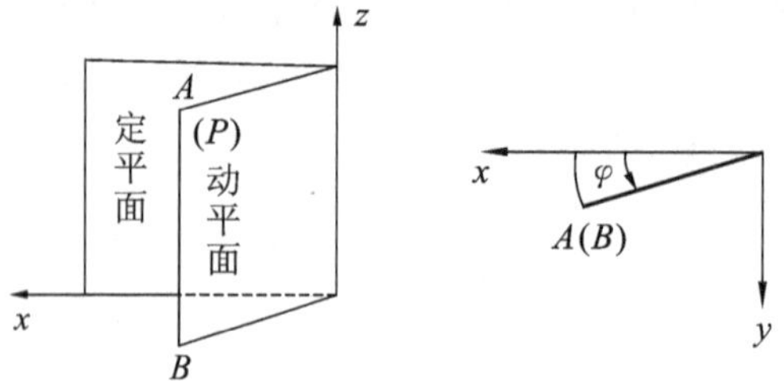

图 2-4

刚体转动时,φ 随时间变化,即

$$\varphi = \varphi(t) \tag{2-3}$$

上式称为刚体的转动方程,它表示在任意瞬时,刚体的转角与时间的一一对应关系,是时间 t 的单值连续函数。

应该注意到，刚体的转动方程 $\varphi=\varphi(t)$ 与点的直线运动方程 $x=x(t)$ 从函数的观点来看，是完全相似的。x 表示点作直线运动时的位移，在此，我们可称转角 φ 为刚体转动时的角位移。于是我们不必详加说明，直接引入刚体转动时的角速度和角加速度的概念，分别对应于点运动时的速度和加速度。用 ω 和 ε 分别表示刚体转动时的角速度和角加速度，则

$$\omega=\frac{\mathrm{d}\varphi}{\mathrm{d}t} \tag{2-4}$$

$$\varepsilon=\frac{\mathrm{d}\omega}{\mathrm{d}t}=\frac{\mathrm{d}^2\varphi}{\mathrm{d}t^2} \tag{2-5}$$

式中，ω 和 ε 是具有正负号的代数量。ω 的大小表示刚体转动的快慢，它的正负号表示转动的方向；ε 表示刚体的转动角速度的变化。当 ε 的符号与 ω 的符号相同时，刚体是加速转动的；当 ε 的符号与 ω 的符号相反时，刚体是减速转动的。

ω 的单位为弧度每秒(rad/s)，ε 的单位为弧度每二次方秒($\mathrm{rad/s^2}$)。工程中，常用每分钟的转数 n 来表示机器转动的快慢，则 ω 与 n 有下列关系：

$$\omega=\frac{2\pi n}{60}=\frac{\pi n}{30} \tag{2-6}$$

如果已知刚体的转动方程，通过微分就可求得它的角速度方程和角加速度方程。反之，如果已知刚体的转动角加速度方程，通过积分可以求得刚体的角速度方程及转动方程。当然，积分时需要用转动的初始条件来确定积分常数。当刚体作匀变速转动时，可以应用下列与点作匀变速直线运动完全类似的公式，即

$$\omega=\omega_0+\varepsilon t \tag{2-7}$$

$$\varphi=\varphi_0+\omega_0 t+\frac{1}{2}\varepsilon t^2 \tag{2-8}$$

$$\omega^2-\omega_0^2=2\varepsilon(\varphi-\varphi_0) \tag{2-9}$$

式中，ω_0 和 φ_0 分别为 $t=0$ 时刚体的角速度和转角。在匀变速转动时，刚体的角速度、转角和时间的关系与点在匀变速运动时的速度、位移和时间的关系是完全相似的。

【例 2-1】 如图 2-5 所示为刨床中的急回机构示意图。套筒 A 套在摇杆 O_2B 上，并与曲柄 O_1A 用销钉相连接。当曲柄 O_1A 转动时，通过套筒 A 带动摇杆 O_2B 左右摆动。设曲柄 O_1A 的长度为 R，以匀角速度 ω_1 转动，求摇杆 O_2B 的转动方程，并求其角速度和角加速度。

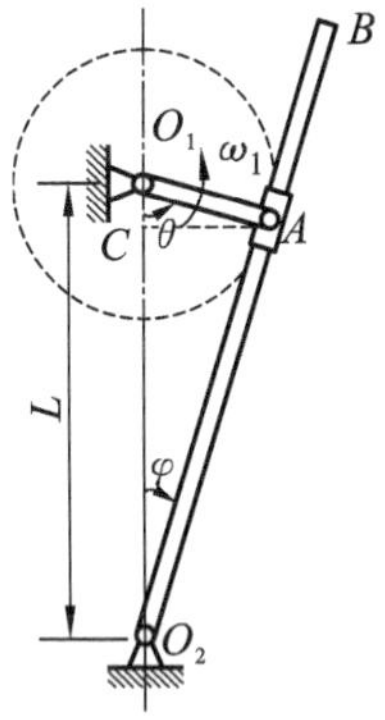

图 2-5

【解】 设 $t=0$ 时，$\theta=0$。由于曲柄 O_1A 以匀角速度 ω_1 转动，故其转动方程为 $\theta=\omega_1 t$。

由图示可知

$$\tan\varphi=\frac{AC}{CO_2}=\frac{R\sin\theta}{L-R\cos\theta}=\frac{R\sin\omega_1 t}{L-R\cos\omega_1 t}$$

于是

$$\varphi=\arctan\frac{R\sin\omega_1 t}{L-R\cos\omega_1 t}$$

上式就是摇杆 O_2B 的转动方程。注意：由图示可知，表示曲柄 O_1A 位置的 θ 角是从 O_1O_2 起始，以逆时针方向为正；表示摇杆 O_2B 位置的 φ 角是从 O_1O_2 起始，以顺时针方向为正。

摇杆的角速度为

$$\omega=\frac{\mathrm{d}\varphi}{\mathrm{d}t}=\frac{R(L\cos\omega_1 t-R)}{R^2+L^2-2RL\cos\omega_1 t}\omega_1$$

摇杆的角加速度为

$$\varepsilon=\frac{\mathrm{d}\omega}{\mathrm{d}t}=-\frac{(L^2-R^2)RL\sin\omega_1 t}{(R^2+L^2-2RL\cos\omega_1 t)^2}\omega_1^{\ 2}$$

对几个特殊位置的运动情况进行如下讨论。

当 $\theta=\omega_1 t=0$ 时，$\cos\omega_1 t=1$，$\sin\omega_1 t=0$，可以得到 $\varphi=0$，$\omega=\frac{R}{L-R}\omega_1$，$\varepsilon=0$，这说明在起始瞬时，摇杆有角速度，但角加速度为零。

当摇杆到达右边极限位置时，$\cos\theta=\frac{R}{L}$，$\omega=0$，$\varepsilon=-\frac{R}{\sqrt{L^2-R^2}}\omega_1^{\ 2}$，这说明向右摇动时，摇杆是减速转动的。

当 $\theta=\omega_1 t=90°$，即 O_1A 与 O_1O_2 相垂直时，$\omega=-\frac{R^2}{R^2+L^2}\omega_1$，$\varepsilon=-\frac{(L^2-R^2)RL}{(R^2+L^2)^2}\omega_1^{\ 2}$。其中 ω、ε 均为负号，说明摇杆向左加速转动，实现了急回机构功能。

2.3　绕定轴转动的刚体上的点的速度和加速度

刚体作定轴转动时，除了转轴以外，刚体上的点都在垂直于转轴的平面内作圆周运动，且圆心都在转轴上，转动半径等于点到转轴的距离。

已知刚体的转动规律为 $\varphi=\varphi(t)$，如何求刚体上任意一点 M 的速度与加速度呢？

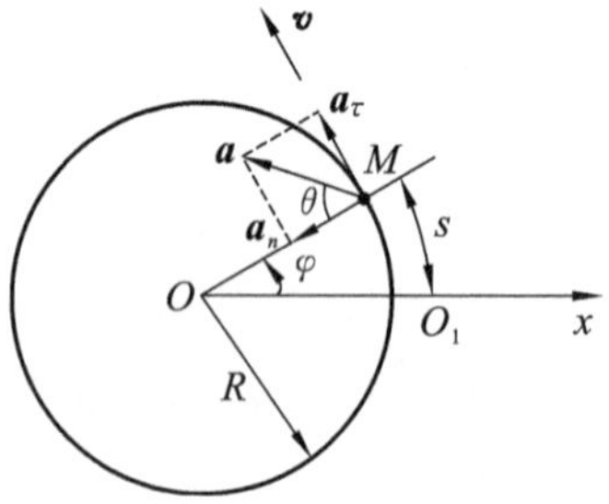

图 2-6

我们已知 M 点的轨迹为一半径为 R 的圆，R 为 M 点到转轴的垂直距离，如图 2-6 所示。用自然法确定 M 点的运动。当刚体转角为零时，M 点所在的位置为弧坐标原点 O_1，以转角的正方向为弧坐标正向，则 M 点的弧坐标方程为

$$s=R\varphi(t)$$

由上述方程可求得 M 点速度和加速度的大小分别为

$$v=\frac{\mathrm{d}s}{\mathrm{d}t}=R\frac{\mathrm{d}\varphi}{\mathrm{d}t}=R\omega \tag{2-10}$$

$$a_\tau=\frac{\mathrm{d}v}{\mathrm{d}t}=R\frac{\mathrm{d}\omega}{\mathrm{d}t}=R\varepsilon \tag{2-11}$$

$$a_n=\frac{v^2}{R}=R\omega^2 \tag{2-12}$$

其中，速度和切向加速度沿轨迹的切向方向。当 ω 和 ε 均为正时，速度和切向加速度的方向均指向弧坐标的正向；反之，则均指向弧坐标的负向。法向加速度的方向指向转动中心。由此可得全加速度的大小和方向为

$$a=\sqrt{a_\tau^2+a_n^2}=R\sqrt{\varepsilon^2+\omega^4} \tag{2-13}$$

$$\tan\theta=\frac{a_\tau}{a_n}=\frac{|\varepsilon|}{\omega^2} \tag{2-14}$$

可以看出，各点的速度和加速度的大小都与该点到转轴的距离成正比。此外，各点的加速度与半径间的夹角 θ 与点到转轴的距离无关，仅取决于刚体转动的角速度和角加速度。因此，转动刚体上各点的加速度与半径间的夹角均相等。用一垂直于转轴的平面横截转动刚体，得一截面，根据上述结论，该截面内任一半径上的各点的速

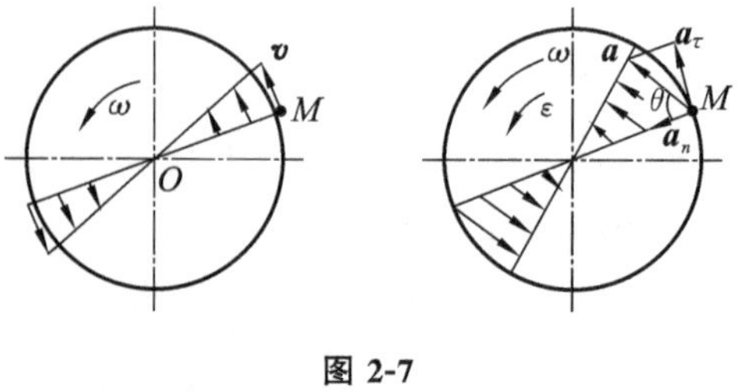

图 2-7

度和加速度的分布图如图 2-7 所示。

【例 2-2】 如图 2-8 所示，复摆 OC 按规律 $\varphi=\varphi_0\sin pt$ 绕 O 轴摆动，φ 为从铅垂线 OO_1 到 OC 线所量的角，规定逆时针方向为正。设 $OC=l$，求在 $t_1=\dfrac{\pi}{2p}$ 和 $t_2=\dfrac{\pi}{p}$ 瞬时，C 点的速度和加速度。

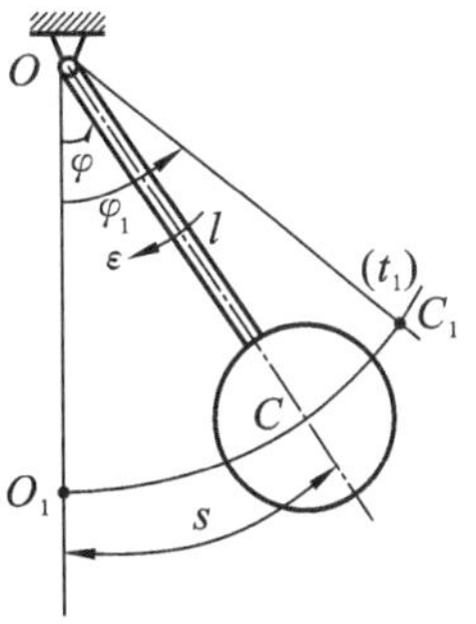

图 2-8

【解】 复摆 OC 绕定轴摆动，其运动规律为 $\varphi=\varphi_0\sin pt$，则其转动角速度和角加速度为

$$\omega=\frac{\mathrm{d}\varphi}{\mathrm{d}t}=\varphi_0 p\cos pt,\quad \varepsilon=\frac{\mathrm{d}\omega}{\mathrm{d}t}=-\varphi_0 p^2\sin pt$$

当 $t_1=\dfrac{\pi}{2p}$ 时，$\varphi_1=\varphi_0$，复摆 OC 摆至右侧最远位置，此时

$$\omega_1=0,\quad \varepsilon_1=-\varphi_0 p^2$$

当 $t_2=\dfrac{\pi}{p}$ 时，$\varphi_2=0$，复摆 OC 摆回至铅垂位置，此时

$$\omega_2=-\varphi_0 p,\quad \varepsilon_2=0$$

由于 $\varphi=0$ 时，C 点的位置为弧坐标原点 O_1，转角 φ 的正向为弧坐标 s 的正向，因此可以求得当 $t_1=\dfrac{\pi}{2p}$ 时，C 点在右侧最远位置，其速度和加速度分别为

$$v_1=l\omega_1=0$$

$$a_{\tau 1}=l\varepsilon_1=l\varphi_0 p^2,\quad a_{n1}=l\omega_1^{\ 2}=0$$

即当复摆 OC 在右侧最远位置时，C 点的速度和法向加速度均为零，而切向加速度为最大值，且指向弧坐标减少的方向。

当 $t_2=\dfrac{\pi}{p}$ 时，请自行分析 C 点的速度和加速度。

2.4 角速度矢量和角加速度矢量　用矢量积表示点的速度和加速度

一般情况下，描述刚体转动时，不仅应说明转动的快慢和方向，还应指明转轴在空间中的方位。为此，我们引入角速度矢量和角加速度矢量的概念。

为了指明转轴在空间的方位，我们规定角速度矢量 $\boldsymbol{\omega}$ 和角加速度矢量 $\boldsymbol{\varepsilon}$ 均沿转动轴线方向，它们的模分别表示该瞬时刚体的角速度和角加速度的大小。用 $\boldsymbol{k}$ 表示沿轴线 Oz 正方向的单位矢量，则

$$\boldsymbol{\omega}=\omega\boldsymbol{k}=\frac{\mathrm{d}\varphi}{\mathrm{d}t}\boldsymbol{k}\tag{2-15}$$

$$\boldsymbol{\varepsilon}=\frac{\mathrm{d}\boldsymbol{\omega}}{\mathrm{d}t}=\frac{\mathrm{d}\omega}{\mathrm{d}t}\boldsymbol{k}=\varepsilon\boldsymbol{k}=\frac{\mathrm{d}^2\varphi}{\mathrm{d}t^2}\boldsymbol{k}\tag{2-16}$$

刚体的角速度和角加速度的方向依据 ω 和 ε 的正负号，按右手螺旋法则确定，如图 2-9 所示。显然，$\boldsymbol{\omega}$ 和 $\boldsymbol{\varepsilon}$ 的起点可从轴线上任一点选取，因此 $\boldsymbol{\omega}$ 和 $\boldsymbol{\varepsilon}$ 这两个矢量全是滑动矢量。

当 $\omega>0,\varepsilon>0$ 时，$\boldsymbol{\omega}$ 及 $\boldsymbol{\varepsilon}$ 均沿 Oz 轴正向，说明刚体在作加速转动，如图 2-9(a) 所示；当 $\omega>0,\varepsilon<0$ 时，$\boldsymbol{\omega}$ 沿 Oz 轴正向，而 $\boldsymbol{\varepsilon}$ 沿 Oz 轴负向，如图 2-9(b) 所示，刚体在作减速运动。

借助于角速度矢量 $\boldsymbol{\omega}$ 和角加速度矢量 $\boldsymbol{\varepsilon}$ 与矢径 $\boldsymbol{r}$ 的矢量积，可以表示刚体上的点的速度和加速度。由转轴上任一点 O 作转动体上任一点 M 的矢径，如图 2-10 所示。M 点速度的大小等于 $R\omega$，方向垂直于 $\boldsymbol{r}$ 和 $\boldsymbol{\omega}$ 所组成的平面。设 r 为矢径的长，则 $r\omega\sin(\boldsymbol{\omega},\boldsymbol{r})=R\omega$，式中 $(\boldsymbol{\omega},\boldsymbol{r})$ 表示矢量 $\boldsymbol{\omega}$ 与 $\boldsymbol{r}$ 间的夹角。根据矢量积的定义，M 点的速度可表示为

$$v = \frac{\mathrm{d}\boldsymbol{r}}{\mathrm{d}t} = \boldsymbol{\omega} \times \boldsymbol{r} \tag{2-17}$$

即作定轴转动的刚体上的任一点M的速度，等于刚体的角速度矢量与该点的矢径的矢量积。

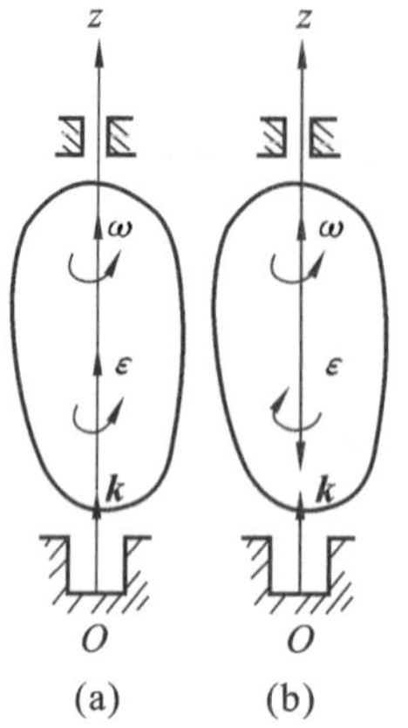

图 2-9

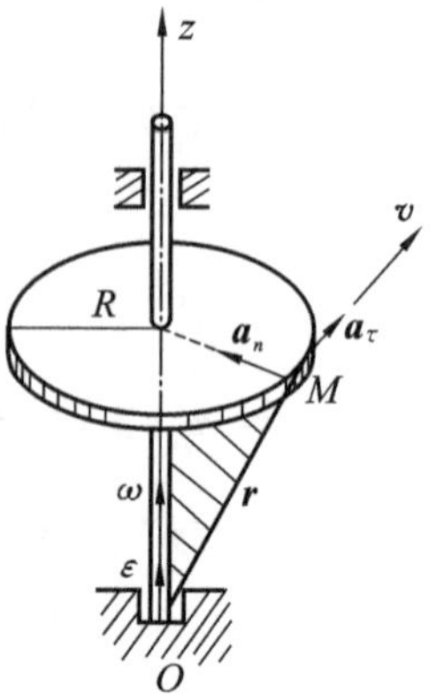

图 2-10

M点的加速度矢量为

$$\boldsymbol{a} = \frac{\mathrm{d}\boldsymbol{v}}{\mathrm{d}t} = \frac{\mathrm{d}}{\mathrm{d}t}(\boldsymbol{\omega} \times \boldsymbol{r}) = \boldsymbol{\varepsilon} \times \boldsymbol{r} + \boldsymbol{\omega} \times \boldsymbol{v} \tag{2-18}$$

式中第一项的大小为

$$|\boldsymbol{\varepsilon} \times \boldsymbol{r}| = \varepsilon r \sin(\boldsymbol{\varepsilon}, \boldsymbol{r}) = R\varepsilon$$

方向垂直于$\boldsymbol{\varepsilon}$和$\boldsymbol{r}$所决定的平面，恰沿M点轨迹的切线方向。因此，这一项就是M点的切向加速度，即

$$\boldsymbol{a}_\tau = \boldsymbol{\varepsilon} \times \boldsymbol{r} \tag{2-19}$$

式中第二项的大小为

$$|\boldsymbol{\omega} \times \boldsymbol{v}| = \omega v \sin(\boldsymbol{\omega}, \boldsymbol{v}) = \omega v \sin 90^\circ = R\omega^2$$

方向沿M点运动轨迹的法线方向，恰为该点的法向加速度，即

$$\boldsymbol{a}_n = \boldsymbol{\omega} \times \boldsymbol{v} \tag{2-20}$$

2.5 轮系的传动比

工程中，常用轮系传动实现不同刚体间转动的传递，以提高或降低转动速度。常见的轮系有齿轮系和皮带轮系。

在图 2-11 所示的皮带传动轮系中，设主动轮和从动轮的半径分别为 r_1 和 r_2，转动角速度分别为 ω_1 和 ω_2，不考虑皮带厚度，并假设轮与皮带间无相对滑动。由于皮带上各点的速度的大小相等，且在轮与皮带的接触点处，轮与皮带具有相等的速度，由此可以得到

$$r_1\omega_1 = r_2\omega_2$$

即两轮的角速度与其半径成反比，转动方向相同。工程中，主动轮的角速度与从动轮的角速度的比值称为传动比，用 i_{12} 表示，则有

$$i_{12} = \frac{\omega_1}{\omega_2} = \frac{r_2}{r_1} \tag{2-21}$$

图 2-12(a)、图 2-12(b) 分别为外啮合和内啮合齿轮系传动的实例。设两个齿轮各绕 O_1 轴和 O_2 轴转动，其角速度分别为 ω_1 和 ω_2，两齿轮的齿数分别为 z_1 和 z_2，其啮合圆的半径分别为 R_1

和 R_2。用 A 表示两齿轮的啮合点，由于该点既在主动轮 O_1 上，又在从动轮 O_2 上，则有

$$v_A = \omega_1 R_1 = \omega_2 R_2$$

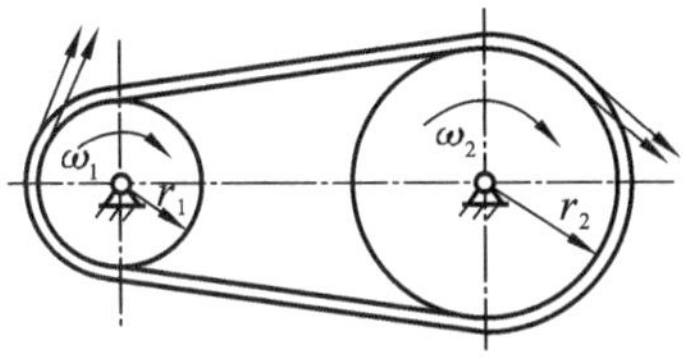

图 2-11

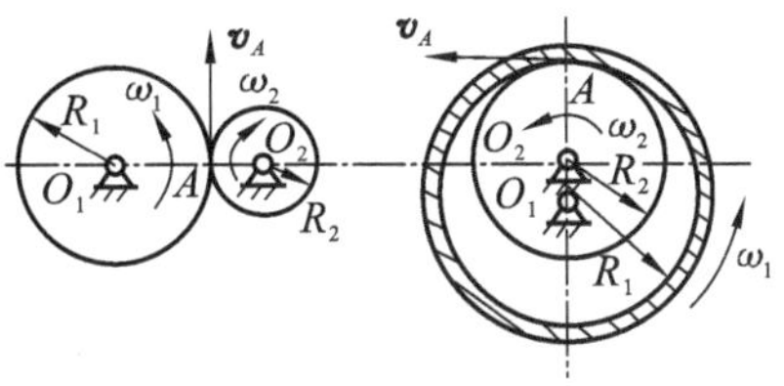

图 2-12

即

$$\frac{\omega_1}{\omega_2} = \frac{R_1}{R_2}$$

由于齿轮的齿数与其半径成正比，所以有

$$\frac{\omega_1}{\omega_2} = \frac{R_2}{R_1} = \frac{z_2}{z_1}$$

应该注意的是，外啮合时，两齿轮的转向相反；而内啮合时，两齿轮的转向相同。因此，传动比为

$$i_{12} = \pm\frac{\omega_1}{\omega_2} = \pm\frac{R_2}{R_1} = \pm\frac{z_2}{z_1} \tag{2-22}$$

显然，上式取正号时，表示两齿轮的转向相同，是内啮合；上式取负号时，表示两齿轮的转向相反，是外啮合。

【例 2-3】 在如图 2-12(a) 所示的外啮合传动机构中，设某瞬时大齿轮 O_1 以角速度 ω_1 和角加速度 ε_1 绕 O_1 轴转动，两齿轮的节圆半径分别为 R_1 和 R_2。求小齿轮的角速度和角加速度，并求两齿轮上的啮合点的速度和加速度。

【解】 实际计算时，常将转速与转向分开考虑，故可得小齿轮的角速度的大小为

$$\omega_2 = \frac{R_1}{R_2}\omega_1$$

其中，ω_2 的转向与 ω_1 的转向相反。将上式中的角速度看作时间 t 的函数，对时间 t 求导后可得到

$$\varepsilon_2 = \frac{R_1}{R_2}\varepsilon_1$$

这说明两齿轮啮合传动时，不仅角速度与节圆半径成反比，而且角加速度与节圆半径成反比。

设两齿轮上的啮合点分别为 A_1 和 A_2，当两齿轮相啮合时，A_1、A_2 均重合于 A 点。显然有

$$v_{A_1} = R_1\omega_1,\quad v_{A_2} = R_2\omega_2$$

并且有

$$v_{A_1} = v_{A_2}$$

同理有

$$a_{\tau A_1} = R_1\varepsilon_1,\quad a_{\tau A_2} = R_2\varepsilon_2$$

并且有

$$a_{\tau A_1} = a_{\tau A_2}$$

这说明两齿轮上的啮合点的速度相等，其切向加速度也相等，但它们的法向加速度不相等，分别为：$a_{nA_1} = R_1\omega_1^2$，$a_{nA_2} = R_2\omega_2^2$。

思考与习题

1. 刚体作平动时，刚体上各点的运动轨迹一定是直线或平面曲线，这种说法对吗？

2. 刚体作定轴转动时，若角加速度为正，则表示刚体作加速转动，这种说法对吗？

3. 用鼓轮提升重物时，绳上的一点 M 与轮上的一点 M' 相接触，如图 2-13 所示，这两点的速度和加速度是否相同？若重物下降时，这两点的速度和加速度是否相同？

4. 如图 2-14 所示，两平行曲柄 AB、CD 分别绕固定水平轴 A、C 转动，从而带动托架 DBE 运动，因而可提升重物 G。若曲柄的角速度 $\omega = 4\ \text{rad/s}$，角加速度 $\varepsilon = 2\ \text{rad/s}^2$，曲柄的长度 $r = 20\ \text{cm}$，求重物 G 的中心的轨迹、速度和加速度。

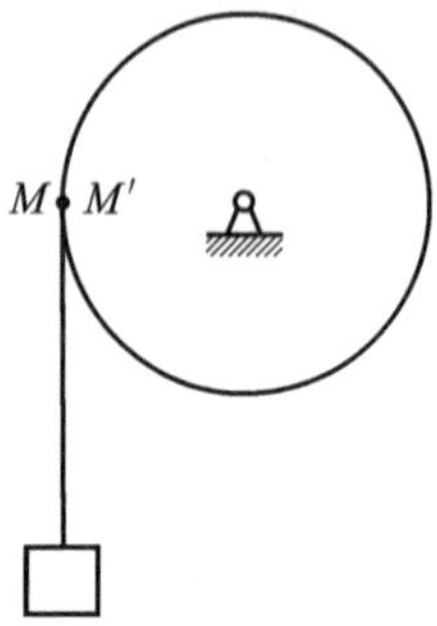

图 2-13

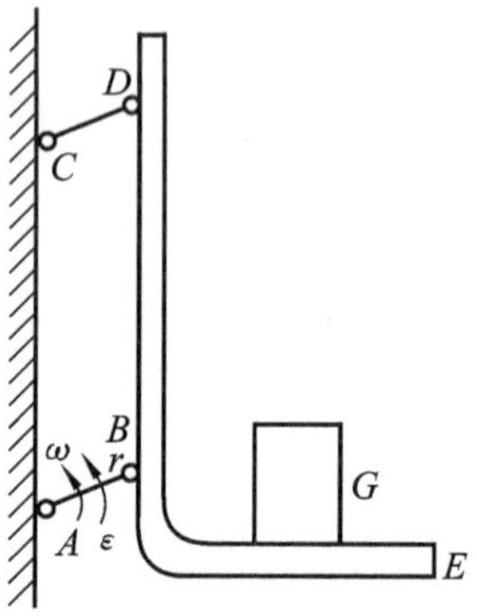

图 2-14

5. 如图 2-15 所示，$O_1A = O_2B = AM = 0.2\ \text{m}$，$O_1O_2 = AB$。若轮以 $\varphi = 15\pi t$ 的规律转动，求当 $t = 0.5\ \text{s}$ 时，杆上的点 M 的速度和加速度。

6. 如图 2-16 所示，曲柄 CB 以等角速度绕 C 轴转动，其转角方程为 $\varphi = \omega_0 t$，并通过滑块带动摇杆 OA 绕 O 轴转动。设 $OC = h$，$CB = r$，求摇杆的转动方程。

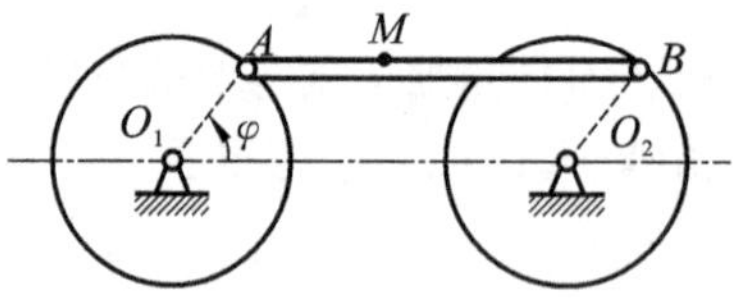

图 2-15

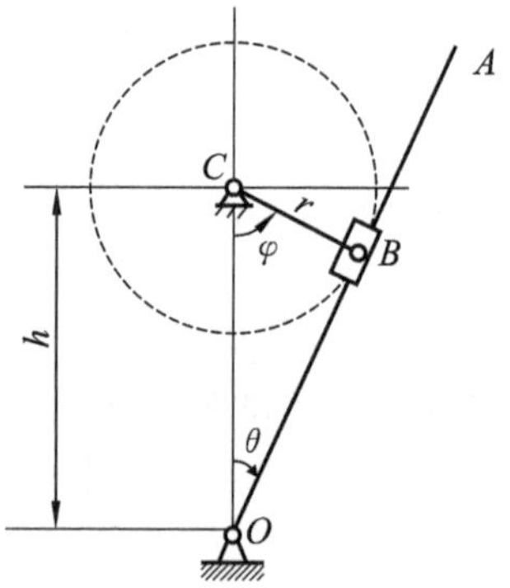

图 2-16

7. 如图 2-17 所示，火车沿直线轨道作匀速运动，其速度大小为 50 m/s，摄影师位于离铁轨 10 m 远的 O 点。由于希望镜头始终对准火车头，故需要转动镜头，求镜头转动的角速度和角加速度。

8. 飞轮轮缘上的一点在某瞬时的速度的大小为 10 m/s，切向加速度的大小为 60 m/s^2，方向与速度的方向相反，全加速度的大小为 100 m/s^2，求飞轮的半径。

9. 飞轮由静止开始作等加速转动，30 s 后转速达到 $n = 900\ \text{r/min}$，求飞轮的角加速度和半分钟内转过的圈数。

10. 地球绕自身轴转一圈用时 23.93 h，设地球的半径为 6 400 km，求地球表面上位于赤道和北极处的点的速度和加速度。

11. 在如图 2-18 所示的机构中，杆 AB 以速度 $\boldsymbol{u}$ 匀速向上平动，通过滑块 A 带动杆 OAC 转动。设开始时，$\varphi = 0$，求 $\varphi = \pi/4$ 时，杆 OC 的角速度和角加速度。

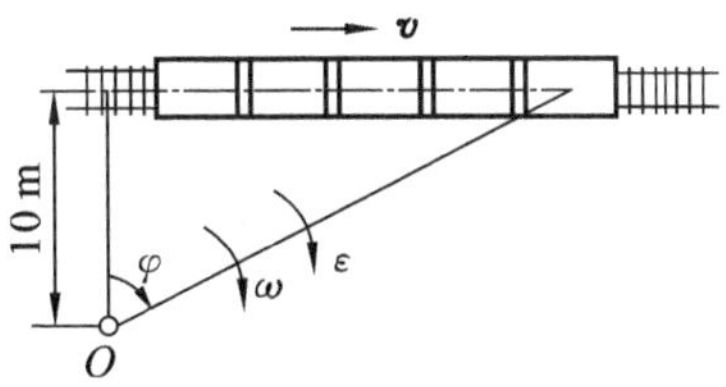

图 2-17

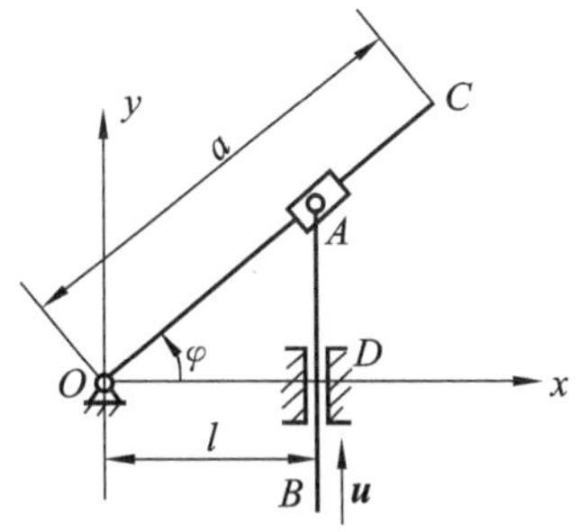

图 2-18

12. 在如图 2-19 所示的指针指示器机构中，齿条 Ⅰ 以 $y = a\sin\omega t$ 沿 y 轴平动，从而带动齿轮 Ⅱ。在齿轮 Ⅱ 的轴上装有一与齿轮 Ⅳ 相啮合的齿轮 Ⅲ，齿轮 Ⅳ 上固连一指针。已知各齿轮的半径分别为 r_2、r_3 和 r_4，求指针的角速度和转动方程。

13. 如图 2-20 所示，轮 Ⅰ 的半径 $r_1 = 30$ cm，其转速 $n_1 = 100$ r/min，由皮带传动带动固连在同一轴上的轮 Ⅱ 和轮 Ⅲ 转动，轮 Ⅱ 和轮 Ⅲ 的半径分别为 $r_2 = 75$ cm 和 $r_3 = 40$ cm，求重物 Q 上升的速度和皮带上各段的加速度。

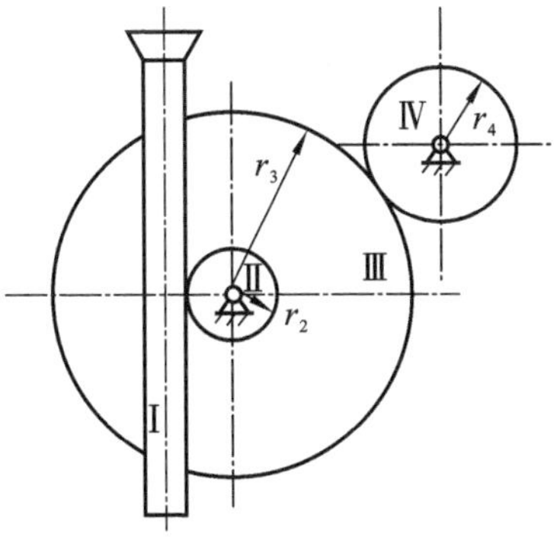

图 2-19

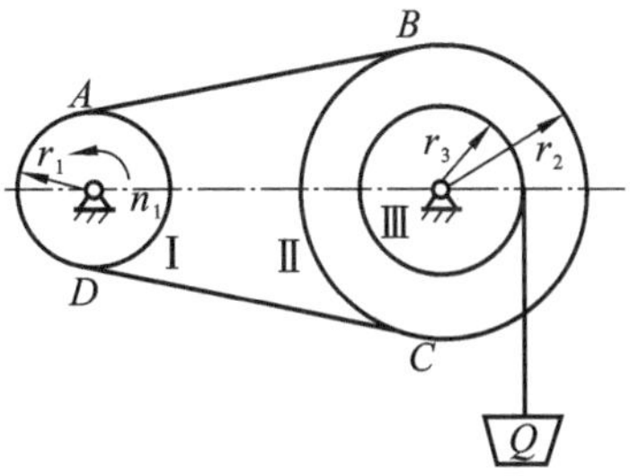

图 2-20

14. 如图 2-21 所示，圆盘绕铅垂轴 z 转动。若某瞬时，盘上 B 点的速度 $\boldsymbol{v} = 20\boldsymbol{i}$ cm/s，A 点的切向加速度 $\boldsymbol{a}_\tau = 45\boldsymbol{j}$ cm/s^2，$OA = 15$ cm，$OB = 10$ cm。求 B 点的全加速度矢量的表达式和圆盘的角速度。

15. 纸盘由厚度为 a 的纸条卷成，令纸盘的中心不动，以等速 $\boldsymbol{v}$ 拉纸条，如图 2-22 所示，求纸条的角加速度(用半径 r 的函数表示)。

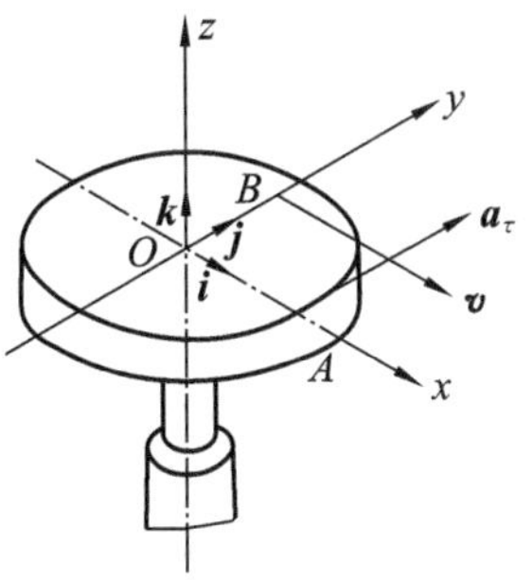

图 2-21

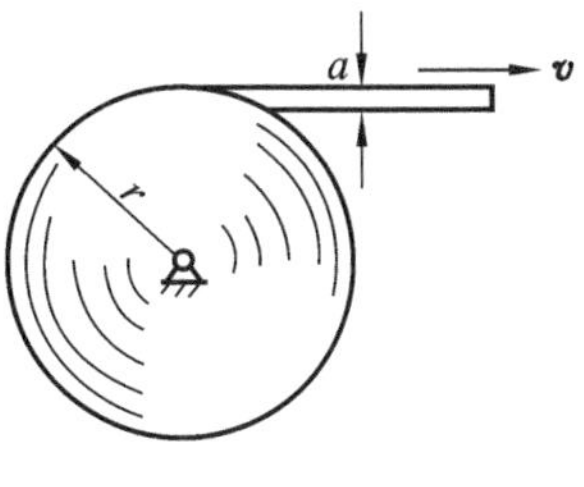

图 2-22

第3章 点的合成运动

3.1 点的合成运动的概念

在第1章中，我们研究了点相对于一个坐标系的运动，即相对于固结在地面上的坐标系的运动。但是在工程或生活中，常常遇到同时在两个不同的坐标系中去描述同一个点的运动的问题。当其中一个坐标系相对于另一个坐标系作一定的运动时，不难发现，在这样的两个坐标系上观察同一个点的运动，其结果显然是不一样的。例如，如图3-1(a)所示的沿直线轨道滚动的车轮，其轮缘上的点M的运动，对于固结在地面上的坐标系来说，其轨迹是旋轮线；但是对于固结在车厢上的坐标系来说，其轨迹则是一个圆。又例如，如图3-1(b)所示的等速直线上升的直升机螺旋桨的端点M，对于固结在地面上的坐标系$Oxyz$是作空间螺旋线运动，而对于固结在机身上的坐标系$O'x'y'z'$则是作圆周运动。

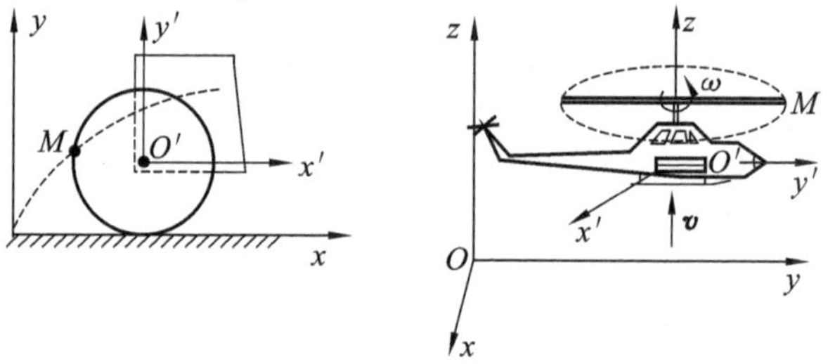

(a) (b)

图3-1

通过上述两个例子可以看出，一个点相对于一个参考系的运动可以由几个运动组合而成。如车轮上的点M相对于地面的旋轮线运动，就可以看作是点M相对于车厢的圆周运动和车厢本身的直线运动的合成；直升机螺旋桨上的点M的空间螺旋线运动，就可以看作是点M相对于机身的圆周运动与机身自身的铅垂直线运动的合成。也就是说，一个相对于某一参考系的复杂运动，可以由几个相对于其他参考系的简单运动组合而成。因此，将这类点的运动称为点的合成运动。由此必然会想到，点的运动既然可以合成，反过来，点的运动也可以分解，也就是说，可以把点的复杂运动分解为几个简单运动。不难想象，这种运动分解对于研究点的复杂运动的规律是大有益处的。所以，点的合成运动方法无论在工程实际中还是日常生活中，均有广泛的应用。

为了便于理解点的合成运动方法的实质，首先应明确以下几个基本概念。

3.1.1 动点——研究对象

为了有效地应用点的合成运动理论，首先应明确研究对象，即通常所说的动点。

3.1.2 两个坐标系——静坐标系、动坐标系

固结在地面的坐标系称为静坐标系，简称静系，常用$Oxyz$表示；相对于静坐标系运动的坐标系称为动坐标系，简称动系，常用$O'x'y'z'$表示。在上述的第一个例子中，动坐标系是固结在车厢上的坐标系；在第二个例子中，动坐标系是固结在直升机的机身上的坐标系。

3.1.3 三种运动——绝对运动、相对运动、牵连运动

为了区分动点相对于不同坐标系的运动，我们把动点相对于静坐标系的运动称为绝对运动；把动点相对于动坐标系的运动称为相对运动；把动坐标系相对于静坐标系的运动称为牵连运动。仍以沿直线轨道滚动的车轮为例，当我们研究轮缘上的点 M 的运动时，选取点 M 为动点，静坐标系固结在地面上，动坐标系固结在车厢上，则点 M 的平面曲线（旋轮线）运动即为绝对运动；点 M 相对于车厢的圆周运动即为相对运动；车厢自身相对于地面的直线平动即为牵连运动。

因此，用点的合成运动理论分析点的运动时，必须选定两个坐标系（参考系），区分三种运动。在分析这三种运动时，必须明确站在什么地方（即在哪个坐标系中）观察物体的运动，要观察的是物体的何种运动（指三种运动）。还必须指出的是，动点的绝对运动和相对运动均是点的运动，它只可能是直线运动或曲线运动；牵连运动是指参考体的运动（也就是动坐标相对于地面的运动），实际上是刚体的运动，这种运动可能是平动（直线平动、曲线平动）、定轴转动或其他较复杂的运动。

不难看出，点的合成运动理论主要是研究三种运动的关系（表现在轨迹、速度、加速度的关系上）。这样一来，如能选取合适的动坐标系，就能把比较复杂的运动首先分解为两个比较简单的运动进行研究，然后再合成为原来所谓的比较复杂的运动。因此，选取合适的动点、动坐标系是点的合成运动理论应用成败的关键，必须十分重视。

3.1.4 三种速度和三种加速度

我们已经看到，对于不同的坐标系，动点的轨迹、速度和加速度是不相同的。动点在绝对运动中的轨迹、速度和加速度，分别称为绝对轨迹、绝对速度和绝对加速度；动点在相对运动中的轨迹、速度和加速度，分别称为相对轨迹、相对速度和相对加速度。关于动点的牵连速度和牵连加速度的概念，要予以特殊对待。因为动坐标系的运动，即牵连运动是一个刚体的运动，而不是一个点的运动。刚体是由无数个质点构成的质点系，究竟刚体上的哪一点的速度和加速度才是动点的牵连速度和牵连加速度呢？因此定义：在动坐标系上与动点相重合的那一点（称为重合点或牵连点）的速度和加速度，称为动点的牵连速度和牵连加速度。

如果动坐标系作平动，则因动坐标系中各点均具有相同的速度和加速度，所以动坐标系中任一点的速度和加速度均可作为动点的牵连速度和牵连加速度，故可不必强调重合点的速度和加速度。然而，当动坐标系作定轴转动时，就必须强调重合点的速度和加速度与动点的牵连速度和牵连加速度的对应关系。

例如，直管 OA 以匀角速度 ω 在静坐标系 $Oxyz$ 内绕 O 轴转动，初始时位于 O 点的小球 M 以速度 u 沿直管 OA 匀速运动，如图 3-2 所示。现取小球 M 为动点，直管 OA 为动坐标系，经过时间 t 后，小球运动到直管的 M 点处，且有 $OM = ut$，则此时动点 M 的牵连速度的大小为 $v_e = OM \cdot \omega = ut\omega$，其方向与直管 OA 垂直，指向由 ω 的转向决定；牵连加速度的大小为 $a_e = OM \cdot \omega^2 = ut\omega^2$，其方向指向 O 点。

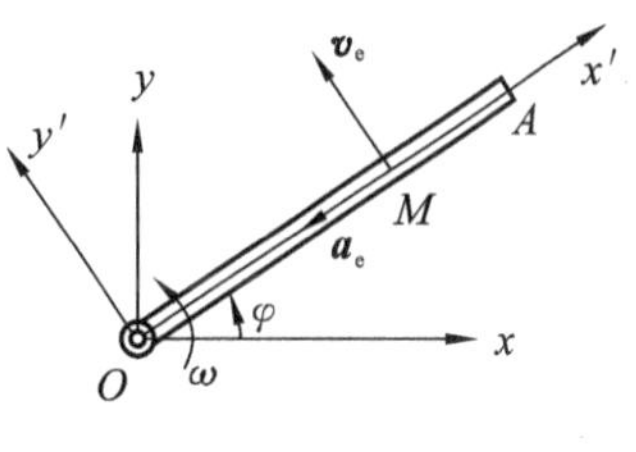

图 3-2

3.2 点的速度合成定理

下面研究动点的绝对速度、相对速度、牵连速度之间的关系。

设有一动点M按给定的规律沿着固结在动坐标系上的曲线AB运动，而曲线AB同时又随动坐标系相对于静坐标系运动，如图3-3所示。在t瞬时，动点位于曲线AB上的M点，经过时间间隔Δt后，曲线AB随动坐标系运动到新的位置$A'B'$；同时，动点沿弧$\widehat{MM'}$运动到M'点，则弧$\widehat{MM'}$即为动点的绝对轨迹。上述的绝对运动可由在同一时间间隔内的如下两种运动的合成来实现：首先，动点随曲线AB上的重合点沿弧$\widehat{MM_1}$运动到M_1点；然后，动点沿曲线$\widehat{A'B'}$由M_1点运动到M'点。曲线$\widehat{M_1M'}$为相对轨迹，则矢量$\boldsymbol{MM'}$、$\boldsymbol{MM_1}$、$\boldsymbol{M_1M'}$分别为动点的绝对位移、牵连位移和相对位移。

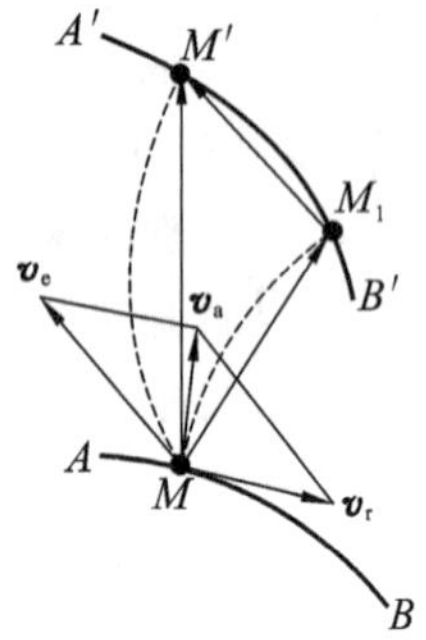

图 3-3

由图3-3可观察到如下矢量表达式

$$\boldsymbol{MM'} = \boldsymbol{MM_1} + \boldsymbol{M_1M'}$$

用Δt除上式两端，并令$\Delta t \to 0$，取极限，得

$$\lim_{\Delta t \to 0} \frac{\boldsymbol{MM'}}{\Delta t} = \lim_{\Delta t \to 0} \frac{\boldsymbol{MM_1}}{\Delta t} + \lim_{\Delta t \to 0} \frac{\boldsymbol{M_1M}}{\Delta t}$$

根据点的速度的定义可得，动点M在t瞬时的绝对速度为

$$\boldsymbol{v}_a = \lim_{\Delta t \to 0} \frac{\boldsymbol{MM'}}{\Delta t} \tag{3-1}$$

它的方向沿绝对轨迹$\widehat{MM'}$的切线方向。

动点M在t瞬时的相对速度为

$$\boldsymbol{v}_r = \lim_{\Delta t \to 0} \frac{\boldsymbol{M_1M'}}{\Delta t} \tag{3-2}$$

它的方向沿M点处的相对轨迹$\widehat{AB}$的切线方向。

动点M在t瞬时的牵连速度为

$$\boldsymbol{v}_e = \lim_{\Delta t \to 0} \frac{\boldsymbol{MM_1}}{\Delta t} \tag{3-3}$$

同样，它的方向沿曲线$\widehat{MM}_1$的切线方向。

由上述关系便可得到

$$\boldsymbol{v}_a = \boldsymbol{v}_e + \boldsymbol{v}_r \tag{3-4}$$

上式表明：动点的绝对速度等于动点的牵连速度与相对速度的矢量和。这就是点的速度合成定理。如图3-3所示，动点的绝对速度$\boldsymbol{v}_a$可由它的牵连速度$\boldsymbol{v}_e$与相对速度$\boldsymbol{v}_r$所构成的平行四边形的对角线来确定。该平行四边形称为速度平行四边形。

应当指出的是，在证明过程中，并未限定动坐标系应作何种运动。因此，该定理适用于任何形式的牵连运动，即动坐标系可作平动、定轴转动或其他任何较复杂的运动。

式(3-4)为矢量方程，各矢量均包含大小和方向两个要素，共计六个要素，只有已知其中的四个要素，才能求解其余两个要素。

在应用点的速度合成定理解题时，要注意如下两点。

(1) 在选择动点及动坐标系时，应注意如下两条原则：① 动点、动坐标系不能选定在同一物体上；② 动点的相对轨迹必须明显。

(2) 在三种运动及三种速度的分析中，要特别注意牵连点及牵连速度的概念和分析。

【例3-1】 直升机以速度$\boldsymbol{u}_1$垂直降落，在直升机的正下方，一军舰以速度$\boldsymbol{u}_2$直线行驶，如图3-4所示，求直升机相对军舰的速度。

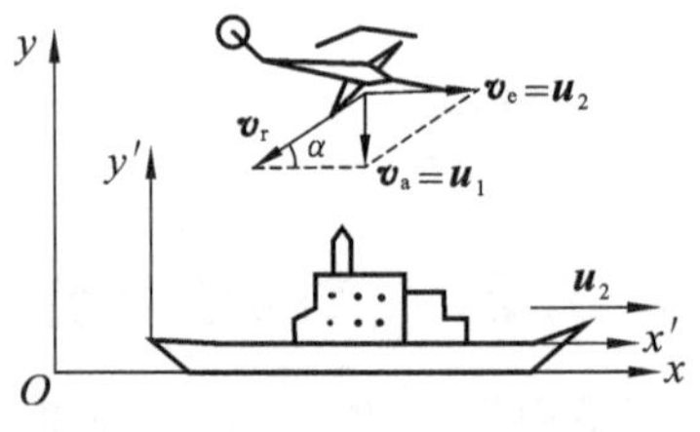

图 3-4

【解】 取直升机为动点，用M表示，则其绝对运动为

垂直下降的直线运动。

将动坐标系固结在军舰上，则牵连运动为直线平动。

直升机的绝对运动可以看成是直升机相对军舰的相对运动与军舰的牵连运动的合成。由于牵连运动为直线平动，所以动点的牵连速度 $\boldsymbol{v}_e$ 的大小为

$$v_e = u_2$$

它与 $\boldsymbol{u}_2$ 同向。又由于动点的绝对速度 $v_a = u_1$，则根据速度合成定理，可画出速度平行四边形，由此可确定相对速度的大小为

$$v_r = \sqrt{v_a^2 + v_e^2} = \sqrt{u_1^2 + u_2^2}$$

$\boldsymbol{v}_r$ 的方向如图 3-4 所示，其中 $\tan\alpha = \dfrac{u_1}{u_2}$。

【例 3-2】 如图 3-5 所示，半径为 R 的半圆形靠模凸轮，以等速 $\boldsymbol{v}_0$ 沿水平轨道向左运动，带动受有约束的杆 AB 沿铅垂方向平动，求当 $\varphi = 30°$ 时，杆 AB 的速度。

【解】 由于杆 AB 作平动，且在 A 点与已知运动的凸轮相接触，因此只需求杆 AB 上的 A 点的速度。

取杆 AB 上的 A 点为动点，动坐标系固连于运动的凸轮上，则动点的绝对运动为铅垂直线运动，绝对速度的方向已知，大小未知；动点的相对运动是沿凸轮轮廓曲线的曲线运动，相对速度的方向沿曲线在 A 点的切线方向，但大小未知；牵连运动为动坐标系，即凸轮的向右直线平动，牵连速度即为凸轮上 A 点的速度，方向水平向右，大小为 v_0。

在速度合成定理的矢量表达式中，只有绝对速度和相对速度的大小两个未知量，故可求得

$$v_a = v_e\tan\varphi = v_0\tan 30° = 0.577v_0$$

用其他方法选择动点、动坐标系是否也可以求解此题？不妨取凸轮上的 A 点作为动点，把动坐标系固结在杆 AB 上，如图 3-5(b) 所示。

由于凸轮作直线平动，动点的绝对运动是水平直线运动，速度的大小和方向均是已知的；牵连运动为杆 AB 沿铅垂方向的平动，以杆 AB 上的 A 点为牵连点，牵连速度的方向已知，大小未知；动点的相对运动，即凸轮上的动点 A 相对于杆 AB 的运动不明显，不能清楚地判定相对运动的轨迹，自然无法判定相对速度的方向和大小，故不能求解。

为了进一步研究相对运动，取凸轮上的任一点 M 为动点，如图 3-5(b) 所示。动坐标系仍固连于杆 AB 上，则 M 点的相对运动方程为

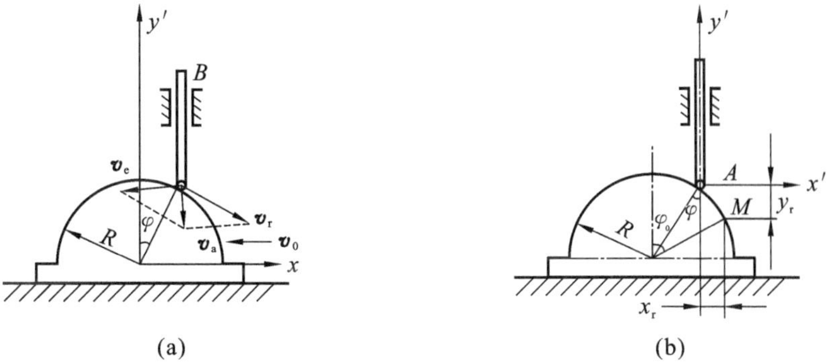

图 3-5

$$x_r = R(\sin\varphi_0 - \sin\varphi)$$
$$y_r = R(\cos\varphi_0 - \cos\varphi)$$

凸轮上的 M 点相对于凸轮当然是固定的，上式中的 φ_0 是不变的。但由于杆与凸轮间的相对滑动，该点相对于动坐标系杆 AB 的位置随时间变化，上式中的 φ 是时间 t 的函数。消去上式中的参数 φ，可得 M 点的相对运动轨迹方程为

$$(x_r - R\sin\varphi_0)^2 + (y_r - R\cos\varphi_0)^2 = R^2$$

可见，M 点的相对轨迹为圆心坐标等于 $R\sin\varphi_0$、$R\cos\varphi_0$，半径等于 R 的半圆弧。注意：该半圆弧是从动坐标系上观察到的相对轨迹，必须借助专门的仪器才能在随动坐标系一起运动的图中绘出，它绝无可能重合于凸轮的轮廓线。

本例的两种解法说明，如何适当选择动点和动坐标系是用合成法分析问题的关键。在应用速度合成定理时，有下列两点需要注意。

(1) 分析由主动件和从动件构成的机构时，一般取它们的连接点作为动点，但动点是固连于主动件还是从动件，应由相对轨迹能否容易被观察来判定。

(2) 如果构件 A 上的点相对于构件 B 的运动轨迹易知，则动坐标系固连于构件 B 上；反之，若构件 B 上的点相对于构件 A 的运动轨迹易知，则动坐标系应固连于构件 A 上。当然，动点和动坐标系绝不能在同一构件上，否则就没有了相对运动，合成法也就毫无意义了。

【例 3-3】 如图 3-6 所示，曲柄 OA 上的一点 A 与滑块铰连，滑块运动时带动杆 O_1B 绕 O_1 点摆动。设 $OA = r$，$OO_1 = l$，当 OA 以角速度 ω_0 转动时，求摇杆 O_1B 的角速度 ω_1。

【解】 取曲柄 OA 上的 A 点作为动点。将动坐标系 $O_1x'y'$ 固结在杆 O_1B 上，如图 3-6 所示。

绝对运动为 A 点绕 O 点的圆周运动，绝对速度的方向已知，大小为 $r\omega$；相对运动为动点沿 O_1B 方向的直线运动，相对速度的方向已知，但大小未知；牵连运动为杆 O_1B 的定轴转动，牵连速度为杆 O_1B 上与动点 A 相重合的点 A' 的速度，方向垂直于 O_1A'，但大小未知。

根据速度矢量图，显然有

$$v_e = v_a \sin\varphi = \frac{r^2\omega_0}{\sqrt{l^2 + r^2}}$$

则

$$\omega_1 = \frac{v_e}{O_1A'} = \frac{r^2\omega_0}{l^2 + r^2}$$

本例中，若动坐标系固结于曲柄 OA 上，选摇杆 O_1B 上的 A' 点作为动点，则由于相对轨迹不易观察，故无法用速度合成定理求解。

此时，为观察相对轨迹，取 $r = 30$ cm，$l = 40$ cm，则 $O_1A' = 50$ cm。先写出相对轨迹方程，再离散成 180 个点，最后借助计算机绘图，以短折线代替曲线，可绘出相对轨迹，如图 3-7 所示。

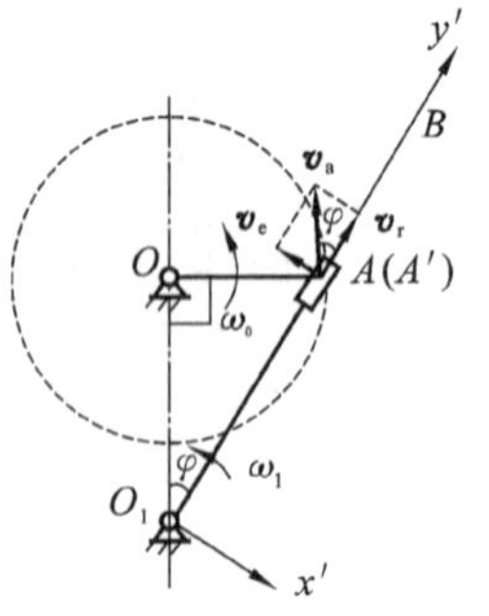

图 3-6

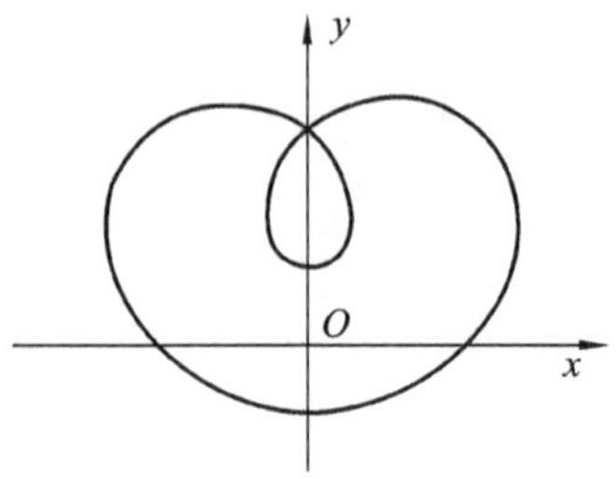

图 3-7

3.3 牵连运动为平动时点的加速度合成定理

由于牵连运动形式不同时，会有不同形式的点的加速度合成定理，所以这里首先讨论牵

连运动为平动时点的加速度合成问题。

设动点沿曲线 AB 作相对运动，而曲线 AB 随动坐标系一起作平动，如图 3-8 所示。

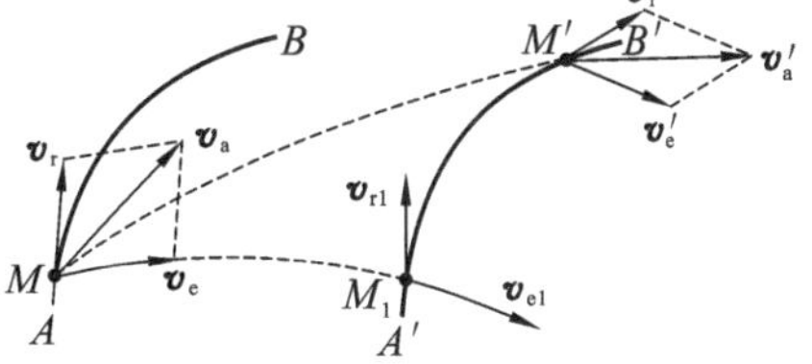

图 3-8

在 t 瞬时，动点在曲线 AB 上的 M 位置，其绝对速度为 $\boldsymbol{v}_a$，相对速度为 $\boldsymbol{v}_r$，牵连速度为 $\boldsymbol{v}_e$。根据速度合成定理有

$$\boldsymbol{v}_a = \boldsymbol{v}_e + \boldsymbol{v}_r \tag{1}$$

经过时间间隔 Δt 后，曲线 AB 平动到 $A'B'$，动点运动到曲线 $A'B'$ 上的 M' 位置。在该瞬时，动点的绝对速度为 $\boldsymbol{v}'_a$，相对速度为 $\boldsymbol{v}'_r$，牵连速度为 $\boldsymbol{v}'_e$。同样，根据速度合成定理有

$$\boldsymbol{v}'_a = \boldsymbol{v}'_e + \boldsymbol{v}'_r \tag{2}$$

现以 $\boldsymbol{a}_a$ 表示动点的绝对加速度。根据动点的加速度的定义，动点的绝对加速度 $\boldsymbol{a}_a$ 可写成

$$\boldsymbol{a}_a = \lim_{\Delta t \to 0} \frac{\boldsymbol{v}'_a - \boldsymbol{v}_a}{\Delta t} \tag{3-5}$$

将式(1) 和式(2) 均代入式(3-5) 中并整理，得到

$$\boldsymbol{a}_a = \lim_{\Delta t \to 0} \frac{(\boldsymbol{v}'_e + \boldsymbol{v}'_r) - (\boldsymbol{v}_e + \boldsymbol{v}_r)}{\Delta t} = \lim_{\Delta t \to 0} \frac{\boldsymbol{v}'_e - \boldsymbol{v}_e}{\Delta t} + \lim_{\Delta t \to 0} \frac{\boldsymbol{v}'_r - \boldsymbol{v}_r}{\Delta t} \tag{3}$$

下面分别讨论式(3) 等号右端各项的力学意义。为此，将动点的绝对运动分为两步完成。首先，假设动点不作相对运动，经过时间间隔 Δt 后，动点随重合点一起牵连运动到曲线 $A'B'$ 上的 M_1 位置，此时动点的牵连速度为 $\boldsymbol{v}_{e1}$，相对速度为 $\boldsymbol{v}_{r1}$。若以 $\boldsymbol{a}_e$ 表示动点的牵连加速度，根据动点的牵连加速度的定义，则有

$$\boldsymbol{a}_e = \lim_{\Delta t \to 0} \frac{\boldsymbol{v}_{e1} - \boldsymbol{v}_e}{\Delta t} \tag{3-6}$$

由于牵连运动是平动，在同一瞬时，各点的速度应相等，则有 $\boldsymbol{v}'_e = \boldsymbol{v}_{e1}$，式(3-6) 可改写成

$$\boldsymbol{a}_e = \lim_{\Delta t \to 0} \frac{\boldsymbol{v}'_e - \boldsymbol{v}_e}{\Delta t} \tag{4}$$

因此，式(3) 右端的第一项即为动点的牵连加速度。

然后假设曲线 $A'B'$ 不动，动点在同一时间间隔 Δt 内，由曲线 $A'B'$ 上的 M_1 位置相对运动到 M' 位置。若以 $\boldsymbol{a}_r$ 表示动点的相对加速度，根据动点的相对加速度的定义，则有

$$\boldsymbol{a}_r = \lim_{\Delta t \to 0} \frac{\boldsymbol{v}'_r - \boldsymbol{v}_{r1}}{\Delta t} \tag{3-7}$$

由于牵连运动是平动，则在动坐标系中的同一位置处的相对速度应相等，即 $\boldsymbol{v}_r = \boldsymbol{v}_{r1}$，式(3-7) 可改写成

$$\boldsymbol{a}_r = \lim_{\Delta t \to 0} \frac{\boldsymbol{v}'_r - \boldsymbol{v}_r}{\Delta t} \tag{5}$$

因此，式(3) 右端的第二项即为动点的相对加速度。

将上述分析结果式(4) 和式(5) 代入式(3) 中，得

$$\boldsymbol{a}_a = \boldsymbol{a}_e + \boldsymbol{a}_r \tag{3-8}$$

这就是牵连运动为平动时点的加速度合成定理，即当牵连运动为平动时，动点在每一瞬时的绝对加速度等于牵连加速度与相对加速度的矢量和。

应该指出的是，动点的绝对运动和相对运动均可能是曲线运动，牵连运动也可能是曲线平动。因此，式(3-8) 中的各项加速度均可能由法向加速度和切向加速度组成，则式(3-8) 的一般形式应为

$$\boldsymbol{a}_a^\tau + \boldsymbol{a}_a^n = \boldsymbol{a}_e^\tau + \boldsymbol{a}_e^n + \boldsymbol{a}_r^\tau + \boldsymbol{a}_r^n \tag{3-9}$$

式(3-9)中共有6个矢量，每个矢量均含有大小和方向两个要素，共有12个要素，必须已知其中的10个要素，才能求解其余2个未知要素。

【例3-4】 图3-9所示为一往复式送料机，曲柄$OA = l$，它以角速度ω_0、角加速度ε_0匀变速转动，带动导杆BC和送料槽D作往复运动。当曲柄OA与铅垂线成θ角时，求送料槽D的速度和加速度。

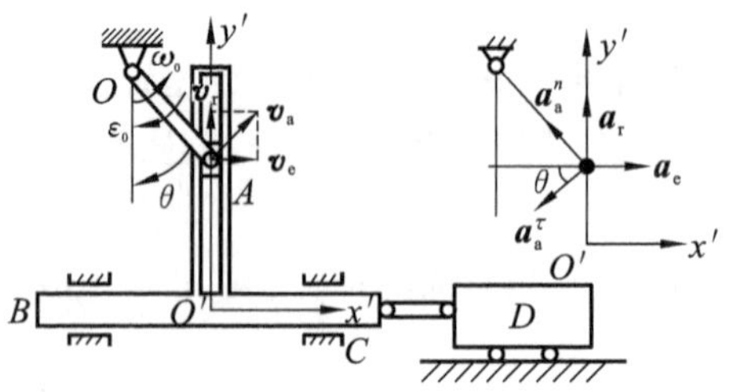

图 3-9

【解】 取曲柄OA上的A点作为动点，动坐标系固结在导杆BC上，则动点A的绝对运动是以O点为圆心、l为半径的圆弧运动；A点的相对运动是沿导杆滑槽的上下直线运动；牵连运动是动坐标系，即导杆BC沿水平方向的直线平动。

由点的速度合成定理可得

$$\boldsymbol{v}_a = \boldsymbol{v}_e + \boldsymbol{v}_r$$

式中，绝对速度的方向垂直于OA，大小为$\omega_0 l$；相对速度的方向沿$O'y'$轴，大小未知；牵连速度的方向水平，大小未知。

画出速度平行四边形，可解出

$$v_e = v_a\cos\theta = \omega_0 l\cos\theta$$

该速度即为导杆BC和料槽D的平动速度。

绝对运动是曲线运动，加速度$\boldsymbol{a}_a$应分解为$\boldsymbol{a}_a^\tau$和$\boldsymbol{a}_a^n$两项。根据牵连运动为平动时的加速度合成定理，有

$$\boldsymbol{a}_a^\tau + \boldsymbol{a}_a^n = \boldsymbol{a}_e + \boldsymbol{a}_r$$

式中，$\boldsymbol{a}_a^\tau$的方向垂直于OA，大小为$\varepsilon_0 l$；$\boldsymbol{a}_a^n$的方向沿着OA指向O点，大小为$l\omega_0^2$；$\boldsymbol{a}_e$的方向水平，大小未知；$\boldsymbol{a}_r$的方向沿$O'y'$轴上，大小未知。上式仅有两个未知量，故可以求解。

用解析法将加速度矢量表达式投影到$O'x'$轴上，则有

$$-a_a^\tau\cos\theta - a_a^n\sin\theta = a_e$$

解得

$$a_e = -l(\varepsilon_0\cos\theta + \omega_0^2\sin\theta)$$

上式即为导杆BC和料槽D的平动加速度，负号表明在此瞬时，$\boldsymbol{a}_e$的实际指向与图中所设方向相反。

【例3-5】 如图3-10所示，已知半径$R = 10$ cm的半圆板B，沿$\alpha = 30°$的斜面以$v = 60$ cm/s的速度匀速向上滑动，推动杆OA绕O点转动，$OA = 20$ cm。求在图示位置时，杆OA的转动角速度ω_0及转动角加速度ε_0。

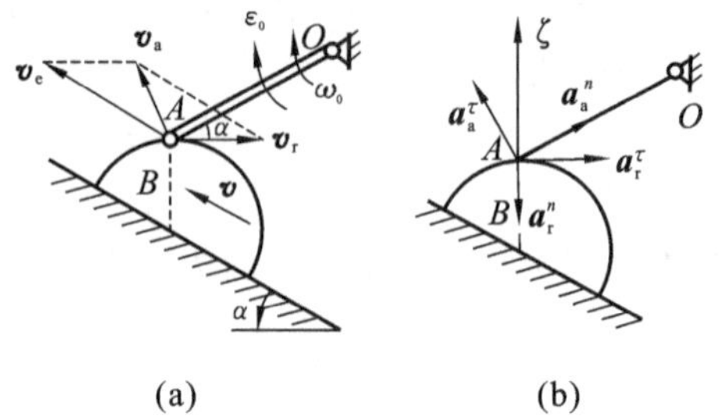

图 3-10

【解】 取杆OA上的A点作为动点，动坐标系固结在半圆板B上，则动点A的绝对运动为以O点为圆心、OA为半径的圆周运动；动点的相对运动为沿半圆板表面的圆周运动；牵连运动为直线平动。由点的速度合成定理可得

$$\boldsymbol{v}_a = \boldsymbol{v}_e + \boldsymbol{v}_r \tag{1}$$

已知牵连速度$\boldsymbol{v}_e$、绝对速度$\boldsymbol{v}_a$、相对速度$\boldsymbol{v}_r$的方向均已知，故可画出速度平行四边形，如图3-10(a)所示，由此可得到

$$v_a = \frac{v_e}{2}\frac{1}{\cos 30^\circ} = \frac{v}{\sqrt{3}} = 20\sqrt{3}\ \text{cm/s}$$

$$v_r = v_a = 20\sqrt{3}\ \text{cm/s}$$

由此可得到杆 OA 的转动角速度为

$$\omega_0 = \frac{v_a}{OA} = \sqrt{3}\ \text{rad/s}$$

由于牵连运动为平动，则由点的加速度合成定理 $\boldsymbol{a}_a = \boldsymbol{a}_e + \boldsymbol{a}_r$，可得到

$$\boldsymbol{a}_a^n + \boldsymbol{a}_a^\tau = \boldsymbol{a}_e + \boldsymbol{a}_r^n + \boldsymbol{a}_r^\tau \tag{2}$$

其中

$$a_a^n = OA \cdot \omega_0^2 = 60\ \text{cm/s}^2$$

$$a_e = 0$$

$$a_r^n = \frac{v_r^2}{R} = \frac{(20\sqrt{3})^2}{10}\ \text{cm/s}^2 = 120\ \text{cm/s}^2$$

各项加速度的方向均已知，故可作出动点的加速度矢量图，如图 3-10(b) 所示。将式(2)向 ζ 轴投影，可得到加速度的投影方程，即

$$a_a^\tau \cos 30^\circ + a_a^n \sin 30^\circ = - a_r^n$$

解得

$$a_a^\tau = \frac{-a_r^n - a_a^n \sin 30^\circ}{\cos 30^\circ} = -100\sqrt{3}\ \text{cm/s}^2$$

最后可得杆 OA 的角加速度为

$$\varepsilon_0 = \frac{a_a^\tau}{OA} = -5\sqrt{3}\ \text{rad/s}^2$$

3.4 牵连运动为定轴转动时点的加速度合成定理

当牵连运动为转动时，加速度合成的结果与上节所得的结论不同。由于动坐标系为转动，牵连运动与相对运动相互影响而产生了一个附加的加速度。这项加速度由于是法国物理学家科里奥利(Coriolis，Gustave Gaspard de，1792—1843) 提出的，故称为科里奥利加速度，简称科氏加速度，通常用符号 $\boldsymbol{a}_k$ 表示。这时，点的绝对加速度可写成

$$\boldsymbol{a}_a = \boldsymbol{a}_e + \boldsymbol{a}_r + \boldsymbol{a}_k \tag{3-10}$$

即当牵连运动为转动时，点的绝对加速度等于牵连加速度、相对加速度与科氏加速度的矢量和。这就是牵连运动为转动时点的加速度合成定理。

下面通过特例证明上述的加速度合成定理。

设动点沿直杆 OA 运动，杆 OA 又以角速度 ω 绕 O 轴匀速转动。将动坐标系固结在杆 OA 上。在 t 瞬时，动点在杆 OA 上的 M 位置，它的相对速度、牵连速度分别为 $\boldsymbol{v}_r$ 和 $\boldsymbol{v}_e$；经过时间间隔 Δt 后，杆 OA 转过 $\Delta\varphi$，动点运动到杆 OA 上的 M' 点处，这时动点的相对速度、牵连速度分别为 $\boldsymbol{v}'_r$ 和 $\boldsymbol{v}'_e$，如图 3-11(a) 所示。

根据点的速度合成定理，在 t 瞬时，动点的绝对速度为

$$\boldsymbol{v}_a = \boldsymbol{v}_e + \boldsymbol{v}_r$$

在 $t + \Delta t$ 瞬时，动点的绝对速度为

$$\boldsymbol{v}'_a = \boldsymbol{v}'_e + \boldsymbol{v}'_r$$

则动点的绝对加速度 $\boldsymbol{a}_a$ 由定义可写成

$$\boldsymbol{a}_{\mathrm{a}}=\lim_{\Delta t\to 0}\frac{\Delta\boldsymbol{v}_{\mathrm{a}}}{\Delta t}=\lim_{\Delta t\to 0}\frac{\boldsymbol{v}'_{\mathrm{a}}-\boldsymbol{v}_{\mathrm{a}}}{\Delta t}=\lim_{\Delta t\to 0}\frac{\boldsymbol{v}'_{\mathrm{e}}-\boldsymbol{v}_{\mathrm{e}}}{\Delta t}+\lim_{\Delta t\to 0}\frac{\boldsymbol{v}'_{\mathrm{r}}-\boldsymbol{v}_{\mathrm{r}}}{\Delta t}=\lim_{\Delta t\to 0}\frac{\Delta\boldsymbol{v}_{\mathrm{e}}}{\Delta t}+\lim_{\Delta t\to 0}\frac{\Delta\boldsymbol{v}_{\mathrm{r}}}{\Delta t}\tag{1}$$

矢量 $\Delta\boldsymbol{v}_{\mathrm{r}}$、$\Delta\boldsymbol{v}_{\mathrm{e}}$ 的几何意义如图 3-11(b)、图 3-11(c) 所示。

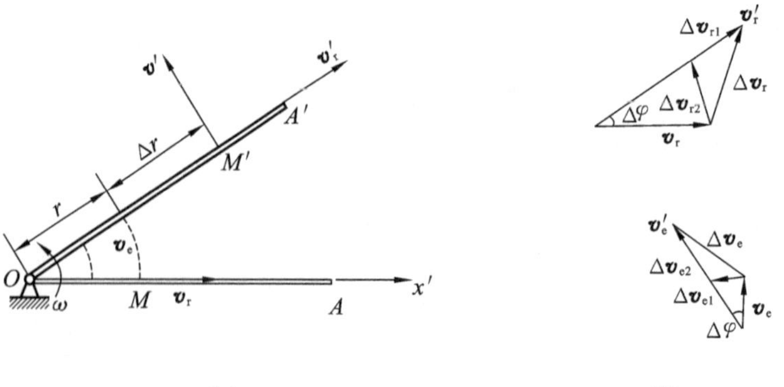

(a) (b)

图 3-11

下面分析式(1) 右端的两项速度变化 $\Delta\boldsymbol{v}_{\mathrm{r}}$、$\Delta\boldsymbol{v}_{\mathrm{e}}$ 的力学意义。

由图 3-11(b) 可知

$$\Delta\boldsymbol{v}_{\mathrm{r}}=\Delta\boldsymbol{v}_{\mathrm{r1}}+\Delta\boldsymbol{v}_{\mathrm{r2}}\tag{2}$$

其中，$\Delta\boldsymbol{v}_{\mathrm{r1}}$ 表示由相对速度的大小变化而引起的相对速度增量；$\Delta\boldsymbol{v}_{\mathrm{r2}}$ 表示由于牵连运动为转动，使得相对速度的方向发生改变而引起的相对速度增量。

又由图 3-11(c) 可知

$$\Delta\boldsymbol{v}_{\mathrm{e}}=\Delta\boldsymbol{v}_{\mathrm{e1}}+\Delta\boldsymbol{v}_{\mathrm{e2}}\tag{3}$$

其中，$\Delta\boldsymbol{v}_{\mathrm{e1}}$ 表示由牵连速度的方向变化而引起的牵连速度增量；$\Delta\boldsymbol{v}_{\mathrm{e2}}$ 表示由于存在相对运动，使得牵连速度的大小发生变化而引起的牵连速度增量。

将式(2)、式(3) 代入式(1) 中，可得到

$$\boldsymbol{a}_{\mathrm{a}}=\lim_{\Delta t\to 0}\frac{\Delta\boldsymbol{v}_{\mathrm{r1}}}{\Delta t}+\lim_{\Delta t\to 0}\frac{\Delta\boldsymbol{v}_{\mathrm{r2}}}{\Delta t}+\lim_{\Delta t\to 0}\frac{\Delta\boldsymbol{v}_{\mathrm{e1}}}{\Delta t}+\lim_{\Delta t\to 0}\frac{\Delta\boldsymbol{v}_{\mathrm{e2}}}{\Delta t}\tag{4}$$

下面再进一步分析式(4) 右端四项的力学意义。

在证明此定理时，曾假设相对轨迹为直线。由于只有相对速度的大小发生变化才能产生相对加速度，所以式(4) 的第一项应为动点的相对加速度 $\boldsymbol{a}_{\mathrm{r}}$，即

$$\lim_{\Delta t\to 0}\frac{\Delta\boldsymbol{v}_{\mathrm{r1}}}{\Delta t}=\boldsymbol{a}_{\mathrm{r}}\tag{5}$$

此外，在上述证明中，也曾假设牵连运动为动坐标系杆 OA 的匀速转动。由于只有牵连速度的方向发生变化才能产生牵连加速度，所以式(4) 的第三项应为动点的牵连加速度 $\boldsymbol{a}_{\mathrm{e}}$，即

$$\lim_{\Delta t\to 0}\frac{\Delta\boldsymbol{v}_{\mathrm{e1}}}{\Delta t}=\boldsymbol{a}_{\mathrm{e}}\tag{6}$$

可见，式(4) 的第二项和第四项是由于牵连运动为转动时，相对运动与牵连运动相互影响而产生的加速度附加项。

现在分析并计算附加加速度的大小和方向。

先确定第二项，即 $\lim\limits_{\Delta t\to 0}\dfrac{\Delta\boldsymbol{v}_{\mathrm{r2}}}{\Delta t}$ 的大小和方向。由图 3-11(b) 可知

$$|\Delta\boldsymbol{v}_{\mathrm{r2}}|=2v_{\mathrm{r}}\sin\frac{\Delta\varphi}{2}\approx v_{\mathrm{r}}\Delta\varphi$$

于是

$$\lim_{\Delta t \to 0}\left|\frac{\Delta \boldsymbol{v}_{r2}}{\Delta t}\right| = v_r \lim_{\Delta t \to 0}\frac{\Delta \varphi}{\Delta t} = v_r \omega \tag{7}$$

其方向垂直于 $\boldsymbol{v}_e$，并与 ω 的转向一致。

最后确定第四项，即$\lim\limits_{\Delta t \to 0}\dfrac{\Delta \boldsymbol{v}_{e2}}{\Delta t}$ 的大小和方向。由图 3-11(a)、图 3-11(c) 可得，$\boldsymbol{v}_e$、$\boldsymbol{v}'_e$的大小应分别为

$$v_e = OM \cdot \omega$$
$$v'_e = OM' \cdot \omega$$

其中，ω 为动坐标系的转动角速度。所以

$$\lim_{\Delta t \to 0}\left|\frac{\Delta \boldsymbol{v}_{e2}}{\Delta t}\right| = \lim_{\Delta t \to 0}\left|\frac{\boldsymbol{v}'_e - \boldsymbol{v}_e}{\Delta t}\right| = \omega \cdot \lim_{\Delta t \to 0}\frac{OM' - OM}{\Delta t} = \omega v_r \tag{8}$$

其方向也垂直于 $\boldsymbol{v}_r$，并与 ω 的转向一致。

由于这两项附加加速度的大小相同，方向一致，所以将这两项合并成一项，用 $\boldsymbol{a}_k$ 表示，它的大小为

$$a_k = 2\omega v_r \tag{3-11}$$

它的方向与 $\boldsymbol{v}_r$ 垂直，并与 ω 的转向一致。这项加速度称为科氏加速度。

现将式(5)、式(6) 和式(3-11) 一并代入式(4) 中，于是牵连运动为转动时的点的加速度合成定理得到证明，即式(4) 可写成

$$\boldsymbol{a}_a = \boldsymbol{a}_e + \boldsymbol{a}_r + \boldsymbol{a}_k$$

应当指出的是，牵连运动为转动时的点的加速度合成定理虽然是在特殊情况下证明的，但所得结论也适用于一般情况。这时，科氏加速度的表达式为

$$\boldsymbol{a}_k = 2\boldsymbol{\omega}_e \times \boldsymbol{v}_r \tag{3-12}$$

根据矢量积运算法则，$\boldsymbol{a}_k$ 的大小为

$$a_k = 2\omega_e v_r \sin\theta$$

其中，θ 是矢量 $\boldsymbol{\omega}_e$ 与 $\boldsymbol{v}_r$ 的夹角；$\boldsymbol{a}_k$ 的方向可用右手法则判断，如图 3-12 所示。如果 $\boldsymbol{\omega}_e \perp \boldsymbol{v}_r$，即机构在平面内运动时，可将相对速度 $\boldsymbol{v}_r$ 沿牵连运动的角速度 $\boldsymbol{\omega}_e$ 的方向转过 90° 角，此时 $\boldsymbol{v}_r$ 的指向即为 $\boldsymbol{a}_k$ 的指向，$\boldsymbol{a}_k$ 的大小则为

$$a_k = 2\omega_e v_r$$

如果 $\boldsymbol{\omega}_e \parallel \boldsymbol{v}_r$，则 $\theta = 0$，$a_k = 0$。

下面用矢量分析法给出这个定理的严格证明。

如图 3-13 所示，$Oxyz$ 为静坐标系，$O'x'y'z'$ 为动坐标系，绕定轴 Oz 转动的角速度和角加速度分别为 ω_e 和 ε_e，则动点 M 的相对速度和相对加速度分别为

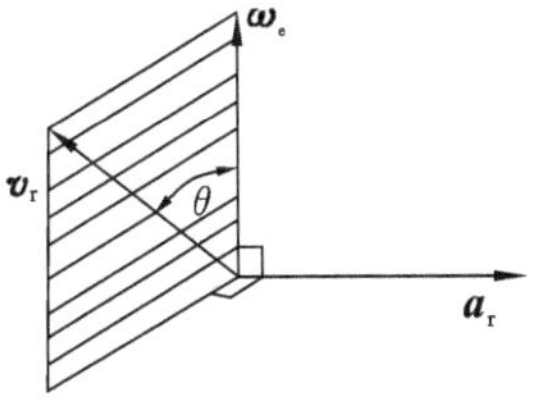

图 3-12

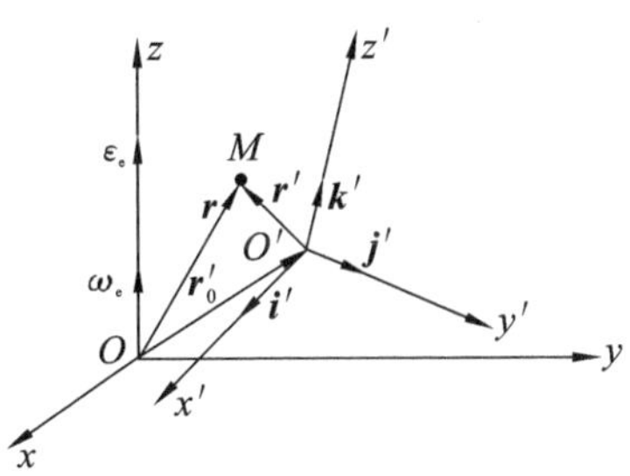

图 3-13

$$\boldsymbol{v}_r = \frac{dx'}{dt}\boldsymbol{i}' + \frac{dy'}{dt}\boldsymbol{j}' + \frac{dz'}{dt}\boldsymbol{k}', \quad \boldsymbol{a}_r = \frac{d^2x'}{dt^2}\boldsymbol{i}' + \frac{d^2y'}{dt^2}\boldsymbol{j}' + \frac{d^2z'}{dt^2}\boldsymbol{k}'$$

式中，i'、j' 和 k' 为动坐标系各轴方向的单位矢量，x'、y' 和 z' 为动点在动坐标系中的坐标。

动点的牵连速度和牵连加速度分别为

$$\boldsymbol{v}_e = \boldsymbol{\omega}_e \times \boldsymbol{r}, \boldsymbol{a}_e = \boldsymbol{\varepsilon}_e \times \boldsymbol{r} + \boldsymbol{\omega}_e \times \boldsymbol{v}_e$$

式中，$\boldsymbol{r}$ 为动点在静坐标系中的矢径。用 $\boldsymbol{r}'$ 表示动点在动坐标系中的矢径，显然有

$$\boldsymbol{r} = \boldsymbol{r}'_0 + \boldsymbol{r}'$$

其中，$\boldsymbol{r}'_0$ 为动坐标系的原点 O' 在静坐标系中的矢径。

动点的绝对速度和绝对加速度分别为

$$\boldsymbol{v}_a = \boldsymbol{v}_e + \boldsymbol{v}_r, \quad \boldsymbol{a}_a = \frac{d\boldsymbol{v}_a}{dt} = \frac{d\boldsymbol{v}_e}{dt} + \frac{d\boldsymbol{v}_r}{dt}$$

由于受牵连运动与相对运动的相互影响，$\frac{d\boldsymbol{v}_e}{dt} \neq \boldsymbol{a}_e$，$\frac{d\boldsymbol{v}_r}{dt} \neq \boldsymbol{a}_r$。将 $\boldsymbol{v}_e$ 的表达式代入$\frac{d\boldsymbol{v}_e}{dt}$中，可得

$$\begin{aligned}\frac{d\boldsymbol{v}_e}{dt} &= \frac{d}{dt}(\boldsymbol{\omega}_e \times \boldsymbol{r}) \\ &= \frac{d\boldsymbol{\omega}_e}{dt} \times \boldsymbol{r} + \boldsymbol{\omega}_e \times \frac{d\boldsymbol{r}}{dt} \\ &= \boldsymbol{\varepsilon}_e \times \boldsymbol{r} + \boldsymbol{\omega}_e \times \boldsymbol{v}_a = \boldsymbol{\varepsilon}_e \times \boldsymbol{r} + \boldsymbol{\omega}_e \times \boldsymbol{v}_e + \boldsymbol{\omega}_e \times \boldsymbol{v}_r \\ &= \boldsymbol{a}_e + \boldsymbol{\omega}_e \times \boldsymbol{v}_r\end{aligned}$$

将 $\boldsymbol{v}_r$ 的表达式代入 $d\boldsymbol{v}_r/dt$ 中，可得

$$\frac{d\boldsymbol{v}_r}{dt} = \left(\frac{d^2x'}{dt^2}\boldsymbol{i}' + \frac{d^2y'}{dt^2}\boldsymbol{j}' + \frac{d^2z'}{dt^2}\boldsymbol{k}'\right) + \left(\frac{dx'}{dt} \cdot \frac{d\boldsymbol{i}'}{dt} + \frac{dy'}{dt} \cdot \frac{d\boldsymbol{j}'}{dt} + \frac{dz'}{dt} \cdot \frac{d\boldsymbol{k}'}{dt}\right)$$

式中，第一个括弧内的各项之和即为相对加速度；第二个括弧中的各项表示动坐标系各坐标方向的单位矢量的变化率。以$\frac{d\boldsymbol{k}'}{dt}$为例，分析如下。

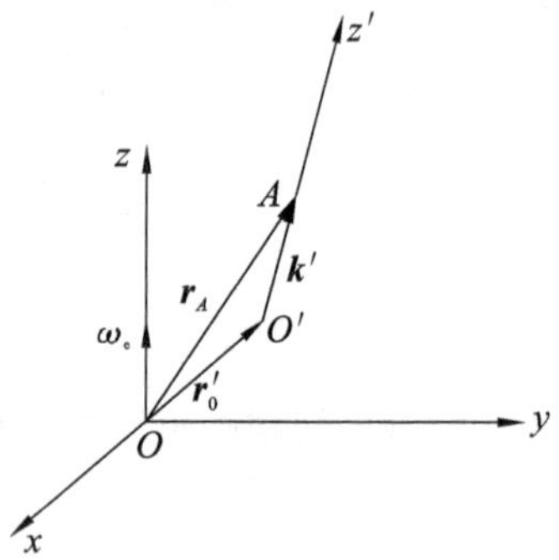

图 3-14

如图 3-14 所示，矢量 $\boldsymbol{k}'$ 的端点 A 的速度等于 $d\boldsymbol{r}_A/dt$，也可用矢量积表示为 $\boldsymbol{\omega}_e \times \boldsymbol{r}_A$，因此有

$$\boldsymbol{v}_A = \frac{d\boldsymbol{r}_A}{dt} = \boldsymbol{\omega}_e \times \boldsymbol{r}_A$$

将 $\boldsymbol{r}_A = \boldsymbol{r}'_0 + \boldsymbol{k}'$ 代入上式中，得

$$\boldsymbol{v}_A = \frac{d\boldsymbol{r}'_0}{dt} + \frac{d\boldsymbol{k}'}{dt} = \boldsymbol{\omega}_e \times (\boldsymbol{r}'_0 + \boldsymbol{k}')$$

又由于$\frac{d\boldsymbol{r}'_0}{dt} = \boldsymbol{v}'_0 = \boldsymbol{\omega}_e \times \boldsymbol{r}'_0$，因此可得

$$\frac{d\boldsymbol{k}'}{dt} = \boldsymbol{\omega}_e \times \boldsymbol{k}'$$

同理可得

$$\frac{d\boldsymbol{i}'}{dt} = \boldsymbol{\omega}_e \times \boldsymbol{i}', \frac{d\boldsymbol{j}'}{dt} = \boldsymbol{\omega}_e \times \boldsymbol{j}'$$

将上述两式代入 $d\boldsymbol{v}_r/dt$ 中，可得

$$\frac{d\boldsymbol{v}_r}{dt} = \boldsymbol{a}_r + \boldsymbol{\omega}_e \times \left(\frac{dx'}{dt}\boldsymbol{i}' + \frac{dy'}{dt}\boldsymbol{j}' + \frac{dz'}{dt}\boldsymbol{k}'\right) = \boldsymbol{a}_r + \boldsymbol{\omega}_e \times \boldsymbol{v}_r$$

因此可得

$$\boldsymbol{a}_a = \frac{d\boldsymbol{v}_a}{dt} + \frac{d\boldsymbol{v}_r}{dt} = \boldsymbol{a}_e + \boldsymbol{a}_r + 2\boldsymbol{\omega}_e \times \boldsymbol{v}_r = \boldsymbol{a}_e + \boldsymbol{a}_r + \boldsymbol{a}_k$$

【例 3-6】 地球上北纬 φ 处的一动点，沿经线向北以速度 $\boldsymbol{v}$ 匀速运动，如图 3-15 所示。考虑地球的自转，求 M 点的加速度。

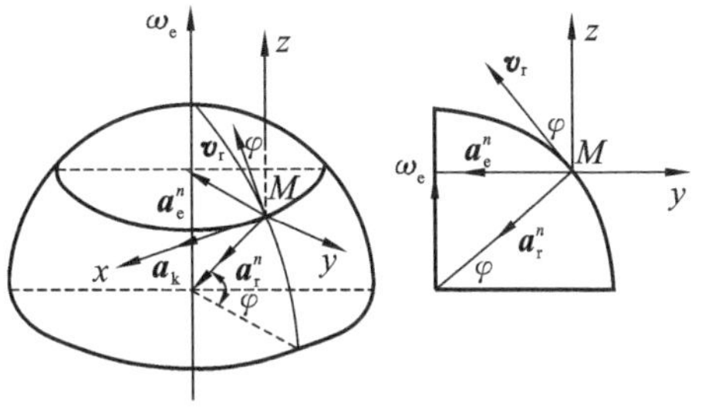

图 3-15

【解】 为了研究地球自转的影响，显然动坐标系应固结在地球上；静坐标系以地球球心为原点，三个轴指向三个恒星。地球的自转为牵连运动，即定轴转动，$\boldsymbol{\omega}_e$ 沿地轴指向北极。

动点 M 沿经线的相对运动为匀速曲线运动，则有

$$a_r^\tau = 0,\quad a_r = a_r^n,\quad a_r^n = v^2/R$$

其中，R 为地球的半径。将地球的自转视为匀速转动，则有

$$a_e^\tau = 0,\quad a_e = a_e^n,\quad a_e^n = R\omega_e^2\cos\varphi$$

科氏加速度 $\boldsymbol{a}_k$ 应垂直于 $\boldsymbol{\omega}_e$ 和 $\boldsymbol{v}_r$ 所决定的平面，其大小为

$$a_k = 2\omega_e v\sin\varphi$$

过点 M 取投影坐标系 $Axyz$，如图 3-15 所示，则 $\boldsymbol{a}_a$ 在三个坐标轴上的投影分别为

$$a_{ax} = a_{rx} + a_{ex} + a_{kx} = 0 + 0 + 2\omega_e v\sin\varphi = 2\omega_e v\sin\varphi$$

$$a_{ay} = a_{ry} + a_{ey} + a_{ky} = -\frac{v^2}{R}\cos\varphi - R\omega_e^2\cos\varphi + 0 = -\left(\frac{v^2}{R} + R\omega_e^2\right)\cos\varphi$$

$$a_{az} = a_{rz} + a_{ez} + a_{kz} = -\frac{v^2}{R}\sin\varphi + 0 + 0 = -\frac{v^2}{R}\sin\varphi$$

若动点为一列火车（或流动的河水），则正是由于 $\boldsymbol{a}_k$（顺着相对运动的方向看，指向左）的存在，它必然受到来自铁轨（或河的右岸）的指向左侧的力的作用；反之，动点必定会给铁轨（或河岸）一个指向右侧的力。北半球上由南往北流的河流一般是东岸冲刷得较为厉害，正是由于这个与科氏加速度方向相反的力的作用。这种力称为科氏惯性力。

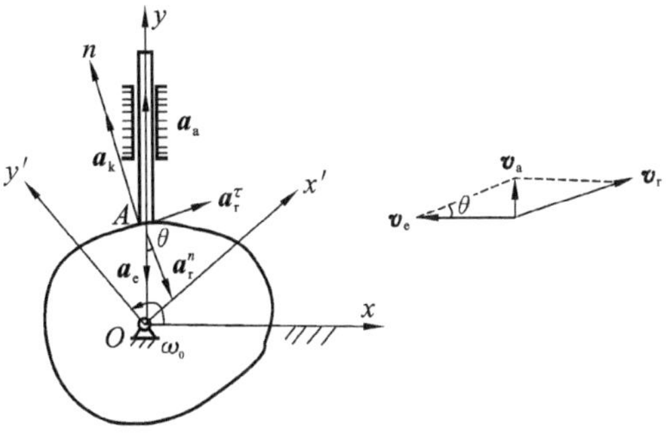

图 3-16

【例 3-7】 如图 3-16 所示为一凸轮机构。在图示瞬时，$OA = r$，凸轮轮廓线在 A 点的曲率半径为 ρ，法线与 OA 的夹角为 θ。设凸轮以角速度 ω_0 匀速转动，求顶杆的加速度。

【解】 取挺杆上的 A 点作为动点，动坐标系固结于凸轮上，则绝对运动为点 A 沿 Oy 轴方向的直线运动，相对运动为点 A 沿凸轮轮廓线的曲线运动，牵连运动为凸轮的转动。

为了求解加速度，一般应先进行速度分析。由图 3-16 可求得

$$v_r = \frac{v_e}{\cos\theta} = r\omega_0\sec\theta$$

在矢量合成式 $\boldsymbol{a}_a = \boldsymbol{a}_e + \boldsymbol{a}_r + \boldsymbol{a}_k$ 中，$\boldsymbol{a}_a$ 沿铅垂方向，大小未知；$\boldsymbol{a}_e$ 指向凸轮的转动中心，大小为 $a_e = r\omega_0^2$；$\boldsymbol{a}_r^\tau$ 沿相对轨迹在 A 点的切线方向，大小未知；$\boldsymbol{a}_r^n$ 沿相对轨迹在 A 点的法线方向，大小为 $a_r^n = \dfrac{v_r^2}{\rho}$；$\boldsymbol{a}_k$ 的方向由定义判定为沿 A 点的法线方向，大小为 $a_k = 2\omega_0 v_r\sin 90^\circ = 2\omega_0 v_r$。故只有 $\boldsymbol{a}_a$ 和 $\boldsymbol{a}_r^\tau$ 的大小两个未知量，因此可以求解。

把矢量合成式 $\boldsymbol{a}_a = \boldsymbol{a}_e + \boldsymbol{a}_r + \boldsymbol{a}_k$ 投影到 n—n 轴上，可得

$$-a_a\cos\theta = a_e\cos\theta + a_r^n - a_k$$

从而解得

$$a_a = -r\omega_0^2\left(1 + \frac{r}{\rho}\sec^3\theta - 2\sec^2\theta\right)$$

这个加速度即为顶杆的加速度。

【例 3-8】 在图 3-17(a) 所示的机构中，导杆 AB 可在曲柄 OC 的滑道内运动，导杆 AB 的 A 端可在半径为 R 的固定圆槽内运动，$OO_1 = R$。在图示位置时，曲柄 OC 的角速度为 ω_0，角加速度为零。试求该瞬时 A 点的速度和加速度。

【解】 取 A 点作为动点，将动坐标系固结在曲柄 OC 上。动点的绝对运动为沿半径为 R 的固定圆槽的圆周运动；动点的相对运动为沿曲柄 OC 的滑道的直线运动；牵连运动为绕 O 轴的匀速转动。

利用速度合成定理可得

$$\boldsymbol{v}_a = \boldsymbol{v}_e + \boldsymbol{v}_r$$

已知 $v_e = 2R\omega_0\cos\varphi$，$\boldsymbol{v}_e$、$\boldsymbol{v}_a$、$\boldsymbol{v}_r$ 的方向已知，故可作出速度平行四边形，从而求得 A 点的速度为

$$v_a = \frac{v_e}{\cos\varphi} = 2R\omega_0,\ v_r = v_a\sin\varphi = 2R\omega_0\sin\varphi$$

由于动坐标系作定轴转动，根据上述三种运动的分析，可将 A 点的绝对加速度写成

$$\boldsymbol{a}_a^n + \boldsymbol{a}_a^\tau = \boldsymbol{a}_e^n + \boldsymbol{a}_r + \boldsymbol{a}_k$$

已知 $a_a^n = \dfrac{v_a^2}{R} = 4R\omega_0^2$，科氏加速度 $\boldsymbol{a}_k$ 的大小为 $a_k = 2\omega_0 v_r = 4R\omega_0^2\sin\varphi$。画出动点 A 的加速度矢量图，如图 3-17(b) 所示。为求 $\boldsymbol{a}_a^\tau$ 的大小，将 A 点的绝对加速度的表达式向 ξ 轴投影，可得投影方程为

$$(a_a^\tau\cos\varphi + a_a^n\sin\varphi) = a_k$$

即

$$a_a^\tau = (a_k - a_a^n\sin\varphi)\frac{1}{\cos\varphi} = [4R\omega_0^2\sin\varphi - 4R\omega_0^2\sin\varphi]\frac{1}{\cos\varphi} = 0$$

所以，A 点的绝对加速度 $\boldsymbol{a}_A$ 的大小为

$$a_A = a_a = a_a^n = 4R\omega_0^2$$

方向如图 3-17(b) 所示。

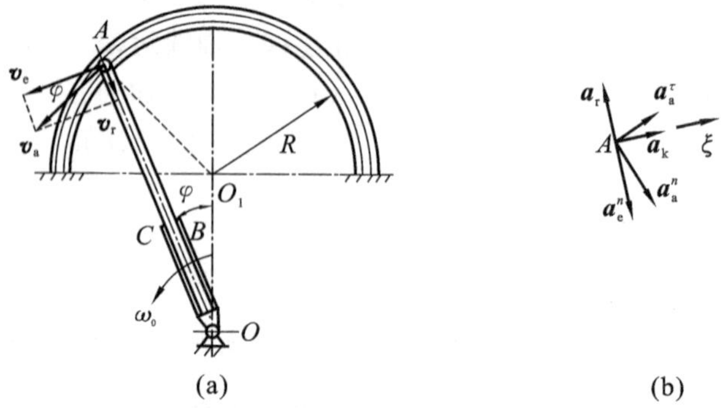

图 3-17

思考与习题

1. 怎样选取动点和动坐标系?在例 3-7 中,可否将动坐标系固结于挺杆上,而以凸轮上的 A 点作为动点?

2. 为什么牵连运动为平动时没有科氏加速度?为什么牵连角速度 $\boldsymbol{\omega}_e$ 与相对速度 $\boldsymbol{v}_r$ 平行时,$a_k = 0$?

3. 图 3-18 所示的速度平行四边形对不对?若不对,请改正。

4. 假设曲柄 OA 匀速转动。图 3-19 分别给出了动坐标系固连于 BC 和 OA 上时的加速度合成图,哪一个是对的?

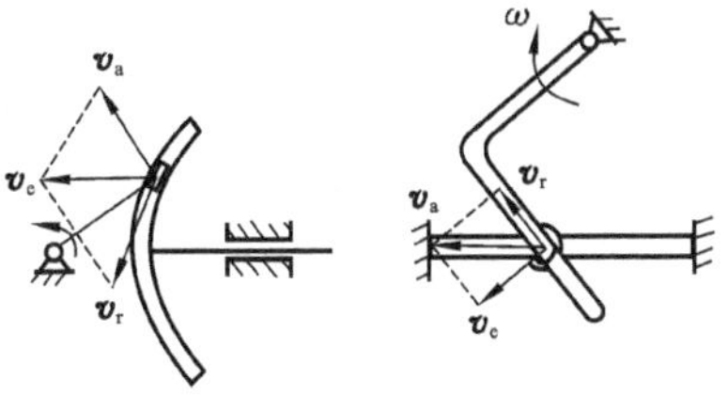

(a) (b)

图 3-18

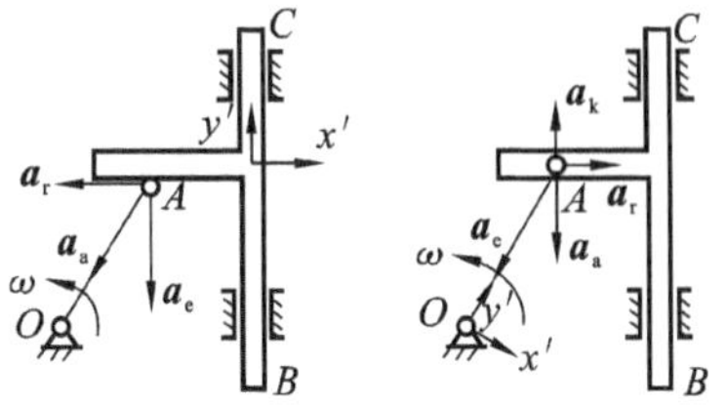

(a) (b)

图 3-19

5. 如图 3-20 所示,取滑块 A 作为动点,动坐标系固结于杆 OC 上,则以下速度和加速度的计算是否正确?

$$v_e = \omega \cdot OA,\quad v_a = v_e \cos\varphi = \omega \cdot OA \cdot \cos\varphi;$$

$$a_a \cos\varphi - a_k = 0, a_a = a_k / \cos\varphi。$$

6. 如图 3-21 所示,动坐标系 $Ox'y'$ 绕 O 轴转动,转动方程为 $\varphi = t$,动点 M 在动坐标系中运动,运动方程为 $x' = 4(1 - \cos t), y' = 4\sin t$。求 M 点的相对轨迹和绝对轨迹。

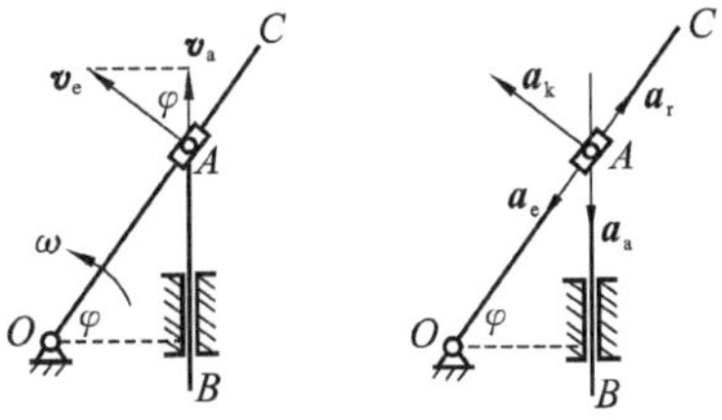

(a) (b)

图 3-20

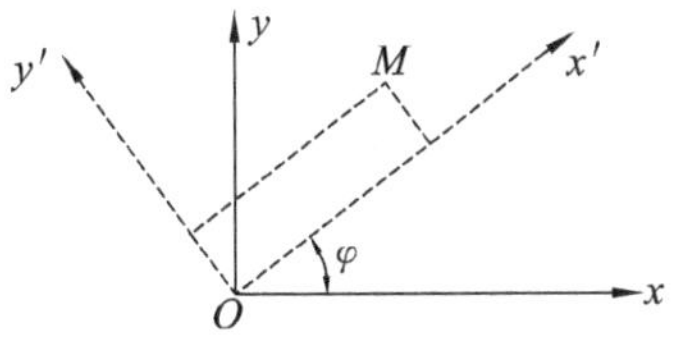

图 3-21

7. 在如图 3-22 所示的机构中,杆 AB 左右摆动时,通过滑块 B 带动水平杆 CD 作往复运动。已知 $AB = l$,求图示瞬时,水平杆 CD 的速度 v 与杆 AB 的角速度 ω 的关系。

8. 若上题中的杆 AB 与水平杆 CD 通过销子 M 连接,如图 3-23 所示,求水平杆 CD 的速度 v 与杆 AB 的角速度 ω 的关系。设固定点 A 到水平杆 CD 的距离为 h。

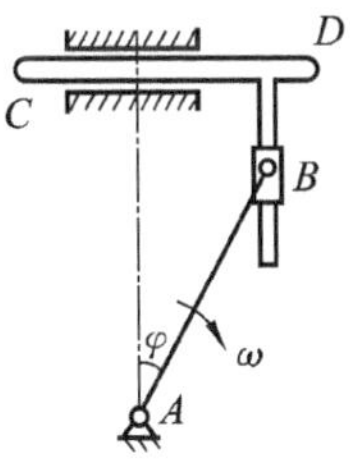

图 3-22

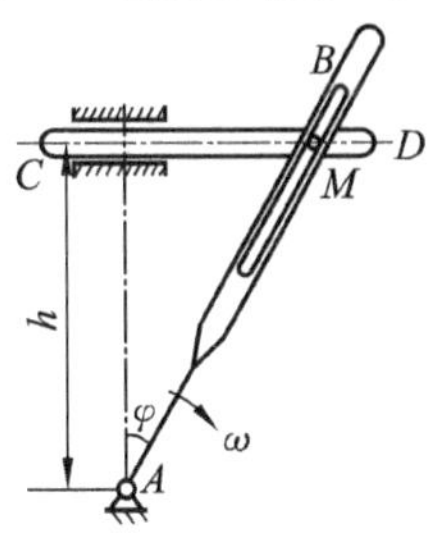

图 3-23

9. 如图 3-24 所示，弯杆 BC 以速度$\boldsymbol{u}$水平向左运动，推动长为 l 的杆 OA 转动，试用 x 和 a 表示 A 点的速度。

10. 在如图 3-25 所示的曲柄滑道机构中，曲柄 OA 以等角速度 ω 绕 O 轴转动，$OA = r$，和水平杆固连的滑道 DE 与水平线成 60° 角，求曲柄与水平线的夹角分别为 $\varphi = 0°$，$\varphi = 30°$，$\varphi = 60°$ 时，杆 BC 的速度。

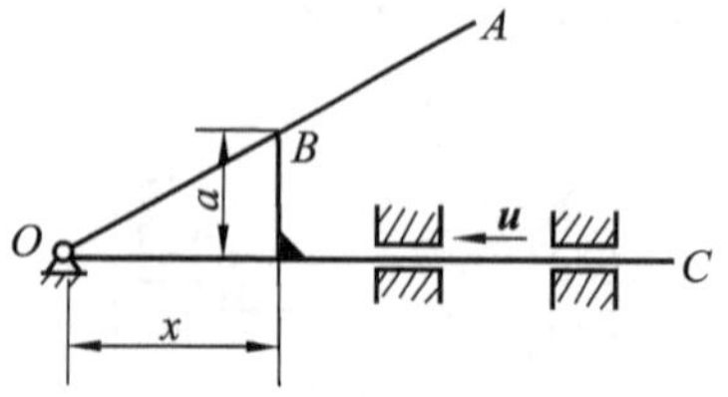

图 3-24

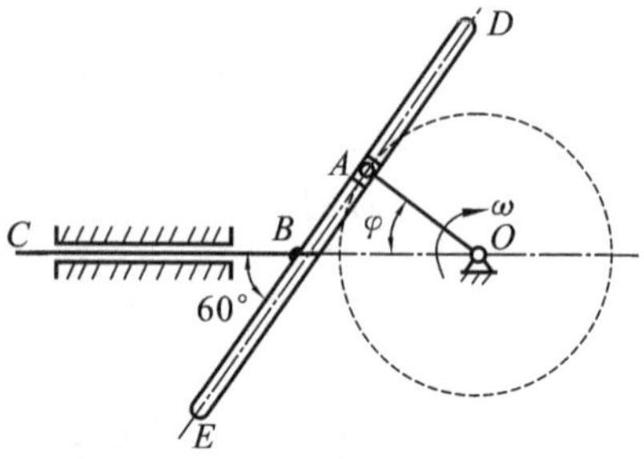

图 3-25

11. 如图 3-26 所示，滑杆 AB 以等速$\boldsymbol{u}$向上运动，带动摇杆 OC 绕 O 点转动。若 $OC = a$，$OD = l$，求当 $\varphi = \frac{\pi}{4}$ 时，C 点的速度。

12. 如图 3-27 所示，m—m 为火星 M 的运动轨道，火星 M 的绝对速度为 $v_M = 22.5$ km/s，n—n 为飞船 N 的运行轨道，飞船 N 的绝对速度为 $v_N = 18$ km/s。若飞船上的观察者观察到火星是迎面而来的，求观察者的视线与 n—n 线的夹角 β。

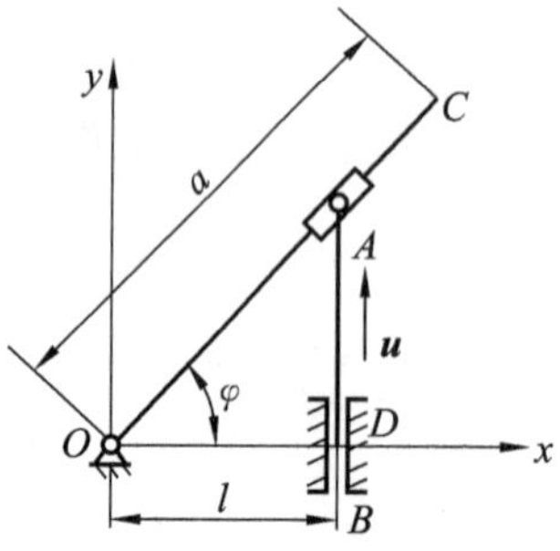

图 3-26

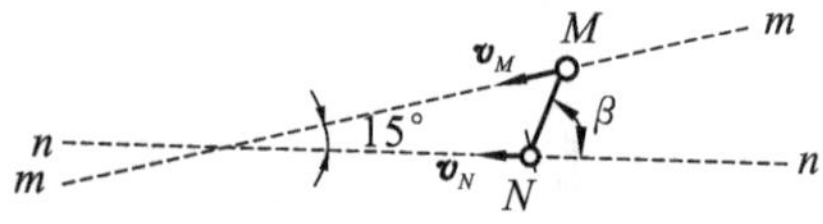

图 3-27

13. 如图 3-28 所示，曲柄 $OA = 40$ cm，以 $\omega = 0.5$ rad/s 的角速度转动，推动滑杆 BC 上升。当 $\theta = 30°$ 时，求滑杆 BC 的加速度。

14. 如图 3-29 所示，半径为 R 的半圆形凸轮以等速$\boldsymbol{u}$水平向右运动，带动杆 AB 上升。当 $\varphi = 30°$ 时，求杆 AB 相对凸轮的速度和加速度。

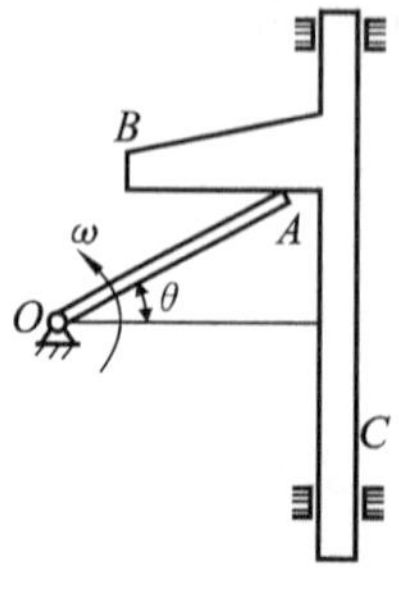

图 3-28

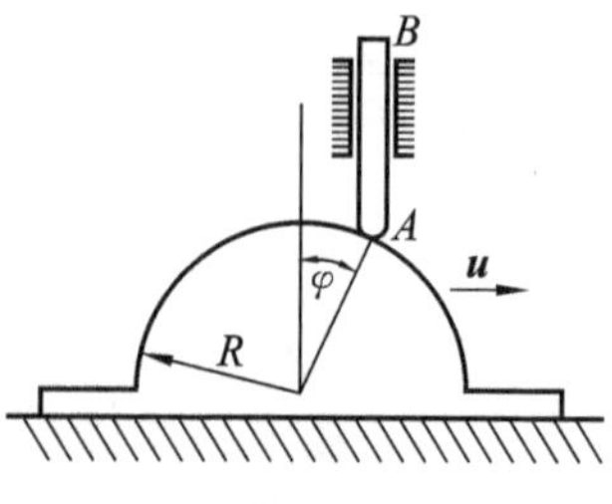

图 3-29

15．如图 3-30 所示，导槽 BC 和 EF 间有一销子 M，导槽运动时，带动销子 M 在固定导槽 EF 内运动。若 $AB = CD = 20$ cm，曲柄 AB 以 $\varphi = \varphi_0 \sin\omega t$ 的规律摆动，其中 $\varphi_0 = 60°$，$\omega = 1$ rad/s。求当 $\varphi = 30°$ 时，M 点在导槽 EF 和 BC 中运动的速度和加速度。

16．在如图 3-31 所示的机构中，曲柄 OA 绕 O 点以 $\omega = 1$ rad/s 的角速度、$\varepsilon = 1$ rad/s^2 的角加速度转动，$OA = 10$ cm。若 $\angle AOB = 30°$，求导杆上的 C 点的加速度和滑块 A 在滑道上的相对加速度。

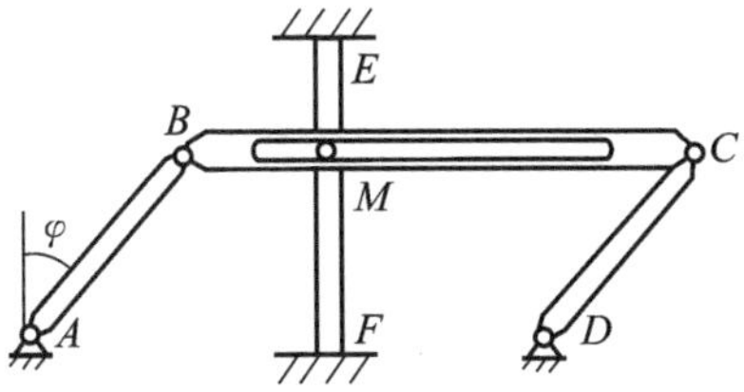

图 3-30

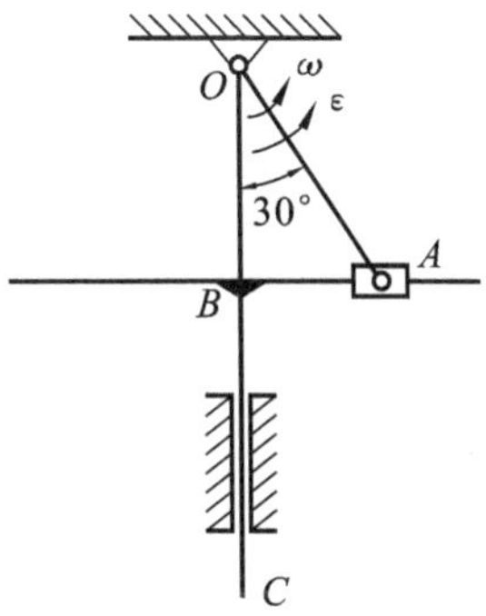

图 3-31

17．拖拉机以速度 $\boldsymbol{v}_0$ 和加速度 $\boldsymbol{a}_0$ 沿直线道路行驶，如图 3-32 所示。已知车轮的半径为 R，不计轮与履带间的滑动，求履带上的 M_1、M_2、M_3、M_4 点的加速度。

18．如图 3-33 所示，半径为 r 的圆盘以匀角速度 ω_1 绕水平轴 O_1O_2 转动，同时水平轴 O_1O_2 又以匀角速度 ω_2 绕铅垂轴转动。求圆盘边缘上的 A、B、C 三点的速度和加速度。

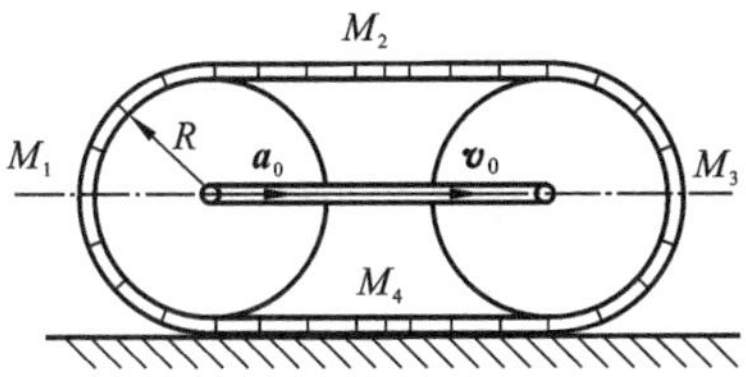

图 3-32

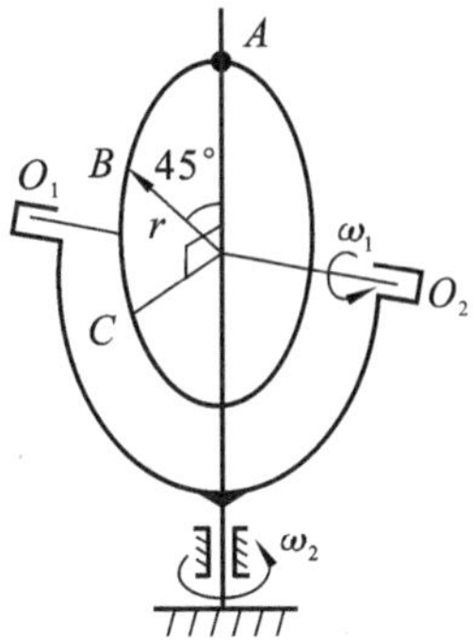

图 3-33

19．在如图 3-34 所示的两种机构中，若 $O_1O_2 = 20$ cm，$\omega_1 = 3$ rad/s，$\varepsilon_1 = 0$。求图示瞬时杆 O_2A 的转动角速度 ω_2 和角加速度 ε_2。

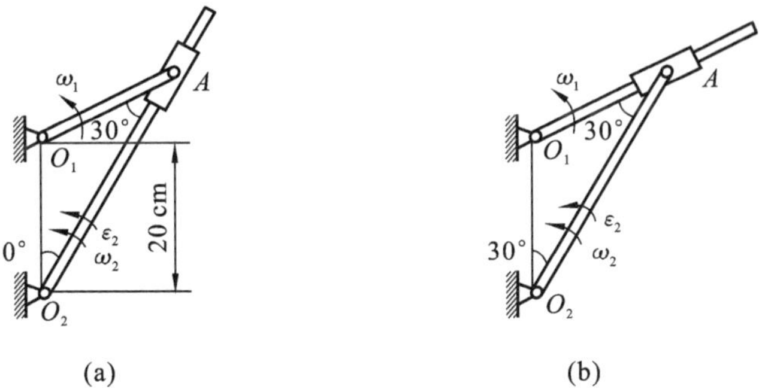

图 3-34

20. 在如图 3-35 所示的机构中，当杆 OC 转动时，通过滑块 A 带动杆 AB 运动。当 $\theta=30°$ 时，杆 OC 的角速度 $\omega=2\ \mathrm{rad/s}$，角加速度 $\varepsilon=1\ \mathrm{rad/s^2}$，杆 OC 作减速转动。已知图中 $l=30\ \mathrm{cm}$，求杆 AB 的运动速度和加速度。

21. 如图 3-36 所示，曲柄 OA 转动时，通过滑块 A 带动杆 BC 左右来回运动。已知 $OA=r$，曲柄 OA 以匀角速度 ω 转动，求当曲柄 OA 与水平线成 φ 角时，杆 BC 的运动速度与加速度，以及滑块 A 在导槽中运动的速度与加速度。

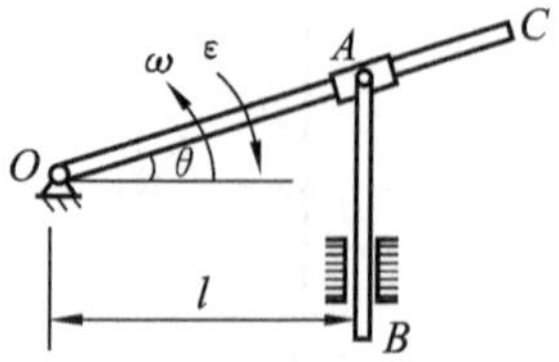

图 3-35

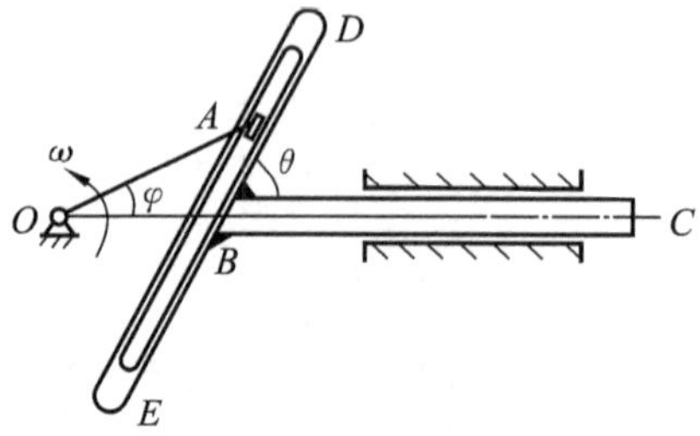

图 3-36

22. 在如图 3-37 所示的机构中，偏心凸轮的偏心距 $OC=a$，轮半径 $r=\sqrt{3}a$，凸轮以匀角速度 ω_0 绕 O 点转动。在图示瞬时，OC 与 CA 垂直，求此时从动杆 AB 的速度和加速度。

23. 如图 3-38 所示，曲柄 OBC 绕 O 点转动，使套在其上的小环 M 沿固定直杆 OA 滑动，$OB=10\ \mathrm{cm}$，且 OB 与 BC 垂直，曲柄 OBC 的角速度 $\omega=0.5\ \mathrm{rad/s}$。求当 $\varphi=60°$ 时，小环 M 的速度和加速度。

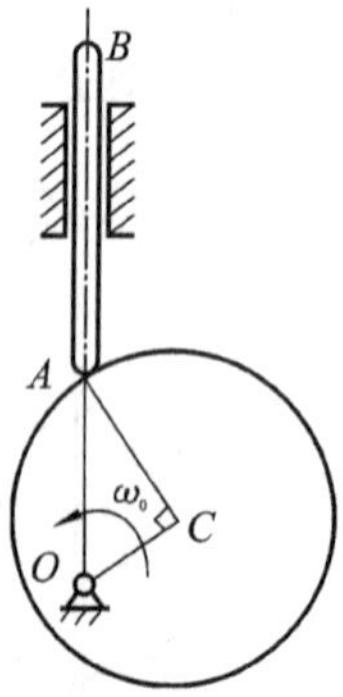

图 3-37

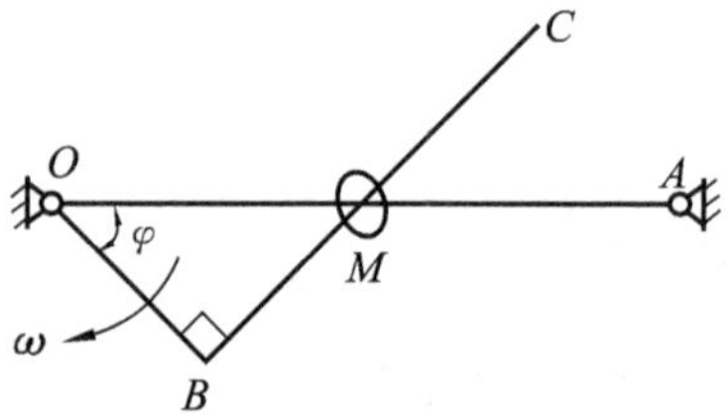

图 3-38

24. 如图 3-39 所示为一牛头刨床机构。若 $O_1A=20\ \mathrm{cm}$，角速度 $\omega_1=2\ \mathrm{rad/s}$，求图示位置时，滑枕 CD 的速度和加速度。在图示瞬时，O_1A 垂直于 O_1O_2。

25. 如图 3-40 所示，直线 AB 以速度 $\boldsymbol{v}_1$ 沿垂直于 AB 的方向向上移动，而直线 CD 以速度 $\boldsymbol{v}_2$ 沿垂直于 CD 的方向向左上方移动，求两直线交点处的小环 M 的速度。

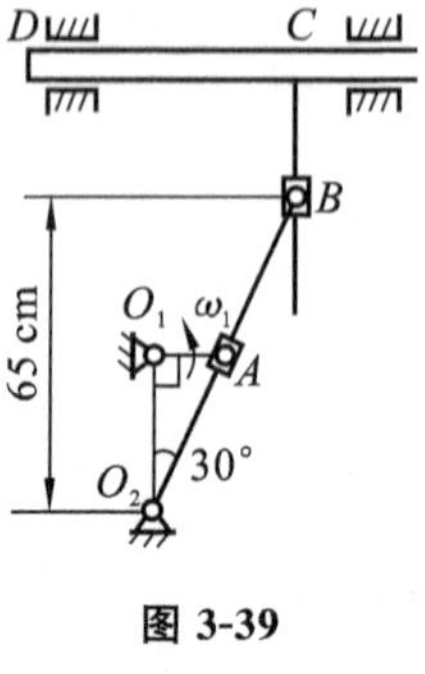

图 3-39

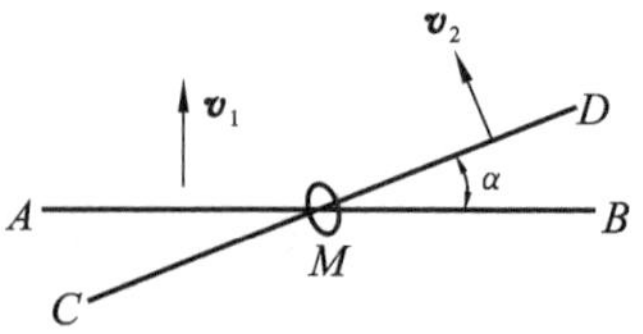

图 3-40

第4章 刚体的平面运动

刚体的平面运动是刚体的一种比较复杂的运动形式。本章首先介绍刚体平面运动的特征和描述方法，然后通过一个平动参考系，把刚体的平面运动分解成平动和转动，最后按照瞬时合成的方法，通过这两种运动的合成来解决刚体平面运动的问题。

4.1 刚体平面运动的基本概念

4.1.1 刚体平面运动的实例与定义

在工程实际中，刚体的运动除了平动和定轴转动之外，还存在一些比较复杂的运动情形。例如如图 4-1(a) 所示的曲柄连杆机构中的连杆 AB 的运动，又如如图 4-1(b) 所示的在直线轨道上滚动的车轮的运动，还有如图 4-1(c) 所示的行星轮系中的行星轮 O_1 的运动等。显然，这些刚体的运动不是平动，因为其上直线的方向有变化；这些刚体的运动也不是定轴转动，因为在这些刚体上不存在能够作为转轴的始终不动的直线。但是通过进一步的观察可以发现，这些刚体运动时，其上各点到某一固定参考平面的距离始终保持不变，换言之，其上各点都在过该点且平行于某一固定参考平面的平面内运动，这种运动称为刚体的平面运动。简而言之，若刚体运动时，其上各点到某一固定参考平面的距离始终不变，则称该刚体作平面运动。

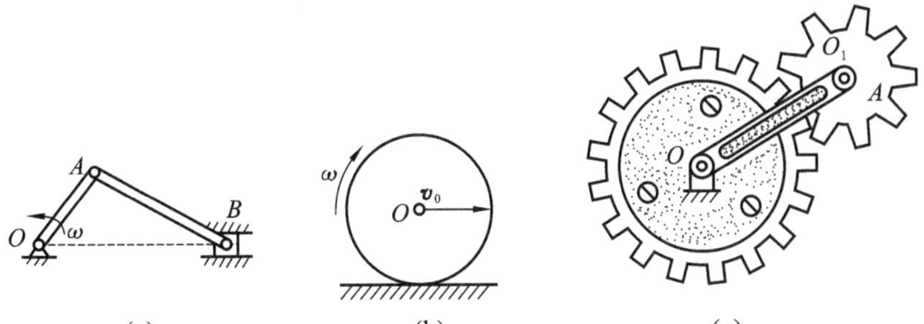

(a) (b) (c)

图 4-1

4.1.2 刚体平面运动的简化

设刚体 K 作平面运动，E_0 是其固定参考平面。用与平面 E_0 平行的假想平面 E 去截刚体，得到刚体的一个平行于平面 E_0 的平面图形 S；过刚体内任意一点 A_1 作固定参考平面 E_0 的垂线 l，l 与平面图形 S 交于 A 点，如图 4-2 所示。现在分析平面图形 S 和垂线 l 的运动。

平面图形 S 在自身平面内运动。这是因为刚体作平面运动，平面图形 S 与平面 E_0 平行，于是平面图形 S 上的各点到固定参考平面 E_0 的距离始终相等，因此这个平面图形 S 只能在自身平面内运动。

由于垂线 l 与平面 E_0 垂直，为了保证垂线 l 上的各点到固定参考平面 E_0 的距离始终不变，垂线 l 必须始终与平面 E_0 垂直，因此垂线 l 作平动，垂线 l 上各点的运动规律完全相同，这些点的运动可以用垂线 l 与平面图形 S 的交点 A 的运动来代替。总而言之，刚体 K 上任何点的运动都可以通过平面图形 S(或其延展平面 E) 上的相应点的运动来代替，只要过该点向平

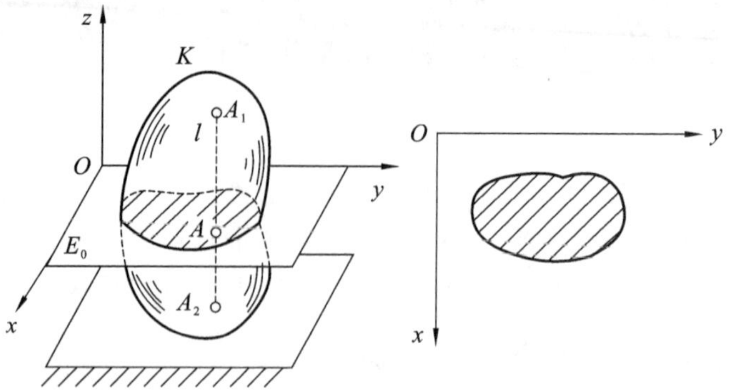

图 4-2

面 E_0 作垂线，垂线与平面图形 S 的交点的运动就能代替垂线上所有点的运动。

既然刚体上所有点的运动都可以由平行于平面 E_0 的平面图形 S(或其延展平面) 上的相应点的运动来代替，而平面图形 S 又在自身平面内运动，因此刚体的平面运动可以简化为一个平行于固定参考平面的平面图形 S 在自身平面内的运动。

对以上简化结果可以作个形象的说明：一本书在桌面上作平面运动，可以用其中任何一页纸的运动来代替。

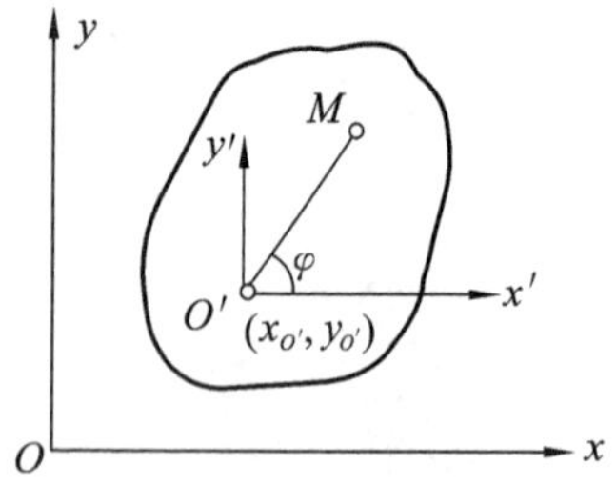

图 4-3

4.1.3 刚体的平面运动方程

设平面图形 S 在自身平面 Oxy 内运动，如图 4-3 所示。为了研究它所代表的刚体的平面运动的规律，首先必须确定任意瞬时该图形在平面内的位置。显然，图形 S 的位置可以由其上任意线段 $O'M$ 的位置完全确定，而线段 OM 的位置则可由 O' 点的坐标 $(x_{O'}, y_{O'})$ 和该线段与 x 轴的夹角 φ 来确定。当图形 S 运动时，$x_{O'}$、$y_{O'}$ 和 φ 一般都是时间 t 的单值连续函数，可以写成

$$x_{O'} = f_1(t), \quad y_{O'} = f_2(t), \quad \varphi = f_3(t) \tag{4-1}$$

这组方程称为刚体的平面运动方程。其中，点 O' 称为基点。这组方程确定之后，在任意瞬时平面图形 S 的位置，或者说它所代表的作平面运动的刚体的位置就完全确定了。

在这组方程中，$x_{O'} = f_1(t)$，$y_{O'} = f_2(t)$ 表示的是基点 O' 的运动。若 $\varphi =$ 常数，则 $x_{O'} = f_1(t)$，$y_{O'} = f_2(t)$ 就表示刚体随基点 O' 作平动的运动规律，而 $\varphi = f_3(t)$ 则表示刚体相对于基点 O' 的转动；若在运动过程中，$x_{O'} =$ 常数，$y_{O'} =$ 常数，则 $\varphi = f_3(t)$ 就表示刚体绕 O' 轴作定轴转动的运动规律。由此可见，刚体的平面运动包含着平动和转动两种基本运动形式。

4.1.4 刚体平面运动的分解

从刚体的平面运动方程中可以看出，刚体的平面运动包含平动和转动两种基本运动形式。因此根据合成运动的概念，把刚体的平面运动分解成平动和转动是可以实现的。

图 4-4(a) 表示车轮沿直线轨道的滚动。若在作平动的车厢上固连一个平动参考系 $O'x'y'$，则按照合成运动的概念，车轮的平面运动(绝对运动) 可以分解为随车厢的平动(牵连运动) 和相对于车厢的转动(相对运动)。

其实在这个例子中，对运动分解起作用的并不是车厢这个具体的物体，而是固连在车厢上的平动参考系 $O'x'y'$。如果去掉车厢，假设在车轮上的某点 O' 处固连一个平动参考系(该

参考系只随基点 O' 移动，而不随车轮转动，其坐标轴的方向永远不变)，则照样可以实现上述分解，如图 4-4(b) 所示。

在一般情况下，只要在平面图形 S 上任选一点 O' 作为基点，并假设在基点处放置一个平动参考系 $O'x'y'$，则平面运动就可以分解成随基点 O' 的平动和相对于基点 O' 的转动，如图 4-4(c) 所示。

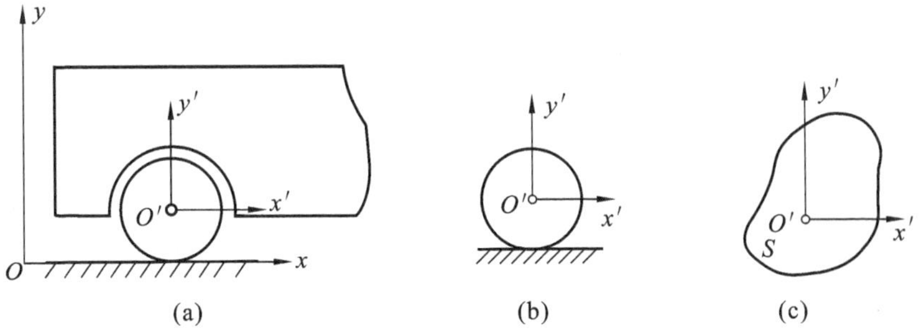

图 4-4

在进行运动分解时，基点(即平动参考系的原点) 的选取在原则上是任意的。但须注意，分解运动中的平动部分的运动规律与基点的选取有关。例如在分解车轮运动时，基点选在轮心处，则平动部分的运动规律是直线平动；若选轮缘上的一点作为基点，则平动部分的运动规律为曲线(旋轮线) 平动；而转动部分的运动规律则与基点的选取无关，即选不同的点作为基点，转动部分的转角、角速度和角加速度都相同。现在证明这一点。

设平面图形 S 由位置 Ⅰ 运动到位置 Ⅱ，经历了时间间隔 Δt，其上线段 AB 运动到 A_1B_1，如图 4-5 所示。若选 A 点作为基点，则线段 AB 先随 A 点平动到 A_1B_2，再绕 A_1 点转动到 A_1B_1，转角为 $\Delta\varphi$；若选 B 点作为基点，则线段 AB 先随 B 点平动到 A_2B_1，再绕 B_1 点转动到 A_1B_1，转角为 $\Delta\varphi_1$。显然有 $A_1B_2 \mathbin{/\!/} A_2B_1$，从而得到 $\Delta\varphi = \Delta\varphi_1$，于是有

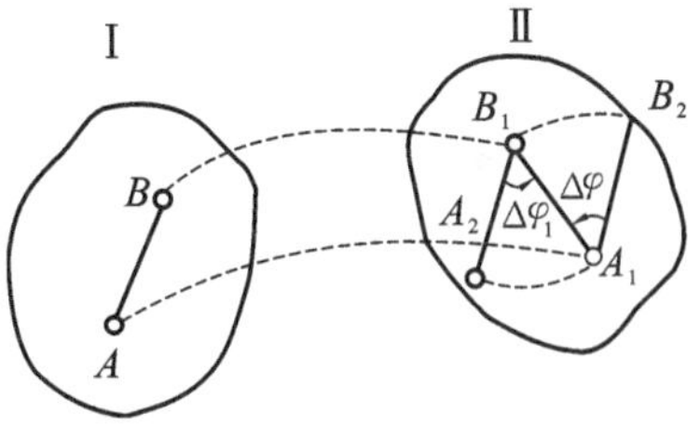

图 4-5

$$\lim_{\Delta t \to 0}\frac{\Delta\varphi}{\Delta t} = \lim_{\Delta t \to 0}\frac{\Delta\varphi_1}{\Delta t}$$

即选不同的点作为基点时，角速度是相同的。类似地，角加速度也是相同的。所以，以后在研究平面运动时，对于角速度和角加速度，不必指明它们是相对于哪个基点而言的。在同一瞬时，刚体只有一个角速度和角加速度，而且它们既是相对的，又是绝对的。因为动坐标系是平动的，所以刚体相对于动坐标系和静坐标系的转角、角速度和角加速度都是相同的。

4.2　平面图形上的点的速度分析 —— 基点法

设平面图形 S 在某瞬时的角速度为 ω，图形上 A 点的速度为 $\boldsymbol{v}_A$，如图 4-6 所示。现在来求图形上任意一点 B 的速度。

取 A 点作为基点，假设在 A 点上固连一个平动参考系，则平面图形 S 的运动可以分解成随 A 点的平动和相对于 A 点的转动。另一方面，按照点的合成运动的概念，把 B 点的速度 $\boldsymbol{v}_B$ 作为绝对速度，在上述平动参考系下，B 点的牵连速度就是平面图形 S 随基点 A 平动的速度 $\boldsymbol{v}_A$，而相对速度则是 B 点相对于基点 A 转动的速度，记为 $\boldsymbol{v}_{BA}$。于是根据速度合成定理 $\boldsymbol{v}_a = \boldsymbol{v}_e + \boldsymbol{v}_r$，可将 B 点的速度写为

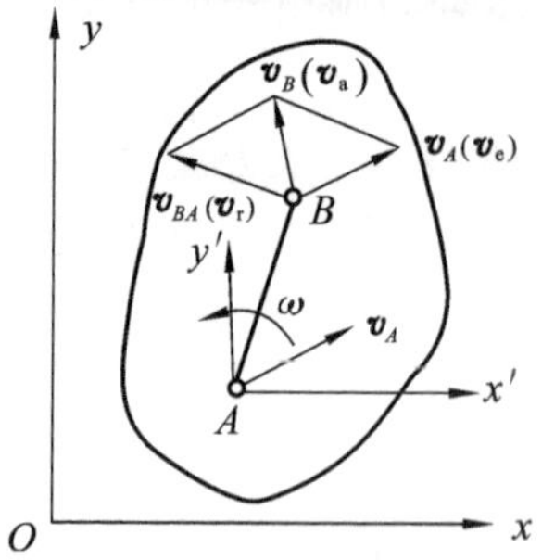

图 4-6

$$v_B = v_A + v_{BA} \tag{4-2}$$

即平面图形上任意一点的速度等于基点的速度和该点相对于基点转动的速度的矢量和。

式(4-2)揭示了平面图形上同一瞬时任意两点之间的速度关系。用这种方法求解平面图形上任意一点的速度时，需要选择一个速度已知的点作为基点，因而这种方法称为基点法。

式(4-2)中，v_{BA} 表示 B 点相对于基点 A 转动的速度，v_{BA} 的方向垂直于 AB 连线，其大小为 $v_{BA} = \omega \cdot AB$。这样，已知基点 A 的速度和平面图形的角速度，平面图形上任意一点的速度都可求出。

由于 v_{BA} 始终垂直于 AB 连线，因此，若将式(4-2)向 A、B 两点的连线方向投影，则有

$$(v_B)_{AB} = (v_A)_{AB} \tag{4-3}$$

即平面图形上任意两点的速度在这两点的连线方向上的投影相等。这个结论称为速度投影定理。

速度投影定理实际上指出了把物体抽象为刚体的运动学的必要条件，因此该定理适用于刚体的任何运动。刚体作平面运动时，利用式(4-3)求某点的速度有时是方便的，后面将通过例题来说明这一点。

【例 4-1】 如图 4-7 所示为一曲柄连杆机构，曲柄 OA 的长度 $r = 0.125$ m，曲柄 OA 以等角速度 50π rad/s 绕 O 点转动，连杆 AB 的长度 $l = 0.35$ m。试求当 $\theta = 60°$ 时，滑块 B 的速度和连杆 AB 的角速度。

【解】 首先取研究对象，选基点。由于连杆 AB 作平面运动，其上 A 点的运动可由曲柄 OA 的运动求出，故取连杆 AB 为研究对象，以 A 点作为基点。

根据基点法求得 B 点的速度为

$$v_B = v_A + v_{BA}$$

其中，v_A 的大小为 $v_A = r\omega$，方向垂直于曲柄 OA；由于滑块 B 只能作水平直线运动，故 v_B 的方向已知，如图 4-7 所示；v_{BA} 的方向应垂直于连杆 AB。在 B 点上作出速度平行四边形，并由 v_B 为对角线矢量的条件确定出 v_{BA} 的指向，从而就确定了平面图形绕 A 点转动的角速度的指向。

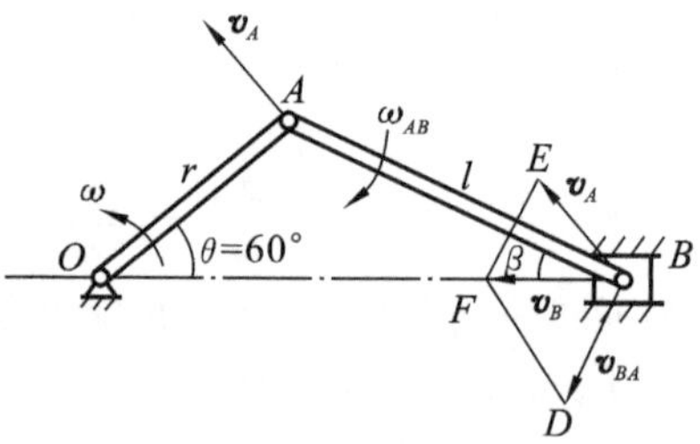

图 4-7

由三角形 OAB 中的几何关系可知

$$\frac{r}{\sin\beta} = \frac{l}{\sin\theta}$$

即

$$\sin\beta = \frac{r}{l}\sin\theta = \frac{0.125}{0.35}\sin 60° = 0.309\,3$$

解得

$$\beta = 18.0°$$

于是可知

$$\angle FBD = 90° - 18° = 72°, \angle BFD = 30°, \angle BDF = 78°$$

再由速度平行四边形中的几何关系可得

$$\frac{v_B}{\sin78^\circ}=\frac{v_A}{\sin72^\circ},\quad \frac{v_{BA}}{\sin30^\circ}=\frac{v_A}{\sin72^\circ}$$

解得

$$v_B=v_A\frac{\sin78^\circ}{\sin72^\circ}=0.125\times50\pi\times\frac{0.978}{0.951}\ \text{m/s}=20.2\ \text{m/s}$$

$$v_{BA}=v_A\frac{\sin30^\circ}{\sin72^\circ}=0.125\times50\pi\times\frac{0.5}{0.951}\ \text{m/s}=10.32\ \text{m/s}$$

连杆 AB 的角速度为

$$\omega_{AB}=\frac{v_{BA}}{l}=\frac{10.32}{0.35}\ \text{rad/s}=29.5\ \text{rad/s}$$

【例 4-2】 在如图 4-8 所示的机构中，已知各杆的长度分别为 $O_1A=20$ cm，$AB=80$ mm，$BC=60$ cm，$O_2C=40$ cm，角速度 $\omega_1=10$ rad/s。求在图示瞬时，杆 O_2C 的角速度 ω_2 和杆 BC 的中点 M 的速度 $\boldsymbol{v}_M$。

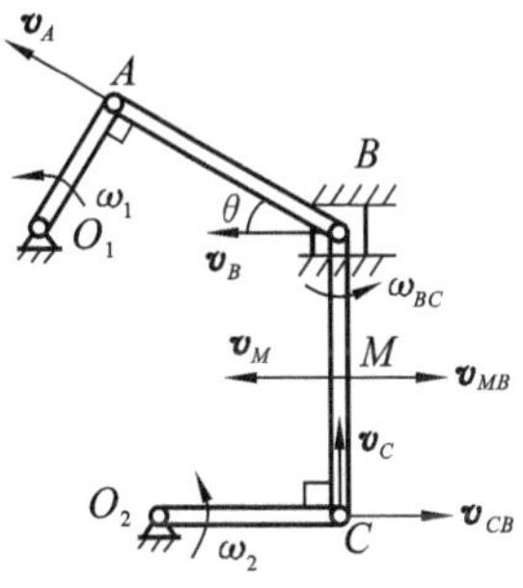

图 4-8

【解】 首先进行运动分析：曲柄 O_1A 作定轴转动，连杆 AB 和 BC 均作平面运动，杆 O_2C 作定轴转动。

(1) 以 A 点作为基点，研究连杆 AB 的平面运动，可求得 B 点的速度，这与例 4-1 一样，在此从略。但此例中只需求 B 点的速度，而不必求杆 AB 的角速度，而且 A 点速度的大小和方向均已知，B 点速度的方向已知，故只需求 B 点速度的大小，此时用速度投影定理更为简便，即

$$v_A=v_B\cos\theta$$

由于

$$v_A=O_1A\cdot\omega_1=20\times10\ \text{cm/s}=200\ \text{cm/s}（方向如图 4-8 所示）$$

$$\cos\theta=\frac{AB}{O_1B}=\frac{AB}{\sqrt{(O_1A)^2+(AB)^2}}=\frac{80}{\sqrt{20^2+80^2}}=\frac{4}{\sqrt{17}}$$

于是有

$$v_B=\frac{v_A}{\cos\theta}=200\times\frac{\sqrt{17}}{4}\ \text{cm/s}=206.2\ \text{cm/s}（方向如图 4-8 所示）$$

(2) 为求 ω_2 和 v_M，取连杆 BC 为研究对象，以 B 点作为基点，先求 C 点的速度，即

$$\boldsymbol{v}_C=\boldsymbol{v}_B+\boldsymbol{v}_{CB}$$

由于 C 点的速度的方向沿杆 BC 的方向，而 B 点的速度的方向垂直于杆 BC，故由速度投影定理求得

$$v_C=0$$

于是可知

$$\omega_2=0$$

在求 M 点的速度之前，还要求出杆 BC 的角速度。为此，将 C 点的速度矢量表达式在水平方向投影，得

$$0=v_B-v_{CB}$$

解得

$$v_{CB}=v_B=206.2\ \text{cm/s}（方向如图 4-8 所示）$$

于是求得

$$\omega_{BC} = \frac{v_{CB}}{BC} = \frac{206.2}{60}\ \text{rad/s} = 3.44\ \text{rad/s}$$

方向如图 4-8 所示，为逆时针转动。

(3) 仍以 B 点作为基点，研究 M 点的速度，则有

$$\boldsymbol{v}_M = \boldsymbol{v}_B + \boldsymbol{v}_{MB}$$

由于 $\boldsymbol{v}_B$ 与 $\boldsymbol{v}_{MB}$ 同向，因此上式等号右端的矢量和可变成代数和，$\boldsymbol{v}_M$ 的方向也沿水平方向，如图 4-8 所示，故

$$v_M = v_B - v_{MB} = v_B - \omega_{BC} \cdot BM = (206.2 - 3.44 \times 30)\ \text{cm/s}$$
$$= 103.0\ \text{cm/s}(\text{方向水平向左})$$

(4) 在求 M 点的速度时，由于杆 BC 上 C 点的速度已求出，为零，故也可选 C 点作为基点，这时有

$$\boldsymbol{v}_M = \boldsymbol{v}_C + \boldsymbol{v}_{MC} = \boldsymbol{v}_{MC}$$

此时 M 点的速度就等于 M 点相对于 C 点转动的速度，于是有

$$v_M = \omega_{BC} \cdot MC = 3.44 \times \frac{60}{2}\ \text{cm/s} = 103.2\ \text{cm/s}$$

【例 4-3】 一个带有凸缘的轮子沿直线轨道作纯滚动，如图 4-9(a) 所示。已知轮心的速度为 $\boldsymbol{v}_0$，轮凸缘半径为 R，轮半径为 r，求轮子上 A、B、C、D 各点的速度。

【解】 (1) 轮子作平面运动，且轮心的速度已知，故以轮心 O 作为基点。

(2) 求平面图形的角速度 ω。这里要用到纯滚动条件。所谓纯滚动，是指轮子在轨道上只滚动而不滑动。于是，轮心 O 在时间间隔 Δt 内的位移，与轮边上任一点 M 在同一时间间隔内转过的弧长相等，如图 4-9(b) 所示，即有

$$s = r\varphi$$

由于上式对任一时间都成立，故两边对时间取导数后有

$$v_0 = \frac{\mathrm{d}s}{\mathrm{d}t} = r\frac{\mathrm{d}\varphi}{\mathrm{d}t} = r\omega$$

由此解出

$$\omega = \frac{v_0}{r}$$

再对时间取导数，即有

$$a_0 = \frac{\mathrm{d}^2 s}{\mathrm{d}t^2} = r\frac{\mathrm{d}^2\varphi}{\mathrm{d}t^2} = r\varepsilon$$

式中，a_0 是轮心的加速度，ε 是平面图形的角加速度。在纯滚动条件下，上述关系总是成立。

(3) 以轮心 O 作为基点，A、B、C、D 各点的速度如图 4-9(c) 所示，且有

$$v_A = v_0 + R\omega = v_0\left(1 + \frac{R}{r}\right), \quad v_B = v_0 + r\omega = 2v_0$$

$$v_C = v_0 - r\omega = 0, v_D = v_0 - R\omega = -\left(\frac{R}{r} - 1\right)v_0$$

其中，v_D 为负值，表示其方向与 $\boldsymbol{v}_0$ 的方向相反。

另外需要指出的是，$v_C = 0$ 不是偶然现象，而是由轮子的纯滚动条件决定的。因为轮子与轨道之间没有相对滑动，而轨道是静止的，故轮子上与轨道接触的点的瞬时速度必然为零。这个结论可以推广到一般情况，即：凡是物体在固定面(平面或曲面) 上作纯滚动时，物体上与固定面接触的那一点的瞬时速度必为零。

在上述例子中，如果在解题之初就能预见到 C 点的瞬时速度为零，就可以像上例中最后讨论的那样，取 C 点作为基点，把轮子的平面运动转化为轮子绕 C 点作瞬时的定轴转动的问题，从而使问题得到简化，即有

$$v_A = v_{AC} = \omega(R+r) = v_0\left(1+\frac{R}{r}\right), \quad v_B = v_{BC} = \omega\cdot(2r) = 2v_0$$

$$v_D = v_{DC} = -\omega(R-r) = -v_0\left(\frac{R}{r}-1\right)$$

不仅如此，只要知道轮子上任意一点 M 到 C 点的距离，该点的速度就能立即求出，即

$$v_M - v_{MC} = \omega\cdot MC$$

$\boldsymbol{v}_M$ 的方向也可立即画出，如图 4-9(c) 所示。

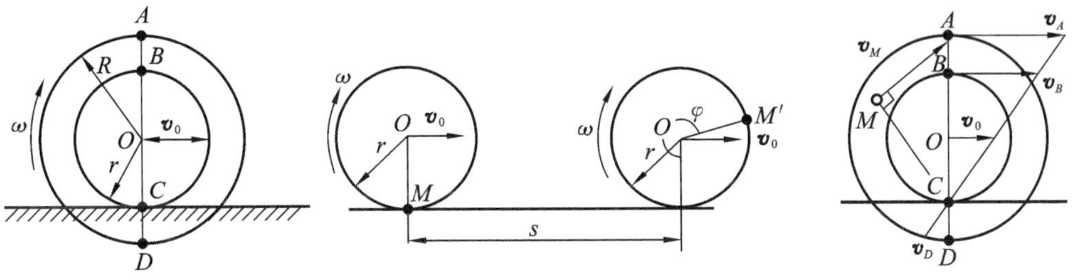

(a) (b) (c)

图 4-9

4.3 平面图形上的点的速度分析 —— 瞬心法

用基点法求平面图形上的点的速度时，需要进行速度合成，这在解题时常常是不方便的。另一方面，在例 4-2 和例 4-3 中，以平面图形上的瞬时速度为零的点作为基点，把平面图形的运动转化为图形绕该点作瞬时的定轴转动的问题，这种做法在概念上和计算上常常更为简便：在概念上，平面运动的问题转化为定轴转动的问题；在计算上，避免了基点法中的矢量合成的麻烦。这就是本节所要介绍的瞬心法的基本内容。

首先明确瞬心的概念。某瞬时平面图形上速度为零的点，称为该瞬时平面图形的瞬时速度中心，简称瞬心。

在用瞬心法解题之前，需要解决两个问题：① 瞬心是否总是存在？② 如何确定瞬心的位置？只有解决了上述问题，瞬心法才能作为平面图形上的点的速度分析的一种有效方法。现在就来讨论这两个问题。

4.3.1 瞬心的存在性定理

瞬心的存在性定理：每一瞬时，在平面图形或其延展平面上总存在一个唯一的瞬心。

证明：设平面图形 S 上任一点 O 的速度为 $\boldsymbol{v}_0$，其转动角速度为 ω_0，过 O 点作 $\boldsymbol{v}_0$ 的垂线，则由基点法可知，速度 $\boldsymbol{v}_{P'}$ 为

$$v_{P'} = v_0 - \omega\cdot OP'$$

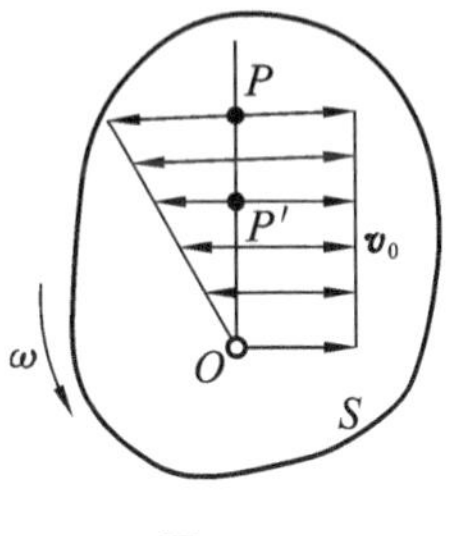

图 4-10

直线上各点的速度的分布如图 4-10 所示。显然，在该直线上总存在一点 P，使得

$$v_P = v_0 - \omega\cdot OP = 0$$

从而点 P 即为瞬心。

从证明过程中可以看出，瞬心 P 不一定在图形之内，但一定在其扩展平面上，而且瞬心 P 必定在各点速度的垂线上，这就给出了寻找瞬心的基本原则。

4.3.2 确定瞬心位置的方法

按照上述确定瞬心位置的基本原则，寻找平面图形的瞬心并不困难，具体有以下几种情况。

(1) 若已知平面图形上任意两点的速度的方向，且它们互不平行，则分别过这两点作其速度的垂线，所得交点 P 即为瞬心，如图 4-11(a) 所示。

(2) 若图形上 A、B 两点的速度的大小已知，方向相互平行，且与 AB 连线垂直，则作这两点的速度矢端连线，它与 AB 连线的交点 C 即为瞬心，但是有两种情况，分别如图 4-11(b)、图 4-11(c) 所示。这一点不难理解，因为图形绕瞬心轴作瞬时定轴转动时，图形上各点的速度均与该点的转动半径，即该点到瞬心的距离成正比。

(3) 若图形上有两点的速度矢量相等，即速度的大小相等、方向相同，则此时速度的垂线将不相交，瞬心在无穷远处，如图 4-11(d)、图 4-11(e) 所示。这种情况称为刚体的瞬时平动，这时刚体上各点的速度都相等。

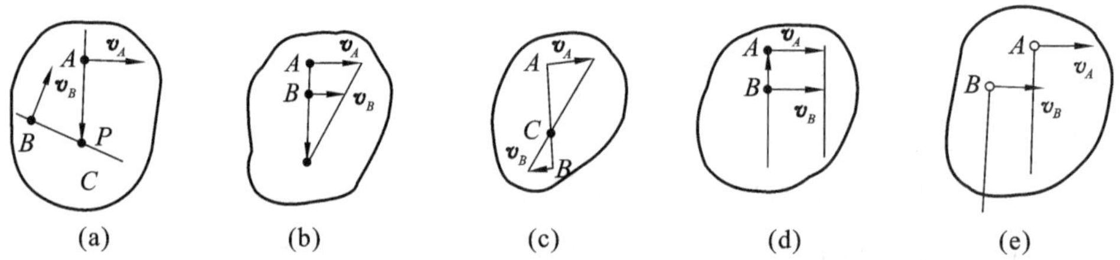

图 4-11

注意刚体的瞬时平动和平动的区别：平动时，刚体的角速度和角加速度都为零，每个瞬时刚体上各点的速度和加速度都相等；瞬时平动时，刚体的角速度只在该瞬时为零，角加速度则不为零，刚体上各点的速度只在该瞬时相同。

(4) 刚体在固定平面或曲面上作纯滚动时，刚体与固定面的接触点即为瞬心。这一点在前面已经指出，不再赘述。

确定了瞬心的位置后，平面图形的运动即可看作绕瞬心轴的瞬时定轴转动，从而平面图形内各点速度的大小与该点到速度瞬心的距离成正比，方向与该点到瞬心的连线垂直。

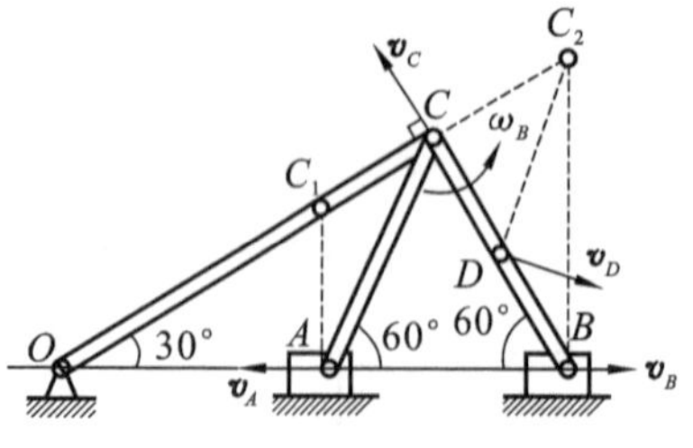

图 4-12

【例 4-4】 一双滑块摇杆机构在运动过程中的某瞬时处于如图 4-12 所示的位置。已知此时滑块 A 的速度 $v_A = 100$ cm/s，连杆 BC 的长度为 $10\sqrt{3}$ cm，试求此瞬时连杆 BC 的角速度、滑块 B 的速度及连杆 BC 上任意一点 D 的速度。

【解】 (1) 取连杆 AC 为研究对象，先求出 C 点的速度，为此采用瞬心法。杆 AC 作平面运动，其瞬心在 C_1 处。由几何关系可知 $AC_1 = CC_1$，于是有

$$v_C = v_A = 100 \text{ cm/s}(\text{方向如图 4-12 所示})$$

注意：也可采用速度投影定理求解 v_C，在此具体过程从略。

(2) 取连杆 BC 为研究对象，求 ω_{BC}。杆 BC 作平面运动，瞬心在 C_2 处。由于

$$v_C=\omega_{BC}\cdot CC_2$$

其中

$$CC_2=BC\cdot\tan30^\circ=10\sqrt{3}\cdot\frac{\sqrt{3}}{3}\ \text{cm}=10\ \text{cm}$$

故有

$$\omega_{BC}=\frac{v_C}{CC_2}=\frac{100}{10}\ \text{rad/s}=10\ \text{rad/s}$$

其转向为逆时针方向，如图 4-12 所示。

(3) 求 v_B 及 v_D。

$$v_B=BC_2\cdot\omega_{BC}=\frac{BC}{\cos30^\circ}\cdot\omega_{BC}$$

$$=\frac{10\sqrt{3}\times2}{\sqrt{3}}\times10\ \text{cm/s}=200\ \text{cm/s}\text{(方向如图 4-12 所示)}$$

$$v_D=\omega_{BC}\cdot C_2D\text{(方向垂直于 }C_2D\text{)}$$

【例 4-5】 同心轮 Ⅰ 与 Ⅱ 绕其中心 O 同向转动，如图 4-13(a) 所示，某瞬时两轮的角速度分别为 ω_1 和 ω_2，轮 Ⅲ 在两轮之间运动，与两轮在接触点处均无滑动。已知三个轮的半径分别为 r_1、r_2、r_3，求轮 Ⅲ 的瞬心位置及角速度 ω_3。

【解】 轮 Ⅰ 与轮 Ⅱ 作定轴转动，轮 Ⅲ 作平面运动，故取轮 Ⅲ 为研究对象。由于轮 Ⅲ 上的 A、B 两点分别与轮 Ⅰ 和轮 Ⅱ 相接触，且无相对滑动，故有

$$v_A=r_1\omega_1,\quad v_B=r_2\omega_2$$

其指向如图 4-13(a) 所示，并设 $r_1\omega_1>r_2\omega_2$，即 $v_A>v_B$。这时轮 Ⅲ 的瞬心位置在 AB 连线的延长线上的 P 点处，P 点外分 AB 连线，其比例关系为

$$\frac{PA}{PB}=\frac{v_A}{v_B}$$

或写成

$$\frac{PA-PB}{PB}=\frac{v_A-v_B}{v_B}$$

由于 $PA-PB=AB=r_1-r_2$，故有

$$PB=\frac{v_B}{v_A-v_B}\cdot AB=\frac{r_2\omega_2}{r_1\omega_1-r_2\omega_2}(r_1-r_2)$$

于是，轮 Ⅲ 的角速度 ω_3 为

$$\omega_3=\frac{v_B}{PB}=\frac{r_2\omega_2(r_1\omega_1-r_2\omega_2)}{r_2\omega_2(r_1-r_2)}=\frac{r_1\omega_1-r_2\omega_2}{(r_1-r_2)}$$

其转向为逆时针方向，如图 4-13(a) 所示。

关于轮 Ⅲ 的运动，可作如下几点讨论。

(1) 若 $r_1\omega_1<r_2\omega_2$，即 $v_A<v_B$，则此时瞬心 P 在 AB 连线外靠近 A 点的一侧，并按与前述相同的比例关系外分 AB 连线，如图 4-13(b) 所示。此时 ω_3 的数值仍可由前式表示，其转向与前相反，为顺时针方向。

(2) 若 $r_1\omega_1=r_2\omega_2$，即 $v_A=v_B$，则此时瞬心 P 在无穷远处，$\omega_3=0$，轮 Ⅲ 作瞬时平动。

(3) 若 ω_1 与 ω_2 反向转动，则轮 Ⅲ 的瞬心在 AB 连线内，如图 4-13(c) 所示。此时 P 点仍按前述比例关系内分 AB 连线。

(4) 若 $\omega_1=0$，则瞬心在 A 点，轮 Ⅲ 绕 A 点作瞬时定轴转动，速度分布如图 4-13(d) 所示；若 $\omega_2=0$，则瞬心在 B 点，轮 Ⅲ 绕 B 点作瞬时定轴转动，速度分布如图 4-13(e) 所示。

由上述例题可以看出，用瞬心法解题的关键步骤是找瞬心。瞬心的位置确定后，需求出平面图形的角速度，进而求出图形上各点的速度。

最后说明一点，瞬心法虽然在解决平面图形上点的速度分析的问题时比较方便，但它实际上只是基点法的一个特殊情况，即以瞬心作为基点。基点法在理论上比瞬心法更具有普遍性。例如在进行平面图形上的点的加速度分析时，主要采用的方法就是基点法。

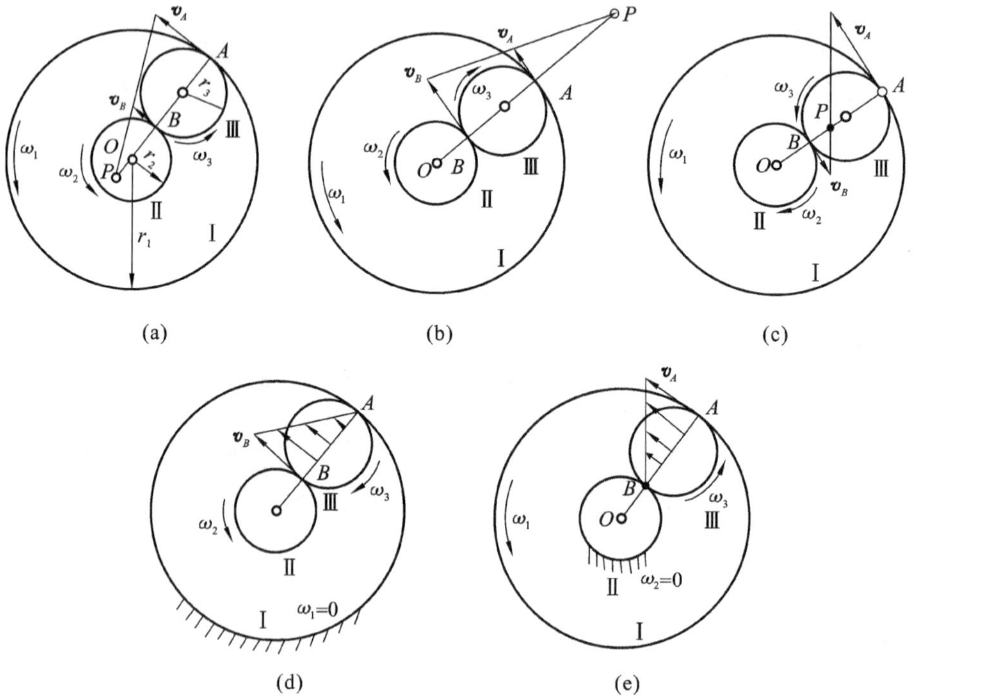

图 4-13

4.4 平面图形上的点的加速度分析

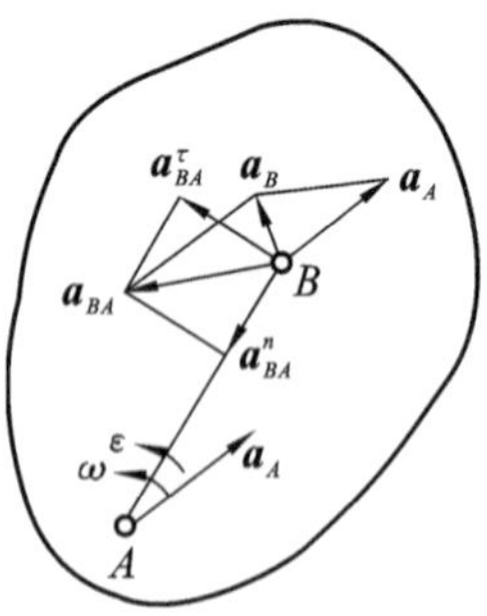

图 4-14

本节研究用基点法求平面图形上的点的加速度。已知平面图形上 A 点的瞬时加速度为 $\boldsymbol{a}_A$，图形的角速度为 ω，角加速度为 ε，如图 4-14 所示。现在来求图形上任意一点 B 的加速度 $\boldsymbol{a}_B$。

取 A 点作为基点，将平面图形的运动分解成随 A 点的平动和相对于 A 点的转动。由于分解运动时引入的是平动参考系，因此应当采用牵连运动为平动时的点的加速度合成定理，即

$$\boldsymbol{a}_a=\boldsymbol{a}_e+\boldsymbol{a}_r$$

其中，B 点的加速度 $\boldsymbol{a}_B$ 即为绝对加速度 $\boldsymbol{a}_a$；基点 A 的加速度 $\boldsymbol{a}_A$ 即为牵连加速度 $\boldsymbol{a}_e$；B 点相对于基点 A 转动的加速度 $\boldsymbol{a}_{BA}$ 即为相对加速度 $\boldsymbol{a}_r$。于是有

$$\boldsymbol{a}_B=\boldsymbol{a}_A+\boldsymbol{a}_{BA}$$

由于 B 点相对于 A 点的运动轨迹是以 BA 为半径、A 点为圆心的圆弧，因而可将 $\boldsymbol{a}_{BA}$ 分解为相对切向加速度 $\boldsymbol{a}_{BA}^{\tau}$ 和相对法向加速度 $\boldsymbol{a}_{BA}^{n}$ 两部分，即

$$a_{BA} = a_{BA}^{\tau} + a_{BA}^{n}$$

从而 B 点的加速度可写成

$$a_B = a_A + a_{BA}^{\tau} + a_{BA}^{n} \tag{4-4}$$

这就是用基点法求平面图形上的点的加速度的基本公式。

在上式中，a_{BA}^{τ} 和 a_{BA}^{n} 的方向通常是已知的，其大小分别为

$$a_{BA}^{\tau} = AB \cdot \varepsilon, \quad a_{BA}^{n} = AB \cdot \omega^2 \tag{4-5}$$

这样，当平面图形的角速度和角加速度已知时，可以方便地求出 a_B，即：平面图形上任意一点的加速度，等于基点的加速度和该点相对于基点转动的切向加速度和法向加速度的矢量和。

【例 4-6】 在如图 4-15 所示的椭圆规机构中，曲柄 OD 以匀角速度 ω 绕 O 轴转动，$OD = AD = BD = l$。求当 $\varphi = 60°$ 时，杆 AB 的角加速度 ε_{AB} 和点 A 的加速度 a_A。

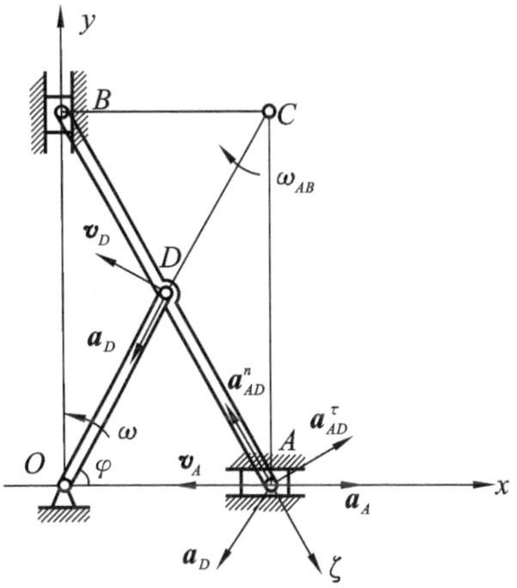

图 4-15

【解】 (1) 运动分析。曲柄 OD 作定轴转动，D 点的运动规律已知，因此可将 D 点作为基点；规尺 AB 作平面运动，故取规尺 AB 为研究对象，分析其上滑块 A 的运动。

(2) A 点的速度分析。本例题虽未要求进行速度分析，但进行加速度分析时，常要用到连杆 AB 的角速度 ω_{AB}，故仍要对 A 点进行速度分析。

由于杆 AB 的瞬心在 C 点，故根据瞬心法可得

$$v_D = \omega \cdot OD = \omega_{AB} \cdot CD$$

而 $CD = OD$，故有

$$\omega_{AB} = \omega$$

(3) A 点的加速度分析。

根据基点法，可得 A 点的加速度为

$$a_A = a_D + a_{AD}^{\tau} + a_{AD}^{n}$$

由于式中项数较多，为清楚起见，列表如下。

	a_A	a_D	a_{AD}^{τ}	a_{AD}^{n}
大小	未知	$l\omega^2$	$l\varepsilon_{AB}$（ε_{AB} 待求）	$l\omega_{AB}^2 = l\omega^2$
方向	已知，假设指向如图 4-15 所示	由 D 指向 O	垂直于 AD	由 A 指向 D

在上表中，a_A 的方向已知，但其指向难于判断，这时可以假设。同理，a_{AD}^{τ} 的方向垂直于 AD，但其指向需由杆 AB 的角加速度 ε_{AD} 来确定。假设 ε_{AB} 为逆时针转向，故 a_{AD}^{τ} 的方向如图 4-15 所示。

(4) 求解 a_A 和 ε_{AB}。

由于分析加速度时涉及的项数较多，一般采用解析法求解。由上述分析可知，待求的未知量只有 ε_{AB} 和 a_A，于是可将 A 点的加速度矢量表达式分别向两个坐标轴投影，用所得到的两个投影式来求解它们。

为了避免解联立方程，求 a_A 时，取杆 AB 方向为投影轴，此时未知量 a_{AD}^{τ} 与投影轴垂直而不出现。将投影轴记为 ζ，如图 4-15 所示，于是有

$$a_A\cos\varphi = a_D\cos\varphi - a_{AD}^n$$

解得

$$a_A = \frac{a_D\cos\varphi - a_{AD}^n}{\cos\varphi} = \frac{\omega^2 l\cos 60° - \omega^2 l}{\cos 60°} = -l\omega^2$$

求得 a_A 为负值，表示 $\boldsymbol{a}_A$ 的实际指向与假设方向相反。

为了求 a_{AD}^τ，并进一步求得 ε_{AB}，取铅垂轴 y 为投影轴，有

$$0 = -a_D\sin\varphi + a_{AD}^\tau\cos\varphi + a_{AD}^n\sin\varphi$$

解得

$$a_{AD}^\tau = \frac{a_D\sin\varphi - a_{AD}^n\sin\varphi}{\cos\varphi} = \frac{l\omega^2\sin\varphi - l\omega^2\sin\varphi}{\cos\varphi} = 0$$

于是

$$\varepsilon_{AB} = \frac{a_{AD}^\tau}{l} = 0$$

【例 4-7】 在如图 4-16(a) 所示的平面机构中，轮 A 作纯滚动，曲柄 OB 在该瞬时的角速度 ω 和角加速度 ε 均为已知，且 $OB = r, AB = 2r$。求连杆 AB 的角加速度 ε_{AB} 和轮 A 的角加速度 ε_A。

【解】 (1) 运动分析。曲柄 OB 作定轴转动，且 B 点的运动已知，连杆 AB 作平面运动，故可取 B 点作为基点，研究连杆 AB 上 A 点的运动。A 点的速度和加速度的方向均为已知。

(2) 杆 AB 的速度分析，求 ω_{AB}。

由于杆 AB 上的 A、B 两点的速度均沿水平方向，且指向相同，故杆 AB 作瞬时平动，从而有 $\omega_{AB} = 0$。

(3) A 点的加速度分析。

根据基点法可得 A 点的加速度为

$$\boldsymbol{a}_A = \boldsymbol{a}_B^\tau + \boldsymbol{a}_B^n + \boldsymbol{a}_{AB}^\tau + \boldsymbol{a}_{AB}^n$$

其中，基点 B 的加速度可写成切向加速度和法向加速度的矢量和。分析过程见下表。

	$\boldsymbol{a}_A$	$\boldsymbol{a}_B^\tau$	$\boldsymbol{a}_B^n$	$\boldsymbol{a}_{AB}^\tau$	$\boldsymbol{a}_{AB}^n$
大小	未知	$r\varepsilon$	$r\omega^2$	$2r\varepsilon_{AB}$ (ε_{AB} 未知)	$0\ (\omega_{AB} = 0)$
方向	假设如图 4-16 所示	水平向左	铅垂向下	垂直于 AB	

(4) 求解 ε_{AB} 和 a_A。

为求 a_A，将 A 点的加速度矢量表达式向连杆 AB 方向投影，将投影轴记为 ζ，则有

$$a_A\cos\theta = a_B^\tau\cos\theta - a_B^n\sin\theta$$

解得

$$a_A = \frac{a_B^\tau\cos\theta - a_B^n\sin\theta}{\cos\theta} = \frac{r\varepsilon \cdot \frac{\sqrt{3}}{2} - r\omega^2 \cdot \frac{1}{2}}{\frac{\sqrt{3}}{2}} = r\left(\varepsilon - \frac{\omega^2}{\sqrt{3}}\right)$$

其中，由几何关系知，$\theta = 30°$。

为求 a_{AB}^τ，将 A 点的加速度矢量表达式向铅垂轴 y 方向投影，有

$$0 = a_{AB}^\tau\cos\theta - a_B^n$$

解得

$$a_{AB}^\tau = \frac{a_B^n}{\cos\theta} = \frac{2}{\sqrt{3}}r\omega^2$$

(5) 求 ε_{AB} 和 ε_A。

$$\varepsilon_{AB}=\frac{a_{AB}^{\tau}}{2r}=\frac{2r}{\sqrt{3}}\omega^2\cdot\frac{1}{2r}=\frac{\omega^2}{\sqrt{3}}$$

由于轮 A 上的 C 点为瞬心，故有 $v_A=r\omega_A$，且对任意瞬时都成立。对该式取时间导数，有

$$a_A=r\varepsilon_A$$

解得

$$\varepsilon_A=\frac{a_A}{r}=\varepsilon-\frac{\omega^2}{\sqrt{3}}$$

本题中，a_A 的指向和 ε_A 的转向取决于曲柄的角速度和角加速度的数值。若 $\varepsilon>\frac{\omega^2}{\sqrt{3}}$，则 a_A 为正值，表示 a_A 的真实方向与假设方向相同；若 $\varepsilon<\frac{\omega^2}{\sqrt{3}}$，则 a_A 为负值，表示 a_A 的真实方向将与假设方向相反。

另外，连杆 AB 此时作瞬时平动，其角速度为零，但由计算可知，其角加速度不为零，这正是瞬时平动和平动的区别所在。

最后指出的是，轮 A 上的 C 点为其瞬时速度中心，但 C 点的加速度一般并不为零。为说明这一点，取轮子为研究对象，以轮心 A 作为基点，求 C 点的加速度，有

$$\boldsymbol{a}_C=\boldsymbol{a}_A+\boldsymbol{a}_{CA}^{\tau}+\boldsymbol{a}_{CA}^{n}$$

其中，$a_A=r\left(\varepsilon-\frac{\omega^2}{\sqrt{3}}\right)$，方向水平向左；$a_{CA}^{\tau}=r\varepsilon_A=a_A$，方向水平向右，如图 4-16(b) 所示。于是 $\boldsymbol{a}_A$ 与 $\boldsymbol{a}_{CA}^{\tau}$ 可相互抵消，上式即为

$$\boldsymbol{a}_C=\boldsymbol{a}_{CA}^{n}$$

可见，$\boldsymbol{a}_C$ 的方向由 C 指向 A，其大小为 $a_C=r\omega^2$。由此得出结论：瞬时速度中心的加速度一般不为零。

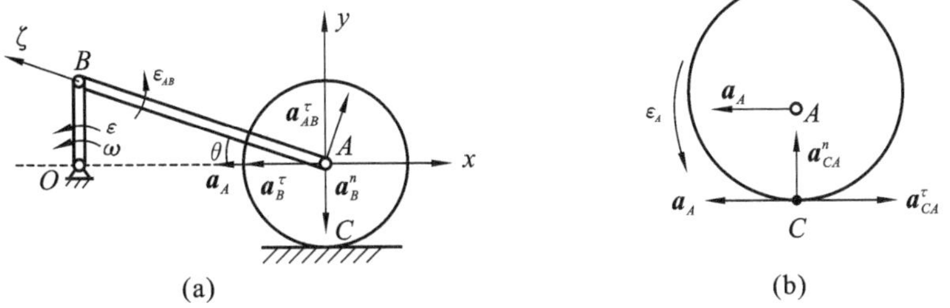

图 4-16

在研究了用基点法求平面图形上的点的加速度后，读者自然会想到，能否像速度分析那样，用瞬心法来分析平面图形上的点的加速度呢？关于这个问题，在此做以下几点说明。

(1) 与瞬时速度中心的概念相类似，平面图形某瞬时的瞬时加速度中心即为平面图形（或其延展平面）上该瞬时的加速度为零的点。

(2) 平面图形在每瞬时都有唯一的瞬时加速度中心。

设某瞬时平面图形上 A 点的加速度为 a_A，图形的角速度为 ω，角加速度为 ε，并设图形在此时的瞬时加速度中心在 P^* 处，即 $a_{P^*}=0$。由加速度合成公式可知

$$\boldsymbol{a}_{P^*}=\boldsymbol{a}_A+\boldsymbol{a}_{P^*A}^{\tau}+\boldsymbol{a}_{P^*A}^{n}=0$$

于是有

$$\boldsymbol{a}_{P^*A} = \boldsymbol{a}_{P^*A}^{\tau} + \boldsymbol{a}_{P^*A}^{n} = -\boldsymbol{a}_A$$

显然，$\boldsymbol{a}_{P^*A}$ 与 $\boldsymbol{a}_A$ 大小相等，方向相反，如图 4-17(a) 所示，故

$$AP^* \sqrt{\varepsilon^2 + \omega^4} = a_A$$

从而有

$$AP^* = \frac{a_A}{\sqrt{\varepsilon^2 + \omega^4}} \tag{4-6}$$

由上式求出基点 A 到瞬时加速度中心 P^* 的距离后，再求出 a_A 与 AP^* 之间的夹角 φ，即

$$\varphi = \arctan \frac{\varepsilon}{\omega^2} \tag{4-7}$$

现在，将基点 A 的加速度矢量顺着图形的角加速度的方向转过 φ 角，并在此方向上量出距离 AP^*，这样就可以确定图形在此瞬时的瞬时加速度中心 P^* 了。

(3) 求出瞬时加速度中心后，图形上任意一点的加速度就可以写成

$$\boldsymbol{a}_B = \boldsymbol{a}_{BP^*}^{\tau} + \boldsymbol{a}_{BP^*}^{n} \tag{4-8}$$

即平面图形上任意一点 B 的加速度等于该点相对于图形在该瞬时的瞬时加速度中心 P^* 转动的切向加速度和法向加速度的矢量和。这就是求图形上的点的加速度的瞬心法。图形上的点的加速度分布如图 4-17(b) 所示。

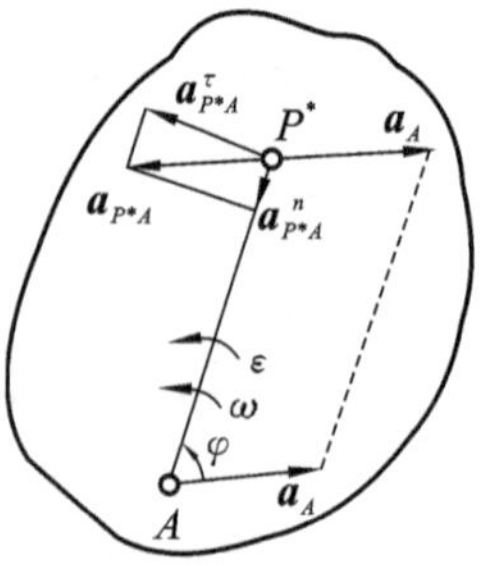

(a)

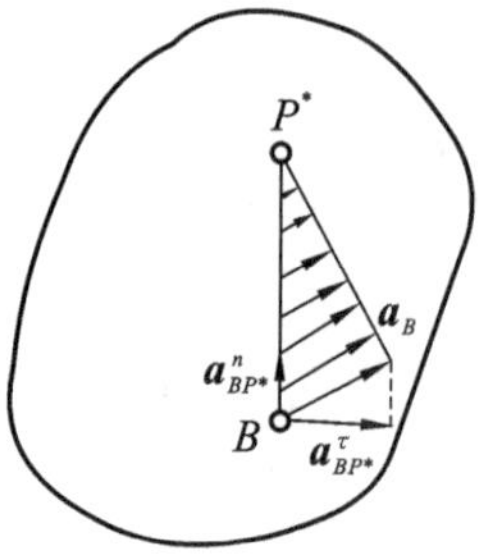

(b)

图 4-17

(4) 必须指出的是，求图形上的点的加速度的瞬心法在实践意义上远不如求图形上的点的速度的瞬心法。这是因为确定图形的加速度瞬心所需要的条件太多，尤其是要知道图形的角加速度，这一般是难以满足的。事实上，从前面的例子中，我们已经看到图形的角加速度通常需要通过基点法求出，而求出角加速度后，继续用基点法就可以很方便地求出图形上各点的加速度，从而没有必要再应用瞬心法了。

(5) 同一瞬时图形上的速度瞬心和加速度瞬心一般是不重合的，即速度瞬心点的加速度不为零，这一点在例 4-7 中已经说明；加速度瞬心点的速度亦不为零，否则与前一句话所指出的事实相矛盾。因此在一般情况下，千万不能将速度瞬心取作加速度瞬心，否则必将产生错误的结果。

4.5 刚体绕平行轴转动的合成

刚体的平面运动实际上是刚体的一种合成运动。前面已经指出，通过一个基点和一个平动参考系，可以把平面运动分解成平动和转动，但是合成运动的分解方法并不是唯一的。例

如在研究行星齿轮机构的运动时，为了方便，就可以把平面运动分解成绕平行轴的转动。

4.5.1　行星齿轮机构

行星齿轮机构是工程上经常采用的变速传动机构，在车床、拖拉机等的变速箱中都可见到这种机构。如图 4-18 所示是一个比较简单的行星齿轮机构，它由固定齿轮 O_1、动齿轮 O_2 及系杆 O_1O_2 组成。系杆 O_1O_2 绕 O_1 轴转动，同时带动齿轮 O_2 沿定齿轮 O_1 滚动。显然，动齿轮 O_2 作平面运动。由于动齿轮 O_2 一方面随系杆 O_1O_2 绕 O_1 轴公转，另一方面又绕 O_2 轴自转，就像行星（如地球）绕恒星（如太阳）的运动一样，故将动齿轮 O_2 称为行星齿轮。工程上还有许多更复杂的行星齿轮机构，但研究方法是一样的，故仅以图 4-18 所示的机构为例分析其运动。

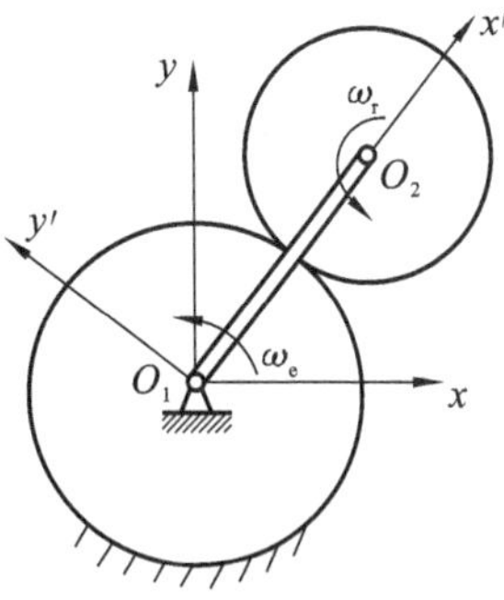

图 4-18

4.5.2　平面运动的分解

在系杆 O_1O_2 上固结一个动坐标系 $O_1x'y'$。注意，固结的意思是该动坐标系随系杆 O_1O_2 一起转动，故此处的动坐标系已不是前面的平动参考系了。按照合成运动的观点，行星齿轮的三种运动如下。

绝对运动：相对于定坐标系 O_1xy 的平面运动。

相对运动：相对于系杆 O_1O_2 的定轴转动，转轴为 O_2，相对角速度记为 ω_r。

牵连运动：随系杆 O_1O_2 一起绕定轴 O_1 的转动，牵连角速度 ω_e 即为系杆 O_1O_2 的转动角速度。

这样就把刚体的平面运动分解为绕轴 O_1 和轴 O_2 的转动。由于轴 O_1 和轴 O_2 是一对垂直于图形平面的平行轴，故将刚体的平面运动称为刚体绕平行轴的转动。

4.5.3　角速度合成关系

现在研究运动分解后图形的绝对角速度（即平面运动角速度）ω_a 与相对角速度 ω_r 和牵连角速度 ω_e 之间的关系。为此，取系杆和行星轮作为研究对象。

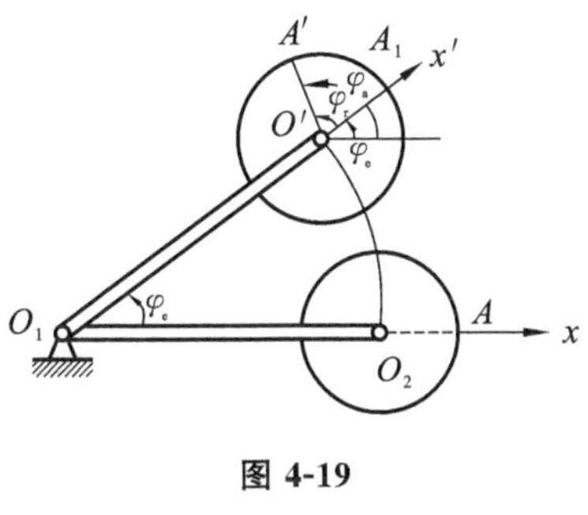

图 4-19

设初瞬时系杆在水平位置，在齿轮 O_2 上取一参考点 A，经过时间间隔 Δt 后，系杆转过 φ_e 角，齿轮 O_2 上的 A 点位于 A' 点处，齿轮 O_2 的绝对转角为 φ_a，如图 4-19 所示。φ_a 可看作由两部分转角组成：首先，假设齿轮 O_2 相对于系杆静止不动，则它随系杆转过 φ_e 角后，A 点到达 A_1 点，这时齿轮 O_2 相对于固定参考系转过的角度就是 φ_e；其次，齿轮 O_2 相对于系杆又转过一个角度 φ_r，φ_r 即为相对转角。于是有

$$\varphi_a = \varphi_e + \varphi_r \tag{4-9}$$

上述转角都是时间的单值连续函数。对式(4-9) 取时间的导数，则有

$$\omega_a = \omega_e + \omega_r \tag{4-10}$$

上式就是刚体绕平行轴转动时的角速度合成关系，它类似于点的合成运动的速度合成定理，它表明：绝对角速度等于牵连角速度和相对角速度的代数和。

对以上结论有如下讨论。

(1) 关于 ω_r。

这里所说的 ω_r 是行星齿轮相对于系杆转动的角速度。根据基点法，平面运动可以分解为

随基点 O_2 的平动和相对于基点 O_2 的转动。其中，相对于基点 O_2 转动的角速度就是平面图形的角速度 ω。显然，ω 与 ω_r 是不同的，因为 ω 是图形相对于平动参考系转动的角速度，它相当于式(4-10)中的 ω_a，而 ω_r 是相对于转动参考系转动的角速度。

(2) 关于瞬心。

绕平行轴转动的刚体既然也是作平面运动，则必定也存在着速度瞬心，该刚体也可看作是绕瞬心轴转动。在上述例子中，轮 O_1 是固定的，则轮 O_1 与轮 O_2 的接触点即为瞬心。但在一般情况下，轮 O_1 也是可以运动的，这时瞬心如何确定呢？

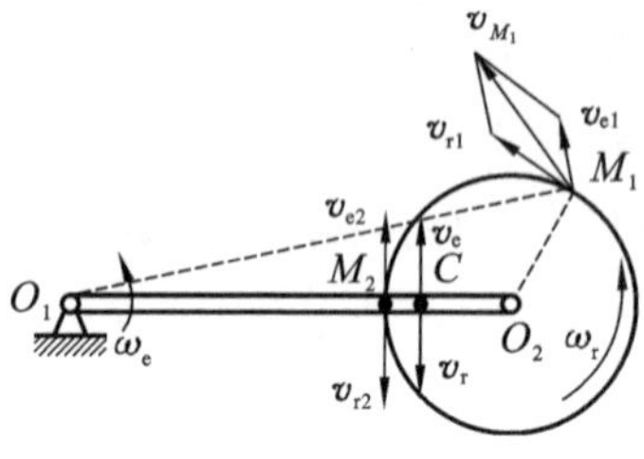

图 4-20

仍取系杆和轮 O_2 为研究对象，如图 4-20 所示。根据速度合成定理，轮 O_2 上任意一点 M_1 的速度为

$$\boldsymbol{v}_{M_1} = \boldsymbol{v}_{e1} + \boldsymbol{v}_{r1}$$

其中，$v_{e1} = O_1M_1 \cdot \omega_e$，$v_{r1} = O_2M_1 \cdot \omega_r$。显然，若点 M_1 取在 O_1O_2 连线上时，$\boldsymbol{v}_e$ 与 $\boldsymbol{v}_r$ 共线，此时上式中的矢量和变为代数和，即

$$v_{M_2} = v_{e2} - v_{r2} = O_1M_2 \cdot \omega_e - O_2M_2 \cdot \omega_r$$

显然，在 O_1O_2 之间总可找到一点 C，使得

$$O_1C \cdot \omega_e = O_2C \cdot \omega_r$$

即

$$\frac{O_1C}{O_2C} = \frac{\omega_r}{\omega_e} \tag{4-11}$$

于是有

$$v_C = O_1C \cdot \omega_e - O_2C \cdot \omega_r = 0$$

由式(4-11)可确定点 C 就是瞬时速度中心。

求出瞬心的位置后，有

$$v_{O_2} = \omega_e \cdot O_1O_2 = \omega_a \cdot O_2C$$

于是有

$$\omega_a = \frac{O_1O_2}{O_2C} \cdot \omega_e \tag{4-12}$$

由上式即可求得平面图形的角速度。

(3) 关于 ω_e 与 ω_r 的转向。

上例考虑的是 ω_e 与 ω_r 转向相同的情况，实际上 ω_e 与 ω_r 还有可能转向相反。如行星齿轮在固定齿圈内滚动时，ω_e 与 ω_r 的转向就是相反的，如图 4-21 所示。这时，式(4-9)与式(4-10)中的 φ_r 与 ω_r 应以负号代入，则 ω_a 的数值为

$$\omega_a = |\omega_e - \omega_r| \tag{4-13}$$

ω_a 的转向与 ω_e、ω_r 中绝对值大的一项的转向相同。公式(4-11)仍然成立，但此时瞬心的位置在 O_1O_2 的延长线上，外分两轴之间的距离，且位于角速度大的转动轴一侧，如图 4-22 所示。

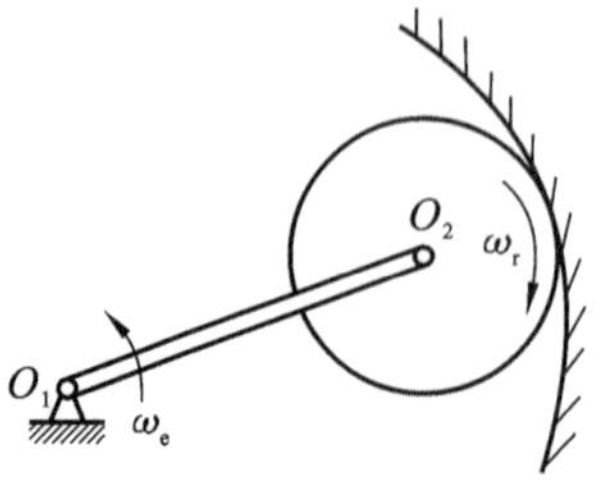

图 4-21

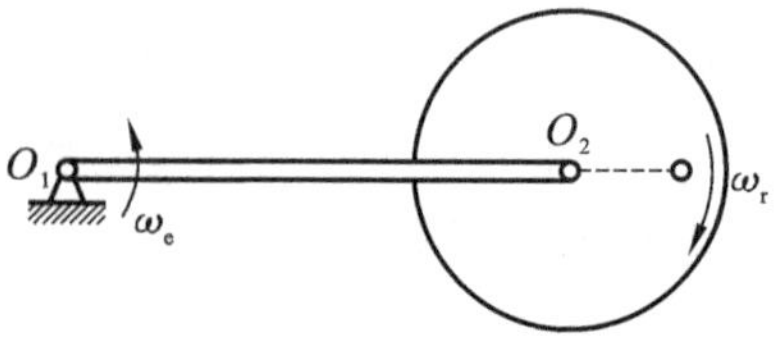

图 4-22

(4) 关于动轴轮系的传动比。

前面曾经讨论过轮系传动比的概念，但那时涉及的都是具有固定转动轴的轮系，这种轮系称为定轴轮系。现在所研究的一些轮系，如行星齿轮机构，其行星轮的自转轴是运动的，这种轮系称为动轴轮系。定轴轮系传动比的计算公式已经不能适用于动轴轮系了。但是如果考虑轮系相对于系杆的运动，则由于各轮相对于系杆的运动仍然是定轴转动，故在计算动轴轮系上各轮之间的相对角速度之比时，仍然可以使用定轴轮系传动比的计算公式。在后面的例题中将具体说明这一点。

【例 4-8】 在如图 4-23(a) 所示的行星齿轮机构中，系杆 O_1O_2 以角速度 ω_e 绕 O_1 轴转动，行星齿轮的半径为 r_2，与半径为 r_1 的固定齿轮 O_1 相啮合。求行星齿轮 O_2 的绝对角速度和它相对于系杆转动的角速度。

【解】 (1) 根据瞬心法求解。

由于行星齿轮 O_2 的瞬心在 C 点处，根据式(4-11)，有

$$\frac{\omega_r}{\omega_e}=\frac{r_1}{r_2}$$

于是有

$$\omega_r=\frac{r_1}{r_2}\omega_e$$

上式即为行星齿轮 O_2 相对于系杆转动的角速度。再由式(4-10) 可得

$$\omega_a=\omega_e+\omega_r=\left(1+\frac{r_1}{r_2}\right)\omega_e$$

(2) 通过研究两齿轮相对于系杆的运动求解。

设动坐标系固结在系杆上，两齿轮相对于系杆转动的角速度分别为 ω_{r1} 和 ω_{r2}，则动轴轮系相对角速度的传动比为

$$\frac{\omega_{r2}}{\omega_{r1}}=-\frac{r_1}{r_2}$$

其中，负号表示两齿轮为外啮合，如图 4-23(b) 所示。

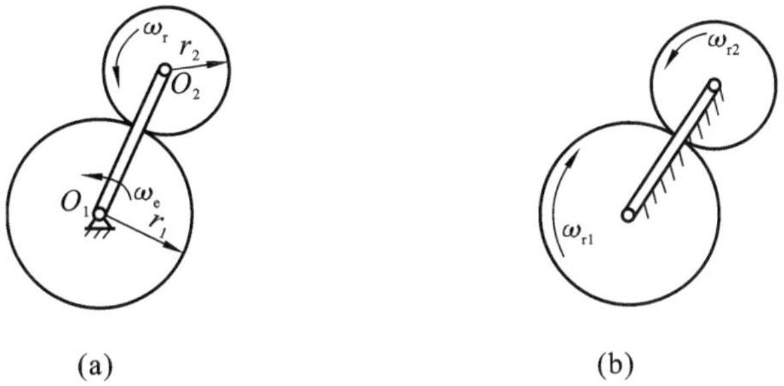

图 4-23

又由绝对角速度关系可得

$$\omega_1=\omega_e+\omega_{r1}=0(\text{因为齿轮 }O_1\text{ 为固定轮}),\omega_2=\omega_e+\omega_{r2}$$

由此解得

$$\omega_{r1}=-\omega_e,\omega_{r2}=\omega_2-\omega_e$$

将以上两式代入传动比关系式中，得

$$\frac{\omega_2-\omega_e}{-\omega_e}=-\frac{r_1}{r_2}$$

所以有

$$\omega_2=\left(1+\frac{r_1}{r_2}\right)\omega_e$$

上式即为齿轮 O_2 的绝对角速度。故 ω_{r2} 为

$$\omega_{r2}=\omega_2-\omega_e=\frac{r_1}{r_2}\omega_e$$

【例 4-9】 在如图 4-24(a) 所示的拖拉机行星轮减速机构中，太阳轮 Ⅰ 绕 O_1 轴转动，带动行星轮 Ⅱ 绕固定齿圈 Ⅲ 滚动，同时轮 Ⅱ 又带动轴架 H 绕 O_H 轴转动。已知各齿轮的节圆半径分别为 r_1、r_2、r_3，求传动比 i_{1H}。

【解】 (1) 根据瞬心法求解。

由于行星轮 Ⅱ 的瞬心在 C 点处，根据式(4-11) 可得

$$\omega_e\cdot O_1C=\omega_{r2}\cdot O_2C$$

而 $\omega_e=\omega_H$，于是有

$$\omega_{r2}=\omega_H\cdot\frac{O_1C}{O_2C}=\frac{r_3}{r_2}\omega_H$$

又由 $\omega_{a1}=\omega_1=\omega_H+\omega_{r1}$ 可解得

$$\omega_{r1}=\omega_1-\omega_H$$

于是动轴轮系的传动比为

$$\frac{\omega_{r1}}{\omega_{r2}}=\frac{\omega_1-\omega_H}{\dfrac{r_3}{r_2}\omega_H}=\frac{r_2}{r_1}$$

$$i_{1H}=\frac{\omega_1}{\omega_H}=\frac{r_1+r_3}{r_1}$$

(2) 通过研究轮系相对于系杆的运动求解。

如图 4-24(b) 所示，设系杆为动坐标系，则各齿轮相对于系杆作定轴转动，故有

$$\omega_{a1}=\omega_1=\omega_e+\omega_{r1}=\omega_H+\omega_{r1}$$

即

$$\omega_{r1}=\omega_1-\omega_H$$

同理可得

$$\omega_{r2}=\omega_2-\omega_H,\quad \omega_{r3}=\omega_3-\omega_H=-\omega_H\text{(齿圈 Ⅲ 静止不动，故 }\omega_3=0\text{)}$$

注意：在上式中，各角速度均按逆时针方向为正来假设，若计算后角速度出现负号，则表示该角速度的转向为顺时针。由定轴轮系传动比的计算公式可得

$$\frac{\omega_{r1}}{\omega_{r2}}=\frac{\omega_1-\omega_H}{\omega_2-\omega_H}=-\frac{r_2}{r_1}\text{(负号表示两齿轮为外啮合)}$$

$$\frac{\omega_{r2}}{\omega_{r3}}=\frac{\omega_2-\omega_H}{-\omega_H}=\frac{r_3}{r_2}\text{(正号表示两齿轮为内啮合)}$$

将以上两式相乘后整理，可得

$$i_{1H}=\frac{\omega_1}{\omega_H}=\frac{r_1+r_3}{r_1}$$

i_{1H} 为正号，表示轴 Ⅰ 与轴 H 的转向相同。

通过以上例题可以看出，在研究行星齿轮系的运动时，采用平行轴转动的合成方法是方便的。在具体解题时，可以应用瞬心法，在确定了瞬心的位置后，求出相对角速度和绝对角速

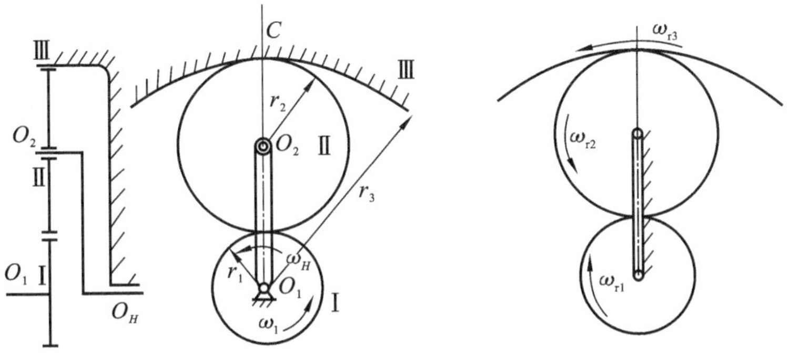

(a)　　　　　　　　　　(b)

图 4-24

度；也可以采用将系杆看作静止，研究各齿轮相对于系杆运动的传动比关系的方法，这时要求出各齿轮相对于系杆转动的角速度，再通过各齿轮之间啮合的传动比关系来求解问题。

4.6　运动学综合问题的分析

在运动学这部分内容中，主要研究了两个问题，即点的运动学问题和刚体的运动学问题。其中，刚体的运动学问题又包含刚体整体的运动和刚体上的点的运动两个方面的问题。运动学内容的重点在于用瞬时合成的方法研究点和刚体的较为复杂的运动。因此，本节所指的运动学综合问题即为点的合成运动和刚体的平面运动的综合问题。在本篇内容结束之前，将通过几个具有一定难度的综合性例题的分析，把各章内容作一个回顾和贯通，进一步加深读者对有关内容的理解，增强其分析、解决综合性问题的能力。

【例 4-10】　在如图 4-25(a) 所示的轻型杠杆式推钢机构中，曲柄 OA 通过连杆 AB 带动摇杆 O_1B 绕 O_1 轴摆动，杆 EC 以铰链与套筒 C 相连，套筒 C 可沿杆 O_1B 滑动，并带动杆 CE 推动钢料。已知 $OA=a$，$AB=\sqrt{3}a$，$O_1B=\frac{2}{3}b$，其中 $a=0.2$ m，$b=1$ m。在某瞬时，$BC=\frac{4}{3}b$，$\omega_{OA}=\frac{1}{2}$ rad/s，试求此时杆 CE 推动钢料的速度和加速度。曲柄 OA 作匀速转动。

【解】　(1) 解题思路分析。本题中，曲柄 OA 与杆 O_1B 作定轴转动，杆 AB 作平面运动，杆 CE 作平动。欲求杆 CE 的速度和加速度，只需求出套筒 C 的速度和加速度即可，这就需要对套筒 C 进行合成运动分析，而在对套筒 C 进行合成运动分析时，显然要用到摇杆 O_1B 的角速度和角加速度，为求摇杆 O_1B 的角速度和角加速度，则要对连杆 AB 进行平面运动分析。

(2) 取连杆 AB 为研究对象，求出 v_B 和 a_B，从而求得 ω_{O_1B} 和 ε_{O_1B}，但要先求出 ω_{AB}，为求 a_B 作准备。

① 速度分析。用基点法求 v_B 和 ω_{AB}。

以点 A 为基点，有

$$\boldsymbol{v}_B=\boldsymbol{v}_A+\boldsymbol{v}_{BA}$$

作出 B 点的速度矢量图，如图 4-25(b) 所示，由图可得

$$v_B=\frac{v_A}{\cos30^\circ}=\frac{a\omega_{OA}}{\cos30^\circ}=\frac{0.2\times0.5}{\cos30^\circ}\ \text{m/s}=0.115\ \text{m/s}$$

$$v_{BA}=v_A\tan30^\circ=a\omega_{OA}\tan30^\circ$$
$$=0.2\times0.5\times\tan30^\circ\ \text{m/s}=0.058\ \text{m/s}$$

于是有

$$\omega_{O_1B}=\frac{v_B}{O_1B}=\frac{0.115\times 3}{2\times 1}\ \text{rad/s}=0.173\ \text{rad/s}(\text{方向如图 4-25(a) 所示})$$

$$\omega_{AB}=\frac{v_{BA}}{AB}=\frac{0.058}{\sqrt{3}\times 0.2}\ \text{rad/s}=0.167\ \text{rad/s}(\text{方向如图 4-25(a) 所示})$$

② 加速度分析。用基点法求 a_B 和 ε_{O_1B}。以 A 点为基点，则有

$$\boldsymbol{a}_B=\boldsymbol{a}_B^\tau+\boldsymbol{a}_B^n=\boldsymbol{a}_A+\boldsymbol{a}_{BA}^\tau+\boldsymbol{a}_{BA}^n$$

作出 B 点的加速度矢量图，如图 4-25(c) 所示。其中，$\boldsymbol{a}_B$ 分解为切向加速度和法向加速度；$\boldsymbol{a}_A$ 只是法向加速度(因为曲柄 OA 作匀速转动)；$\boldsymbol{a}_{BA}^\tau$ 的指向假设向上。取水平轴 x 为投影轴，由此可得

$$-a_B^\tau\cos30^\circ-a_B^n\cos60^\circ=a_{BA}^n=AB\cdot\omega_{AB}^2$$

所以

$$\begin{aligned}a_B^\tau&=\frac{-AB\cdot\omega_{AB}^2-a_B^n\cos60^\circ}{\cos30^\circ}\\&=\frac{-0.2\times\sqrt{3}\times 0.167^2-\dfrac{2}{3}\times 1\times 0.173^2\times 0.5}{\cos 30^\circ}\ \text{m/s}^2\\&=-0.023\ \text{m/s}^2\end{aligned}$$

其中，$a_B^n=O_1B\cdot\omega_{O_1B}^2$，负号表示 $\boldsymbol{a}_B^\tau$ 的真实方向与假设方向相反。

所以

$$\varepsilon_{O_1B}=\frac{a_B^\tau}{O_1B}=\frac{-0.023}{\dfrac{2}{3}\times 1}\ \text{rad/s}^2=-0.035\ \text{rad/s}^2$$

其中，负号表示 ε_{O_1B} 为顺时针转向。

(3) 取摇杆 O_1B 为动坐标系，套筒 C 为动点，求套筒 C 的速度和加速度。动坐标系作定轴转动。

① 求 v_C。根据速度合成定理可得

$$\boldsymbol{v}_a=\boldsymbol{v}_e+\boldsymbol{v}_r$$

作出套筒 C 的速度矢量图，如图 4-25(d) 所示，由此可得

$$v_C=v_a=\frac{v_e}{\cos30^\circ}=\frac{O_1C\cdot\omega_{O_1B}}{\cos30^\circ}=\frac{2\times 1\times 0.173}{\cos30^\circ}\ \text{m/s}=0.400\ \text{m/s}$$

顺便求出 v_r，为下面计算科氏加速度做准备。

$$v_r=v_C\cos60^\circ=0.400\times 0.5\ \text{m/s}=0.200\ \text{m/s}$$

② 求 a_C。由牵连运动为转动时的点的加速度合成定理可得

$$\boldsymbol{a}_C=\boldsymbol{a}_e+\boldsymbol{a}_r+\boldsymbol{a}_k$$

作出套筒 C 的加速度矢量图，如图 4-25(e) 所示。其中，$\boldsymbol{a}_e$ 分解为 $\boldsymbol{a}_e^\tau$ 和 $\boldsymbol{a}_e^n$ 两项，$\boldsymbol{a}_k$ 的大小为

$$a_k=2\omega_{O_1B}v_r=2\times 0.173\times 0.2\ \text{m/s}=0.069\ \text{m/s}^2$$

取 ζ 为投影轴，有

$$a_e^\tau+a_a\cos30^\circ=-a_k$$

所以

$$a_C=a_a=\frac{a_e^\tau-a_k}{\cos30^\circ}=\frac{-2\times 1\times 0.035-0.069}{\cos30^\circ}\ \text{m/s}^2=-0.161\ \text{m/s}^2$$

其中，$a_e^\tau = O_1C \cdot \varepsilon_{O_1B}$，负号表示 $\boldsymbol{a}_C$ 的方向水平向右。

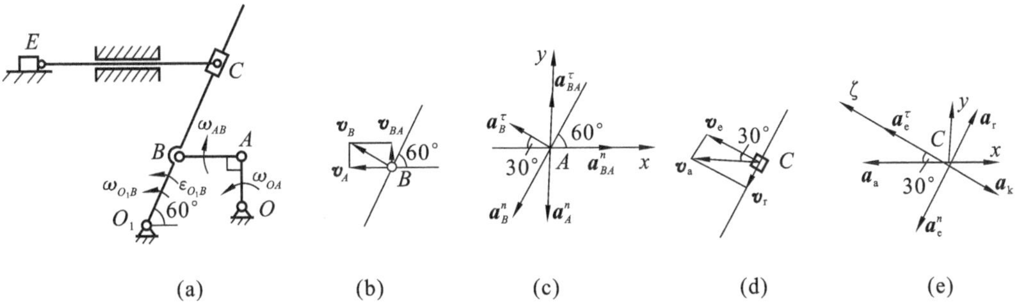

图 4-25

此题虽然在计算上比较复杂，但在解题思路的建立方面并不困难，因为杆 AB 的平面运动分析和套筒 C 的合成运动分析之间的界限比较明显。实际上，此题可拆成独立的两个问题来求解。

【例 4-11】 在如图 4-26(b) 所示的机构中，曲柄 $OA = r$，以匀角速度 ω_0 绕 O 轴转动，并带动连杆滑块机构运动，连杆 $AB = r$，滑块 B 在水平滑道内滑动，在连杆的中点 C 铰接一滑块 C，滑块 C 可在摇杆 O_1D 的槽内滑动，从而带动摇杆 O_1D 绕 O_1 轴转动。当 $\theta = 60°$，$O_1D = 2r$ 时，试求摇杆 O_1D 的角速度 ω 和角加速度 ε。

【解】 (1) 解题分析。在此题中，为求摇杆 O_1D 的角速度 ω 和角加速度 ε，显然应从滑块 C 的合成运动分析着手，但前提是必须先求出滑块 C 的速度和加速度，为此需要先分析杆 AB 的平面运动。而且由于滑块 C 的加速度的大小和方向以及杆 AB 的角加速度均未知，在进行杆 AB 的平面运动分析时，必须先对滑块 B 进行加速度分析（其加速度方向已知），以求出杆 AB 的角加速度，然后再求滑块 C 的加速度。

(2) 杆 AB 的平面运动分析。

① 速度分析，求滑块 C 的速度 v_C。

由瞬心法可知，杆 AB 作瞬时平动，故有

$$v_C = v_A = r\omega_0$$

且有 $\omega_{AB} = 0$，但角加速度 ε_{AB} 不为零。

② 加速度分析，求连杆 AB 的角加速度 ε_{AB}。

以 A 点为基点，研究 B 点的加速度。根据基点法可得

$$\boldsymbol{a}_B = \boldsymbol{a}_A + \boldsymbol{a}_{BA}^\tau + \boldsymbol{a}_{BA}^n$$

作出滑块 B 的加速度矢量图，如图 4-26(b) 所示。以铅垂轴 y 为投影轴，有

$$0 = a_A - a_{BA}^\tau$$

将 $a_A = r\omega_0^2$，$a_{BA}^\tau = l\varepsilon_{AB}$ 代入上式中，可得

$$\varepsilon_{AB} = \frac{r}{l}\omega_0^2$$

注意：由于 $\omega_{AB} = 0$，故 $a_{BA}^n = 0$，从而 $a_B = 0$，即 B 点为杆 AB 的瞬时加速度中心，如图 4-26(b) 所示。

③ 加速度分析，求滑块 C 的加速度 a_C。

仍取 A 点作为基点，研究 C 点的加速度。根据基点法可得

$$\boldsymbol{a}_C = \boldsymbol{a}_A + \boldsymbol{a}_{CA}^\tau + \boldsymbol{a}_{CA}^n$$

作出滑块 C 的加速度矢量图，如图 4-26(c) 所示。以铅垂轴 y 为投影轴，有

$$a_{Cy} = a_A - a_{CA}^\tau$$

解得

$$a_C = a_{Cy} = \frac{r}{2}\omega_0^2\text{（方向铅垂向上）}$$

由于杆 AB 上的基点 A 的加速度和杆 AB 的角加速度均为已知，且 $\omega_{AB}=0$，因此也可以利用4.4节最后介绍的加速度瞬心法来求 a_C。由式(4-6)和式(4-7)可求出确定杆 AB 的加速度瞬心位置的两个参数。杆 AB 的加速度瞬心到基点 A 的距离为

$$AP^* = \frac{a_A}{\sqrt{\varepsilon_{AB}^2+\omega_{AB}^4}} = \frac{r\omega_0^2}{\frac{r}{l}\omega_0^2} = l$$

AP^* 与基点 A 的加速度之间的夹角为

$$\varphi = \arctan\frac{\varepsilon_{AB}}{\omega_{AB}^2} = 90^\circ$$

于是按照 ε_{AB} 的转向将基点 A 的加速度矢量沿顺时针方向转过 $\varphi = 90^\circ$ 角，再截线段 AP^*，由此可知，此时 B 点即为杆 AB 的瞬时加速度中心，这一点已在前面指出。杆上各点的加速度的分布规律如图4-26(d)所示。显然有

$$a_C = \frac{a_A}{2} = \frac{r}{2}\omega_0^2$$

(3) 以滑块 C 为动点，以摇杆 O_1D 为动坐标系，作滑块 C 的合成运动分析。

① 速度分析，求摇杆 O_1D 的角速度 ω。

根据速度合成定理可得

$$\boldsymbol{v}_{aC} = \boldsymbol{v}_{eC} + \boldsymbol{v}_{rC}$$

作出滑块 C 的速度矢量图，如图4-26(e)所示，解得

$$\omega = \frac{\sqrt{3}}{2}\omega_0, \quad v_{rC} = \frac{r}{2}\omega_0$$

② 加速度分析，求摇杆 O_1D 的角加速度 ε。

由牵连运动为转动时的加速度合成定理可得

$$\boldsymbol{a}_{aC} = \boldsymbol{a}_{eC}^{\tau} + \boldsymbol{a}_{eC}^{n} + \boldsymbol{a}_{rC} + \boldsymbol{a}_{kC}$$

作出滑块 C 的加速度矢量图，如图4-26(f)所示，将上式向 ζ 轴投影，可得

$$a_{aC}\cos 60^\circ = a_{eC}^{\tau} - a_{kC}$$

将 $a_{eC}^{\tau} = r\varepsilon$，$a_{kC} = 2\omega v_{rC}$ 及 $a_{aC} = \frac{r}{2}\omega_0^2$ 代入上式中，可得

$$\varepsilon = \frac{a_{aC}\cos 60^\circ + 2\omega v_{rC}}{r} = \frac{1}{r}\left(\frac{r}{2}\omega_0^2\cdot\frac{1}{2} + 2\cdot\frac{\sqrt{3}}{2}\omega_0\cdot\frac{r}{2}\omega_0\right) = \left(\frac{1+2\sqrt{3}}{4}\right)\omega_0^2$$

其中，ε 的转向为逆时针方向。

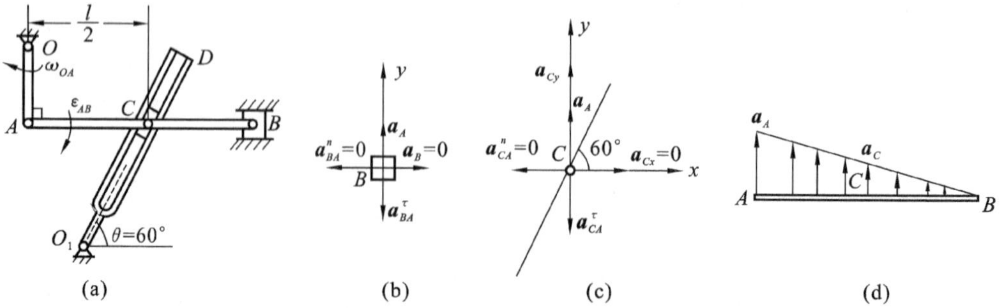

图 4-26

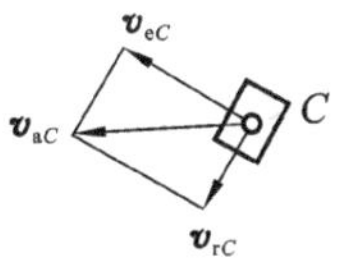

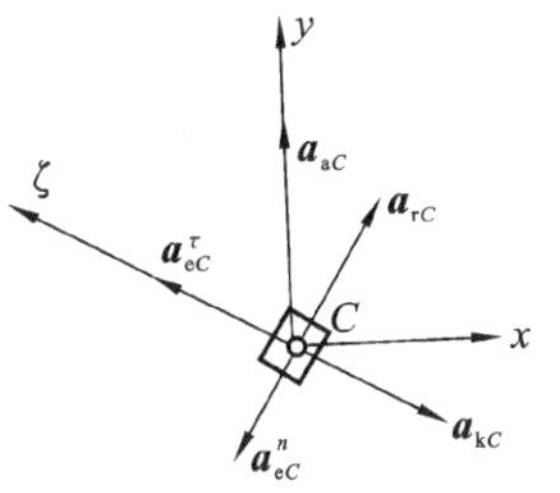

续图 4-26

最后，讨论一下牵连运动为平面运动时的点的合成运动的问题。当牵连运动为平面运动时，可以证明点的加速度合成定理在形式上与牵连运动为转动时的点的加速度合成定理一样，即

$$\boldsymbol{a}_a = \boldsymbol{a}_e + \boldsymbol{a}_r + \boldsymbol{a}_k$$

其中，$\boldsymbol{a}_k = 2\boldsymbol{\omega}_e \times \boldsymbol{v}_r$；$\boldsymbol{\omega}_e$ 为平面图形的转动角速度。至于速度合成定理，当初推导时对牵连运动未做任何限制，因而自然是适用的。

【例 4-12】 在如图 4-27(a) 所示的刨床机构中，连杆 BC 长 $4r$，曲柄 OA 长 r，曲柄 OC 以匀角速度 ω 绕 O 轴转动。在图示瞬时，$\theta = 30°$，$AB = 2r$，试求该瞬时水平杆 C 的速度 $\boldsymbol{v}_C$ 和加速度 $\boldsymbol{a}_C$。

【解】 在此机构中，连杆 BC 作平面运动。取套筒 A 作为动点，连杆 BC 作为动坐标系，则牵连运动为平面运动。

(1) 速度分析。

① 由速度合成定理得

$$\boldsymbol{v}_A = \boldsymbol{v}_a = \boldsymbol{v}_e + \boldsymbol{v}_r$$

其中，$\boldsymbol{v}_e$ 是杆 BC 上与套筒 A 重合的点 A' 的速度，于是有 $\boldsymbol{v}_e = \boldsymbol{v}_{A'}$，故有

$$\boldsymbol{v}_A = \boldsymbol{v}_{A'} + \boldsymbol{v}_r$$

② 由杆 BC 的平面运动分析，可确定 $\boldsymbol{v}_{A'}$ 的方向，如图 4-27(b) 所示。由于杆 BC 的瞬心为 P 点，故 $\boldsymbol{v}_{A'}$ 的方向垂直于 AP。因此，由 A 点的速度矢量图[见图 4-27(c)] 可得

$$v_{A'} = v_A = r\omega$$

$$\omega_{BC} = \frac{v_{A'}}{AP} = \frac{r\omega}{2r} = \frac{\omega}{2}$$

所以

$$v_C = CP \cdot \omega_{BC} = 4r\cos 30° \cdot \frac{\omega}{2} = \sqrt{3}r\omega$$

$$v_r = 2v_A\cos 30° = 2r\omega \cdot \frac{\sqrt{3}}{2} = \sqrt{3}r\omega$$

(2) 加速度分析。

① 根据牵连运动为转动时的加速度合成定理可得

$$\boldsymbol{a}_A = \boldsymbol{a}_a = \boldsymbol{a}_e + \boldsymbol{a}_r + \boldsymbol{a}_k \tag{1}$$

由于 $v_r = \sqrt{3}r\omega$，故有

$$a_k = 2\omega_{BC}v_r = 2 \cdot \frac{\omega}{2} \cdot \sqrt{3}r\omega = \sqrt{3}r\omega^2$$

② 由杆 BC 的平面运动分析可得(以 B 点为基点)

$$\boldsymbol{a}_{e} = \boldsymbol{a}_{A'} = \boldsymbol{a}_{B} + \boldsymbol{a}_{A'B}^{\tau} + \boldsymbol{a}_{A'B}^{n} \tag{2}$$

将式(2)代入式(1)中,可得

$$\boldsymbol{a}_{A} = \boldsymbol{a}_{B} + \boldsymbol{a}_{A'B}^{\tau} + \boldsymbol{a}_{A'B}^{n} + \boldsymbol{a}_{r} + a_{k}$$

作出 A 点的加速度矢量图,如图 4-27(d) 所示。取 ζ 轴为投影轴,有

$$a_{A}\cos30^{\circ} = a_{A'B}^{\tau} + a_{B}\cos60^{\circ} + a_{k}$$

将 $a_{A} = r\omega^{2}$, $a_{A'B}^{\tau} = AB \cdot \varepsilon_{BC}$ 代入上式中,可得

$$r\omega^{2}\cos30^{\circ} = 2r\varepsilon_{BC} + a_{B}\cos60^{\circ} + \sqrt{3}r\omega^{2} \tag{3}$$

其中,ε_{BC} 为杆 BC 的角加速度,设其转向为逆时针方向。由于上式中含有 ε_{BC} 和 a_{B} 两个未知量,因此还需要一个补充方程。为此,以 B 点为基点,分析 C 点的加速度。根据基点法可得

$$\boldsymbol{a}_{C} = \boldsymbol{a}_{B} + \boldsymbol{a}_{CB}^{\tau} + \boldsymbol{a}_{CB}^{n}$$

作出水平杆 C 的加速度矢量图,如图 4-27(e) 所示。将上式向 y 轴投影,可得

$$0 = a_{B} + a_{CB}^{\tau}\cos60^{\circ} - a_{CB}^{n}\cos30^{\circ}$$

其中,$a_{CB}^{\tau} = 4r\varepsilon_{BC}$, $a_{CB}^{n} = 4r\omega_{BC}^{2} = r\omega^{2}$,代入上式中,有

$$a_{B} = a_{CB}^{n}\cos30^{\circ} - a_{CB}^{\tau}\cos60^{\circ} = \frac{\sqrt{3}}{2}r\omega^{2} - 2r\varepsilon_{BC} \tag{4}$$

将式(4)与式(3)联立,可解得

$$\varepsilon_{BC} = -\frac{3\sqrt{3}}{4}\omega^{2}\text{(负号表示其转向为顺时针方向)}$$

$$a_{CB}^{\tau} = 4r\varepsilon_{BC} = -4r \cdot \frac{3\sqrt{3}}{4}\omega^{2} = -3\sqrt{3}r\omega^{2}$$

再将 C 点的加速度矢量表达式向 x 轴投影,得

$$-a_{C} = -a_{CB}^{\tau}\cos30^{\circ} - a_{CB}^{n}\cos60^{\circ}$$

将 $a_{CB}^{\tau} = -3\sqrt{3}r\omega^{2}$, $a_{CB}^{n} = r\omega^{2}$ 代入上式中,得

$$a_{C} = -4r\omega^{2}\text{(方向水平向右,与假设方向相反)}$$

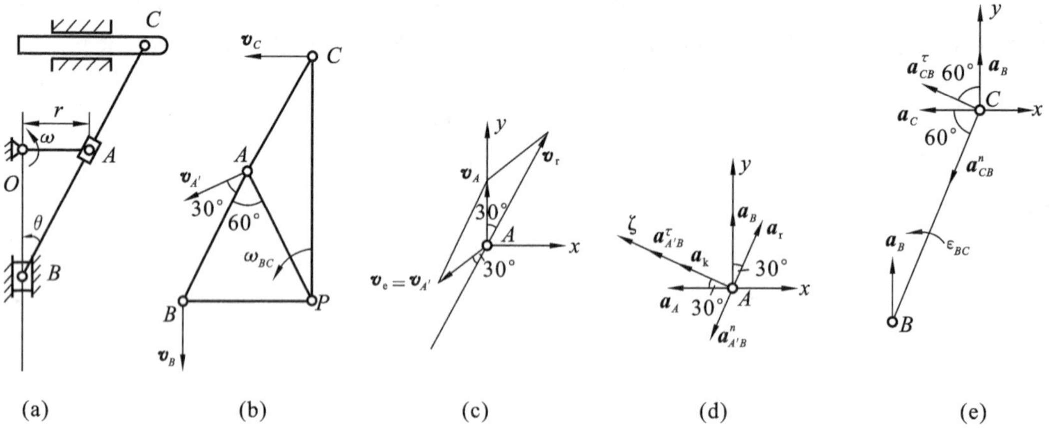

图 4-27

由此例可以看出:当牵连运动为平面运动时,动点的牵连速度、牵连加速度及平面图形的角速度、角加速度均应通过平面运动分析求出,再将其代入点的合成运动公式中,求得公式中的未知量。

思考与习题

1. 下列说法是否正确?为什么?

(1) 刚体运动时,若体内任一平面始终与某固定平面平行,则这种运动就是刚体的平面运动。

(2) 刚体的平动是刚体平面运动的特例。

(3) 刚体的定轴转动是刚体平面运动的特例。

2. 椭圆规尺 AB 由曲柄 OC 带动,曲柄 OC 以角速度 ω_0 绕 O 轴匀速转动,如图 4-28 所示。若 $OC = BC = AC = r$,并取 C 点为基点,求椭圆规尺的平面运动方程。

3. 在如图 4-29 所示的锯床机构中,曲柄 AB 以角速度 ω 绕 A 轴转动,连杆 BC 带动锯子 D 沿轴架 EF 作往复运动。已知 $\omega = 0.5$ rad/s,$\alpha = 30°$,$\beta = 60°$,$AB = 10$ cm,求锯子 D 的速度。

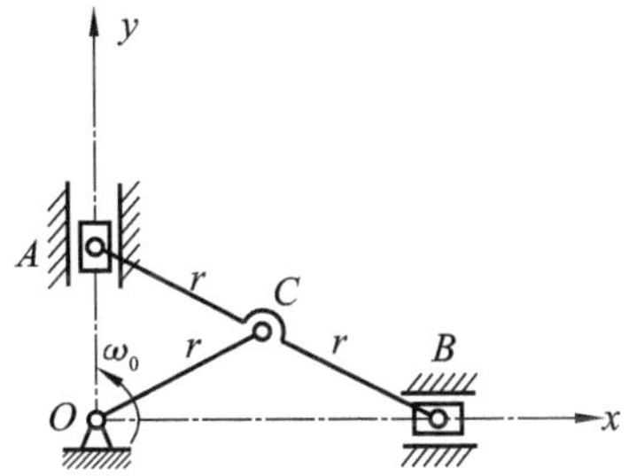

图 4-28

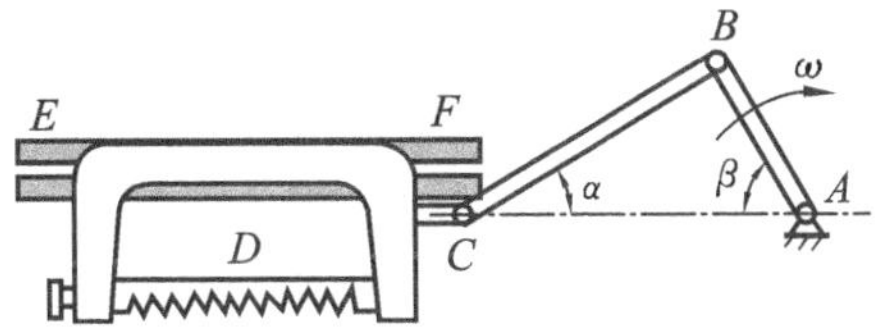

图 4-29

4. 轧碎机中的四连杆机构 $OABC$ 如图 4-30 所示。已知曲柄 $OA = 10$ cm,并以 $\omega = 4$ rad/s 的角速度转动,连杆 $AB = 20$ cm,$BC = 23$ cm。试求图示位置时点 B 的速度和杆 BC 的角速度。

5. 某插齿机床的插刀机构如图 4-31 所示。四连杆机构 $ABCDE$ 把曲柄 AB 的转动变成杆 CD 的摆动,并通过杆 CD 上的齿扇带动齿条 E 上的插刀 F。已知 $AB = R$,$CD = DE = r$,曲柄 AB 的角速度为 ω,求在图示位置 φ 时插刀的速度 $\boldsymbol{v}_F$。

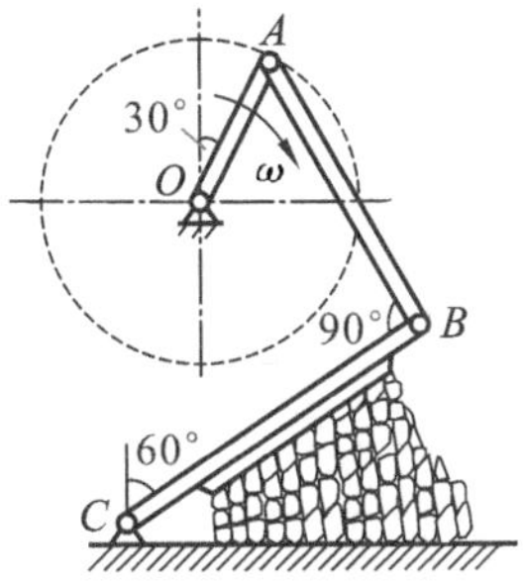

图 4-30

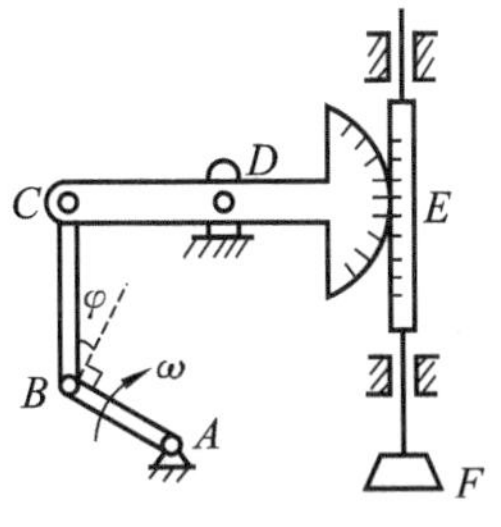

图 4-31

6. 如图 4-32 所示,半径为 r 的两轮在水平直线轨道上作纯滚动,一轮的中心 B 和另一轮 A 轮缘上的点 C 用连杆 BC 铰接。已知轮 A 中心的速度为 $\boldsymbol{v}_A$,求当 β 分别为 0° 和90° 时,轮 B 的角速度的大小和转向。

7. 如图 4-33 所示,两齿条分别以速度 $\boldsymbol{v}_1$、$\boldsymbol{v}_2$ 同方向运动,在其中间夹有一齿轮,其半径 r 已知。求齿轮的角速度和轮心 O 的速度。

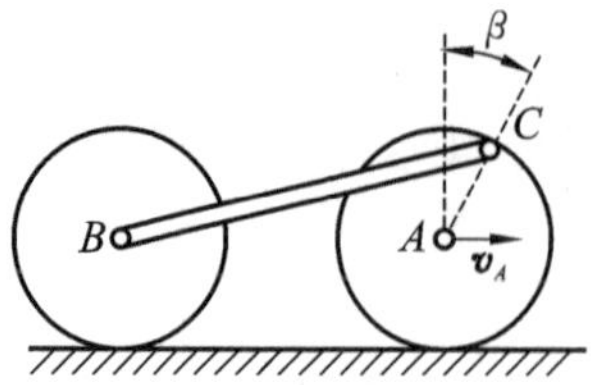

图 4-32

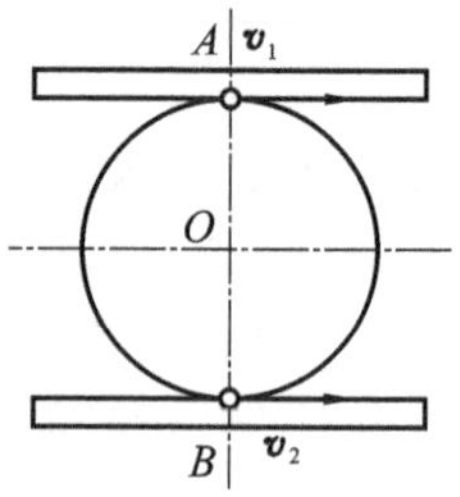

图 4-33

8. 在如图 4-34 所示的起重机构中，当鼓轮 A 转动时，通过绳索使管 ED 上升。已知鼓轮 A 的角速度 $\omega=\frac{\pi}{3}$ rad/s，$R=15$ cm，$r=5$ cm。求在图 4-34(a)、图 4-34(b) 两种情况下管 ED 的中心 O 的速度。

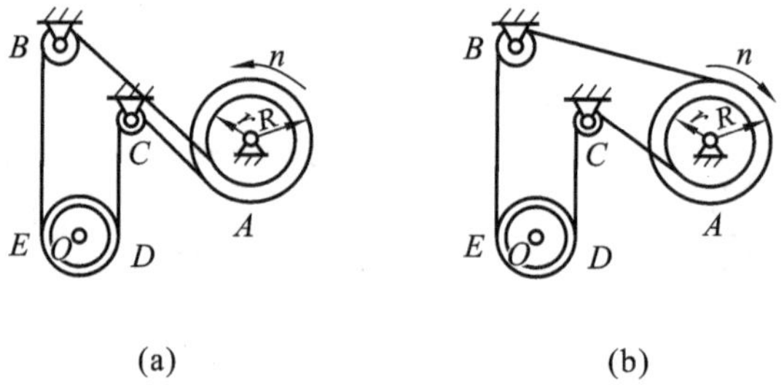

图 4-34

9. 在如图 4-35 所示的平面机构中，曲柄 $OA=r$，并以角速度 ω_0 绕 O 轴转动，某瞬时摇杆 O_1N 在水平位置，而连杆 NK 在铅垂位置。已知连杆 AB 上有一点 D，其位置为 $DK=\frac{1}{3}NK$，求 D 点的速度。

10. 在如图 4-36 所示的颚板式破坏机中，活动颚板 AB 长 60 cm，并由曲柄 OE 借助杠杆组带动其绕轴 A 摆动，曲柄 OE 长 10 cm，并以 $n=100$ r/min 的转速沿逆时针方向转动。已知杠杆组中 $BC=CD=CE=40$ cm，求图示位置时颚板 AB 的角速度。

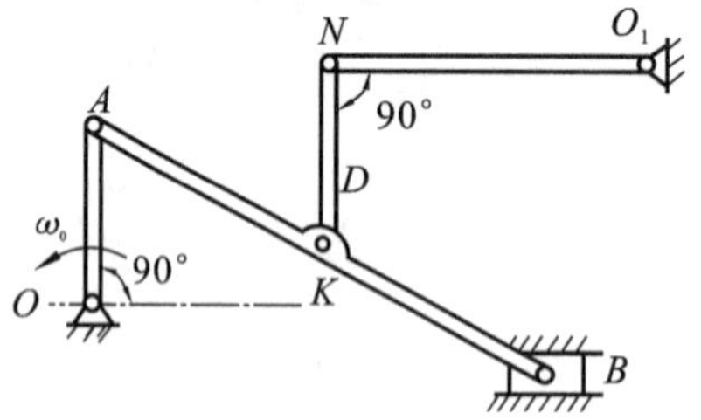

图 4-35

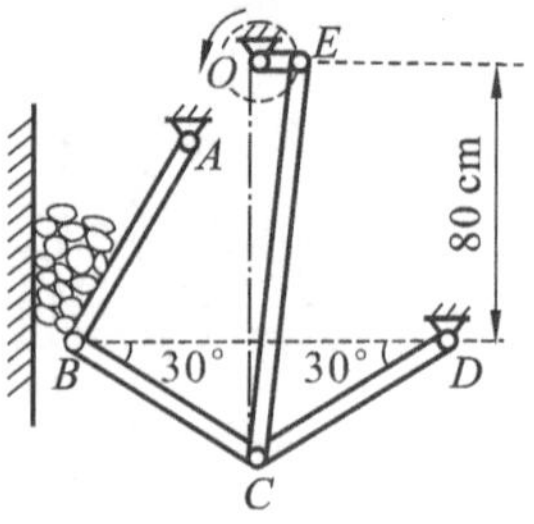

图 4-36

11. 在如图 4-37 所示的机构中，已知 $OA=10$ cm，$BD=10$ cm，$DE=10$ cm，$EF=10\sqrt{3}$ cm，$\omega_{OA}=4$ rad/s。在图示位置时，曲柄 OA 与水平线 OB 垂直，且 B、D、F 在同一铅垂线上，又有 DE 垂直于 EF。求杆 EF 的角速度和点 F 的速度。

12. 瓦特行星传动机构由摇杆 O_1A 带动，杆 O_1A 绕 O_1 轴摇动，并通过连杆 AB 带动曲柄 OB，曲柄 OB 的活动地装于 O 轴上，在同一 O 轴上还装有齿轮Ⅰ，齿轮Ⅱ固结于连杆 AB 的另一端，如图 4-38 所示。已知齿轮Ⅰ、Ⅱ的半径 $r_1 = r_2 = 30\sqrt{3}$ cm，$O_1A = 75$ cm，$AB = 150$ cm，摇杆 O_1A 的角速度 $\omega_0 = 6$ rad/s，求当 $\alpha = 60°$，$\beta = 90°$ 时，曲柄 OB 和齿轮Ⅰ的角速度。

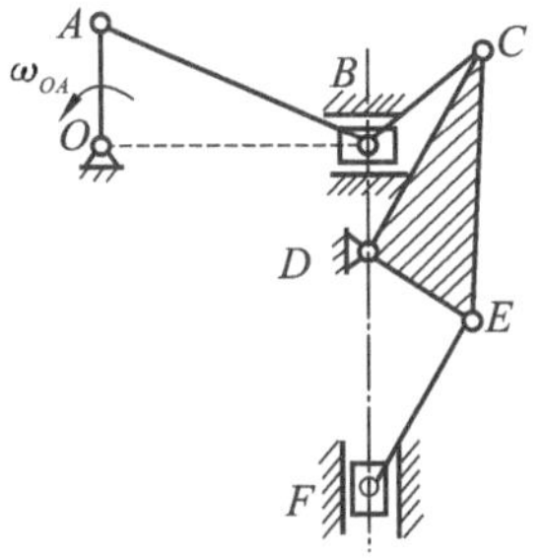

图 4-37

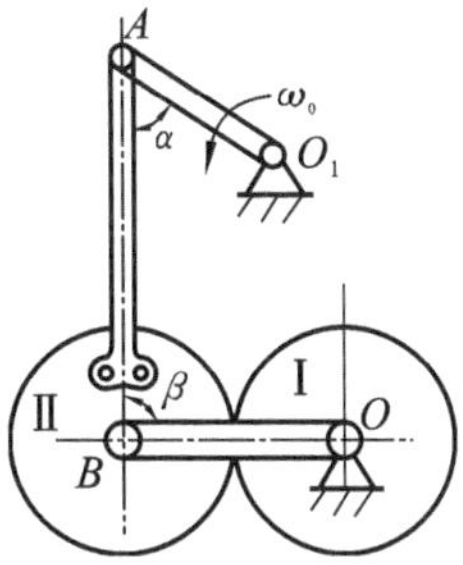

图 4-38

13. 在如图 4-39 所示的小型锻压机中，$OA = O_1B = r = 10$ cm，$EB = BD = AD = l = 40$ cm。在某一瞬时，杆 OA 运动到如图所示的位置，此时 $OA \perp AD$，$O_1B \perp ED$，O_1D 和 OD 恰好分别在水平位置和垂直位置。已知杆 OA 由减速箱传动，$n = 120$ r/min，求此瞬时锻锤 F 的速度。

14. 杆 AB 长 2 m，其一端 A 沿水平面运动，另一端 B 沿斜面运动，如图 4-40 所示。设 A 端作匀速运动，$v_A = 2$ m/s。求当 $\theta = 30°$ 时，B 端的加速度和杆 AB 的角加速度。

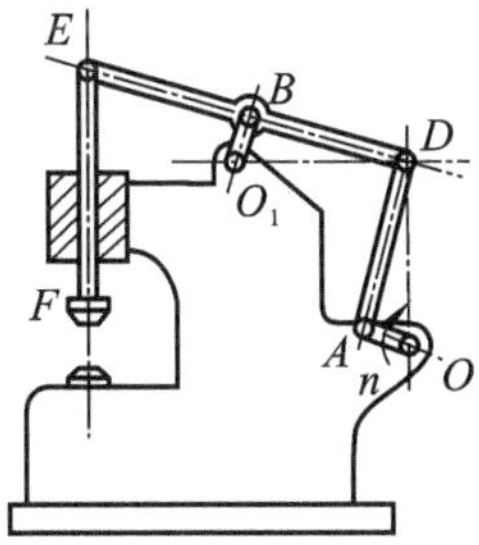

图 4-39

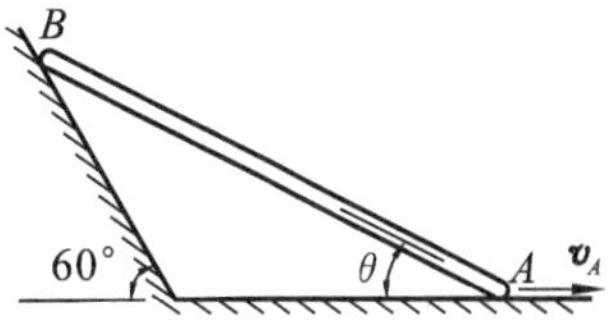

图 4-40

15. 如图 4-41 所示为铰接四连杆机构 $ABCD$ 在某瞬时的位置。设 AB 杆作匀角速度转动，$\omega_{AB} = 4$ rad/s，求杆 BC 与杆 CD 的角加速度。

16. 半径为 30 cm 的车轮 O 在水平轨道上向右作纯滚动，在轮的边缘上铰接一长为 70 cm 的杆 AB，如图 4-42 所示。设当 OA 在水平位置时，$v_0 = 20$ cm/s，$a_0 = 10$ cm/s²，求杆 AB 的角速度与角加速度及 B 点的速度与加速度。

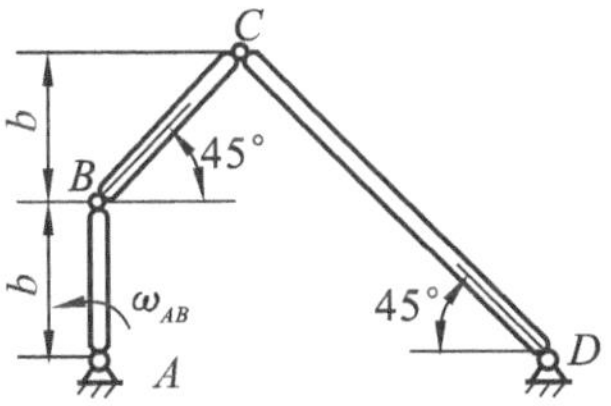

图 4-41

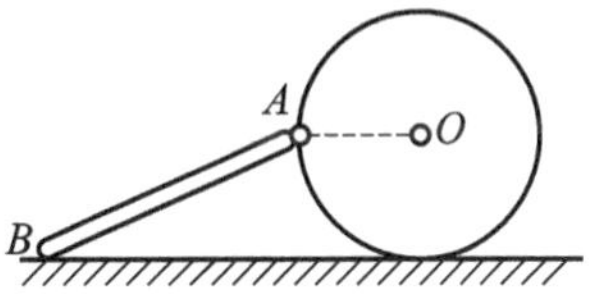

图 4-42

17. 在如图 4-43 所示的行星齿轮机构中，系杆 O_1O 以等角速度 ω_1 绕定轴 O_1 转动，在系杆销子 O 上装有一可自由转动的齿轮Ⅰ，其半径为 r，固定齿轮Ⅱ的半径为 R。求齿轮Ⅰ上 A、B 两点的加速度。

18. 在如图4-44所示的滚压机构中，滚子沿水平面作纯滚动，曲柄 OA 的半径 $r_1 = 10$ cm，曲柄 OA 以匀角速度 $\omega_0 = 30$ r/min 绕 O 轴转动。若滚子的半径 $R = 10$ cm，当曲柄 OA 与水平线的夹角 $\alpha = 60°$ 时，OA 与 AB 垂直，求此时滚子的角速度和角加速度。

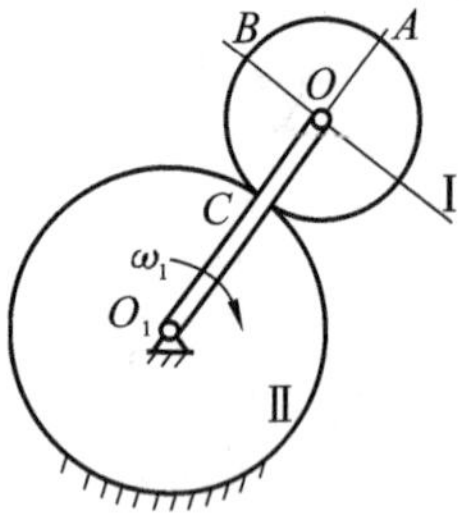

图 4-43

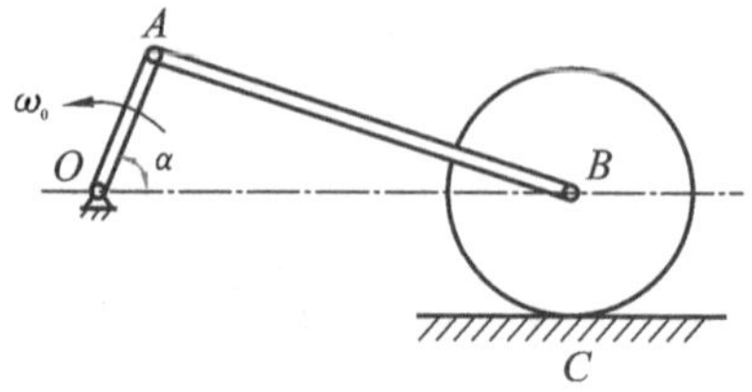

图 4-44

19. 如图4-45所示，齿轮Ⅰ在齿轮Ⅱ内滚动，两齿轮的半径分别为 r 和 R，曲柄 OO_1 以匀角速度 ω_0 绕 O 轴转动，并带动齿轮Ⅰ转动。求该瞬时在图形上与瞬心重合的点的加速度的大小。

20. 在如图4-46所示的配汽机构中，曲柄 $OA = r$，并绕 O 轴以等角速度 ω_0 转动，$AB = 6r$，$BC = 3\sqrt{3}r$。求该机构在图示位置时滑块 C 的速度和加速度。

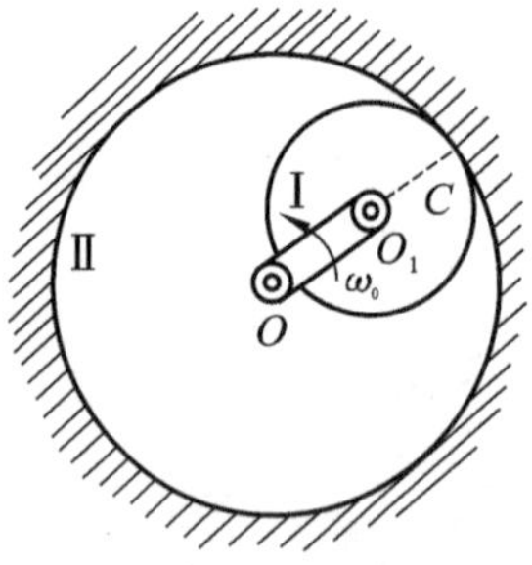

图 4-45

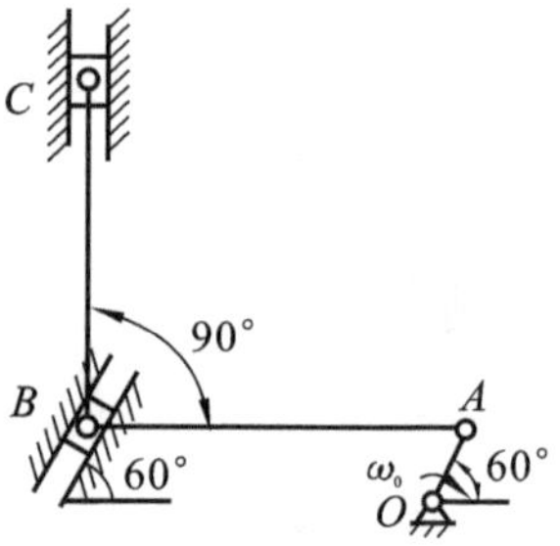

图 4-46

21. 如图4-47所示，曲柄 OA 以 $n = 30$ r/min 的转速绕固定齿轮的 O 轴转动，固定齿轮的齿数 $z_0 = 60$，齿数 $z_1 = 40$ 和 $z_2 = 50$ 的同心双重齿轮的轴在曲柄上。求齿数 $z_3 = 25$ 的小齿轮每分钟的转数。

22. 在周转传动装置中，半径为 R 的主动齿轮以角速度 ω_0 和角加速度 ε_0 作逆时针转动，而长为 $3R$ 的曲柄 OA 以同样的角速度和角加速度绕 O 轴沿顺时针方向转动，如图4-48所示。已知点 M 位于半径为 R 的从动齿轮上，且在垂直于曲柄 OA 的直径的末端，求点 M 的速度和加速度。

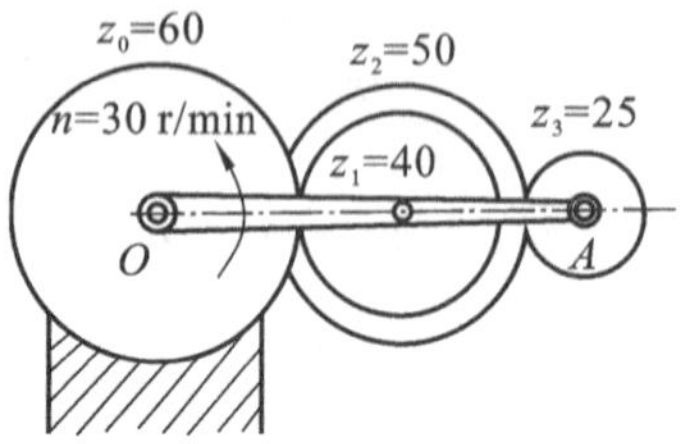

图 4-47

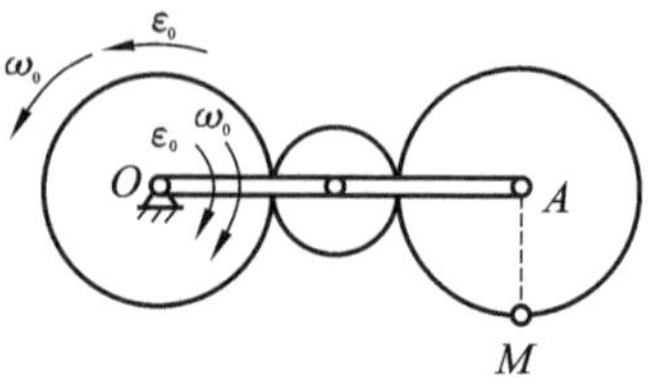

图 4-48

23. 在如图 4-49 所示的齿轮传动装置中，转臂 H 的角速度为 ω_0，齿轮 Ⅱ 沿固定齿轮 Ⅴ 滚动。已知各齿轮的半径为 r_1、r_2、r_3，试求齿轮 Ⅰ 和齿轮 Ⅳ 的角速度。

24. 如图 4-50 所示为一机构在某瞬时的位置。已知 $AB = BC = O'B = z$，$OA = r$，曲柄 OA 以匀角速度 ω 转动，求此瞬时 C 点的速度和加速度。

25. 一半径为 10 cm 的圆轮的轮轴放在杆 AB 的导槽内，当杆 AB 绕 A 点摆动时，带动圆轮在平面上作纯滚动，如图 4-51 所示。当 $\theta = 30°$ 时，$\omega_{AB} = 3$ rad/s，$\varepsilon_{AB} = 0$，求此瞬时圆轮滚动的角速度与角加速度。图中，$l = 33$ cm。

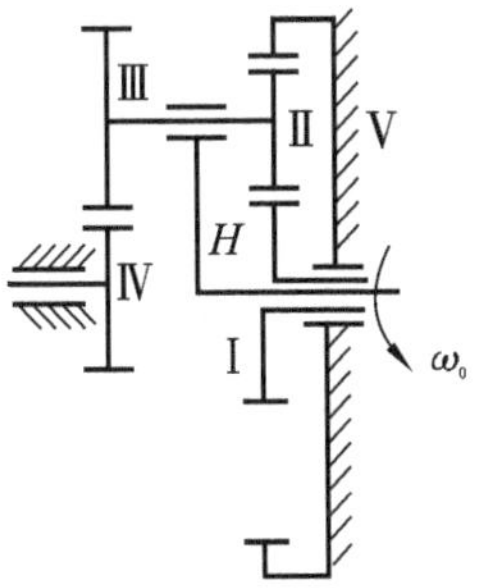

图 4-49

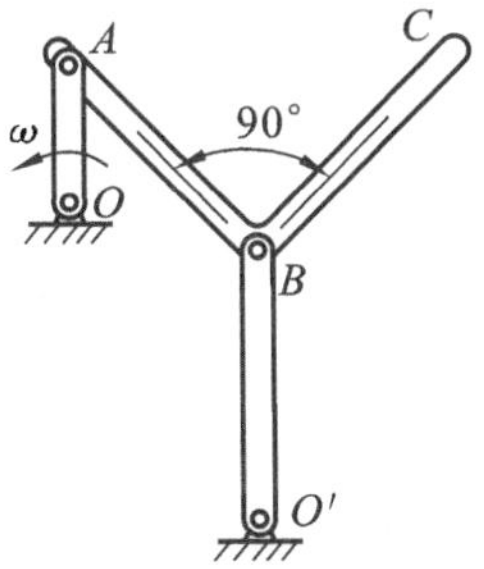

图 4-50

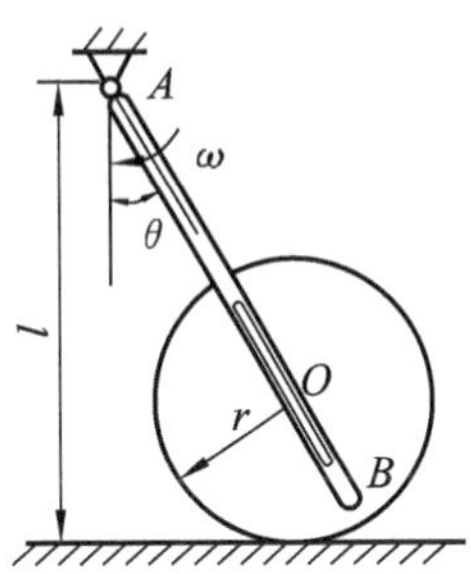

图 4-51

26. 如图 4-52 所示为一机构在某瞬时的位置。已知此时 $\omega_{OA} = \omega$，$\varepsilon_{OA} = 0$，$v_{CD} = l\omega$，$a_{CD} = 0$，求杆 AB 的角速度与角加速度。

27. ABC 为一曲柄连杆滑块机构，$AB = l$，$BC = 2l$，连杆 BC 上有一导槽，导槽中有一销子 M，M 又放在绕 D 点转动的另一导槽中，如图 4-53 所示。设在图示位置时，$DM = l$，$\omega_{AB} = \omega$，$\omega_{DE} = \omega$（反向转动），$\varepsilon_{AB} = 0$，$\varepsilon_{DE} = 0$，求此时销子 M 的速度与加速度。

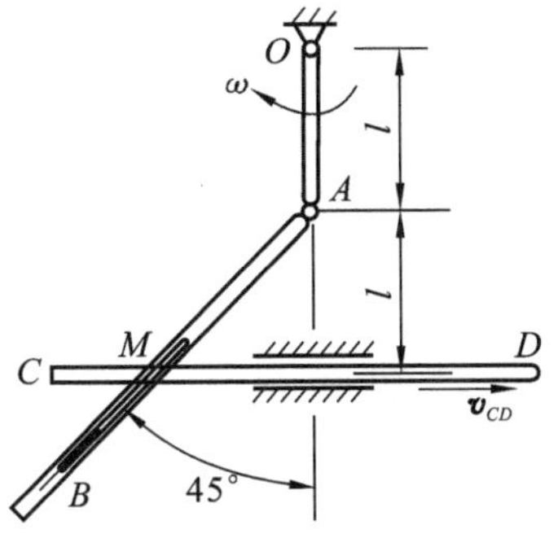

图 4-52

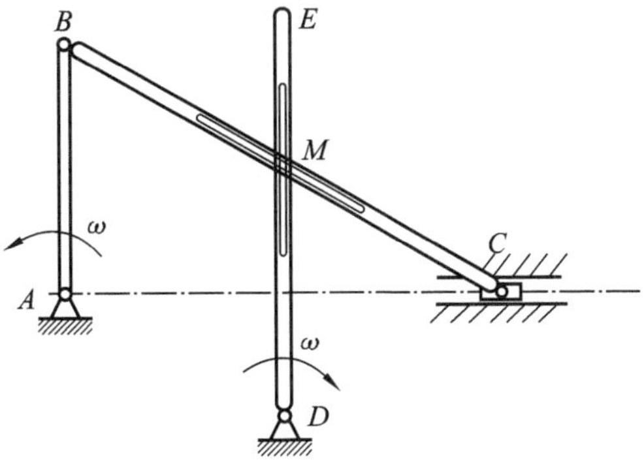

图 4-53

28. 在如图 4-54 所示的平面机构中，当杆 AB 绕 A 点转动时，通过滑块 B 与连杆 DE 带动杆 CD 绕 C 点转动，杆 AB 与杆 CD 长 l，杆 DE 长 $2l$。设在图示位置时，杆 AB 与杆 CD 平行，滑块 B 位于连杆 DE 的中点，杆 AB 的角速度为 ω，角加速度为零，求此时杆 CD 与杆 DE 的角速度与角加速度。

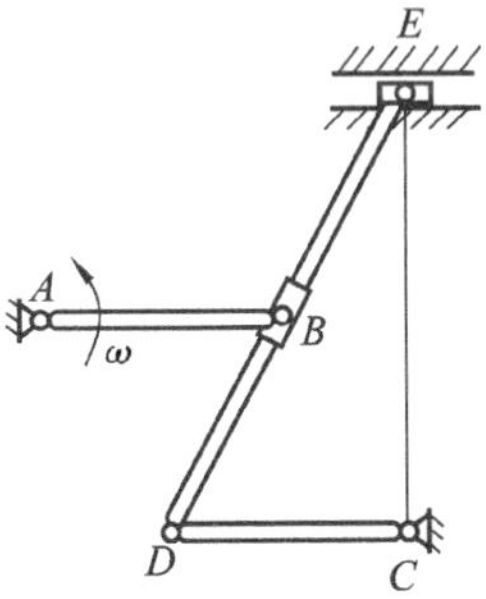

图 4-54

第2篇　动　力　学

【引　　言】

在静力学中，我们只研究了物体在力的作用下平衡的条件，没有考虑物体在不平衡力系作用下的运动规律。在运动学中，我们仅从几何观点出发，描述物体的运动特征，也没有考虑使物体运动状态发生变化的力。在动力学中，我们将研究物体运动状态的变化与作用在物体上的力之间的关系，进而建立起物体机械运动的一般规律。

动力学是认识物体的机械运动规律、解决工程技术中的动力学问题的基础，特别是在现代科学技术飞速发展的今天，高速、高效、高精度的机械设备的研制与使用，飞行器的制造与发射等为动力学问题研究提出了许多更为复杂的课题，这些课题要求工程技术人员必须具备足够的动力学基本知识。因此，学好动力学在现代工程技术中具有重要意义。

在动力学中，经常用到质点和质点系两种力学模型。所谓质点，是指具有一定质量，而几何形状和尺寸大小可以忽略不计的物体。质点系是指有限个或无限个质点相互联系所组成的系统。刚体可视为形状不变的质点系，机构、流体（包括液体和气体）可视为形状可变的质点系。

根据力学模型的不同，动力学可分为质点动力学和质点系动力学。本书将重点研究质点系动力学问题。

尽管动力学问题的涉及面很广，但就其问题的性质，可以分为两大类：① 已知物体的运动规律，求作用在物体上的力；② 已知作用在物体上的力及运动的初始条件，求物体的运动规律。

第5章 质点的动力学基本方程

5.1 动力学基本定律

动力学基本定律就是通常所说的牛顿运动三定律。这些定律是牛顿在总结前人经验的基础上概括出来的，是动力学的基础。

1. 第一定律(惯性定律)

不受力作用的质点，将永远保持静止或作匀速直线运动。

这个定律说明了如下两个问题：其一，任何质点(或物体)均具有保持其静止或匀速直线运动状态不变的特性，这种特性称为惯性，所以该定律又称为惯性定律；其二，任何质点(或物体)的运动状态改变，必定是受到其他物体的机械作用，即力的作用。第二定律正是阐述作用于物体上的力与物体运动状态的改变之间的定量关系。

2. 第二定律(力与加速度之间的关系定律)

质点的质量与加速度的乘积，等于作用于质点上的力，即

$$m\boldsymbol{a} = \boldsymbol{F} \tag{5-1}$$

该定律说明了如下几个问题。

(1) 该定律建立了质点的质量、作用于质点上的力及质点的加速度三者之间的关系。值得注意的是，这三者的关系仅是瞬时关系，即力在某瞬时对质点运动状态的改变，是通过该瞬时质点的速度的变化表现的，作用力并不直接决定质点的速度，速度的方向可以完全不同于作用力的方向。

由于式(5-1)是推演其他动力学方程的出发点，所以通常称该式为动力学基本方程。

(2) 在力 $\boldsymbol{F}$ 的作用下，质点所产生的加速度 $\boldsymbol{a}$ 的方向与力 $\boldsymbol{F}$ 的方向相同。其中，力 $\boldsymbol{F}$ 应理解为作用于质点上的所有力的合力，即

$$\boldsymbol{F} = \sum_{i=1}^{n} \boldsymbol{F}_i$$

(3) 由式(5-1)可知，相等的两个力作用在质量不同的两个质点上，质量越大，则加速度越小；质量越小，则加速度越大。这说明：质量越大，质点保持原来的运动状态的能力越强，即质点的质量越大，它的惯性也越大。因此，质量是衡量质点惯性大小的一个量。

在重力场中，物体只受重力 $\boldsymbol{G}$ 的作用而自由下落的加速度是 $\boldsymbol{g}$。因此，由式(5-1)应有

$$m\boldsymbol{g} = \boldsymbol{G} \tag{5-2}$$

物体的质量是不变的，但在地面上各处的重力加速度 $\boldsymbol{g}$ 稍有不同。在工程实际中，可以认为 g 为常数，并取 $g = 9.806\ 65\ \text{m/s}^2$。在我国，一般取 $g = 9.8\ \text{m/s}^2$。所以，只要我们测出物体的重量，就可根据式(5-2)计算出物体的质量，即

$$m = \frac{G}{g} \tag{5-3}$$

在力学中有许多物理量，各物理量之间一般都有一定的联系。本书采用国际通用的国际单位制(SI)，它以长度、质量和时间的单位为基本单位。长度的单位为米(m)，质量的单位为千克(kg)，时间的单位为秒(s)，力的单位为导出单位。这里规定，以使质量为1 kg的质点产生1 m/s^2的加速度的力作为力的单位，用基本单位表示为 1 kg·m/s^2，称为 1 牛顿(N)，即

$$1\ \text{N} = 1\ \text{kg} \times 1\ \text{m/s}^2$$

显然，质量为 1 kg 的物体的重量为

$$G = 1\ \text{kg} \times 9.8\ \text{m/s}^2 = 9.8\ \text{N}$$

目前,在我国工程界中还有采用工程单位制的。该单位制以力、长度和时间的单位为基本单位,它们分别是公斤力(kgf)、米(m) 和秒(s),并把质量为 1 kg 的质点所受的重力作为力的单位,所以

$$1\ \text{kgf} = 1\ \text{kg} \times 9.8\ \text{m/s}^2 = 9.8\ \text{N}$$

国际单位制和工程单位制有关力学部分的换算关系,可参考本书附录 A。

3. 第三定律(作用与反作用定律)

两物体之间的相互作用力与反作用力总是大小相等,方向相反,沿同一直线分别作用在两个物体上。

该定律已在静力学公理中阐述过了。这一定律不仅适用于平衡的物体,而且适用于任何运动的物体。这一定律仍然是分析质点系各物体间相互作用关系的理论依据。

5.2 质点的运动微分方程

设质量为 m 的质点 M 在力系 $\boldsymbol{F}_1,\boldsymbol{F}_2,\cdots,\boldsymbol{F}_n$ 的作用下运动,若以 $\boldsymbol{a}$ 表示质点运动的加速度,以 $\boldsymbol{F}$ 表示力系的合力,即 $\boldsymbol{F} = \boldsymbol{F}_1 + \boldsymbol{F}_2 + \cdots + \boldsymbol{F}_n$,则由式(5-1) 可得

$$m\boldsymbol{a} = \boldsymbol{F}$$

现以 $\boldsymbol{r}$ 表示质点 M 对固定点 O 的矢径,如图 5-1 所示,则由运动学可知

$$\boldsymbol{a} = \frac{\mathrm{d}\boldsymbol{v}}{\mathrm{d}t} = \frac{\mathrm{d}^2\boldsymbol{r}}{\mathrm{d}t^2}$$

所以式(5-1) 可写为

$$m\frac{\mathrm{d}^2\boldsymbol{r}}{\mathrm{d}t^2} = \boldsymbol{F} \tag{5-4}$$

上式就是质点的运动微分方程的矢量表达式。

在实际计算时,常需将矢量形式的运动微分方程向坐标轴投影,写成在不同坐标系下的投影形式。

建立直角坐标系 $Oxyz$,如图 5-1 所示,将式(5-4) 投影到直角坐标系的各轴上,可得直角坐标形式的质点运动微分方程,即

$$\begin{cases} m\dfrac{\mathrm{d}^2x}{\mathrm{d}t^2} = F_x \\ m\dfrac{\mathrm{d}^2y}{\mathrm{d}t^2} = F_y \\ m\dfrac{\mathrm{d}^2z}{\mathrm{d}t^2} = F_z \end{cases} \tag{5-5}$$

当质点作平面曲线运动时,建立自然坐标系 $M\tau nb$,如图 5-2 所示。由运动学可得

$$\boldsymbol{a} = a_\tau\boldsymbol{\tau} + a_n\boldsymbol{n}$$

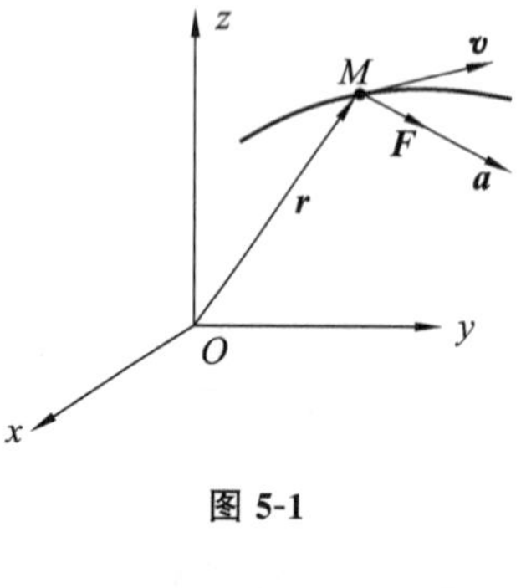

图 5-1

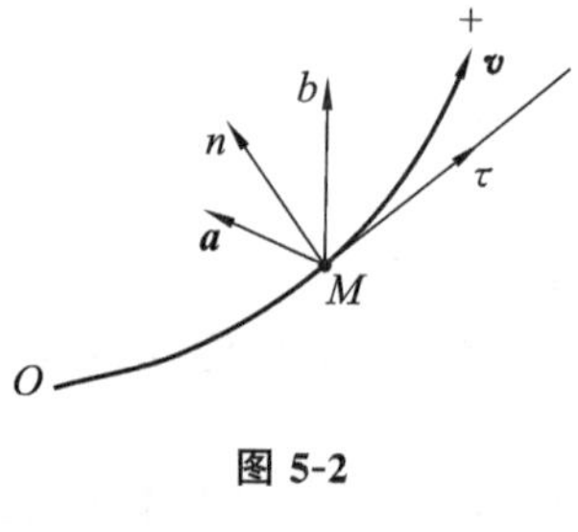

图 5-2

其中，$a_\tau = \dfrac{dv}{dt}$，$a_n = \dfrac{v^2}{\rho}$。

所以，将式(5-4) 投影到自然坐标轴上，可得

$$\begin{cases} m\dfrac{dv}{dt} = F_\tau \\ m\dfrac{v^2}{\rho} = F_n \\ 0 = F_b \end{cases} \tag{5-6}$$

式(5-6) 就是自然坐标形式的质点运动微分方程。

5.3 质点动力学的两类问题

应用质点的运动微分方程可求解质点动力学的两类问题。

第一类问题：已知质点的运动，求作用在质点上的力。

第二类问题：已知作用在质点上的力，求质点的运动。

第一类问题和第二类问题的综合问题也比较常见。

在求解第一类问题时，由于质点的运动学参数是已知的，所以先对它们求出时间的导数，然后代入质点的运动微分方程式(5-5) 或式(5-6) 中，就可求出力。因此，求解第一类问题的实质可归结为微分问题。

在求解第二类问题时，由于力是已知的，即质点的运动微分方程式(5-5) 或式(5-6) 的右侧项是已知的，要求解的是方程的变量，即质点的运动方程。因此，必然要对方程右侧的力函数进行积分，并通过运动的初始条件(初位置、初速度) 确定积分常数。在工程实际中，力函数通常为可积分的简单函数，这样便可得到一个用确定的解析表达式描述的质点的运动特征。但有时被积分的力函数比较复杂，只能用数值积分得到近似解。

下面将举例说明质点动力学的两类问题的求解方法。

【例 5-1】 如图 5-3 所示，半径为 R 的偏心轮以匀角速度 ω 绕 O 轴转动，推动导板 AB 沿铅垂滑道运动。已知偏心距 $OC = e$，开始时 OC 沿水平线。若在导板顶部 D 处放有一质量为 m 的物块 M，试求：(1) 导板 AB 对物块 M 的最大反力及此时偏心 C 的位置；(2) 欲使物块 M 不离开导板，求角速度 ω 的最大值。

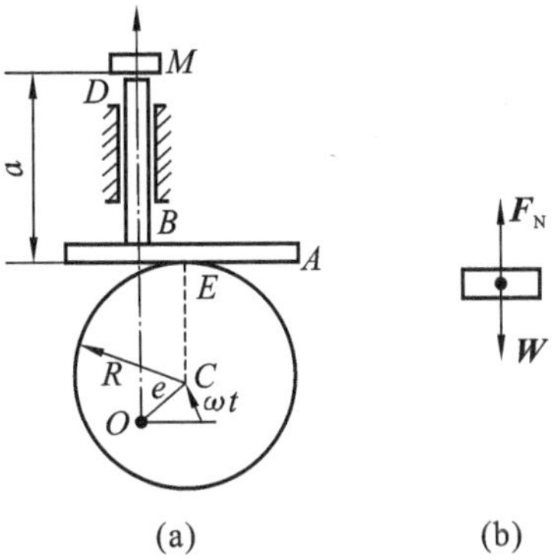

图 5-3

【解】 (1) 选物块 M 为研究对象，取坐标轴如图 5-3(a) 所示。

(2) 分析力，画出受力图，如图 5-3(b) 所示。$\boldsymbol{F}_N$ 为导板 AB 对物块 M 的反力，$\boldsymbol{W}$ 为物块 M 的自重。

(3) 分析运动。由图 5-3(a) 可知，M 点的运动方程为

$$x_M = e\sin\omega t + R + a \tag{1}$$

M 点的加速度则为

$$\frac{d^2 x_M}{dt^2} = -e\omega^2 \sin\omega t \tag{2}$$

(4) 列出质点的运动微分方程并求解。先求解问题(1)。由式(5-5) 可得

$$m\frac{d^2 x_M}{dt^2} = F_N - W \tag{3}$$

所以

$$F_N = W - me\omega^2 \sin\omega t \tag{4}$$

由式(4)可知，反力 F_N 包括两部分：第一部分为静反力，即 W；第二部分为由加速度引起的附加动反力，即 $me\omega^2\sin\omega t$。而且仅当 $\sin\omega t = -1$，即 C 点在最低位置时，反力 F_N 达到最大值 F_{Nmax}，即

$$F_{Nmax} = W + e\omega^2 m = m(g + e\omega^2)$$

再求解问题(2)。由式(4)又可知，仅当 $\sin\omega t = 1$，即 C 点在最高位置时，F_N 达到最小值 F_{Nmin}，即

$$F_{Nmin} = m(g - e\omega^2)$$

为了使物块 M 不离开导板，偏心轮的角速度的最大值为

$$\omega_{max} = \sqrt{\frac{g}{e}}$$

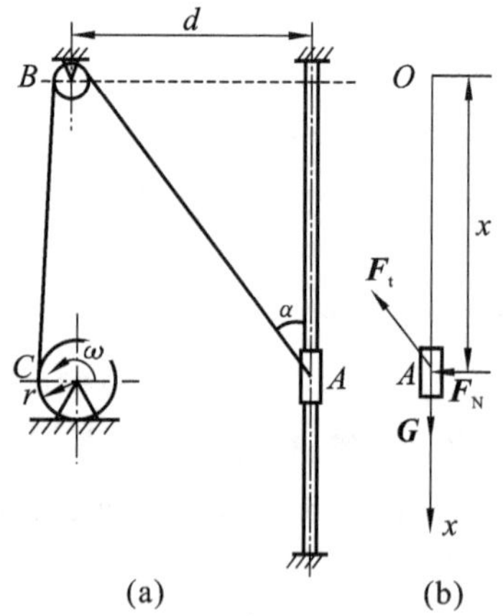

图 5-4

【例 5-2】 在铅垂平面内，重量为 G 的套管 A 在通过定滑轮 B 绕在鼓轮 C 上的绳索的牵引下可沿导轨上升。设鼓轮 C 的转动角速度为 ω，半径为 r，定滑轮 B 的中心到导轨的距离为 d，如图 5-4(a) 所示。忽略摩擦及滑轮 B 的几何尺寸，求作用于套管上的绳索的拉力 $\boldsymbol{F}_t$ 与距离 OA 之间的关系。

【解】 根据题意，套管 A 的加速度可由运动学概念求解，所以本题属于质点动力学的第一类问题。

(1) 选研究对象。取套管 A 为研究对象，选取坐标轴 Ox，如图 5-4(b) 所示。

(2) 分析力，画出受力图。套管 A 受三个力的作用，即重力 $\boldsymbol{G}$、绳索的张力 $\boldsymbol{F}_t$ 及导轨的约束反力 $\boldsymbol{F}_N$，如图 5-4(b) 所示。

(3) 分析运动，计算加速度。若将 AB 段的绳索视为刚体，则 AB 作刚体平面运动，其中 B 点的速度已知，应为 $v_B = r\omega$，方向如图 5-4(a) 所示。由速度投影定理可得

$$v_B = v_A \cos\alpha \tag{1}$$

由于 $\dot{x} = -v_A$，$\cos\alpha = \dfrac{x}{\sqrt{x^2 + d^2}}$，代入式(1) 中，可得套管 A 的速度 v_A 在 x 轴上的投影为

$$\dot{x} = -\frac{r\omega\sqrt{x^2 + d^2}}{x} \tag{2}$$

对 $\dot{x}$ 再求一次时间的导数，得到套管 A 的加速度在 x 轴上的投影为

$$\ddot{x} = \frac{d\dot{x}}{dt} = \frac{d}{dt}\left(-\frac{r\omega\sqrt{x^2 + d^2}}{x}\right) = r\omega\frac{d^2}{x^2\sqrt{x^2 + d^2}}\dot{x} = -\frac{r^2\omega^2 d^2}{x^3} \tag{3}$$

其中，负号表示套管 A 在上升过程中作加速直线运动。

(4) 列出运动微分方程并求解。由式(5-5) 可得

$$m\frac{d^2 x}{dt^2} = \sum F_x$$

即

$$m\ddot{x} = -F_t\cos\alpha + G \tag{4}$$

将$\ddot{x}$ 的表达式代入式(4) 中,可得

$$F_t = \frac{m(g-\ddot{x})}{\cos\alpha} = \frac{G\left(1+\dfrac{r^2\omega^2 d^2}{gx^3}\right)\sqrt{x^2+d^2}}{x}$$

【例 5-3】 弹性线系于 A 点,并穿过一固定光滑小环 O,线的另一端系一质量为 m (kg) 的球 M,线未被拉长时的长度 $l = OA$,将线拉长 1 cm,需要加力 k^2m(N),其中 k 为常数。现沿 AB 方向将线拉长,使其长度增加一倍,并给小球 M 沿与 AB 垂直的方向的初速度 $\boldsymbol{v}_0$,如图 5-5 所示。假设不计小球的重力,线的拉力与线的伸长成正比,小球在铅垂面 Oxy 平面内运动,求小球的运动规律。

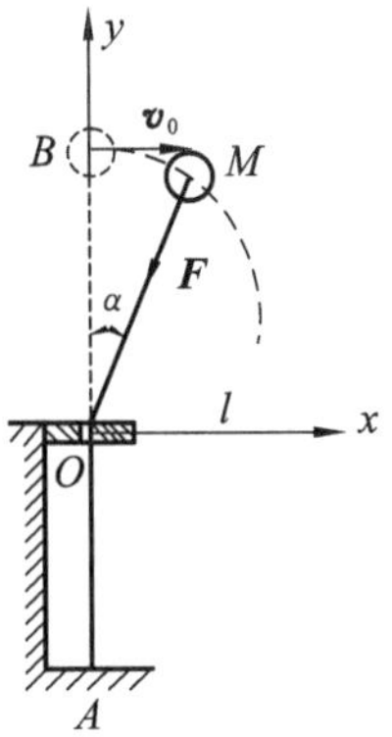

图 5-5

【解】 由题意可知,本例题是已知力,求小球的运动规律,应属于质点动力学的第二类问题。

(1) 选研究对象。取小球 M 为研究对象,建立直角坐标系 Oxy,如图 5-5 所示。

(2) 分析力,画出受力图。在 Oxy 平面内,只有弹性线对小球 M 有一作用力 $\boldsymbol{F}$,该力的方向沿直线 OM,并指向 O 点,其大小与弹性线的变形 $\Delta l = OM$ 成正比。故作用力 F 的表达式为

$$F = k^2 m\Delta l \tag{1}$$

(3) 分析运动。在弹性线的恢复力 $\boldsymbol{F}$ 的作用下,小球 M 将作曲线运动,其运动规律及运动轨迹将由小球 M 的运动微分方程的解来确定。

(4) 列出运动微分方程并求解。设小球 M 在 Oxy 平面内的坐标为(x,y),则由式(5-5)可得,小球的运动微分方程为

$$\begin{cases} m\ddot{x} = -F\sin\alpha \\ m\ddot{y} = -F\cos\alpha \end{cases} \tag{2}$$

其中,$\sin\alpha = \dfrac{x}{\Delta l}$,$\cos\alpha = \dfrac{y}{\Delta l}$。将式(1) 代入式(2) 中,得

$$\begin{cases} m\ddot{x} = -k^2 mx \\ m\ddot{y} = -k^2 my \end{cases}$$

即

$$\begin{cases} \ddot{x} + k^2 x = 0 \\ \ddot{y} + k^2 y = 0 \end{cases} \tag{3}$$

式(3) 中的两个方程均为二阶常系数线性齐次微分方程,其通解为

$$\begin{cases} x = A_1\sin(kt+\alpha_1) \\ y = A_2\sin(kt+\alpha_2) \end{cases} \tag{4}$$

其中,A_1、α_1、A_2、α_2 为积分常数,可由如下运动初始条件确定。

运动开始时,小球 M 位于 B 点,其坐标为$(0,l)$,即 $t=0$ 时,有

$$\begin{cases} x_0 = 0 \\ y_0 = l \end{cases} \tag{5}$$

$$\begin{cases} \dot{x}_0 = v_0 \\ \dot{y}_0 = 0 \end{cases} \tag{6}$$

将式(4) 对时间求导数,得

$$\begin{cases} \dot{x} = A_1 k\cos(kt + \alpha_1) \\ \dot{y} = A_2 k\cos(kt + \alpha_2) \end{cases} \tag{7}$$

将式(5) 和式(6) 分别代入式(4) 和式(7) 中,可得

$$\begin{cases} A_1 \sin\alpha_1 = 0 \\ A_2 \sin\alpha_2 = l \end{cases} \tag{8}$$

$$\begin{cases} A_1 k\cos\alpha_1 = v_0 \\ A_2 k\cos\alpha_2 = 0 \end{cases} \tag{9}$$

联立上述两组方程组求解,可得

$$\alpha_1 = 0, \alpha_2 = \frac{\pi}{2}, A_1 = \frac{v_0}{k}, A_2 = l$$

再将上述四式代入式(4) 中,可得小球 M 的运动方程为

$$\begin{cases} x = \dfrac{v_0}{k}\sin kt \\ y = l\cos kt \end{cases} \tag{10}$$

由式(10) 可得小球 M 的轨迹方程为

$$\frac{x^2 k^2}{v_0^2} + \frac{y^2}{l^2} = 1 \tag{11}$$

故小球M的轨迹为$\frac{1}{4}$椭圆。由式(11) 不难看出,小球M的运动轨迹的形状除与初始位置、初始速度有关外,还与弹性线的弹性系数 k 有关。

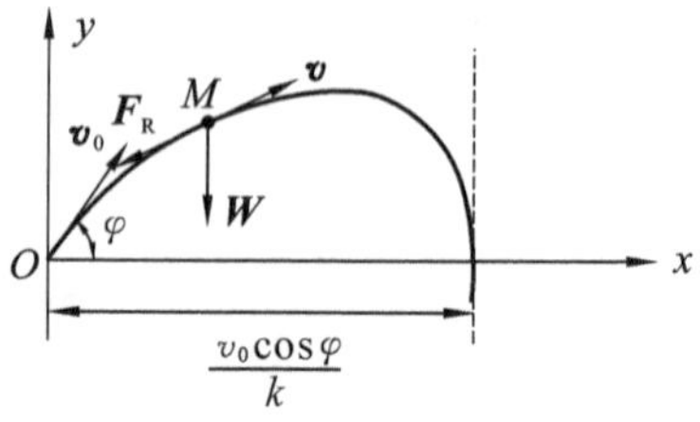

图 5-6

【例 5-4】 在铅垂平面内,质量为 m 的质点M 自O 点抛出,其初速度为 $\boldsymbol{v}_0$,方向角为 φ,如图 5-6 所示。设空气阻力 $\boldsymbol{F}_R$ 的大小为 mkv(k 为常数),方向始终与质点 M 的速度 $\boldsymbol{v}$ 的方向相反,求该质点 M 的运动方程。

【解】 本例题是已知作用在质点 M 上的力为重力 $\boldsymbol{W}$ 及空气阻力$\boldsymbol{F}_R$,求质点M的运动规律。因此,本例题应属于质点动力学的第二类问题。

(1) 选研究对象。取质点 M 为研究对象,选取如图 5-6 所示的直角坐标系。

(2) 分析力,画出受力图。质点 M 的受力图如图 5-6 所示,其中,$\boldsymbol{W}$ 为质点的重力,$\boldsymbol{F}_R$ 为空气阻力。

(3) 分析运动。质点 M 被抛出后将作曲线运动,其运动规律是未知的。在所选坐标系下,其初始条件为:当 $t = 0$ 时,有

$$\begin{cases} x_0 = 0 \\ y_0 = 0 \end{cases} \tag{1}$$

$$\begin{cases} v_{0x} = v_0\cos\varphi \\ v_{0y} = v_0\sin\varphi \end{cases} \tag{2}$$

(4) 列出质点的运动微分方程并求解。由式(5-5) 可得

$$\begin{cases} m\ddot{x} = -mkv_x \\ m\ddot{y} = -mg - mkv_y \end{cases}$$

即

$$\begin{cases}\ddot{x} = -kv_x \\ \ddot{y} = -g - kv_y\end{cases} \tag{3}$$

根据初始条件式(1) 和式(2)，对式(3) 中的两个表达式分别进行一次积分，得

$$\int_{v_0\cos\varphi}^{v_x} \frac{\mathrm{d}v_x}{v_x} = -\int_0^t k\mathrm{d}t$$

$$\int_{v_0\sin\varphi}^{v_y} \mathrm{d}v_y = -\int_0^t (g + kv_y)\mathrm{d}t$$

即

$$v_x = (v_0\cos\varphi)\mathrm{e}^{-kt} \tag{4}$$

$$v_y = \left(v_0\sin\varphi + \frac{g}{k}\right)\mathrm{e}^{-kt} - \frac{g}{k} \tag{5}$$

根据初始条件式(1)、式(2) 及 $\dot{x} = v_x$，$\dot{y} = v_y$，对式(4)、式(5) 再进行一次积分，得

$$\int_0^x \mathrm{d}x = \int_0^t (v_0\cos\varphi)\mathrm{e}^{-kt}\mathrm{d}t$$

$$\int_0^y \mathrm{d}y = \int_0^t \left[\left(v_0\sin\varphi + \frac{g}{k}\right)\mathrm{e}^{-kt} - \frac{g}{k}\right]\mathrm{d}t$$

即

$$x = \frac{v_0\cos\varphi}{k}(1 - \mathrm{e}^{-kt}) \tag{6}$$

$$y = \left(\frac{v_0\sin\varphi}{k} + \frac{g}{k^2}\right)(1 - \mathrm{e}^{-kt}) - \frac{g}{k}t \tag{7}$$

式(6)、式(7) 即为质点 M 的运动方程。消去式(6)、式(7) 中的 t，得到质点 M 的轨迹方程为

$$y = \left(\tan\varphi + \frac{g}{kv_0\cos\varphi}\right)x + \frac{g}{k^2}\ln\left(1 - \frac{k}{v_0\cos\varphi}x\right) \tag{8}$$

质点 M 的运动轨迹如图 5-6 所示。由式(4)、式(5)、式(6)、式(7) 可知，当 $t \to \infty$ 时，$x \to \frac{v_0\cos\varphi}{k}$，$y \to -\infty$，$v_x \to 0$，$v_y \to -\frac{g}{k} = v_y^*$（$v_y^*$ 称为极限速度）。此时，质点 M 沿铅垂方向以速度 v_y^* 匀速下降。

【例 5-5】 刚性系数为 k 的弹簧的一端固定于 A 点，另一端与质量为 m 的小环相连，小环在重力的作用下沿半径为 r 的大圆环(在铅垂平面内) 运动。初始时，小环位于 $\varphi_0 = 60°$ 处，此时弹簧恰为原长，且小环的初速度为零，如图 5-7 所示。为了保证小环在大环的最低处所受的约束反力为零，求弹簧的刚性系数。

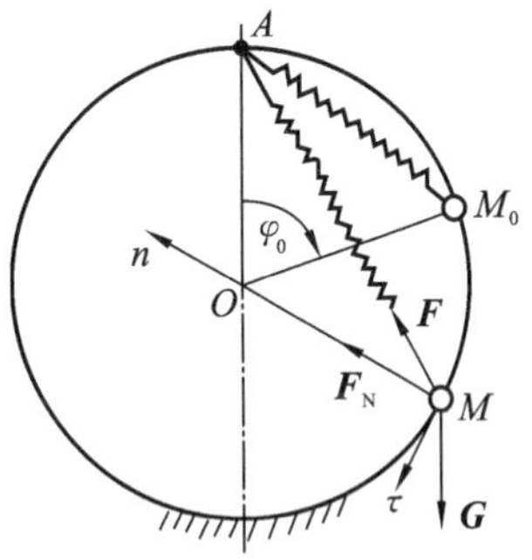

图 5-7

【解】 本例题属于动力学的第一类问题和第二类问题的综合问题，因为既知道小环的部分受力情况，又知道其运动的部分条件。

(1) 选研究对象。选小环为研究对象，取自然坐标轴，以 A 点为弧坐标原点，如图 5-7 所示。

(2) 分析力，画出受力图。小环在任意位置的受力图如图 5-7 所示。图中，$\boldsymbol{G}$ 为小环的重力，$\boldsymbol{F}_N$ 为大环对小环的约束反力，$\boldsymbol{F}$ 为弹簧的恢复力，其大小为

$$F = k\Delta l = k\left(2r\sin\frac{\varphi}{2} - r\right) \tag{1}$$

其中，Δl 为弹簧的伸长量，$\boldsymbol{F}$ 的方向沿弹簧的轴线指向 A 点。

(3) 分析运动。小环的运动轨迹为圆，其切向加速度 a_τ、法向加速度 a_n 均未知，其运动的初始条件为：当 $t=0$ 时，有

$$\varphi_0=\frac{\pi}{3},\quad v_0=0 \tag{2}$$

(4) 列出小环的运动微分方程并求解。根据式(5-6)可建立小环在自然坐标轴下的运动微分方程，即

$$\begin{cases} ma_\tau=G\sin\varphi-F\cos\dfrac{\varphi}{2} \\ ma_n=F_N+F\sin\dfrac{\varphi}{2}-G\cos\varphi \end{cases} \tag{3}$$

由运动学可知

$$a_\tau=\frac{dv}{dt}=r\ddot{\varphi},\quad a_n=\frac{v^2}{r}=r\dot{\varphi}^2$$

将上述两式代入式(3)中，可得

$$mr\ddot{\varphi}=G\sin\varphi-F\cos\frac{\varphi}{2} \tag{4}$$

$$mr\dot{\varphi}^2=F_N+F\sin\frac{\varphi}{2}-G\cos\varphi \tag{5}$$

考虑变量变换，可得

$$\ddot{\varphi}=\frac{d\dot{\varphi}}{dt}=\dot{\varphi}\frac{d\dot{\varphi}}{d\varphi}$$

将式(1)代入式(4)中，根据初始条件式(2)，积分后可得

$$mr\int_0^{\varphi}\dot{\varphi}d\dot{\varphi}=\int_{\frac{\pi}{3}}^{\varphi}\left[G\sin\varphi-k\left(2r\sin\frac{\varphi}{2}-r\right)\cos\frac{\varphi}{2}\right]d\varphi$$

$$=\int_{\frac{\pi}{3}}^{\varphi}\left[G\sin\varphi-rk\left(\sin\varphi-\cos\frac{\varphi}{2}\right)\right]d\varphi$$

解得

$$mr\frac{\dot{\varphi}^2}{2}=G\left(\frac{1}{2}-\cos\varphi\right)-kr\left(\frac{1}{2}-\cos\varphi\right)+2kr\left(\sin\frac{\varphi}{2}-\frac{1}{2}\right)$$

即

$$mr\dot{\varphi}^2=2G\left(\frac{1}{2}-\cos\varphi\right)-2kr\left(\frac{1}{2}-\cos\varphi\right)+4kr\left(\sin\frac{\varphi}{2}-\frac{1}{2}\right) \tag{6}$$

将式(6)代入式(5)中，并令 $\varphi=180°$，可得小环在大环的最低处所受的约束反力为

$$F_N=2G-2kr \tag{7}$$

根据题意，令 $F_N=0$，可得弹簧的刚性系数 k 为

$$k=\frac{G}{r}$$

思考与习题

1. 设质点 M 在固定平面 Oxy 内运动，如图 5-8 所示。已知质点 M 的质量为 m，其运动方程为

$$\begin{cases} x=A\cos kt \\ y=A\sin kt \end{cases}$$

其中 A 和 k 均为常数，求作用于质点 M 上的力 $\boldsymbol{F}$。

2. 滑块 A 的重量为 P，在绳子的牵引下沿水平导轨滑动，绳子的另一端缠绕在半径为 r 的鼓轮上，鼓轮以等角速度 ω 转动（不计导轨的摩擦），如图 5-9 所示。求绳子的拉力 $\boldsymbol{F}_t$ 与距离 x 之间的关系。

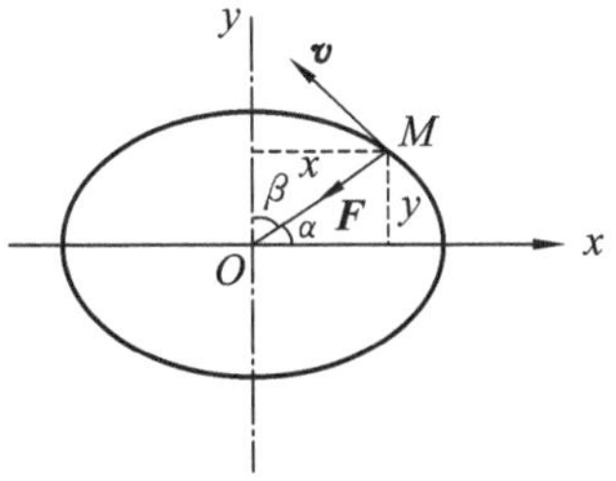

图 5-8

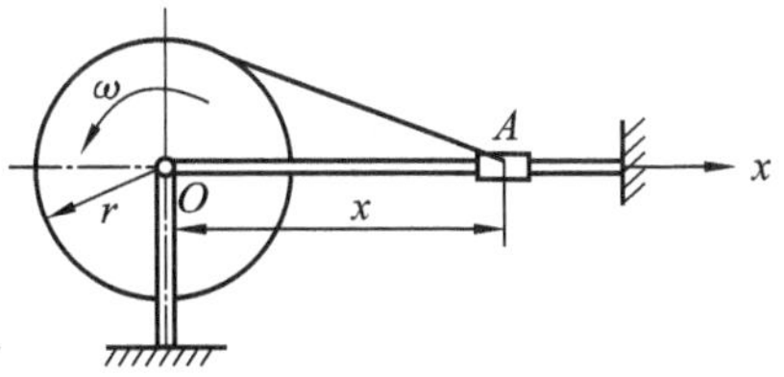

图 5-9

3. 胶带运输机卸料时，物体以初速度 $\boldsymbol{v}_0$ 脱离胶带，如图 5-10 所示。设 $\boldsymbol{v}_0$ 与水平线的夹角为 α，试求物料脱离胶带后在重力作用下的运动方程。

4. 一重量为 W 的小球用两绳悬挂，如图 5-11 所示。若突然将绳 AB 剪断，则小球开始运动。求：

(1) 小球开始运动的瞬时绳 AC 的拉力；

(2) 当小球运动到铅垂位置时，绳 AC 的拉力又为多少？

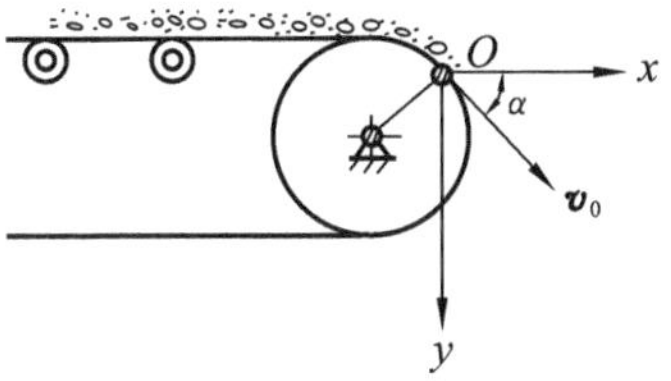

图 5-10

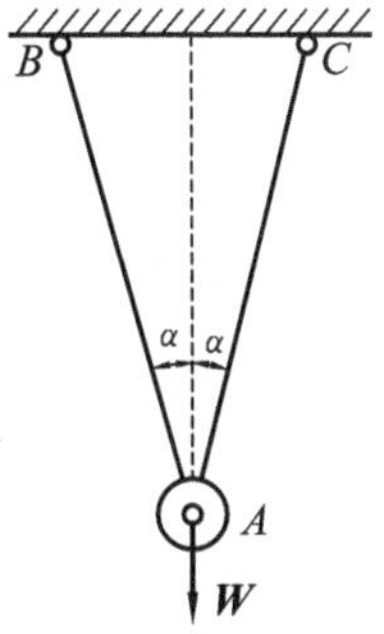

图 5-11

5. 如图 5-12 所示，电机 A 重 0.6 kN，通过连接弹簧放在重量为 5 kN 的支承面 CD 上。已知电机 A 沿铅垂线方向按规律 $y = B\cos\dfrac{2\pi}{T}t$ 作简谐运动，式中振幅 $B = 0.1$ cm，周期 $T = 0.1$ s，弹簧的重量忽略不计。求支承面 CD 所受压力的最大值和最小值。

6. 如图 5-13 所示，在三棱柱 ABC 的粗糙斜面上放有一质量为 m 的物体 M，三棱柱 ABC 以匀加速度 $\boldsymbol{a}$ 沿水平方向运动。为使物体 M 在三棱柱 ABC 上处于相对静止，试求加速度 $\boldsymbol{a}$ 的最大值，以及此时物体 M 对三棱柱 ABC 的压力。假定摩擦系数为 f，且 $f < \tan\alpha$。

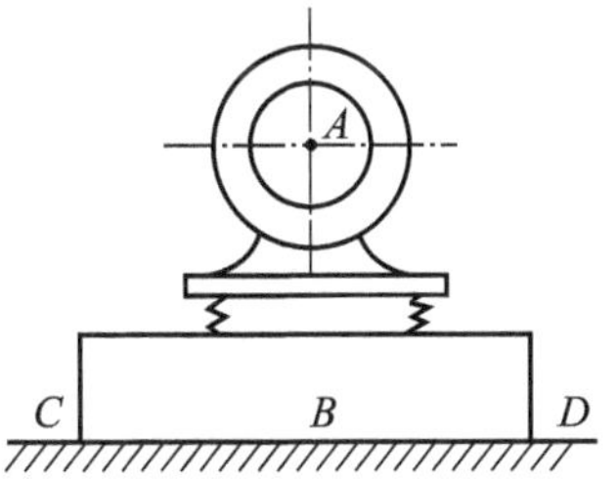

图 5-12

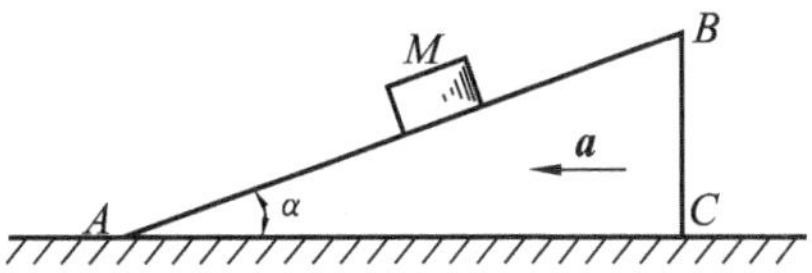

图 5-13

7. 如图 5-14 所示，物块从半径为 r 的光滑半圆柱体的顶点 A_0 以微小的初速度下滑，求物块离开半圆柱体时的 φ 角。

8. 如图 5-15 所示，矿用充填机进行巷道壁充填时，为了保证充填材料抛到距离 $s=5\ \text{m}$，高度 $H=1.5\ \text{m}$ 的最高点 A，试求：

(1) 充填材料的最小速度 $\boldsymbol{v}_0$；

(2) 最小速度 $\boldsymbol{v}_0$ 与水平线的夹角 α_0。

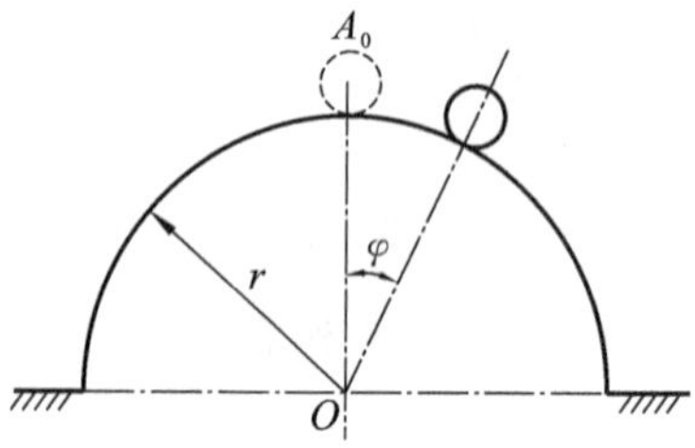

图 5-14

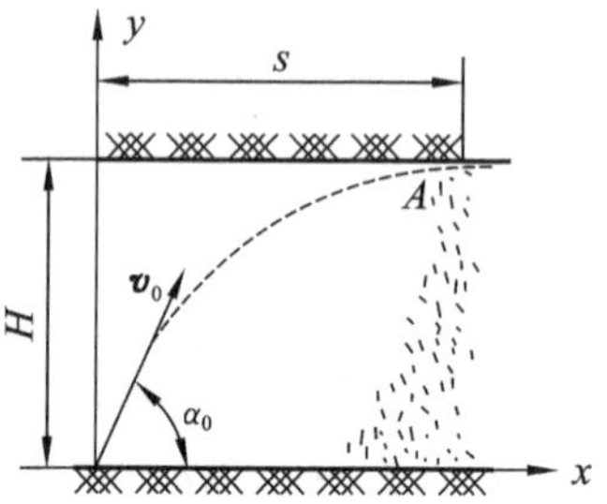

图 5-15

9. 物体自 h 高度处以速度 $\boldsymbol{v}_0$ 水平抛出，如图 5-16 所示，空气阻力可视为与速度的一次方成正比，即 $F_R=-kmv$，其中 m 为物体的质量，v 为物体的速度，k 为常数。求物体的运动方程和运动轨迹。

10. 一重量为 98 N 的物体在不均匀的介质中作水平直线运动，阻力按规律 $F=\dfrac{20v^2}{3+x}$ 变化，其中 v 的单位为米每秒(m/s)，x 的单位为米(m)，F 的单位为牛顿(N)。设物体的初始速度 $v_0=5\ \text{m/s}$，初始位置 $x_0=0$，试求物体的运动方程。

11. 质量为 m 的质点带有电荷 e，以初始速度 $\boldsymbol{v}_0$ 进入电场强度按 $E=A\cos kt$（A、k 均为已知常数）的规律变化的均匀电场中，初始速度的方向与电场强度的方向垂直，如图 5-17 所示，质点在电场中受力 $F=-eE$ 的作用。假设电场强度不受电荷的影响，质点的重力忽略不计，求质点的运动轨迹。

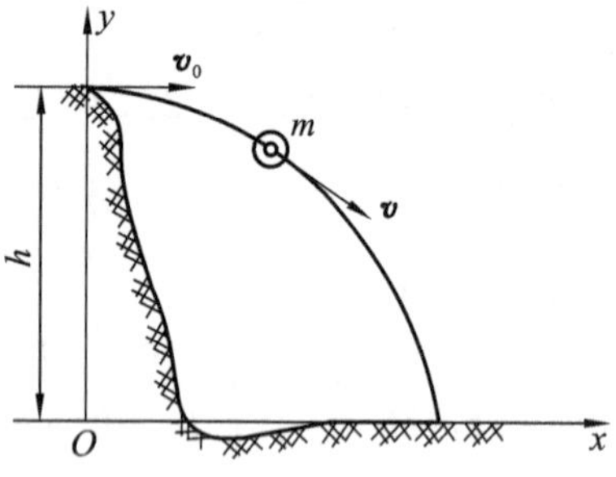

图 5-16

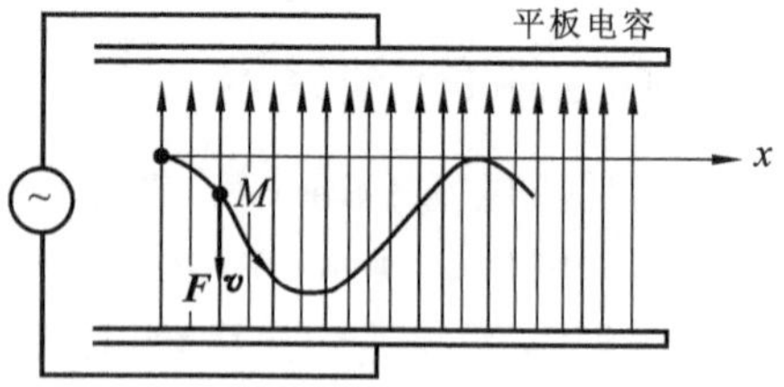

图 5-17

12. 物体自地球表面以速度 $\boldsymbol{v}_0$ 垂直上抛，试求该物体返回地面时的速度 $\boldsymbol{v}_1$。假设空气阻力 $F_R=mkv^2$，其中 k 为比例常数，m 为物体的质量，v 为物体的速度。

13. 一重量为 $G=98\ \text{N}$ 的圆球放在如图 5-18 所示的框架内，框架以 $a=2g$ 的加速度沿水平方向平动，求球对框架铅垂面的压力 $\boldsymbol{F}_{NA}$。设 $\alpha=15°$，接触面间的摩擦忽略不计。

14. 一物块自 A 点静止释放，沿半径为 R 的圆弧形光滑导槽下滑，落到传送带 B 上，如图 5-19 所示。求导槽对物块的法向反力。若物块落到传送带 B 上不发生任何滑动，试确定半径为 r 的传送轮的角速度 ω。

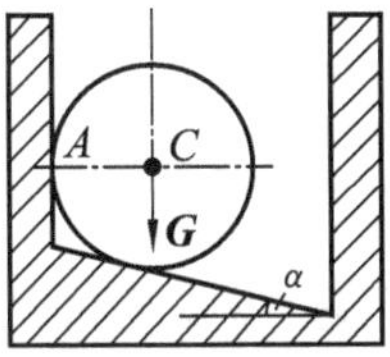

图 5-18

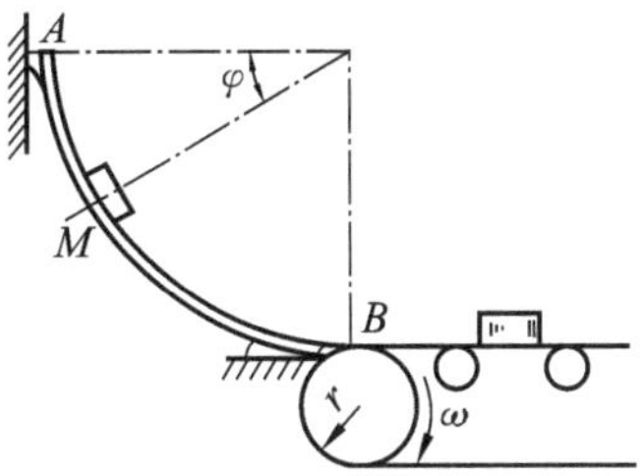

图 5-19

15. 如图 5-20 所示，杆 OB 的质量为 m，长度为 l，物体 A 的质量为 m。当物体 A 在常力 $\boldsymbol{F}$ 的作用下从杆 OB 的中点无初速度地向右移动，试求物体 A 离开杆 OB 时的速度大小。已知物体 A 和地面及杆 OB 之间的摩擦系数均为 f。

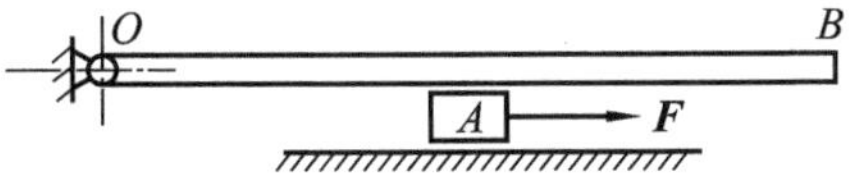

图 5-20

第6章 动量定理

由上一章知道，求解质点的动力学问题，可以归结为求解运动微分方程的问题。在许多实际问题中，求解微分方程经常会遇到困难。对于质点系的动力学问题，需要列出每个质点的运动微分方程，再根据运动初始条件、约束条件求解微分方程组，从而得出各质点的运动情况。但是求解微分方程组很困难，也很烦琐。为了简化求解，现在我们开始研究动力学普遍定理。

动力学普遍定理包括动量定理、动量矩定理和动能定理。这些定理使某些与运动有关的物理量（如动量、动量矩和动能）以及与作用力有关的物理量（如冲量、力矩和功等）联系起来，建立它们在数量上的普遍关系。应用这些定理求解质点和质点系的动力学问题，不但使数学运算得到简化，而且使我们能够更深入地了解机械运动的性质。

这一章我们研究动量定理。动量定理给出了质点或质点系的动量与作用于质点或质点系上的力和力的冲量之间的关系，还进一步推导出了动量守恒定律和质心运动定理。

6.1 质点的动量定理

质点运动的强弱不但与它的质量有关，而且还与它的速度有关。为此我们定义动量来表征质点的运动量，即把质点的质量与速度矢量的乘积($m\boldsymbol{v}$)称为质点的动量。

动量是矢量，它的方向与速度的方向一致。在国际单位制中，动量的单位为千克米每秒(kg·m/s)。

根据实践经验可知，物体运动状态的改变除了与作用在物体上的力的大小有关外，还与力的作用时间有关。我们把力与其作用时间的乘积称为力的冲量。

冲量也是矢量，用 $\boldsymbol{S}$ 表示。冲量的单位为牛顿秒(N·s)或千克米每秒(kg·m/s)。冲量的单位与动量的单位相同。

对于常力 $\boldsymbol{F}$ 来说，若作用时间为 t，则力 $\boldsymbol{F}$ 在时间间隔 t 内的冲量为

$$\boldsymbol{S} = \boldsymbol{F}t \tag{6-1}$$

若作用力为变力，可以把时间 t 分成若干个极短的时间间隔 $\mathrm{d}t$，在这极短的时间间隔内，力 $\boldsymbol{F}$ 可以看作常力，故在 $\mathrm{d}t$ 时间内，力的元冲量为

$$\mathrm{d}\boldsymbol{S} = \boldsymbol{F}\mathrm{d}t$$

在时间间隔 t 内，力的冲量为

$$\boldsymbol{S} = \int_0^t \boldsymbol{F}\mathrm{d}t \tag{6-2}$$

将上式投影到直角坐标轴上，可得

$$\begin{cases} S_x = \int_0^t F_x \mathrm{d}t \\ S_y = \int_0^t F_y \mathrm{d}t \\ S_z = \int_0^t F_z \mathrm{d}t \end{cases} \tag{6-3}$$

从上式可以看出，计算变力的冲量必须要知道 F_x、F_y、F_z 随时间变化的规律。

下面我们来建立动量与冲量之间的关系。

设质点的质量为 m，作用在质点上的力为 $\boldsymbol{F}$，根据质点的动力学基本方程，有

$$m\boldsymbol{a} = m\frac{\mathrm{d}\boldsymbol{v}}{\mathrm{d}t} = \boldsymbol{F}$$

假设 m 为常量，则上式可以写为

$$\frac{\mathrm{d}}{\mathrm{d}t}(m\boldsymbol{v}) = \boldsymbol{F} \tag{6-4}$$

这就是质点的动量定理的微分形式，即质点的动量对时间的导数等于作用在该质点上的力。式(6-4) 又可改写为

$$\mathrm{d}(m\boldsymbol{v}) = \boldsymbol{F}\mathrm{d}t = \mathrm{d}\boldsymbol{S} \tag{6-5}$$

上式表示：质点的动量的增量等于作用在质点上的力的元冲量。

若质点在初始时刻($t = 0$) 的速度为 $\boldsymbol{v}_0$，在 t 时刻的速度为 $\boldsymbol{v}$，则将式(6-5) 从 0 到 t 时刻进行积分，可得

$$m\boldsymbol{v} - m\boldsymbol{v}_0 = \int_0^t \boldsymbol{F}\mathrm{d}t \tag{6-6}$$

即

$$m\boldsymbol{v} - m\boldsymbol{v}_0 = \boldsymbol{S}$$

当质点上作用有 n 个力时，前面公式中的力 $\boldsymbol{F}$ 表示的是合力。

式(6-6) 就是质点的动量定理的积分形式，即质点的动量在某一时间间隔内的改变量，等于质点上的作用力在同一时间内的冲量。

将式(6-6) 投影到直角坐标轴上，可得

$$\begin{cases} mv_x - mv_{0x} = \int_0^t F_x\mathrm{d}t = S_x \\ mv_y - mv_{0y} = \int_0^t F_y\mathrm{d}t = S_y \\ mv_z - mv_{0z} = \int_0^t F_z\mathrm{d}t = S_z \end{cases} \tag{6-7}$$

若作用在质点上的力 $\boldsymbol{F}$ 恒等于零，则由式(6-6) 可得

$$m\boldsymbol{v} = m\boldsymbol{v}_0 = \text{常矢量} \tag{6-8}$$

若作用在质点上的力 $\boldsymbol{F}$ 在某一轴上的投影恒等于零，例如在 x 轴上，$F_x \equiv 0$，则由式(6-7) 可得

$$mv_2 = mv_0 = \text{常量} \tag{6-9}$$

式(6-8) 和式(6-9) 给出了质点的动量守恒定律，即：若作用在质点上的力恒等于零，则该质点的动量保持不变；若作用在质点上的力在某一轴上的投影恒等于零，则质点的动量在该轴上的投影保持不变。

下面举例说明质点的动量定理的应用。

【例 6-1】 物体 A 的质量为 5 kg，在水平面上以 2 m/s 的速度撞击一质量为 10 kg 的物体 B，撞击后物体 A 沿直线弹回，历时 3 s 停住，如图 6-1 所示。设物体 A、B 与水平面间的动摩擦系数为$\frac{1}{3}$，求物体 B 被撞击后运动的时间。

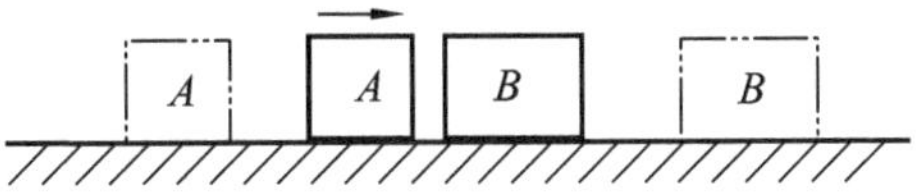

图 6-1

【解】 先以物体 A 为研究对象。设撞击前物体 A 的速度为 $\boldsymbol{v}_{0A}$，撞击后历时 3 s 停止，物体 A 的速度变为零。在此时间内，物体 A 在水平方向上受到的冲量有物体 B 对它的冲量 $\boldsymbol{S}$ 和摩擦力的冲量 $\boldsymbol{F}_{fA}t_A$，而摩擦力的大小为 $F_{fA}=fF_{NA}=fm_Ag$。根据质点的动量定理，有

$$0-m_Av_{0A}=-S+F_{fA}t_A \tag{1}$$

再取物体 B 为研究对象。物体 B 原来静止，设撞击后历时 t_B 停止，这段时间内物体 B 的动量变化为零，而受到的冲量有物体 A 对它的冲量 $\boldsymbol{S}$ 和摩擦力的冲量 $\boldsymbol{F}_{fB}t_B$，而 $F_{fB}=fF_{NB}=fm_Bg$，于是有

$$0=S-F_{fB}t_B \tag{2}$$

将式(1) 与式(2) 相加，可得

$$-m_Av_{0A}=F_{fA}t_A-F_{fB}t_B$$

即

$$-m_Av_{0A}=m_Agft_A-m_Bgft_B$$

解得

$$t_B=\frac{m_Av_{0A}+m_Agft_A}{m_Bgf}=\frac{5\times 2+5\times 9.8\times\frac{1}{3}\times 3}{10\times 9.8\times\frac{1}{3}}\text{ s}\approx 1.8\text{ s}$$

6.2 质点系的动量定理

质点的动量定理很容易推广到质点系的动量定理上。

质点系内各质点的动量的矢量和，称为质点系的动量。若质点系由质点 $M_1,M_2,\cdots,M_n$ 组成，则该质点系的动量为

$$\boldsymbol{K}=\sum_{i=1}^{n}m_i\boldsymbol{v}_i \tag{6-10}$$

式中 m_i、$\boldsymbol{v}_i$ 分别为第 i 个质点的质量和速度。

在质点系中，各质点所受的力可分为外力和内力。内力是质点系内各质点间的相互作用力，用 $\boldsymbol{F}^{(i)}$ 表示；外力是质点系以外的物体作用于质点系内的质点上的力，用 $\boldsymbol{F}^{(e)}$ 表示。设质点系内任一质点 M_i 所受外力的合力为 $\boldsymbol{F}_i^{(e)}$，所受内力的合力为 $\boldsymbol{F}_i^{(i)}$，根据质点的动量定理，对于质点系中的每一个质点，有

$$\frac{\mathrm{d}}{\mathrm{d}t}(m_i\boldsymbol{v}_i)=\boldsymbol{F}_i^{(e)}+\boldsymbol{F}_i^{(i)}\ (i=1,2,\cdots,n)$$

将上述 n 个方程相加，可得

$$\sum_{i=1}^{n}\frac{\mathrm{d}}{\mathrm{d}t}(m_i\boldsymbol{v}_i)=\sum_{i=1}^{n}\boldsymbol{F}_i^{(e)}+\sum_{i=1}^{n}\boldsymbol{F}_i^{(i)}$$

由于作用在质点系上的所有内力都是成对出现的，且大小相等，方向相反，故所有内力的矢量和恒等于零，即 $\sum_{i=1}^{n}\boldsymbol{F}_i^{(i)}=0$，则上式可简化为

$$\frac{\mathrm{d}}{\mathrm{d}t}\left(\sum_{i=1}^{n}m_i\boldsymbol{v}_i\right)=\sum_{i=1}^{n}\boldsymbol{F}_i^{(e)} \tag{6-11}$$

即

$$\frac{\mathrm{d}\boldsymbol{K}}{\mathrm{d}t}=\sum_{i=1}^{n}\boldsymbol{F}_i^{(e)}$$

上式就是质点系的动量定理的微分形式，即质点系的动量对时间的导数等于作用于质点系上的外力的矢量和，即外力的主矢。

将上式投影到直角坐标轴上，可得

$$\begin{cases}\dfrac{\mathrm{d}K_x}{\mathrm{d}t}=\sum\limits_{i=1}^{n}F_{ix}^{(e)}\\\dfrac{\mathrm{d}K_y}{\mathrm{d}t}=\sum\limits_{i=1}^{n}F_{iy}^{(e)}\\\dfrac{\mathrm{d}K_z}{\mathrm{d}t}=\sum\limits_{i=1}^{n}F_{iz}^{(e)}\end{cases}\tag{6-12}$$

将式(6-11)等号两边均乘以 $\mathrm{d}t$，并在时间间隔 $0\sim t$ 内积分，得

$$\sum_{i=1}^{n}m_i\boldsymbol{v}_i-\sum_{i=1}^{n}m_i\boldsymbol{v}_{0i}=\sum_{i=1}^{n}\int_0^t\boldsymbol{F}_i^{(e)}\mathrm{d}t\tag{6-13}$$

式中，$\int_0^t\boldsymbol{F}_i^{(e)}\mathrm{d}t$ 是力 $\boldsymbol{F}_i^{(e)}$ 在 $0\sim t$ 时间内的冲量，用 $\boldsymbol{S}_i^{(e)}$ 表示，则式(6-13)可改写为

$$\boldsymbol{K}-\boldsymbol{K}_0=\sum_{i=1}^{n}\boldsymbol{S}_i^{(e)}\tag{6-14}$$

上式是质点系的动量定理的积分形式，即在某一时间间隔内，质点系的动量的改变量等于在这段时间内作用于质点系上的外力冲量的矢量和。

将式(6-14)投影到直角坐标轴上，可得

$$\begin{cases}K_x-K_{0x}=\sum\limits_{i=1}^{n}S_x^{(e)}\\K_y-K_{0y}=\sum\limits_{i=1}^{n}S_y^{(e)}\\K_z-K_{0z}=\sum\limits_{i=1}^{n}S_z^{(e)}\end{cases}\tag{6-15}$$

由质点系的动量定理可以看出，质点系的动量的改变量取决于作用在质点系上的外力，而与质点系的内力无关。如果质点系不受外力作用或作用于质点系上的所有外力的矢量和恒等于零，即 $\sum\limits_{i=1}^{n}\boldsymbol{F}_i^{(e)}=0$，则由式(6-13)可得

$$\boldsymbol{K}=\boldsymbol{K}_0=\text{常矢量}$$

上式就是质点系的动量守恒定律，即如果作用于质点系上的外力的矢量和恒等于零，则该质点系的动量保持不变；如果作用在质点系上的外力在某一轴上的投影的代数和恒等于零，则质点系的动量在该轴上的投影保持不变。设 $\sum\limits_{i=0}^{n}F_{ix}^{(e)}=0$，则

$$K_x=K_{0x}=\text{常量}$$

动量守恒定律在工程技术上有许多重要的应用，例如喷气式飞机、火箭等都是借助高速喷射气流来获得前进的动力的；发射枪弹或炮弹时的反坐现象，也是动量守恒的表现。

【例 6-2】 有一质量 $m_1=2\ \mathrm{kg}$ 的小车，车上有一装着沙子的箱子，沙子与箱子的总质量 $m_2=1\ \mathrm{kg}$，小车与沙箱以 $v_0=3.5\ \mathrm{km/h}$ 的速度在光滑的水平面上作匀速直线运动。现有一质量 $m_3=0.5\ \mathrm{kg}$ 的物体 A 垂直向下落入沙箱中，如图 6-2(a) 所示，求此后小车的速度；设物体 A 落入沙箱后，沙箱在小车上滑动 0.2 s 后才与车面相对静止，求车面与箱底相互作

用的摩擦力的平均值。

【解】 (1) 先取小车、沙箱和物体 A 组成的系统为研究对象。

(2) 受力分析。系统的受力情况如图 6-2(a) 所示。由于这些外力均沿铅垂方向，所以作用在系统上的外力在水平方向的投影始终为零，故系统的动量在水平方向守恒。

(3) 运动分析。设物体 A 落入沙箱后，小车最后的速度为 $\boldsymbol{v}$，此时小车的动量为 $(m_1+m_2+m_3)v$；物体 A 落入沙箱前，小车的动量为 $(m_1+m_2)v_0$。

(4) 根据动量守恒定律可得

$$(m_1+m_2)v_0=(m_1+m_2+m_3)v$$

解得

$$v=\frac{m_1+m_2}{m_1+m_2+m_3}v_0=\frac{2+1}{2+1+0.5}\times 3.5\ \text{km/h}=3\ \text{km/h}$$

在物体 A 落入沙箱的瞬时，沙箱的速度先减慢，沙箱与车面之间有一个相对滑动的阶段。若设此时间内车面与箱底之间相互作用的平均摩擦力为 $\boldsymbol{F}_f$，取小车为研究对象，其受力情况如图 6-2(b) 所示，根据动量定理的投影式，有

$$m_1v-m_1v_0=-F_f t$$

解得

$$F_f=\frac{m_1(v_0-v)}{t}=\frac{2\times(3.5-3)}{0.2}\times\frac{1\ 000}{3\ 600}\ \text{N}\approx 1.4\ \text{N}$$

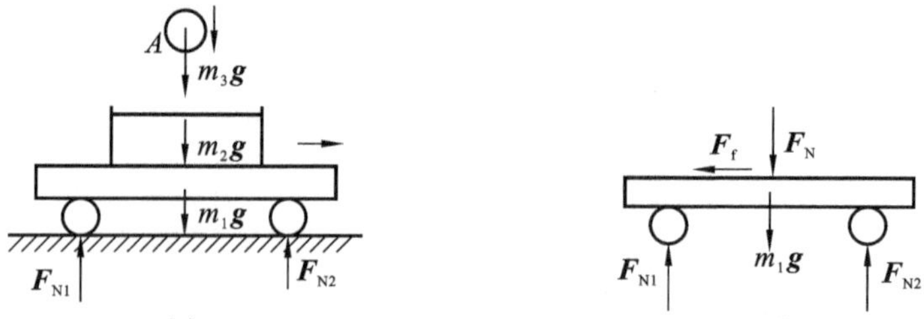

图 6-2

* 管道中流体的动压力的计算

流体流动时，我们可以应用动量定理，根据流体的流速变化，求出作用在流体上的作用力。

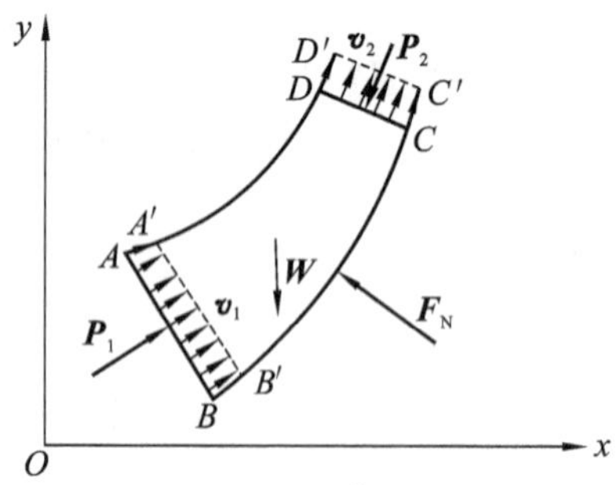

图 6-3

设有一不可压缩的理想流体在变截面曲管中作定常流动，如图 6-3 所示。已知流体的密度为 ρ，流体在某截面的流量为 Q，求管壁所受的动压力。

取管道中任意两个截面 AB 和 CD 间的流体作为质点系来研究。设经过 $\mathrm{d}t$ 时间后，$ABCD$ 内的流体流至 $A'B'C'D'$，则流体的动量的改变量为

$$\begin{aligned}\mathrm{d}\boldsymbol{K}&=\boldsymbol{K}_{A'B'C'D'}-\boldsymbol{K}_{ABCD}\\&=(\boldsymbol{K}_{A'B'CD}+\boldsymbol{K}_{CDD'C'})-(\boldsymbol{K}_{ABB'A'}+\boldsymbol{K}_{A'B'CD})\\&=\boldsymbol{K}_{CDD'C'}-\boldsymbol{K}_{ABB'A'}\end{aligned}$$

由于流体是不可压缩的理想流体，而且其流动是定常的，所以在 $ABB'A'$ 和 $CDD'C'$ 内的流体的质量都等于 $\rho Q\mathrm{d}t$。以 $\boldsymbol{v}_1$ 和 $\boldsymbol{v}_2$ 分别表示在截面 AB 和 CD 处的流速，则在 $\mathrm{d}t$ 时间间隔内，流体的动量的改变量为

$$\mathrm{d}\boldsymbol{K} = \rho Q\boldsymbol{v}_2\,\mathrm{d}t - \rho Q\boldsymbol{v}_1\,\mathrm{d}t$$

即

$$\frac{\mathrm{d}\boldsymbol{K}}{\mathrm{d}t} = \rho Q(\boldsymbol{v}_2 - \boldsymbol{v}_1)$$

设作用于流体上的外力有重力$\boldsymbol{W}$、管壁的动反力$\boldsymbol{F}_\mathrm{N}$和作用在截面$AB$与$CD$上的相邻流体的压力$\boldsymbol{P}_1$和$\boldsymbol{P}_2$。根据质点系的动量定理有

$$\rho Q(\boldsymbol{v}_2 - \boldsymbol{v}_1) = \boldsymbol{W} + \boldsymbol{P}_1 + \boldsymbol{P}_2 + \boldsymbol{F}_\mathrm{N}$$

将管壁的动反力$\boldsymbol{F}_\mathrm{N}$分为两部分：一部分为由流体的动量不变化所引起的管壁反力，用$\boldsymbol{F}'_\mathrm{N}$表示，则$\boldsymbol{F}'_\mathrm{N}+\boldsymbol{W}+\boldsymbol{P}_1+\boldsymbol{P}_2=0$；另一部分为由流体的动量变化所引起的管壁反力，即动压力，用$\boldsymbol{F}''_\mathrm{N}$表示，则

$$\boldsymbol{F}''_\mathrm{N} = \rho Q(\boldsymbol{v}_2 - \boldsymbol{v}_1) \tag{6-16}$$

在平面问题中，动压力$\boldsymbol{F}''_\mathrm{N}$可写成投影形式，即

$$\begin{cases} F''_{\mathrm{N}x} = \rho Q(v_{2x} - v_{1x}) \\ F''_{\mathrm{N}y} = \rho Q(v_{2y} - v_{1y}) \end{cases} \tag{6-17}$$

【例 6-3】 垂直于薄板的水柱流经薄板时，被薄板截分为两部分，如图 6-4 所示。一部分的流量$Q_1=7\ \mathrm{L/s}$，而另一部分偏离α角。忽略水重和摩擦，试确定α角和薄板对水柱的作用力。设水柱的速度$v_1=v_2=v=28\ \mathrm{m/s}$，总流量$Q=21\ \mathrm{L/s}$。

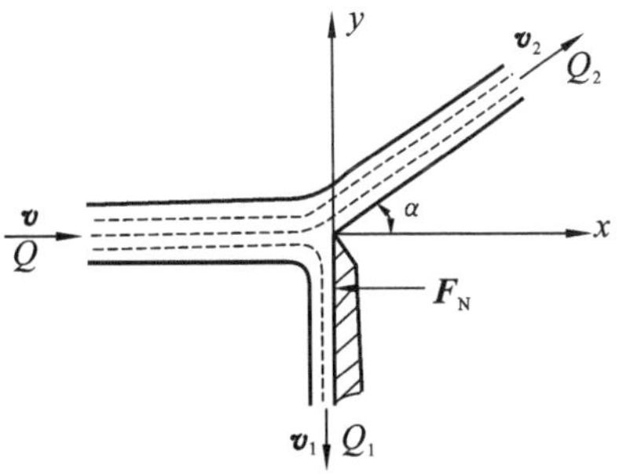

图 6-4

【解】 以水柱为研究对象。由于忽略摩擦和水重，水柱所受的力只有薄板的作用力$\boldsymbol{F}_\mathrm{N}$，其方向沿薄板的法向。水柱流经薄板后分成两个支流，所以不能直接使用公式(6-17)，但可以用上面的方法求出水柱的动量变化率，即为

$$\frac{\mathrm{d}K_x}{\mathrm{d}t} = \rho Q_2 v_2 \cos\alpha - \rho Q v$$

$$\frac{\mathrm{d}K_y}{\mathrm{d}t} = \rho Q_2 v_2 \sin\alpha - \rho Q_1 v_1$$

根据动量定理可得

$$-F_\mathrm{N} = \rho Q_2 v_2 \cos\alpha - \rho Q v \tag{1}$$

$$0 = \rho Q_2 v_2 \sin\alpha - \rho Q_1 v_1 \tag{2}$$

由式(2)可得

$$\sin\alpha = \frac{Q_1 v_1}{Q_2 v_2} = \frac{Q_1}{Q_2} = \frac{7}{21-7} = 0.5$$

解得

$$\alpha = 30°$$

将上式代入式(1)中，可得

$$\begin{aligned} F_\mathrm{N} &= \rho(Qv - Q_2 v_2 \cos\alpha) \\ &= 10^3 \times (21\times 10^{-3} \times 28 - 14\times 10^{-3}\times 28 \times \cos 30°)\ \mathrm{N} \\ &\approx 249\ \mathrm{N} \end{aligned}$$

6.3 质心运动定理

这一节我们来研究质点系运动时其质心的运动规律。

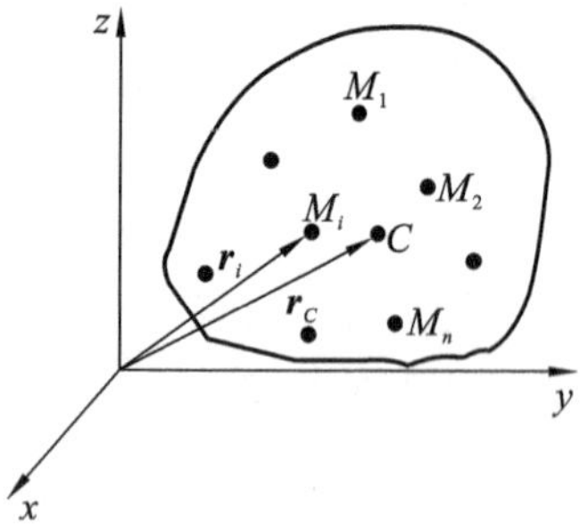

图 6-5

设质点系由 n 个质点组成，如图 6-5 所示。质点系中任一质点 M_i 的质量为 m_i，其位置矢径为 $\boldsymbol{r}_i$，整个质点系的质量为 $m=\sum_{i=1}^{n}m_i$，则质点系的质心 C 的坐标为

$$x_C=\frac{1}{m}\sum_{i=1}^{n}m_ix_i,\quad y_C=\frac{1}{m}\sum_{i=1}^{n}m_iy_i,\quad z_C=\frac{1}{m}\sum_{i=1}^{n}m_iz_i \tag{6-18}$$

质心 C 的位置矢径为

$$\boldsymbol{r}_C=\frac{1}{m}\sum_{i=1}^{n}m_i\boldsymbol{r}_i \tag{6-19}$$

故质心 C 的速度为

$$\begin{aligned}\boldsymbol{v}_C&=\frac{\mathrm{d}\boldsymbol{r}_C}{\mathrm{d}t}=\frac{\mathrm{d}}{\mathrm{d}t}\left(\frac{1}{m}\sum_{i=1}^{n}m_i\boldsymbol{r}_i\right)\\&=\frac{1}{m}\sum_{i=1}^{n}m_i\boldsymbol{v}_i\end{aligned}$$

即

$$m\boldsymbol{v}_C=\sum_{i=1}^{n}m_i\boldsymbol{v}_i=\boldsymbol{K} \tag{6-20}$$

上式表明：质点系的动量是矢量，其大小等于质点系的质量与其质心速度的乘积，其方向与质心速度的方向相同。也就是说，质点系的动量等于把质点系的全部质量都集中在质心上所具有的动量。根据这一关系式，可以具体计算一般情况下的质点系的动量。更重要的是，这一关系式为刚体动量的计算提供了简便的方法。

将式(6-20)代入式(6-11)中，得

$$\frac{\mathrm{d}}{\mathrm{d}t}(m\boldsymbol{v}_C)=\sum_{i=1}^{n}\boldsymbol{F}_i^{(e)}$$

由于 $\frac{\mathrm{d}\boldsymbol{v}_C}{\mathrm{d}t}=\boldsymbol{a}_C$（$\boldsymbol{a}_C$ 为质心的运动加速度），则

$$m\boldsymbol{a}_C=\sum_{i=1}^{n}\boldsymbol{F}_i^{(e)} \tag{6-21}$$

上式就是质心运动定理，即质点系的质量与质心的加速度的乘积等于质点系所受外力的矢量和。

上式与动力学基本方程 $m\boldsymbol{a}=\sum_{i=1}^{n}\boldsymbol{F}_i$ 的形式相同。由此可见，质点系质心的运动与一个质点的运动相同，这个质点的质量等于该质点系的质量，而作用在该质点上的力等于作用在整个质点系上的所有外力的矢量和。

将式(6-21) 写成投影形式，即为

$$\begin{cases}ma_{Cx}=\sum_{i=1}^{n}F_{ix}^{(e)}\\ma_{Cy}=\sum_{i=1}^{n}F_{iy}^{(e)}\\ma_{Cz}=\sum_{i=1}^{n}F_{iz}^{(e)}\end{cases} \tag{6-22}$$

【例 6-4】 如图 6-6 所示为一电动机，电动机定子的质量为 M，转子的质量为 m，转子以匀角速度 ω 绕 O 轴转动。由于制造上的误差，转子的质心偏离中心轴 O 的偏心距为 e，定子的质心在 O 轴上。(1) 若电动机的外壳用螺杆固定在地面上，求电动机所受的约束反力。(2) 若电动机的外壳不用螺杆固定，问转速为多大时，电动机会跳离地面。

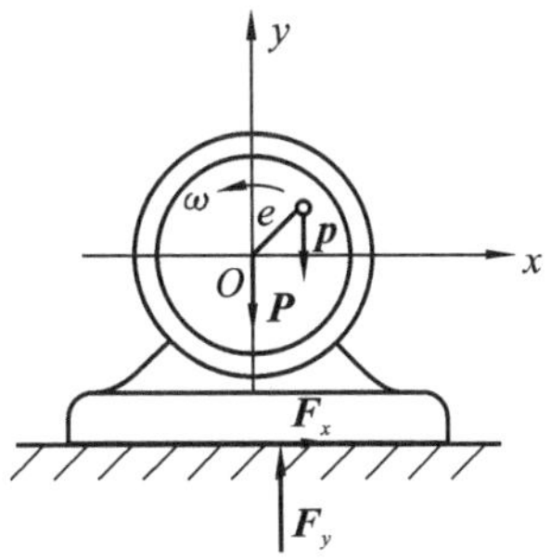

图 6-6

【解】 (1) 取电动机为研究对象。

(2) 受力分析。电动机的受力情况如图 6-6 所示，其中 $P = Mg$，$p = mg$ 分别为电动机定子与转子的重力。

(3) 运动分析。取电动机的轴心 O 为原点，x 轴为水平向右，y 轴为铅垂向上，则定子质心的坐标 x_1 和 y_1，以及转子质心的坐标 x_2 和 y_2 为

$$x_1 = 0,\quad y_1 = 0$$

$$x_2 = e\cos\omega t,\quad y_2 = e\sin\omega t$$

因此，电动机质心 C 的坐标为

$$x_C = \frac{Mx_1 + mx_2}{M+m} = \frac{me}{M+m}\cos\omega t$$

$$y_C = \frac{My_1 + my_2}{M+m} = \frac{me}{M+m}\sin\omega t$$

故电动机质心 C 的加速度为

$$a_{Cx} = \frac{\mathrm{d}^2 x_C}{\mathrm{d}t^2} = -\frac{me\omega^2}{M+m}\cos\omega t$$

$$a_{Cy} = \frac{\mathrm{d}^2 y_C}{\mathrm{d}t^2} = -\frac{me\omega^2}{M+m}\sin\omega t$$

(4) 根据质心运动定理有

$$(M+m)a_{Cx} = F_x$$

$$(M+m)a_{Cy} = F_y - (M+m)g$$

解得

$$F_x = -me\omega^2\cos\omega t$$

$$F_y = (M+m)g - me\omega^2\sin\omega t$$

由上式可得出 F_y 的最小值，即为

$$F_{y\min} = (M+m)g - me\omega^2$$

电动机若不用螺杆固定，则其跳离地面的条件是

$$F_{y\min} < 0$$

即

$$(M+m)g - me\omega^2 < 0$$

解得

$$\omega > \sqrt{\frac{M+m}{me}g}$$

故电动机转子的转速超过 $\sqrt{\frac{M+m}{me}g}$ 时，电动机会跳离地面。

【例 6-5】 在如图 6-7 所示的曲柄滑杆机构中，曲柄 OA 以等角速度 ω 绕 O 轴转动。开始时，曲柄 OA 水平向右。已知曲柄的重量为 P_1，滑块 A 的重量为 P_2，滑杆的重量为 P_3，曲柄的

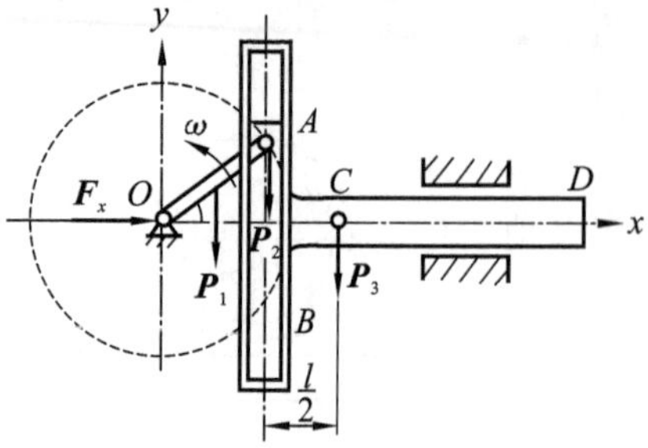

图 6-7

重心在 OA 的中点，$OA = l$，滑杆的重心在 C 点，$BC = \frac{l}{2}$。求：(1) 机构质心的运动方程；(2) 作用在 O 点的最大水平力。

【解】 (1) 取曲柄、滑块和滑杆组成的系统为研究对象。

(2) 受力分析。系统的受力情况如图 6-7 所示。

(3) 运动分析。取 O 点为坐标原点，x 轴为水平向右，y 轴为铅垂向上，则质点系质心的坐标为

$$x = \frac{P_1 x_1 + P_2 x_2 + P_3 x_3}{P_1 + P_2 + P_3}$$

$$y = \frac{P_1 y_1 + P_2 y_2 + P_3 y_3}{P_1 + P_2 + P_3}$$

式中，x_1、y_1，x_2、y_2，x_3、y_3 分别为曲柄质心、滑块质心和滑杆质心的坐标，且有

$$x_1 = \frac{l}{2}\cos\omega t, y_1 = \frac{l}{2}\sin\omega t$$

$$x_2 = l\cos\omega t, y_2 = l\sin\omega t$$

$$x_3 = \frac{l}{2} + l\cos\omega t, y_3 = 0$$

则

$$x = \frac{P_3 l}{2(P_1 + P_2 + P_3)} + \frac{P_1 + 2P_2 + 2P_3}{2(P_1 + P_2 + P_3)} l\cos\omega t$$

$$y = \frac{P_1 + 2P_2}{2(P_1 + P_2 + P_3)} l\sin\omega t$$

由上式可以求得

$$a_x = \frac{\mathrm{d}^2 x}{\mathrm{d}t^2} = -\frac{P_1 + 2P_2 + 2P_3}{2(P_1 + P_2 + P_3)} l\omega^2 \cos\omega t$$

(4) 由质心运动定理可得

$$F_x = \frac{P_1 + P_2 + P_3}{g} a_x = -\frac{P_1 + 2P_2 + 2P_3}{2g} l\omega^2 \cos\omega t$$

所以

$$F_{x\max} = \frac{P_1 + 2P_2 + 2P_3}{2g} l\omega^2$$

由质心运动定理可以得到：如果作用在质点系上的所有外力的矢量和恒等于零，则质心作匀速直线运动或静止，即在式(6-21)中，若 $\sum_{i=1}^{n} F_i^{(e)} = 0$，则有

$$\boldsymbol{v}_C = 常矢量$$

如果作用在质点系上的所有外力在某一轴上的投影的代数和恒等于零，则质心的速度在该轴上的投影保持不变。例如，若 $\sum_{i=1}^{n} F_{ix}^{(e)} = 0$，则由式(6-22)中的第一式可得

$$v_{Cx} = 常量$$

若初始时，$v_{Cx0} = 0$，则

$$v_{Cx} = \frac{\mathrm{d}x_C}{\mathrm{d}t} = v_{Cx0} = 0$$

解得

$$x_C = \text{常量}$$

即此时质心的 x 坐标保持不变。

由质心的定义可得，在 $t=0$ 时，质心的 x 坐标为

$$x_{C0} = \frac{\sum_{i=1}^{n} m_i x_{i0}}{m}$$

在以后的任何瞬时，质心的 x 坐标为

$$x_C = \frac{\sum_{i=1}^{n} m_i x_i}{m}$$

由 $x_C = x_{C0}$ 得

$$\frac{\sum_{i=1}^{n} m_i x_i}{m} = \frac{\sum_{i=1}^{n} m_i x_{i0}}{m}$$

即

$$\sum_{i=1}^{n} m_i x_i = \sum_{i=1}^{n} m_i x_{i0}$$

即

$$\sum_{i=1}^{n} m_i (x_i - x_{i0}) = 0$$

如果令 $\Delta x_i = x_i - x_{i0}$，则

$$\sum_{i=1}^{n} m_i \Delta x_i = 0 \tag{6-23}$$

【例 6-6】 在光滑的轨道上有一小车，其长度为 l，重量为 W_1，一重量为 W_2 的人站在小车的 A 端，开始时人与车都静止，如图 6-8 所示。现令人从小车的 A 端走到 B 端，求小车后退的距离 s。

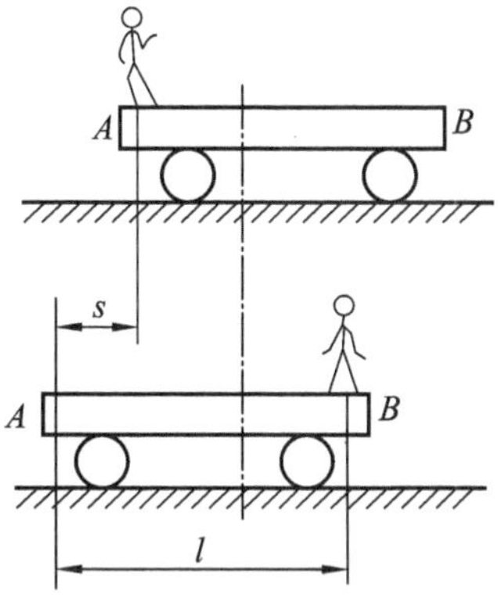

图 6-8

【解】 (1) 取人与小车组成的系统为研究对象。

(2) 受力分析。由题意可知，系统所受的外力在水平方向的投影等于零。

(3) 运动分析。开始时，系统处于静止；人从小车的 A 端走到 B 端时，小车和人的 x 坐标的改变量为

$$\Delta x_1 = -s, \quad \Delta x_2 = l - s$$

(4) 根据式(6-23)可得

$$\frac{W_1}{g}\Delta x_1 + \frac{W_2}{g}\Delta x_2 = 0$$

即

$$-W_1 s + W_2 (l - s) = 0$$

解得

$$s = \frac{W_2 l}{W_1 + W_2}$$

6.4 变质量质点的运动微分方程

在前面讨论的动力学问题中，总是假定物体的质量是不变的，但在实际中，还会遇到质量不断变化的物体。例如，火箭在飞行时不断地向后喷出燃烧的气体，其质量不断减少。因此，火箭的动力学问题属于变质量物体的动力学问题。此外，如投掷荷载的飞机或气球、边行进边装煤的车厢等，都是变质量物体的实例。

当变质量物体作平动，或变质量物体的尺寸可忽略不计，或只研究变质量物体质心的运动时，可将变质量物体视为变质量质点。

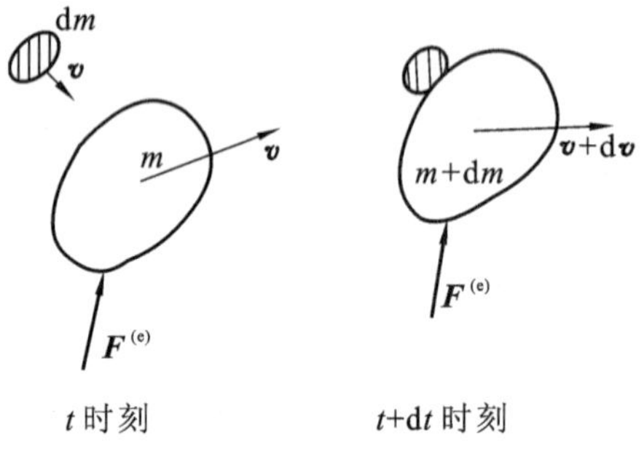

图 6-9

设质点在 t 时刻的质量为 m，速度为 $\boldsymbol{v}$；在 $t+\mathrm{d}t$ 时刻时，有微小质量 $\mathrm{d}m$ 加入，这时质点的质量为 $m+\mathrm{d}m$，速度为 $\boldsymbol{v}+\mathrm{d}\boldsymbol{v}$，微小质量 $\mathrm{d}m$ 在 t 时刻的速度为 $\boldsymbol{u}$。在 $\mathrm{d}t$ 时间间隔内，这两部分所受到的外力主矢为 $\boldsymbol{F}^{(e)}$，如图 6-9 所示。

由质量为 m 的质点和质量为 $\mathrm{d}m$ 的质点组成的质点系在 t 时刻的动量为

$$\boldsymbol{K}_1 = m\boldsymbol{v} + \boldsymbol{u}\mathrm{d}m$$

在 $t+\mathrm{d}t$ 时刻的动量为

$$\boldsymbol{K}_2 = (m+\mathrm{d}m)(\boldsymbol{v}+\mathrm{d}\boldsymbol{v})$$

根据动量定理可得

$$\boldsymbol{K}_2 - \boldsymbol{K}_1 = \boldsymbol{F}^{(e)}\mathrm{d}t$$

即

$$(m+\mathrm{d}m)(\boldsymbol{v}+\mathrm{d}\boldsymbol{v}) - (m\boldsymbol{v}+\boldsymbol{u}\mathrm{d}m) = \boldsymbol{F}^{(e)}\mathrm{d}t$$

将上式展开，并略去高阶微小量 $\mathrm{d}m \cdot \mathrm{d}\boldsymbol{v}$，得

$$m\frac{\mathrm{d}\boldsymbol{v}}{\mathrm{d}t} = \boldsymbol{F}^{(e)} + \frac{\mathrm{d}m}{\mathrm{d}t}(\boldsymbol{u}-\boldsymbol{v})$$

记 $\boldsymbol{v}_r = \boldsymbol{u} - \boldsymbol{v}$，其中 $\boldsymbol{v}_r$ 是 t 时刻质量为 $\mathrm{d}m$ 的质点相对于质量为 m 的质点的速度。故上式可改写为

$$m\frac{\mathrm{d}\boldsymbol{v}}{\mathrm{d}t} = \boldsymbol{F}^{(e)} + \frac{\mathrm{d}m}{\mathrm{d}t}\boldsymbol{v}_r \tag{6-24}$$

令 $\boldsymbol{\Phi} = \frac{\mathrm{d}m}{\mathrm{d}t}\boldsymbol{v}_r$，则式(6-24)可改写为

$$m\frac{\mathrm{d}\boldsymbol{v}}{\mathrm{d}t} = \boldsymbol{F}^{(e)} + \boldsymbol{\Phi} \tag{6-25}$$

上式就是变质量质点的运动微分方程。式中，$\boldsymbol{\Phi}$ 具有力的单位，当 $\frac{\mathrm{d}m}{\mathrm{d}t} > 0$ 时，$\boldsymbol{\Phi}$ 与 $\boldsymbol{v}_r$ 同向；当 $\frac{\mathrm{d}m}{\mathrm{d}t} < 0$ 时，$\boldsymbol{\Phi}$ 与 $\boldsymbol{v}_r$ 反向。

对于质量不断减少的火箭来说，$\frac{\mathrm{d}m}{\mathrm{d}t} < 0$，因此 $\boldsymbol{\Phi}$ 总是与 $\boldsymbol{v}_r$ 反向，即 $\boldsymbol{\Phi}$ 的方向与火箭的前进方向一致，通常称 $\boldsymbol{\Phi}$ 为火箭的反推力，并写成

$$\boldsymbol{\Phi} = -\left|\frac{\mathrm{d}m}{\mathrm{d}t}\right|\boldsymbol{v}_r$$

【例 6-7】 如图 6-10 所示为一火箭垂直于地面向上发射时的情况。已知火箭的初始速度为 $\boldsymbol{v}_0$，初始质量为 m_0，经过时间 T 后，燃料烧完，火箭的质量为 m_1。求此时火箭所具有的速度。设火箭向后喷射燃料的相对速度 $\boldsymbol{v}_r$ 为一常量。

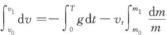

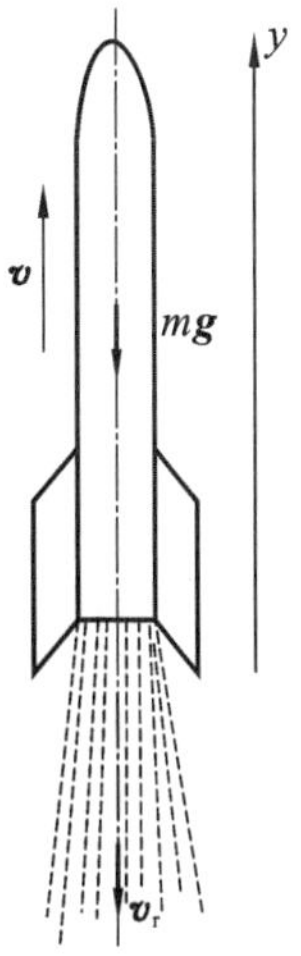

图 6-10

【解】 取火箭为研究对象，将其视为一个变质量质点；y 轴取向上为正。将式(6-24)投影到 y 轴上，得

$$m\frac{\mathrm{d}v}{\mathrm{d}t}=-mg-v_r\frac{\mathrm{d}m}{\mathrm{d}t}$$

由于 $m\neq 0$，将上式两端同乘以 $\mathrm{d}t/m$，得

$$\mathrm{d}v=-g\mathrm{d}t-v_r\frac{\mathrm{d}m}{m}$$

将上式从 0 到 T 时刻进行积分，得

$$\int_{v_0}^{v_1}\mathrm{d}v=-\int_0^T g\mathrm{d}t-v_r\int_{m_0}^{m_1}\frac{\mathrm{d}m}{m}$$

解得

$$v_1=v_0+v_r\ln\frac{m_0}{m_1}-gT$$

由丁不考虑重心的影响，故

$$v_1=v_0+v_r\ln\frac{m_0}{m_1}$$

从上式可以看出，若忽略重力的影响，火箭喷射结束时，要想获得较大的速度增量，就要：(1) 增加喷射气体的相对速度 v_r；(2) 提高质量比 m_0/m_1。但根据现今的技术条件，这两方面的提高都是有限的，采用单级火箭很难达到第一宇宙速度。为了在卫星发射时达到第一宇宙速度或第二宇宙速度，现在各国都采用多级火箭。

多级火箭就是将几个火箭串联起来。以 K_1 表示整个火箭的质量与第一级火箭的燃料烧完后火箭的质量之比；K_2 表示第一级火箭脱离后火箭的质量与第二级火箭的燃料烧完后火箭的质量之比；以后各级火箭脱离后火箭的质量与下一级火箭的燃料烧完后火箭的质量之比分别用 $K_3,K_4,\cdots,K_n$ 表示，则火箭在地面由静止开始发射后：

当第一级火箭的燃料烧完后，火箭的速度为

$$v_1=v_{r1}\ln K_1$$

当第二级火箭的燃料烧完后，火箭的速度为

$$v_2=v_1+v_{r2}\ln K_2=v_{r1}\ln K_1+v_{r2}\ln K_2$$

以此类推，可得

$$v_n=v_{r1}\ln K_1+v_{r2}\ln K_2+\cdots+v_{rn}\ln K_n$$

如果 $v_{r1}=v_{r2}=\cdots=v_{rn}=v_r$，则

$$v_n=v_r\ln K_1K_2\cdots K_n$$

例如，对于三级火箭，取 $K_1=K_2=K_3=3$，$v_r=2.5\ \mathrm{km/s}$，则

$$v_3=v_r\ln K_1K_2K_3=2.5\ln 3^3\ \mathrm{km/s}=8.24\ \mathrm{km/s}$$

显然，v_3 已超过第一宇宙速度。

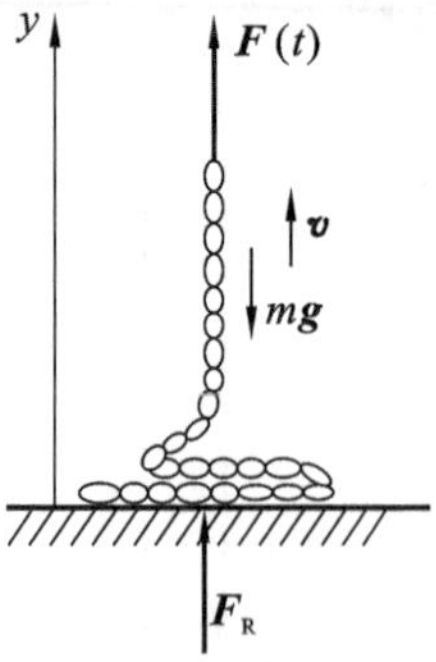

图 6-11

【例 6-8】 一链条的长度为 l，每单位长度的质量为 ρ，链条堆放在地面上，如图 6-11 所示。若在链条的一端作用一力 $\boldsymbol{F}$，使链条以不变的速度 $\boldsymbol{v}$ 上升，求力 $\boldsymbol{F}$ 的表达式 $F(t)$ 和地面反力 $\boldsymbol{F}_R$ 的表达式 $F_R(t)$。

【解】 先取被提起部分的链条为变质量质点，其质量为

$$m = \rho vt$$

相对速度为

$$v_r = 0 - v = -v$$

变质量质点受拉力 $\boldsymbol{F}$ 和重力 $m\boldsymbol{g}$ 的作用，根据变质量质点的运动微分方程的投影式可得

$$m\frac{dv}{dt} = F - mg - v\frac{dm}{dt}$$

由于 $v =$ 常数，所以 $\frac{dv}{dt} = 0, \frac{dm}{dt} = \rho v$，则有

$$0 = F - mg - \rho v^2$$

将 $m = \rho vt$ 代入上式中，可得

$$F(t) = \rho vgt + \rho v^2$$

再以整个链条为研究对象，其受力情况如图 6-11 所示，故链条所具有的动量为

$$K = mv = (\rho vt)v = \rho v^2 t$$

根据动量定理在 y 轴上的投影式可得

$$\frac{d}{dt}(\rho v^2 t) = F - l\rho g + F_R$$

解得

$$F_R(t) = \rho gl - F + \rho v^2 = (l - vt)\rho g$$

思考与习题

1. 一物体的重量为 P，置于倾斜角为 α 的斜面上，且 $\alpha > \varphi$(摩擦角)。若物体由静止开始下滑，t 秒后速度为 $\boldsymbol{v}$，求滑动摩擦系数 f。

2. 质量 $m = 5$ kg 的物块 D，在初瞬时以相对胶带 $v_r = 0.6$ m/s 的速度向左运动，支承物块 D 的胶带又以 $v = 1.6$ m/s 的速度匀速向右运动，如图 6-12 所示。设物块与胶带间的动滑动摩擦系数 $f = 0.3$，试问经过多长时间，物块相对胶带的速度(方向仍向左)将减少一半？

3. 一重量 $P = 300$ N 的锤从高 $H = 1.5$ m 处自由落到锻件上，如图 6-13 所示，锻件发生变形历时 $\tau = 0.01$ s。求锤对锻件的平均压力。

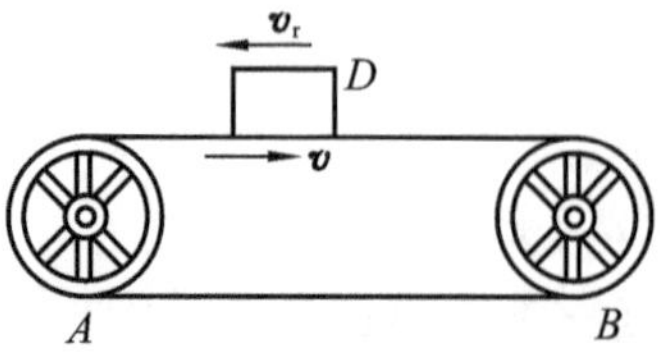

图 6-12

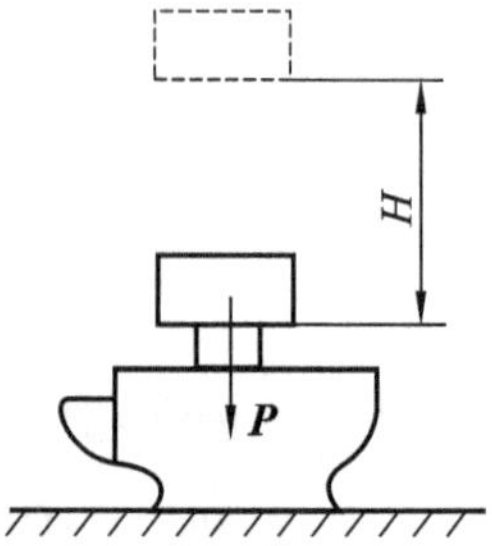

图 6-13

4. 质量分别为 $m_A = 12$ kg,$m_B = 10$ kg 的物块 A 和物块 B 用一轻杆连接,倚放在铅直墙面和水平地面上,如图 6-14 所示。在物块 A 上作用一常力 $F = 250$ N,使它从静止开始向右运动。假设经过 1 s 后物块 A 移动了 1.0 m,速度 $v_A = 4.15$ m/s,不计摩擦,试求作用在墙面和地面的冲量。

5. 一重量 $W = 1$ kN 的小车在光滑的水平直线轨道上作匀速运动,其速度 $v_A = 0.6$ m/s,有一重量 $P = 0.5$ kN 的物体 B 以 $v_B = 0.4$ m/s 的速度垂直地落在小车上,如图 6-15 所示。设物体 B 落在小车上后,经过 $t = 0.1$ s 的时间后与小车以相同的速度运动,求此相同速度以及物体 B 对小车的平均作用力。

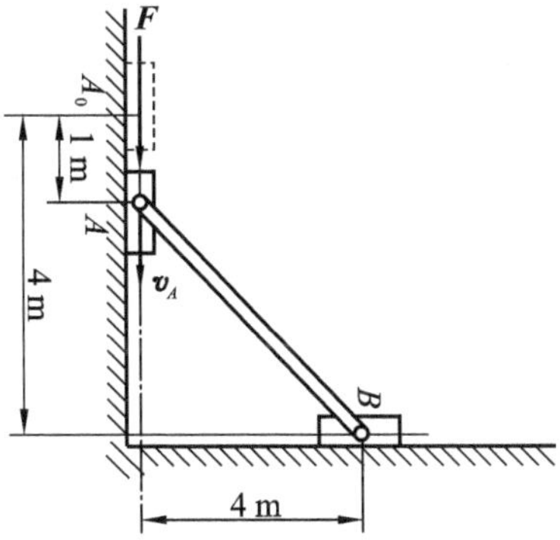

图 6-14

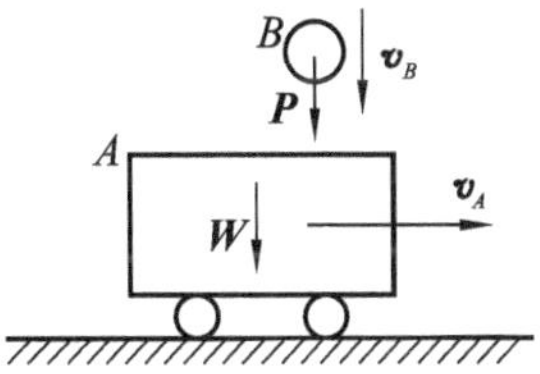

图 6-15

6. 一颗质量 $m = 0.03$ kg 的子弹,以 $v_0 = 500$ m/s 的速度射入质量 $m_A = 4.5$ kg 的物块 A 中,物块 A 与小车之间的动摩擦系数 $f = 0.5$。已知小车的质量 $M = 3.5$ kg,小车可以在光滑的水平地面上自由运动,如图 6-16 所示。求:(1) 小车与物块 A 的最终速度;(2) 物块 A 距离小车 B 端的最终位置。

7. 从喷嘴射出的水流顺着翼板改变流向,如图 6-17 所示。已知水流的横截面面积为 A,流速为 $\boldsymbol{v}$,流量 $Q = Av$。设翼板是光滑的,水流速度的大小不变,分别根据下列两种情况计算水流对翼板的作用力:(1) 翼板是固定的;(2) 翼板以速度 $\boldsymbol{u}$ 水平向右运动,$u < v$。水的密度为 ρ。

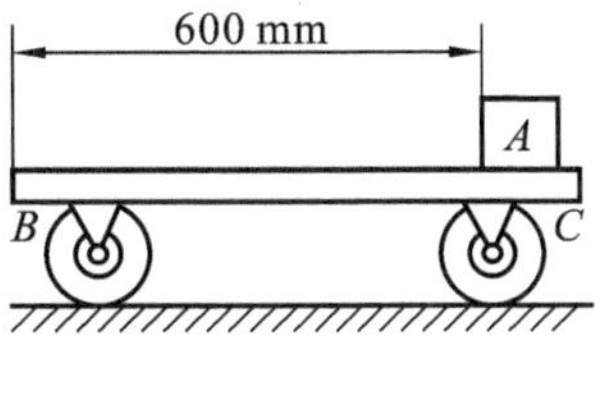

图 6-16

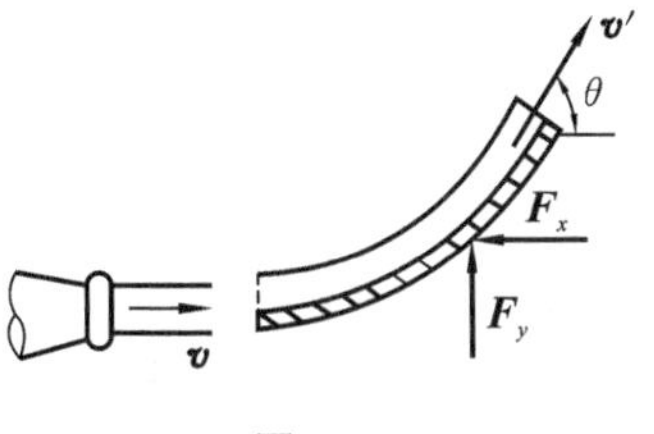

图 6-17

8. 从喷嘴射出的水流遇到挡板后分为两支,如图 6-18 所示。设水流的流量为 Q,密度为 ρ,速度为 $\boldsymbol{v}$,如果不计摩擦阻力,则水流分开后速度大小不变。已知支承挡板所受的力 $\boldsymbol{F}$ 垂直于挡板,求力 $\boldsymbol{F}$ 的大小及两支水流的流量。

9. 三个质量分别为 $m_1 = 20$ kg,$m_2 = 15$ kg,$m_3 = 10$ kg 的重物由一绕过两个定滑轮 M 和 N 的绳子相连接,如图 6-19 所示。当重物 m_1 下降时,重物 m_2 在四棱柱 $ABCD$ 上向右移动,而重物 m_3 则沿侧面 AB 上升。已知四棱柱的质量 $m = 100$ kg,若忽略一切摩擦和绳子的重量,求当物体 m_1 下降 1 m 时,四棱柱相对于地面的位移。

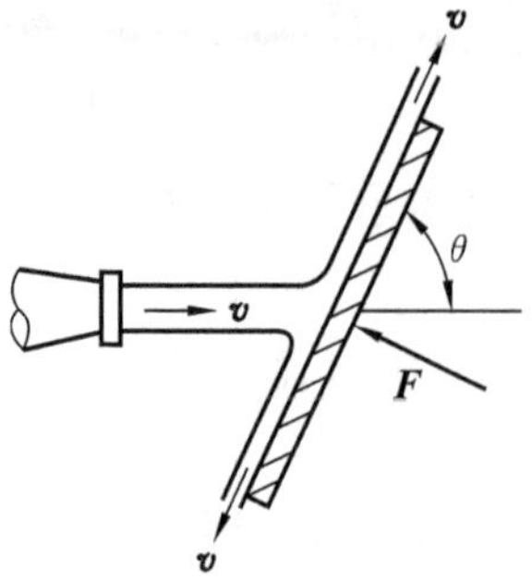

图 6-18

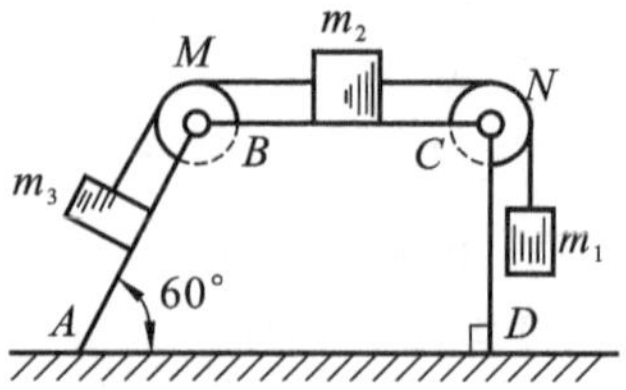

图 6-19

10. 如图 6-20 所示，在水平面上放有一均质三棱柱 A，在此三棱柱上又放有一均质三棱柱 B，两个三棱柱的横截面都是直角三角形，三棱柱 A 比三棱柱 B 重两倍，即 $W_A = 3W_B$。假设各接触面都是光滑的，求当三棱柱 B 从图示位置沿三棱柱 A 下滑至地面时，三棱柱 A 所移动的距离 l。

11. 如图 6-21 所示，长度为 l 的均质杆 AB 直立在光滑的水平面上，求杆 AB 从铅垂位置无初速度地倒下时端点 A 的轨迹。

12. 一重量为 P、长度为 l 的单摆的支点固定在一可以在光滑平面上作直线运动的物体 A 上，如图 6-22 所示。开始时，物体 A 与单摆均处于静止，而单摆与铅垂线的夹角为 θ_0，求在摆动过程中物体 A 移动的距离 s 和摆锤 B 的轨迹。物体 A 的重量为 W，其质心与单摆的支点 A 重合。

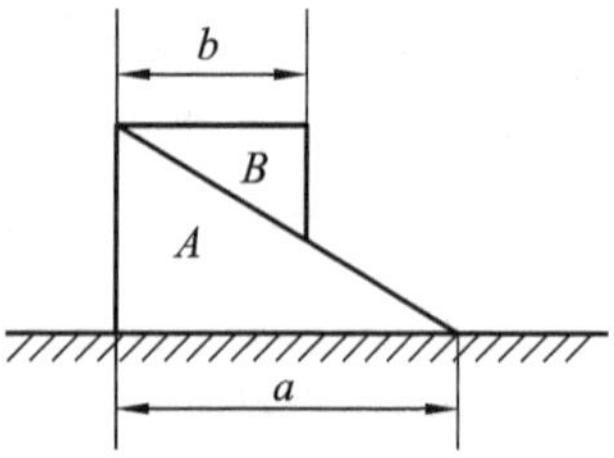

图 6-20

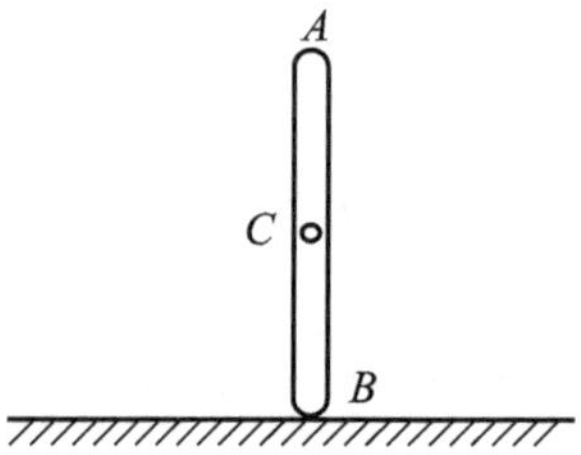

图 6-21

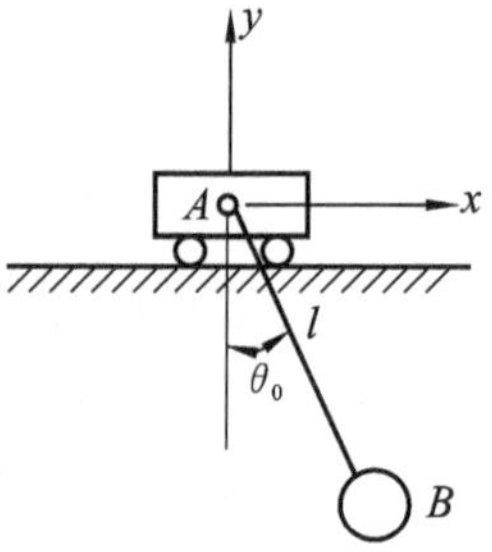

图 6-22

13. 曲柄 AB 的长度为 r，重量为 p，受力偶的作用以不变的角速度 ω 转动，并带动滑槽、连杆及与连杆固连的活塞 D 运动，如图 6-23 所示。已知滑槽、连杆、活塞共重 P，重心在 C 点。若在活塞 D 上作用一恒力 $\boldsymbol{F}$，不计导板的摩擦，求作用在曲柄轴 A 上的最大水平分力 F_{Rx}。

14. 水泵的均质圆盘绕定轴 O 以匀角速度 ω 转动，一重量为 P 的夹板通过右端弹簧的推压而顶在圆盘上，当圆盘转动时，夹板作往复运动，如图 6-24 所示。设圆盘的重量为 W，半径为 r，偏心距为 e，求任一瞬时机座的动反力。

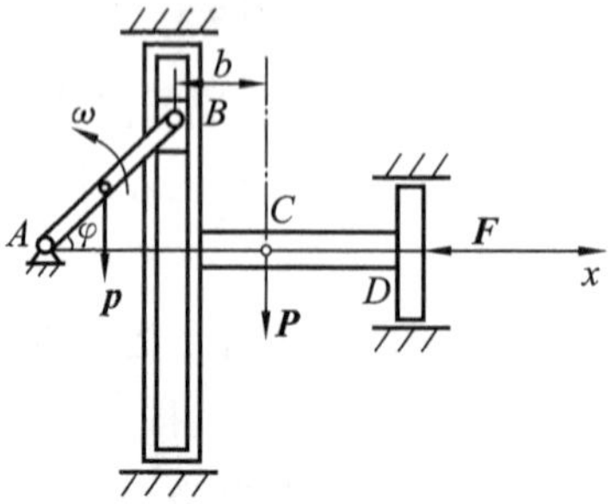

图 6-23

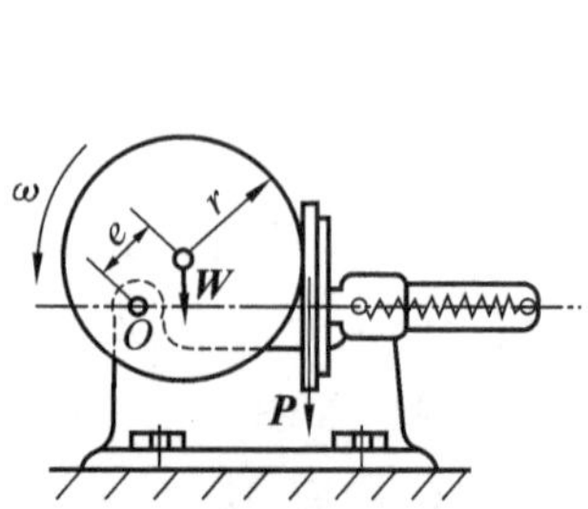

图 6-24

15. 在如图6-25所示的滑轮中，两重物 A 和 B 的重量分别为 P_1 和 P_2。若重物 A 以加速度 $\boldsymbol{a}$ 下降，不计滑轮的质量，求支座 O 的反力。

16. 如图6-26所示，质量为 m 的滑块 A 可以在水平光滑槽中运动，刚性系数为 k 的弹簧的一端与滑块连接，另一端固定，杆 AB 的长度为 l，质量忽略不计，其 A 端与滑块 A 铰接，B 端装有质量为 m_1 的沙子，并可在铅垂平面内绕 A 点旋转。设在力矩作用下杆 AB 的转动角速度 ω 为常数，若在初瞬时，$\varphi = 0°$，弹簧恰为原长，求滑块 A 的运动规律。

17. 在如图6-27所示的凸轮导板机构中，半径为 r 的偏心轮 O 以匀角速度 ω 绕 O' 轴转动，偏心距 $OO' = e$，导板 AB 的重量为 W。当导板 AB 在最低位置时，弹簧的压缩量为 λ。要使导板 AB 在运动过程中始终不离开偏心轮 O，求弹簧的刚性系数 k。

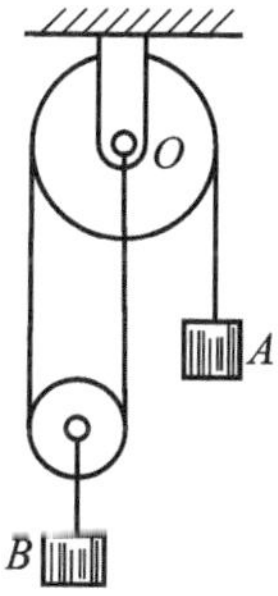

图 6-25

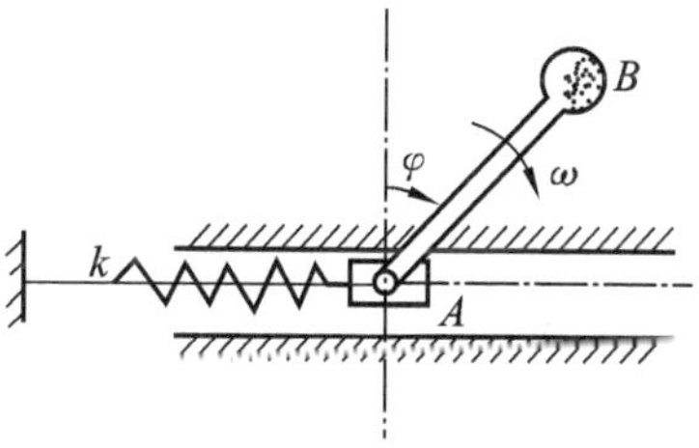

图 6-26

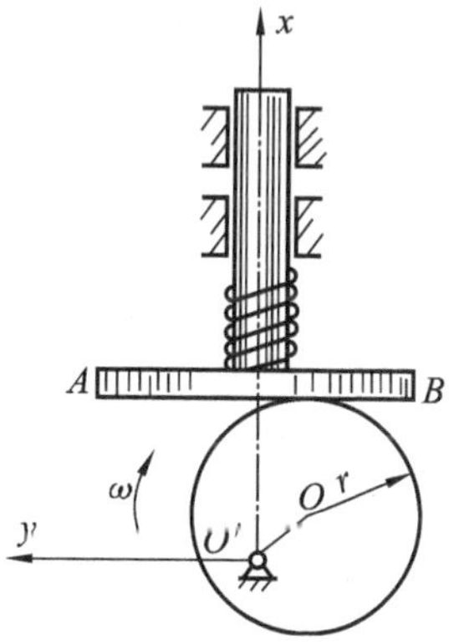

图 6-27

18. 有一火箭铅垂向上发射时，喷射的气体的相对速度 $\boldsymbol{v}_r$ 可视为不变。火箭在飞行中的质量按 $m = m_0 e^{-at}$ 的规律变化，其中 a 为常数。若不计阻力，求火箭的运动方程。假设在 t_0 时，燃料全部烧光，求火箭上升的最大高度。初瞬时火箭在地面上，且初速度为零。

19. 一水车的总质量(包括水的质量)为300 kg，水平力 $F_r = 250$ N，水流以相对于水车2.4 m/s的速度沿图6-28所示的方向喷出，每秒钟喷出的水的质量为20 kg。不计车轮与路面间的摩擦，求开始喷水时水车的加速度。

20. 如图6-29所示，砂子通过固定漏斗以速度 $\boldsymbol{v}_a$ 垂直下落到行进的车厢内。设单位时间内落下的砂子的质量为 q，车厢空载时的质量为 m_0，初速度的大小为 $\boldsymbol{v}_0$。不计车轮与轨道间的摩擦，求装砂后车厢在任一瞬时的速度和加速度。

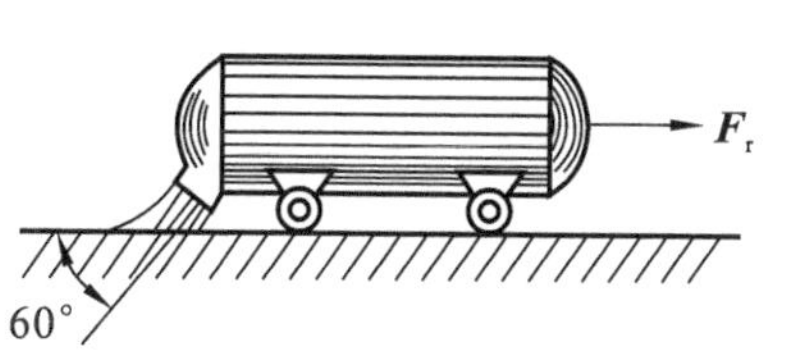

图 6-28

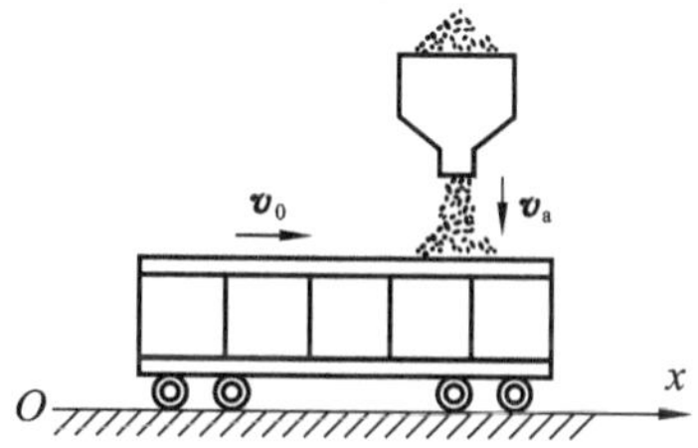

图 6-29

第7章 动量矩定理

第 6 章推导出的动量定理建立了物体的动量与作用力之间的关系，但是动量定理不能完全描述物体的运动规律。例如，动量定理无法解决物体绕定轴转动以及物体相对于质心的运动问题。为此，本章将研究动力学普遍定理中的动量矩定理。

动量矩定理给出了质点及质点系的动量矩的变化与作用力矩之间的关系。应用该定理可描述质点系相对于某一定点(或定轴)或质心的运动规律。

7.1 质点的动量矩定理

质点的动量对某一固定点 O 的矩，称为质点对 O 点的动量矩。

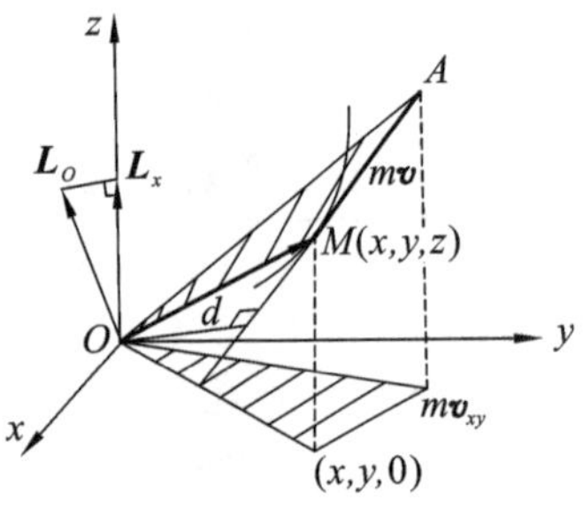

图 7-1

设质点 M 沿某空间曲线运动，在某瞬时其动量为 $m\boldsymbol{v}$，质点相对于固定点O的位置矢径为$\boldsymbol{r}$，如图 7-1 所示，则质点 M 对 O 点的动量矩为

$$\boldsymbol{L}_O = \boldsymbol{r} \times m\boldsymbol{v} \tag{7-1}$$

$$L_O = |\boldsymbol{L}_O| = |\boldsymbol{r} \times m\boldsymbol{v}| = mvd \tag{7-2}$$

动量矩也是矢量，它的单位是千克二次方米每秒($\mathrm{kg \cdot m^2/s}$)。

在以 O 点为原点的直角坐标系 $Oxyz$ 中，令

$$\boldsymbol{r} = x\boldsymbol{i} + y\boldsymbol{j} + z\boldsymbol{k}, \quad m\boldsymbol{v} = mv_x\boldsymbol{i} + mv_y\boldsymbol{j} + mv_z\boldsymbol{k}$$

则

$$\boldsymbol{L}_O = \begin{vmatrix} \boldsymbol{i} & \boldsymbol{j} & \boldsymbol{k} \\ x & y & z \\ mv_x & mv_y & mv_z \end{vmatrix}$$

$$= m(yv_z - zv_y)\boldsymbol{i} + m(zv_x - xv_z)\boldsymbol{j} + m(xv_y - yv_x)\boldsymbol{k}$$

故动量矩在坐标轴上的投影为

$$\begin{cases} L_{Ox} = m(yv_z - zv_y) \\ L_{Oy} = m(zv_x - xv_z) \\ L_{Oz} = m(xv_y - yv_x) \end{cases} \tag{7-3}$$

式中，x、y、z 为质点M 的坐标，v_x、v_y、v_z 为质点的速度在 x、y、z 轴上的投影。显然，上式与静力学中的力矩关系定理完全相似。

下面我们将进一步研究动量矩与作用力之间的关系，如图 7-2 所示。

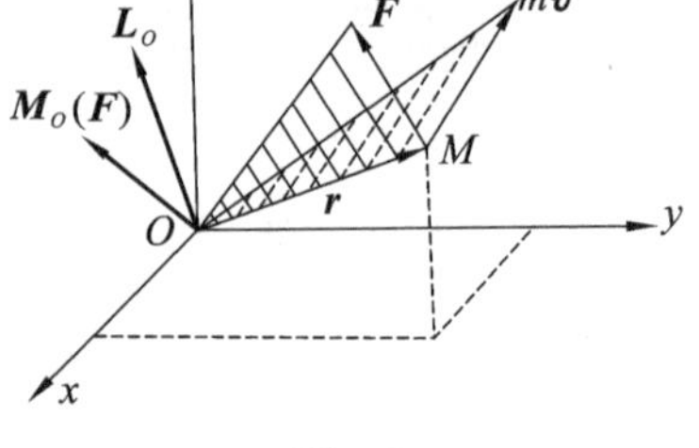

图 7-2

将式(7-1) 对时间求一次导数，得

$$\frac{\mathrm{d}}{\mathrm{d}t}(\boldsymbol{r} \times m\boldsymbol{v}) = \frac{\mathrm{d}\boldsymbol{r}}{\mathrm{d}t} \times m\boldsymbol{v} + \boldsymbol{r} \times \frac{\mathrm{d}(m\boldsymbol{v})}{\mathrm{d}t}$$

$$= \boldsymbol{v} \times m\boldsymbol{v} + \boldsymbol{r} \times m\frac{\mathrm{d}\boldsymbol{v}}{\mathrm{d}t}$$

上式中，$\boldsymbol{v} \times m\boldsymbol{v} = 0$，而 $m\dfrac{\mathrm{d}\boldsymbol{v}}{\mathrm{d}t} = \boldsymbol{F}$，所以

$$\frac{\mathrm{d}}{\mathrm{d}t}(\boldsymbol{r} \times m\boldsymbol{v}) = \boldsymbol{r} \times \boldsymbol{F}$$

即

$$\frac{\mathrm{d}\boldsymbol{L}_O}{\mathrm{d}t}=\boldsymbol{r}\times\boldsymbol{F} \tag{7-4}$$

上式就是质点的动量矩定理,即质点的动量对某定点的矩对时间的导数,等于作用在质点上的力对同一点的矩。

将式(7-4)投影到直角坐标轴上,可得

$$\begin{cases}\dfrac{\mathrm{d}L_x}{\mathrm{d}t}=M_x(\boldsymbol{F})\\[2mm]\dfrac{\mathrm{d}L_y}{\mathrm{d}t}=M_y(\boldsymbol{F})\\[2mm]\dfrac{\mathrm{d}L_z}{\mathrm{d}t}=M_z(\boldsymbol{F})\end{cases} \tag{7-5}$$

式(7-5)表明:质点的动量对某一轴的矩对时间的导数,等于作用在质点上的外力对同一轴的矩。

若作用于质点上的力对某定点 O 的矩恒等于零,即 $\boldsymbol{M}_O(\boldsymbol{F})=0$,则

$$\boldsymbol{L}_O=\boldsymbol{r}\times m\boldsymbol{v}=\text{常矢量} \tag{7-6}$$

若作用于质点上的力对某定轴的矩恒等于零,例如 $M_z(\boldsymbol{F})=0$,则

$$L_z=\text{常量} \tag{7-7}$$

式(7-6)和式(7-7)给出了质点的动量矩守恒定律,即若作用于质点上的力对某定点或某定轴的矩恒等于零,则质点的动量对该点或该轴的矩保持不变。

如果质点在运动过程中所受的作用力始终指向某一点 O,则称该质点在有心力作用下运动,该作用力称为有心力。

设质点 M 的质量为 m,速度为 $\boldsymbol{v}$,所受的有心力 $\boldsymbol{F}$ 始终指向 O 点,如图 7-3 所示。由于力 $\boldsymbol{F}$ 对 O 点的矩恒等于零,故由动量矩守恒定律可得

$$\boldsymbol{L}_O=\boldsymbol{r}\times m\boldsymbol{v}=\text{常矢量}$$

从上式可以看出,由于 $\boldsymbol{L}_O$ 垂直于 $\boldsymbol{r}$ 与 $m\boldsymbol{v}$ 所在的平面,而 $\boldsymbol{L}_O$ 是常矢量,即方向始终不变,所以 $\boldsymbol{r}$ 和 $m\boldsymbol{v}$ 始终在一个平面内。因此,质点在有心力作用下作平面运动,其运动轨迹为平面曲线。

如图 7-3 所示,矢径 $\boldsymbol{r}$ 在 $\mathrm{d}t$ 时间间隔内所扫过的面积 $\mathrm{d}A$ 为

$$\mathrm{d}A=\frac{1}{2}r\cdot\mathrm{d}r\cdot\sin\alpha=\frac{1}{2}|\boldsymbol{r}\times\mathrm{d}\boldsymbol{r}|$$

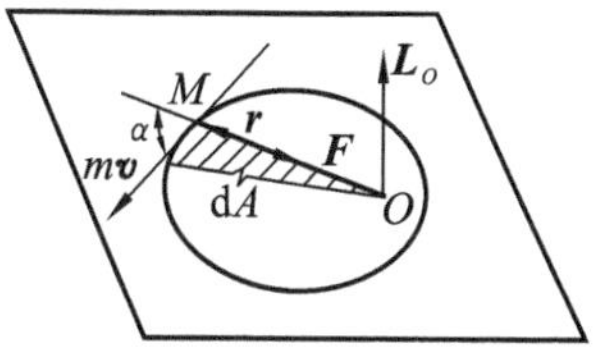

图 7-3

在上式等号两端同除以 $\mathrm{d}t$,得

$$\frac{\mathrm{d}A}{\mathrm{d}t}=\frac{1}{2}r\frac{\mathrm{d}r}{\mathrm{d}t}\sin\alpha=\frac{1}{2}\left|\boldsymbol{r}\times\frac{\mathrm{d}\boldsymbol{r}}{\mathrm{d}t}\right|$$

$$=\frac{1}{2}|\boldsymbol{r}\times\boldsymbol{v}|$$

因为 $|\boldsymbol{r}\times m\boldsymbol{v}|=$ 常量,所以 $|\boldsymbol{r}\times\boldsymbol{v}|=$ 常量。因此

$$\frac{\mathrm{d}A}{\mathrm{d}t}=\text{常量} \tag{7-8}$$

上式就是质点在有心力作用下的面积速度定理,即质点在有心力作用下相对于有心力的矢径所扫过的面积对时间的导数等于常数。这也是开普勒行星运动第二定律。

7.2 质点系的动量矩定理

质点系对某点的动量矩等于质点系中各质点对同一点的动量矩的矢量和,即

$$\boldsymbol{L}_O = \sum_{i=1}^{n} \boldsymbol{L}_O(m_i\boldsymbol{v}_i) \tag{7-9}$$

质点系对某一轴的动量矩等于质点系中各质点对同一轴的动量矩的代数和。例如，对 z 轴的动量矩为

$$L_z = \sum_{i=1}^{n} L_z(m_i\boldsymbol{v}_i) = \sum_{i=1}^{n} m_i(x_i v_{iy} + y_i v_{ix}) \tag{7-10}$$

根据上述定义，现在来计算刚体作平动时的动量矩和刚体绕定轴转动时对转动轴的动量矩。

对于平动刚体，其各点的速度相同，则有

$$\boldsymbol{L}_O = \sum_{i=1}^{n} \boldsymbol{L}_O(m_i\boldsymbol{v}_i) = \sum_{i=1}^{n} \boldsymbol{r}_i \times m_i\boldsymbol{v} = \left(\sum_{i=1}^{n} m_i\boldsymbol{r}_i\right) \times \boldsymbol{v}$$

根据刚体的质心定义有 $\sum_{i=1}^{n} \boldsymbol{r}_i m_i = m\boldsymbol{r}_C$，则

$$\boldsymbol{L}_O = m\boldsymbol{r}_C \times \boldsymbol{v} = \boldsymbol{r}_C \times m\boldsymbol{v} \tag{7-11}$$

上式表明：在计算平动刚体的动量矩时，可以把刚体的质量都集中在质心，然后按质点的动量矩计算。

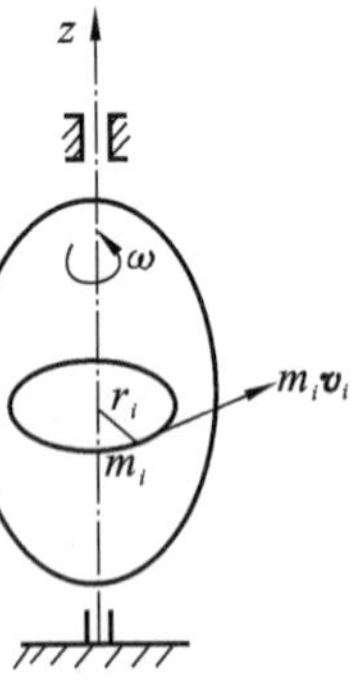

图 7-4

对于绕固定轴 z 转动的刚体，如图 7-4 所示，由于刚体内任意一点都在垂直于 z 轴的平面内作圆周运动，其速度大小为 $r_i\omega$，其中 r_i 为质点 M_i 到 z 轴的距离，ω 为刚体的转动角速度，则刚体对 z 轴的动量矩为

$$L_z = \sum_{i=1}^{n} L_z(m_i\boldsymbol{v}_i) = r_i \sum_{i=1}^{n} m_i\omega r_i = \omega \sum_{i=1}^{n} m_i r_i^2$$

令 $I_z = \sum_{i=1}^{n} m_i r_i^2$，其中 I_z 为刚体对 z 轴的转动惯量，则上式可改写为

$$L_z = I_z\omega \tag{7-12}$$

上式就是绕定轴转动的刚体的动量矩计算公式。转动惯量的计算在动力学中是很重要的，我们将在后面详细讨论。

下面来推导质点系的动量矩定理。

设质点系由 n 个质点 $M_1, M_2, \cdots, M_n$ 组成，第 i 个质点 M_i 的动量为 $m_i\boldsymbol{v}_i$，作用于该质点上的内力和外力的合力分别为 $\boldsymbol{F}_i^{(i)}$ 和 $\boldsymbol{F}_i^{(e)}$，则由质点的动量矩定理可得

$$\frac{\mathrm{d}}{\mathrm{d}t}\boldsymbol{L}_O(m_i\boldsymbol{v}_i) = \boldsymbol{M}_O(\boldsymbol{F}_i^{(e)}) + \boldsymbol{M}_O(\boldsymbol{F}_i^{(i)}) \quad (i = 1, 2, \cdots, n)$$

将此 n 个方程相加，可得

$$\sum_{i=1}^{n} \frac{\mathrm{d}}{\mathrm{d}t}\boldsymbol{L}_O(m_i\boldsymbol{v}_i) = \sum_{i=1}^{n} \boldsymbol{M}_O(\boldsymbol{F}_i^{(e)}) + \sum_{i=1}^{n} \boldsymbol{M}_O(\boldsymbol{F}_i^{(i)})$$

即

$$\frac{\mathrm{d}}{\mathrm{d}t}\sum_{i=1}^{n} \boldsymbol{L}_O(m_i\boldsymbol{v}_i) = \sum_{i=1}^{n} \boldsymbol{M}_O(\boldsymbol{F}_i^{(e)}) + \sum_{i=1}^{n} \boldsymbol{M}_O(\boldsymbol{F}_i^{(i)})$$

上式中，等号左边的 $\sum_{i=1}^{n} \boldsymbol{L}_O(m_i\boldsymbol{v}_i)$ 等于质点系对 O 点的动量矩 $\boldsymbol{L}_O$，等号右边的第一项等于外力对 O 点的主矩 $\boldsymbol{M}_O$，第二项等于内力对 O 点的主矩，其值等于零，则上式可改写为

$$\frac{\mathrm{d}\boldsymbol{L}_O}{\mathrm{d}t} = \sum_{i=1}^{n}\boldsymbol{M}_O(F_i^{(e)})$$

即

$$\frac{\mathrm{d}\boldsymbol{L}_O}{\mathrm{d}t} = \boldsymbol{M}_O^{(e)} \tag{7-13}$$

上式就是质点系的动量矩定理,即质点系对某定点的动量矩对时间的导数等于作用在质点系上的外力对同一点的主矩。

将式(7-13)投影到直角坐标轴上,可得

$$\begin{cases}\dfrac{\mathrm{d}L_x}{\mathrm{d}t} = M_x^{(e)}\\[2mm]\dfrac{\mathrm{d}L_y}{\mathrm{d}t} = M_y^{(e)}\\[2mm]\dfrac{\mathrm{d}L_z}{\mathrm{d}t} = M_z^{(e)}\end{cases} \tag{7-14}$$

式(7-14)就是质点系的动量矩定理的投影形式,即质点系对某定轴的动量矩对时间的导数,等于作用于质点系上的外力对同一轴的主矩。

由动量矩定理可知,质点系的动量矩的变化完全取决于作用在质点系上的外力,而与质点系内各质点之间相互作用的内力无关。

如果作用于质点系上的外力对某定点或某定轴的主矩恒等于零,则质点系对该点或该轴的动量矩保持不变。这就是质点系的动量矩守恒定律。

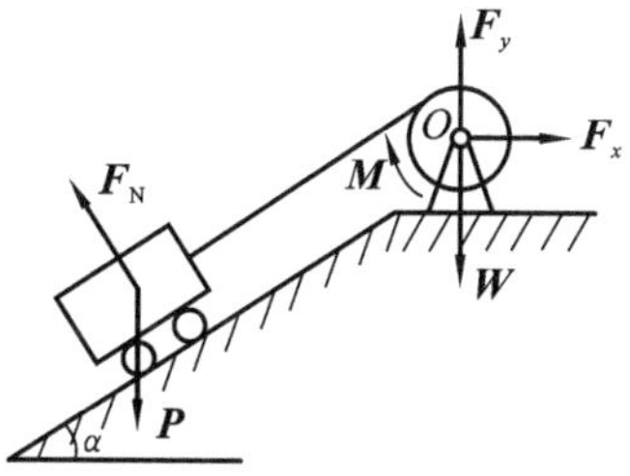

图 7-5

【例 7-1】 在如图 7-5 所示的斜面提升装置中,已知鼓轮的半径为 r,重量为 W,鼓轮对转轴的转动惯量为 I,作用在鼓轮上的力矩为 $\boldsymbol{M}$,斜面的倾斜角为 α,被提升的小车的重量为 P。假设绳的重量和各处的摩擦均忽略不计,求小车的加速度。

【解】 (1) 取小车与鼓轮组成的质点系为研究对象。

(2) 受力分析。小车与鼓轮的受力情况如图 7-5 所示。由于 $F_{\mathrm{N}} = P\cos\alpha$,$\boldsymbol{F}_{\mathrm{N}}$ 对 O 轴的矩等于重力 $\boldsymbol{P}$ 沿斜面法线方向的分力对 O 轴的矩,但两者方向相反,故可相互抵消。因此,作用在质点系上的外力对 O 轴的矩为

$$M_O^{(e)} = M - Pr\sin\alpha$$

(3) 运动分析,计算动量矩。设小车的速度为 v,鼓轮的角速度为 ω,则质点系对 O 轴的动量矩为

$$L_O = I\omega + \frac{P}{g}vr$$

(4) 根据动量矩定理可得

$$\frac{\mathrm{d}}{\mathrm{d}t}\left(I\omega + \frac{P}{g}vr\right) = M - Pr\sin\alpha$$

即

$$I\frac{\mathrm{d}\omega}{\mathrm{d}t} + \frac{Pr}{g}\cdot\frac{\mathrm{d}v}{\mathrm{d}t} = M - Pr\sin\alpha$$

因为 $\frac{\mathrm{d}\omega}{\mathrm{d}t} = \varepsilon$,$\frac{\mathrm{d}v}{\mathrm{d}t} = a$,其中 ε 为鼓轮的角加速度,a 为小车的加速度,且 $a = r\varepsilon$,所以

$$a = \frac{M - Pr\sin\alpha}{Ig + Pr^2}rg$$

【例 7-2】 质量 $m = 1$ kg 的小球以 $\omega_1 = 15$ rad/s 的角速度绕铅垂轴转动，该球用两根长度 $l = 0.6$ m 的不可伸长的绳连接在铅垂轴上，且 $\theta_1 = 30°$，如图 7-6 所示。若滑块 A 向上移动的距离为 0.15 m，求此球的角速度。

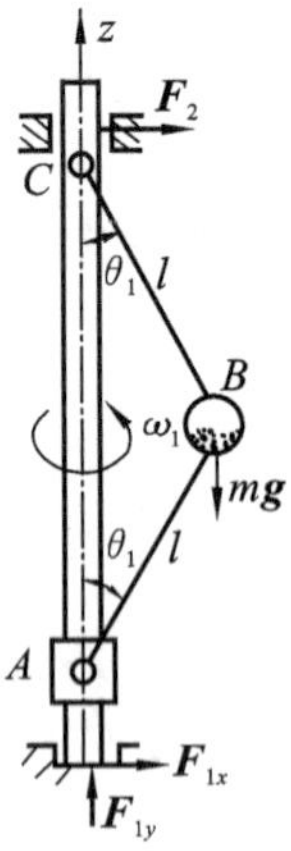

图 7-6

【解】 (1) 取系统为研究对象。

(2) 受力分析。系统的受力情况如图 7-6 所示。系统受到的外力有小球 B 的重力和铅垂轴的约束反力，这些力对 z 轴的矩都等于零，所以系统对铅垂轴的动量矩保持不变。

(3) 运动分析，计算动量矩。当 $\theta_1 = 30°$ 时，系统对 z 轴的动量矩为

$$L_{z1} = ml\sin\theta_1 \cdot \omega_1 \cdot l\sin\theta_1 = ml^2\omega_1\sin^2\theta_1$$

设滑块 A 向上移动 0.15 m 后，绳与轴的夹角为 θ_2，球的角速度为 ω_2，此时系统对 z 轴的动量矩为

$$L_{z2} = ml^2\omega_2\sin^2\theta_2$$

(4) 根据动量矩守恒定律可得

$$L_{z1} = L_{z2}$$

即

$$ml^2\omega_1\sin^2\theta_1 = ml^2\omega_2\sin^2\theta_2$$

解得

$$\omega_2 = \frac{\sin^2\theta_1}{\sin^2\theta_2}\omega_1$$

由几何条件可得

$$2l\cos\theta_1 - 2l\cos\theta_2 = 0.15$$

解得

$$\cos\theta_2 \approx 0.741$$

即

$$\sin^2\theta_2 = 1 - \cos^2\theta_2 \approx 0.451$$

故小球的角速度为

$$\omega_2 = \frac{\sin^2\theta_1}{\sin^2\theta_2}\omega_1 = \frac{\sin^2 30°}{0.451} \times 15 \text{ rad/s} \approx 8.31 \text{ rad/s}$$

【例 7-3】 重量为 P_1 和 P_2 的两个重物 M_1 和 M_2 分别系在两条绳上，两条绳又分别围绕在半径为 r_1 和 r_2 的塔轮上，如图 7-7 所示。若重物受重力作用而运动，求塔轮的角加速度。塔轮对 O 轴的转动惯量为 I，绳的质量忽略不计。

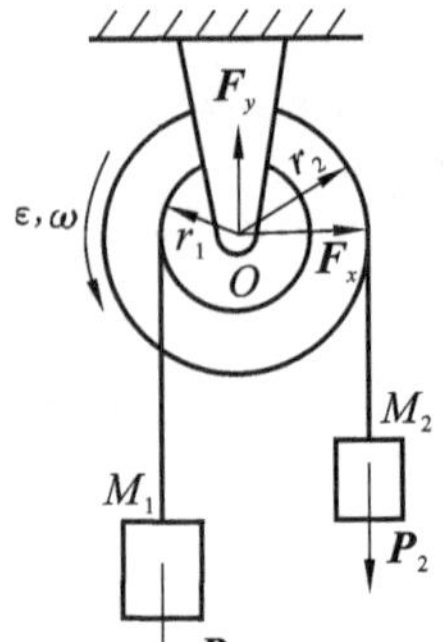

图 7-7

【解】 (1) 取重物 M_1、M_2 和塔轮组成的质点系为研究对象。

(2) 受力分析。质点系的受力情况如图 7-7 所示，故作用在质点系上的外力对 O 轴的矩为

$$M_O^{(e)} = P_1r_1 - P_2r_2$$

(3) 运动分析，计算动量矩。设塔轮的转动角速度为 ω，则重物 M_1 的速度为 $r_1\omega$，重物 M_2 的速度为 $r_2\omega$，故质点系对 O 轴的动量矩为

$$L_O = I\omega + \frac{P_1}{g}\omega r_1^2 + \frac{P_2}{g}\omega r_2^2 = \left(I + \frac{P_1}{g}r_1^2 + \frac{P_2}{g}r_2^2\right)\omega$$

(4) 根据动量矩定理可得

$$\left(I+\frac{P_1}{g}r_1^2+\frac{P_2}{g}r_2^2\right)\frac{\mathrm{d}\omega}{\mathrm{d}t}=P_1r_1-P_2r_2$$

由于塔轮的角加速度 $\varepsilon=\frac{\mathrm{d}\omega}{\mathrm{d}t}$,故

$$\omega=\frac{P_1r_1-P_2r_2}{Ig+r_1^2P_1+r_2^2P_2}g$$

7.3　刚体的转动惯量及其计算

前面我们给出了转动惯量的概念。刚体的转动惯量是刚体转动惯性的度量,它等于刚体内每一点的质量与其到转动轴的距离平方的乘积的总和,用公式表示为

$$I_z=\sum_{i=1}^{n}m_ir_i^2$$

对于刚体,上式可写成积分形式,即

$$I_z=\int r^2\,\mathrm{d}m \tag{7-15}$$

转动惯量的单位是千克二次方米($\mathrm{kg\cdot m^2}$)。

从上式可以看出,转动惯量的大小不但与质量的大小有关,还与质量的分布有关。为了计算方便,我们把这两个因子分开,从而把 I_z 写成

$$I_z=m\rho_z^2 \tag{7-16}$$

其中,ρ_z 为刚体对 z 轴的回转半径。式(7-16)表明:如果把刚体的质量集中于一点而使其具有原来的转动惯量,则该点到 z 轴的距离就是回转半径。

在机械工程手册中,列出了各种几何形体和几何形状已标准化的零件的回转半径。

可采用计算和实验的方法确定转动惯量。下面举例说明用公式计算转动惯量的方法。

1. 均质细杆

均质细杆如图 7-8 所示,设杆长为 l,杆的质量为 m,计算杆对 z 轴的转动惯量 I_z。在杆上取微元 $\mathrm{d}x$,则 $\mathrm{d}m=\frac{m}{l}\mathrm{d}x$,所以

$$I_z=\int x^2\,\mathrm{d}m=\int_0^l\frac{m}{l}x^2\,\mathrm{d}x=\frac{1}{3}ml^2$$

即

$$I_z=\frac{1}{3}ml^2 \tag{7-17}$$

2. 均质矩形薄板

均质矩形薄板如图 7-9 所示。

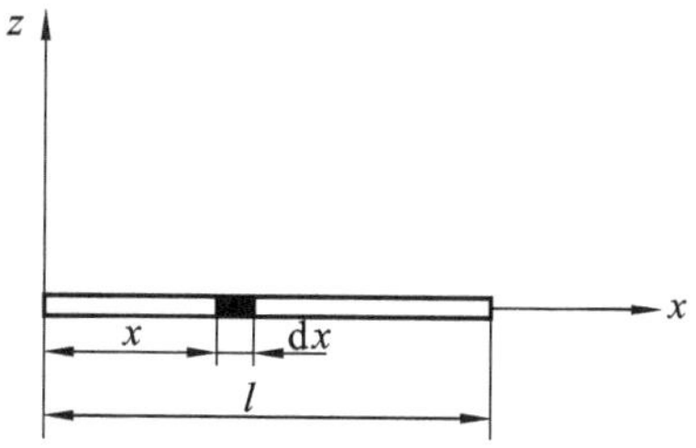

图 7-8

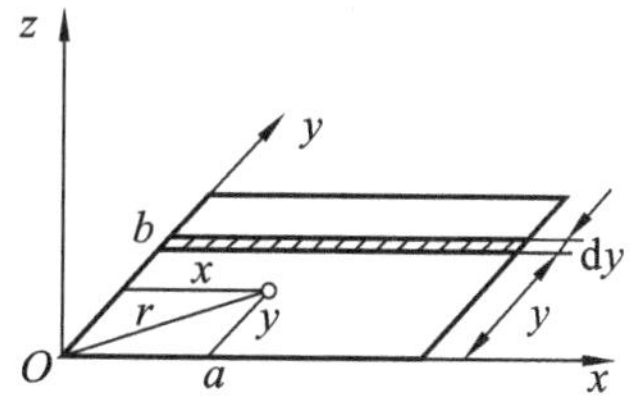

图 7-9

设板长为 a，板宽为 b，板的质量为 m，y 轴与板的一边重合，计算矩形薄板对 z 轴的转动惯量 I_z。在矩形薄板上取一细条，其宽为 $\mathrm{d}y$，则其质量 $\mathrm{d}m=\frac{m}{b}\mathrm{d}y$。因为该细条对 y 轴的转动惯量为 $\frac{1}{3}\left(\frac{m}{b}\mathrm{d}y\right)a^2$，所以矩形薄板对 y 轴的转动惯量为

$$I_y=\int_0^b \frac{m}{3b}a^2\mathrm{d}y=\frac{1}{3}ma^2 \tag{7-18}$$

同理可得

$$I_x=\frac{1}{3}mb^2 \tag{7-19}$$

矩形薄板对垂直于该板的 z 轴的转动惯量为

$$I_z=\int r^2\mathrm{d}m=\int(x^2+y^2)\mathrm{d}m=\int x^2\mathrm{d}m+\int y^2\mathrm{d}m$$

即

$$I_z=I_x+I_y$$

所以

$$I_z=\frac{1}{3}m(a^2+b^2) \tag{7-20}$$

3. 均质细圆环

先计算均质细圆环对中心轴 z 的转动惯量 I_z。均质细圆环如图 7-10 所示，设圆环的半径为 R，质量为 m。因为所有质量对 z 轴的距离均为 R，所以

$$I_z=mR^2 \tag{7-21}$$

因为圆环关于中心轴 z 对称，所以 $I_x=I_y$，而 $I_z=I_x+I_y$，则得

$$I_x=I_y=\frac{1}{2}I_z=\frac{1}{2}mR^2$$

4. 均质薄圆板

均质薄圆板如图 7-11 所示。

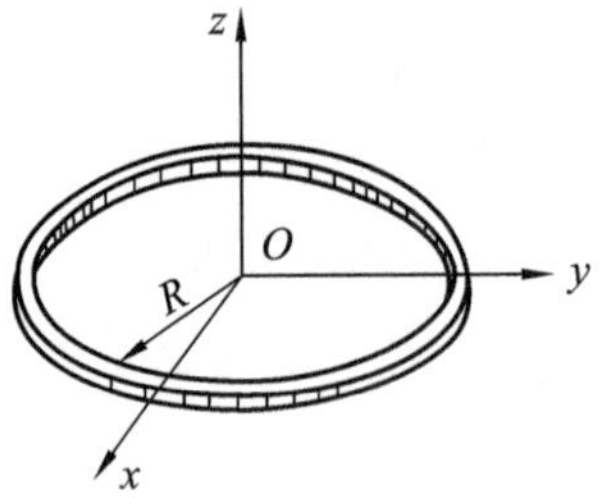

图 7-10

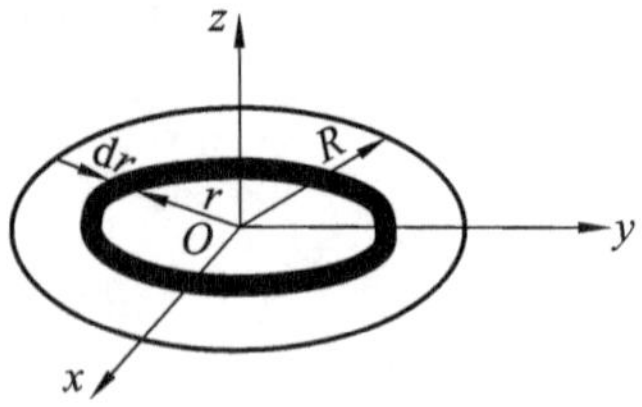

图 7-11

设圆板的半径为 R，质量为 M。将圆板分为无数个同心细圆环，任一圆环的半径为 r，宽度为 $\mathrm{d}r$，则圆环的质量 $\mathrm{d}M=\frac{2Mr}{R^2}\mathrm{d}r$。故圆板对中心轴 z 的转动惯量为

$$I_z=\int r^2\mathrm{d}M=\int_0^R \frac{2Mr^3}{R^2}\mathrm{d}r=\frac{1}{2}MR^2$$

即

$$I_z=\frac{1}{2}MR^2 \tag{7-22}$$

因为圆板关于中心轴 z 对称，所以有 $I_x = I_y$，而 $I_z = I_x + I_y$（参看均质矩形薄板），则圆板对过直径的 x 轴和 y 轴的转动惯量为

$$I_x = I_y = \frac{1}{2}I_z = \frac{1}{4}MR^2 \tag{7-23}$$

由式(7-16)得

$$\rho_z = \sqrt{\frac{I_z}{M}} \tag{7-24}$$

所以上述几种几何体对 z 轴的回转半径为：

(1) 均质细杆 $\rho_z = \frac{\sqrt{3}}{3}l = 0.577l$

(2) 均质矩形薄板 $\rho_z = \frac{\sqrt{3}}{3}\sqrt{a^2+b^2} = 0.577\sqrt{a^2+b^2}$

(3) 均质细圆环 $\rho_z = R$

(4) 均质薄圆板 $\rho_z = \frac{\sqrt{2}}{2}R = 0.707R$

表 7-1 给出了一些常见的几何形状简单的均质刚体的转动惯量和回转半径。

表 7-1　常见的几何形状简单的均质刚体的转动惯量和回转半径

刚体形状	简图	转动惯量	回转半径
细直杆	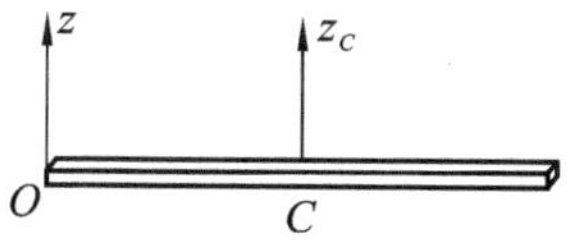	$I_{zC} = \frac{M}{12}l^2$ $I_z = \frac{M}{3}l^2$	$\rho_{zC} = \frac{l}{2\sqrt{3}} = 0.289l$ $\rho_z = \frac{l}{\sqrt{3}} = 0.577l$
薄壁圆筒	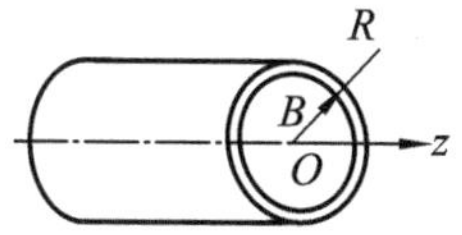	$I_z = MR^2$	$\rho_z = R$
圆柱	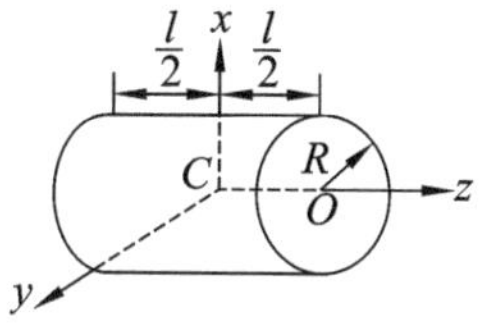	$I_z = \frac{1}{2}MR^2$ $I_x = I_y = \frac{M}{12}(3R^2 + l^2)$	$\rho_z = \frac{R}{\sqrt{2}} = 0.707R$ $\rho_x = \rho_y = \sqrt{\frac{1}{12}(3R^2 + l^2)}$
空心圆柱	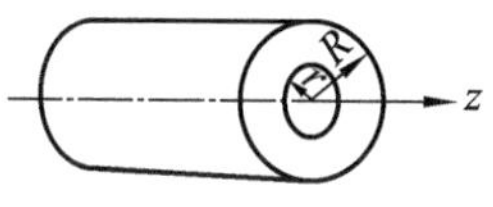	$I_z = \frac{M}{2}(R^2 + r^2)$	$\rho_z = \sqrt{\frac{1}{2}(R^2 + r^2)}$
半圆柱	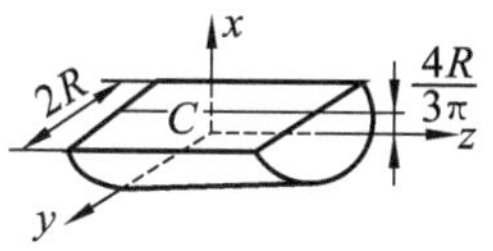	$I_z = \left(\frac{9\pi^2 - 32}{18\pi^2}\right)MR^2$ $I_y = \left(\frac{9\pi^2 - 64}{36\pi^2}\right)MR^2 + \frac{M}{12}l^2$ $I_x = \frac{M}{12}(3R^2 + l^2)$	$\rho_z = \sqrt{\frac{9\pi^2 - 32}{18\pi^2}}R$ $\rho_y = \sqrt{\frac{9\pi^2 - 64}{36\pi^2}R^2 + \frac{l^2}{12}}$ $\rho_x = \sqrt{\frac{1}{12}(3R^2 + l^2)}$

续表

刚体形状	简图	转动惯量	回转半径
薄壁空心球	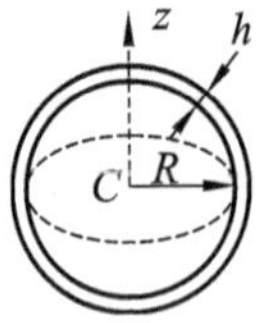	$I_z=\frac{2}{3}MR^2$	$\rho_z=\sqrt{\frac{2}{3}}R=0.816R$
实心球	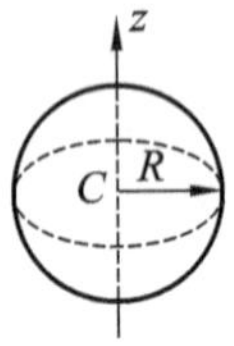	$I_z=\frac{2}{5}MR^2$	$\rho_z=\sqrt{\frac{2}{5}}R=0.632R$
实心半球	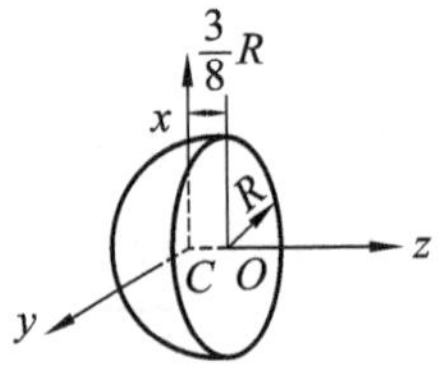	$I_z=\frac{2}{5}MR^2$ $I_x=I_y=\frac{83}{320}MR^2$	$\rho_z=\sqrt{\frac{2}{5}}R=0.623R$ $\rho_x=\rho_y=0.509R$
圆环	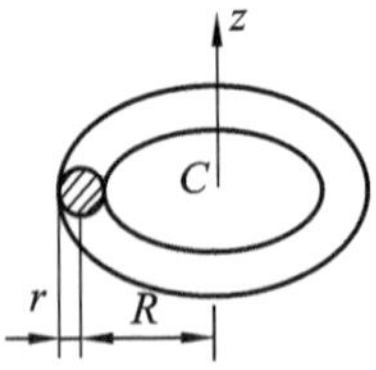	$I_z=M\left(R^2+\frac{3}{4}r^2\right)$	$\rho_z=\sqrt{R^2+\frac{3}{4}r^2}$
椭圆形薄板	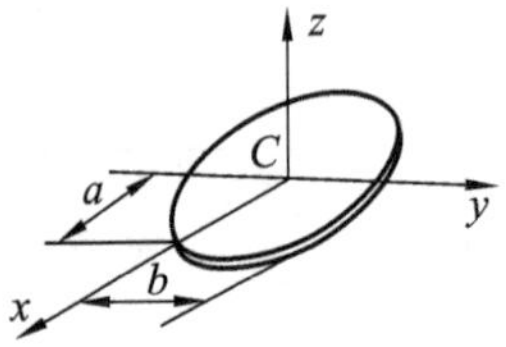	$I_z=\frac{M}{4}(a^2+b^2)$ $I_y=\frac{M}{4}a^2$ $I_x=\frac{M}{4}b^2$	$\rho_z=\frac{1}{2}\sqrt{a^2+b^2}$ $\rho_y=\frac{a}{2}$ $\rho_x=\frac{b}{2}$
矩形薄板	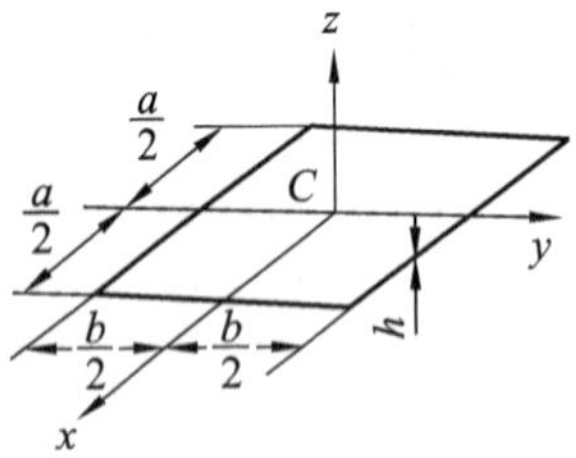	$I_z=\frac{M}{12}(a^2+b^2)$ $I_y=\frac{M}{12}a^2$ $I_x=\frac{M}{12}b^2$	$\rho_z=\sqrt{\frac{1}{12}(a^2+b^2)}$ $\rho_y=0.289a$ $\rho_x=0.289b$
立方体	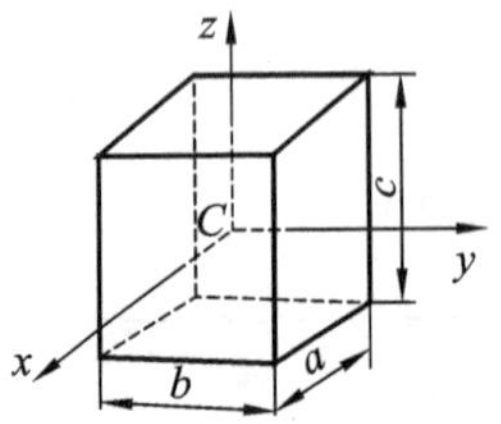	$I_z=\frac{M}{12}(a^2+b^2)$ $I_y=\frac{M}{12}(a^2+c^2)$ $I_x=\frac{M}{12}(b^2+c^2)$	$\rho_z=\sqrt{\frac{1}{12}(a^2+b^2)}$ $\rho_y=\sqrt{\frac{1}{12}(a^2+c^2)}$ $\rho_x=\sqrt{\frac{1}{12}(b^2+c^2)}$

在转动惯量的计算中，经常会用到下面的平行轴定理。

平行轴定理：刚体对任一轴的转动惯量等于刚体对通过其质心并与该轴平行的轴的转动惯量，加上刚体的质量与两轴间的距离平方的乘积。

证明：已知 z 轴与 z_1 轴平行，z 轴通过刚体的质心 C，两轴的距离为 d，刚体对 z 轴的转动惯量为 I_{zC}，对 z_1 轴的转动惯量为 I_{z_1}。取 x、y 轴及 x_1、y_1 轴如图 7-12 所示。

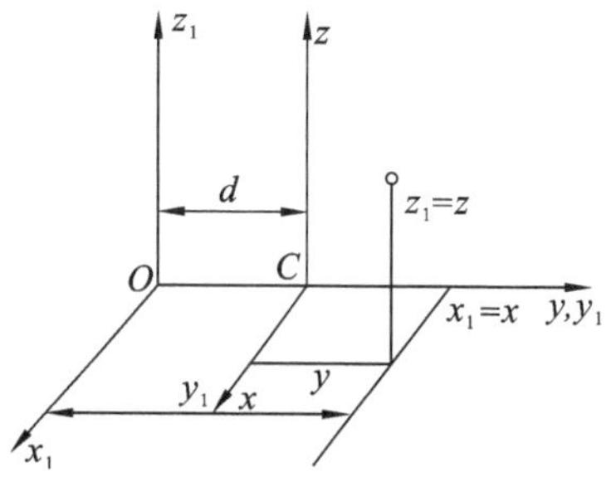

图 7-12

刚体内任意一点 M 在两个坐标系中的坐标之间的关系为

$$x_1 = x, y_1 = y + d, z_1 = z$$

则

$$\begin{aligned} I_{z_1} &= \sum m r_1^2 = \sum m(x_1^2 + y_1^2) \\ &= \sum m[x^2 + (y+d)^2] \\ &= \sum m(x^2 + y^2 + 2dy + d^2) \\ &= \sum m(x^2 + y^2) + 2d\sum my + d^2\sum m \\ &= \sum mr^2 + 2d\sum my + d^2\sum m \end{aligned}$$

上式中，$\sum mr^2 = I_{zC}$，$\sum m = M$，$\sum my = My_C$。因为 z 轴通过质心 C，则 $y_C = 0$，所以 $\sum my = 0$。由此可得

$$I_{z_1} = I_{zC} + Md^2 \tag{7-25}$$

由平行轴定理可以看出，刚体对通过质心的轴的转动惯量最小。如果我们已经知道了刚体对某一轴的转动惯量，根据平行轴定理很容易求出刚体对与该轴平行的轴的转动惯量。

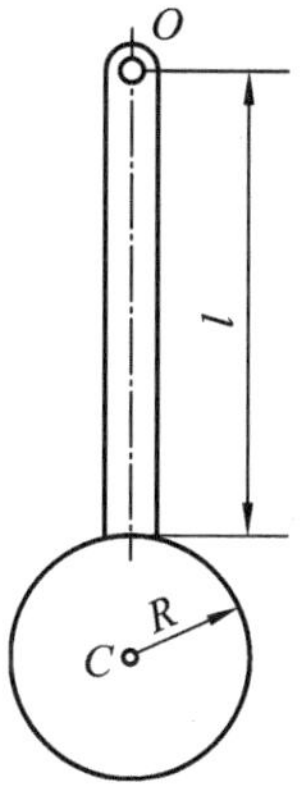

图 7-13

【例 7-4】 如图 7-13 所示为一钟表的摆，该摆由杆和圆盘组成。杆的长度为 l，质量为 m_1，圆盘的半径为 R，质量为 m_2。若将杆和圆盘均视为均质，求摆对水平轴 O 的转动惯量。

【解】 设杆与圆盘对 O 轴的转动惯量分别为 I_{O1} 和 I_{O2}，则摆对 O 轴的转动惯量为

$$I_O = I_{O1} + I_{O2}$$

已知 $I_{O1} = \frac{1}{3}m_1 l^2$，圆盘对质心 C 的转动惯量 $I_C = \frac{1}{2}m_2 R^2$，由平行轴定理可得

$$\begin{aligned} I_{O2} &= I_C + m_2\ (l+R)^2 \\ &= \frac{1}{2}m_2 R^2 + m_2\ (l+R)^2 \\ &= m_2\left(\frac{3}{2}R^2 + l^2 + 2lR\right) \end{aligned}$$

所以

$$I_O = \frac{1}{3}m_1 l^2 + m_2\left(\frac{3}{2}R^2 + l^2 + 2lR\right)$$

在转动惯量的计算中，我们经常会遇到刚体是由若干个几何形状简单的刚体所组成的问题，此时可以采用组合法计算刚体的转动惯量，即先分别计算每一部分刚体的转动惯量，然后再求和。如果刚体有空心部分，可以把此部分的质量作为负值计算。

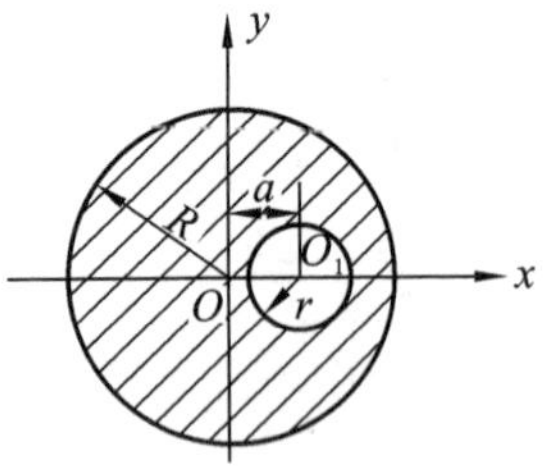

图 7-14

【例 7-5】 一均质圆盘的半径为 R，在距离圆心 a 处钻有一半径为 r 的圆孔，如图 7-14 所示，求开孔圆盘对 y 轴的转动惯量。设圆盘单位面积质量为 ρ。

【解】 设圆盘没钻孔时对 y 轴的转动惯量为 I_{y1}，圆孔对 y 轴的转动惯量为 I_{y2}，此圆孔的质量取为负值，则开孔圆盘对 y 轴的转动惯量为

$$I_y = I_{y1} + I_{y2}$$

其中，$I_{y1} = \frac{1}{4}\pi\rho R^4$，$I_{y2} = -\frac{1}{4}\pi\rho r^4 - \pi\rho r^2 a^2$，所以

$$I_y = \frac{\pi}{4}\rho(R^4 - r^4) - \pi\rho r^2 a^2$$

7.4 刚体绕定轴转动的微分方程

本节我们应用动量矩定理来推导刚体绕定轴转动时的动力学微分方程。

设刚体在主动力 $\boldsymbol{F}_1, \boldsymbol{F}_2, \cdots, \boldsymbol{F}_n$ 的作用下绕固定轴 z 转动，如图 7-15 所示。刚体对 z 轴的转动惯量为 I_z，刚体的转动角速度为 ω，则刚体对 z 轴的动量矩为

$$L_z = I_z\omega$$

由于轴承的约束反力 $\boldsymbol{F}_{N1}$ 和 $\boldsymbol{F}_{N2}$ 对 z 轴的力矩等于零，根据刚体对 z 轴的动量矩定理，则有

$$\frac{\mathrm{d}}{\mathrm{d}t}(I_z\omega) = \sum_{i=1}^{n} M_z(\boldsymbol{F}_i)$$

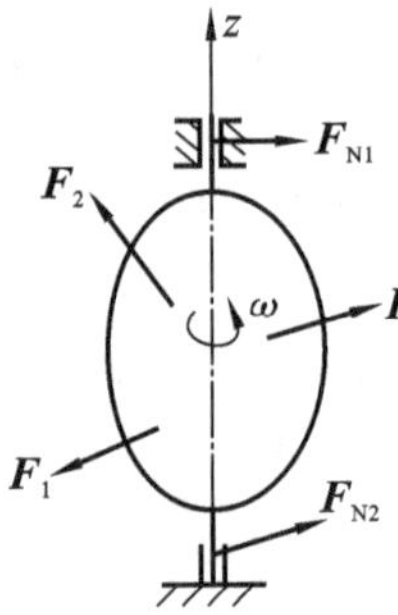

图 7-15

即

$$I_z \frac{\mathrm{d}\omega}{\mathrm{d}t} = \sum_{i=1}^{n} M_z(\boldsymbol{F}_i) \tag{7-26}$$

或

$$I_z\varepsilon = \sum_{i=1}^{n} M_z(\boldsymbol{F}_i) \tag{7-27}$$

上式也可写成

$$I_z \frac{\mathrm{d}^2\varphi}{\mathrm{d}t^2} = \sum_{i=1}^{n} M_z(\boldsymbol{F}_i) \tag{7-28}$$

上式就是刚体绕定轴转动的微分方程。

【例 7-6】 如图 7-16 所示为一绕固定的水平轴 O 转动的复摆（物理摆），求该复摆的运动微分方程。设 O 点到重心 C 的距离为 a。

【解】 (1) 取复摆为研究对象。

(2) 受力分析。复摆的受力情况如图 7-16 所示，则复摆对 O 轴的矩为

$$M_O = -Pa\sin\varphi$$

其中，φ 表示复摆在摆动过程中的任意位置时的摆角，P 为复摆的重量。

(3) 根据刚体绕定轴转动的微分方程有

$$I_O \frac{d^2\varphi}{dt^2} = - Pa\sin\varphi$$

式中，I_O 是复摆对水平轴的转动惯量。上式又可写成

$$\frac{d^2\varphi}{dt^2} + \frac{Pa}{I_O}\sin\varphi = 0$$

当复摆作微小摆动时，有 $\sin\varphi \approx \varphi$，则

$$\frac{d^2\varphi}{dt^2} + \frac{Pa}{I_O}\varphi = 0$$

上式就是复摆作微小摆动时的运动微分方程。由此方程可得出复摆作微小摆动时的周期为

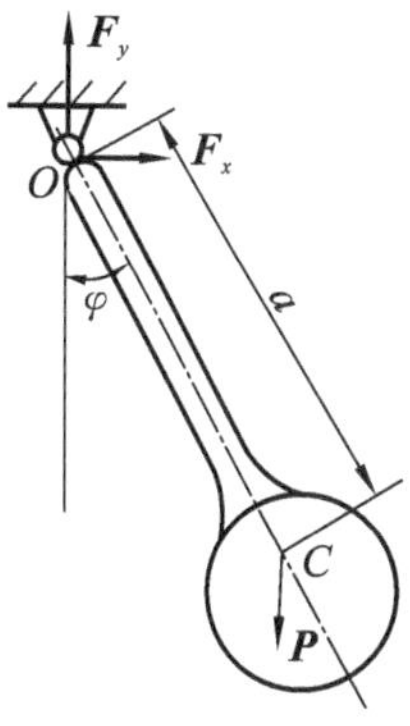

图 7-16

$$T = \frac{2\pi}{\sqrt{\frac{Pa}{I_O}}} = 2\pi\sqrt{\frac{I_O}{Pa}}$$

在工程实际中，经常通过测定零件的摆动周期，然后利用上式计算零件的转动惯量。

【例 7-7】 如图 7-17(a) 所示，飞轮的质量为 M，半径为 R，回转半径为 ρ，转动的角速度为 ω，闸块与飞轮之间的动摩擦系数为 f。若飞轮在制动后转了 n 圈停止，求作用在制动杆上的力 $\boldsymbol{F}$ 的大小。

【解】 (1) 先以飞轮为研究对象。

(2) 飞轮的受力情况如图 7-17(b) 所示，其中 $\boldsymbol{F}_N$ 为正压力，$\boldsymbol{F}_f$ 为摩擦力。

(3) 根据刚体的转动微分方程可得

$$M\rho^2 \frac{d\omega}{dt} = - F_f R = - fF_N R$$

即

$$\frac{d\omega}{dt} = -\frac{fF_N R}{M\rho^2}$$

将上式换元并积分，得

$$\int_\omega^0 \omega\, d\omega = -\int_0^{2\pi n} \frac{fF_N R}{M\rho^2} d\varphi$$

解得

$$F_N = \frac{\rho^2\omega^2 M}{4\pi nfR}$$

(4) 考虑制动杆的平衡，其受力情况如图 7-17(c) 所示，则有

$$\sum M_A(\boldsymbol{F}) = 0$$

即

$$F_N b - Fl = 0$$

解得

$$F = \frac{b}{l}F_N$$

所以

$$F = \frac{bM\rho^2\omega^2}{4\pi nflR}$$

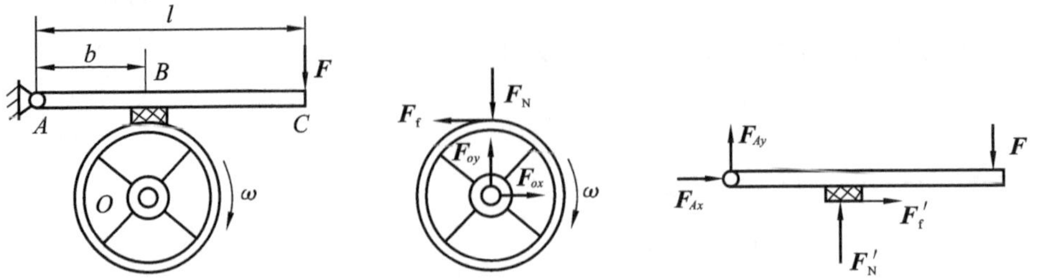

(a) (b) (c)

图 7-17

【例 7-8】 如图 7-18(a) 所示，电绞车提升一重量为 P 的物体，在电绞车的主动轴上作用有一不变的力矩 $\boldsymbol{M}$。已知主动轴和从动轴以及连同安装在两轴上的齿轮及齿轮的附属零件的转动惯量分别为 I_1 和 I_2，两轴的传动比为 $z_2 : z_1 = i$，吊索缠绕在鼓轮上，鼓轮的半径为 R。设轴承的摩擦和吊索的质量均忽略不计，求重物的加速度。

【解】 (1) 分别取主动轴、从动轴和重物为研究对象。

(2) 受力分析。主动轴、从动轴和重物的受力情况如图 7-18(b)、图 7-18(c) 所示。

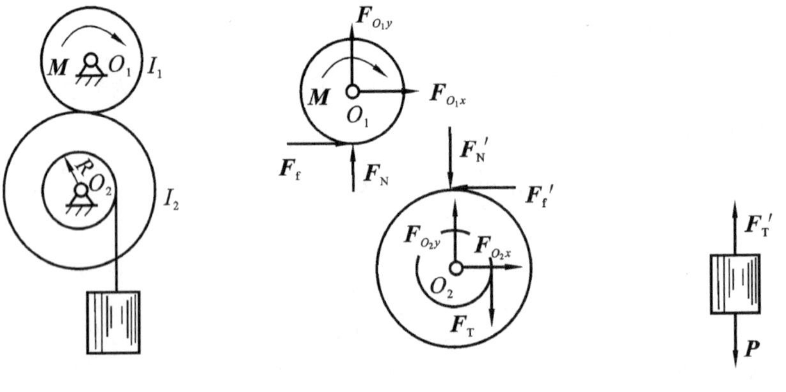

(a) (b) (c)

图 7-18

(3) 运动分析。设主动轴和从动轴的角加速度分别为 ε_1 和 ε_2，重物的加速度为 $\boldsymbol{a}$，由 $z_2 : z_1 = i$ 可得

$$\frac{z_2}{z_1} = \frac{R_2}{R_1} = \frac{\varepsilon_1}{\varepsilon_2} = i \tag{1}$$

式中，R_1 和 R_2 分别为两个齿轮的啮合圆半径。

(4) 根据刚体的转动微分方程和重物的运动方程可得

$$I_1\varepsilon_1 = M - F_f R_1 \tag{2}$$

$$I_2\varepsilon_2 = F_f R_2 - F_T R \tag{3}$$

$$\frac{P}{g}a = F_T - P \tag{4}$$

$$a = R\varepsilon_2 \tag{5}$$

联立式(1) 至式(5),解得

$$a=\frac{(iM-PR)R}{\frac{P}{g}R^2+I_1i^2+I_2}$$

7.5 质点系相对于质心的动量矩定理

在应用前面推导的动量矩定理时,要求动量矩必须是对惯性参考系中的固定点或固定轴的矩,而且要求所有的速度也必须是惯性参考系中的绝对速度。这一要求在实际应用中有时很不方便。在运动学中,质点系的运动可分解为随质心的平动和相对于质心的转动。现在我们来建立描述质点系相对质心转动的规律的动量矩定理。

设质点系由 n 个质点组成,其质心为 C,坐标系 $Oxyz$ 是惯性坐标系,坐标系 $Cx'y'z'$ 是以质心 C 为原点,并随质心作平动的动坐标系,如图 7-19 所示。

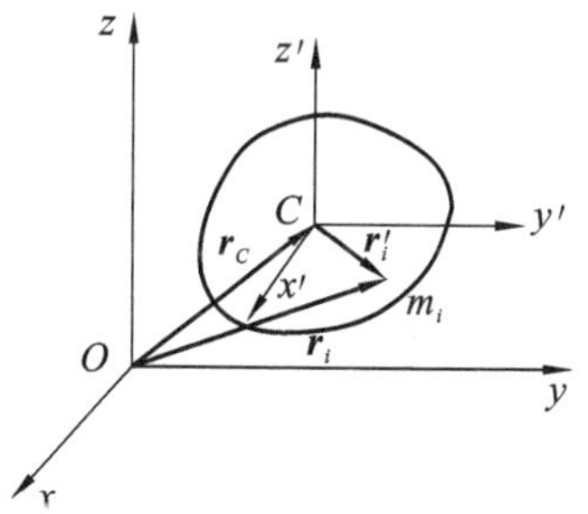

图 7-19

在坐标系 $Oxyz$ 中,质点系对点 O 的动量矩为

$$\boldsymbol{L}_O=\sum_{i=1}^{n}\boldsymbol{M}_O(m_i\boldsymbol{v}_{ai})=\sum_{i=1}^{n}\boldsymbol{r}_i\times m_i\boldsymbol{v}_{ai} \tag{7-29}$$

在坐标系 $Cx'y'z'$ 中,质点系对质心 C 的动量矩为

$$\boldsymbol{L}_C=\sum_{i=1}^{n}\boldsymbol{M}_C(m_i\boldsymbol{v}_{ri})=\sum_{i=1}^{n}\boldsymbol{r}_i'\times m_i\boldsymbol{v}_{ri} \tag{7-30}$$

由图 7-19 可知

$$\boldsymbol{r}_i=\boldsymbol{r}_C+\boldsymbol{r}_i'$$

根据点的速度合成定理可得

$$\boldsymbol{v}_{ai}=\boldsymbol{v}_C+\boldsymbol{v}_{ri}$$

将上述两式代入式(7-29) 中,可得

$$\begin{aligned}\boldsymbol{L}_O&=\sum_{i=1}^{n}(\boldsymbol{r}_C+\boldsymbol{r}_i')\times m_i(\boldsymbol{v}_C+\boldsymbol{v}_{ri})\\&=\sum_{i=1}^{n}m_i\boldsymbol{r}_C\times\boldsymbol{v}_C+\sum_{i=1}^{n}m_i\boldsymbol{r}_C\times\boldsymbol{v}_{ri}+\sum_{i=1}^{n}\boldsymbol{r}_i'\times m_i\boldsymbol{v}_C+\sum_{i=1}^{n}\boldsymbol{r}_i'\times m_i\boldsymbol{v}_{ri}\\&=\boldsymbol{r}_C\times m\boldsymbol{v}_C+\boldsymbol{r}_C\times\sum_{i=1}^{n}m_i\boldsymbol{v}_{ri}+\Big(\sum_{i=1}^{n}m_i\boldsymbol{r}_i'\Big)\times\boldsymbol{v}_C+\boldsymbol{L}_C\end{aligned}$$

由于 $\sum_{i=1}^{n}m_i\boldsymbol{v}_{ri}=m\boldsymbol{v}_{ri}=0$,$\sum_{i=1}^{n}m_i\boldsymbol{r}_i'=m\boldsymbol{r}_C'=0$,所以

$$\boldsymbol{L}_O=\boldsymbol{r}_C\times m\boldsymbol{v}_C+\boldsymbol{L}_C \tag{7-31}$$

上式说明:质点系对任意一固定点的动量矩,等于质点系对质心的动量矩与质量集中在质心时对固定点的动量矩的代数和。

根据质点系的动量矩定理可得

$$\frac{\mathrm{d}}{\mathrm{d}t}(\boldsymbol{r}_C\times m\boldsymbol{v}_C+\boldsymbol{L}_C)=\sum_{i=1}^{n}\boldsymbol{r}_i\times\boldsymbol{F}_i^{(e)}$$

将 $\boldsymbol{r}_i=\boldsymbol{r}_C+\boldsymbol{r}_i'$代入上式并展开,得

$$\frac{\mathrm{d}\boldsymbol{r}_C}{\mathrm{d}t}\times m\boldsymbol{v}_C+\boldsymbol{r}_C\times\frac{\mathrm{d}}{\mathrm{d}t}(m\boldsymbol{v}_C)+\frac{\mathrm{d}\boldsymbol{L}_C}{\mathrm{d}t}=\sum_{i=1}^{n}\boldsymbol{r}_C\times\boldsymbol{F}_i^{(\mathrm{e})}+\sum_{i=1}^{n}\boldsymbol{r}'_i\times\boldsymbol{F}_i^{(\mathrm{e})}$$

上式中，$\frac{\mathrm{d}\boldsymbol{r}_C}{\mathrm{d}t}\times m\boldsymbol{v}_C=\boldsymbol{v}_C\times m\boldsymbol{v}_C=0$

由质心运动定理可得

$$\frac{\mathrm{d}(m\boldsymbol{v}_C)}{\mathrm{d}t}=\sum_{i=1}^{n}\boldsymbol{F}_i^{(\mathrm{e})}$$

故

$$\frac{\mathrm{d}\boldsymbol{L}_C}{\mathrm{d}t}=\sum_{i=1}^{n}\boldsymbol{r}'_i\times\boldsymbol{F}_i^{(\mathrm{e})} \tag{7-32}$$

上式右端就是外力对质心的主矩，于是

$$\frac{\mathrm{d}\boldsymbol{L}_C}{\mathrm{d}t}=\sum_{i=1}^{n}\boldsymbol{M}_C(\boldsymbol{F}_i^{(\mathrm{e})}) \tag{7-33}$$

上式就是质点系相对于质心的动量矩定理，即质点系对质心的动量矩对时间的导数，等于作用于质点系上的外力对质心的主矩。

将式(7-33)投影到直角坐标轴上，可得

$$\begin{cases}\dfrac{\mathrm{d}L_x}{\mathrm{d}t}=\sum\limits_{i=1}^{n}M_x(\boldsymbol{F}_i^{(\mathrm{e})})\\ \dfrac{\mathrm{d}L_y}{\mathrm{d}t}=\sum\limits_{i=1}^{n}M_y(\boldsymbol{F}_i^{(\mathrm{e})})\\ \dfrac{\mathrm{d}L_z}{\mathrm{d}t}=\sum\limits_{i=1}^{n}M_z(\boldsymbol{F}_i^{(\mathrm{e})})\end{cases} \tag{7-34}$$

7.6 刚体平面运动微分方程

应用质心运动定理及质点系相对于质心的动量矩定理，可建立刚体平面运动微分方程，研究刚体平面运动的动力学问题。

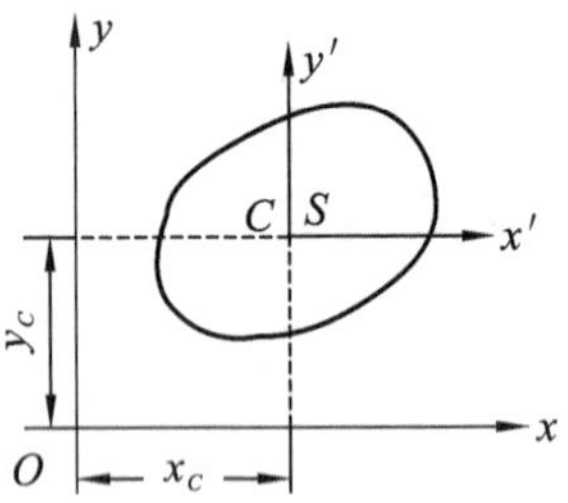

图 7-20

设图 7-20 所示的平面 S 为通过刚体质心的对称平面，刚体受到平面力系 $\boldsymbol{F}_1^{(\mathrm{e})},\boldsymbol{F}_2^{(\mathrm{e})},\cdots,\boldsymbol{F}_n^{(\mathrm{e})}$ 的作用而在该平面内运动。

取质心 C 作为基点，将刚体的平面运动分解为随质心的平动和绕质心的转动。现用 x_C、y_C 及 φ 描述这两部分的运动，则可通过质心运动定理确定刚体随质心平动的运动规律，通过质点系相对于质心的动量矩定理，确定刚体绕通过质心的 z' 轴转动的运动规律，即

$$\begin{cases}m\boldsymbol{a}_C=\sum\limits_{i=1}^{n}\boldsymbol{F}_i^{(\mathrm{e})}\\ \dfrac{\mathrm{d}\boldsymbol{L}_{z'}}{\mathrm{d}t}=\sum\limits_{i=1}^{n}\boldsymbol{M}_{z'}(\boldsymbol{F}_i^{(\mathrm{e})})\end{cases} \tag{7-35}$$

设刚体对通过质心的 z' 轴的转动惯量为 I_C，则 $L_{z'}=I_C\omega$，且 $\omega=\frac{\mathrm{d}\varphi}{\mathrm{d}t}$；刚体质心的加速度为 $\boldsymbol{a}_C$，其在 x、y 轴上的投影可表示为

$$a_{Cx}=\frac{\mathrm{d}^2x_C}{\mathrm{d}t^2},\quad a_{Cy}=\frac{\mathrm{d}^2y_C}{\mathrm{d}t^2}$$

将上述两式代入式(7-35)中，可得

$$
\begin{cases}
m\dfrac{\mathrm{d}^2 x_C}{\mathrm{d}t^2} = \sum\limits_{i=1}^{n} F_{ix}^{(\mathrm{e})} \\
m\dfrac{\mathrm{d}^2 y_C}{\mathrm{d}t^2} = \sum\limits_{i=1}^{n} F_{iy}^{(\mathrm{e})} \\
I_C\dfrac{\mathrm{d}^2 \varphi}{\mathrm{d}t^2} = \sum\limits_{i=1}^{n} M_C(\boldsymbol{F}_i^{(\mathrm{e})})
\end{cases}
\tag{7-36}
$$

上式就是刚体平面运动微分方程。应用该方程可以求解刚体平面运动的两类动力学问题，即：已知运动，求力；已知力，求运动。下面举例说明其应用。

【例 7-9】 一半径为 R、质量为 m 的均质圆柱，在重力 $\boldsymbol{P}$ 的作用下沿斜面 AB 向下运动，如图 7-21 所示。已知圆柱与斜面 AB 间的滑动摩擦系数为 f，圆柱对质心 O 的回转半径为 ρ，试求：(1) 圆柱所受的摩擦力；(2) 圆柱作纯滚动的条件和此时质心 O 的加速度。

【解】 (1) 取圆柱为研究对象。

(2) 受力分析。圆柱所受的力有重力 $\boldsymbol{P}$，摩擦力 $\boldsymbol{F}_\mathrm{f}$、斜面的正压力 $\boldsymbol{F}_\mathrm{N}$，如图 7-21 所示。

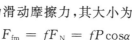

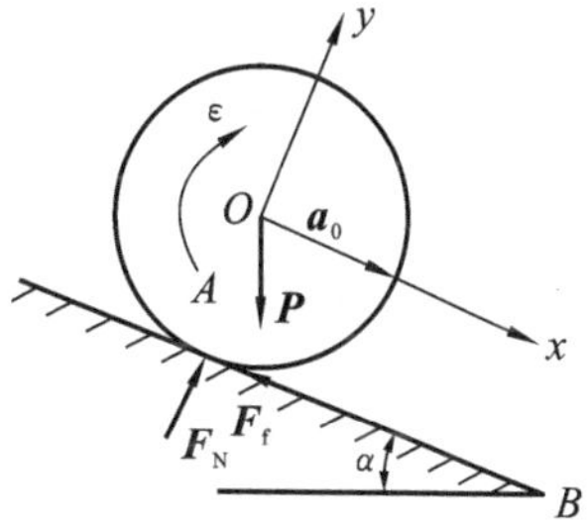

图 7-21

(3) 运动分析。设圆柱质心 O 的加速度为 $\boldsymbol{a}_0$，圆柱绕质心 O 转动的角加速度为 ε。圆柱作纯滚动时，有 $a_0 = R\varepsilon$。

(4) 应用刚体平面运动微分方程求解。此时分两种情况讨论。

(a) 如果接触面不足够粗糙，则圆柱在斜面上将连滚带滑地运动。此时，圆柱所受的摩擦力为滑动摩擦力，其大小为

$$F_\mathrm{fm} = fF_\mathrm{N} = fP\cos\alpha$$

(b) 如果接触面足够粗糙，此时圆柱在斜面上作纯滚动。坐标选取如图 7—21 所示，根据刚体平面运动微分方程可得

$$ma_0 = P\sin\alpha - F_\mathrm{f} \tag{1}$$

$$0 = F_\mathrm{N} - P\cos\alpha \tag{2}$$

$$I_C\varepsilon = F_\mathrm{f}R \tag{3}$$

其中，$I_C = m\rho^2$，$a_0 = R\varepsilon$。

由式(1) 和式(3) 可得

$$m\rho^2\frac{a_0}{R} = (P\sin\alpha - ma_0)R$$

解得

$$a_0 = \frac{PR^2\sin\alpha}{m(\rho^2 + R^2)} \tag{4}$$

将式(4) 代入式(1) 中，可得

$$F_\mathrm{f} = \frac{\rho^2 P}{R^2 + \rho^2}\sin\alpha \tag{5}$$

圆柱作纯滚动的条件为

$$F_\mathrm{f} \leqslant fF_\mathrm{N}$$

即

$$\frac{\rho^2 P}{R^2 + \rho^2}\sin\alpha \leqslant fP\cos\alpha$$

则

$$\tan\alpha \leqslant \frac{\rho^2 + R^2}{\rho^2} f \tag{6}$$

式(6) 就是圆柱作纯滚动的条件，式(5) 和式(4) 分别是圆柱作纯滚动时所受的摩擦力和质心的加速度。

【例 7-10】 如图 7-22(a) 所示，一长度为 $2l$ 的均质杆 AB 放在铅垂平面内，杆的一端 B 靠在光滑的铅垂墙上，另一端放在光滑的水平地面上，并与水平面成 φ_0 角，此后令杆由静止倒下。求：(1) 杆在任意位置时的角加速度和角速度；(2) 当杆脱离墙时，杆与水平面的夹角。

【解】 (1) 取杆 AB 为研究对象。

(2) 受力分析。杆 AB 所受的力有重力 $m\boldsymbol{g}$、墙和地面的正压力 $\boldsymbol{F}_B$ 和 $\boldsymbol{F}_A$，如图 7-22(a) 所示。故外力对质心 C 的矩为

$$M_C = F_A l\cos\varphi - F_B l\sin\varphi \tag{1}$$

其中，φ 为杆在任意位置时与水平面的夹角。

(3) 运动分析。设杆 AB 的角速度为 ω，角加速度为 ε。下面用求平面图形上任意一点的加速度的方法来求质心 C 的加速度分量 a_{Cx}、a_{Cy}。如图 7-22(b) 所示，取质心 C 为基点，则 A、B 点的加速度分别为

$$\boldsymbol{a}_A = \boldsymbol{a}_C + \boldsymbol{a}_{AC}^n + \boldsymbol{a}_{AC}^\tau \tag{2}$$

$$\boldsymbol{a}_B = \boldsymbol{a}_C + \boldsymbol{a}_{BC}^n + \boldsymbol{a}_{BC}^\tau \tag{3}$$

分别将式(2) 和式(3) 投影到 y 轴和 x 轴上，得

$$0 = a_{Cy} + \omega^2 l\sin\varphi + \varepsilon l\cos\varphi$$

$$0 = a_{Cx} + \omega^2 l\cos\varphi - \varepsilon l\sin\varphi$$

即

$$a_{Cx} = -\omega^2 l\cos\varphi + \varepsilon l\sin\varphi \tag{4}$$

$$a_{Cy} = -\omega^2 l\sin\varphi - \varepsilon l\cos\varphi \tag{5}$$

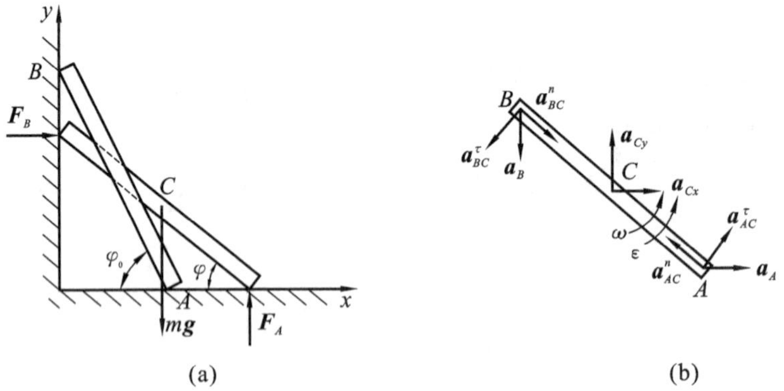

图 7-22

(4) 根据刚体平面运动微分方程，可得

$$ma_{Cx} = F_B \tag{6}$$

$$ma_{Cy} = F_A - mg \tag{7}$$

$$I_C\varepsilon = F_A l\cos\varphi - F_B l\sin\varphi \tag{8}$$

将式(4)、式(5) 分别代入式(6)、式(7) 中,得

$$F_B = m(-\omega^2 l\cos\varphi + \varepsilon l\sin\varphi) \tag{9}$$

$$F_A = mg - m(\omega^2 l\sin\varphi + \varepsilon l\cos\varphi) \tag{10}$$

将式(9)、式(10) 代入式(8) 中,解得

$$\varepsilon = \frac{mgl}{I_C + ml^2}\cos\varphi$$

式中,$I_C = \frac{1}{12}m\,(2l)^2 = \frac{1}{3}ml^2$,所以

$$\varepsilon = \frac{3g}{4l}\cos\varphi \tag{11}$$

将 $\varepsilon = \frac{d\omega}{dt}$,$\omega = -\frac{d\varphi}{dt}$ 代入式(11) 中进行换元并积分,得

$$-\int_0^{\omega}\omega d\omega = \int_{\varphi_0}^{\varphi}\frac{3g}{4l}\cos\varphi d\varphi$$

解得

$$\frac{1}{2}\omega^2 = \frac{3g}{4l}(\sin\varphi_0 - \sin\varphi)$$

即

$$\omega = \sqrt{\frac{3g}{2l}(\sin\varphi_0 - \sin\varphi)} \tag{12}$$

将式(11)、式(12)代入式(9) 中,得

$$F_B = \frac{3mg}{2}\left(\frac{3}{2}\sin\varphi - \sin\varphi_0\right)\cos\varphi$$

当杆脱离墙面时,$F_B = 0$,即

$$\frac{3mg}{2}\left(\frac{3}{2}\sin\varphi - \sin\varphi_0\right)\cos\varphi = 0$$

解得

$$\sin\varphi = \frac{2}{3}\sin\varphi_0$$

即

$$\varphi = \arcsin\left(\frac{2}{3}\sin\varphi_0\right)$$

当杆与水平面的夹角为 $\arcsin\left(\frac{2}{3}\sin\varphi_0\right)$时,杆脱离墙面。

思考与习题

1. 一重量为 P 的小球 M 连在细绳的一端,绳的另一端穿过光滑水平面上的小孔 O。令小球 M 在水平面上沿半径为 r 的圆周作匀速运动,其速度为 $\boldsymbol{v}_0$,如图 7-23 所示。若将细绳向下拉,使圆周的半径缩小为$\frac{r}{2}$,问此时小球的速度和细绳的拉力各为多少?

2. 质量为 m 的小球 A 连接在长为 l 的杆 AB 上,杆 AB 放在盛有液体的容器中,如图 7-24 所示。已知杆 AB 以初角速度 ω 绕铅垂轴 O_1O_2 转动,液体的阻力与转动角速度成正比,即 $F_R = \alpha m\omega$,其中 α 为比例常数。问经过多长时间角速度变为初角速度的一半。杆的质量忽略不计。

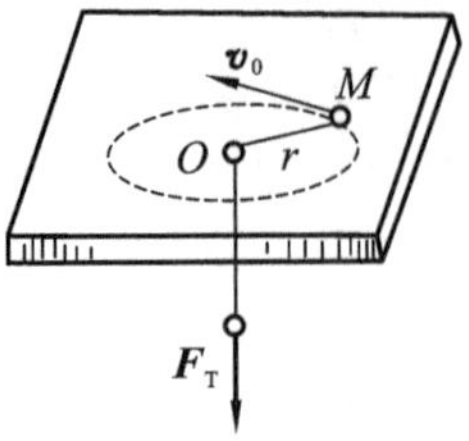

图 7-23

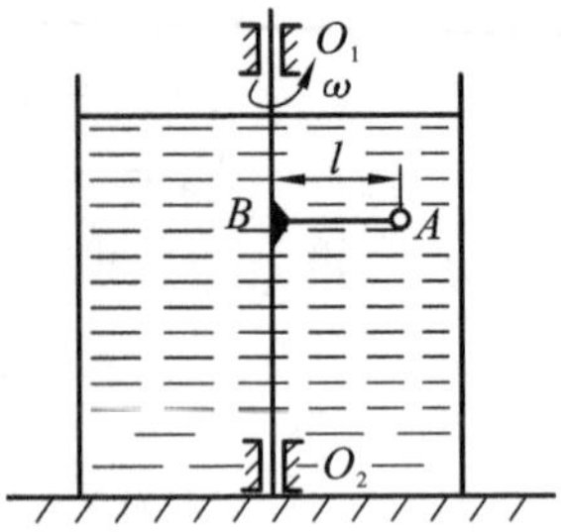

图 7-24

3. 在如图 7-25 所示的调速器中，除小球 A、B 外，各杆的重量忽略不计。已知各杆处于铅垂时，系统的角速度为 ω_0，求各杆与铅垂线的夹角为 α 时系统的角速度。

4. 一重量为 200 N 的小车在一可绕铅垂轴无摩擦地转动的水平圆台上，从静止开始沿直线 AB 运动，如图 7-26 所示。当小车经过 C 点时，其相对于圆台的速度为 0.1 m/s，求此时圆台的转速。设圆台的重量为 100 N，半径为 0.5 m，圆台可看作均质圆盘，而小车可看作质点。

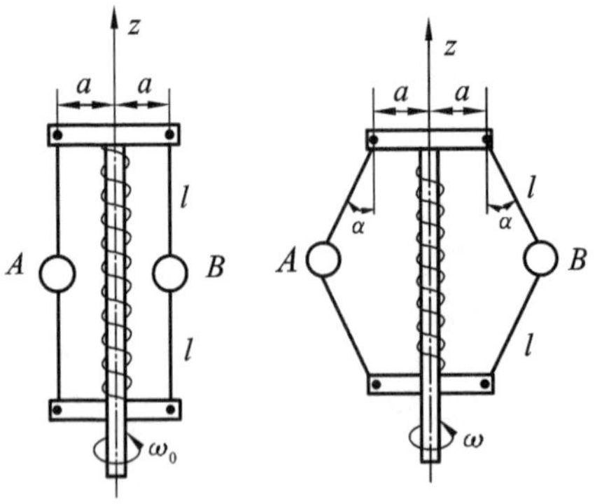

图 7-25

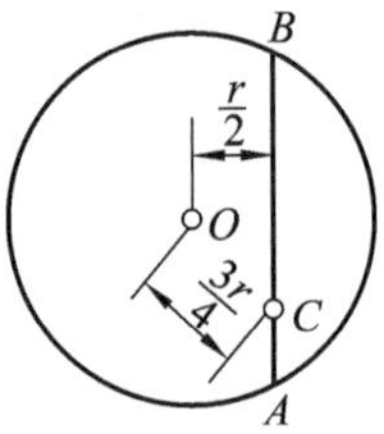

图 7-26

5. 如图 7-27 所示，定滑轮的两边用绳连接两重物 A 和 B。设重物 A 的重量为 W_1，重物 B 的重量为 W_2，且 $W_1 > W_2$，滑轮的半径为 r，滑轮对转动轴 O 的转动惯量为 I_0。若重物 A 下降，而重物 B 上升，求两重物加速度的大小。不计绳的自重。

6. 如图 7-28 所示为一摩擦离合器，开始时轮 Ⅱ 静止，轮 Ⅰ 以匀角速度 ω_0 转动，当离合器接合后，依靠摩擦力带动轮 Ⅱ 转动。已知轮 Ⅰ 和轮 Ⅱ 的转动惯量分别为 I_1 和 I_2，求：(1) 当离合器接合后，两轮共同转动的角速度 ω；(2) 若经过时间 t 后两轮的转速相同，则离合器需要多大的摩擦力矩。

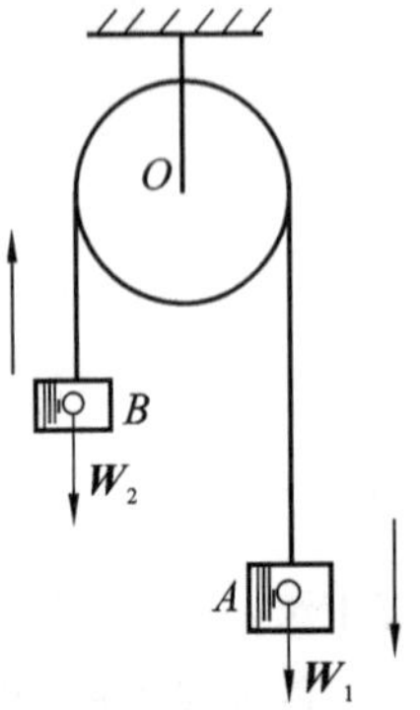

图 7-27

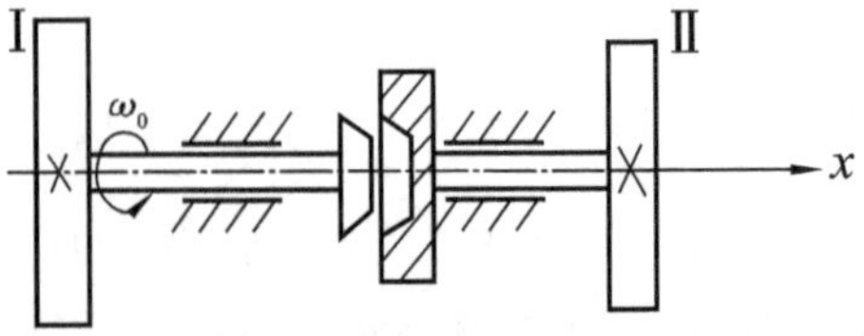

图 7-28

7. 如图 7-29 所示为通风机的转动部分，该转动部分以初角速度 ω_0 绕中心转动，空气阻力矩与角速度成正比，即 $M = \alpha\omega$，其中 α 为常数。若转动部分对其轴的转动惯量为 I，问经过多长时间其角速度减小为初角速度的一半？在此时间内该转动部分共转过多少转？

8. 如图 7-30 所示，均质细长杆的长度为 l，质量为 M。已知 $I_z = \frac{1}{3}Ml^2$，求 I_{z_1} 和 I_{z_2}。

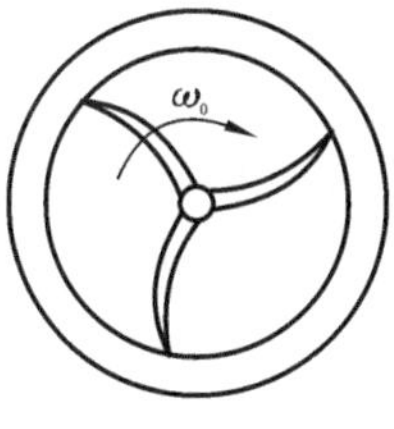

图 7-29

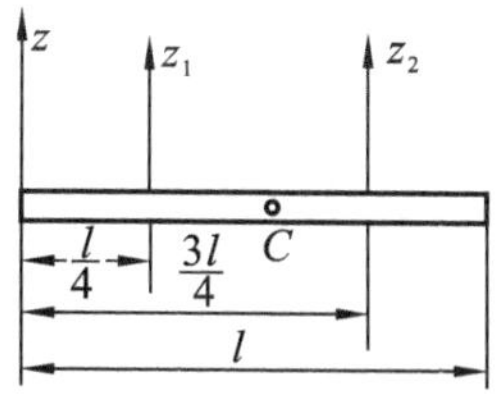

图 7-30

9. 求图 7-31 中的均质薄板对 x 轴的转动惯量。设薄板的面积为 ab 时，其质量为 M。

10. 如图 7-32 所示，物体由钢制成，其密度 $\gamma = 7\ 850\ \mathrm{kg/m^3}$。试求该物体对 x 轴的转动惯量 I_x 和回转半径 ρ_x。图中长度单位为毫米(mm)。

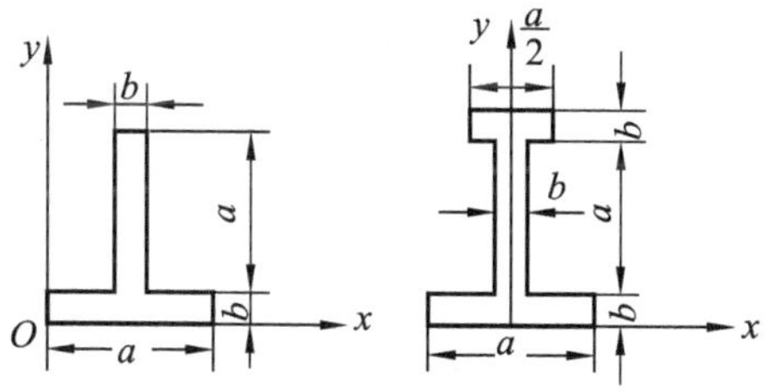

图 7-31

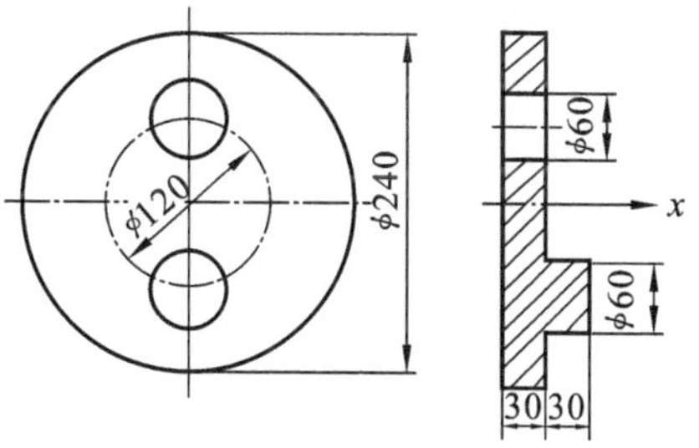

图 7-32

11. 如图 7-33 所示，为求半径 $R = 50$ cm 的飞轮 A 对通过其重心的轴的转动惯量，在飞轮 A 上绕一细绳，绳的末端系一重量为 $P_1 = 80$ N 的重锤，重锤自高度 $h = 2$ m 处落下，测得重锤落下的时间 $t_1 = 16$ s。为减去轴承摩擦的影响，再用重量为 $P_2 = 40$ N 的重锤做第二次试验，此重锤自同一高度落下的时间 $t = 25$ s。假设摩擦力矩为一常数，且与重锤的重量无关，求飞轮 A 对通过其重心的轴的转动惯量和轴承的摩擦力矩。

12. 在如图 7-34 所示的卷扬机中，轮 B 和轮 C 的半径分别为 R 和 r，质量分别为 m_B 和 m_C，物体 A 的质量为 m_A。若在轮 C 上作用一常转矩 $\boldsymbol{M}$，求物体 A 上升的加速度。设轮 B 和轮 C 为均质圆盘。

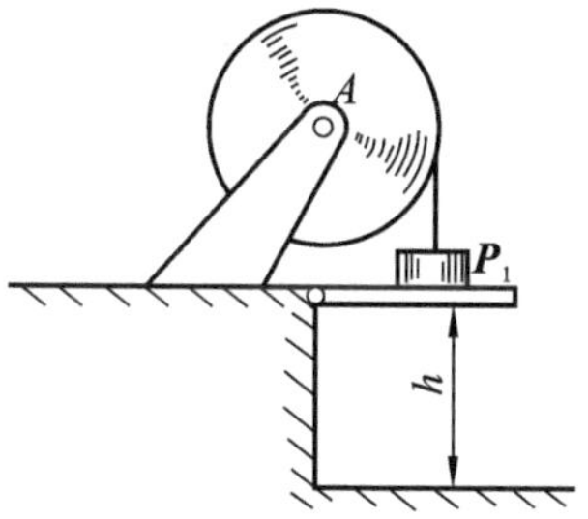

图 7-33

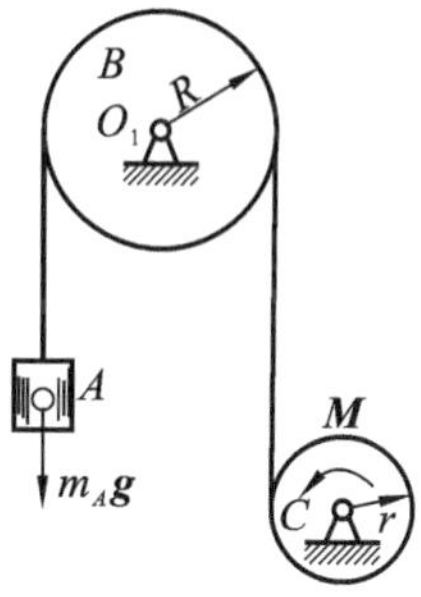

图 7-34

13. 在如图 7-35 所示的传动轴承中，设轴 Ⅰ 和轴 Ⅱ 的转动惯量分别为 I_1 和 I_2。现在轴 Ⅰ 上作用一主动力矩 $\boldsymbol{M}_1$，轴 Ⅱ 上作用一阻力矩 $\boldsymbol{M}_2$，转向如图所示。若各处摩擦忽略不计，

求轴 Ⅰ 的角加速度。设传动比为 $z_2 : z_1 = i_{12}$。

14. 如图 7-36 所示，摆由长为 l 的杆 OA 在 A 点连接一质量为 m 的小球构成，在距离 O 点 a 处连有两根弹性系数皆为 k 的弹簧，摆在铅垂位置时弹簧不受力。若不计杆重，求摆作微小摆动时的振动周期。

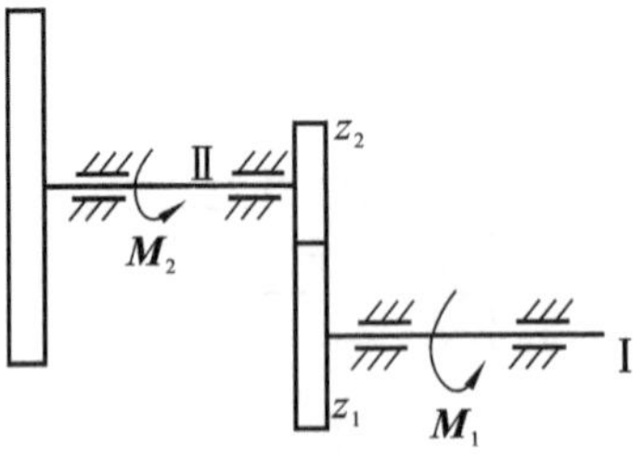

图 7-35

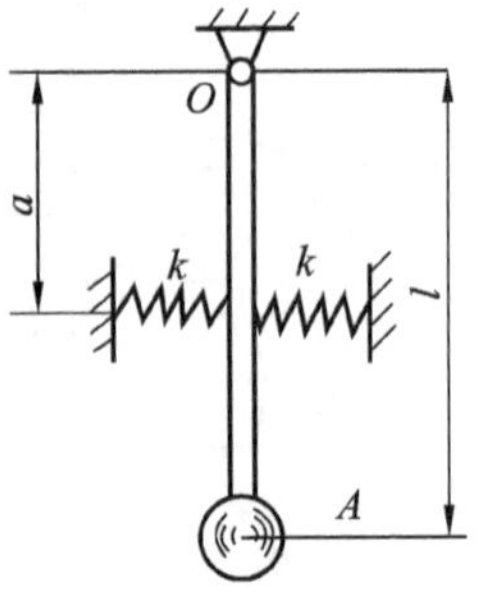

图 7-36

15. 半径为 r 的匀质圆盘在铅垂平面内绕水平轴 A 摆动，如图 7-37 所示。设圆盘中心至轴 A 的距离为 b，问 b 为何值时圆盘的摆动周期最小？求此最小摆动周期。

16. 如图 7-38 所示，两胶带轮的半径分别为 R_1 和 R_2，质量分别为 m_1 和 m_2，两轮以胶带相连接，各绕两平行的固定轴转动。现在第一个胶带轮上作用一力矩 $\boldsymbol{M}_1$，在第二个胶带轮上作用一阻力矩 $\boldsymbol{M}_2$，且 $\boldsymbol{M}_1$、$\boldsymbol{M}_2$ 均为常量。假设胶带轮为均质圆盘，胶带与轮之间无滑动，胶带的质量忽略不计，试求第一个胶带轮的角加速度。

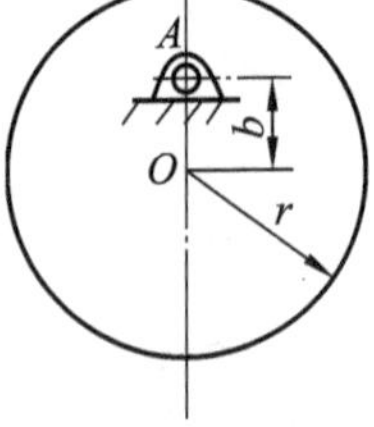

图 7-37

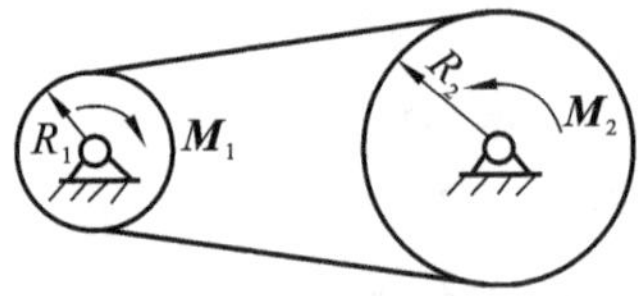

图 7-38

17. 如图 7-39 所示，一重量为 P_1、半径为 r_1 的均质圆轮 A，以角速度 ω 绕杆 OA 的 A 端转动，此时将圆轮 A 放置在重量为 P_2 的另一均质圆轮 B 上，圆轮 B 的半径为 r_2，初始时处于静止，但可绕其中心轴自由转动。将圆轮 A 放置在圆轮 B 上后，圆轮 A 的重量由圆轮 B 支撑。不计轴承的摩擦和杆 OA 的重量，并设两轮间的摩擦系数为 f'，问从将圆轮 A 放置在圆轮 B 上到两轮间没有滑动为止，共经历了多长时间？

18. 如图 7-40 所示为一质量为 m 的均质圆柱体，在圆柱体的中部绕有一质量可忽略不计的细绳。若圆柱体的轴心 C 由静止开始降落了 h 高度，求此瞬时轴心的速度和绳子的张力。

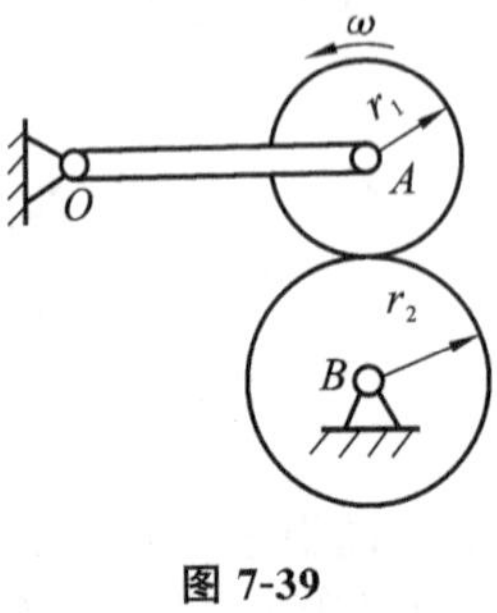

图 7-39

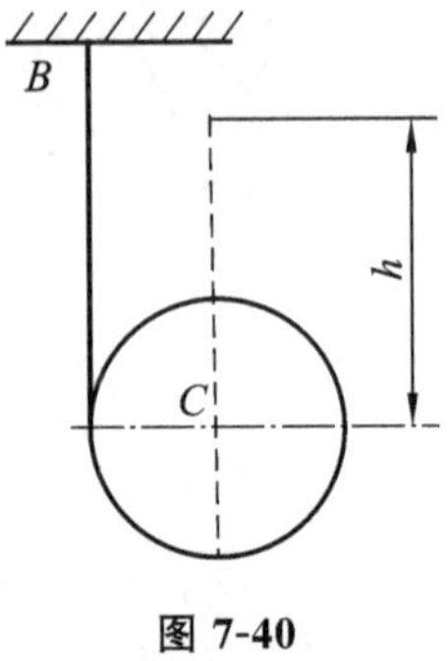

图 7-40

19. 如图7-41所示，一重量为P的重物A系在绳子上，绳子跨过固定滑轮D并绕在鼓轮B上。由于重物A下降，从而带动轮C沿水平轨道滚动而不滑动。设鼓轮的半径为r，轮C的半径为R，两者固连在一起，其总重量为W，对其水平轴O的回转半径为ρ，求重物A的加速度。

20. 质量为m、长度为l的均质杆AB用两根绳索OA与OB吊于O点，使杆AB处于水平位置，如图7-42所示。设$\theta_1 = \theta_2 = 45°$，若绳索$OB$突然折断，试求折断瞬时杆$AB$的质心$C$的加速度及绳索$OA$的张力。

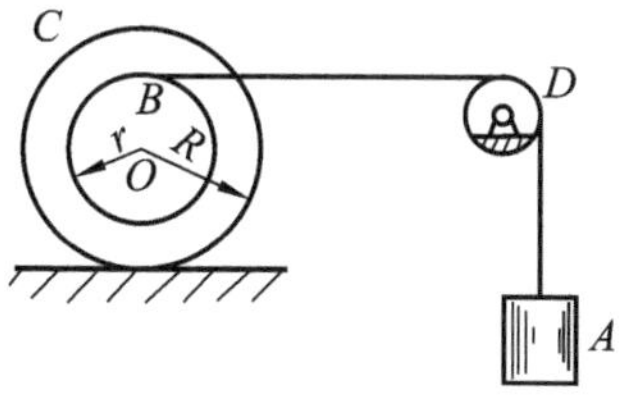

图 7-41

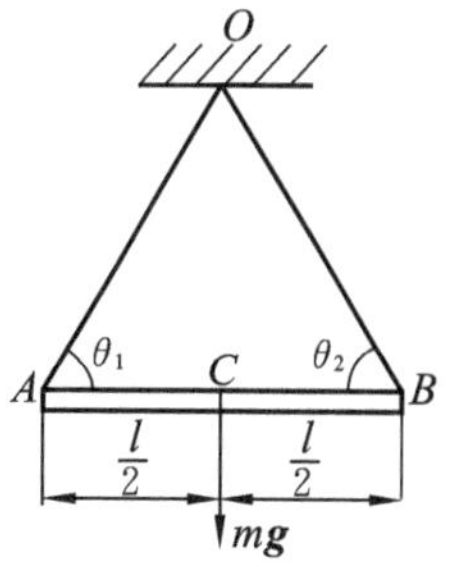

图 7-42

21. 如图7-43所示，板的重量为P_1，受水平力$\boldsymbol{F}$的作用沿水平面运动，板与水平面间的动摩擦系数为f'。若在板上放一重量为P_2的实心圆柱，此圆柱相对于板只滚动而不滑动，求板的加速度。

22. 均质圆柱体A和B的重量均为P，半径均为r，一绳缠绕在绕固定轴O转动的圆柱体A上，绳的另一端绕在圆柱体B上，如图7-44所示。若不计摩擦，求：(1) 圆柱体B下落时质心的加速度；(2) 若在圆柱体A上作用一逆时针转向的转矩$\boldsymbol{M}$，试问在什么条件下圆柱体B的质心将上升？

23. 如图7-45所示，求半径为r的非均质圆盘在半径为R的固定圆弧内作微振动的周期。设圆盘在固定圆弧内滚动而不滑动，其对中心轴O的回转半径为ρ。

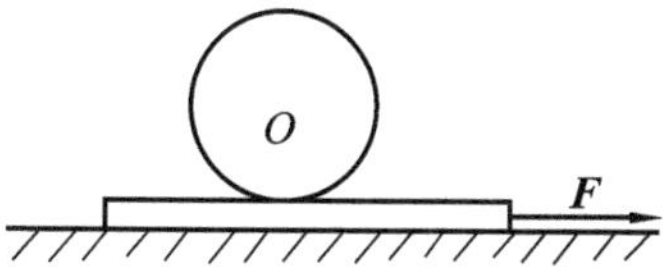

图 7-43

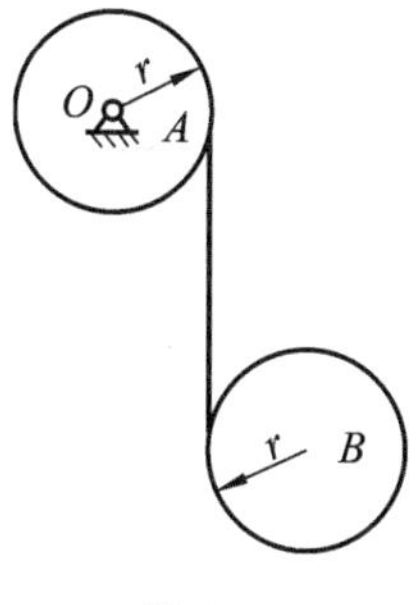

图 7-44

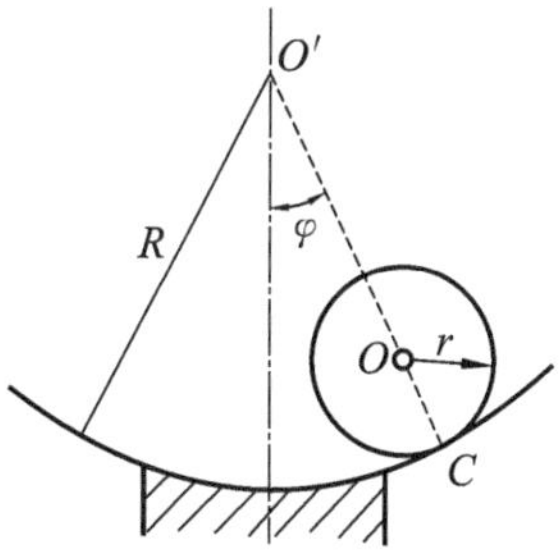

图 7-45

第8章 动能定理

在自然界中存在着多种形式的运动，这些运动既有着本质的区别，又有着一定的联系。动能定理建立了质点和质点系的动能的变化与作用于质点和质点系上的力所做的功之间的关系，从而揭示了机械运动和其他形式运动的能量的传递和转化的规律。因此，动能定理具有重要的物理意义，并在工程实际中得到了广泛的应用。本章将介绍力的功、功率，质点和质点系动能的概念及动能定理，最后还将介绍势力场、势能的概念和机械能守恒定律。

8.1 力的功及其计算

在机械运动中，功是度量力在一段路程上对物体作用的积累效果的物理量。力做功的结果是使物体的机械能(包括动能和势能)发生变化。

8.1.1 常力的功

设质点 M 在常力 $\boldsymbol{F}$ 的作用下沿直线走过一段路程 s，如图 8-1 所示，则此常力 $\boldsymbol{F}$ 在位移方向的投影 $F\cos\theta$ 与其路程 s 的乘积，称为力 $\boldsymbol{F}$ 在路程 s 中所做的功，用 W 表示，即

$$W = Fs\cos\theta \tag{8-1}$$

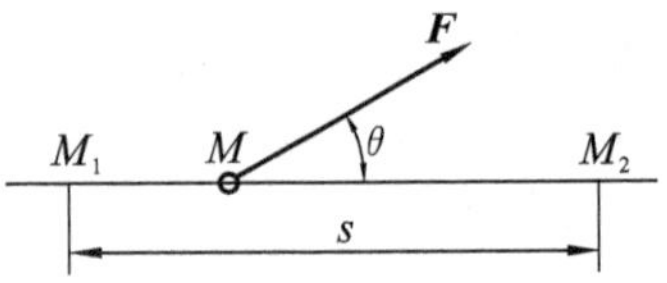

图 8-1

式中，θ 为力 $\boldsymbol{F}$ 与直线方向的夹角。若用 $\boldsymbol{s}$ 表示质点的位移矢量，则

$$W = \boldsymbol{F} \times \boldsymbol{s} \tag{8-2}$$

即作用在质点上的常力沿直线路程所做的功，等于作用于质点上的力矢量与质点的位移矢量的数量积。

由式(8-1)可知，当 $\theta < 90^\circ$ 时，$W > 0$，力做正功；当 $\theta > 90^\circ$ 时，$W < 0$，力做负功；当 $\theta = 90^\circ$ 时，$W = 0$，力不做功。由此可见，功是代数量。

功的量纲可表示为 $\dim W = \mathrm{FL}$，其国际单位制是焦耳(J)，即 1 牛顿的力移动 1 米所做的功为

$$1\,焦耳(\mathrm{J}) = 1\,牛顿(\mathrm{N}) \times 1\,米(\mathrm{m})$$

8.1.2 变力的功

设质点 M 在变力 $\boldsymbol{F}$ 的作用下沿曲线运动，如图 8-2 所示。

在质点 M 从 M_1 移至 M_2 的过程中，力 $\boldsymbol{F}$ 的大小和方向都是变化的，故不能直接应用式(8-1)和式(8-2)计算力 $\boldsymbol{F}$ 的功。为此，将质点 M 走过的路程 $\widehat{M_1M_2}$ 分成许多个微小弧段，每一小段弧长 $\mathrm{d}s$ 可视为直线位移，力 $\boldsymbol{F}$ 在这微小位移中可视为常力。将力 $\boldsymbol{F}$ 在 $\mathrm{d}s$ 微段路程上所做的功称为元功，用 δW 表示，于是有

$$\delta W = F\cos\theta \mathrm{d}s = F_\tau \mathrm{d}s \tag{8-3}$$

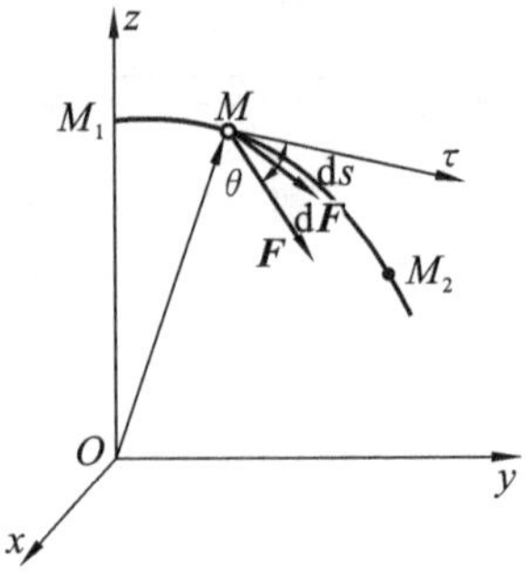

图 8-2

变力 $\boldsymbol{F}$ 在 $\widehat{M_1M_2}$ 路程上所做的功等于在此段路程上的所有元功之和，即

$$W = \int_{s_1}^{s_2} F\cos\theta \mathrm{d}s = \int_{s_1}^{s_2} F_\tau \mathrm{d}s \tag{8-4}$$

式中，s_1 和 s_2 分别为质点在起止位置的弧坐标。

设 d$\boldsymbol{r}$ 为质点的微小位移矢量，则元功为

$$\delta W = \boldsymbol{F} \cdot \mathrm{d}\boldsymbol{r} \tag{8-5}$$

由于 $\boldsymbol{F} = F_x\boldsymbol{i} + F_y\boldsymbol{j} + F_z\boldsymbol{k}$，$\mathrm{d}\boldsymbol{r} = \mathrm{d}x\boldsymbol{i} + \mathrm{d}y\boldsymbol{j} + \mathrm{d}z\boldsymbol{k}$，根据矢量运算法则，式(8-5)可改写为

$$\delta W = F_x\mathrm{d}x + F_y\mathrm{d}y + F_z\mathrm{d}z \tag{8-6}$$

于是，变力 $\boldsymbol{F}$ 在$\overset{\frown}{M_1M_2}$ 路程上所做的功为

$$W = \int_{M_1}^{M_2} \boldsymbol{F} \cdot \mathrm{d}\boldsymbol{r} \tag{8-7}$$

即

$$W = \int_{M_1}^{M_2} (F_x\mathrm{d}x + F_y\mathrm{d}y + F_z\mathrm{d}z) \tag{8-8}$$

式(8-8)为变力的功的解析表达式。

8.1.3 合力的功

若有 n 个力 $\boldsymbol{F}_1, \boldsymbol{F}_2, \cdots, \boldsymbol{F}_n$ 作用于质点 M 上，这些力的合力为 $\boldsymbol{F}_\mathrm{R}$，则这些力在$\overset{\frown}{M_1M_2}$ 路程上所做的功为

$$\begin{aligned} W &= \int_{M_1}^{M_2} \boldsymbol{F}_\mathrm{R} \cdot \mathrm{d}\boldsymbol{r} = \int_{M_1}^{M_2} (\boldsymbol{F}_1 + \boldsymbol{F}_2 + \cdots + \boldsymbol{F}_n) \cdot \mathrm{d}\boldsymbol{r} \\ &= \int_{M_1}^{M_2} \boldsymbol{F}_1 \cdot \mathrm{d}\boldsymbol{r} + \int_{M_1}^{M_2} \boldsymbol{F}_2 \cdot \mathrm{d}\boldsymbol{r} + \cdots + \int_{M_1}^{M_2} \boldsymbol{F}_n \cdot \mathrm{d}\boldsymbol{r} \\ &= W_1 + W_2 + \cdots + W_n = \sum_{i=1}^{n} W_i \end{aligned} \tag{8-9}$$

即作用于质点上的所有力的合力在任一路程上所做的功，等于各分力在同一路程上所做的功的代数和。

因为力的元功只有在某些条件下才可能是函数 W 的全微分 dW，所以当力的作用位移极小时，我们一般将力的元功写成 δW，而不写成 dW。

8.1.4 几种常见力的功

1. 重力的功

设物体在重力 $\boldsymbol{P}$ 的作用下运动，其重心的轨迹如图 8-3 所示，求重力所做的功。选取固定坐标系 $Oxyz$，并使 z 轴以铅垂向上为正。由于 $F_x = 0, F_y = 0, F_z = -P$，于是根据式(8-8)可得，重力所做的功为

$$W = \int_{z_1}^{z_2} -P\mathrm{d}z = P(z_1 - z_2) \tag{8-10}$$

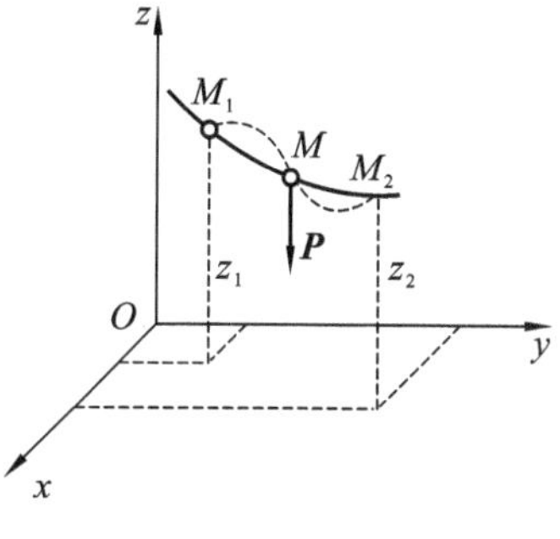

图 8-3

由上式可知，重力所做的功仅与重心在运动的起止位置的高度差 $z_1 - z_2$ 有关，而与运动轨迹的形状无关。当 $z_1 > z_2$ 时，重力做正功；当 $z_1 < z_2$ 时，重力做负功。在应用式(8-10)计算重力所做的功时，不必再另外考虑功的正负。

若令 $h = |z_1 - z_2|$，即 h 表示物体重心下降或上升的高度，则式(8-10)可改写为

$$W = \pm Ph \tag{8-11}$$

即重力所做的功等于物体的重量乘以重心下降或上升的高度。物体下降时，W 取正值；物体上升时，W 取负值。

2. 弹性力的功

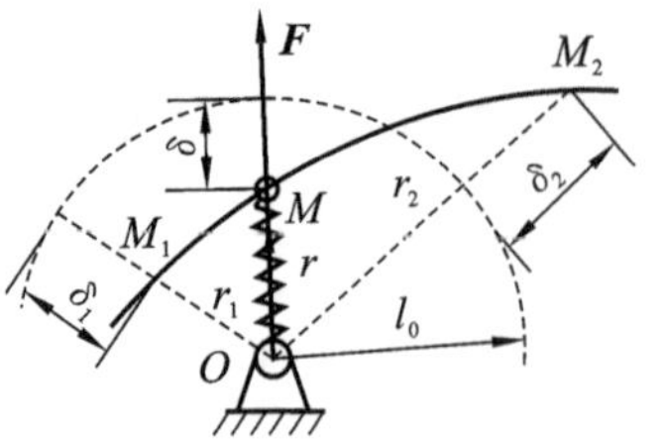

图 8-4

设物体受弹性力的作用，作用点 M 的轨迹如图 8-4 所示。

设弹簧的原长为 l_0，刚性系数为 k[单位为牛顿每米(N/m)]。在弹簧的弹性极限内，弹性力 $\boldsymbol{F}$ 为

$$\boldsymbol{F} = -k(r-l_0)\boldsymbol{r}_0$$

式中，r 为点 M 对固定点 O 的矢径 $\boldsymbol{r}$ 的长度，$\boldsymbol{r}_0$ 为矢径 $\boldsymbol{r}$ 的单位矢量。当弹簧伸长时，$r>l_0$，力 $\boldsymbol{F}$ 的方向与 $\boldsymbol{r}_0$ 的方向相反；当弹簧压缩时，$r<l_0$，力 $\boldsymbol{F}$ 的方向与 $\boldsymbol{r}_0$ 的方向相同。因此，上式为弹性力的通用表达式。

将上式代入式(8-7)中，可得弹性力 $\boldsymbol{F}$ 的作用点 M 由 M_1 运动到 M_2 位置时，弹性力 $\boldsymbol{F}$ 所做的功为

$$W = \int_{r_1}^{r_2} \boldsymbol{F} \cdot \mathrm{d}\boldsymbol{r} = \int_{r_1}^{r_2} -k(r-l_0)\boldsymbol{r}_0 \cdot \mathrm{d}\boldsymbol{r}$$

因为

$$\boldsymbol{r}_0 \cdot \mathrm{d}\boldsymbol{r} = \frac{\boldsymbol{r}}{r} \cdot \mathrm{d}\boldsymbol{r} = \frac{1}{2r}\mathrm{d}(\boldsymbol{r} \cdot \boldsymbol{r}) = \frac{1}{2r}\mathrm{d}(r^2) = \mathrm{d}r$$

于是有

$$\begin{aligned} W &= \int_{r_1}^{r_2} -k(r-l_0)\mathrm{d}r \\ &= \frac{k}{2}[(r_1-l_0)^2-(r_2-l_0)^2] \end{aligned}$$

即

$$W = \frac{k}{2}(\delta_1^2-\delta_2^2) \tag{8-12}$$

式中，δ_1 和 δ_2 分别为弹簧在起止位置的变形量。式(8-12)表明：弹性力所做的功等于弹簧的刚性系数与弹簧在起始与终止位置的变形量的平方之差的乘积的一半。由此可见，弹性力所做的功只与弹簧在起止位置的变形量有关，而与变形的形式(拉伸或压缩)及弹性力作用点的轨迹无关。

3. 作用于绕定轴转动的刚体上的力的功

设刚体在力 $\boldsymbol{F}$ 的作用下绕 z 轴转动，如图 8-5 所示。设力 $\boldsymbol{F}$ 与力的作用点 A 处的切线间的夹角为 θ，则力 $\boldsymbol{F}$ 在切线方向的投影为

$$F_\tau = F\cos\theta$$

刚体绕定轴转动时，其转角与某点的运动弧长的关系为

$$\mathrm{d}s = R\mathrm{d}\varphi$$

式中，R 为力的作用点 A 到转轴的垂直距离。于是，力 $\boldsymbol{F}$ 所做的元功为

$$\delta W = \boldsymbol{F} \cdot \mathrm{d}\boldsymbol{r} = F_\tau \mathrm{d}s = F_\tau R\mathrm{d}\varphi$$

由静力学可知，$F_\tau R$ 等于力 $\boldsymbol{F}$ 对 z 轴的力矩 M_z，于是有

$$\delta W = M_z \mathrm{d}\varphi \tag{8-13}$$

即作用于绕定轴转动的刚体上的力的元功，等于该力对转轴的矩(简称转矩)与微转角的乘积。

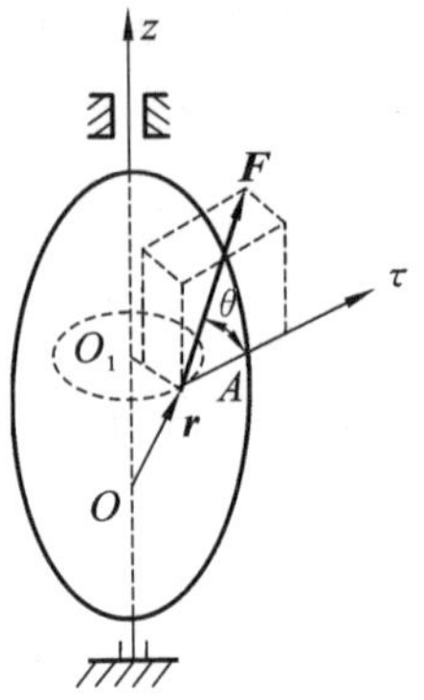

图 8-5

当刚体在力 $\boldsymbol{F}$ 的作用下绕轴由 φ_1 处转到 φ_2 处时，力 $\boldsymbol{F}$ 所做的功或力矩 $\boldsymbol{M}_z$ 的功为

$$W = \int_{\varphi_1}^{\varphi_2} M_z \mathrm{d}\varphi \tag{8-14}$$

若力矩 M_z 为常数，则

$$W = M_z(\varphi_2 - \varphi_1) \tag{8-15}$$

显然，当力矩的转向与角位移的转向一致时，功 W 为正；反之，则为负。如果作用于转动刚体上的是力偶，则力偶所做的功仍可用上述公式计算，其中 M_z 为力偶矩矢在 z 轴上的投影。

8.1.5 质点系和刚体中的内力的功

质点系的内力都是成对出现的，且彼此大小相等，方向相反，作用在同一直线上，质点系中所有内力的矢量和恒等于零。所以在研究质点系的动量和动量矩定理时，可以完全不考虑内力的影响。但是在应用质点系的动能定理时，我们发现有些内力会使质点系的动能发生变化，即质点系的内力做功之和不一定等于零。因此，有必要讨论内力所做的功。

例如，如图 8-6 所示为由两个相互吸引的质点 M_1 和 M_2 所组成的质点系，两质点相互作用的力 $\boldsymbol{F}_1$ 和 $\boldsymbol{F}_2$ 是一对内力。显然，内力的矢量和等于零，但是内力做功之和却不等于零。因为当两质点相互趋近时，力 $\boldsymbol{F}_1$ 和力 $\boldsymbol{F}_2$ 所做的功均为正值，做功之和亦为正值。又如汽车发动机的气缸内的气体的作用力对于汽车来说也是内力，正是因为此内力所做的功，汽车的动能才能增加。

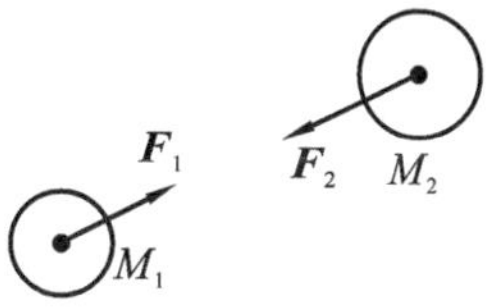

图 8-6

同时也应注意到内力做功之和等于零的情况。如刚体内两质点间的相互作用力也是一对内力，此对内力大小相等，方向相反，作用在同一直线上。但由于刚体内两质点间的距离保持不变，两质点的位移在两质点连线上的投影必相等。于是，此对内力所做的功大小相等，其中一力做正功，另一力做负功，故做功之和等于零。由此可见，在计算内力所做的功时，可不考虑刚体中的内力所做的功。

8.1.6 约束反力的功与理想约束

由于内力做功之和一般不等于零，因此功的计算较为麻烦。为此，我们在应用动能定理时，一般将力分为主动力和约束反力，并分别计算主动力所做的功和约束反力所做的功。在理想情况下，约束反力不做功或做功之和等于零。以下是几种常见的约束反力所做的功。

1. 各种光滑面约束

在如图 8-7(a) 所示的光滑固定支承面、如图 8-7(b) 所示的固定铰支座轴承和如图 8-7(c) 所示的滚动铰支座中，约束反力 $\boldsymbol{F}_N$ 总是与其作用点处的微小位移 $\mathrm{d}\boldsymbol{r}$ 相垂直。所以，这些约束反力所做的功恒等于零。

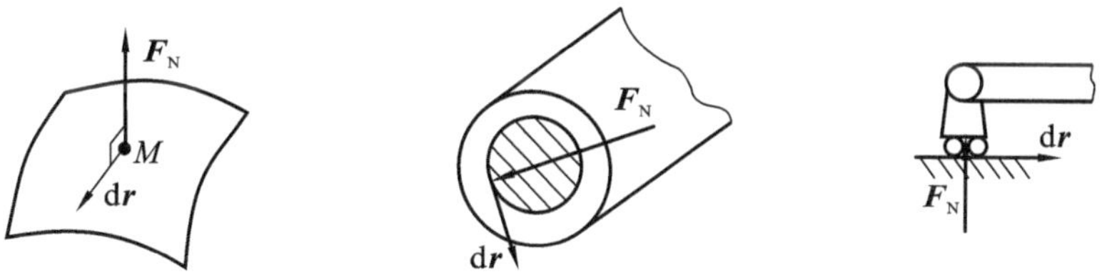

(a) (b) (c)

图 8-7

2. 连接物体的光滑铰链约束

连接杆 AB 和杆 AC 的光滑铰链 A 的约束反力 $\boldsymbol{F}_{N1}$ 与 $\boldsymbol{F}_{N2}$ 作用于 A 点，如图 8-8 所示。由作用与反作用定律可知，$\boldsymbol{F}_{N1}=-\boldsymbol{F}_{N2}$。在微小位移 $\mathrm{d}\boldsymbol{r}$ 中，这种约束反力做功之和为零，即

$$\sum\delta W=\boldsymbol{F}_{N1}\cdot\mathrm{d}\boldsymbol{r}+\boldsymbol{F}_{N2}\cdot\mathrm{d}\boldsymbol{r}=(\boldsymbol{F}_{N1}+\boldsymbol{F}_{N2})\cdot\mathrm{d}\boldsymbol{r}=0$$

3. 不可伸长的柔索约束

由于柔索仅在拉紧时才受力，而任何一段拉直的柔索就承受的拉力来说，都和刚性杆一样，因而柔索的内力的元功之和等于零。如果柔索绕过某个光滑的物体（如滑轮）的表面，其 A、B 两端分别与物体相连，柔索作用于两物体上的约束反力分别为 $\boldsymbol{F}_{T1}$ 和 $\boldsymbol{F}_{T2}$（见图 8-9），其大小相等，即 $F_{T1}=F_{T2}$。由于柔索不可伸长，故两约束反力的作用点的微小位移 $\mathrm{d}\boldsymbol{r}_1$ 和 $\mathrm{d}\boldsymbol{r}_2$ 在柔索的中心线上的投影相等，即 $\mathrm{d}r_1\cos\alpha=\mathrm{d}r_2\cos\beta$。因此，不可伸长的柔索的约束反力所做的元功之和恒等于零，即

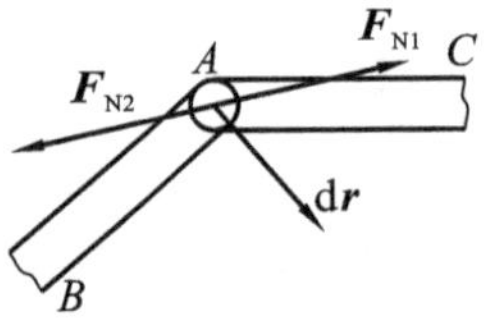

图 8-8

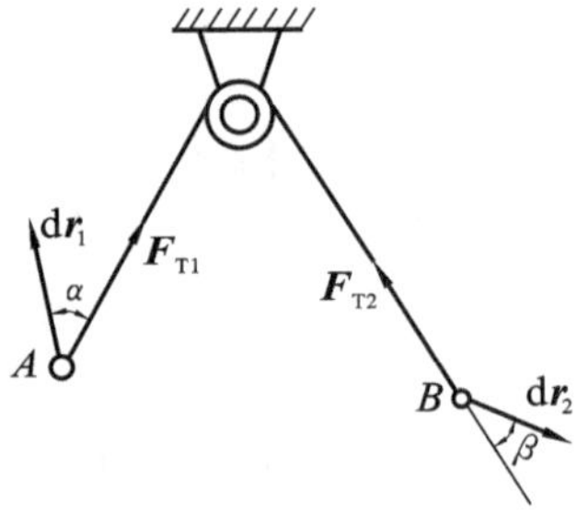

图 8-9

$$\sum\delta W=\boldsymbol{F}_{T1}\cdot\mathrm{d}\boldsymbol{r}_1+\boldsymbol{F}_{T2}\cdot\mathrm{d}\boldsymbol{r}_2=F_{T1}\mathrm{d}r_1\cos\alpha-F_{T2}\mathrm{d}r_2\cos\beta=0$$

我们把约束反力所做的元功之和等于零（即 $\sum\delta W=0$）的约束称为理想约束。如果约束不是理想约束，即考虑摩擦时，可将动滑动摩擦力当作主动力来处理，并计算其所做的功。

8.1.7 摩擦力的功

当质点（或物体）沿支承面滑动时，出现动滑动摩擦力 $\boldsymbol{F}'$，且 $F'=f'F_N$，其中 f' 是滑动摩擦系数，F_N 是法向反力。

设质点由 M_1 处移动到 M_2 处，如图 8-10 所示。因为动滑动摩擦力 $\boldsymbol{F}'$ 的方向总是与质点的运动方向相反，于是动滑动摩擦力 $\boldsymbol{F}'$ 在路程 $\widehat{M_1M_2}$ 上所做的功为

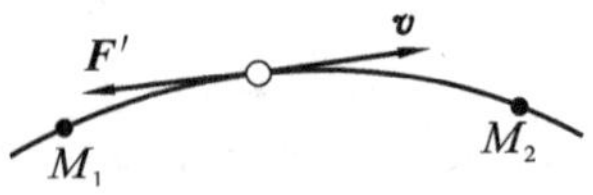

图 8-10

$$W=\int_{s_1}^{s_2}F'\mathrm{d}s=-\int_{s_1}^{s_2}f'F_N\mathrm{d}s \qquad (8\text{-}16)$$

由此可见，动滑动摩擦力所做的功恒为负值，它不仅取决于质点的起止位置，而且还与质点的运动路径有关。

若法向反力的大小为常数，则有

$$W=-f'F_Ns \qquad (8\text{-}17)$$

式中，s 为质点 M 由 M_1 处移动到 M_2 处所经过的曲线长度。

当刚体在固定面上无滑动地滚动时，固定面作用于刚体接触点 P 处的约束反力有法向

反力 $\boldsymbol{F}_{\mathrm{N}}$ 和摩擦力 $\boldsymbol{F}$，如图 8-11 所示，则约束反力所做的元功之和为

$$\sum \delta W = (\boldsymbol{F} + \boldsymbol{F}_{\mathrm{N}}) \cdot \mathrm{d}\boldsymbol{r}_P$$

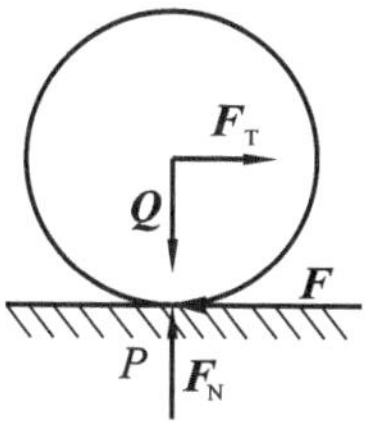

图 8-11

式中，$\mathrm{d}\boldsymbol{r}_P$ 为 P 点的微小位移。P 点的速度为 $\boldsymbol{v}_P = \dfrac{\mathrm{d}\boldsymbol{r}_P}{\mathrm{d}t}$，于是有 $\mathrm{d}\boldsymbol{r}_P = \boldsymbol{v}_P \mathrm{d}t$。由于刚体在固定面上无滑动地滚动，$P$ 为其瞬时速度中心，则 $\boldsymbol{v}_P = 0$，故 $\mathrm{d}\boldsymbol{r}_P = 0$，由此可得

$$\sum \delta W = 0$$

即刚体在固定面上无滑动地滚动时，约束反力做功之和为零，或者说此时滑动摩擦力不做功。

【例 8-1】 质量 $m = 20$ kg 的物块 M 置于倾斜角 $\alpha = 30°$ 的斜面上，并用刚性系数 $k = 120$ N/m 的弹簧系住，如图 8-12 所示。已知斜面的动滑动摩擦系数 $f = 0.2$，试计算物块 M 由弹簧原长 M 位置沿斜面向下移动 $s = 0.5$ m 到达 M_1 位置时，作用于物块 M 上的各力所做的功及合力所做的功。

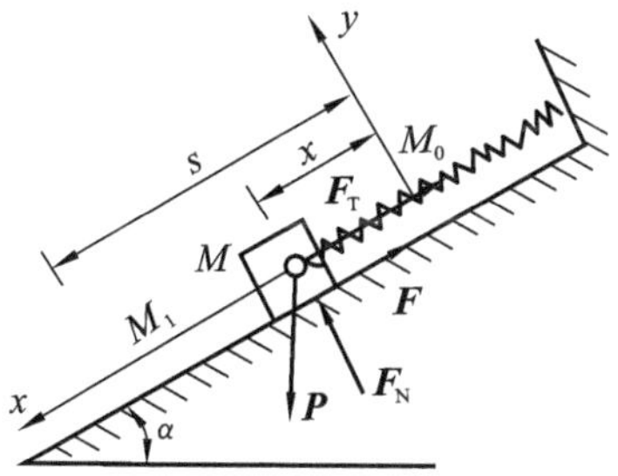

图 8-12

【解】 取物块 M 为研究对象，以 M_0 为坐标原点，选取坐标如图 8-12 所示。

受力分析。物块 M 所受的力有重力 $\boldsymbol{P}$、弹簧的拉力 $\boldsymbol{F}_{\mathrm{T}}$、斜面的法向反力 $\boldsymbol{F}_{\mathrm{N}}$ 和动滑动摩擦力 $\boldsymbol{F}(F = fF_{\mathrm{N}})$。由 y 轴方向的平衡条件 $\sum F_y = 0$ 可得

$$F_{\mathrm{N}} - P\cos\alpha = 0$$

解得

$$F_{\mathrm{N}} = P\cos\alpha$$

由于法向反力 $\boldsymbol{F}_{\mathrm{N}}$ 不做功，只有其余三个力做功，于是由式(8-11) 可得重力所做的功为

$$W_P = Ps\sin\alpha = 20 \times 9.8 \times 0.5 \times \sin 30° \text{ J} = 49 \text{ J}$$

由式(8-17) 可得动滑动摩擦力所做的功为

$$W_F = -fF_{\mathrm{N}}s = -fmgs\cos\alpha = -0.2 \times 20 \times 9.8 \times 0.5 \times \cos 30° \text{ J} = -16.97 \text{ J}$$

由式(8-12) 可得弹性力所做的功为

$$W_{F_{\mathrm{T}}} = \frac{k}{2}(\delta_1^2 - \delta_2^2) = \frac{1}{2} \times 120 \times (0 - 0.5^2) \text{ J} = -15 \text{ J}$$

由式(8-9) 可得合力所做的功为

$$W_{F_{\mathrm{R}}} = \sum W = (49 - 16.97 - 15) \text{ J} = 17.03 \text{ J}$$

8.2 质点的动能定理

8.2.1 质点的动能

在工程实际中不难发现，物体的质量越大，物体运动的速度越大，则物体的能量也就越大。在力学中，把质点的质量与其运动速度平方的乘积的一半称为质点的动能。动能是质点的机械运动量的另一种度量。

若以 m 表示质点的质量，$\boldsymbol{v}$ 表示质点的运动速度，则质点的动能为 $\frac{1}{2}mv^2$。

动能是标量,恒为正值或零。

动能的量纲可表示为

$$\dim T = mv^2 = mL^2 \cdot s^{-2} = FL$$

即动能的量纲与功的量纲相同。在国际单位制中,动能的单位也是焦耳(J)。

8.2.2 质点的动能定理

设质量为 m 的质点 M 在力 $\boldsymbol{F}$(合力)的作用下沿曲线运动,如图8-13所示。

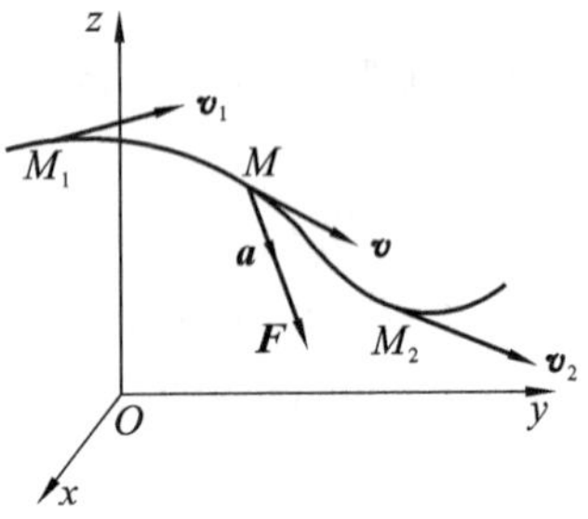

图 8-13

由动力学基本方程可得

$$m\boldsymbol{a} = m\frac{\mathrm{d}\boldsymbol{v}}{\mathrm{d}t} = \boldsymbol{F}$$

在上式等号两边同乘以 $\mathrm{d}\boldsymbol{r}$,可得

$$m\frac{\mathrm{d}\boldsymbol{v}}{\mathrm{d}t} \cdot \mathrm{d}\boldsymbol{r} = \boldsymbol{F} \cdot \mathrm{d}\boldsymbol{r}$$

将 $\mathrm{d}\boldsymbol{r} = \boldsymbol{v}\mathrm{d}t$ 代入上式中,可得

$$m\boldsymbol{v} \cdot \mathrm{d}\boldsymbol{v} = \boldsymbol{F} \cdot \mathrm{d}\boldsymbol{r}$$

又因 $\boldsymbol{v} \cdot \mathrm{d}\boldsymbol{v} = \frac{1}{2}\mathrm{d}(\boldsymbol{v} \cdot \boldsymbol{v}) = \frac{1}{2}\mathrm{d}(\boldsymbol{v}^2)$,代入上式可得

$$\mathrm{d}\left(\frac{1}{2}m\boldsymbol{v}^2\right) = \boldsymbol{F} \cdot \mathrm{d}\boldsymbol{r} = \delta W \tag{8-18}$$

即质点动能的微分等于作用在质点上的力的元功。式(8-18)就是质点动能定理的微分形式。

将式(8-18)沿曲线 M_1M_2 进行积分,则有

$$\int_{v_1}^{v_2}\mathrm{d}\left(\frac{1}{2}mv^2\right) = \int_{M_1}^{M_2}\boldsymbol{F} \cdot \mathrm{d}\boldsymbol{r}$$

即

$$\frac{1}{2}mv_2^2 - \frac{1}{2}mv_1^2 = W_{12} \tag{8-19}$$

即质点在某运动过程中动能的改变,等于作用在质点上的力在同一过程中所做的功。式(8-19)就是质点动能定理的积分形式。

【例8-2】 如图8-14所示,一车厢沿倾斜角为 α 的轨道自溜运行,坡道的长度为 l,车厢运行时所受的阻力与轨道的法向反力成正比,即 $F = fF_N$,其中 f 为车厢运动阻力系数。试求车厢自 A 处由静止溜到 B 处时的速度及车厢停止时沿水平轨道所滑行的距离 s。

【解】 (1) 取研究对象。取车厢(视为质点)为研究对象。

(2) 受力分析并计算力所做的功。车厢受重力 $\boldsymbol{G}$、法向反力 $\boldsymbol{F}_N$ 及阻力 $\boldsymbol{F}$ 的作用。

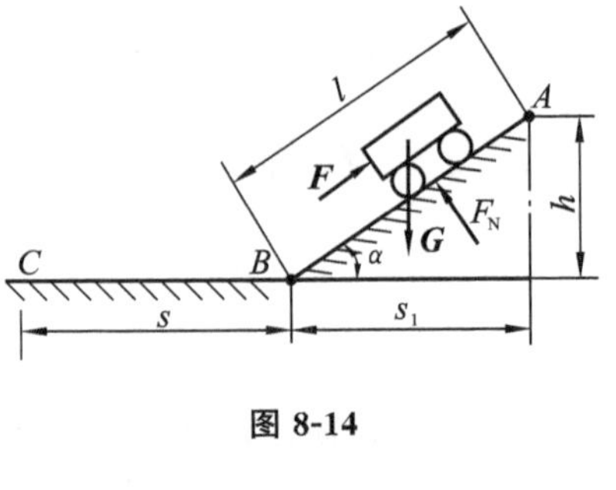

图 8-14

在 AB 路程中,力所做的功为

$$W_{AB} = Gl\sin\alpha - Fl = G(\sin\alpha - f\cos\alpha)l$$

在 BC 路程中,力所做的功为

$$W_{BC} = -Fs = -fGs$$

(3) 运动分析并计算质点的动能。车厢自 A 点下溜到 B 点时,速度由零增加到 $\boldsymbol{v}$,动能由

零变为$\frac{1}{2}mv^2$；再由 B 点滑行到 C 点停止时，速度由 $\boldsymbol{v}$ 减至零，动能由$\frac{1}{2}mv^2$ 变为零。

(4) 应用质点的动能定理求未知量。为求速度 v，在 AB 路程中应用质点的动能定理，有

$$\frac{1}{2}mv^2 - 0 = G(\sin\alpha - f\cos\alpha)l$$

解得

$$v = \sqrt{2gl(\sin\alpha - f\cos\alpha)}$$

为求滑行距离 s，在 BC 路程中应用质点的动能定理，有

$$0 - \frac{1}{2}mv^2 = -Gfs$$

解得

$$s = \frac{v^2}{2fg} = \frac{l}{f}(\sin\alpha - f\cos\alpha)$$

显然，若测得水平滑行距离 s，则可求得车厢运动阻力系数为

$$f = \frac{l\sin\alpha}{s + l\cos\alpha} = \frac{h}{s + s_1}$$

式中，h 为坡道高度，s_1 为坡道的水平投影长度。上式给出了车厢运动阻力系数的实验测定方法。

【例 8-3】 质量为 m 的物块 A 由 h 高度处自由下落，落到水平梁 BC 上，如图 8-15 所示。若梁的质量忽略不计，假设梁的刚性系数为 k，试求梁的最小挠度。

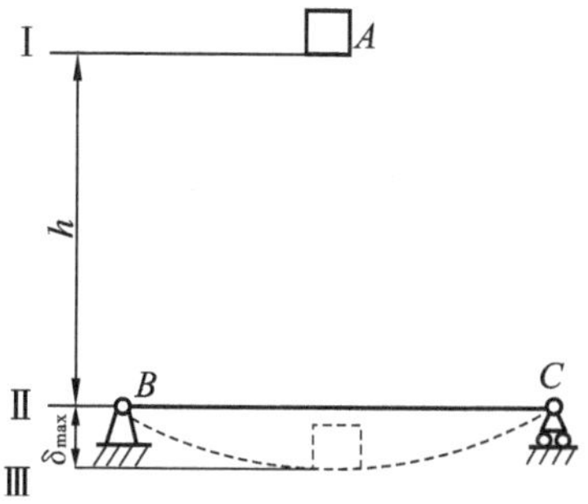

图 8-15

【解】 (1) 取研究对象。取物块 A(视为质点) 为研究对象。

(2) 受力分析并计算力所做的功。物块 A 受重力 $\boldsymbol{P}$ 和弹性力 $\boldsymbol{F}$ 的作用。物块 A 由位置 Ⅰ 运动到位置 Ⅱ 的过程中，只有重力 $\boldsymbol{P}$ 做功，即为

$$W_{12} = Ph = mgh$$

物块 A 由位置 Ⅱ 运动到位置 Ⅲ(梁的弯曲变形量为最大挠度 δ_{max}) 的过程中，重力 $\boldsymbol{P}$ 和弹性力 $\boldsymbol{F}$ 所做的功为

$$W_{23} = P\delta_{max} + \frac{k}{2}(0 - \delta_{max}^2) = mg\delta_{max} - \frac{k}{2}\delta_{max}^2$$

(3) 运动分析并计算质点的动能。物块 A 由位置 Ⅰ 运动到位置 Ⅱ 时，速度由零增加到 $\boldsymbol{v}$，动能由零变为$\frac{1}{2}mv^2$；再由位置 Ⅱ 运动到位置 Ⅲ 时，速度由 $\boldsymbol{v}$ 减至零，动能由$\frac{1}{2}mv^2$ 变为零。

(4) 应用质点的动能定理求未知量。物块 A 由位置 Ⅰ 运动到位置 Ⅱ 的过程中，应用质点的动能定理，有

$$\frac{1}{2}mv^2 - 0 = mgh$$

解得

$$v = \sqrt{2gh}$$

物块 A 再由位置 Ⅱ 运动到位置 Ⅲ 的过程中，应用质点的动能定理，有

$$0-\frac{1}{2}mv^2=mg\delta_{\max}-\frac{k}{2}\delta_{\max}^2$$

将 v 的表达式代入上式中，解得

$$\delta_{\max}=\frac{mg}{k}\pm\sqrt{\left(\frac{mg}{k}\right)^2+2\left(\frac{mg}{k}\right)h}$$

由于梁的弯曲变形量必须是正值，因此上式只能取正号，即

$$\delta_{\max}=\frac{mg}{k}+\sqrt{\left(\frac{mg}{k}\right)^2+2\left(\frac{mg}{k}\right)h}$$

本题也可以把上述两段过程合在一起考虑，即对质点从开始下落至梁的弯曲变形量为最大挠度进行研究。在该过程的起止位置，质点的动能都为零，而在这一过程中，重力所做的功为 $P(h+\delta_{\max})=mg(h+\delta_{\max})$，弹性力所做的功为 $\frac{k}{2}(\delta_1^2-\delta_2^2)=-\frac{k}{2}\delta_{\max}^2$。于是由质点的动能定理可得

$$0-0=mg(h+\delta_{\max})-\frac{k}{2}\delta_{\max}^2$$

由此解出的 $\delta_{\max}$ 与前面相同。

8.3 质点系的动能

8.3.1 质点系的动能

质点系内各质点在某瞬时的动能的算术和，称为质点系在该瞬时的动能，用 T 表示，即为

$$T=\sum\frac{1}{2}mv^2 \tag{8-20}$$

质点系的动能是整个质点系的机械运动量的一种度量，恒为正值。

刚体是由无数个质点组成的质点系，由式(8-20)可以确定刚体作各种运动时的动能的表达式。

1. 刚体平动时的动能

刚体平动时，同一瞬时刚体内各点的速度都相同，都等于刚体质心的速度 $\boldsymbol{v}_C$。于是，刚体平动时的动能为

$$T=\sum\frac{1}{2}mv^2=\frac{1}{2}v_C^2\sum m=\frac{1}{2}Mv_C^2 \tag{8-21}$$

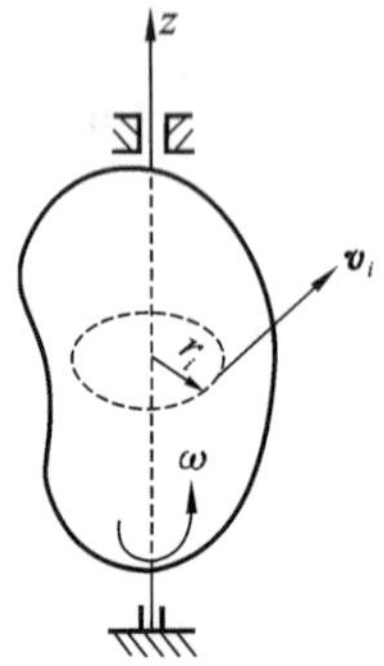

图 8-16

式中，M 为刚体的质量。式(8-21)表明：刚体平动时的动能等于刚体的质量与其质心速度平方的乘积的一半。

2. 刚体绕定轴转动时的动能

设刚体以角速度 ω 绕 z 轴转动，如图 8-16 所示。

在刚体内任取一质点 M_i，其质量为 m_i，到 z 轴的距离为 r_i，则其速度的大小 $v_i=r_i\omega$。于是，刚体绕定轴转动时的动能为

$$T=\sum\frac{1}{2}mv^2=\sum\left(\frac{1}{2}m_ir_i^2\omega^2\right)=\frac{1}{2}\omega^2\sum m_ir_i^2$$

$$= \frac{1}{2}I_z\omega^2 \tag{8-22}$$

式中，I_z 为刚体对 z 轴的转动惯量。式(8-22) 表明：刚体绕定轴转动时的动能，等于刚体对转轴的转动惯量与其角速度平方的乘积的一半。

3. 刚体作平面运动时的动能

设刚体作平面运动时的角速度为 ω，速度瞬心为 C'，如图 8-17 所示。

由运动学可知，刚体作平面运动时，可视为绕通过速度瞬心 C' 并与平面图形垂直的瞬时轴转动。于是，刚体作平面运动时的动能为

$$T = \frac{1}{2}I_{C'}\omega^2 \tag{8-23}$$

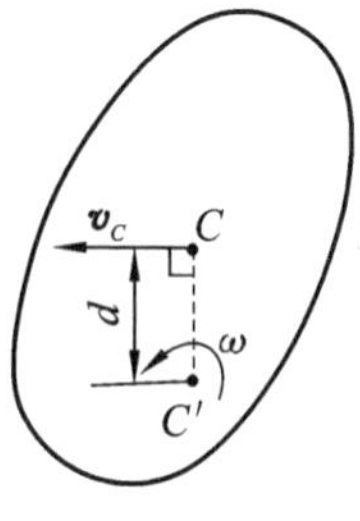

图 8-17

式中，$I_{C'}$ 为刚体对瞬时轴的转动惯量。

由于速度瞬心的位置是不断变化的，所以 $I_{C'}$ 也在不断变化。为了便于计算，将上式改写为另一种形式。设刚体的质心 C 到速度瞬心 C' 的距离为 d，刚体的总质量为 M，根据转动惯量平行轴公式 $I_{C'} = I_C + Md^2$，式(8-23) 可改写为

$$T = \frac{1}{2}(I_C + Md^2)\omega^2 = \frac{1}{2}I_C\omega^2 + \frac{1}{2}M(d\omega)^2$$

由于 $d\omega = v_C$，故有

$$T = \frac{1}{2}Mv_C^2 + \frac{1}{2}I_C\omega^2 \tag{8-24}$$

即刚体作平面运动时的动能，等于刚体随质心平动的动能与绕质心转动的动能之和。

【例 8-4】 在如图 8-18 所示的运动系统中，系于在平面上作纯滚动的圆轮 C 的中心轴上的柔绳，绕过定滑轮 B 吊一重物 A。设圆轮 C 和定滑轮 B 的半径分别为 R 和 r，两轮都视作均质圆柱，重物 A、定滑轮 B、圆轮 C 的质量分别为 m_A、m_B、m_C，绳的质量忽略不计。若某瞬时重物 A 的速度为 $\boldsymbol{v}$，试求系统的动能。

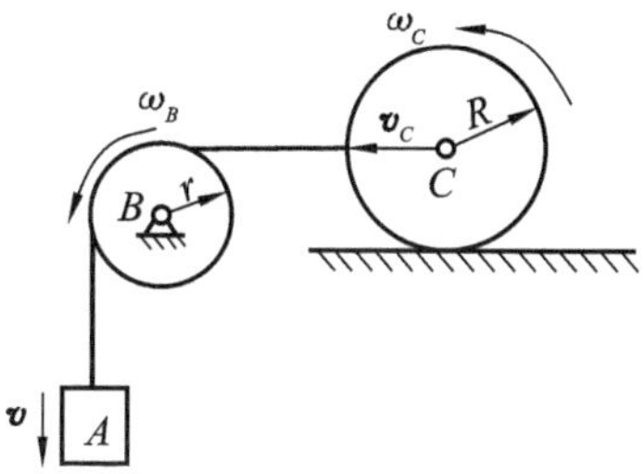

图 8-18

【解】 系统由重物 A、定滑轮 B 和圆轮 C 及绳子所组成，绳子的质量忽略不计。重物 A 作平动，定滑轮 B 作定轴转动，圆轮 C 作平面运动，各物体的速度、角速度如图 8-18 所示，故系统的动能可表示为

$$T = \frac{1}{2}m_Av^2 + \frac{1}{2}I_B\omega_B^2 + \frac{1}{2}m_Cv_C^2 + \frac{1}{2}I_C\omega_C^2$$

由运动学可知，$v_C = v$，$\omega_B = \dfrac{v}{r}$，$\omega_C = \dfrac{v_C}{R} = \dfrac{v}{R}$；又知 $I_B = \dfrac{1}{2}m_Br^2$，$I_C = \dfrac{1}{2}m_CR^2$。于是系统的动能为

$$\begin{aligned} T &= \frac{1}{2}m_Av^2 + \frac{1}{2}\cdot\frac{1}{2}m_Br^2\cdot\left(\frac{v}{r}\right)^2 + \frac{1}{2}m_Cv^2 + \frac{1}{2}\cdot\frac{1}{2}m_CR^2\cdot\left(\frac{v}{R}\right)^2 \\ &= \frac{1}{2}m_Av^2 + \frac{1}{4}m_Bv^2 + \frac{1}{2}m_Cv^2 + \frac{1}{4}m_Cv^2 \\ &= \frac{1}{4}v^2(2m_A + m_B + 3m_C) \end{aligned}$$

8.3.2 质点系的动能定理

在质点系内任取一质点M_i，其质量为m_i，速度为$\boldsymbol{v}_i$，将作用在该质点上的所有力合成为主动力$\boldsymbol{F}_i$和约束反力$\boldsymbol{F}_{Ni}$，由质点动能定理的微分形式可得

$$\mathrm{d}\left(\frac{1}{2}m_i v_i^2\right)=\delta W_{F_i}+\delta W_{F_{Ni}}$$

式中，δW_{F_i}和$\delta W_{F_{Ni}}$分别表示作用于该质点上的主动力和约束反力的元功。设质点系由n个质点组成，对于每个质点都可列出一个方程，将n个方程相加，得

$$\sum_{i=1}^{n}\mathrm{d}\left(\frac{1}{2}m_i v_i^2\right)=\sum_{i=1}^{n}\delta W_{F_i}+\sum_{i=1}^{n}\delta W_{F_{Ni}}$$

即

$$\mathrm{d}\left(\sum\frac{1}{2}m_i v_i^2\right)=\sum\delta W_{F_i}+\sum\delta W_{F_{Ni}}$$

式中，$\sum\frac{1}{2}m_i v_i^2=T$是质点系的动能。若质点系的约束均为理想约束，则约束反力所做的元功之和等于零，即$\sum\delta W_{F_{Ni}}=0$，于是有

$$\mathrm{d}T=\sum\delta W_{F_i} \tag{8-25}$$

即在理想约束条件下，质点系动能的微分等于作用在质点系上的所有主动力的元功之和。式(8-25)就是质点系动能定理的微分形式。

将式(8-25)在某一运动过程中进行积分，可得

$$T_2-T_1=\sum W_{F_i} \tag{8-26}$$

即在理想约束条件下，质点系在某一运动过程中的动能的改变，等于作用在质点系上的所有主动力在同一过程中所做的功之和。式(8-26)就是质点系动能定理的积分形式。

必须注意的是，作用于质点系上的主动力既有外力，也有内力，如前所述，内力做功之和不一定等于零。还应注意的是，只有在理想约束条件下，约束反力做功之和才等于零，而对于非理想约束，应把摩擦力作为主动力来处理，式(8-25)和式(8-26)可照常应用。

动能定理建立了质点和质点系的动能与力所做的功之间的关系，它把速度、主动力和路程联系在一起，适用于求解这三个物理量的动力学问题。利用动能定理的微分形式也可求解加速度，特别是对于复杂系统求解运动参数时比较方便。由于应用动能定理仅能建立一个代数方程，因此只能求解一个未知量，如果未知量较多，还需与动力学的其他定理联合求解，这类问题将在8.6小节中进行讨论。还需注意的是，动能定理不能求解约束反力。

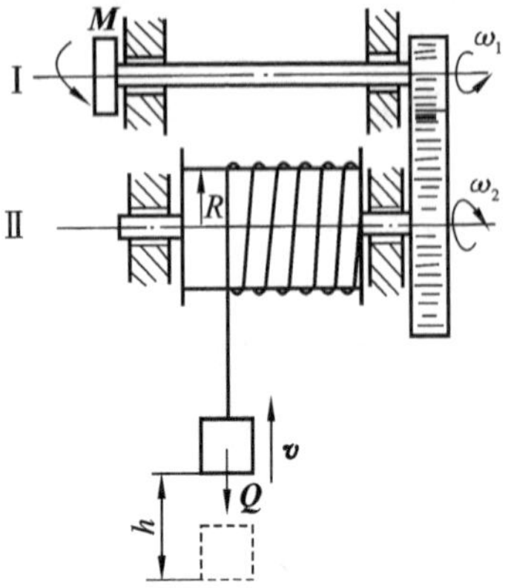

图8-19

【例8-5】 在绞车的主动轴Ⅰ上作用一常力矩$\boldsymbol{M}$，以提升重物，如图8-19所示。已知重物的重量为Q，主动轴Ⅰ和从动轴Ⅱ连同安装在两轴上的齿轮等附件的转动惯量分别为I_1和I_2，传动比$i_{12}=\frac{\omega_1}{\omega_2}$，鼓轮的半径为$R$，轴承处的摩擦和吊索的质量忽略不计。若绞车开始时静止，试求重物上升h高度时的速度和加速度。

【解】 (1) 选取研究对象。取整个系统为研究对象。

(2) 受力分析并计算主动力所做的功。系统是理想约束系统，做功的主动力有力矩$\boldsymbol{M}$和重物的重力$\boldsymbol{Q}$。因此，在

重物上升 h 高度的过程中，主动力所做的功为

$$\sum W_F = M\varphi_1 - Qh$$

由于 $\varphi_1 = \varphi_2 i_{12} = \frac{h}{R} i_{12}$，于是有

$$\sum W_F = \frac{h}{R}(Mi_{12} - QR)$$

(3) 分析运动并计算质点系的动能。系统开始时静止，则 $T_1 = 0$；设重物上升 h 高度时，重物的速度为 $\boldsymbol{v}$，Ⅰ 轴的角速度为 ω_1，Ⅱ 轴的角速度为 ω_2。此时系统的动能为

$$T_2 = \frac{1}{2}\frac{Q}{g}v^2 + \frac{1}{2}I_1\omega_1^2 + \frac{1}{2}I_2\omega_2^2$$

由运动学可知，$\omega_2 = \frac{v}{R}$，$\omega_1 = \omega_2 i_{12} = \frac{v}{R} i_{12}$，于是有

$$T_2 = \frac{1}{2gR^2}[QR^2 + (I_1 i_{12}^2 + I_2)g]v^2$$

(4) 应用质点系的动能定理求未知量。为求重物上升 h 高度时的速度 v，将上述计算结果代入动能定理表达式 $T_2 - T_1 = \sum W_F$ 中，得

$$\frac{1}{2gR^2}[QR^2 + (I_1 i_{12}^2 + I_2)g]v^2 - 0 = \frac{h}{R}(Mi_{12} - QR) \tag{1}$$

解得

$$v = \sqrt{\frac{2(Mi_{12} - QR)Rgh}{QR^2 + (I_1 i_{12}^2 + I_2)g}}$$

为求重物的加速度 a，将式(1)中的 v 和 h 视为变量，对时间求导数，且 $\frac{\mathrm{d}v}{\mathrm{d}t} = a$，$\frac{\mathrm{d}h}{\mathrm{d}t} = v$，整理后得

$$a = \frac{(Mi_{12} - QR)Rg}{QR^2 + (I_1 i_{12}^2 + I_2)g}$$

【例 8-6】 如图 8-20 所示，系于圆轮 C 的中心轴上的无重柔绳绕过定滑轮 B，在绳的 A 端作用一不变力 $\boldsymbol{F}$，将圆轮 C 沿斜面向上拉。已知定滑轮 B 的半径为 r，重量为 P，质量分布在轮缘上；圆轮 C 的半径为 R，重量为 Q，可视作均质圆柱。设斜面的倾斜角为 α，表面粗糙，圆轮 C 只滚不滑。若系统由静止开始运动，求圆轮 C 的中心移动 s 距离时的速度和加速度。不计轴承摩擦。

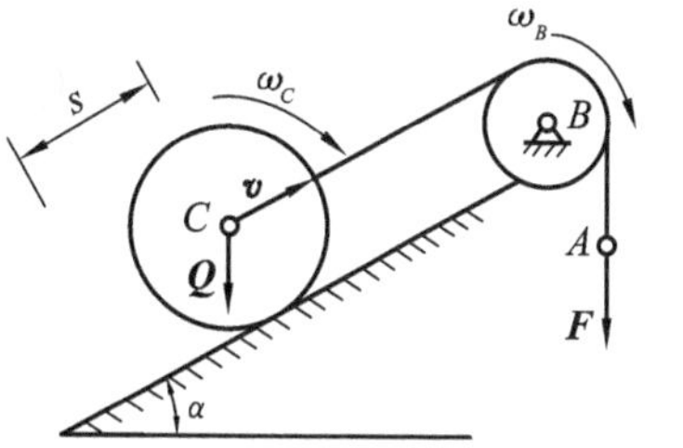

图 8-20

【解】 (1) 取研究对象。取整个系统为研究对象。

(2) 受力分析并计算主动力所做的功。系统约束为理想约束，且只有主动力 $\boldsymbol{F}$ 和圆轮 C 的重力 $\boldsymbol{Q}$ 做功。因此，在所研究的过程中，主动力所做的功为

$$\sum W_F = Fs - Qs\sin\alpha = (F - Q\sin\alpha)s$$

(3) 分析运动并计算系统的动能。系统开始时静止，则 $T_1 = 0$。圆轮 C 作平面运动，定滑轮 B 作定轴转动，设圆轮 C 的中心移动 s 距离时的速度为 $\boldsymbol{v}$，角速度为 ω_C，定滑轮 B 的角速度为 ω_B，则此时系统的动能为

$$T_2 = \frac{1}{2}\frac{Q}{g}v^2 + \frac{1}{2}I_C\omega_C^2 + \frac{1}{2}I_B\omega_B^2$$

由运动学可知，$\omega_C = \dfrac{v}{R}$，$\omega_B = \dfrac{v}{r}$，且 $I_C = \dfrac{1}{2}\dfrac{Q}{g}R^2$，$I_B = \dfrac{P}{g}r^2$，于是

$$T_2 = \frac{1}{4g}(3Q + 2P)v^2$$

(4) 应用质点系的动能定理求未知量。为求圆轮 C 的中心移动 s 距离时的速度 v，将上述计算结果代入动能定理表达式 $T_2 - T_1 = \sum W_F$ 中，得

$$\frac{1}{4g}(3Q + 2P)v^2 = (F - Q\sin\alpha)s \tag{1}$$

解得

$$v = 2\sqrt{\frac{(F - Q\sin\alpha)gs}{3Q + 2P}}$$

为求圆轮 C 的中心的加速度 a，将式(1)中的 v 和 s 视为变量，对时间求导数，且 $\dfrac{\mathrm{d}v}{\mathrm{d}t} = a$，$\dfrac{\mathrm{d}s}{\mathrm{d}t} = v$，整理后得

$$a = \frac{2(F - Q\sin\alpha)g}{3Q + 2P}$$

【例 8-7】 吊有重物 A 的柔绳绕过定滑轮 O 连于杆 BD 一端的滑块 B 上，带动杆 BD 运动，如图 8-21(a) 所示。设重物 A 的重量为 P，均质杆 BD 的长度为 l，重量为 Q，且 $P > 2Q$，其余构件的自重及各处摩擦均忽略不计。若系统开始时静止，且杆 BD 处于水平位置，求当杆 BD 与水平面的夹角 $\varphi = 30°$ 时，重物 A 的速度和加速度。

【解】 (1) 取研究对象。取整个系统为研究对象。

(2) 受力分析并计算主动力所做的功。该系统为理想约束系统，约束反力不做功，做功的主动力只有重物 A 的重力 $\boldsymbol{P}$ 和杆 BD 的重力 $\boldsymbol{Q}$。因此，在所研究的过程中，主动力所做的功为

$$\sum W_F = Pl\sin\varphi - Q\frac{l}{2}\sin\varphi = \frac{2P - Q}{2}l\sin\varphi$$

(3) 分析运动并计算质点系的动能。系统开始时静止，则 $T_1 = 0$。重物 A 作平动，杆 BD 作平面运动，设杆 BD 与水平面成 φ 角时，重物 A 的速度为 $\boldsymbol{v}$，杆 BD 的角速度为 ω，点 C 为杆 BD 的瞬时速度中心，如图 8-21(b) 所示，此时系统的动能为

$$T_2 = \frac{1}{2}\frac{P}{g}v^2 + \frac{1}{2}I_C\omega^2$$

由运动学可知，$\omega = \dfrac{v}{l\cos\varphi}$，且 $I_C = \dfrac{1}{12}\dfrac{Q}{g}l^2 + \dfrac{Q}{g}\left(\dfrac{l}{2}\right)^2 = \dfrac{1}{3}\dfrac{Q}{g}l^2$，于是有

$$T_2 = \frac{1}{6g}\left(3P + \frac{Q}{\cos^2\varphi}\right)v^2$$

(4) 应用质点系的动能定理求未知量。为求杆 BD 与水平面成 φ 角时重物 A 的速度 v，将上述计算结果代入动能定理表达式 $T_2 - T_1 = \sum W_F$ 中，得

$$\frac{1}{6g}\left(3P + \frac{Q}{\cos^2\varphi}\right)v^2 - 0 = \frac{2P - Q}{2}l\sin\varphi \tag{1}$$

解得

$$v = \sqrt{\frac{3g(2P - Q)l\sin\varphi\cos^2\varphi}{3P\cos^2\varphi + Q}}$$

将 $\varphi = 30°$ 代入上式中，解得

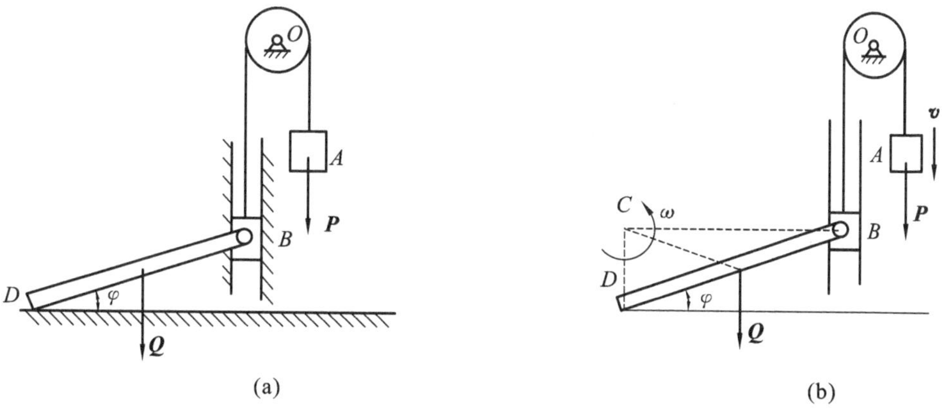

图 8-21

$$v=\sqrt{\frac{9g(2P-Q)l}{2(9P+4Q)}}$$

为求重物 A 的加速度 a，将式(1) 中的 v、φ 视为变量，对时间求导数，得

$$\frac{1}{6g}\left(3P+\frac{Q}{\cos^2\varphi}\right)2v\frac{\mathrm{d}v}{\mathrm{d}t}+\frac{Qv^2}{6g}\cdot\frac{-2\cos\varphi(-\sin\varphi)\dfrac{\mathrm{d}\varphi}{\mathrm{d}t}}{\cos^4\varphi}=\frac{2P-Q}{2}l\cos\varphi\frac{\mathrm{d}\varphi}{\mathrm{d}t}$$

由于 $\frac{\mathrm{d}v}{\mathrm{d}t}=a, l\cos\varphi\frac{\mathrm{d}\varphi}{\mathrm{d}t}=v$，代入上式并整理，得

$$a=\frac{3(2P-Q)gl\cos^4\varphi-2Qv^2\sin\varphi}{2l\cos^2\varphi(3P\cos^2\varphi+Q)}$$

将 $\varphi=30^\circ$ 及 v 值代入上式中，得

$$a=\frac{3(2P-Q)(27P+4Q)g}{2(9P+4Q)^2}$$

通过以上例题的分析，可总结出应用质点系的动能定理解题的步骤如下。

(1) 选取研究对象。一般应取整个系统为研究对象。在应用动能定理求解加速度时，应将系统放在一般位置。

(2) 进行受力分析并计算力所做的功。一般按主动力和约束反力来分析系统的受力，理想约束系统只需计算主动力所做的功。

(3) 进行运动分析并计算质点系的动能。在研究某一过程时，要分别计算系统在初瞬时和末瞬时的动能。

(4) 应用动能定理求解未知量。一般是将上述分析计算结果代入动能定理表达式 $T_2-T_1=\sum W_{12}$ 中，写出动能定理的具体表达式，再进行求解。当需要求加速度时，只需将动能定理表达式中的速度(角速度) 和位移(角位移) 看作变量，并对时间求导数即可。

8.4 功率与功率方程　机械效率

8.4.1 功率

在工程实际中，不仅要知道力做了多少功，而且需要了解力做功的快慢。通常将单位时间内力所做的功称为功率，用 P 表示。功率表示力做功的快慢程度，它是衡量机器工作能力的一个重要指标。

功率的数学表达式为

$$P = \frac{\delta W}{dt} \tag{8-27}$$

由于力 $\boldsymbol{F}$ 的元功 $\delta W = \boldsymbol{F} \cdot d\boldsymbol{r}$，故力的功率可写成

$$P = \frac{\delta W}{dt} = \boldsymbol{F} \cdot \frac{d\boldsymbol{r}}{dt} = \boldsymbol{F} \cdot \boldsymbol{v} = F_\tau v \tag{8-28}$$

式中，v 是力 $\boldsymbol{F}$ 的作用点的速度。式(8-28)表明：力的功率等于切向力与力的作用点的速度的乘积。

由于作用在转动刚体上的力的元功(力矩的元功)为 $\delta W = M_z d\varphi$，则功率为

$$P = \frac{\delta W}{dt} = M_z \frac{d\varphi}{dt} = M_z \omega \tag{8-29}$$

式中，M_z 是力 $\boldsymbol{F}$ 对转轴 z 的矩，ω 是刚体的转动角速度。式(8-29)表明：作用于转动刚体上的力的功率等于该力对转轴的矩与刚体的转动角速度的乘积。

在国际单位制中，功率的单位是焦耳每秒(J/s)，称为瓦特，用 W 表示。一千瓦特称为千瓦，用 kW 表示。

在工程单位制中，功率的单位是千克力米每秒(kgf · m/s)。此外，功率的单位还有英制单位的英制马力(hp)。

各种单位制的换算关系如下。

1 kgf · m/s = 9.8 W

1 kW = 1.36 Ps = 102 kgf · m/s

1 hp = 745.7 W = 76 kgf · m/s

在旋转机械中，构件转动的快慢程度常用转速 n 表示。若力矩或力偶矩的单位为牛顿米(N · m)，功率的单位为千瓦(kW)，则式(8-29)可改写为

$$P = \frac{M\omega}{1\,000} = \frac{M}{1\,000} \cdot \frac{n\pi}{30} = \frac{Mn}{9\,549} (\text{kW}) \tag{8-30}$$

若已知功率 P(kW)和转速 n(r/min)，则力矩或力偶矩为

$$M = 9\,549 \frac{P}{n} \ (\text{N} \cdot \text{m}) \tag{8-31}$$

8.4.2 功率方程

任何一台机器工作时必须输入一定的功，用 $W_{输入}$ 表示，其中一部分功将用来克服有用阻力(如机床切削工件)，这部分功用 $W_{有用}$ 表示；另一部分功将用来克服摩擦等，消耗的这部分功为无用功，用 $W_{无用}$ 表示。由质点系动能定理的微分形式，则有

$$dT = \sum \delta W = \delta W_{输入} - \delta W_{有用} - \delta W_{无用}$$

两端同时除以 dt，并将式(8-27)代入，可得

$$\frac{dT}{dt} = P_{输入} - P_{有用} - P_{无用} \tag{8-32}$$

上式称为机器的功率方程，它是动能定理的微分形式的另一种表达形式，它表明了任一机器的输入功率、输出功率与机器运动状态间的关系。当机器处于启动阶段时，机器的运动速度不断加快，动能逐渐增大，即$\frac{dT}{dt} > 0$，故 $P_{输入} > P_{有用} + P_{无用}$；当机器处于制动阶段时，机器的运动速度不断降低，动能逐渐减小，即$\frac{dT}{dt} < 0$，故 $P_{输入} < P_{有用} + P_{无用}$；当机器处于正常工作时，一般来说是匀速的，即$\frac{dT}{dt} = 0$，此时

$$P_{输入} = P_{有用} + P_{无用} \tag{8-33}$$

上式称为机器的功率平衡方程。

8.4.3 机械效率

在工程中，一般把机器在稳定运转时$\left(即\dfrac{dT}{dt}=0\right)$的有用功率与输入功率的比值称为机械效率，用 η 表示，即

$$\eta = \frac{P_{有用}}{P_{输入}} \tag{8-34}$$

机械效率表明了机器对输入功率的有效利用程度，是评价机器质量好坏的重要指标之一。显然，一般情况下，$\eta < 1$。常见的传动机械的效率可查阅有关机械工程设计手册。

对于有 n 级传动的系统，总的机械效率应等于各级传动的机械效率的连乘积，即

$$\eta = \eta_1 \cdot \eta_2 \cdot \cdots \cdot \eta_n \tag{8-35}$$

【例 8-8】 已测得某车床的最大切削力 $F = 17.27\ \text{kN}$，切削时所用的主轴的转速 $n = 56.8\ \text{r/min}$，工件的直径 $d = 115\ \text{mm}$。设电动机到主轴的机械效率 $\eta = 0.78$，试确定电动机的功率。

【解】 (1) 切削力矩为

$$M = \frac{Fd}{2} = 17\ 270 \times \frac{0.115}{2}\ \text{N}\cdot\text{m} = 993.025\ \text{N}\cdot\text{m}$$

(2) 由式(8-30)可得切削力矩的功率为

$$P_{有用} = \frac{Mn}{9\ 549} = \frac{993.025 \times 56.8}{9\ 549}\ \text{kW} = 5.907\ \text{kW}$$

(3) 由式(8-34)可得电动机的功率为

$$P_{电} = P_{输入} = \frac{P_{有用}}{\eta} = \frac{5.907}{0.78}\ \text{kW} = 7.57\ \text{kW}$$

【例 8-9】 如图 8-22 所示，用一绞车提升质量 $m = 2\ 000\ \text{kg}$ 的重物，提升速度 $v = 0.375\ \text{m/s}$。若传动齿轮的齿数 $z_1 = 24, z_2 = 72, z_3 = 20, z_4 = 80$，每对齿轮的效率 $\eta_1 = \eta_2 = 0.95$，卷筒的效率 $\eta_3 = 0.96$，滑轮的效率 $\eta_4 = 0.94$，卷筒的半径 $R = 0.3\ \text{m}$，求电动机的功率和电动机轴上的转矩。

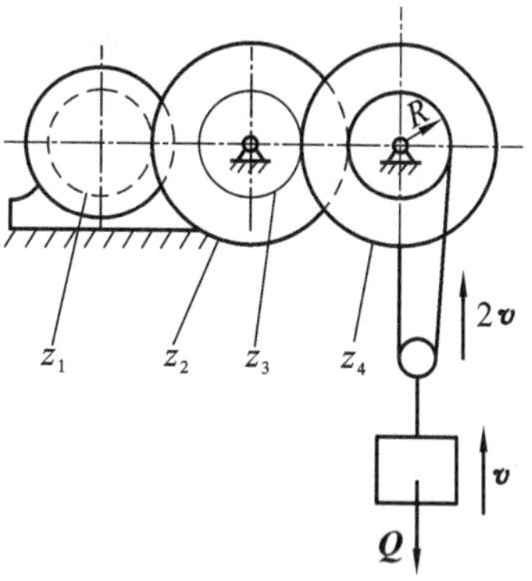

图 8-22

【解】 (1) 有用功率为

$$P_{有用} = \frac{Qv}{1\ 000} = \frac{2\ 000 \times 9.8 \times 0.375}{1\ 000}\ \text{kW} = 7.35\ \text{kW}$$

(2) 绞车的效率为

$$\eta = \eta_1 \cdot \eta_2 \cdot \eta_3 \cdot \eta_4 = 0.95^2 \times 0.96 \times 0.94 = 0.81$$

(3) 电动机的功率为

$$P_{电} = \frac{P_{有用}}{\eta} = \frac{7.35}{0.81}\ \text{kW} = 9.07\ \text{kW}$$

(4) 电动机轴的角速度为

$$\omega_{电} = \frac{2v}{R} \cdot \frac{z_2}{z_1} \cdot \frac{z_4}{z_3} = \frac{2 \times 0.375}{0.3} \times \frac{72}{24} \times \frac{80}{20}\ \text{rad/s} = 30\ \text{rad/s}$$

因此，电动机轴上的转矩为

$$M_{电} = \frac{P_{电} \times 1\,000}{\omega_{电}} = \frac{9.07 \times 1\,000}{30}\ \text{N} \cdot \text{m} = 302.33\ \text{N} \cdot \text{m}$$

8.5 势力场与势能　机械能守恒定律

8.5.1 势力场

如果质点在某空间内任意位置都受到一个大小和方向完全由所在位置确定的力的作用，则具有这样特性的空间就称为力场；质点在力场中所受的力称为场力。

如果质点在某力场内运动，场力所做的功只取决于质点的起始和终止位置，而与其路径无关，则这种力场称为势力场(保守力场)。例如，重力场、万有引力场、弹性力场都是势力场。质点在势力场内所受的力称为有势力(保守力)。例如，重力和弹性力都是有势力。

8.5.2 势能

设有一势力场，质点在其中运动。在某一瞬时质点的位置为 $M(x,y,z)$，在势力场内任选一固定点 $M_0(x_0,y_0,z_0)$，并称此点为势能零点，如图 8-23 所示。

质点从 M 位置运动到 M_0 位置的过程中，作用于质点上的有势力所做的功，称为质点在 M 位置的势能。势能与功具有相同的单位，用 V 表示势能，则有

$$V = \int_{M}^{M_0} \boldsymbol{F} \cdot \mathrm{d}\boldsymbol{r} = \int_{M}^{M_0} (F_x \mathrm{d}x + F_y \mathrm{d}y + F_z \mathrm{d}z) = -\int_{M_0}^{M} (F_x \mathrm{d}x + F_y \mathrm{d}y + F_z \mathrm{d}z) \tag{8-36}$$

从势能的定义可以看出势能的物理意义。所谓质点具有势能，就是说在势力场内，有势力具有做功的潜在能力。例如，提高的重锤有做功的能力，可以用来打桩；变形的弹簧也具有做功的能力。

应注意的是，在说明质点的势能时，一定要指明是相对于哪一个势能零点的。因为对于同一个质点，若选取不同的势能零点，将得到不同的势能值，但不论势能零点的位置如何选择，质点在两个位置的势能之差是不变的。

以下是几种常见的势力场的势能。

1. 重力场的势能

如图 8-24 所示，在重力场中，$F_x = 0, F_y = 0, F_z = -P$，因此

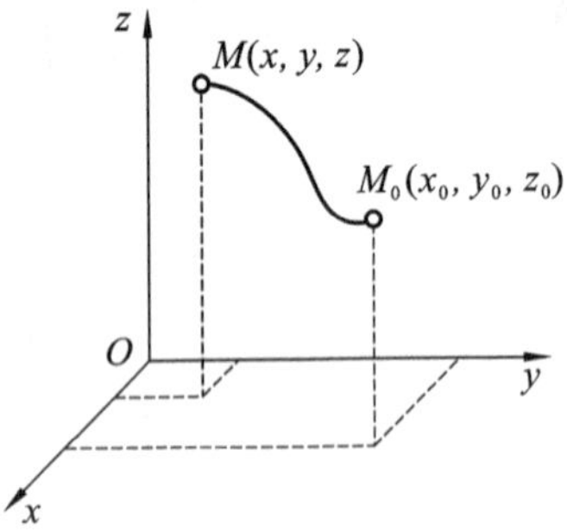

图 8-23

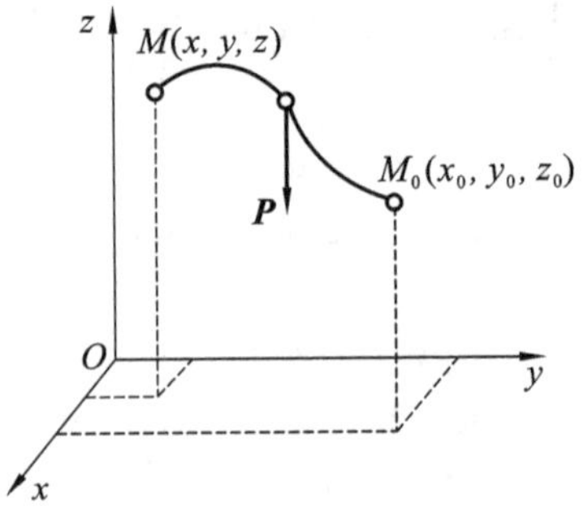

图 8-24

$$V = \int_{z}^{z_0} -P\mathrm{d}z = -P(z_0 - z)$$

为了计算方便，取势能零点在 $Oxyz$ 坐标平面内，即 $z_0 = 0$，得

$$V = Pz$$

2. 弹性力场的势能

设弹簧的一端固定，另一端与质点相连，如图 8-25 所示。

已知弹簧的刚性系数为 k，取弹簧自然原长的位置为势能零点，则质点在任意位置的势能为

$$V = -\frac{k}{2}(\delta_0^2 - \delta^2) = \frac{k}{2}\delta^2$$

式中，δ 为弹簧的变形量。

3. 万有引力场的势能

设质点受万有引力 $\boldsymbol{F}$ 的作用，如图 8-26 所示。

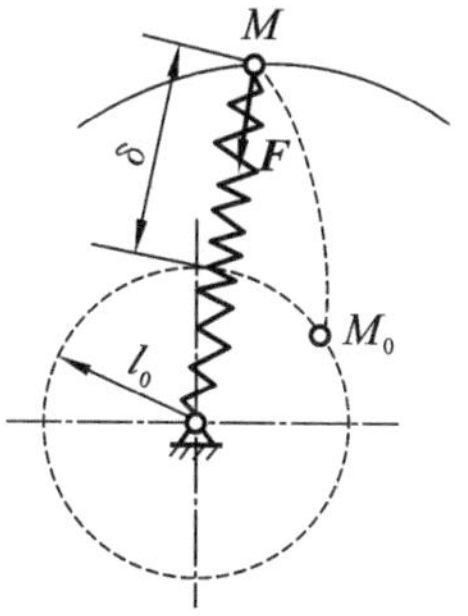

图 8-25

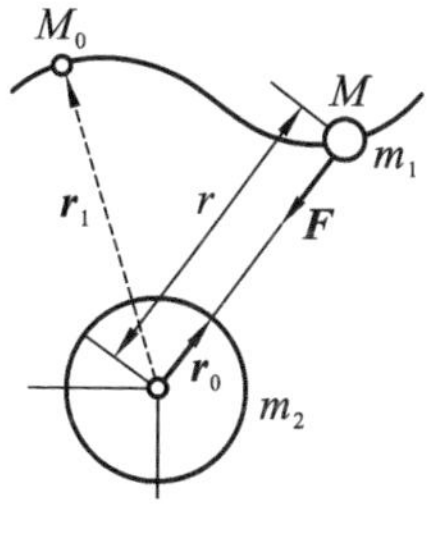

图 8-26

取 M_0 位置为势能零点，则质点在 M 位置的势能为

$$V = \int_M^{M_0} \boldsymbol{F} \cdot \mathrm{d}\boldsymbol{r} = \int_M^{M_0} -\frac{Gm_1m_2}{r^2}\boldsymbol{r}_0 \cdot \mathrm{d}\boldsymbol{r}$$

式中，G 为引力常数，m_1 和 m_2 分别为质点和施力体的质量，$\boldsymbol{r}_0$ 是质点的矢径方向的单位矢量。由于

$$\boldsymbol{r}_0 \cdot \mathrm{d}\boldsymbol{r} = \frac{\boldsymbol{r}}{r} \cdot \mathrm{d}\boldsymbol{r} = \frac{1}{2r}\mathrm{d}(\boldsymbol{r} \cdot \boldsymbol{r}) = \frac{1}{2r}\mathrm{d}(r^2) = \mathrm{d}r$$

且设 $\boldsymbol{r}_1$ 是势能零点的矢径，于是有

$$V = \int_r^{r_1} -\frac{Gm_1m_2}{r^2}\mathrm{d}r = Gm_1m_2\left(\frac{1}{r_1} - \frac{1}{r}\right)$$

如果选取势能零点在无穷远处，即 $r_1 = \infty$，则

$$V = -\frac{Gm_1m_2}{r}$$

由上述讨论可以看出，质点的势能可以表示成质点的位置坐标(x,y,z)的单值连续函数，这种函数称为势能函数，即

$$V = V(x,y,z) \tag{8-37}$$

质点在势力场中运动，有势力所做的功可用势能计算。

设在势力场中，质点在有势力 $\boldsymbol{F}$ 的作用下由 M_1 位置运动到 M_2 位置，如图 8-27 所示。

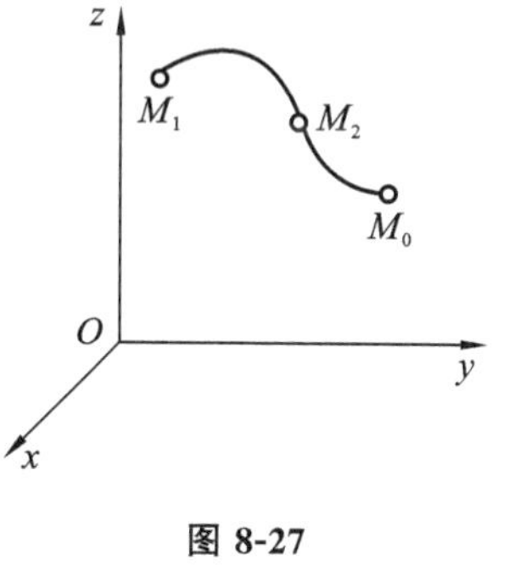

图 8-27

选取 M_0 位置为势能零点，由于有势力所做的功与运动轨迹的形状无关，因此有势力所做的功为

$$W_{12}=\int_{M_1}^{M_2}\delta W-\int_{M_1}^{M_0}\delta W+\int_{M_0}^{M_2}\delta W$$
$$=\int_{M_1}^{M_0}\delta W-\int_{M_2}^{M_0}\delta W=V_1-V_2 \quad (8\text{-}38)$$

上式表明:有势力所做的功等于质点在运动过程中初始位置的势能与终止位置的势能之差。

8.5.3 有势力与势能函数的关系

计算有势力 $\boldsymbol{F}$ 在质点的微小位移 $\mathrm{d}\boldsymbol{r}(\mathrm{d}x,\mathrm{d}y,\mathrm{d}z)$ 上所做的元功。由式(8-38)可得

$$\delta W=V(x,y,z)-V(x+\mathrm{d}x,y+\mathrm{d}y,z+\mathrm{d}z)=-\mathrm{d}V$$

由高等数学可知,势能函数 $V(x,y,z)$ 的全微分形式为

$$\mathrm{d}V=\frac{\partial V}{\partial x}\mathrm{d}x+\frac{\partial V}{\partial y}\mathrm{d}y+\frac{\partial V}{\partial z}\mathrm{d}z$$

于是

$$\delta W=-\left(\frac{\partial V}{\partial x}\mathrm{d}x+\frac{\partial V}{\partial y}\mathrm{d}y+\frac{\partial V}{\partial z}\mathrm{d}z\right)$$

将上式与元功的表达式 $\delta W=F_x\mathrm{d}x+F_y\mathrm{d}y+F_z\mathrm{d}z$ 相比较,可得到

$$\begin{cases}F_x=-\dfrac{\partial V}{\partial x}\\ F_y=-\dfrac{\partial V}{\partial y}\\ F_z=-\dfrac{\partial V}{\partial z}\end{cases} \quad (8\text{-}39)$$

上式表明:有势力在直角坐标轴上的投影,等于势能函数对相应坐标的偏导数冠以负号。

若势能函数 $V(x,y,z)=$ 常数,则确定了某个曲面,在这个曲面上所有点的势能值均相等,这种曲面称为等势面。势能等于零的等势面称为零势能面。势力场中任意一点的势能只有一个数值,因此只通过一个等势面,也就是说等势面不相交。

例如在重力场中,同一水平面上各点的势能都相等,因此重力场中的等势面为水平面,如图 8-28(a)所示;弹性力场的等势面是以弹簧的固定端为中心的球面,如图 8-28(b)所示。

图 8-28

显然,当质点沿任一等势面运动时,有势力 $\boldsymbol{F}$ 在任意微小位移 $\mathrm{d}\boldsymbol{r}$ 上所做的元功 $\delta W=-\mathrm{d}V=0$,即 $\boldsymbol{F}\cdot\mathrm{d}\boldsymbol{r}=0$,因此有势力 $\boldsymbol{F}$ 与 $\mathrm{d}\boldsymbol{r}$ 垂直。这说明有势力的方向永远垂直于等势面,并且由式(8-39)可知,有势力 $\boldsymbol{F}$ 指向势能减小的方向。

8.5.4 机械能守恒定律

质点在某瞬时的动能与势能的代数和称为机械能。如果在质点的运动过程中只有有势力做功,则质点的机械能保持不变,这一规律称为机械能守恒定律。

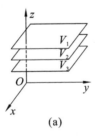

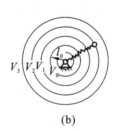

设质点在势力场中沿曲线从点 M_1 运动到点 M_2，则由动能定理可得

$$\frac{1}{2}mv_2^2 - \frac{1}{2}mv_1^2 = W_{12}$$

即

$$T_2 - T_1 = W_{12}$$

由于有势力所做的功可用势能计算，因此根据式(8-38)可得

$$T_2 - T_1 = V_1 - V_2$$

整理后，得

$$T_2 + V_2 = T_1 + V_1 \tag{8-40}$$

式(8-40)为机械能守恒定律的表达式。由此可知，质点在势力场中运动时，其机械能不会增加或减少，但其动能和势能可相互转化。

以上讨论都是针对质点而言的，显然，这些结论对于质点系也同样适用。

【例 8-10】 一长度为 l 的均质铁链放在光滑的水平桌面上，如图 8-29 所示。设开始时桌边垂下的一段铁链的长度为 a，铁链由静止开始运动，求铁链全部离开水平桌面时的速度。

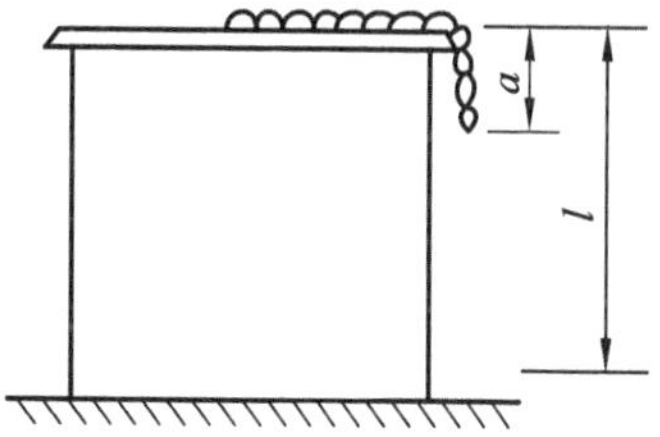

图 8-29

【解】 (1) 取铁链为研究对象。铁链是一个质点系，在铁链由静止到全部离开桌面的过程中，做功的力只有重力，即只有有势力做功，因此可用机械能守恒定律计算。

(2) 分析运动并计算动能。铁链开始时静止，则 $T_1 = 0$。由于铁链上各点的速度相等，设铁链全部离开桌面时的速度为 $\boldsymbol{v}$，整条铁链的质量为 M，则铁链全部离开桌面时的动能为

$$T_2 = \sum \frac{1}{2}mv^2 = \frac{1}{2}Mv^2$$

(3) 取势能零点并计算势能。取桌面为势能零点，设 γ 为单位长度的铁链的质量，则铁链在不同位置时的势能为

$$V_1 = -\gamma g a \cdot \frac{a}{2} = -\frac{\gamma g}{2}a^2$$

$$V_2 = -\gamma g l \cdot \frac{l}{2} = -\frac{\gamma g}{2}l^2$$

(4) 应用机械能守恒定律求未知量。将上述计算结果代入机械能守恒定律表达式 $T_2 + V_2 = T_1 + V_1$ 中，且 $M = \gamma l$，可得

$$\frac{1}{2}Mv^2 - \frac{\gamma g}{2}l^2 = 0 - \frac{\gamma g}{2}a^2$$

解得

$$v = \sqrt{\frac{(l^2 - a^2)g}{l}}$$

【例 8-11】 一重量为 P、半径为 R 的均质圆柱形滚子，可沿与水平面成 θ 角的斜面作无滑动的滚动，如图 8-30 所示，在滚子的中心轴 C 上连接一刚性系数为 k 的弹簧。设开始时滚子处于静止，此时弹簧无变形，试求滚子的中心轴 C 沿斜面移动 s 路程时的速度。

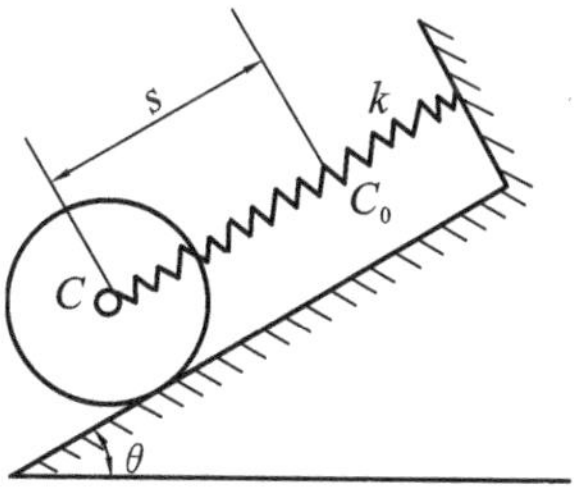

图 8-30

【解】 (1) 取研究对象。取滚子为研究对象，在滚子从静止

到滚子的中心轴 C 沿斜面移动 s 路程的过程中，作用于滚子上的做功的力只有滚子的重力和弹簧的弹性力，而且它们都是有势力，故可应用机械能守恒定律。

(2) 分析运动并计算动能。滚子开始时静止，则 $T_1 = 0$。滚子作平面运动，设滚子的中心轴 C 沿斜面移动 s 路程时，滚子质心的速度为 $\boldsymbol{v}$，角速度为 ω，且 $\omega = \dfrac{v}{R}$，$I_C = \dfrac{1}{2}\dfrac{P}{g}R^2$，故此时滚子的动能为

$$T_2 = \frac{1}{2}\frac{P}{g}v^2 + \frac{1}{2}I_C\omega^2 = \frac{3P}{4g}v^2$$

(3) 取滚子轮心的静止位置为势能零点，则滚子在初始位置和最终位置的势能分别为

$$V_1 = 0,\quad V_2 = \frac{1}{2}ks^2 - Ps\sin\theta$$

(4) 应用机械能守恒定律求未知量。将上述计算结果代入机械能守恒定律表达式 $T_2 + V_2 = T_1 + V_1$ 中，可得

$$\frac{3P}{4g}v^2 + \frac{1}{2}ks^2 - Ps\sin\theta = 0 + 0$$

解得

$$v = \sqrt{\frac{2gs(2P\sin\theta - ks)}{3P}}$$

8.6 动力学普遍定理的综合应用

动力学普遍定理是求解动力学问题的有效方法。在求解具体问题时，同一个问题有时可以分别用几个定理来求解，有时需要几个定理联合求解。所谓综合应用，主要是解决两个问题：(1) 如何根据问题的条件恰当地选用定理；(2) 如何应用若干个定理联合求解。

每一个动力学普遍定理都只建立了某种运动特征量和某种力的作用量之间的关系。例如，动量定理(质心运动定理) 建立了动量和外力之间的关系，动量矩定理建立了动量矩和外力矩之间的关系，动能定理建立了动能与力所做的功之间的关系等。

在解题时，应首先根据问题的已知量和待求量选择合适的定理。例如，已知量和待求量是速度、加速度、外力，而系统的内力又比较复杂时，一般可选用动量定理或质心运动定理求解。对于转动或系统仅有一个固定轴的问题，选用刚体绕定轴转动微分方程或动量矩定理求解较合适；对于单一刚体作平面运动的问题，则应选用刚体平面运动微分方程求解。已知量和待求量是速度、加速度、作用力和路程，特别是系统比较复杂时，多适合选用动能定理求解。由于动能定理是一个代数式，因此应用时比较方便，特别是对于理想约束系统，只有主动力做功，计算简便。对于比较复杂的动力学问题，或未知量个数较多时，只用一个定理不能求得全部结果，这时必须适当地选用若干个定理联合求解。

还应指出的是，守恒问题必须应用相应的守恒定律求解。例如，外力在某坐标轴上的投影恒等于零时，应选用动量守恒定律(求运动速度) 或质心坐标守恒定律(求位移) 求解；外力对某点或某轴的矩恒等于零时，应选用动量矩守恒定律求解。

【例 8-12】 一半径为 R、重量为 P 的均质圆盘可绕水平轴 O 转动，如图 8-31 所示。已知圆盘从图示位置($\varphi = 0$)无初速度释放，求圆盘转过 φ 角时的角速度 ω、角加速度 ε 及 O 点的反力。

【解】 本题应先求圆盘的角速度和角加速度，可采用两种方法求解。

方法一：应用质点系的动能定理求解。

(1) 选取圆盘为研究对象，研究圆盘由静止到转过 φ 角的过程。

(2) 圆盘受重力 $\boldsymbol{P}$ 和约束反力 $\boldsymbol{F}_{Rx}$、$\boldsymbol{F}_{Ry}$ 的作用，故主动力所做的功为

$$\sum W_F = PR(1-\cos\varphi)$$

(3) 圆盘开始时静止，则 $T_1 = 0$。圆盘作定轴转动，设圆盘转过 φ 角时的角速度为 ω，且 $I_O = I_C + MR^2 = \frac{1}{2}\frac{P}{g}R^2 + \frac{P}{g}R^2 = \frac{3P}{2g}R^2$，故

$$T_2 = \frac{1}{2}I_O\omega^2 = \frac{3P}{4g}R^2\omega^2$$

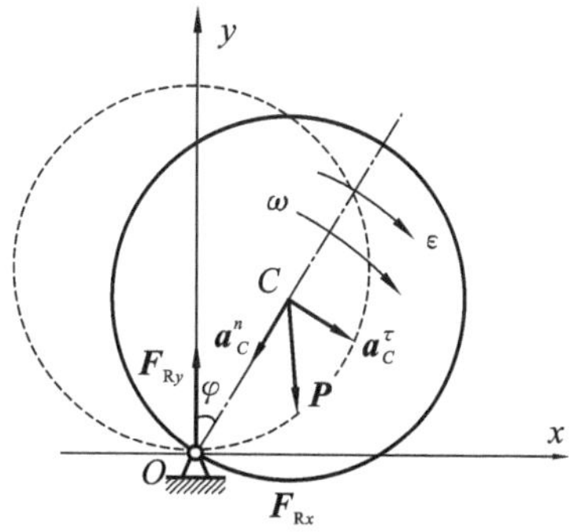

图 8-31

(4) 将上述计算结果代入动能定理表达式 $T_2 - T_1 = \sum W_F$ 中，可得

$$\frac{3P}{4g}R^2\omega^2 - 0 = PR(1-\cos\varphi) \tag{1}$$

解得

$$\omega = \sqrt{\frac{4g}{3R}(1-\cos\varphi)}$$

(5) 为求角加速度，将式(1) 对时间求导数，且 $\frac{d\omega}{dt} = \varepsilon$，$\frac{d\varphi}{dt} = \omega$，解得

$$\varepsilon = \frac{2g}{3R}\sin\varphi$$

方法二：应用刚体绕定轴转动微分方程求解。

研究对象和受力图同前，先求解角加速度。

由刚体绕定轴转动微分方程可得

$$I_O\varepsilon = \sum M_O(F)$$

由于 $I_O = \frac{3P}{2g}R^2$，$\sum M_O(F) = PR\sin\varphi$，代入上式，可得

$$\frac{3P}{2g}R^2\varepsilon = PR\sin\varphi$$

解得

$$\varepsilon = \frac{2g}{3R}\sin\varphi \tag{2}$$

为求圆盘的角速度，将式(2) 进行积分，并将 $\varepsilon = \frac{d\omega}{dt} = \frac{d\omega}{d\varphi}\cdot\frac{d\varphi}{dt} = \frac{\omega d\omega}{d\varphi}$ 代入，可得

$$\int_0^\omega \omega d\omega = \int_0^\varphi \frac{2g}{3R}\sin\varphi d\varphi$$

即

$$\frac{\omega^2}{2} = \frac{2g}{3R}(1-\cos\varphi)$$

解得

$$\omega = \sqrt{\frac{4g}{3R}(1-\cos\varphi)}$$

结果同前。

应用质心运动定理求解 O 轴的约束反力 F_{Rx} 和 F_{Ry}。取坐标系 Oxy，则

$$\begin{cases}\dfrac{P}{g}a_{Cx}=\sum F_x\\ \dfrac{P}{g}a_{Cy}=\sum F_y\end{cases}$$

即

$$\begin{cases}\dfrac{P}{g}(a_C^\tau\cos\varphi-a_C^n\sin\varphi)=F_{Rx}\\ \dfrac{P}{g}(-a_C^\tau\sin\varphi-a_C^n\cos\varphi)=F_{Ry}-P\end{cases}$$

将 $a_C^\tau=R\varepsilon=\dfrac{2g}{3}\sin\varphi, a_C^n=R\omega^2=\dfrac{4g}{3}(1-\cos\varphi)$ 代入上式并整理，可得

$$\begin{cases}F_{Rx}=\dfrac{P}{3}(6\cos\varphi-4)\sin\varphi\\ F_{Ry}=\dfrac{P}{3}(1+6\cos^2\varphi-4\cos\varphi)\end{cases}$$

以后还会学习应用达朗伯原理求解约束反力。

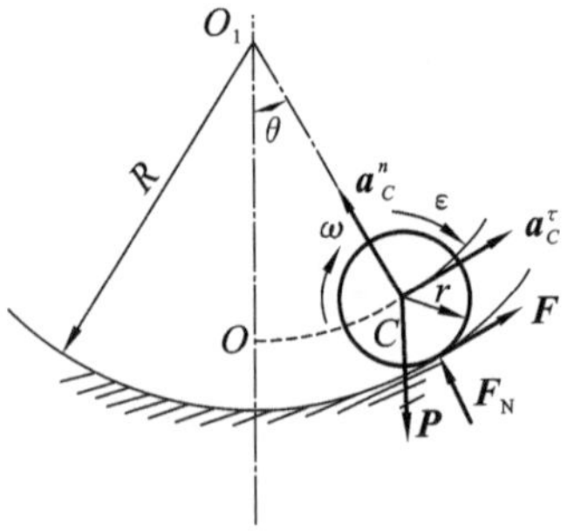

图 8-32

【例 8-13】 均质圆柱体的半径为 r，重量为 P，当受到轻微扰动后，圆柱体在半径为 R 的固定圆弧面上作往复滚动，如图 8-32 所示。设圆弧表面足够粗糙，圆柱体在滚动时无相对滑动，试求圆柱体质心 C 的运动规律。

【解】 圆柱体在曲面上作平面运动。

方法一：用刚体平面运动微分方程求解。

(1) 选取圆柱体为研究对象。

(2) 圆柱体受重力 $\boldsymbol{P}$、法向反力 $\boldsymbol{F}_N$ 和静滑动摩擦力 $\boldsymbol{F}$ 的作用。

(3) 设某瞬时圆柱体质心 C 的速度为 $\boldsymbol{v}_C$，切向加速度为 $\boldsymbol{a}_C^\tau$，法向加速度为 $\boldsymbol{a}_C^n$，滚动角速度为 ω，角加速度为 ε。

(4) 由刚体平面运动微分方程可得

$$\frac{P}{g}a_C^\tau=\frac{P}{g}\cdot\frac{\mathrm{d}v_C}{\mathrm{d}t}=F-P\sin\theta \tag{1}$$

$$\frac{P}{g}a_C^n=\frac{P}{g}\cdot\frac{v_C^2}{R-r}=F_N-P\cos\theta \tag{2}$$

$$I_C\varepsilon=I_C\frac{\mathrm{d}\omega}{\mathrm{d}t}=-Fr \tag{3}$$

由运动学可知，当圆柱体只滚动而不滑动时，其角加速度的大小为

$$\varepsilon=\frac{a_C^\tau}{r}=\frac{\mathrm{d}\omega}{\mathrm{d}t}(\text{转向如图 8-32 所示}) \tag{4}$$

联立式(1)、式(3) 和式(4)，且 $I_C=\dfrac{P}{2g}r^2$，则有

$$\frac{\mathrm{d}v_C}{\mathrm{d}t}+\frac{2g}{3}\sin\theta=0$$

圆柱体作微幅摆动时，θ 角很小，故 $\sin\theta\approx\theta$，且质心移动的弧长 s 与 θ 角之间的关系为 $s=(R-r)\theta$，则有

$$\frac{\mathrm{d}^2 s}{\mathrm{d}t^2}+\frac{2g}{3(R-r)}s=0$$

上式是一个二阶常系数线性齐次微分方程。解此微分方程，并设 $t=0$ 时，$s_0=0$，$v=v_0$，则有

$$s=v_0\frac{3(R-r)}{2g}\sin\sqrt{\frac{2g}{3(R-r)}}t$$

上式就是质心 C 的运动方程。

方法二：用质点系的动能定理求解。

研究对象和受力图同前。

作用在圆柱体上的主动力仅有重力 $\boldsymbol{P}$，故主动力所做的元功为

$$\sum\delta W_F=-P\sin\theta\mathrm{d}s$$

运动分析同前。由于 $\omega=\frac{v_C}{r}$，$I_C=\frac{P}{2g}r^2$，则圆柱体在任意瞬时的动能为

$$T=\frac{P}{2g}v_C^2+\frac{1}{2}I_C\omega^2=\frac{3P}{4g}v_C^2$$

由质点系动能定理的微分形式可得

$$\frac{\mathrm{d}T}{\mathrm{d}t}=\frac{\sum\delta W_F}{\mathrm{d}t}$$

即

$$\frac{3P}{4g}\cdot 2v_C\frac{\mathrm{d}v_C}{\mathrm{d}t}=-P\sin\theta\frac{\mathrm{d}s}{\mathrm{d}t}$$

由于 $\frac{\mathrm{d}v_C}{\mathrm{d}t}=\frac{\mathrm{d}^2 s}{\mathrm{d}t^2}$，$\frac{\mathrm{d}s}{\mathrm{d}t}=v_C$，$\theta=\frac{s}{R-r}$，当 θ 角很小时，$\sin\theta\approx\theta$，于是可得质心运动微分方程为

$$\frac{\mathrm{d}^2 s}{\mathrm{d}t^2}+\frac{2g}{3(R-r)}s=0$$

结果同前。同样可求得质心 C 的运动方程为

$$s=\frac{3(R-r)v_0}{2g}\sin\sqrt{\frac{2g}{3(R-r)}}t$$

【例 8-14】 一均质圆柱形滚子 C 的重量为 P，半径为 R，被缠绕在其上面的绳子拉动后，滚子可沿水平面作纯滚动，绳子跨过重量为 G、半径为 r 的定滑轮 B（质量分布在轮缘上），绳子的另一端悬挂一重量为 Q 的重物 A，如图 8-33(a) 所示。若绳子的重量和轴承 B 处的摩擦均忽略不计，试求圆柱形滚子的中心 C 的加速度、水平段绳子的拉力及水平面对滚子的摩擦力。

【解】 本题是由三个物体所组成的质点系。从题意上看，既要求运动量，又要求约束反力，显然用一个定理求解不出全部的未知量，因此需要用多个定理求解。

首先用动能定理求解圆柱质心 C 的加速度 a_C。

(1) 选取整个系统为研究对象。

(2) 系统为理想约束系统，约束反力不做功，做功的主动力只有重力 $\boldsymbol{Q}$。因此，主动力所做的元功为

$$\sum\delta W_F=Q\mathrm{d}h$$

(3) 重物 A 作平动，速度为 $\boldsymbol{v}_A$；定滑轮 B 作定轴转动，角速度为 ω_B；滚子 C 作平面运动，质心 C 的速度为 $\boldsymbol{v}_C$，角速度为 ω_C。因此，系统在任意瞬时的动能为

$$T=\frac{1}{2}\frac{Q}{g}v_A^2+\frac{1}{2}I_B\omega_B^2+\frac{1}{2}\frac{P}{g}v_C^2+\frac{1}{2}I_C\omega_C^2$$

由运动学可知，$v_A=2v_C$，$\omega_B=\frac{v_A}{r}=\frac{2v_C}{r}$，$\omega_C=\frac{v_C}{R}$，且 $I_B=\frac{G}{g}r^2$，$I_C=\frac{1}{2}\frac{P}{g}R^2$，于是可得

$$T=\frac{1}{2}\frac{Q}{g}(2v_C)^2+\frac{1}{2}\frac{G}{g}r^2\left(\frac{2v_C}{r}\right)^2+\frac{1}{2}\frac{P}{g}v_C^2+\frac{1}{2}\cdot\frac{1}{2}\frac{P}{g}R^2\left(\frac{v_C}{R}\right)^2$$
$$=\frac{1}{4g}[3P+8(Q+G)]v_C^2$$

(4) 根据质点系动能定理的微分形式，有

$$\frac{\mathrm{d}}{\mathrm{d}t}\left\{\frac{1}{4g}[3P+8(Q+G)]v_C^2\right\}=Q\frac{\mathrm{d}h}{\mathrm{d}t}$$

将$\frac{\mathrm{d}h}{\mathrm{d}t}=v_A$，$\frac{\mathrm{d}v_C}{\mathrm{d}t}=a_C$ 代入上式中，可得

$$\frac{1}{4g}[3P+8(Q+G)]2v_C\cdot\frac{\mathrm{d}v_C}{\mathrm{d}t}=2v_CQ$$

解得

$$a_C=\frac{4Qg}{3P+8(Q+G)}$$

应用刚体平面运动微分方程求解水平段绳子的拉力与水平面对滚子的摩擦力，具体解法如下。

(1) 取滚子 C 为研究对象。

(2) 滚子 C 所受的力有重力 $\boldsymbol{P}$、绳子的拉力 $\boldsymbol{F}_\mathrm{T}$、水平面的法向反力 $\boldsymbol{F}_\mathrm{N}$ 和静滑动摩擦力 $\boldsymbol{F}$，如图 8-33(b) 所示。

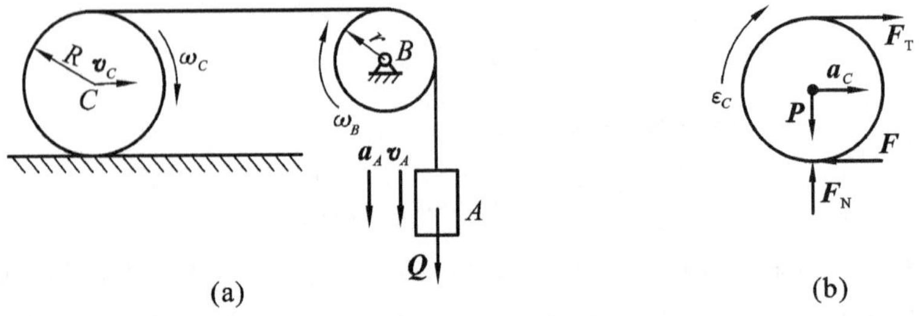

图 8-33

(3) 滚子作平面运动，质心 C 的加速度为 $\boldsymbol{a}_C$，角加速度为 ε_C，且 $\varepsilon_C=\frac{a_C}{R}$。

(4) 由刚体平面运动微分方程可得

$$\frac{P}{g}a_C=F_\mathrm{T}-F \qquad (1)$$

$$0=F_\mathrm{N}-P \qquad (2)$$

$$I_C\varepsilon_C=F_\mathrm{T}R+FR \qquad (3)$$

联立式(1) 和式(3)，解得

$$F_\mathrm{T}=\frac{3PQ}{3P+8(G+Q)}$$

$$F=\frac{-PQ}{3P+8(G+Q)}$$

静滑动摩擦力为负值，说明实际指向与假设指向相反。

【例 8-15】 无重刚性杆 AB 的一端固连一重量为 P_2 的质点 B，另一端用铰链连接在置于光滑水平面上的重量为 P_1 的滑块 A 的中心，如图 8-34(a) 所示。已知 $AB = l$，不计摩擦，设开始释放时杆 AB 处于水平位置，初角速度为零，滑块 A 静止，求杆 AB 摆至铅垂位置时质点 B 和滑块 A 的速度。

【解】 (1) 取系统为研究对象。

(2) 分析力并求主动力所做的功。做功的主动力仅有质点 B 的重力 $\boldsymbol{P}_2$，则

$$\sum W_F = P_2 l$$

(3) 系统开始时静止，则 $T_1 = 0$。设杆 AB 摆至铅垂位置时，滑块 A 的速度为 $\boldsymbol{v}_A$，质点 B 的速度为 $\boldsymbol{v}_B$，且 $\boldsymbol{v}_B = \boldsymbol{v}_A + \boldsymbol{v}_{AB}$，方向如图 8-34(b) 所示（图中所设 $\boldsymbol{v}_A$、$\boldsymbol{v}_B$ 的方向可通过系统质心的动量沿 Ox 轴方向守恒来说明），则此时系统的动能为

$$T_2 = \frac{1}{2}\frac{P_1}{g}v_A^2 + \frac{1}{2}\frac{P_2}{g}v_B^2$$

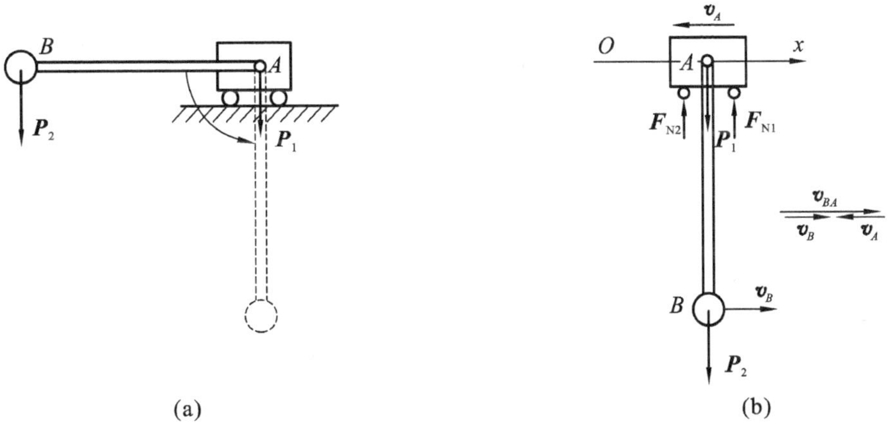

图 8-34

(4) 由动能定理可得

$$\frac{1}{2}\frac{P_1}{g}v_A^2 + \frac{1}{2}\frac{P_2}{g}v_B^2 - 0 = P_2 l \tag{1}$$

式(1) 中含有两个未知量 v_A 和 v_B，因此不可能解出未知量。这表明本题仅用一个定理不能求解，必须再应用其他定理列出其他方程。由系统的受力图可知，$\sum F_x = 0$，则系统沿 Ox 轴方向的动量守恒。因为初瞬时系统处于静止，因此有

$$-\frac{P_1}{g}v_A + \frac{P_2}{g}v_B = 0 \tag{2}$$

联立式(1) 和式(2)，解得

$$v_A = P_2\sqrt{\frac{2gl}{P_1(P_1 + P_2)}}$$

$$v_B = \sqrt{\frac{2glP_1}{P_1 + P_2}}$$

思考与习题

1. 质点系的内力有何性质？它们能否改变质点系的动量、动量矩和动能？为什么？

2. 如图 8-35 所示，质点受弹簧的拉力而运动。设弹簧的自然长度 $l_0 = 20$ cm，刚性系数 $k = 20$ N/m。当弹簧被拉长到 $l = 26$ cm 时释放，试问弹簧每缩短 2 cm，弹性力所做的功是否相同？

3. 如图 8-36 所示，三个质量相同的质点同时自 A 点以大小相同的初速度 $\boldsymbol{v}_0$ 抛出，但是 $\boldsymbol{v}_0$ 的方向不同。试问这三个质点落到水平面上时，它们的速度的大小和方向是否相同？为什么？

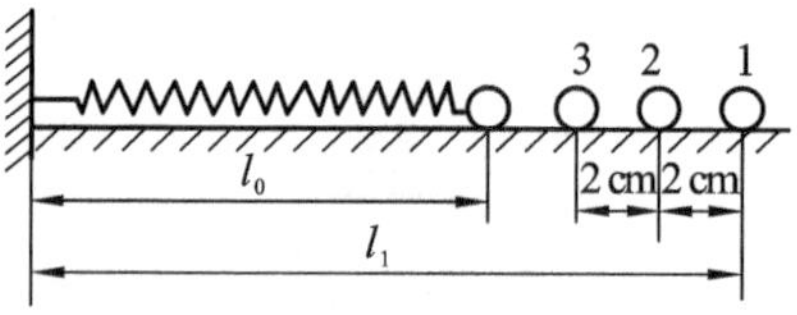

图 8-35

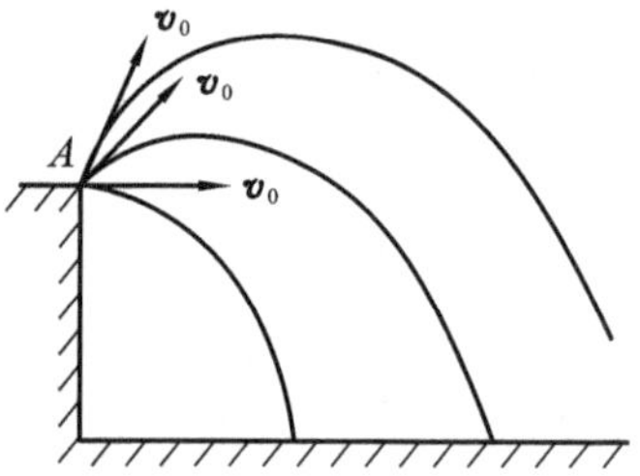

图 8-36

4. 质点 M 与一弹簧相连，并在铅垂平面的粗糙圆槽内滑动，如图 8-37 所示。如果该质点获得一初速度 $\boldsymbol{v}_0$，恰好能使质点在圆槽内滑动一周，则弹性力、重力、法向反力和摩擦力所做的功都等于零吗？为什么？

5. 一弹簧振子沿倾斜角为 θ 的斜面滑动，如图 8-38 所示。已知物体的重量为 P，弹簧的刚性系数为 k，动滑动摩擦系数为 f'，试求弹簧从原长压缩 s 的过程中力所做的总功，以及弹簧从压缩 s 再回弹 λ 的过程中力所做的总功。

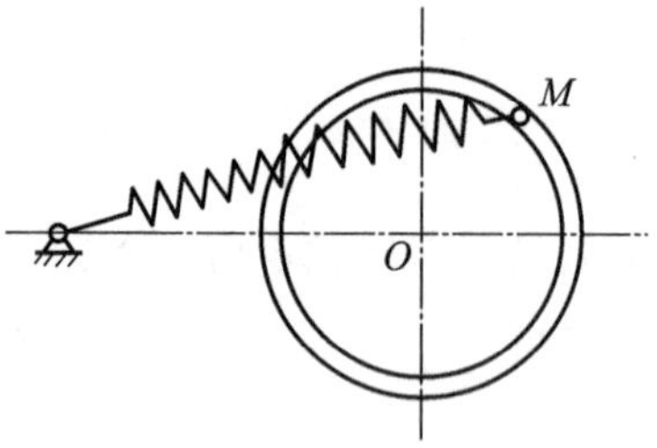

图 8-37

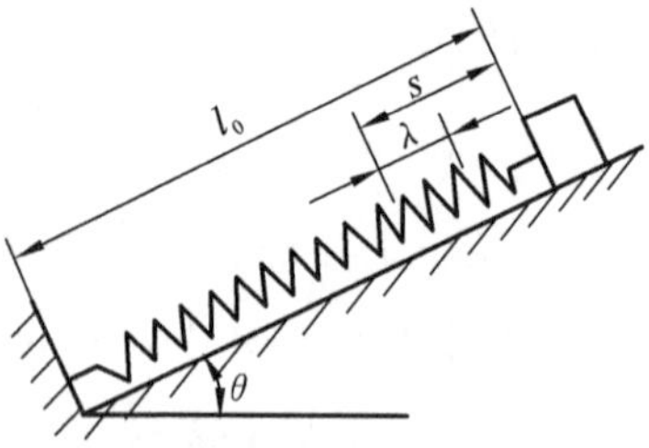

图 8-38

6. 如图 8-39 所示，一作纯滚动的鼓轮的重量为 P，半径为 R 和 r，拉力 $\boldsymbol{F}_\mathrm{T}$ 与水平面成 θ 角。设鼓轮与水平面间的静滑动摩擦系数为 f，滚动摩擦系数为 δ，试求鼓轮质心 C 移动过程中力所做的总功。

7. 如图 8-40 所示，单摆的重量为 P，绳长为 l。开始时绳与铅垂线的夹角为 θ，此摆在 A 点由静止释放，当单摆运动到铅垂位置 B 点时，与一刚性系数为 k 的弹簧相接触。若不计弹簧和绳的质量，试求弹簧被压缩的最大变形量。

8. 如图 8-41 所示，质量为 2 kg 的物块 A 在弹簧上处于静止，弹簧的刚性系数 $k = 400$ N/m。现将质量为 4 kg 的物块 B 放置在物块 A 上，物块 B 刚接触物块 A 时就释放。求：(1) 弹簧对两物块的最大作用力；(2) 两物块的最大速度。

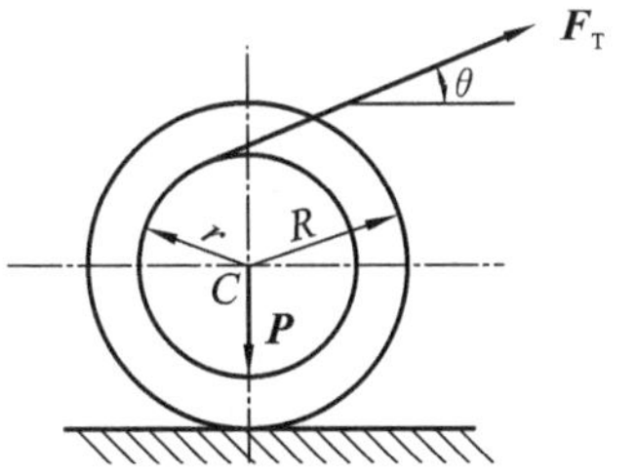

图 8-39

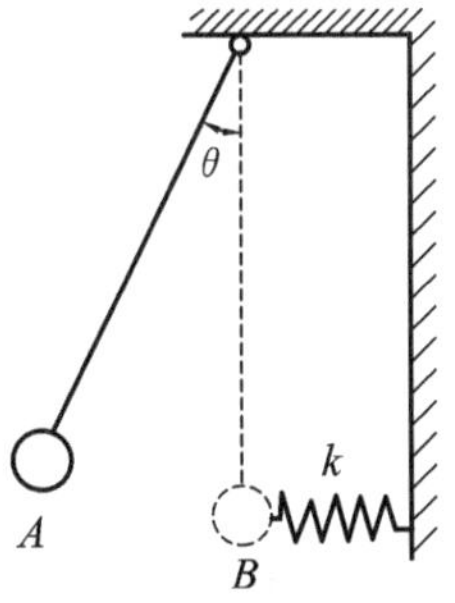

图 8-40

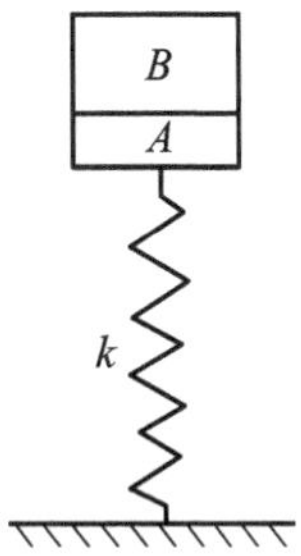

图 8-41

9. 一质量 $M = 6\ 000$ kg 的罐笼以 $v = 12$ m/s 的速度匀速下降。若悬挂钢丝绳突然断开，试问欲使罐笼在 $s = 10$ m 的路程内停止，断绳保险器的插爪与罐道间应产生多大的摩擦力？(摩擦力可视为常力)

10. 试计算图 8-42 中各重量为 P 的均质物体的动能。(a) 长度为 l 的直杆以角速度 ω 绕 O 轴转动；(b) 半径为 r 的圆盘以角速度 ω 绕 O 轴转动；(c) 半径为 r 的圆盘以角速度 ω 绕偏心矩为 e 的 O 轴转动；(d) 半径为 r 的圆轮在水平面上作纯滚动，质心的速度为 $\boldsymbol{v}$。

图 8-42

11. 如图 8-43 所示，坦克履带的重量为 P，每个车轮的重量为 Q，半径为 R，车轮可看作均质圆盘，两轮轴间的距离为 πR。设坦克前进的速度为 $\boldsymbol{v}$，试计算此质点系的动能。

12. 一重量为 P、长度为 l 的均质杆 OA 用球铰链 O 固定，以匀角速度 ω 绕铅垂线转动，如图 8-44 所示。若杆 OA 与铅垂线间的夹角为 θ，试求杆 OA 的动能。

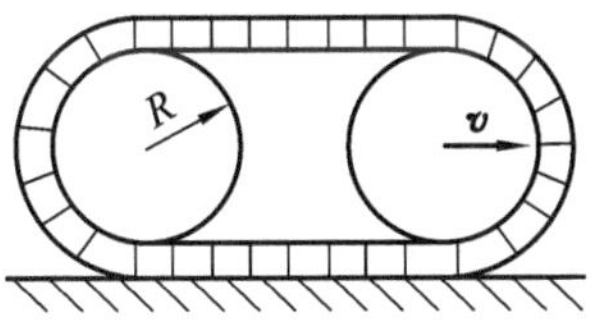

图 8-43

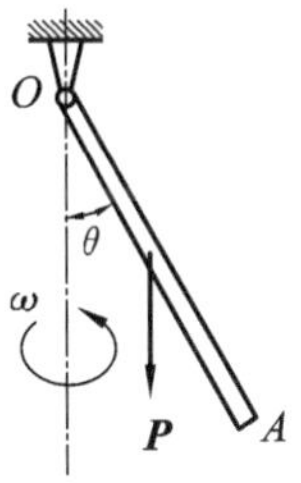

图 8-44

13. 某卷扬机的卷筒及其齿轮的转动惯量 $I_0 = 100$ kg·m^2，卷筒的半径 $R = 0.7$ m，轴

承的摩擦力矩 $\boldsymbol{M}_F = 24.5\ \text{N}\cdot\text{m}$，物体 B 与斜面间的摩擦系数 $f = 0.25$，其他条件如图 8-45 所示。欲使卷筒获得 $\varepsilon = 4\ \text{rad/s}^2$ 的角加速度，求物体的质量及绳的拉力。

14. 一鼓轮的重量为 G，半径分别为 R 与 r，对 O 轴的回转半径为 ρ。鼓轮上分别绕有两根不计自重的绳子，绳子的两端分别悬挂物块 A 和物块 B，如图 8-46 所示。已知物块 A 和物块 B 的重量均为 P，试求物块 A 由静止下降 h 高度时的速度和加速度。

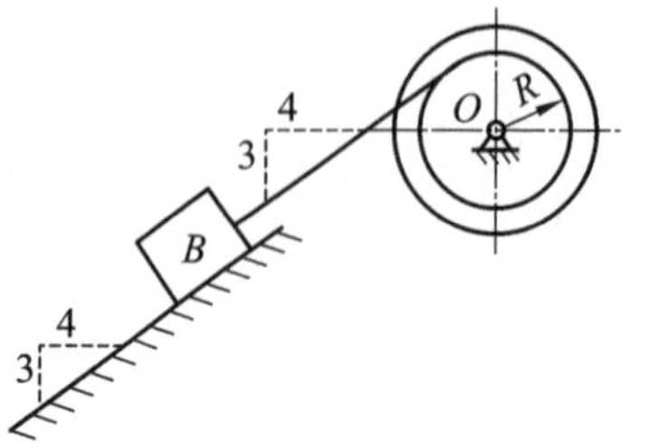

图 8-45

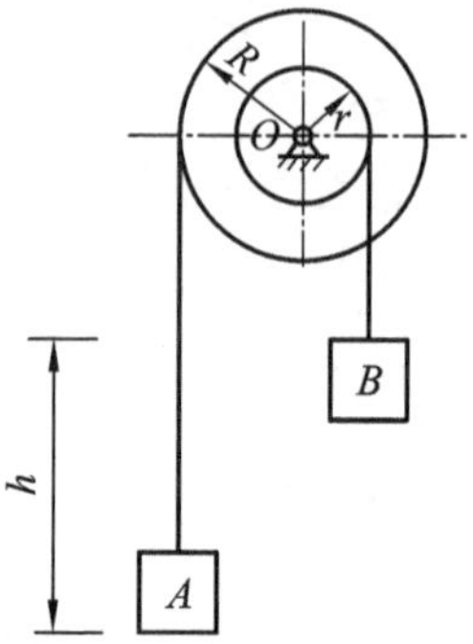

图 8-46

15. 如图 8-47 所示，轴Ⅰ和轴Ⅱ以及连同安装在其上的带轮和齿轮等的转动惯量分别为 $I_1 = 5\ \text{kg}\cdot\text{m}^2$ 和 $I_2 = 4\ \text{kg}\cdot\text{m}^2$。已知齿轮的传动比 $i_{12} = \dfrac{\omega_1}{\omega_2} = \dfrac{2}{3}$，作用于轴Ⅰ上的力矩 $M_1 = 50\ \text{N}\cdot\text{m}$，系统开始时静止。试问轴Ⅱ要经过多少转后，转速才能达到 $n_2 = 120\ \text{r/min}$？

16. 如图 8-48 所示，凸轮机构位于水平面内，偏心轮 A(视为均质圆盘) 使从动杆 BD 作往复运动，与杆 BD 相连的弹簧保证杆 BD 始终与偏心轮 A 接触，弹簧的刚性系数为 k，当杆 BD 在极左位置时，弹簧不受压力。已知偏心轮 A 的重量为 P，半径为 r，偏心距 $OA = 0.5r$，不计杆重及摩擦，试求要使从动杆 BD 由极左位置移至极右位置，偏心轮 A 的初角速度至少应为多少？

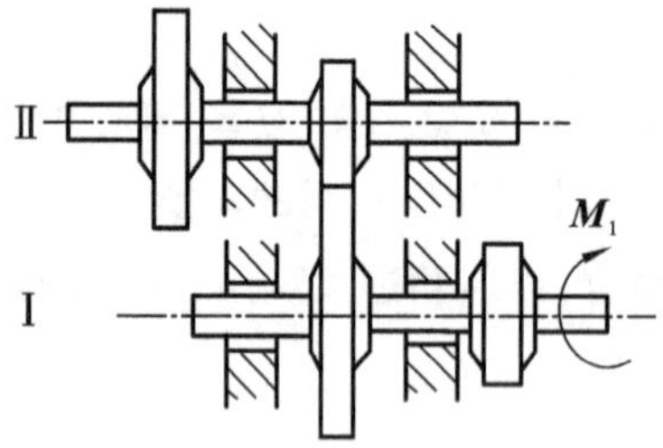

图 8-47

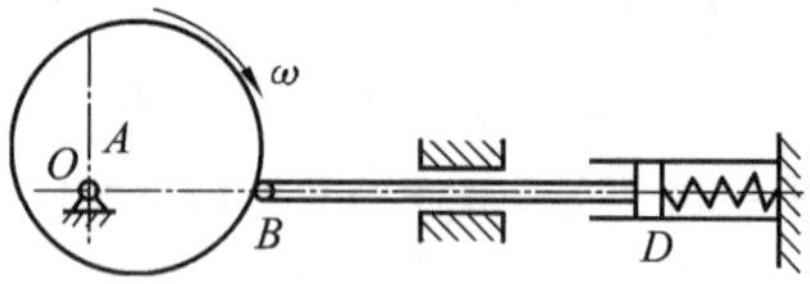

图 8-48

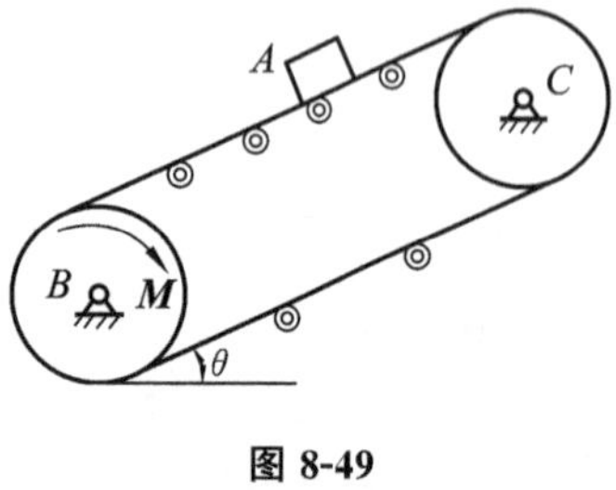

图 8-49

17. 在如图 8-49 所示的输送机中，物体 A 的重量为 P，带轮 B 和带轮 C 的重量均为 G，半径均为 R，均视为均质圆柱。现在带轮 B 上作用一不变力矩 $\boldsymbol{M}$，使系统由静止开始运动，不计传送带和支承辊的重量，试求物体 A 移动 s 距离时的速度与加速度。

18. 在如图 8-50 所示的系统中，重物 A 的重量为 P，重物 B 的重量为 G，定滑轮 O 的半径为 r，重量为 W_1，动滑轮 C 的半径为 R，重量为 W_2，两轮均视为均质圆盘，不计绳的重量及轴承处的摩擦，绳与滑轮间不打滑。若 $P+W_2>2G$，试求重物 A 由静止下降 h 高度时的速度和加速度。

19. 两均质杆 AC 和 BC 的重量均为 P，长度均为 l，在 C 点由光滑的铰链连接，置于光滑的水平面上，如图 8-51 所示。由于杆的 A 端和 B 端的滑动，杆系在其铅垂面内运动。开始时杆系静止，点 C 的初始高度为 k，试求铰链 C 与地面相碰时的速度。

20. 当物块 A 距离地面 h 高度时，如图 8-52 所示的系统处于静止平衡。现给物块 A 一向下的初速度 $\boldsymbol{v}_0$，使其恰能触及地面。设物块 A 和滑轮 B、C 的质量均为 m，滑轮视为均质圆盘，弹簧的刚性系数为 k，绳的重量忽略不计，绳与滑轮间无滑动，试求 $\boldsymbol{v}_0$ 的大小。

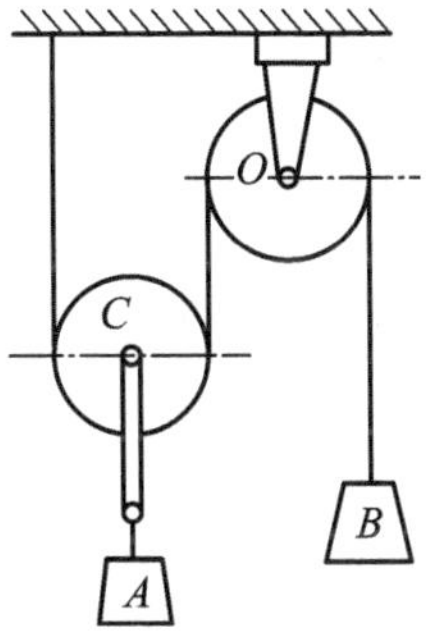

图 8-50

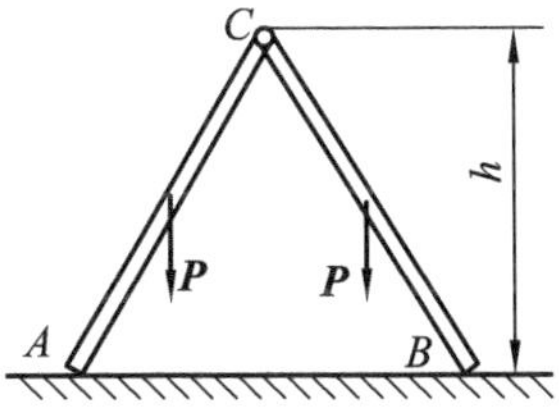

图 8-51

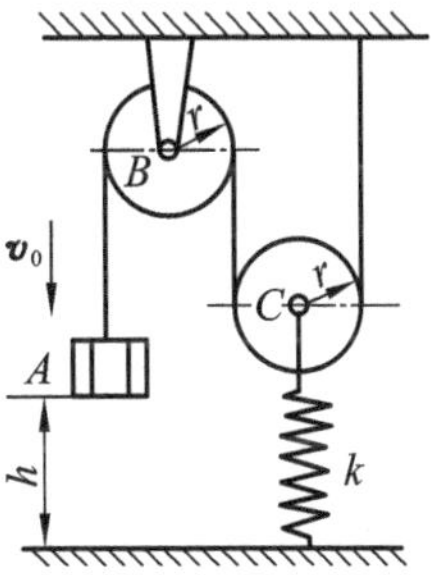

图 8-52

21. 如图 8-53 所示，一曲柄连杆机构位于水平面内，曲柄 OA 的重量为 P，长度为 r，连杆 AB 的重量为 W，长度为 l，滑块 B 的重量为 G，曲柄 OA 与连杆 AB 均可视为均质杆。现在曲柄 OA 上作用一常力矩 $\boldsymbol{M}$，当 $\angle BOA=90°$ 时，A 点的速度为 $\boldsymbol{u}$。试求当曲柄 OA 转至 O、A、B 在同一直线上时 A 点的速度。

22. 如图 8-54 所示，置于水平面内的行星齿轮机构的曲柄 OA 受不变力矩 $\boldsymbol{M}$ 的作用而绕定轴 O 转动，带动齿轮 Ⅰ 在固定齿轮 Ⅱ 上滚动。设曲柄 OA 的长度为 l，质量为 m，并视为均质杆；齿轮 Ⅰ 的半径为 r，质量为 m_1，并视为均质圆盘。试求曲柄 OA 由静止转过 φ 角后的角速度和角加速度。不计摩擦。

23. 如图 8-55 所示为一飞轮，其轴的直径 $d=6$ cm，飞轮由静止开始沿与水平面成 15° 角的轨道滚动。若飞轮在 6 s 内滚动了 3 m，试求飞轮对轴心的回转半径 ρ。设飞轮作匀变速滚动。

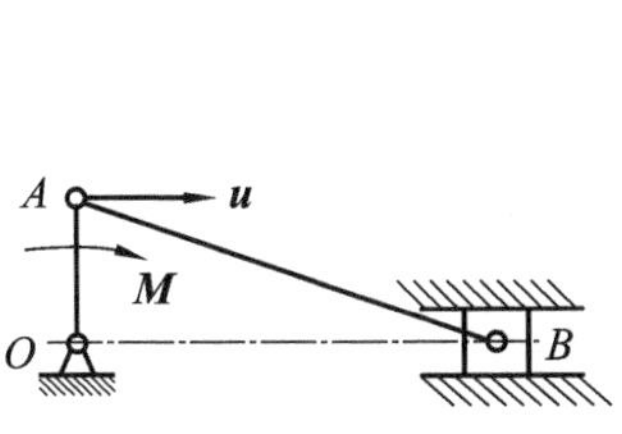

图 8-53

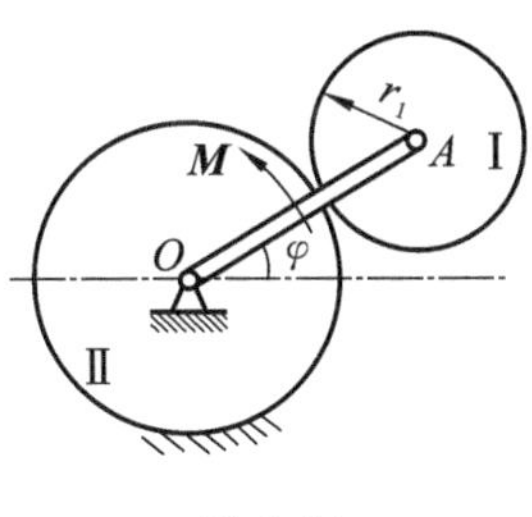

图 8-54

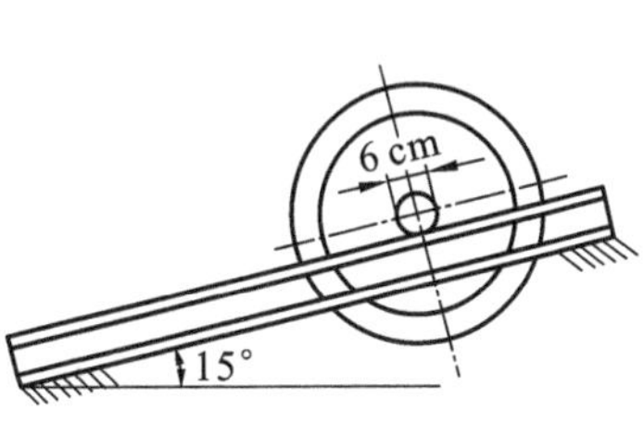

图 8-55

24. 如图 8-56 所示，一端固定的绳子绕过动滑轮 C 和定滑轮 D 与放在水平面上的物体 B 相连，在动滑轮 C 的轴上挂一重物 A，通过重物 A 的重力使系统运动。已知重物 A 和物体 B 的质量均为 m_1，动滑轮 C 和定滑轮 D 的质量均为 m_2，半径均为 R，且都视为均质圆盘，重物 B 与水平面间的动滑动摩擦系数为 f'，绳的重量忽略不计，绳与滑轮间无滑动。若重物 A 向下运动的初速度为 $\boldsymbol{v}_0$，试求重物 A 下落多少距离，其速度将增加一倍。

25. 如图 8-57 所示，均质细杆的长度为 l，重量为 G，其 B 端靠在光滑的墙上，A 端以铰链与均质圆柱的中心相连；圆柱的重量为 P，半径为 R，放在粗糙的地面上，自图示位置由静止开始滚动而不滑动。已知杆与铅垂线的夹角 $\theta = 45°$，求 A 点在初瞬时的加速度。

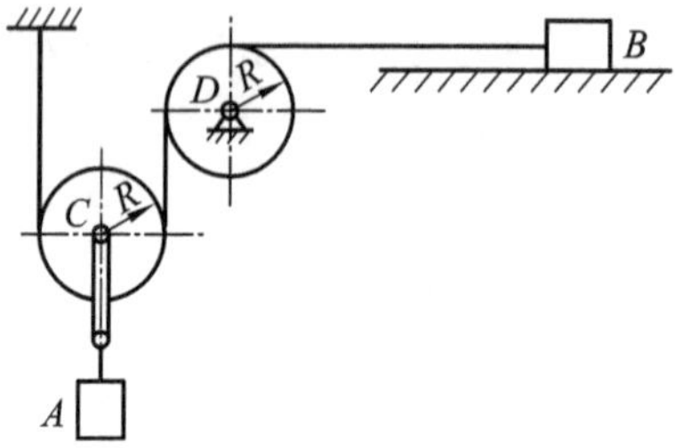

图 8-56

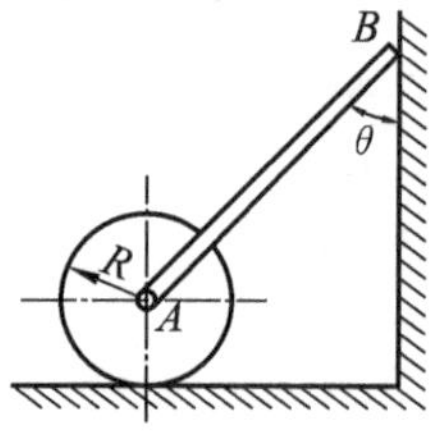

图 8-57

26. 两个相同滑轮的半径为 R，重量为 P，用绳缠绕连接，如图 8-58 所示，两滑轮均可视为均质圆盘。若动滑轮由静止下落，求其质心的速度 $\boldsymbol{v}$ 与下落距离 h 之间的关系。

27. 如图 8-59 所示，一重量为 G 的均质圆筒 A 沿两块斜板滚动而不滑动，在圆筒 A 上绕一细绳，绳的一端挂一重量为 P 的物块 B，且物块 B 在斜板之间。设开始时圆筒 A 处于静止，求：(1) 能使圆筒 A 向上滚动的倾斜角 β；(2) 圆筒 A 的中心轴的速度与上升路程之间的关系。

28. 用于测量机器功率的功率器由胶带 $ACDB$ 和杠杆 BH 组成，胶带的两段 AC 和 BD 是铅垂的，并套住受测试机器的带轮 E 的下半部分，而杠杆 BH 则以刀口搁在支点 O 上，如图 8-60 所示。通过升高或降低支点 O，可以变更胶带的张力，同时变更带轮和胶带间的摩擦力。杠杆 BH 上挂一质量 $m = 3$ kg 的重锤 W，当力臂 $l = 50$ cm 时，杠杆 BH 处于水平平衡位置，机器带轮的转速 $n = 240$ r/min。试求机器的功率。

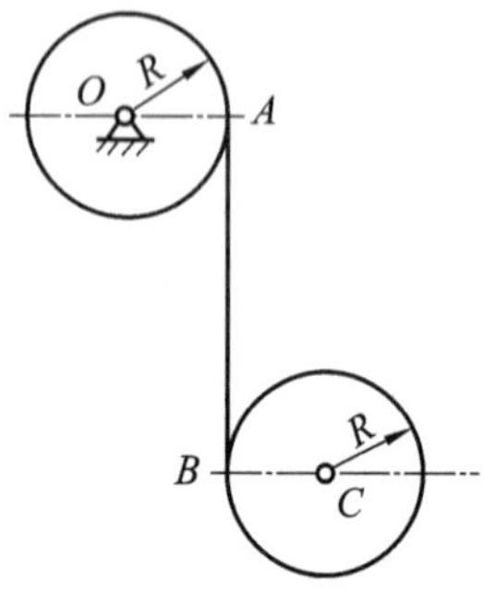

图 8-58

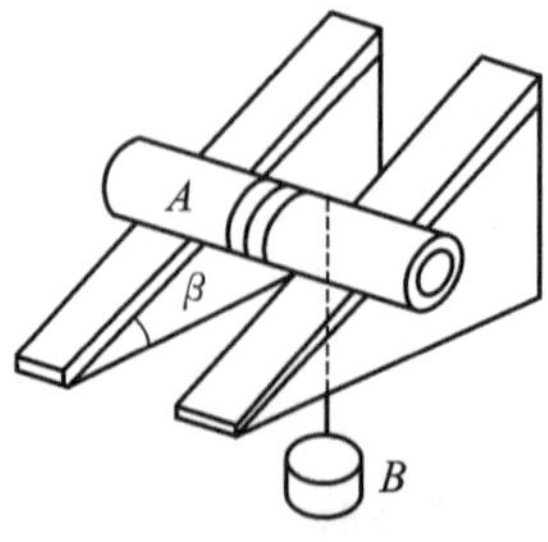

图 8-59

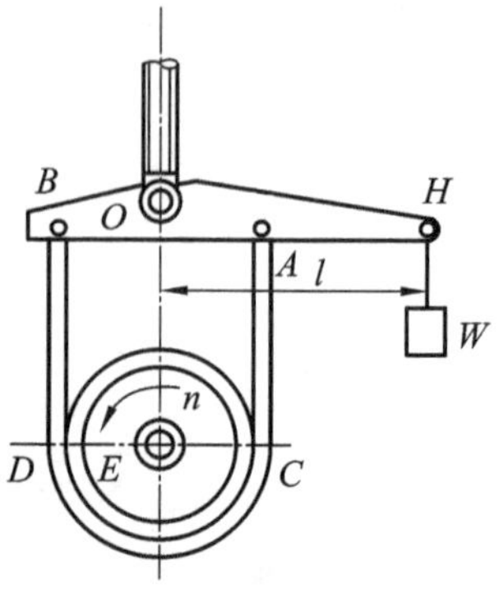

图 8-60

29. 矿用水泵的电机的功率 $P=25\ \mathrm{kW}$，机械效率 $\eta=0.6$，井深 $h=150\ \mathrm{m}$，试求水泵每小时的抽水量。

30. 如图 8-61 所示，龙门刨床的工作台和工件的总质量 $m=1\ 500\ \mathrm{kg}$，切削速度 $v=30\ \mathrm{m/min}$，主切削力 $F_x=7.84\ \mathrm{kN}$，$F_y=0.25F_z$。设工作台与水平导轨间的动滑动摩擦系数 $f'=0.1$，求主切削力和摩擦力消耗的功率。若刨床的总机械效率 $\eta=0.75$，则刨床主电机的实际输出功率为多少？

31. 在如图 8-62 所示的车床上车削直径 $d=48\ \mathrm{mm}$ 的工件，主切削力 $F_z=7.84\ \mathrm{kN}$。若主轴的转速 $n_1=240\ \mathrm{r/min}$，电动机的转速 $n_2=1\ 420\ \mathrm{r/min}$，主传动系统的总效率 $\eta=0.75$，求车床主轴、电动机主轴所受的力矩和电动机的功率。

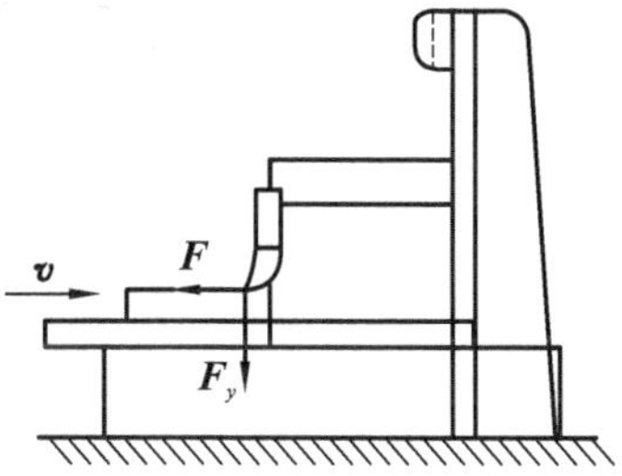

图 8-61

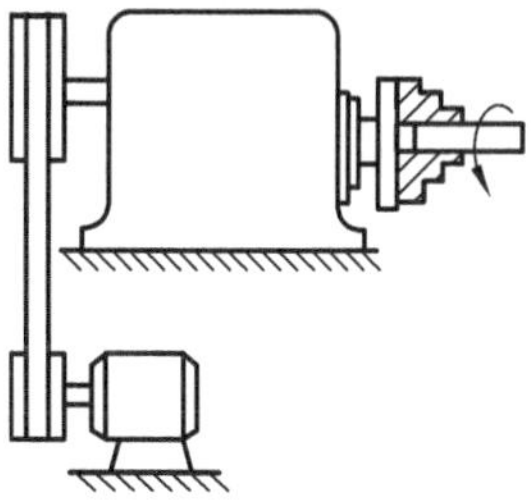

图 8-62

32. 如图 8-63 所示，矿井升降带上挂有重量分别为 P_1 和 P_2 的两重物，绞车 Ⅰ 由电动机带动。开始时，重物 P_1 无初速度提升，并有加速度 $\boldsymbol{a}$，当速度达到 $\boldsymbol{v}_{\max}$ 时，即保持等速不变。已知绞车 Ⅰ 的半径为 r_1，其对轴的转动惯量为 I_1，滑轮 Ⅱ 和滑轮 Ⅲ 的半径分别为 r_2 和 r_3，其对轴的转动惯量分别为 I_2 和 I_3，升降带单位长度的重量为 q，全长为 l。试求在变速和等速两个阶段电动机的输出功率。

33. 如图 8-64 所示，一重量为 P 的物块开始时静止在光滑圆柱的顶点 A，圆柱的半径为 r。由于干扰，物块沿圆弧 AB 滑下，在 B 点离开圆柱体而落到地面上。不计摩擦，试求物块离开圆柱体时 OB 与铅垂线的夹角 φ。

34. 一重量为 P 的滑块 M 在半径为 R 的光滑圆周上无摩擦地滑动，此圆周在铅垂平面内，滑块 M 上系有一刚性系数为 k 的弹性线 MOA，此线穿过光滑的固定环 O，并固结在 A 点，如图 8-65 所示。已知滑块在 O 点时，线的张力为零。开始时，滑块在 B 点处于不稳定的平衡状态，当它受到微小干扰时，即沿圆周下滑。试求滑块的速度 $\boldsymbol{v}$ 与 φ 角之间的关系以及固定环 O 的反力。φ 为线的 OM 部分与水平线的夹角。

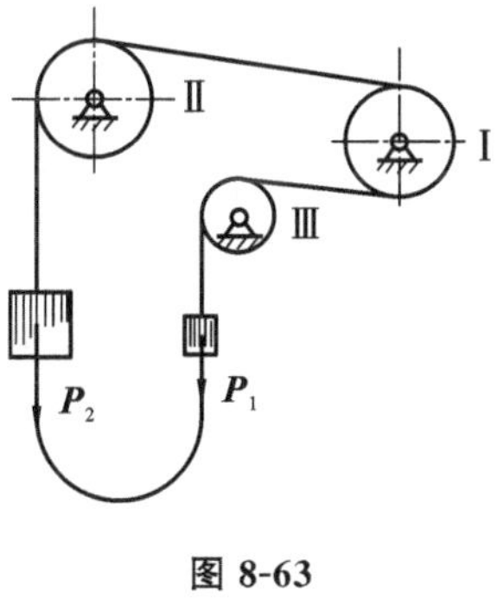

图 8-63

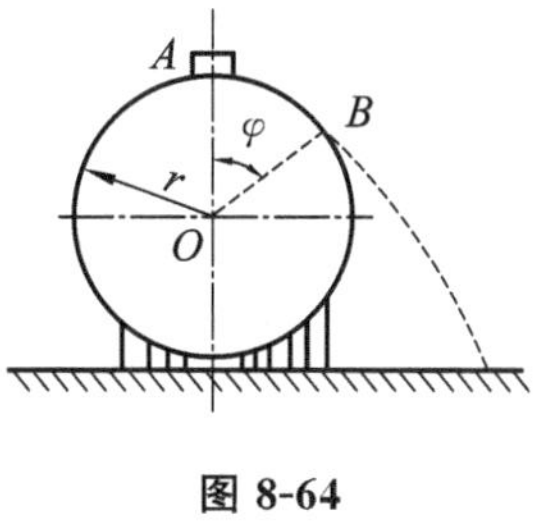

图 8-64

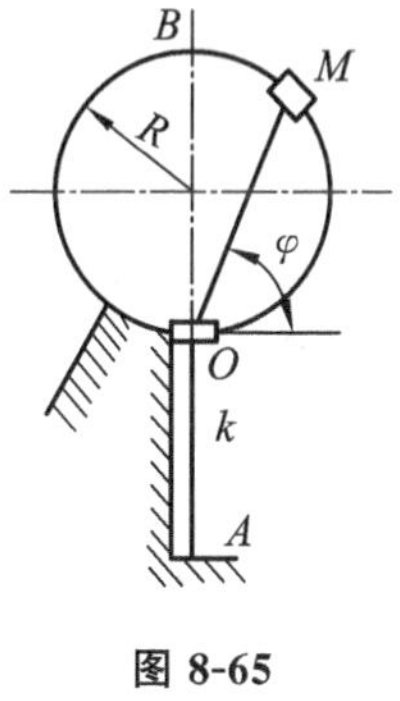

图 8-65

35. 质量 $m = 5$ kg 的重物系于弹簧上，并沿半径 $r = 20$ cm 的光滑圆环自 A 点由静止开始下滑，如图 8-66 所示。设圆环固定在铅垂平面内，弹簧原长 $l = DA = 20$ cm。欲使重物在 B 点时对圆环的压力等于零，试问弹簧的刚性系数应为多大？

36. 如图 8-67 所示，小球从 A 点沿斜面下滑，沿着具有一缺口的半径为 r 的圆环轨道运动，缺口的角度 $\angle BOC = \angle BOD = \theta$。设小球的初速度为零，问小球自多高处滑下才能越过缺口后仍沿圆环运动？欲使高度 h 最小，θ 角的值应为多大？

37. 如图 8-68 所示，质点 M 的质量为 m，用线悬于固定点 O，线的长度为 l。开始时，线与铅垂线成 φ 角，质点 M 的初速度等于零。在质点 M 开始运动后，线 OM 碰到不计尺寸的铁钉 O_1，铁钉 O_1 的位置由极坐标 $h = OO_1$ 和 β 角确定。试问 φ 角至少应为多大，质点 M 才可绕铁钉 O_1 划过一个圆周？并求线 OM 在碰到铁钉 O_1 的瞬时和碰前瞬时张力的变化。

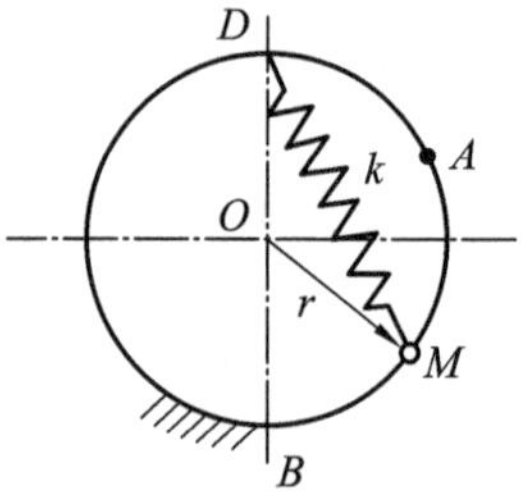

图 8-66

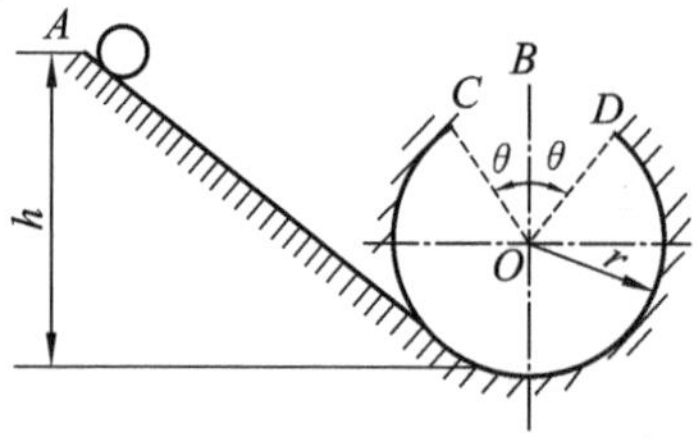

图 8-67

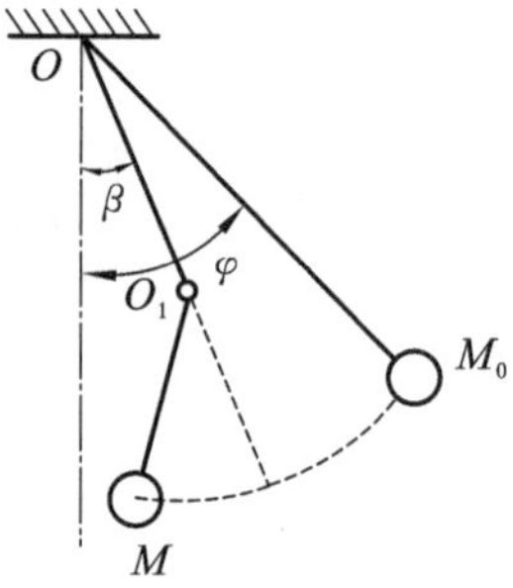

图 8-68

38. 如图 8-69 所示，三棱柱 A 沿三棱柱 B 的光滑斜面滑动。已知三棱柱 A 和三棱柱 B 的重量分别为 P 和 G，三棱柱 B 的斜面与水平面成 β 角。若系统开始时处于静止，不计摩擦，试求运动时三棱柱 B 的加速度。

39. 物块 A 和物块 B 的质量分别为 m_1 和 m_2，两物块由不计质量的弹簧相连，放在光滑的水平面上，如图 8-70 所示。已知弹簧的原长为 l_0，刚性系数为 k。现将弹簧拉长至 l 后由静止释放，试求弹簧恢复到原长时两物块的速度。

40. 如图 8-71 所示，半径为 R 的圆环以角速度 ω 绕铅垂轴 AC 自由转动，圆环对铅垂轴 AC 的转动惯量为 I，在圆环中的 A 点放一质量为 m 的小球，由于微小的扰动，小球离开 A 点。试求当小球到达 B 点和 C 点时，圆环的角速度和小球的速度。圆环中的摩擦忽略不计。

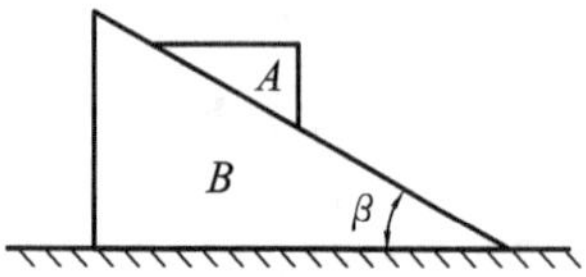

图 8-69

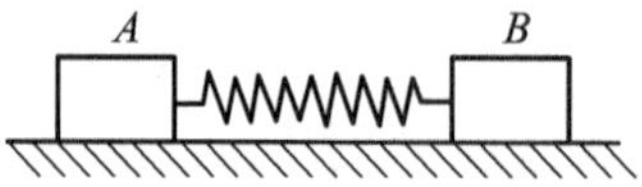

图 8-70

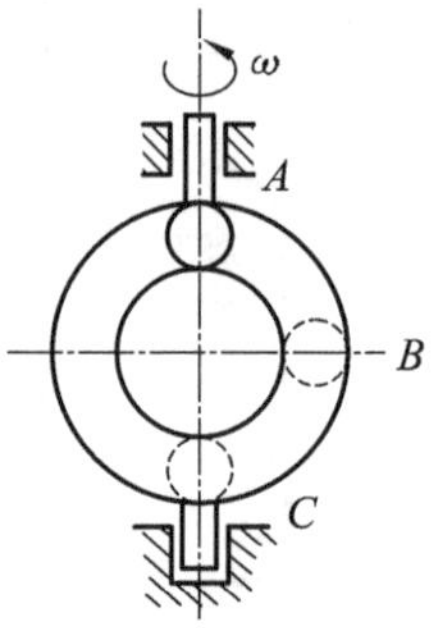

图 8-71

41. 在如图 8-72 所示的运动机构中，沿斜面作纯滚动的圆柱体 A 和鼓轮 O 均为均质物体，其重量分别为 P 和 G，半径均为 R，粗糙斜面的倾斜角为 β，不计绳的重量。若在鼓轮上作用一常力矩 $\boldsymbol{M}$，试求鼓轮的角加速度及轴承 O 的水平反力。

42. 在如图 8-73 所示的运动系统中，沿倾斜角为 β 的粗糙斜面向下作纯滚动的滚子 C，通过一绕过滑轮 B 的绳子提升重物 A。设重物 A 的重量为 P，滑轮 B、滚子 C 的重量均为 G，半径均为 R，且都视为均质圆盘，绳的重量忽略不计，绳与滑轮间不打滑，试求滚子中心的加速度、滚子所受的摩擦力和系在滚子上的绳子的张力。

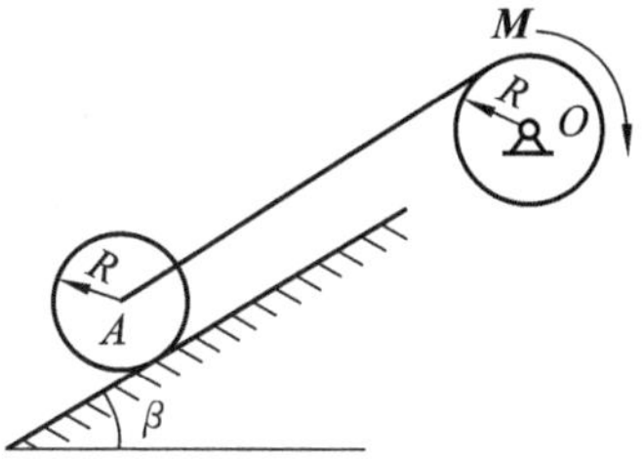

图 8-72

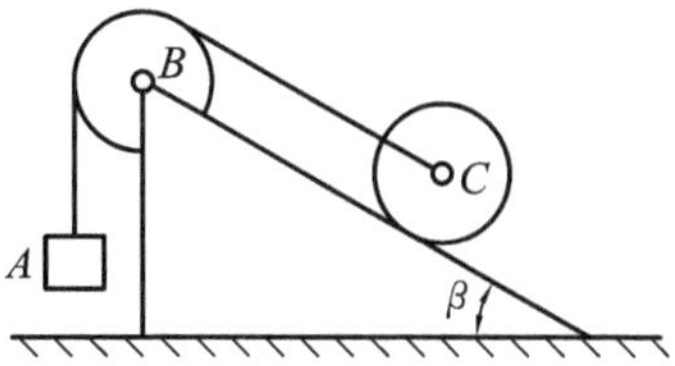

图 8-73

43. 在如图 8-74 所示的系统中，鼓轮的重量为 P，半径为 R 和 r，对转轴 O 的回转半径为 ρ，动滑轮 C 被缠绕在鼓轮上的绳子悬挂，其半径为 $\frac{1}{2}(R-r)$，重量忽略不计，一重量为 W 的重物 A 悬挂于动滑轮 C 的轮心上。试求重物 A 由静止释放时的加速度、动滑轮两边绳子的张力及轴承 O 处的反力。

44. 在如图 8-75 所示的系统中，塔轮 C 的质量 $m_C = 4.5$ kg，半径分别为 $r = 0.15$ m 和 $R = 0.3$ m，塔轮 C 对中心轴的回转半径 $\rho = 0.2$ m，物块 D 的质量 $m_D = 9$ kg。若系统由静止开始运动，求塔轮中心点 C 下落 h 高度时的速度和加速度以及 AB 和 HD 两段绳的拉力。

45. 如图 8-76 所示，均质杆 AB 的长度为 l，重量为 P，由铅垂位置开始滑动，上端 A 沿墙下滑，下端 B 沿地面向右滑动，不计摩擦。试求杆 AB 在任意位置 φ 时的角速度、角加速度及 A、B 处的反力。

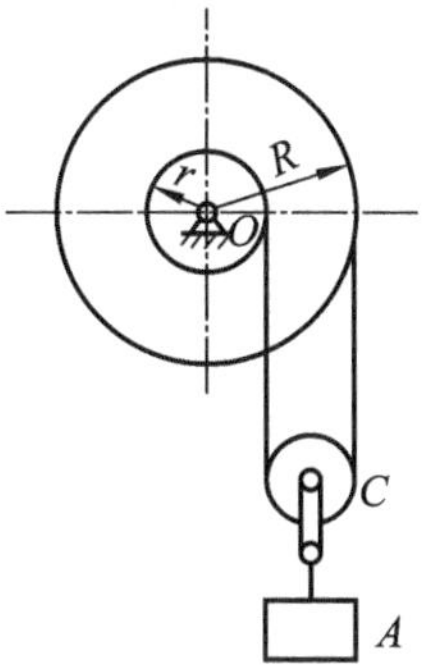

图 8-74

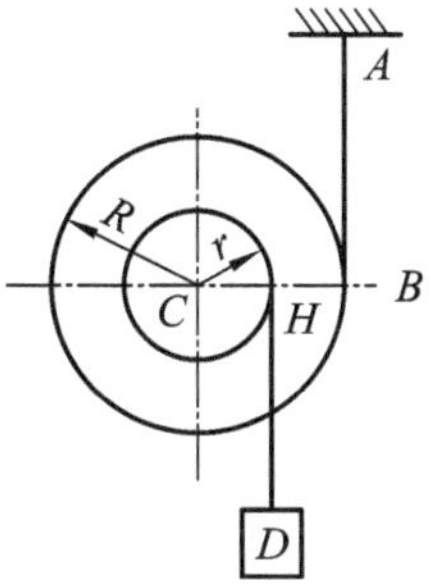

图 8-75

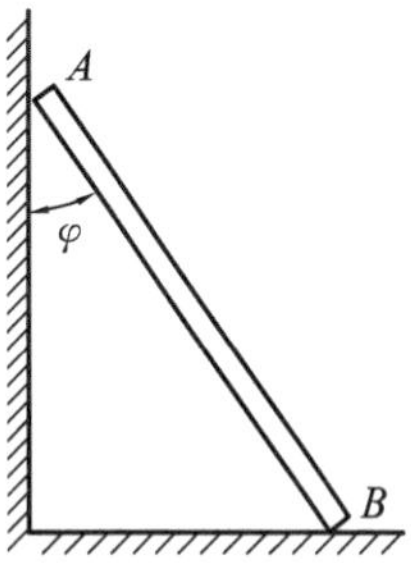

图 8-76

46. 如图 8-77 所示，质量为 m、半径为 r 的均质圆柱在开始运动时，其质心位于与 OB 同一高度的 C 点。设圆柱由静止开始沿斜面和曲面滚动而不滑动，当它滚到半径为 R 的圆弧 $\widehat{AB}$ 上时，求在任意位置上圆柱对圆弧的正压力和摩擦力。

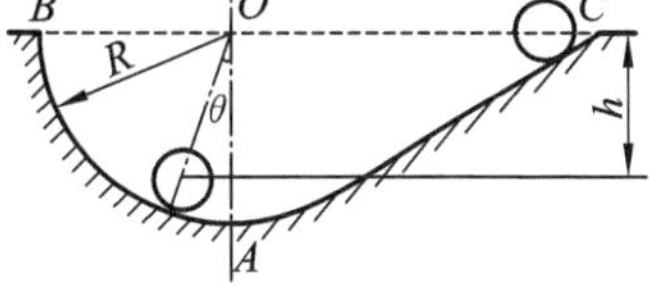

图 8-77

第9章 碰 撞

9.1 碰撞的基本特征和基本概念

碰撞是日常生活和工程实际中常见的力学现象。物体由于运动受到阻碍或冲击，在极短的时间内其速度发生有限的变化，这种现象称为碰撞。如射击、敲钉、球的弹跳、锤锻、飞机着陆等都是碰撞的实例。了解碰撞的基本特征、掌握碰撞的规律正是为了更好地利用碰撞的有利因素，避免它的不利影响。

为了说明碰撞力的特征，先举一个例子。质量 $m=1$ kg 的手锤以 $v_0=3$ m/s 的速度打在钉子上，经过 $\tau=0.002$ s 后撞击结束，这时手锤的速度 $v=0.2$ m/s，手锤和钉子一起运动。由运动学可知，在极短的时间内手锤的速度发生了有限的变化，因此加速度一定很大。为简化起见，把手锤在碰撞过程中的运动粗略地视为匀减速运动，则其加速度 a 的大小为

$$a=\frac{v_0-v}{\tau}=\frac{3-0.2}{0.002}\ \mathrm{m/s^2}=1\ 400\ \mathrm{m/s^2}$$

设敲击时钉子给手锤的力为 F，手锤的重量为 G，则手锤的动力学基本方程为

$$ma=F-G$$

解得

$$F=m(g+a)=1\ 409.8\ \mathrm{N}$$

由此可见，碰撞力 F 远远大于手锤的重量 G。如果碰撞时间再短一些，或碰撞前后的速度变化更大一些，则碰撞力将更大。碰撞力的作用时间极短，而碰撞力的数值极大，这是碰撞力的重要特点。因此，碰撞力又称为瞬时力。

由于碰撞时间极短，而碰撞力又是不断变化的（很难测定），因此在研究碰撞过程中，通常用碰撞力在碰撞时间内的积累效应，即碰撞冲量来度量碰撞的强度。若以 $\boldsymbol{S}$ 表示碰撞冲量，$\boldsymbol{F}$ 表示变化的碰撞力，则有

$$\boldsymbol{S}=\int_0^{\tau}\boldsymbol{F}\mathrm{d}t=\boldsymbol{F}^{*}\tau \tag{9-1}$$

其中，τ 为碰撞时间，$\boldsymbol{F}^{*}$ 为这段时间内碰撞力的平均值。当然，碰撞力的最大值远远大于平均值。

根据上述碰撞的特点，为使问题简化，对碰撞问题作如下基本假设。

(1) 在碰撞过程中，与碰撞力相比，非碰撞力，如重力、弹性力、空气阻力等普通力均可忽略不计。但应当注意的是，在碰撞前后，若普通力对物体运动状态的变化起主要作用，则不可不计。

(2) 由于碰撞过程非常短促，物体在碰撞开始和碰撞结束时的位置基本上没有改变。因此，在碰撞过程中，物体的位移可以忽略不计。

9.2 用于碰撞过程的基本定理

根据碰撞问题所作出的基本假设，可不必再研究碰撞过程中物体的运动规律，而只需研究碰撞前后物体运动状态的变化。因此，最适用的理论是积分形式的动力学普遍定理。在实际碰撞过程中，由于物体的变形、发声、发光、发热等，物体的机械能会有所损失，而机械能的

损失程度取决于许多因素，首先与材料的性质有关。这是一个比较复杂的问题，这里不进行深入讨论，仅用一个参数(恢复系数)来表示材料对碰撞过程的影响。对于碰撞问题，除了没有机械能损失的特殊情况外，一般不用动能定理，而用动量定理和动量矩定理。

9.2.1 用于碰撞过程的动量定理——冲量定理

设质点的质量为 m，碰撞开始瞬时的速度为 $\boldsymbol{v}$，碰撞结束时的速度为 $\boldsymbol{u}$，则质点动量定理的积分形式为

$$m\boldsymbol{u}-m\boldsymbol{v}=\int_0^t \boldsymbol{F}\mathrm{d}t=\boldsymbol{S} \tag{9-2}$$

式中，$\boldsymbol{S}$ 为碰撞冲量。普通力的冲量可忽略不计。

对于质点系的碰撞，作用于第 i 个质点上的碰撞冲量可分为外碰撞冲量 $\boldsymbol{S}_i^{(e)}$ 和内碰撞冲量 $\boldsymbol{S}_i^{(i)}$，由式(9-2)可得

$$m_i\boldsymbol{u}_i-m_i\boldsymbol{v}_i=\boldsymbol{S}_i^{(e)}+\boldsymbol{S}_i^{(i)}$$

设质点系有 n 个质点，对每个质点都可列出上述方程，将 n 个方程相加，得

$$\sum m_i\boldsymbol{u}_i-\sum m_i\boldsymbol{v}_i=\sum \boldsymbol{S}_i^{(e)}+\sum \boldsymbol{S}_i^{(i)}$$

由于内碰撞冲量总是大小相等，方向相反，成对存在，因此 $\sum \boldsymbol{S}_i^{(i)}=0$，于是得

$$\sum m_i\boldsymbol{u}_i-\sum m_i\boldsymbol{v}_i=\sum \boldsymbol{S}_i^{(e)} \tag{9-3}$$

式(9-3)与用于非碰撞过程的动量定理一样，但不计普通力的冲量，称为冲量定理。

质点系的动量可用总质量 M 与质心速度的乘积计算。于是，式(9-3)又可写为

$$M\boldsymbol{u}_C-M\boldsymbol{v}_C=\sum \boldsymbol{S}_i^{(e)} \tag{9-4}$$

式中，$\boldsymbol{v}_C$ 和 $\boldsymbol{u}_C$ 分别为碰撞开始和结束时质心的速度。

9.2.2 用于碰撞过程的动量矩定理——冲量矩定理

质点系动量矩定理的微分形式为

$$\frac{\mathrm{d}}{\mathrm{d}t}\boldsymbol{L}_O=\sum \boldsymbol{M}_O(\boldsymbol{F}_i^{(e)})=\sum \boldsymbol{r}_i\times \boldsymbol{F}_i^{(e)}$$

式中，$\boldsymbol{L}_O$ 为质点系对定点 O 的动量矩矢，$\sum \boldsymbol{r}_i\times \boldsymbol{F}_i^{(e)}$ 为作用于质点系上的外力对 O 点的主矩。上式可改写为

$$\mathrm{d}\boldsymbol{L}_O=\sum \boldsymbol{r}_i\times \boldsymbol{F}_i^{(e)}\mathrm{d}t=\sum \boldsymbol{r}_i\times \mathrm{d}\boldsymbol{S}_i^{(e)}$$

对上式进行积分，得

$$\int_{L_{O1}}^{L_{O2}}\mathrm{d}\boldsymbol{L}_O=\sum\int_0^t \boldsymbol{r}_i\times \mathrm{d}\boldsymbol{S}_i^{(e)}$$

即

$$\boldsymbol{L}_{O2}-\boldsymbol{L}_{O1}=\sum\int_0^t \boldsymbol{r}_i\times \mathrm{d}\boldsymbol{S}_i^{(e)}$$

式中，$\boldsymbol{L}_{O1}$、$\boldsymbol{L}_{O2}$ 分别为碰撞开始和结束时质点系对 O 点的动量矩，$\boldsymbol{S}_i^{(e)}$ 为外碰撞冲量。

前面已经假设在碰撞过程中各质点的位置不变，因此，碰撞力作用点的矢径 $\boldsymbol{r}_i$ 为恒量。于是有

$$\boldsymbol{L}_{O2}-\boldsymbol{L}_{O1}=\sum \boldsymbol{r}_i\times\int_0^s \mathrm{d}\boldsymbol{S}_i^{(e)}$$

即

$$L_{O2}-L_{O1}=\sum r_i\times S_i^{(e)}=\sum M_O(S_i^{(e)}) \tag{9-5}$$

即质点系在碰撞开始和结束时对 O 点的动量矩的变化，等于作用于质点系上的外碰撞冲量对同一点的主矩。式(9-5) 称为冲量矩定理，式中不计普通力的冲量矩。

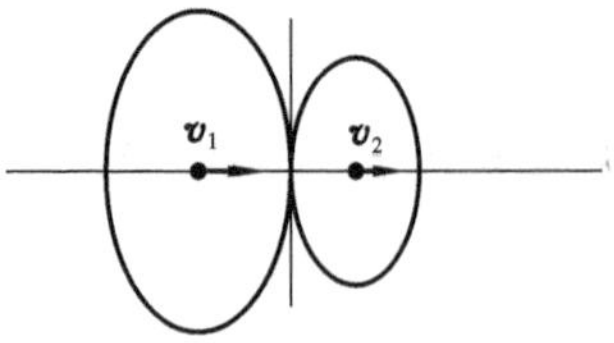

图 9-1

9.3 物体的正碰撞　动能损失

设两物体作平动。若两物体质心的连线与接触点的公切线垂直，碰撞开始时的速度沿此连线方向，如图 9-1 所示，则将这种碰撞称为对心正碰撞。

9.3.1　两物体正碰撞结束时的速度

设质量为 m_1、m_2 的两个球，分别以速度 $\boldsymbol{v}_1$ 和 $\boldsymbol{v}_2$ 沿两球质心的连线方向作平动，如图 9-2(a) 所示，且 $v_1>v_2$。因此，两球将在某瞬时发生碰撞，这就是两物体的对心正碰撞。下面求两球碰撞后的速度 $\boldsymbol{u}_1$ 和 $\boldsymbol{u}_2$ 及碰撞冲量 $\boldsymbol{S}$。

首先，分析整个碰撞过程。碰撞过程可分为两个阶段：第一阶段是从两球发生碰撞的瞬时开始，到两球具有相同的速度 $\boldsymbol{u}$，即两球的变形达到最大时为止，此为变形阶段，如图 9-2(b) 所示；第二阶段是从第一阶段结束时开始，即两球的变形逐渐恢复到两球各自获得不同的速度，即碰撞结束时为止，此为恢复阶段，如图 9-2(c) 所示。

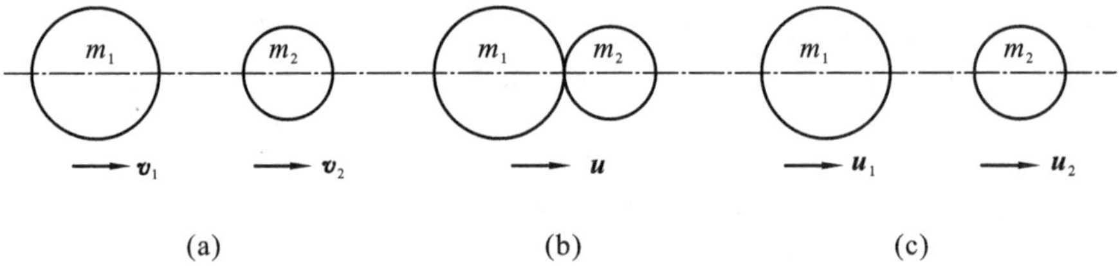

图 9-2

实验表明，对于两个具有确定材料的球，碰撞后两球的分离速度 u_2-u_1(即碰撞后两物体质心的相对速度的大小) 与碰撞前两球的趋近速度 v_1-v_2(即碰撞前两物体质心的相对速度的大小) 的比值是不变的，用 k 表示，则有

$$k=\frac{u_2-u_1}{v_1-v_2} \tag{9-6}$$

比值 k 称为恢复系数，它表示碰撞时变形恢复的程度，其大小由材料的性质所决定。

表 9-1 给出了几种常见材料的恢复系数。

表 9-1　常见材料的恢复系数

碰撞物体的材料	铁对铅	木对胶木	木对木	钢对钢	象牙对象牙	玻璃对玻璃
恢复系数	0.14	0.26	0.50	0.56	0.89	0.94

恢复系数 k 恒为正值，其数值范围为 $0\leqslant k\leqslant 1$。

当 $k=1$ 时，为理想情况，由式(9-6) 可知，两球的分离速度等于趋近速度，变形完全恢复，称为完全弹性碰撞。

当 $0<k<1$ 时，为最常见的情况，此时两球有动能损失，变形部分恢复，称为弹性碰撞。

当 $k=0$ 时，为极限情况，此时 $u_1=u_2$，碰撞后两球一起运动，不再分离，表明两球无弹性，变形完全不能恢复，称为非弹性碰撞或塑性碰撞。

由于由两球组成的质点系不受外碰撞冲量的作用，因此由动量守恒方程在质心连线上的投影式可得

$$m_1v_1 + m_2v_2 = m_1u_1 + m_2u_2 \tag{9-7}$$

联立式(9-6) 和式(9-7)，解得

$$\begin{cases} u_1 = v_1 - (1+k)\dfrac{m_2}{m_1+m_2}(v_1 - v_2) \\ u_2 = v_2 + (1+k)\dfrac{m_1}{m_1+m_2}(v_1 - v_2) \end{cases} \tag{9-8}$$

由此可见，当 $v_1 > v_2$ 时，$u_1 < v_1$，$u_2 > v_2$。

在理想情况下，$k = 1$，则有

$$\begin{cases} u_1 = v_1 - \dfrac{2m_2}{m_1+m_2}(v_1 - v_2) \\ u_2 = v_2 + \dfrac{2m_1}{m_1+m_2}(v_1 - v_2) \end{cases}$$

如果 $m_1 = m_2$，则 $u_1 = v_2$，$u_2 = v_1$，即两球在碰撞结束时交换了速度。

在极限情况下，当两球作塑性碰撞时，$k = 0$，则有

$$u_1 = u_2 = \frac{m_1v_1 + m_2v_2}{m_1 + m_2}$$

由此可见，碰撞结束时，两物体的速度相同，一起运动。

其次，单独分析质量为 m_2 的球。应用冲量定理求得在整个碰撞过程中，两球相互作用的碰撞冲量为

$$S = m_2u_2 - m_2v_2$$

将式(9-8) 中的 u_2 值代入上式中，解得

$$S = (1+k)\frac{m_1m_2}{m_1+m_2}(v_1 - v_2) \tag{9-9}$$

如图 9-3 所示，当平动物体与一固定平面发生正碰撞时，上述公式都适用，此时只需令 $m_1 = m$，$m_2 = \infty$，$v_2 = 0$，$u_2 = 0$，于是式(9-6) 可改写为

$$k = \left|\frac{u}{v}\right|$$

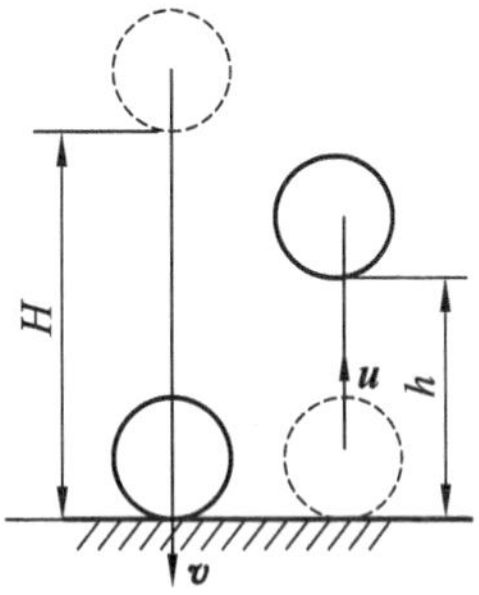

图 9-3

若球作自由下落，则可用球距离固定面的高度 H 和回跳的高度 h 来表示 k。由自由落体公式可得

$$|v| = \sqrt{2gH}$$

$$|u| = \sqrt{2gh}$$

于是得

$$k = \left|\frac{u}{v}\right| = \sqrt{\frac{h}{H}} \tag{9-10}$$

测出球距离固定面的高度 H 和回跳的高度 h，即可计算出球和固定面碰撞时两种材料的恢复系数 k。这就是测量恢复系数的实验方法。

如果平动物体与固定面碰撞，碰撞开始瞬时物体质心的速度 $\boldsymbol{v}$ 与接触点法线的夹角为

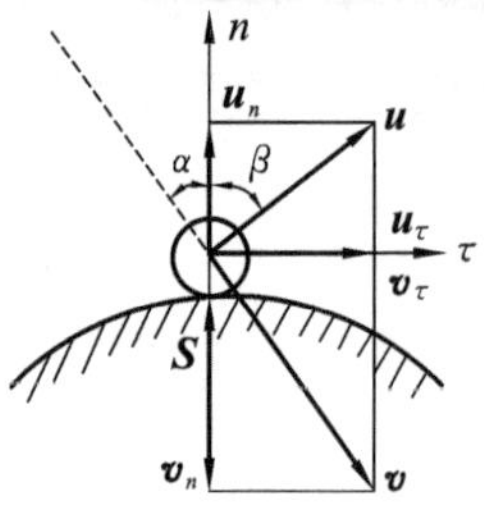

图 9-4

α(称为入射角)，碰撞结束时物体的返跳速度 $\boldsymbol{u}$ 与接触点法线的夹角为 β(称为反射角)，如图 9-4 所示，则将这种碰撞称为斜碰撞。假设不计摩擦，两物体只在法线方向发生碰撞，于是材料的恢复系数为

$$k=\left|\frac{u_n}{v_n}\right|$$

式中，u_n 和 v_n 分别为速度 u 和 v 在法线方向上的投影。设 u_τ 和 v_τ 分别表示速度 $\boldsymbol{u}$ 和 $\boldsymbol{v}$ 在切线方向上的投影，则有

$$|u_n|\tan\beta=u_\tau,\quad |v_n|\tan\alpha=v_\tau$$

于是有

$$\left|\frac{u_n}{v_n}\right|=\frac{u_\tau}{\tan\beta}\cdot\frac{\tan\alpha}{v_\tau}$$

由动量定理在切线方向上的投影式可得，$m(u_\tau-v_\tau)=0$，因此 $u_\tau=v_\tau$。于是，恢复系数 k 可用 α 和 β 表示为

$$k=\frac{u_n}{v_n}=\frac{\tan\alpha}{\tan\beta}\tag{9-11}$$

由式(9-11)可知，对于实际材料，$k<1$，当碰撞物体表面光滑时，总有 $\alpha<\beta$。

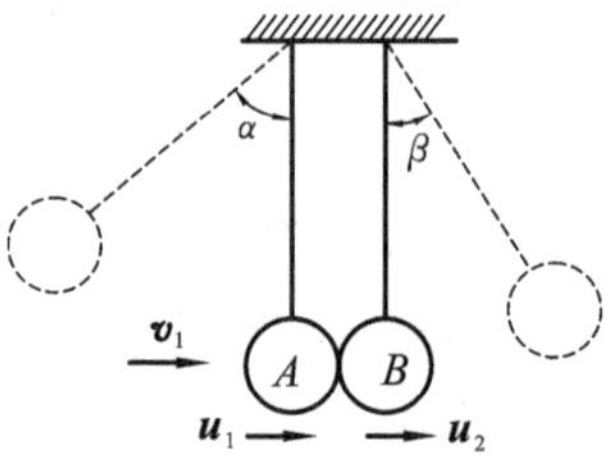

图 9-5

【例 9-1】 两球的质量均为 m，用长度均为 l、自重不计的绳吊住，设球 A 在 $\alpha=45°$ 的位置由静止向下落，摆动至铅垂位置时与静止的球 B 相撞，使球 B 摆动至 $\beta=30°$ 的位置，如图 9-5 所示。求两球材料的恢复系数。

【解】 首先，研究两球的碰撞过程。

(1) 取球 A、球 B 组成的系统为研究对象。

(2) 系统的速度由 $\boldsymbol{v}_1$ 和 $\boldsymbol{v}_2(v_2=0)$ 变为 $\boldsymbol{u}_1$ 和 $\boldsymbol{u}_2$。

(3) 在碰撞过程中无外碰撞冲量，则由动量守恒定律可得

$$mv_1=mu_1+mu_2$$

即

$$v_1=u_1+u_2\tag{1}$$

由式(9-6)可得

$$k=\frac{u_2-u_1}{v_1-v_2}=\frac{u_2-u_1}{v_1}\tag{2}$$

联立式(1)、式(2)并消去 u_1，可得

$$k=2\frac{u_2}{v_1}-1\tag{3}$$

其次，分别研究碰撞前后球 A、球 B 的运动。对于球 A，由动能定理可得

$$\frac{1}{2}mv_1{}^2-0=mgl(1-\cos\alpha)$$

解得

$$v_1=\sqrt{2gl(1-\cos\alpha)}\tag{4}$$

对于球 B，由动能定理可得

$$0-\frac{1}{2}mu_2^2=-mgl(1-\cos\beta)$$

解得

$$u_2 = \sqrt{2gl(1-\cos\beta)} \tag{5}$$

将式(4)、式(5) 代入式(3) 中，解得

$$k = 2\sqrt{\frac{1-\cos\beta}{1-\cos\alpha}} - 1 = 2\sqrt{\frac{1-\cos 30^\circ}{1-\cos 45^\circ}} - 1 = 0.353$$

在研究具体的碰撞问题时，这类问题常常不是单纯的碰撞问题，而是与其他类型的动力学问题有关。通常，一个动力学过程可分为几个阶段，在某一阶段是碰撞问题，在另外阶段则是其他的动力学问题。因此在解决这类问题时，首先，必须明确所研究的动力学过程应分为几个阶段；其次，判断哪一个阶段是碰撞问题，用碰撞理论求解，其他阶段则选择合适的动力学定理求解。

9.3.2 正碰撞过程中的动能损失

分别用 T_1 和 T_2 表示由两物体组成的质点系在碰撞开始和结束时的动能，则有

$$T_1 = \frac{1}{2}m_1 v_1^2 + \frac{1}{2}m_2 v_2^2$$

$$T_2 = \frac{1}{2}m_1 u_1^2 + \frac{1}{2}m_2 u_2^2$$

在碰撞过程中，质点系损失的动能为

$$\begin{aligned}\Delta T = T_1 - T_2 &= \frac{1}{2}m_1(v_1^2 - u_1^2) + \frac{1}{2}m_2(v_2^2 - u_2^2) \\ &= \frac{1}{2}m_1(v_1 - u_1)(v_1 + u_1) + \frac{1}{2}m_2(v_2 - u_2)(v_2 + u_2)\end{aligned}$$

由式(9-8) 可得

$$v_1 - u_1 = (1+k)\frac{m_2}{m_1 + m_2}(v_1 - v_2)$$

$$v_2 - u_2 = -(1+k)\frac{m_1}{m_1 + m_2}(v_1 - v_2)$$

将上述两式代入质点系损失的动能表达式中，可得

$$\Delta T = T_1 - T_2 = \frac{1}{2}(1+k)\frac{m_1 m_2}{m_1 + m_2}(v_1 - v_2)[(v_1 + u_1) - (v_2 + u_2)]$$

由式(9-6) 可得

$$u_1 - u_2 = -k(v_1 - v_2)$$

于是得

$$\Delta T = T_1 - T_2 = \frac{m_1 m_2}{2(m_1 + m_2)}(1 - k^2)(v_1 - v_2)^2 \tag{9-12}$$

在理想情况下，$k = 1$，$\Delta T = T_1 - T_2 = 0$，即 $T_1 = T_2$。可见，在完全弹性碰撞时，质点系的动能没有损失，即碰撞开始时质点系的动能等于碰撞结束时质点系的动能。

在塑性碰撞时，$k = 0$，质点系损失的动能为

$$\Delta T = T_1 - T_2 = \frac{m_1 m_2}{2(m_1 + m_2)}(v_1 - v_2)^2$$

如果第二个物体在塑性碰撞开始时处于静止，即 $v_2 = 0$，则质点系损失的动能为

$$\Delta T = T_1 - T_2 = \frac{m_1 m_2}{2(m_1 + m_2)}v_1^2$$

由于 $T_1 = \frac{1}{2}m_1 v_1^2$，故上式可改写为

$$\Delta T = T_1 - T_2 = \frac{m_2}{m_1 + m_2}T_1 = \frac{1}{\frac{m_1}{m_2}+1}T_1 \tag{9-13}$$

可见，在塑性碰撞过程中，动能的损失与两物体的质量比有关。

当 $m_2 \gg m_1$ 时，$\Delta T \approx T_1$，即质点系在碰撞开始时的动能几乎完全损失于碰撞过程中。这种情况对于锻压是最理想的。因为我们希望在锻压金属时，锻件的变形尽量大，而砧座尽可能不运动。因此在工程实际中，必须选取比锻锤重很多倍的砧座来进行锻压。

当 $m_2 \ll m_1$ 时，$\Delta T \approx 0$，这种情况对于打桩是最理想的。因为我们希望在碰撞结束时，桩柱能够获得较大的动能来克服阻力前进。因此在工程实际中，应选取比桩柱重得多的锤来进行打桩。

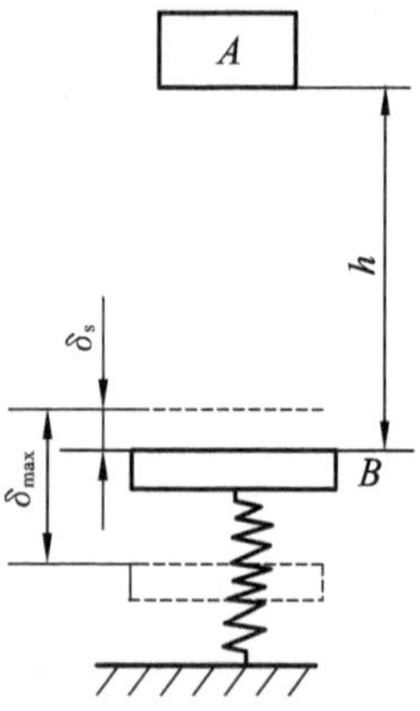

图 9-6

【例 9-2】 如图 9-6 所示，物块 A 自 $h = 4.9\ \text{m}$ 高度处自由下落，与安装在弹簧上的物块 B 碰撞。已知物块 A 的质量 $m_1 = 10\ \text{kg}$，物块 B 的质量 $m_2 = 5\ \text{kg}$，弹簧的刚性系数 $k = 1\ 000\ \text{N/m}$。设碰撞结束时，两物块一起运动，求碰撞结束时两物块的速度和弹簧的最大压缩量。

【解】 物块 A 自 h 高度处落下与物块 B 接触时碰撞开始，此后物块 A 的速度减小，物块 B 的速度增大，当两者速度相等时，碰撞结束，然后物块 A 与物块 B 一起作减速运动，直到速度均等于零为止，此时弹簧的压缩量达到最大值。由于此时弹簧力大于重力，物块 A 将朝上运动，并将持续地往复运动。

在碰撞开始时，物块 A 与物块 B 的速度分别为

$$v_1 = \sqrt{2gh} = 9.8\ \text{m/s},\quad v_2 = 0$$

在碰撞结束时，物块 A 与物块 B 的速度为

$$u = \frac{m_1 v_1}{m_1 + m_2} = \frac{10 \times 9.8}{10+5}\ \text{m/s} = 6.53\ \text{m/s}$$

由动能定理可得，弹簧的最大压缩量为

$$0 - \frac{1}{2}(m_1 + m_2)u^2 = (m_1 + m_2)g(\delta_{\max} - \delta_s) + \frac{k}{2}(\delta_s^2 - \delta_{\max}^2)$$

将上式整理成标准的二次式，得

$$\delta_{\max}^2 - \frac{2(m_1+m_2)g}{k}\delta_{\max} - \left[\frac{m_1+m_2}{k}u^2 - \frac{2(m_1+m_2)g}{k}\delta_s + \delta_s^2\right] = 0$$

由于 $k\delta_s = m_2 g$，代入上式中，解得

$$\delta_{\max} = 0.95\ \text{m}$$

另一解无意义。

【例 9-3】 已知汽锤的质量 $m_1 = 100\ \text{kg}$，锻件和铁砧的总质量 $m_2 = 1\ 500\ \text{kg}$，恢复系数 $k = 0.6$，求汽锤的效率。

【解】 汽锤和锻件在碰撞过程中损失的动能与汽锤和锻件在碰撞开始时的动能的比

值，称为汽锤的效率，即

$$\eta = \frac{\Delta T}{T_1}$$

由于 $v_2 = 0$，$T_1 = \frac{1}{2}m_1 v_1^2$，故根据式(9-12)可得

$$\Delta T = \frac{m_2}{m_1 + m_2}(1 - k^2)T_1$$

于是有

$$\eta = \frac{m_2}{m_1 + m_2}(1 - k^2) = \frac{1\ 500}{100 + 1\ 500}(1 - 0.6^2) = 0.6 = 60\%$$

如果将锻件烧到赤热，则可近似认为 $k = 0$，于是有

$$\eta = \frac{m_2}{m_1 + m_2} = 0.937\ 5 = 93.75\%$$

即减小 k 值可提高汽锤的效率。

9.4 碰撞冲量对转动刚体的作用　撞击中心

9.4.1 转动刚体的角速度变化

设刚体绕一固定轴 z 转动，且受到外碰撞冲量的作用。ω_1 和 ω_2 分别表示在碰撞开始与结束瞬时刚体的角速度，I_z 是刚体对 z 轴的转动惯量。根据冲量矩定理在 z 轴上的投影式可得

$$L_{z2} - L_{z1} = \sum M_z(\boldsymbol{S}_i^{(e)})$$

即

$$I_z\omega_2 - I_z\omega_1 = \sum M_z(\boldsymbol{S}_i^{(e)})$$

或写成

$$\omega_2 - \omega_1 = \frac{\sum M_z(\boldsymbol{S}_i^{(e)})}{I_z} \tag{9-14}$$

即碰撞时绕定轴转动的刚体的角速度的变化，等于作用于刚体上的外碰撞冲量对转轴的主矩除以刚体对该轴的转动惯量。

9.4.2 支座的反碰撞冲量　撞击中心

绕定轴转动的刚体受到外碰撞冲量 $\boldsymbol{S}$ 的作用时，不仅刚体的角速度发生变化，而且轴承和轴将同时发生碰撞，这将引起轴承的损坏。

设质量为 M 的物体具有一质量对称面，且绕垂直于对称面的轴转动，如图 9-7 所示。若 C 点为该物体的质心，$OC = a$，碰撞冲量 $\boldsymbol{S}$ 作用于对称平面内，并通过 K 点，且在图示位置发生碰撞。求轴承 O 的反碰撞冲量 S_{Ox} 和 S_{Oy}。

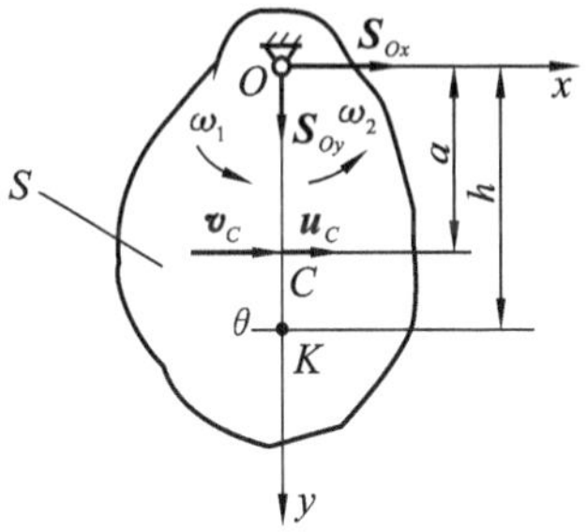

图 9-7

取坐标轴 Oy 通过质心 C，x 轴与 y 轴垂直。由冲量定理可得

$$\begin{cases} Mu_{Cx} - Mv_{Cx} = S_{Ox} + S_x \\ Mu_{Cy} - Mv_{Cy} = S_{Oy} + S_y \end{cases}$$

由于 $u_{Cx} = a\omega_2$，$v_{Cx} = a\omega_1$，$u_{Cy} = v_{Cy} = 0$，于是得

$$\begin{cases} S_{Ox} = Ma(\omega_2 - \omega_1) - S_x \\ S_{Oy} = -S_y \end{cases} \tag{9-15}$$

由此可见，当 $S \neq 0$ 时，在轴承处将引起碰撞冲量 $\boldsymbol{S}_O$。要使轴承不受碰撞冲量的作用，即 $S_{Ox} = S_{Oy} = 0$，则根据式(9-15)，必须有

$$\begin{cases} S_y = 0 \\ Ma(\omega_2 - \omega_1) - S_x = 0 \end{cases} \tag{9-16}$$

也就是说，如果外碰撞冲量 $\boldsymbol{S}$ 作用在物体的对称平面内，并且满足上述两个条件，则轴承的反碰撞冲量等于零，即轴承处不发生碰撞。

当 $S_y = 0$ 时，$\theta = 0°$，表明碰撞冲量必须与 y 轴垂直，即外碰撞冲量 $\boldsymbol{S}$ 必须垂直于转轴（支点）O 与质心 C 的连线。

将式(9-14)代入式(9-16)中，就可求出碰撞冲量 $\boldsymbol{S}$ 的作用点 K 到 x 轴的距离 h，即

$$h = \frac{I_z}{Ma} \tag{9-17}$$

满足式(9-17)的 K 点称为撞击中心。

于是得出结论：当外碰撞冲量作用于物体的对称平面内的撞击中心，且垂直于转轴与质心的连线时，在转轴处不引起碰撞冲量。

根据上述结论，在设计材料撞击试验机的摆锤时，必须把撞击试件的刃口设计在摆锤的撞击中心，这样可以使轴承避免承受撞击载荷。同样，用棒击垒球时，如果击球点选得合适，手不感到被震动，则此击球点就是棒的撞击中心。

【例 9-4】 如图 9-8 所示，射击摆是一个悬挂于水平轴 O 上的填满砂土的箱子，当枪弹射入砂箱时，砂箱绕 O 轴转过一偏角，通过测量偏角的大小，即可求出枪弹的速度。设摆的质量为 M，摆对 O 轴的转动惯量为 I_O，摆的重心 C 到 O 轴的距离为 l，枪弹的质量为 m，枪弹射入砂箱后到 O 轴的距离为 a，悬挂索的质量忽略不计。

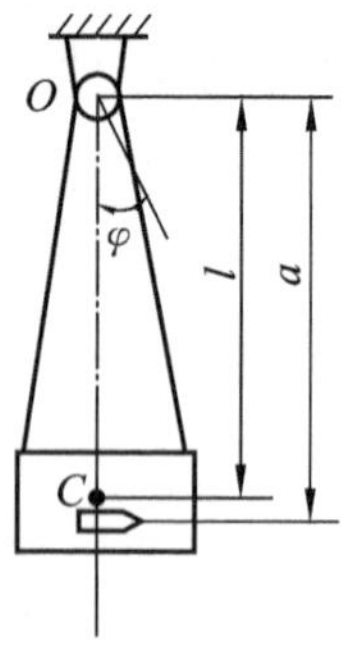

图 9-8

【解】 取由枪弹和摆组成的质点系为研究对象。

首先研究碰撞过程。由于外碰撞冲量对 O 轴的矩等于零，因此碰撞过程中动量矩守恒。

设碰撞开始时子弹的速度为 $\boldsymbol{v}$，碰撞结束时摆的角速度为 ω，则由动量矩守恒定律可得

$$mva = I_O\omega + ma^2\omega$$

解得

$$v = \frac{I_O + ma^2}{ma}\omega$$

再研究碰撞结束后，摆与子弹的动能。在摆与子弹一起绕 O 轴转过 φ 角度的过程中，由动能定理可得

$$0 - \left(\frac{1}{2}I_O\omega^2 + \frac{1}{2}ma^2\omega^2\right) = -Mg(l - l\cos\varphi) - mg(a - a\cos\varphi)$$

即

$$\frac{1}{2}(I_O + ma^2)\omega^2 = (Ml + ma)(1 - \cos\varphi)g$$

将 $1 - \cos\varphi = 2\sin^2\frac{\varphi}{2}$ 代入上式中，解得

$$\omega = 2\sqrt{\frac{Ml + ma}{I_O + ma^2}g}\sin\frac{\varphi}{2}$$

于是可得子弹射入砂箱前的速度为

$$v=\frac{2\sin\frac{\varphi}{2}}{ma}\sqrt{(I_O+ma^2)(Ml+ma)g}$$

【例 9-5】 如图 9-9 所示，均质杆的质量为 M，长度为 l，其上端由圆柱铰链固定，杆由水平位置无初速度下落，撞在一质量为 m 的物块上。设恢复系数为 k，求：(1) 轴承的碰撞冲量；(2) 撞击中心的位置。

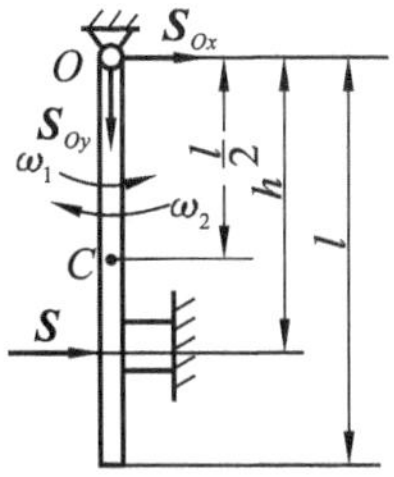

图 9-9

【解】 取杆为研究对象。设杆在铅垂位置与物块相碰撞，碰撞前后其角速度分别为 ω_1 和 ω_2。

(1) 碰撞前，杆由水平位置下落至铅垂位置，由动能定理可得

$$\frac{1}{2}I_O\omega_1^2-0=Mg\ \frac{l}{2}$$

解得

$$\omega_1=\sqrt{\frac{Mgl}{I_O}}=\sqrt{\frac{3g}{l}} \tag{1}$$

(2) 在碰撞过程中，由式(9-14) 可得

$$\omega_2-(-\omega_1)=\frac{Sh}{I_O}$$

解得

$$S=\frac{I_O}{h}(\omega_2+\omega_1)=\frac{Ml^2}{3h}(\omega_2+\omega_1) \tag{2}$$

又由冲量定理可得

$$M\left(-\frac{1}{2}\omega_2-\frac{1}{2}\omega_1\right)l=S_{Ox}-S \tag{3}$$

由于 $k=\left|\frac{u}{v}\right|=\left|\frac{h\omega_2}{h\omega_1}\right|$，则

$$\omega_2=k\omega_1 \tag{4}$$

联立式(1)、式(2)、式(3) 和式(4)，解得

$$S_{Ox}=M\sqrt{3gl}(1+k)\left(\frac{l}{3h}-\frac{1}{2}\right)$$

(3) 欲求撞击中心，令 $S_{Ox}=0$，得

$$h=\frac{2}{3}l$$

思考与习题

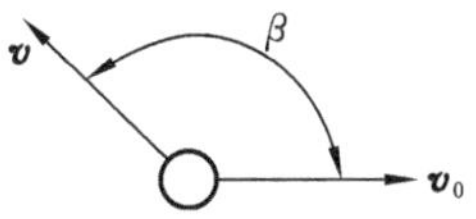

图 9-10

1. 如图 9-10 所示，一质量为 0.14 kg 的棒球以 $v_0=50$ m/s 的速度沿水平线向右运动。当棒球被敲击后，其速度由原来的方向改变了 $\beta=135^\circ$ 的角度而向左朝上，速度的大小降低至 $v=40$ m/s，试计算棒作用于棒球上的水平方向和铅垂方向的碰撞冲量。若棒球与棒的接触时间为 0.02 s，求击球时碰撞力的平均值。

2. 一弹性球自 h 高度处自由地落在水平地板上，球从地板上跳起后又落下，如此往复，直至停止跳动。若碰撞恢复系数为 k，试求小球走过的路程及所需的时间。

3. 为挑选恢复系数不同的钢球，将钢球从 $h=1.6$ m 的高度自由地落在倾斜角 $\beta=25^\circ$

的固定钢板上，钢球回跳后落入盘中，如图 9-11 所示。为了得到恢复系数 $k \geqslant 0.6$ 的钢球，球盘应放在什么位置？

4. 质量 $m_1 = 600$ kg 的矿车以某一速度碰撞到另一静止的质量 $m_2 = 1\,200$ kg 的矿车，碰撞之后，两矿车走过相等的路程 $s = 2.215$ m 所用的时间分别为 $t_1 = 3.1$ s(第一个矿车)和 $t_2 = 1.3$ s(第二个矿车)。假设两矿车在碰撞后是等速的，求恢复系数。

5. 如图 9-12 所示，两个材料相同的球的重量分别为 1.25 N 和 10 N，其半径分别为 $r_1 = 5$ cm 和 $r_2 = 10$ cm，将两球用长度分别为 $l_1 = 72.5$ cm 和 $l_2 = 70$ cm 的两根线悬吊在天花板上，使两球在平衡位置时彼此相靠而两线刚好平行。现将小球及其悬线沿着两线所构成的平面向上提起 60° 角，然后使小球无初速度下落。设恢复系数 $k = 0.5$，试求两球在碰撞结束时的速度。

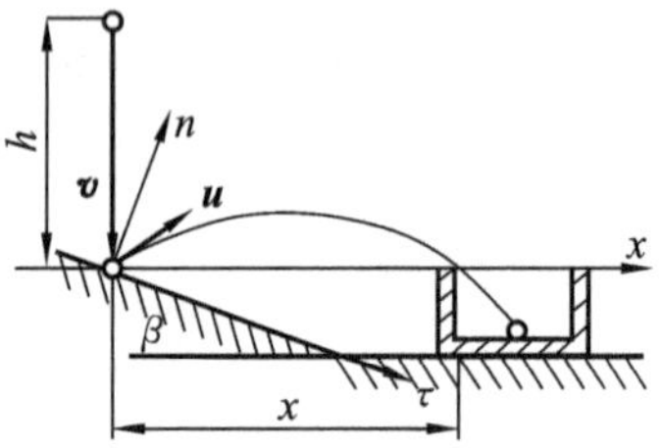

图 9-11

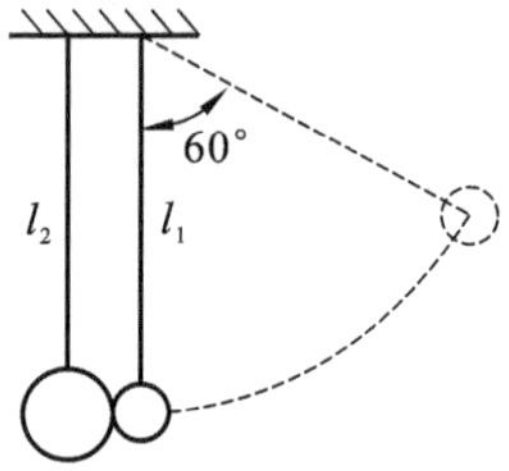

图 9-12

6. 两个相同的弹性球 A 与弹性球 B 相向运动，试问两球在碰撞开始时速度之比为何值，才能使弹性球 A 碰撞后停止？设碰撞恢复系数为 k。

7. 质量为 m 的小球置于光滑的水平桌面上，某瞬时在小球上作用一碰撞冲量 $\boldsymbol{S}$(方向水平)，如图 9-13 所示。设桌面到地板的高度为 h，小球与光滑地板的恢复系数为 k，不计空气阻力与球的大小，试求小球在地板上的最初两个落点 A、B 之间的距离。

8. 一质量 $m_1 = 450$ kg 的打桩机锤头自高度 $h = 2$ m 处下落，其初速度为零，桩的质量 $m_2 = 50$ kg。设恢复系数为零，经过一次锤击后桩下沉 1 cm，试求桩所受的平均阻力及碰撞时损失的动能。

9. 一质量 $m_1 = 3\,000$ kg 的汽锤锤头以 $v = 5$ m/s 的速度落到锻件上，锻件与砧块的总质量为 $m_2 = 24\,000$ kg。设碰撞为塑性碰撞，试求锻件吸收的能量、消耗于基础振动的能量及汽锤的效率 η。

10. 如图 9-14 所示，带有几个齿的凸轮绕水平轴 O 转动，推动桩锤运动。设凸轮与桩锤在碰撞前均是静止的，凸轮的角速度为 ω_0，凸轮对 O 轴的转动惯量为 I_O，桩锤的质量为 m，碰撞为非弹性碰撞，碰撞点到 O 轴的距离为 r。试求碰撞后凸轮的角速度、桩锤的速度和碰撞时凸轮与桩锤间的碰撞冲量。

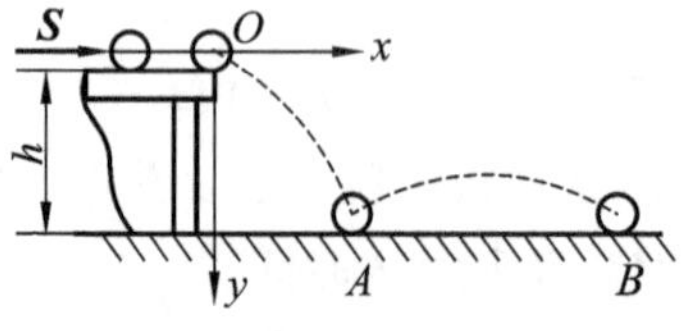

图 9-13

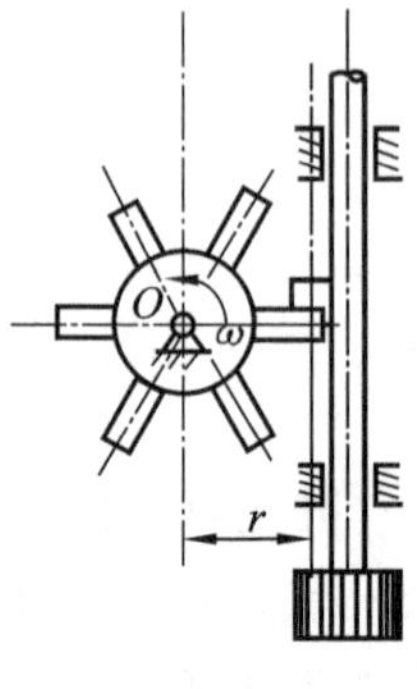

图 9-14

11. 一质量为m、长度为l的均质杆可绕水平轴O转动，如图9-15所示。杆由水平位置下落，其初速度为零，在铅垂位置与一质量为m_1的物块发生碰撞，使物块沿粗糙水平面滑动，动滑动摩擦系数为f'。设碰撞为非弹性碰撞，试求物块走过的路程。

12. 在测量恢复系数的仪器中，有一杆可绕水平轴O转动，杆上带有由试验材料制成的样块，由于重力的作用，杆从水平位置无初速度地下落，在铅垂位置与固定面相碰撞。已知杆的材料与样块的材料相同，杆的长度为L，质量为m_1，样块的质量为m_2。若碰撞后杆被弹回到与铅垂线成φ角的位置，如图9-16所示，求恢复系数k；在碰撞时，欲使轴承不产生碰撞冲量，样块到转轴O的距离x应为多少？

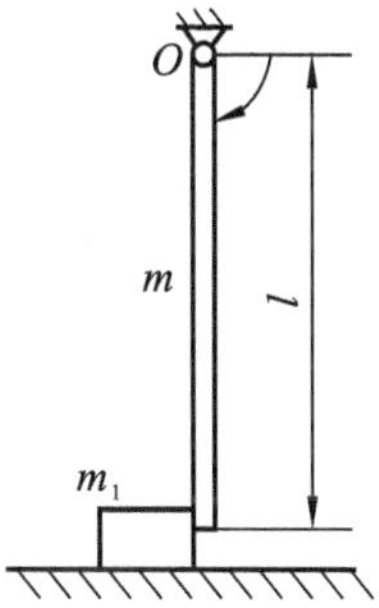

图 9-15

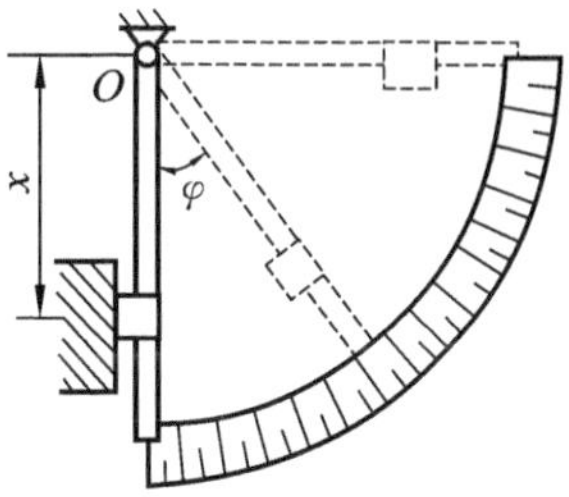

图 9-16

13. 如图9-17所示，一平台车以速度$\boldsymbol{v}$沿水平路轨运动，其上放置一均质正方形物块A，物块A的边长为a，质量为m，在平台车上靠近物块A处有一凸出的棱B，棱B能阻止物块A向前滑动，但不能阻止物块A绕棱转动。求当平台车突然停止时，物块A绕棱B转动的角速度及作用于棱B的碰撞冲量。

14. 如图9-18所示，一质量为m、长度为l的均质杆在铅垂面内保持水平下降，当杆开始与凸起物E相碰撞时，其质心的速度为$\boldsymbol{v}_0$。若恢复系数为k，求碰撞后杆的质心的速度及其角速度。

15. 均质细杆AB置于光滑的水平面上，绕其质心C以角速度ω_0转动，如图9-19所示。若突然将端点B固定，试问杆AB将以多大的角速度绕B点转动？

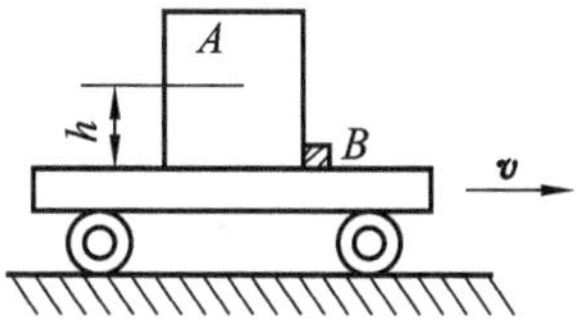

图 9-17

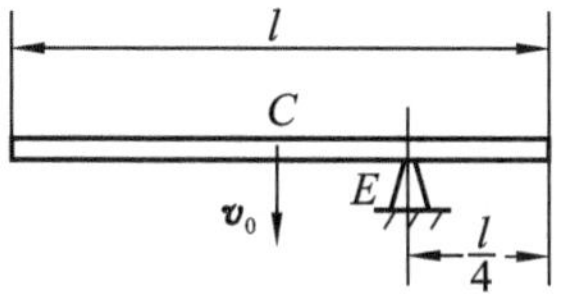

图 9-18

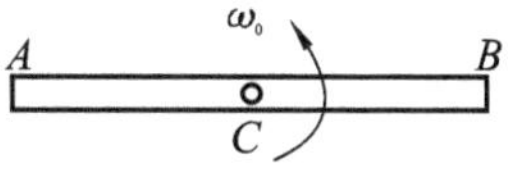

图 9-19

16. 一放在光滑的水平面上的均质细杆AB的两端各带有一钩子，钩子的开口配置如图9-20所示，A端的钩子钩住固定钉子E，并以角速度ω_0绕钉子E转动。当B端的钩子套上另一固定钉子D时，A端脱钩。设恢复系数为零，求碰撞后杆AB绕钉子D转动的角速度。

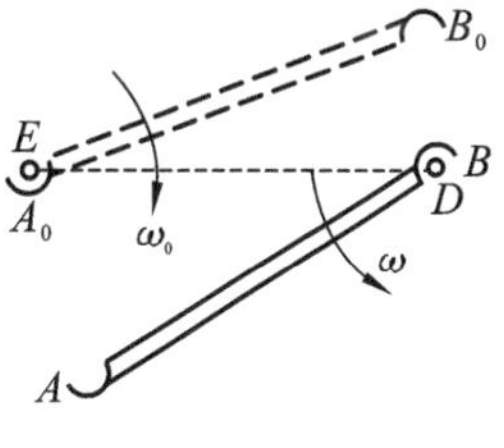

图 9-20

第10章 达朗伯原理

达朗伯原理是研究非自由质点系的动力学问题的一种普遍方法，它借助惯性力的概念，将动力学问题在形式上化为静力学问题。因此，该原理也称为动静法。

10.1 惯性力的概念

在达朗伯原理中，惯性力是一个重要的概念。由惯性定律可知，任何物体都具有惯性。当物体受到其他物体的作用而使其运动状态发生改变时，物体所具有的惯性力图保持其原有的运动状态而对施力的其他物体产生一反作用力，这种反作用力称为该物体的惯性力。

例如，人推小车沿直线轨道前进时，人推车的力为 $\boldsymbol{F}$，不计摩擦，车的质量为 m，车的加速度为 $\boldsymbol{a}$，则根据动力学第二定律，应有 $\boldsymbol{F}=m\boldsymbol{a}$。同时，人的手会感到有压力 $\boldsymbol{F}_g$，如图 10-1 所示，该力就是小车的惯性力，由作用与反作用定律可得

$$\boldsymbol{F}_g=-\boldsymbol{F}=-m\boldsymbol{a}$$

又如图 10-2 所示，系在绳端的质量为 m 的小球，当用手握住绳的另一端，使小球以速度 $\boldsymbol{v}$ 在水平面内作匀速圆周运动时，小球在水平面内受到绳子的拉力 $\boldsymbol{F}_T$，根据动力学第二定律，应有

$$\boldsymbol{F}_T=m\boldsymbol{a}=m\boldsymbol{a}_n=m\frac{v^2}{r}\boldsymbol{n}$$

小球由于惯性给绳一反作用力 $\boldsymbol{F}_g$，使人的手感到有拉力，由作用与反作用定律可得

$$\boldsymbol{F}_g=-\boldsymbol{F}_T=-m\boldsymbol{a}_n$$

图 10-1

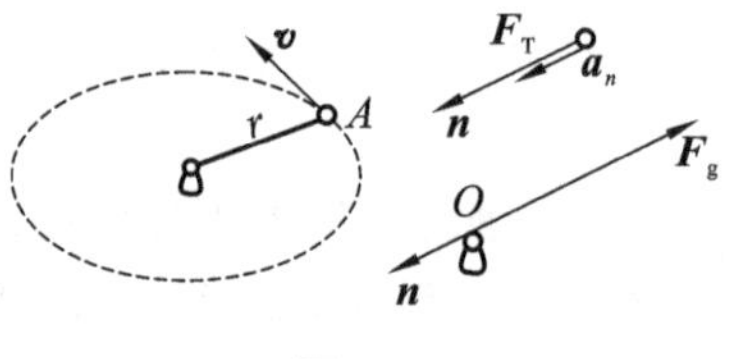

图 10-2

由上述两个例子可知，当质点受到力的作用而产生加速度时，由于惯性，质点必然给施力物体一反作用力，该力称为质点的惯性力。质点惯性力的大小等于质点的质量与其加速度的乘积，方向与加速度的方向相反。惯性力不作用于质点上，而是作用在施力物体上。我们规定用下标 g 表示物体的惯性力，即

$$\boldsymbol{F}_g=-m\boldsymbol{a} \tag{10-1}$$

惯性力在直角坐标系中的投影为

$$\begin{cases} F_{gx}=-ma_x=-m\dfrac{d^2x}{dt^2} \\ F_{gy}=-ma_y=-m\dfrac{d^2y}{dt^2} \\ F_{gz}=-ma_z=-m\dfrac{d^2z}{dt^2} \end{cases} \tag{10-2}$$

惯性力在自然坐标系中的投影为

$$\begin{cases} F_{gz} = -ma_z = -m\dfrac{d^2s}{dt^2} \\ F_{gn} = -ma_n = -m\dfrac{v^2}{\rho} \\ F_{gb} = -ma_b = 0 \end{cases} \tag{10-3}$$

10.2 质点的达朗伯原理

如图 10-3 所示，设一非自由质点 M 的质量为 m，质点在主动力 $\boldsymbol{F}$ 和约束反力 $\boldsymbol{F}_N$ 的作用下产生的加速度为 $\boldsymbol{a}$，根据动力学第二定律，应有

$$\boldsymbol{F}_R = \boldsymbol{F} + \boldsymbol{F}_N = m\boldsymbol{a}$$

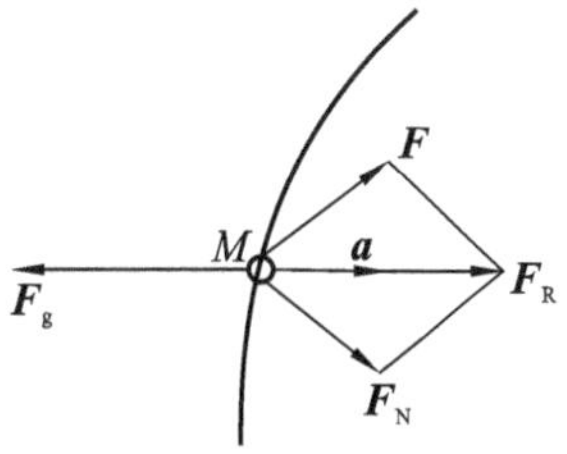

图 10-3

即

$$\boldsymbol{F} + \boldsymbol{F}_N + (-m\boldsymbol{a}) = 0 \tag{10-4}$$

将质点惯性力的表达式 $\boldsymbol{F}_g = -m\boldsymbol{a}$ 代入上式中，可得

$$\boldsymbol{F} + \boldsymbol{F}_N + \boldsymbol{F}_g = 0 \tag{10-5}$$

式(10-5)在形式上与静力学平衡方程相同，它表明：在质点运动的任意瞬时，作用于质点上的主动力、约束反力和假想加在质点上的惯性力在形式上构成一平衡力系。这就是质点的达朗伯原理。

应该指出的是，质点并没有受到惯性力的作用。达朗伯原理中的“平衡力系”实际上是不存在的，但在质点上假想加上惯性力后，就可以用静力学求解平衡问题的方法来解决动力学问题。所以，达朗伯原理提供了一种研究质点动力学的新方法，也常称这种方法为动静法。

【例 10-1】 一球磨机的滚筒以匀角速度 ω 绕水平轴 O 转动，滚筒内装有钢球和需要粉碎的物料，钢球被筒壁带到具有一定高度的 A 处而脱离筒壁，然后沿抛物线轨迹自由下落，从而击碎物料，如图 10-4 所示。设滚筒内壁的半径为 r，试求脱离处的半径 OA 与铅垂线的夹角 α。

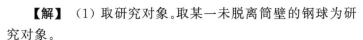

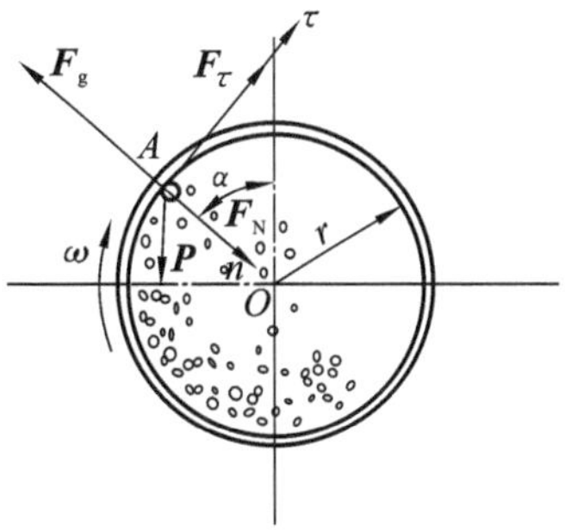

图 10-4

【解】 (1) 取研究对象。取某一未脱离筒壁的钢球为研究对象。

(2) 受力分析。钢球所受的力有重力 $\boldsymbol{P}$、筒壁的法向反力 $\boldsymbol{F}_N$ 和切向力 $\boldsymbol{F}_\tau$。

(3) 运动分析，加惯性力。钢球未离开筒壁时，与筒壁有共同的速度 $r\omega$，此时，$a_\tau = 0$，$a_n = r\omega^2$，则惯性力的大小为

$$F_g = mr\omega^2$$

(4) 列平衡方程，求解未知量。由质点的达朗伯原理可得

$$\sum F_n = 0$$

即

$$F_N + P\cos\alpha - F_g = 0$$

解得

$$F_N = P\left(\frac{r\omega^2}{g} - \cos\alpha\right)$$

钢球脱离筒壁的瞬时，$F_N = 0$，解得

$$\alpha = \arccos\left(\frac{r\omega^2}{g}\right)$$

10.3 质点系的达朗伯原理

设非自由质点系由 n 个质点组成，其中第 i 个质点的质量为 m_i，它上面作用有主动力 $\boldsymbol{F}_1$ 和约束反力 $\boldsymbol{F}_{Ni}$，并产生加速度 $\boldsymbol{a}_i$。根据质点的达朗伯原理，在该质点上假想加上惯性力 $\boldsymbol{F}_{gi} = -m\boldsymbol{a}_i$，则有

$$\boldsymbol{F}_i + \boldsymbol{F}_{Ni} + \boldsymbol{F}_{gi} = 0 \tag{10-6}$$

式中，$\boldsymbol{F}_i$ 和 $\boldsymbol{F}_{Ni}$ 既包含外力，也包含内力。式(10-6)表明：主动力、约束反力与假想加在质点上的惯性力在形式上构成一平衡汇交力系。对于全部质点系，共有 n 个这样的平衡力系，将这些力系叠加，构成一个平衡的任意力系。显然，这个平衡的任意力系满足 $\boldsymbol{F}_R = 0$，$\boldsymbol{M}_O = 0$，即

$$\begin{cases} \sum \boldsymbol{F}_i + \sum \boldsymbol{F}_{Ni} + \sum \boldsymbol{F}_{gi} = 0 \\ \sum \boldsymbol{M}_O(\boldsymbol{F}_i) + \sum \boldsymbol{M}_O(\boldsymbol{F}_{Ni}) + \sum \boldsymbol{M}_O(\boldsymbol{F}_{gi}) = 0 \end{cases} \tag{10-7}$$

式(10-7)表明：在质点系运动的任意瞬时，作用于质点系上的所有主动力系、约束反力系和假想加在质点系上的惯性力系在形式上构成一平衡力系。这就是质点系的达朗伯原理。

在应用质点系的达朗伯原理求解动力学问题时，应取投影形式的平衡方程。在直角坐标系下，对于平面任意力系，有

$$\begin{cases} \sum F_{ix} + \sum F_{Nix} + \sum F_{gix} = 0 \\ \sum F_{iy} + \sum F_{Niy} + \sum F_{giy} = 0 \\ \sum M_O(\boldsymbol{F}_i) + \sum M_O(\boldsymbol{F}_{Ni}) + \sum M_O(\boldsymbol{F}_{gi}) = 0 \end{cases} \tag{10-8}$$

对于空间任意力系，有

$$\begin{cases} \sum F_{ix} + \sum F_{Nix} + \sum F_{gix} = 0 \\ \sum F_{iy} + \sum F_{Niy} + \sum F_{giy} = 0 \\ \sum F_{iz} + \sum F_{Niz} + \sum F_{giz} = 0 \\ \sum M_x(\boldsymbol{F}_i) + \sum M_x(\boldsymbol{F}_{Ni}) + \sum M_x(\boldsymbol{F}_{gi}) = 0 \\ \sum M_y(\boldsymbol{F}_i) + \sum M_y(\boldsymbol{F}_{Ni}) + \sum M_y(\boldsymbol{F}_{gi}) = 0 \\ \sum M_z(\boldsymbol{F}_i) + \sum M_z(\boldsymbol{F}_{Ni}) + \sum M_z(\boldsymbol{F}_{gi}) = 0 \end{cases} \tag{10-9}$$

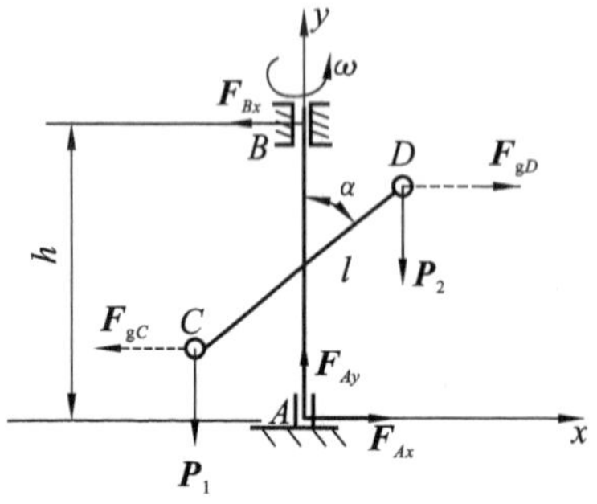

图 10-5

【例 10-2】 杆 CD 长 $2l$，两端各装一重物，两重物的重量分别为 P_1 和 P_2，且 $P_1 = P_2 = P$，杆的中点与铅垂轴 AB 固连在一起，两者之间的夹角为 α，轴 AB 以匀角速度 ω 转动，A、B 之间的距离为 h，如图 10-5 所示。若不计杆与轴的重量，求轴承 A、B 的约束反力。

【解】 (1) 取研究对象。取整个系统为研究对象，选取如图 10-5 所示的坐标系 Axy。

(2) 受力分析。系统所受的力有重力 $\boldsymbol{P}_1$、$\boldsymbol{P}_2$，B 点的约束反力 $\boldsymbol{F}_{Bx}$，A 点的约束反力 $\boldsymbol{F}_{Ax}$、$\boldsymbol{F}_{Ay}$。

(3) 运动分析,加惯性力。C、D两点的法向加速度$a_{Cn}=a_{Dn}=l\omega^2\sin\alpha$,则C、D两点的惯性力的大小为

$$F_{gC}=F_{gD}=\frac{P}{g}l\omega^2\sin\alpha\quad(\text{方向如图 10-5 所示})$$

(4) 列平衡方程,求解未知力。由质点系的达朗伯原理可得

$$\begin{cases}\sum F_x=0, & F_{Ax}-F_{Bx}=0\\ \sum F_y=0, & F_{Ay}-2P=0\\ \sum M_A(\boldsymbol{F})=0, & F_{Bx}h-2\left(\dfrac{P}{g}l\omega^2\sin\alpha\right)l\cos\alpha=0\end{cases}$$

解得

$$F_{Ax}=F_{Bx}=\frac{Pl^2\omega^2}{gh}\sin2\alpha$$

$$F_{Ay}=2P$$

【例 10-3】 如图 10-6 所示,半径为r、重量为Q的滑轮可绕水平轴转动,滑轮绳索的两端各挂有重量分别为Q_1和Q_2的重物,且$Q_1>Q_2$。设开始时系统处于静止,绳与滑轮之间无相对滑动,滑轮的质量全部均匀地分布在轮缘上,绳的重量和轴承的摩擦均忽略不计,求两重物的加速度。

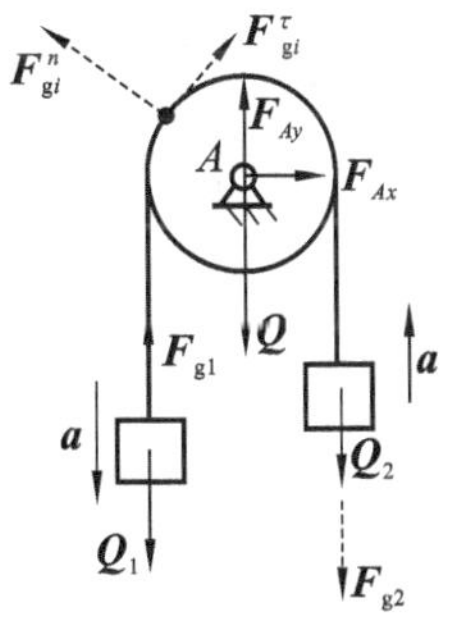

图 10-6

【解】 (1) 取研究对象。取系统为研究对象。

(2) 受力分析。作用在系统上的主动力有重力$\boldsymbol{Q}$、$\boldsymbol{Q}_1$、$\boldsymbol{Q}_2$和约束反力$\boldsymbol{F}_{Ax}$、$\boldsymbol{F}_{Ay}$。

(3) 运动分析,加惯性力。已知$Q_1>Q_2$,则重物加速度$\boldsymbol{a}$的方向如图 10-6 所示,重物惯性力的方向均与加速度的方向相反,其大小分别为

$$F_{g1}=\frac{Q_1}{g}a \tag{1}$$

$$F_{g2}=\frac{Q_2}{g}a \tag{2}$$

设滑轮边缘上各质点的质量为m_i,则切向惯性力的大小为$F^\tau_{gi}=m_ia_{i\tau}=m_ia$,法向惯性力的大小为$F^n_{gi}=m_ia_{in}$,方向分别如图 10-6 所示。

(4) 列平衡方程,求解未知量。由质点系的达朗伯原理可得

$$\sum M_A(\boldsymbol{F})=0$$

即

$$(Q_1-Q_2)r+(-F_{g1}-F_{g2})r-\sum F^\tau_{gi}\cdot r=0 \tag{3}$$

因为

$$\sum F^\tau_{gi}\cdot r=\sum m_ia\cdot r=ar\sum m_i=ar\frac{Q}{g} \tag{4}$$

故联立式(1)、式(2)、式(3)和式(4),可得

$$a=\frac{Q_1-Q_2}{Q_1+Q_2+Q}g$$

10.4 刚体惯性力系的简化

应用达朗伯原理求解刚体的动力学问题时，需要对刚体内的每一个质点加上它的惯性力，而这些惯性力可组成一惯性力系。如果我们能用静力学中的力系简化的方法，将刚体的惯性力系进行简化，解题时就方便多了。下面分别讨论刚体作平动、定轴转动、平面运动时的惯性力系的简化。

1. 刚体作平动

当刚体作平动时，每一瞬时刚体内各质点的加速度相同，都等于刚体质心的加速度 $\boldsymbol{a}_C$，即 $\boldsymbol{a}_i = \boldsymbol{a}_C$。

在平动刚体内的各质点上都加上惯性力 $\boldsymbol{F}_{gi} = -m_i\boldsymbol{a}_i = -m_i\boldsymbol{a}_C$，各质点的惯性力的方向相同，这些惯性力构成一平行力系，如图 10-7 所示。

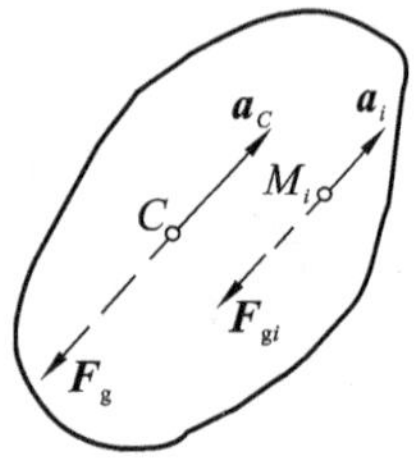

图 10-7

这个惯性力系的简化结果是一个通过质心的合力，即

$$\boldsymbol{F}_g = \sum \boldsymbol{F}_{gi} = \sum(-m_i\boldsymbol{a}_i) = -\boldsymbol{a}_C\sum m_i$$

设刚体的质量为 M，则 $M = \sum m_i$，于是有

$$\boldsymbol{F}_g = -M\boldsymbol{a}_C \tag{10-10}$$

于是得出结论：平动刚体的惯性力系可以简化为一个通过质心的合力，合力的大小等于刚体的质量与刚体质心的加速度的乘积，合力的方向与加速度的方向相反。

2. 刚体绕定轴转动

对于刚体绕定轴转动时的惯性力系的简化，这里只讨论刚体具有垂直于转轴的质量对称平面的情况，即此种情况下的惯性力系为在对称平面内的平面力系。把这个平面力系向转轴与对称平面的交点 O 进行简化，如图 10-8 所示。

该惯性力系的主矢为

$$\boldsymbol{F}_g = \sum \boldsymbol{F}_{gi} = \sum(-m_i\boldsymbol{a}_i)$$

由质心坐标公式可得

$$\sum m_i\boldsymbol{a}_i = M\boldsymbol{a}_C$$

则该惯性力系的主矢为

$$\boldsymbol{F}_g = -M\boldsymbol{a}_C \quad (\text{作用在 } O \text{ 点}) \tag{10-11}$$

该惯性力系向 O 点简化的主矩为

$$M_{gO} = \sum M_O(\boldsymbol{F}_{gi}^n) + \sum M_O(\boldsymbol{F}_{gi}^\tau)$$

其中，$\boldsymbol{F}_{gi}^n$ 为法向惯性力，且通过 O 点，故有 $\sum M_O(\boldsymbol{F}_{gi}^n) = 0$；$\boldsymbol{F}_{gi}^\tau$ 为切向惯性力，且 $F_{gi}^\tau = m_i r_i \varepsilon$。于是有

$$M_{gO} = -\sum r_i(m_i r_i \varepsilon) = -(\sum m_i r_i^2)\varepsilon = -I_z\varepsilon \tag{10-12}$$

以上结果表明：刚体绕定轴转动时，惯性力系可简化为通过 O 点的一个力和一个力偶矩，且力 $\boldsymbol{F}_g = -M\boldsymbol{a}_C$，力偶矩 $M_{gO} = -I_z\varepsilon$，如图 10-8 所示。

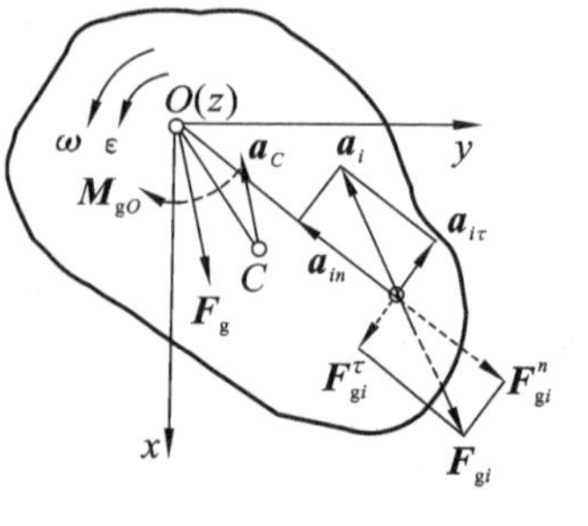

图 10-8

在工程实际中，刚体绕定轴转动时，有以下几种特殊情况。

(1) 转轴通过质心，此时 $a_C = 0, F_g = 0$，在 $\varepsilon \neq 0$ 的情况下，惯性力系简化为一个力偶矩。

(2) 刚体作匀速转动，此时 $\varepsilon = 0$，在转轴不通过质心的情况下，惯性力系简化为一个力。

(3) 转轴通过质心，刚体作匀速转动，此时 $a_C = 0, \varepsilon = 0$，则 $F_g = 0, M_{gO} = 0$。

3. 刚体作平面运动

设刚体具有质量对称平面，且在平行于此平面的平面内运动，则刚体的惯性力系可简化为在对称平面内的平面力系。

取对称平面为平面图形，如图 10-9 所示。

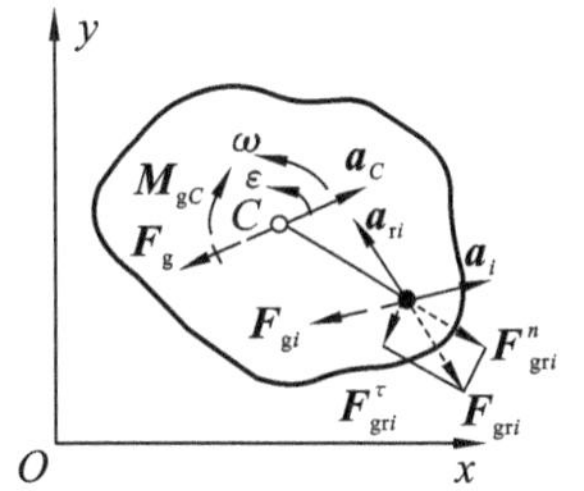

图 10-9

选质心 C 为基点，此时可将平面运动分解为随质心 C 的平动和绕质心 C 的转动。设质心 C 的加速度为 $\boldsymbol{a}_C$，刚体的转动角加速度为 ε。以质心 C 为惯性力系的简化中心，则该惯性力系的主矢为

$$\boldsymbol{F}_g = \sum \boldsymbol{F}_{gi} = \sum(-m_i \boldsymbol{a}_i) = -M\boldsymbol{a}_C \tag{10-13}$$

该惯性力系向质心 C 简化的主矩为

$$M_{gC} = \sum M_C(\boldsymbol{F}_{gi}) = -I_C\varepsilon \tag{10-14}$$

式中，I_C 为刚体对通过质心 C 的轴的转动惯量。以上结果表明：刚体作平面运动时，惯性力系可简化为通过质心 C 的一个力和一个力偶矩，且力 $\boldsymbol{F}_g = -M\boldsymbol{a}_C$，力偶矩 $M_{gC} = -I_C\varepsilon$，如图 15-9 所示。

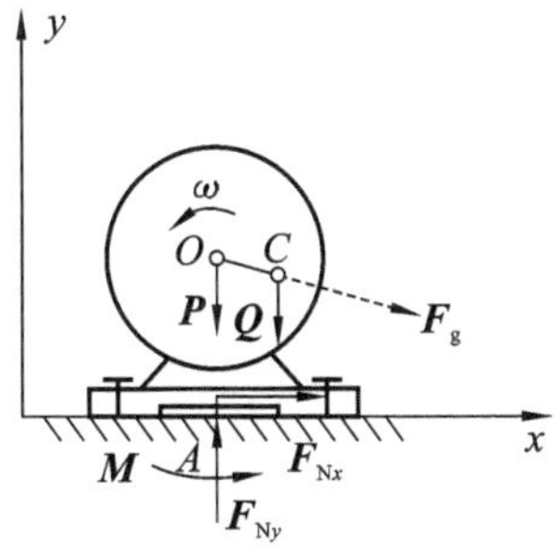

图 10-10

【例 10-4】 如图 10-10 所示，一重量为 P 的电机定子安装在水平基础上，转子的重量为 Q，重心为 C，偏心距 $OC = e$，$OA = h$，运动开始时重心在最低位置。设转子以匀角速度转动，求电机对基础的压力。

【解】 (1) 取研究对象。取电机为研究对象。

(2) 受力分析。电机受重力 $\boldsymbol{P}$、$\boldsymbol{Q}$，基础的约束反力 $\boldsymbol{F}_{Nx}$、$\boldsymbol{F}_{Ny}$ 和力偶矩 $\boldsymbol{M}$ 的作用。

(3) 运动分析，加惯性力。由于转子作匀速圆周运动，故有 $a_n = e\omega^2$，所加惯性力如图 10-10 所示，其大小为

$$F_g = \frac{Q}{g}e\omega^2 \tag{1}$$

(4) 列平衡方程，求解未知量。由质点系的达朗伯原理可得

$$\begin{cases} \sum F_x = 0, F_{Nx} + F_g \sin\alpha = 0 \\ \sum F_y = 0, F_{Ny} - P - Q - F_g \cos\alpha = 0 \\ \sum M_A(\boldsymbol{F}) = 0, M - Qe\sin\alpha - F_g h \sin\alpha = 0 \end{cases} \tag{2}$$

由于 $\alpha = \omega t$，联立式(1)、式(2)，解得

$$\begin{cases} F_{Nx} = -\dfrac{Q}{g}e\omega^2 \sin\omega t \\ F_{Ny} = P + Q + \dfrac{Q}{g}e\omega^2 \cos\omega t \\ M = Qe\left(1 + \dfrac{\omega^2 h}{g}\right)\sin\omega t \end{cases}$$

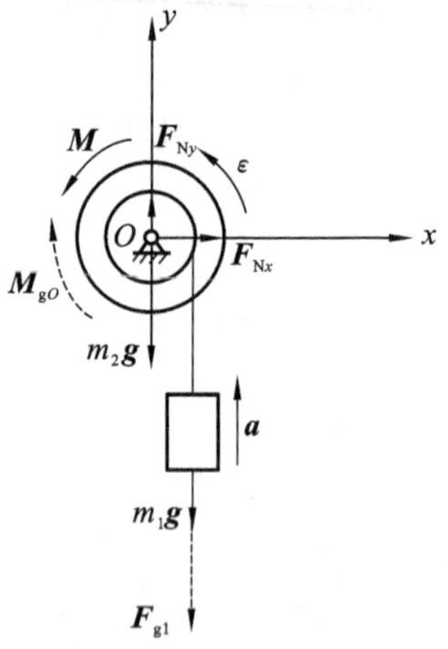

图 10-11

【例 10-5】 图 10-11 为电动卷扬机的示意图。已知起动时电动机的平均驱动力矩为 $\boldsymbol{M}$，被提升的重物的质量为 m_1，鼓轮的质量为 m_2，半径为 r，鼓轮对 O 轴的回转半径为 ρ。试求起重时重物的平均加速度 $\boldsymbol{a}$。

【解】 (1) 取研究对象。取系统为研究对象。

(2) 受力分析。作用在系统上的主动力有重力 $\boldsymbol{G}_1$、$\boldsymbol{G}_2$，外力偶矩 $\boldsymbol{M}$ 和 O 点的约束反力 $\boldsymbol{F}_{Nx}$、$\boldsymbol{F}_{Ny}$。

(3) 运动分析，加惯性力。起动时，$\omega = 0$，$\varepsilon \neq 0$，且有 $a = r\varepsilon$，则重物上的惯性力的大小为 $F_{g1} = m_1 a$，方向如图 10-11 所示。由于鼓轮绕定轴转动，故其惯性主矩的大小为 $M_{gO} = I_O \varepsilon = m_2\rho^2\varepsilon = m_2\rho^2 \dfrac{a}{r}$，方向与角加速度 ε 的方向相反。

(4) 列平衡方程，求解未知量。由质点系的达朗伯原理可得

$$\sum M_O(\boldsymbol{F}) = 0$$

即

$$M - M_{gO} - m_1 gr - F_{g1} r = 0$$

将 $F_{g1} = m_1 a$，$M_{gO} = m_2\rho^2 \dfrac{a}{r}$ 代入上式中，可得

$$M - m_2\rho^2 \frac{a}{r} - m_1 gr - m_1 ar = 0$$

解得

$$a = \frac{(M - m_1 gr)r}{m_2\rho^2 + m_1 r^2}$$

【例 10-6】 一半径为 r、重量为 P 的圆柱体，沿倾斜角 $\alpha = 30^\circ$ 的斜面无初速度地向下作纯滚动，如图 10-12 所示。求：(1) 圆柱体开始滚动时质心 C 的加速度；(2) 圆柱体与斜面间的摩擦系数。

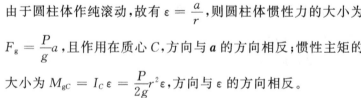

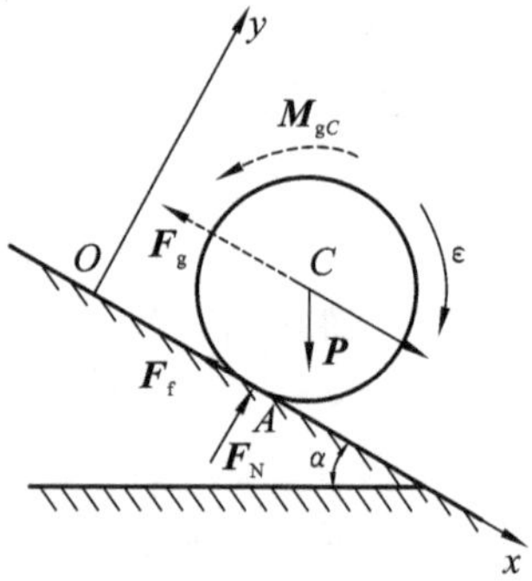

图 10-12

【解】 (1) 取研究对象。取圆柱体为研究对象。

(2) 受力分析。作用于圆柱体上的主动力有重力 $\boldsymbol{P}$、A 点的法向约束反力 $\boldsymbol{F}_N$ 和摩擦力 $\boldsymbol{F}_f$。

(3) 运动分析，加惯性力。设圆柱体质心 C 的加速度为 $\boldsymbol{a}$，由于圆柱体作纯滚动，故有 $\varepsilon = \dfrac{a}{r}$，则圆柱体惯性力的大小为 $F_g = \dfrac{P}{g}a$，且作用在质心 C，方向与 $\boldsymbol{a}$ 的方向相反；惯性主矩的大小为 $M_{gC} = I_C \varepsilon = \dfrac{P}{2g}r^2\varepsilon$，方向与 ε 的方向相反。

(4) 列平衡方程，求解未知量。取坐标系的 x 轴与斜面平行，如图 10-12 所示，由质点系的达朗伯原理可得

$$\begin{cases} \sum F_x = 0, P\sin\alpha - F_g - F_f = 0 \\ \sum F_y = 0, F_N - P\cos\alpha = 0 \\ \sum M_A(\boldsymbol{F}) = 0, F_g r - Pr\sin\alpha + M_{gC} = 0 \end{cases}$$

将 $F_g=\frac{P}{g}a$，$M_{gC}=\frac{P}{2g}r^2\varepsilon=\frac{Pr}{2g}a$ 代入上式中，解得

$$a=\frac{g}{3}$$

$$F_f=\frac{P}{2}-\frac{P}{g}\cdot\frac{g}{3}=\frac{P}{6}$$

$$F_N=P\cos\alpha=\frac{\sqrt{3}}{2}P$$

$$f=\frac{F_f}{F_N}=\frac{P}{6}\Big/\frac{\sqrt{3}}{2}P=\frac{\sqrt{3}}{9}=0.192$$

【例 10-7】 均质杆 AB 的重量为 P，其 B 点放在地面上，A 点与轮铰接，轮在平面上作纯滚动，轮心作匀速直线运动，其速度为 $\boldsymbol{v}$，如图 10-13(a) 所示。试求在图示位置时 A、B 两点的受力情况。设 B 点与地面无摩擦。

【解】 (1) 取研究对象。取杆 AB 为研究对象。

(2) 受力分析。作用于杆 AB 上的主动力有重力 $\boldsymbol{P}$，A 点的约束反力 $\boldsymbol{F}_{Ax}$、$\boldsymbol{F}_{Ay}$ 和 B 点的法向反力 $\boldsymbol{F}_{NB}$，如图 10-13(b) 所示。

(3) 运动分析，加惯性力。由已知条件可知，杆 AB 作瞬时平动，则 $\omega_{AB}=0$。对杆 AB 进行加速度分析，其加速度矢量图如图 10-13(c) 所示，由于 $a_{BA}^n=0$，故有

$$0=-a_A+a_{BA}\cos30^\circ$$

解得

$$a_{BA}^\tau=a_{BA}=\frac{2\sqrt{3}}{3}a_A=\frac{2\sqrt{3}v^2}{3r}$$

于是得

$$\varepsilon_{AB}=\frac{a_{AB}^\tau}{4r}=\frac{\sqrt{3}v^2}{6r^2}$$

$$a_{CA}^\tau=\frac{a_{BA}^\tau}{2}=\frac{\sqrt{3}v^2}{3r}$$

$$a_{Cx}=a_{CA}^\tau\sin30^\circ=\frac{\sqrt{3}v^2}{6r}$$

$$a_{Cy}=a_{CA}^\tau\cos30^\circ-a_A=-\frac{a_A}{2}=-\frac{v^2}{2r}$$

$$a_C=\sqrt{a_{Cx}^2+a_{Cy}^2}=\frac{\sqrt{3}v^2}{3r}$$

显然，$\boldsymbol{a}_C$ 与 x 轴的夹角为 60°，与 y 轴的夹角为 30°。因此，惯性力的大小为 $F_g=\frac{P}{g}a_C$，方向与 $\boldsymbol{a}_C$ 的方向相反，如图 10-13(b) 所示；惯性主矩的大小为 $M_{gC}=I_C\varepsilon_{AB}$，方向与 ε_{AB} 的方向相反。

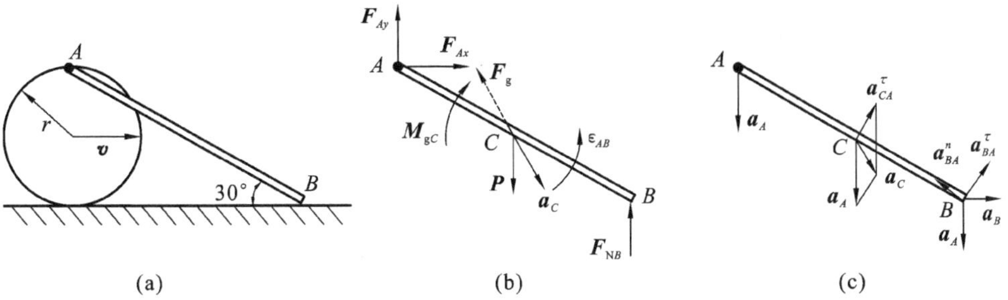

图 10-13

(4) 列平衡方程,求解未知量。由质点系的达朗伯原理可得

$$\begin{cases}\sum F_x = 0, F_{Ax} - F_g\cos 60^\circ = 0 \\ \sum F_y = 0, F_{Ay} - F_{NB} - P + F_g\cos 30^\circ = 0 \\ \sum M_A(\boldsymbol{F}) = 0, -P\cdot 2r\cos 30^\circ + F_g\cdot 2r\cos 60^\circ + F_{NB}\cdot 4r\cos 30^\circ - M_{gC} = 0\end{cases}$$

解得

$$F_{Ax} = \frac{\sqrt{3}Pv^2}{6gr}$$

$$F_{Ay} = \frac{3P}{2} - \frac{5Pv^2}{9gr}$$

$$F_{NB} = \frac{P}{2} - \frac{Pv^2}{18gr}$$

10.5 绕定轴转动的刚体的轴承动反力

在工程中,对于高速转动的机械,经常碰到由于转子的质量不均匀以及制造或安装误差,转子会对转动轴线产生偏心或偏角,转动时引起轴的振动,并使轴承承受巨大的附加动压力,导致机器的零部件损坏这类动力学问题。因此,研究附加动压力产生的原因及消除的条件具有重要的实际意义。

在这一节中,我们将用达朗伯原理研究一般情况下绕定轴转动的刚体产生附加压力的原因及附加压力的计算方法,介绍静平衡、动平衡的概念,讨论附加压力消除的条件。

设刚体在主动力系的作用下绕定轴转动,如图 10-14 所示。将主动力系向 A 点简化,可得到主矢 $\boldsymbol{F}_k$ 和主矩 $\boldsymbol{M}_A$;同样将惯性力系向 A 点简化,可得到惯性主矢 $\boldsymbol{F}_g$ 和惯性主矩 $\boldsymbol{M}_{gA}$。

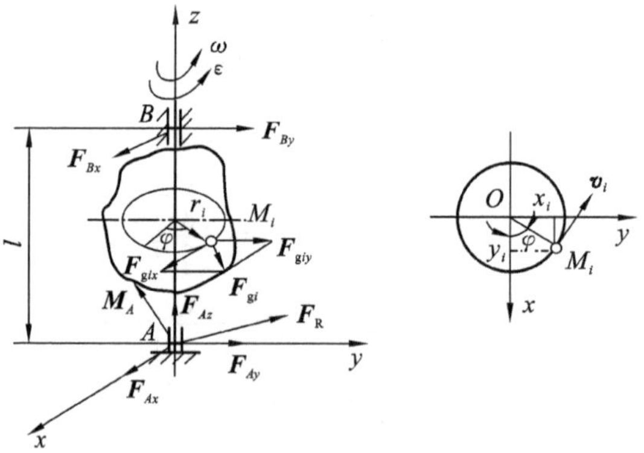

图 10-14

在如图 10-14 所示的坐标系中,列出平衡方程,得

$$\begin{cases}\sum F_x = 0, & F_{Ax} + F_{Bx} + F_{Rx} + F_{gx} = 0 \\ \sum F_y = 0, & F_{Ay} + F_{By} + F_{Ry} + F_{gy} = 0 \\ \sum F_z = 0, & F_{Az} + F_{Bz} + F_{Rz} + F_{gz} = 0 \\ \sum M_x(\boldsymbol{F}) = 0, & -F_{By}l + M_{Ax} + M_{gAx} = 0 \\ \sum M_y(\boldsymbol{F}) = 0, & F_{Bx}l + M_{Ay} + M_{gAy} = 0 \\ \sum M_z(\boldsymbol{F}) = 0, & M_{Az} + M_{gAz} = 0\end{cases} \tag{10-15}$$

式中，

$$\begin{cases} M_{gAx} = \sum M_x(\boldsymbol{F}_{gi}) \\ M_{gAy} = \sum M_y(\boldsymbol{F}_{gi}) \\ M_{gAz} = \sum M_z(\boldsymbol{F}_{gi}) \end{cases} \tag{10-16}$$

在如图 10-14 所示的坐标系中，刚体在任一时刻的角速度为 ω，角加速度为 ε，刚体内某一质点 M_i 的质量为 m_i，位置坐标为(x_i, y_i, z_i)，则有

$$x_i = r_i\cos\varphi,\quad y_i = r_i\sin\varphi,\quad z_i = c_i\quad (c_i \text{ 为常数})$$

对上述坐标取导数，则有

$$v_{ix} = \frac{\mathrm{d}x_i}{\mathrm{d}t} = (-r_i\sin\varphi)\omega = -y_i\omega$$

$$v_{iy} = \frac{\mathrm{d}y_i}{\mathrm{d}t} = (r_i\cos\varphi)\omega = x_i\omega$$

$$v_{iz} = \frac{\mathrm{d}z_i}{\mathrm{d}t} = 0$$

$$a_{ix} = \frac{\mathrm{d}^2 x_i}{\mathrm{d}t^2} = -y_i\varepsilon - x_i\omega^2$$

$$a_{iy} = \frac{\mathrm{d}^2 y_i}{\mathrm{d}t^2} = x_i\varepsilon - y_i\omega^2$$

$$a_{iz} = 0$$

质点 M_i 的惯性力在坐标轴上的投影为

$$F_{gix} = -m_i a_{ix} = m_i y_i\varepsilon + m_i x_i\omega^2$$

$$F_{giy} = -m_i a_{iy} = -m_i x_i\varepsilon + m_i y_i\omega^2$$

$$F_{giz} = 0$$

惯性力系的主矢和主矩在坐标轴上的投影为

$$\begin{cases} F_{gx} = \sum F_{gix} = \sum m_i y_i\varepsilon + \sum m_i x_i\omega^2 = My_C\varepsilon + Mx_C\omega^2 \\ F_{gy} = \sum F_{giy} = \sum(-m_i x_i\varepsilon) + \sum m_i y_i\omega^2 = -Mx_C\varepsilon + My_C\omega^2 \\ F_{gz} = \sum F_{giz} = 0 \\ M_{gAx} = \sum(y_i F_{giz} - z_i F_{giy}) = 0 - \sum z_i(-m_i x_i\varepsilon + m_i y_i\omega^2) \\ \quad = \varepsilon\sum m_i z_i x_i - \omega^2\sum m_i z_i y_i = I_{zx}\varepsilon - I_{yz}\omega^2 \\ M_{gAy} = \sum(z_i F_{gix} - x_i F_{giz}) = \sum(z_i m_i y_i\varepsilon + z_i m_i x_i\omega^2) - 0 \\ \quad = \varepsilon\sum m_i y_i z_i + \omega^2\sum m_i z_i x_i = I_{yz}\varepsilon + I_{zx}\omega^2 \\ M_{gAz} = \sum(x_i F_{giy} + y_i F_{gix}) = \sum x_i(-m_i x_i\varepsilon + m_i y_i\omega^2) \\ - \sum y_i(m_i y_i\varepsilon + m_i x_i\omega^2) = -\varepsilon\left(\sum m_i x_i^2 + \sum m_i y_i^2\right) = -\varepsilon\sum m_i(x_i^2 + y_i^2) = -I_z\varepsilon \end{cases} \tag{10-17}$$

式中，I_z 是刚体对 z 轴的转动惯量，而 $I_{zx} = \sum m_i z_i x_i$ 和 $I_{yz} = \sum m_i y_i z_i$ 是表示刚体的质量对于坐标系分布的几何性质的物理量，它们与 I_z 有相同的单位，分别称为刚体对 z、x 轴和 y、z 轴的惯性积。如果刚体对通过 O 点的 z 轴的惯性积 I_{zx}、I_{yz} 等于零，则称 z 轴为该点的惯性主轴。通过质心的惯性主轴称为中心惯性主轴。

求解式(10-15)中的前五个方程,可得到 A、B 两点的约束反力,即

$$\begin{cases}F_{Bx}=-\dfrac{1}{l}[M_{Ay}+(I_{yz}\varepsilon+I_{zx}\omega^2)]\\F_{By}=\dfrac{1}{l}[M_{Ax}+(I_{zx}\varepsilon-I_{yz}\omega^2)]\\F_{Ax}=\left(\dfrac{M_{Ay}}{l}-F_{Rx}\right)+\left[\dfrac{1}{l}(I_{yz}\varepsilon+I_{zx}\omega^2)-(My_C\varepsilon+Mx_C\omega^2)\right]\\F_{Ay}=\left(\dfrac{M_{Ax}}{l}-F_{Ry}\right)+\left[\dfrac{1}{l}(I_{zx}\varepsilon-I_{yz}\omega^2)+(Mx_C\varepsilon-My_C\omega^2)\right]\\F_{Az}=-F_{Rz}\end{cases}\tag{10-18}$$

由式(10-15)中的第六个方程可得

$$M_{Az}+(-I_z\varepsilon)=0$$

即

$$I_z\varepsilon=I_z\frac{\mathrm{d}\omega}{\mathrm{d}t}=M_{Az}\tag{10-19}$$

由式(10-18)可以看出,由于惯性力系分布在垂直于转轴的各个平面内,所以轴承 A 沿 z 轴方向的反力 F_{Az} 与惯性力无关,而与 z 轴垂直的轴承反力 F_{Ax}、F_{Ay}、F_{Bx}、F_{By} 由两部分组成:(1) 静反力;(2) 动反力。由主动力引起的轴承反力通常称为静反力,由惯性力引起的轴承反力通常称为动反力。因此,轴承所受的压力分为静压力和附加动压力。

在理想情况下,为使动反力等于零,则需要

$$\begin{cases}\varepsilon y_C+\omega^2x_C=0\\-\varepsilon x_C+\omega^2y_C=0\end{cases},\quad\begin{cases}\varepsilon I_{zx}-\omega^2I_{yz}=0\\\varepsilon I_{yz}+\omega^2I_{zx}=0\end{cases}$$

显然,为使上述方程成立,必须有

$$\begin{cases}x_C=y_C=0\\I_{zx}=I_{yz}=0\end{cases}\tag{10-20}$$

式(10-20)即为轴承动反力消除的条件,其中第一式要求转轴 z 通过刚体的质心 C,即惯性主矢为零;第二式要求转轴为刚体的惯性主轴,即惯性力系对 x 轴和 y 轴的主矩等于零。由此得出结论:避免轴承动反力出现的条件是刚体的转轴应为刚体的中心惯性主轴。为计算动反力,下面首先介绍转动刚体对不同正交坐标轴系的惯性积的变换关系。

如果已知刚体对坐标系 $Oxyz$ 的惯性积,则可通过以下方法求得刚体对另一坐标系 $Ox'y'z'$ 的惯性积。

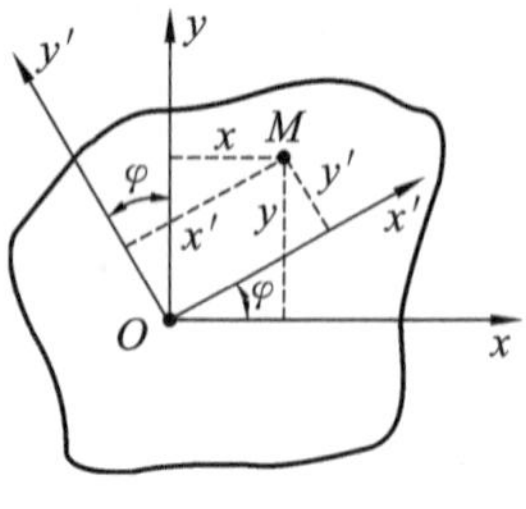

图 10-15

设两坐标轴 z 与 z' 重合,由图 10-15 可得,刚体内某一点 M 的两个坐标系的坐标间的关系为

$$\begin{cases}x'=x\cos\varphi+y\sin\varphi\\y'=y\cos\varphi-x\sin\varphi\end{cases}$$

刚体对 x' 轴、y' 轴的惯性积为

$$\begin{aligned}I_{x'y'}&=\sum m_ix'_iy'_i=\sum m_i(x_i\cos\varphi+y_i\sin\varphi)(y_i\cos\varphi-x_i\sin\varphi)\\&=\sin\varphi\cos\varphi\sum m_iy_i^2-\sin\varphi\cos\varphi\sum m_ix_i^2\\&\quad+(\cos^2\varphi-\sin^2\varphi)\sum m_ix_iy_i\end{aligned}$$

将 $I_x=\sum m_i(y_i^2+z_i^2)$,$I_y=\sum m_i(x_i^2+z_i^2)$,$I_{xy}=\sum m_ix_iy_i$ 代入上式中,可得

$$I_{x'y'} = \frac{1}{2}(I_x - I_y)\sin 2\varphi + I_{xy}\cos 2\varphi \qquad (10\text{-}21)$$

当刚体的转轴通过质心，且除重力外，无其他主动力作用时，刚体可以在任意位置静止不动，这种现象称为静平衡；当刚体绕定轴转动时，不出现轴承动反力的现象称为动平衡。静平衡的转子有时也会出现轴承动反力。

实际上，转子材料的不均匀、制造或安装误差等，都可能使转子的转轴偏离中心惯性主轴。为了确保机器运行安全可靠，避免出现轴承动反力，对于高速转动的刚体，通常要在专门的试验机上进行动平衡试验，根据试验数据，在刚体的适当位置增加或去掉一些质量，使刚体达到动平衡。

【例 10-8】 设转子的偏心距 $e = 0.1$ mm，质量 $m = 20$ kg，转轴垂直于转子的对称面，如图 10-16 所示。若转子以 $n = 12\ 000$ r/min 的转速匀速转动，求轴承的附加动反力。

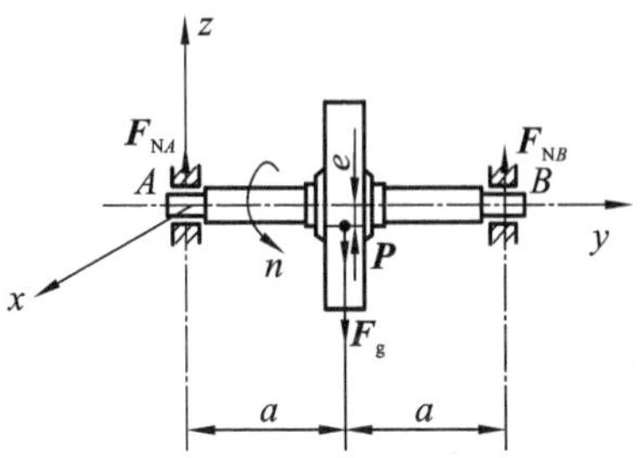

图 10-16

【解】 (1) 取研究对象。取转子为研究对象。

(2) 受力分析。由于只求轴承的附加动反力，故可不必分析转子上的主动力，而约束反力只有 $\boldsymbol{F}_{NA}$ 和 $\boldsymbol{F}_{NB}$。

(3) 运动分析，加惯性力。由于转子作匀速转动，故 $a_C^\tau = 0, a_C^n = e\omega^2$。因此，质心惯性力的大小为 $F_g = me\omega^2$，方向与 $\boldsymbol{a}_C^n$ 的方向相反。

(4) 列平衡方程，求解未知量。由质点系的达朗伯原理可得

$$\begin{cases} \sum F_y = 0, F_{NA} + F_{NB} - F_g = 0 \\ \sum M_A(\boldsymbol{F}) = 0, 2F_{NB}a - F_g a = 0 \end{cases}$$

解得

$$F_{NA} = F_{NB} = \frac{1}{2}F_g$$

代入数据，可得

$$F_{NA} = F_{NB} = \frac{20 \times 0.1 \times 10^{-3}}{2} \times \left(\frac{12\ 000 \times 2\pi}{60}\right)^2 \times 10^{-3}\ \text{kN} = 1.58\ \text{kN}$$

【例 10-9】 如图 10-17 所示，一可视为均质圆盘的涡轮转子的中心线由于制造与安装的误差，与转轴成 $\varphi = 1°$ 的角度，圆盘的质量 $m = 20$ kg，半径 $r = 20$ cm，重心 O 在转轴上，且 $a = b = 0.5$ m。当圆盘以 $n = 12\ 000$r/min 的转速作匀速转动时，求轴承所承受的压力。

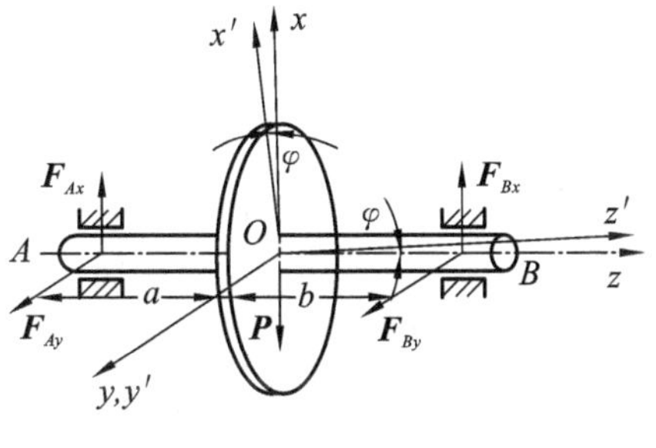

图 10-17

【解】 (1) 取研究对象。取转子为研究对象。

(2) 受力分析。转子所受的力有重力 $\boldsymbol{P}$，A、B 两点的反力 $\boldsymbol{F}_{Ax}$、$\boldsymbol{F}_{Ay}$、$\boldsymbol{F}_{Bx}$、$\boldsymbol{F}_{By}$。

(3) 运动分析，加惯性力。由于转子作匀速转动，故 $\varepsilon = 0$；又由于转子关于 y 轴对称，故 $I_{yz} = 0$。由式(10-21) 可得

$$I_{zx} = \frac{1}{2}(I_{x'} - I_{z'})\sin 2\varphi + I_{z'x'}\cos 2\varphi$$

将 $I_x{}'=\frac{1}{4}mr^2, I_z{}'=\frac{1}{2}mr^2, I_{z'x'}=0$ 代入上式中，可得

$$I_{zx}=-\frac{1}{8}mr^2\sin 2\varphi$$

由题意可得

$$x_O=y_O=0,\quad \varepsilon=0$$

$$F_{Ox}=-mg,\quad F_{Oy}=F_{Oz}=0$$

故有

$$M_{Ox}=M_{Oy}=M_{Oz}=0$$

$$F_{gx}=F_{gy}=F_{gz}=0$$

$$M_{gOx}=M_{gOz}=0, M_{gOy}=I_{zx}\omega^2$$

(4) 列平衡方程，求解未知量。由质点系的达朗伯原理可得

$$\begin{cases}\sum F_x=0, F_{Ax}+F_{Bx}-mg=0\\ \sum F_y=0, F_{Ay}+F_{By}=0\\ \sum M_x(\boldsymbol{F})=0, F_{Ay}a-F_{By}b=0\\ \sum M_y(\boldsymbol{F})=0, -F_{Ax}a+F_{Bx}b+I_{zx}\omega^2=0\end{cases}$$

解得

$$F_{Ax}=\frac{1}{2}mg+\frac{1}{2a}I_{zx}\omega^2$$

$$F_{Bx}=\frac{1}{2}mg-\frac{1}{2a}I_{zx}\omega^2$$

代入数据，可得

$$F_{Ax}=\left[\frac{1}{2}\times 20\times 9.8-\frac{1}{8}\times 20\times(0.2)^2\times(400\pi)^2\sin 2^\circ\right]\text{ N}$$
$$=(98-5\ 511)\text{ N}=-5\ 413\text{ N}$$

$$F_{Bx}=\left[\frac{1}{2}\times 20\times 9.8+\frac{1}{8}\times 20\times(0.2)^2\times(400\pi)^2\sin 2^\circ\right]\text{ N}$$
$$=(98+5\ 511)\text{ N}=5\ 609\text{ N}$$

思考与习题

1. 如图 10-18 所示为一由相互铰接的水平臂连成的传送带，该传送带可将圆柱形零件从一个高度传送到另一个高度。设零件与臂之间的摩擦系数 $f=0.2$，求：(1) 降落加速度 a 为多大时，零件不会在水平臂上滑动；(2) 比值 h/d 等于多少时，零件在滑动前先倾斜。

2. 为了研究交变拉、压力对金属杆的影响，将试验金属杆 A 的顶点固定在曲柄连杆机构的滑块 B 上，而在金属杆 A 的下端挂一重量为 Q 的重物，如图 10-19 所示。设连杆的长度为 l，曲柄 OC 的长度为 r，求当曲柄 OC 以等角速度 ω 绕 O 轴转动时，金属杆所受的拉力。

提示：需将根式 $\sqrt{1-\left(\frac{r}{l}\right)^2\sin^2\varphi}$ 展开为级数，因 r 比 l 小得多，故可舍弃其中包含比值 $\frac{r}{l}$ 的二次方以上的各项。

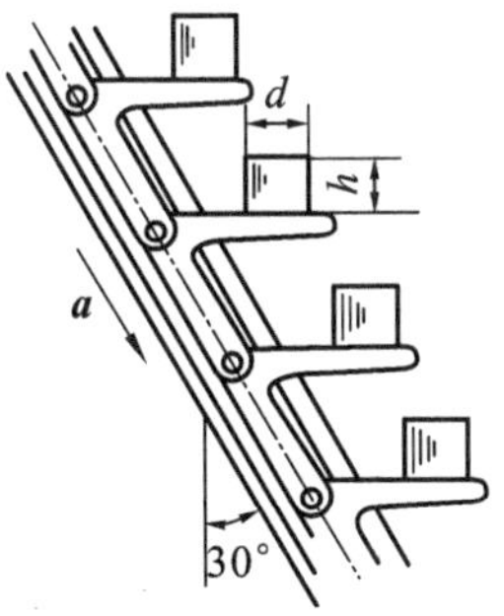

图 10-18

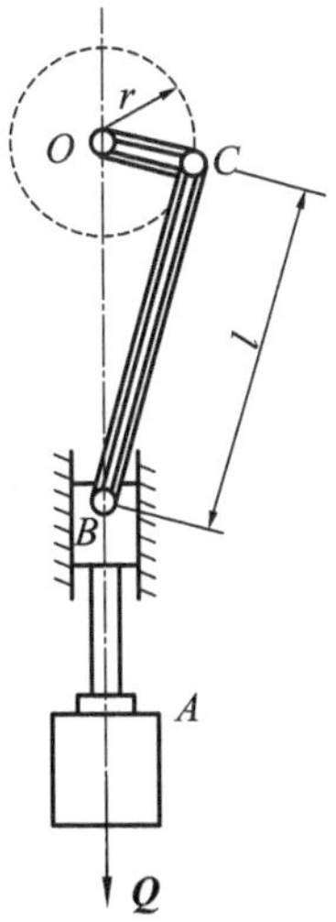

图 10-19

3. 如图 10-20 所示，物块 A 放在倾斜角为 θ 的斜面上，物块与斜面间的摩擦系数 $f=\tan\varphi$。若斜面向左作加速运动，试问加速度 a 为何值时，物块 A 才能不沿斜面滑动？

4. 如图 10-21 所示，柱门的质量 $m=60$ kg，柱门上的滑靴 A 和滑靴 B 可沿固定水平梁滑动。若滑靴与水平梁间的摩擦系数 $f=0.25$，柱门的加速度 $a=0.49\ \text{m/s}^2$，求水平作用力 $\boldsymbol{P}$ 及水平梁在 A、B 两处的法向反力。

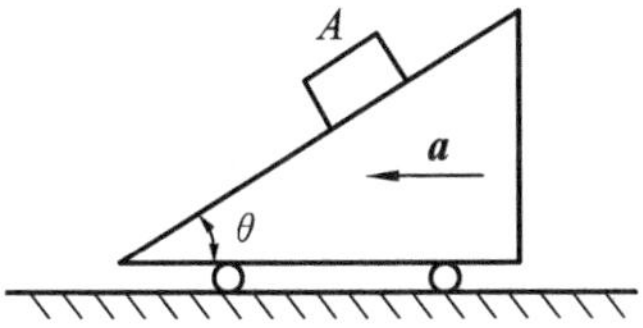

图 10-20

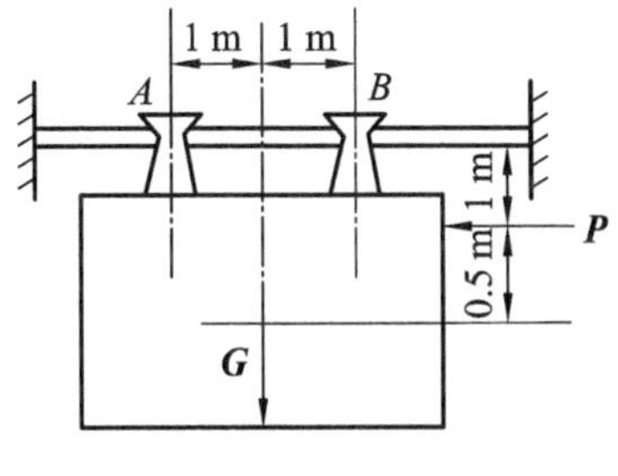

图 10-21

5. 如图 10-22 所示，轮轴 O 的半径为 R 和 r，其对轴 O 的转动惯量为 I，在轮轴上系有两个物体，其重量分别为 P 和 Q。若此时轮轴沿顺时针方向转动，试求转轴的角加速度 ε。

6. 在如图 10-23 所示的曲柄滑道机构中，已知圆轮的半径为 r，圆轮对转轴的转动惯量为 I，轮上作用一不变的转矩 $\boldsymbol{M}$，ABD 滑槽的质量为 m，它与滑道间的摩擦系数为 f'。不计销钉 C 与铅垂滑槽 DE 间的摩擦，求圆轮的转动微分方程。

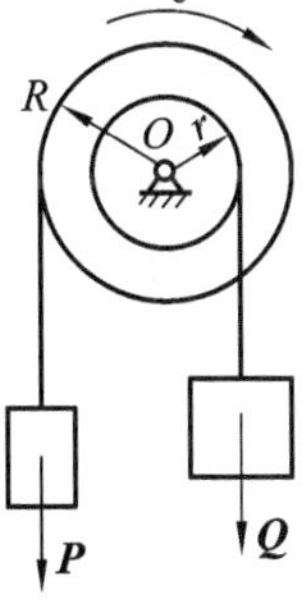

图 10-22

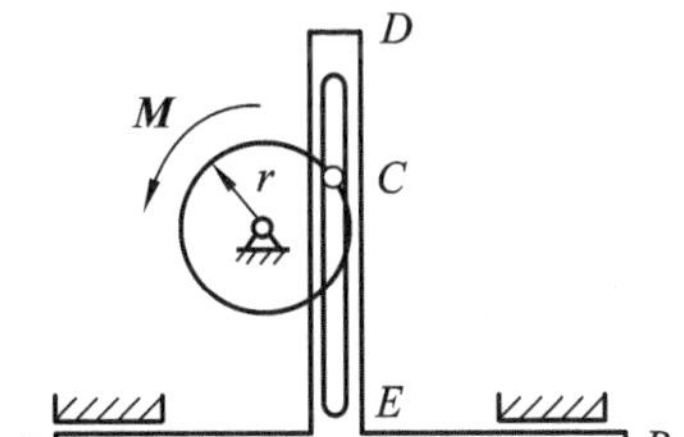

图 10-23

7. 在如图10-24所示的凸轮导板机构中，偏心圆盘的圆心为O，半径为r，偏心距$O_1O=e$，偏心圆盘以匀角速度ω绕O_1轴转动。当导板AB在最低位置时，弹簧的压缩量为b，导板的重量为W_1。要使导板AB在运动过程中始终不离开偏心圆盘，求弹簧的刚性系数k。

8. 如图10-25所示，重量为P、长度为r的曲柄OA以等角速度ω绕水平O轴沿逆时针方向转动，从而由曲柄的A端推动水平板B，使重量为Q的滑杆C沿铅垂方向运动。不计摩擦，求曲柄OA与水平方向的夹角为30°时的力矩$\boldsymbol{M}$及轴承O的反力。

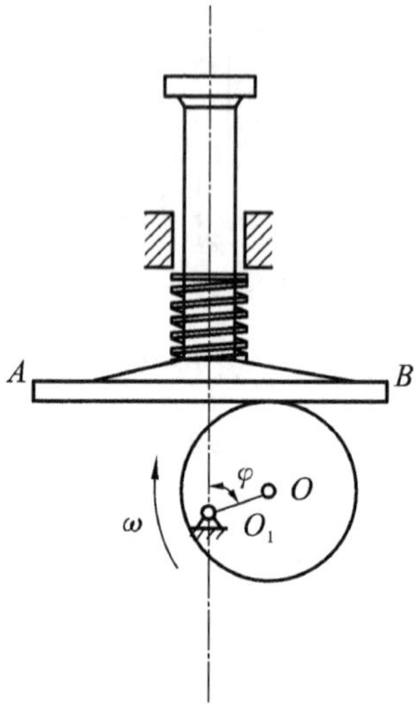

图 10-24

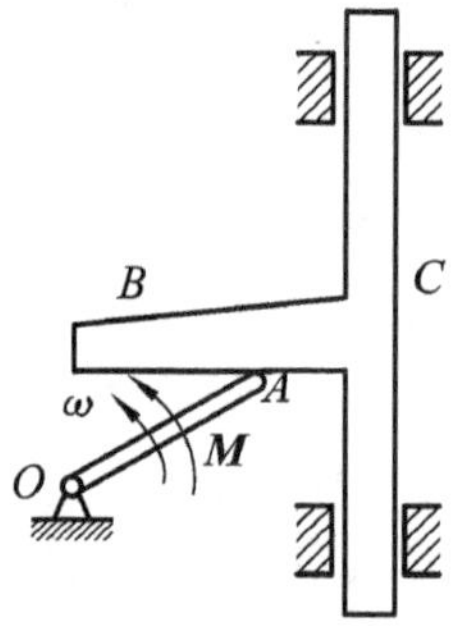

图 10-25

9. 在如图10-26所示的曲柄滑槽机构中，作用在活塞上的力为$\boldsymbol{Q}$，均质杆OA以匀角速度ω绕O轴转动。已知曲柄的重量为P_1，$OA=r$，滑槽BC的重量为P_2（重心在D点），滑块A的重量和各处的摩擦均忽略不计。求当曲柄转至图示位置时轴承O的反力和加在曲柄上的力偶矩$\boldsymbol{M}$。

10. 如图10-27所示，调速器由两个质量为m_1的均质圆盘组成，圆盘偏心地悬挂于距转轴为a的两边，并以匀角速度ω绕铅垂轴转动，圆盘的中心至悬挂点的距离为l，调速器外壳的质量为m_2，且调速器的外壳放在两个圆盘上，并与调速器装置相连。若不计摩擦，试求角速度ω与圆盘的倾斜角φ之间的关系。

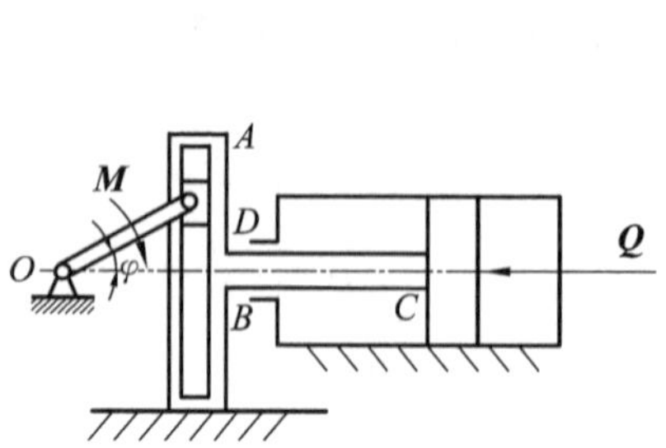

图 10-26

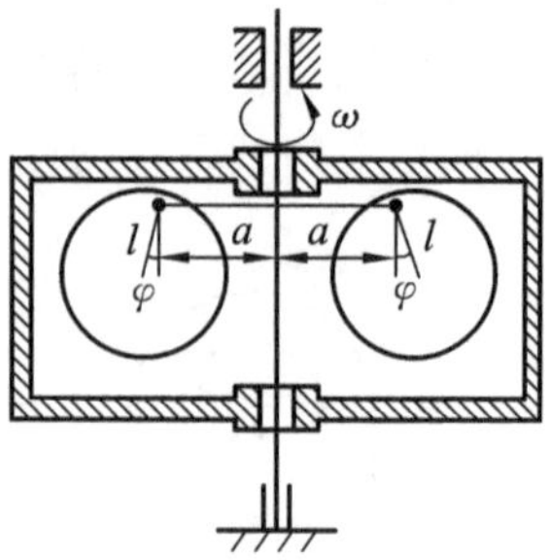

图 10-27

11. 如图10-28所示，长度为l、重量为P的均质杆AB以匀角速度ω绕z轴转动。求杆AB与铅垂线的夹角β及铰链A的反力。

12. 两根长度分别为a和b的细长均质直杆互成直角地固连在一起，其顶点O则与铅垂轴以铰链连接，此轴以等角速度 ω 转动，如图 10-29 所示。求长度为 a 的杆与铅垂轴的夹角 φ 与 ω 之间的关系。

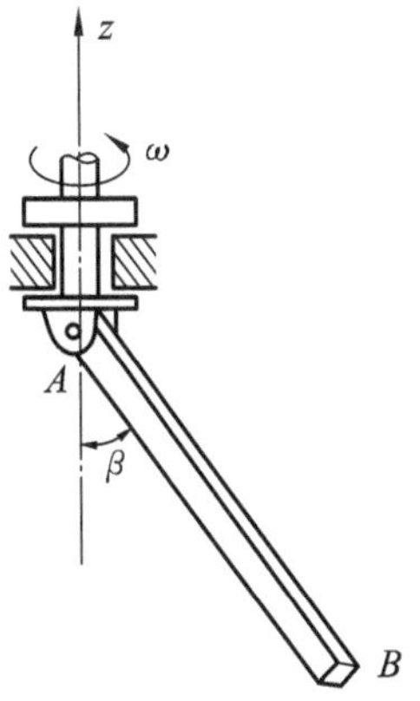

图 10-28

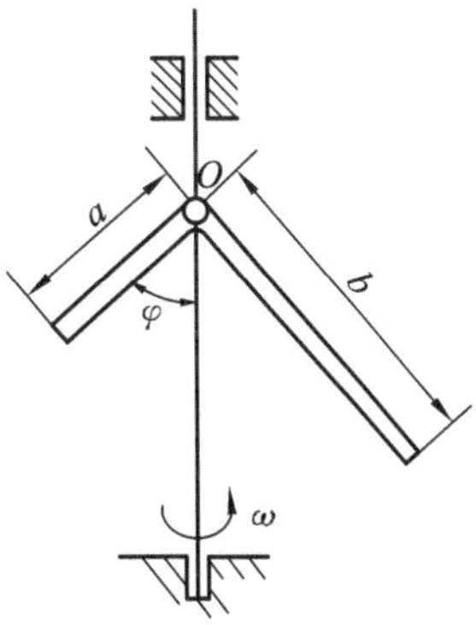

图 10-29

13. 如图 10-30 所示，一重量为 Q 的均质板放在两个重量均为 $\dfrac{Q}{2}$ 的均质圆柱上，两圆柱的半径均为 r。若在板上作用一水平力 $\boldsymbol{P}$，使圆柱作纯滚动，求板的加速度。

14. 如图 10-31 所示，长度为 l、重量为 W 的均质杆 AB 用两根软绳悬挂。求当其中一根软绳被切断后杆 AB 开始运动时，另一根软绳的拉力。

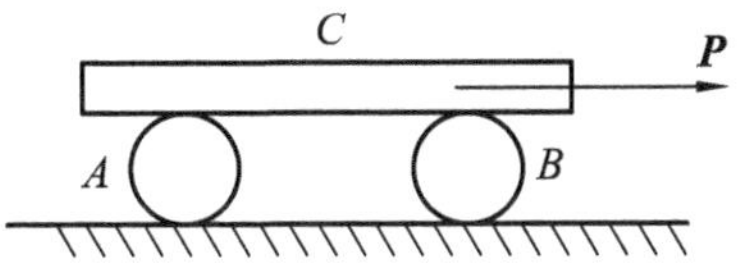

图 10-30

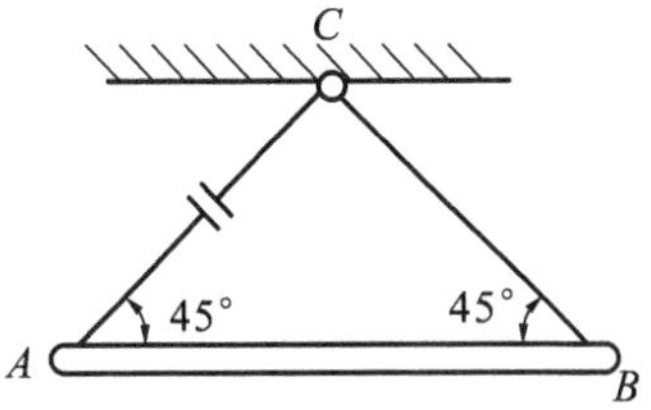

图 10-31

15. 长度均为 l、质量均为 m 的均质杆 AB 与 CD 用软绳 AC 与 BD 相连，并在杆 AB 的中点用铰链 O 固定，如图 10-32 所示。求当软绳 BD 被剪断的瞬时，B、D 两点的加速度。

16. 如图 10-33 所示，小车 B 上放有一轮子 A，轮子 A 的轮轴上绕有一绳索，绳索的一端作用有一水平力 $\boldsymbol{P}$。已知轮子 A 与小车 B 的质量分别为 m_A 和 m_B，且 $m_A = m_B = m$，轮子 A 的半径为 R 和 r，且 $r = \dfrac{R}{2}$，轮子 A 对其轮心的回转半径 $\rho = \dfrac{2}{3}R$，轮子 A 与小车 B 之间的摩擦系数为 f，求轮子 A 在小车 B 上作纯滚动的条件。轨道阻力忽略不计。

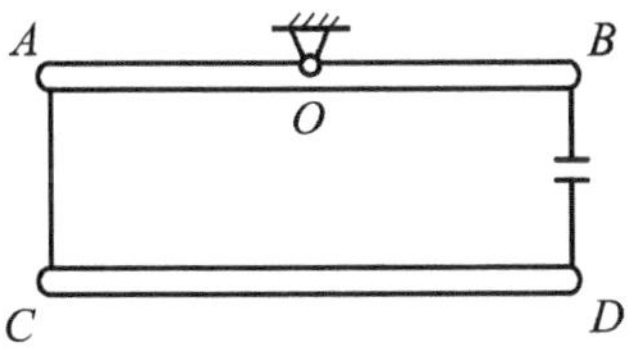

图 10-32

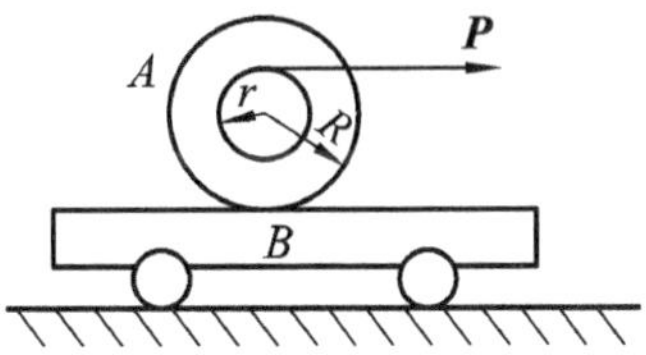

图 10-33

17. 如图 10-34 所示，长度为 1 m、质量为 10 kg 的均质杆 AB 的一端铰接于固定点 A，另一端铰接于直径为 0.5 m、质量为 20 kg 的均质薄圆盘的 B 点，且 B 点与圆盘的中心 C 相距 230 mm。若在圆盘上施加一力偶 $M = 15\ \text{N} \cdot \text{m}$，试求此瞬时杆 AB 和圆盘的角加速度。

18. 如图 10-35 所示为一在铅垂平面内运动的四连杆机构，均质杆 AB、BC 和 CD 的质量分别为 $m_{AB} = 4\ \mathrm{kg}$，$m_{BC} = 3\ \mathrm{kg}$ 和 $m_{CD} = 6\ \mathrm{kg}$。已知某瞬时主动杆 AB 的角速度和角加速度分别为 $\omega_1 = 2\ \mathrm{rad/s}$ 和 $\varepsilon_1 = 3\ \mathrm{rad/s^2}$，试求支座 D 的约束力。

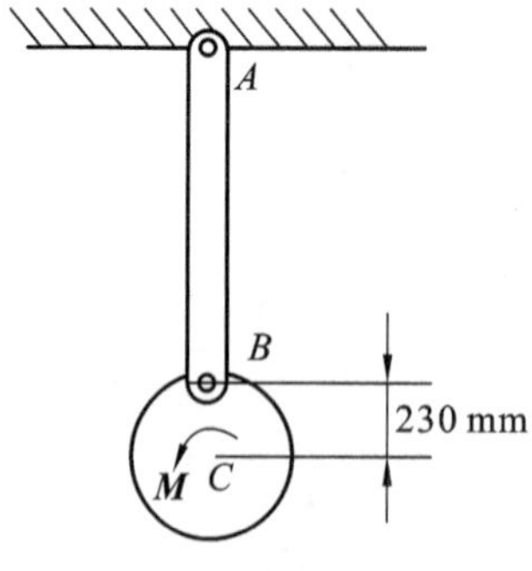

图 10-34

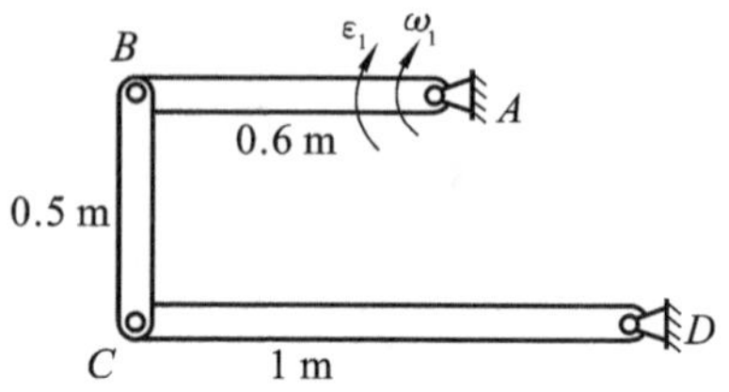

图 10-35

19. 一重量 $P = 200\ \mathrm{N}$ 的圆柱形滚子被一绳拉住沿水平面滚动而不滑动，此绳跨过滑轮 B 系有一重量 $Q = 100\ \mathrm{N}$ 的重物，如图 10-36 所示。求滚子中心的加速度。

20. 如图 10-37 所示，磨刀砂轮 Ⅰ 的质量 $m_1 = 1\ \mathrm{kg}$，其偏心距 $e_1 = 0.5\ \mathrm{mm}$；小砂轮 Ⅱ 的质量 $m_2 = 0.5\ \mathrm{kg}$，其偏心距 $e_2 = 1\ \mathrm{mm}$；电机转子 Ⅲ 的质量 $m_3 = 8\ \mathrm{kg}$，无偏心，带动砂轮旋转，其转速 $n = 3\ 000\ \mathrm{r/min}$。求转动时轴承 A、B 的附加动反力。

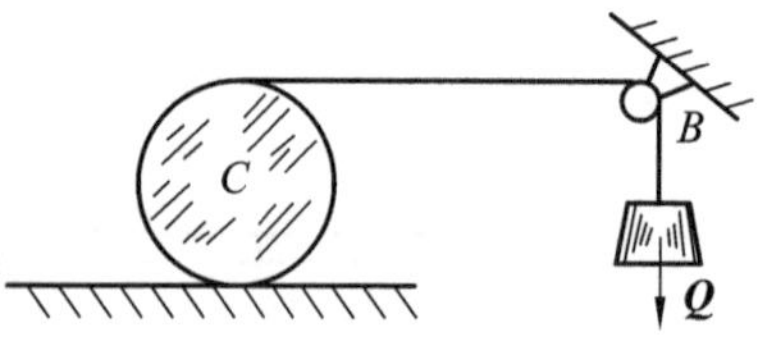

图 10-36

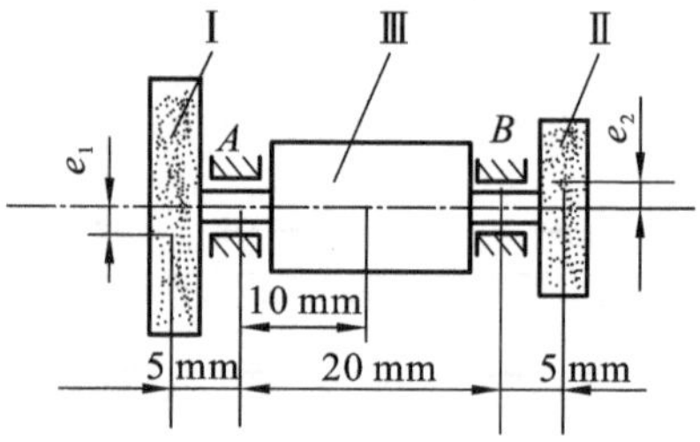

图 10-37

21. 如图 10-38 所示，重量为 P_1 的重物 A 沿斜面 D 下滑，同时通过一绕过滑轮 C 的绳使重量为 P_2 的重物 B 上升。已知斜面与水平地板间的夹角为 α，不计滑轮和绳的质量及摩擦，求斜面 D 对地板 E 凸出部分的水平压力。

22. 如图 10-39 所示，半径为 r 的均质圆盘 B 由均质连杆 AB 和曲柄 OA 带动，在半径为 $5r$ 的固定圆上作纯滚动。已知 $AB = 4r$，$OA = 2r$，曲柄 OA 在图示位置以匀角速度 3ω 转动，圆盘 B 与固定圆中心的连线平行于曲柄 OA，且曲柄 OA 处于铅垂位置，OB 连线处于水平位置。求固定圆对圆盘 B 的约束力。设圆盘 B 和连杆 AB 的质量均为 m。

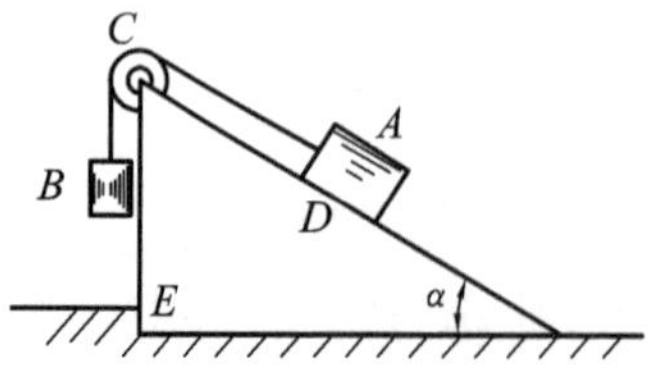

图 10-38

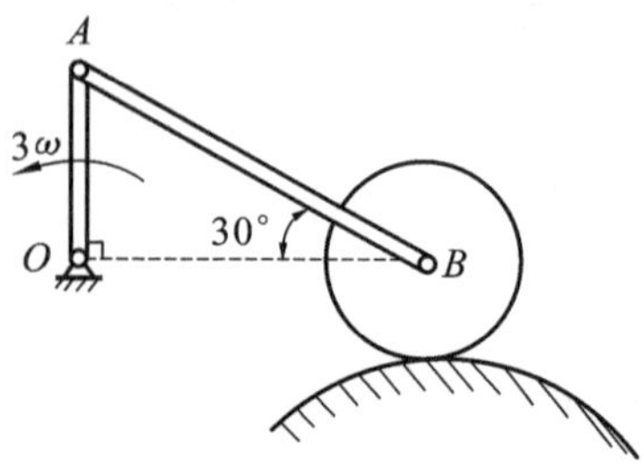

图 10-39

23. 如图 10-40 所示，均质直杆 AB 的长度为 l，质量为 m，杆 AB 与 x 轴间的夹角为 α。求杆 AB 对 x 轴和 y 轴的惯性积。

24. 一均质圆盘以等角速度 ω 绕通过盘心的铅垂轴转动，圆盘平面与转轴间的夹角为 α，如图 10-41 所示。已知轴承 A、B 与圆盘中心的距离分别为 m 和 n，圆盘的半径为 R，重量为 P，求轴承 A、B 的附加动反力。

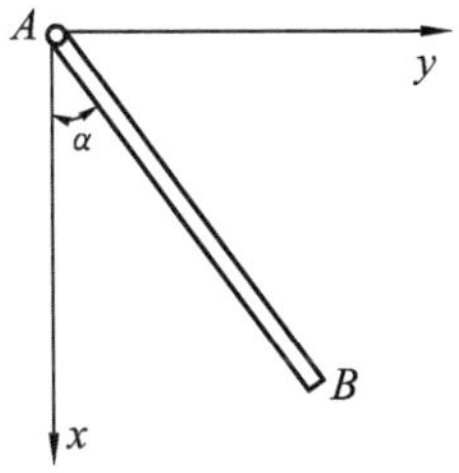

图 10-40

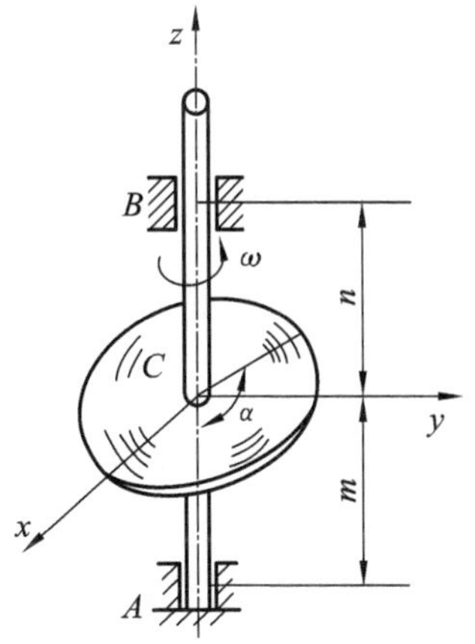

图 10-41

25. 如图 10-42 所示，一均质圆盘安装于水平轴的中部，圆盘与轴线间的夹角为 $90°-\alpha$，且偏心距 $OC=e$，圆盘的重量为 P，半径为 r。求当圆盘和轴以匀角速度 ω 转动时，轴承 A、B 的附加动反力。两轴承间的距离 $AB=2a$。

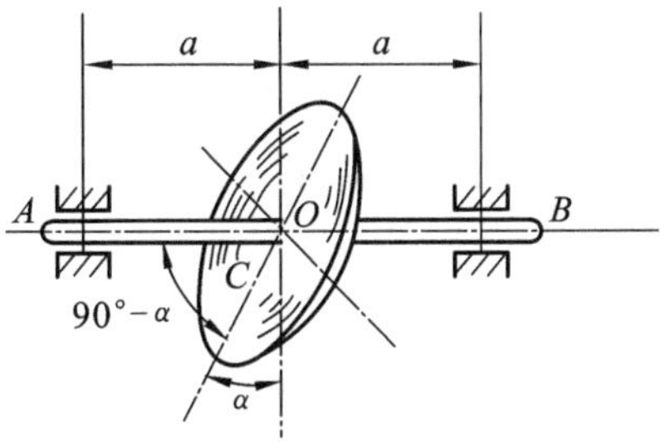

图 10-42

第11章 虚位移原理

在静力学部分，我们已经研究了应用平衡方程求解力系平衡的问题，但对于某些复杂系统的平衡问题，若仍用静力学的方法求解，则显得十分烦琐。本章将用分析的方法来研究非自由质点系的平衡问题，这种方法的理论基础是虚位移原理。虚位移原理不但能简洁地处理非自由质点系的静力学问题，还可与达朗伯原理结合起来组成动力学普遍方程，这为求解复杂系统的动力学问题提供了一种普遍的方法，奠定了分析力学的基础。

11.1 约束及其分类

在静力学中，我们将限制某些物体位移的周围物体称为该物体的约束，这些约束同时也限制了某些物体的运动。为方便研究，将约束定义如下：限制质点或质点系运动的各种条件称为约束。本章中，这些限制条件是以数学方程的形式表示的，称为约束方程。根据约束形式的不同，可将约束分为以下几类。

1. 几何约束与运动约束

限制质点或质点系在空间的几何位置的条件称为几何约束。例如，在如图 11-1 所示的单摆中，M 为一质点，可在平面 Oxy 内绕固定点 O 摆动，摆杆的长度为 l。此时摆杆对质点 M 的限制条件是：质点 M 必须在以点 O 为圆心、l 为半径的圆周上运动。若用 x、y 表示质点的坐标，则约束条件可写为

$$x^2+y^2=l^2$$

又如，在如图 11-2 所示的曲柄连杆机构中，连杆 AB 所受的约束有：点 A 必须在以点 O 为圆心、r 为半径的圆周上运动，A、B 间的距离为 l，点 B 只能沿滑道作直线运动。表示这三个限制条件的约束方程为

$$\begin{cases} x_A^2+y_A^2=r^2 \\ (x_B-x_A)^2+(y_B-y_A)^2=l^2 \\ y_B=0 \end{cases}$$

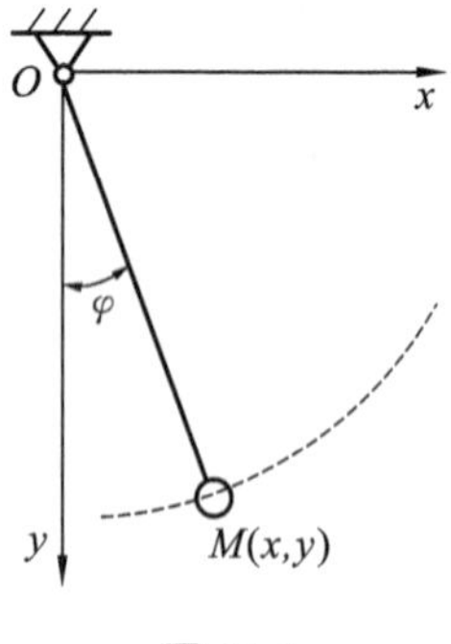

图 11-1

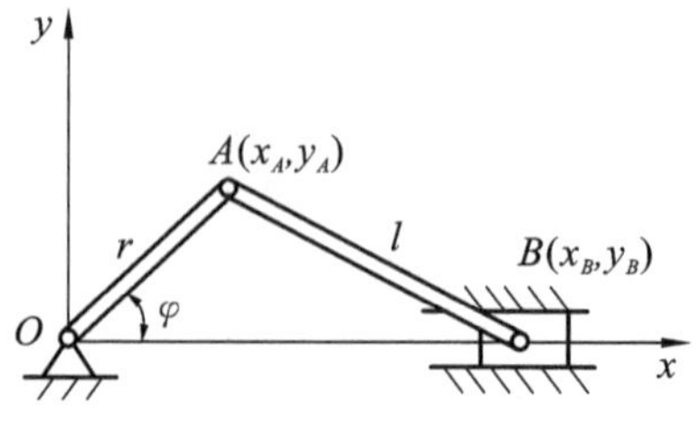

图 11-2

一般地，若质点在一固定曲面上运动，那么曲面方程就是质点的约束方程，即

$$f(x,y,z)=0$$

在上述例子中，限制物体位置的几何条件都是几何约束，其约束方程建立了质点间几何

位置的相互联系。

除几何约束外，还有限制质点系运动的运动学条件，称为运动约束。如图 11-3 所示，车轮沿直线轨道作纯滚动时，除了车轮轮心 A 与地面的距离不变的几何约束条件 $y_A = R$ 外，车轮与地面的接触点 C 的速度为零，这便是运动的限制条件。

车轮在每一瞬时的约束方程为

$$v_A - \omega R = 0$$

即

$$\dot{x}_A - \dot{\varphi} R = 0$$

2. 定常约束与非定常约束

如果约束条件不随时间变化，这类约束称为定常约束。图 11-1 和图 11-2 中的两种几何约束都是定常约束。

当约束条件随时间变化时，这类约束称为非定常约束。例如，一质点 M 在倾斜角为 α 的三棱体上运动，三棱体的初速度为零，加速度 a 为常数，且沿水平方向向右运动，如图 11-4 所示。

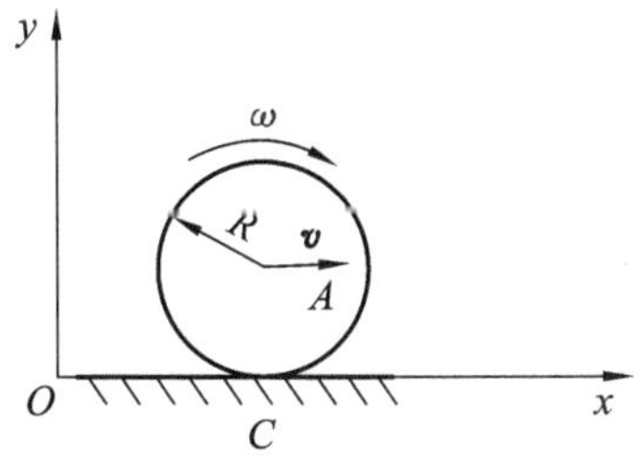

图 11-3

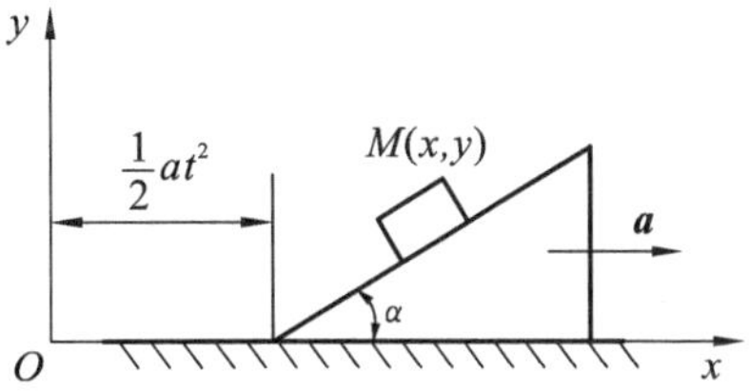

图 11-4

在这种情况下，质点 M 的约束方程为

$$x = y\cot\alpha + \frac{1}{2}at^2$$

定常约束的约束方程一般可表示为

$$f(x,y,z) = 0 \tag{11-1}$$

非定常约束的约束方程一般可表示为

$$f(x,y,z,t) = 0 \tag{11-2}$$

3. 双面约束与单面约束

某些约束只允许质点作一定的运动，而不允许质点从任何方向脱离约束，这类约束称为双面约束，其约束方程为等式。例如，单摆中质点受到的摆杆的约束和曲柄连杆机构中的滑块受到的约束都是双面约束。如果运动的质点可以从某一方向脱离约束，这类约束称为单面约束。由于单面约束只能限制质点朝某一方向的位移，而允许相反方向的位移，故其约束方程为不等式。例如，图 11-1 中的摆杆若用绳来代替，其约束方程则为

$$x^2 + y^2 \leqslant l^2$$

4. 完整约束和非完整约束

如果约束方程中包含坐标对时间的导数（例如运动约束），而且方程不可能积分为有限形式，这类约束称为非完整约束。非完整约束总是微分形式。反之，如果约束方程中不包含坐标对时间的导数，或者约束方程中的微分项可以积分为有限形式，这类约束称为完整约束。

例如车轮在直线轨道上滚动时，其运动约束虽然是微分形式，即

$$\dot{x}_A - R\dot{\varphi} = 0$$

但可积分成有限形式，即

$$x_A - R\varphi = 0$$

所以该约束仍是完整约束。完整约束的约束方程的一般形式为式(11-2)。

本章仅讨论定常、双面的几何约束，其约束方程的一般形式为

$$f_1(x_1, y_1, z_1, \cdots, x_n, y_n, z_n) = 0 \quad (i = 1, 2, \cdots, s) \tag{11-3}$$

式中，s 为质点系的约束方程的数目，n 为质点的个数。

11.2 虚位移及其计算

由于约束的限制，质点系内各质点的运动不可能是完全自由的，即按约束的性质，允许质点系有某些位移，而不允许有其他的位移。在静止平衡问题中，质点系内各质点都静止不动，假设在质点系的约束允许的情况下，给质点系一个任意的、极微小的位移。例如，在如图11-2所示的曲柄连杆机构中，曲柄在平衡位置转过一极小角 $\delta\varphi$，此时 A 点沿圆周切线方向有相应的微小位移 $\delta \boldsymbol{r}_A$，B 点沿导轨方向有相应的微小位移 $\delta \boldsymbol{r}_B$。$\delta\varphi$、$\delta \boldsymbol{r}_A$、$\delta \boldsymbol{r}_B$ 都是约束所允许的微小位移，称为虚位移或可能位移。由此引出虚位移的定义：在某瞬时，质点系在约束允许的条件下可能实现的任何微小的位移，称为虚位移。虚位移可以是线位移，也可以是角位移。虚位移用符号 δ 表示，δ 是变分符号，包含有无限小的"变更"的意思。

必须指出的是，质点系内任一质点的虚位移与实位移是两个不同的概念。实位移是质点系在某一时间内真正实现的位移，它具有确定的方向，除了与约束条件有关外，还与时间、主动力及运动的初始条件有关；而虚位移仅与约束条件有关，因为虚位移是任意的无限小的位移。所以在定常约束条件下，实位移只是所有虚位移中的一个；在非定常约束条件下，实位移则不一定是虚位移中的一个。对于无限小的实位移，我们用微分符号 d 表示，例如 d$\boldsymbol{r}$、ds、dφ 等。

由于质点系是由许多质点组成的，并且质点之间是由约束联系的，因此各质点的虚位移之间必然存在一定的关系。下面介绍两种建立质点系各虚位移之间关系的方法。

(1) 几何法(虚速度法)

这里仅讨论定常约束的情形。在此条件下，实位移是虚位移中的一种，我们可以用求实位移的方法来求各质点的虚位移之间的关系。由运动学可建立实位移与实速度之间的关系，即 $\mathrm{d}\boldsymbol{r} = \boldsymbol{v}\mathrm{d}t$，相应地，对虚位移也可写出类似的关系，即 $\delta\boldsymbol{r} = \boldsymbol{v}\delta t$，只不过这里的速度 $\boldsymbol{v}$ 称为虚速度。因此，可用求速度的几何法来分析质点系的虚位移。

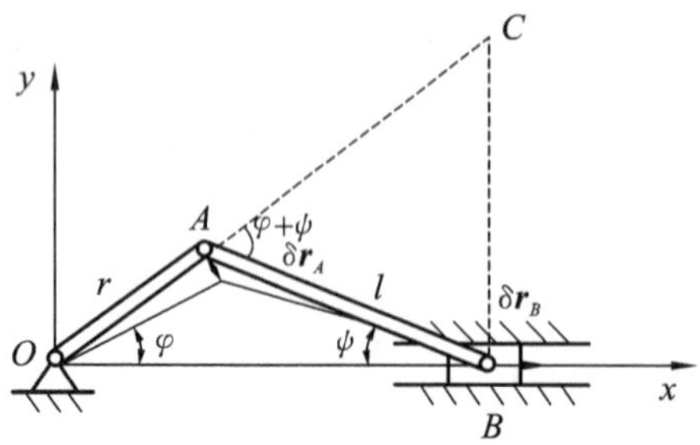

图 11-5

以图11-2所示的曲柄连杆机构为例，设 A 点的虚位移为 $\delta \boldsymbol{r}_A$，如图11-5所示，则 B 点有相应的虚位移 $\delta \boldsymbol{r}_B$。显然，$\delta \boldsymbol{r}_A$ 与 $\delta \boldsymbol{r}_B$ 的关系可写为

$$\frac{\delta r_B}{\delta r_A} = \frac{v_B \delta t}{v_A \delta t} = \frac{v_B}{v_A}$$

由刚体平面运动的速度分析可知，C 点为杆 AB 的瞬心，则

$$v_A = r\omega, \quad v_B = v_A \sin(\varphi + \psi)/\cos\psi$$

于是有

$$\frac{\delta r_B}{\delta r_A}=\frac{v_B}{v_A}=\frac{\sin(\varphi+\psi)}{\cos\psi}$$

因以上求解过程借助于虚速度的概念，故又称为虚速度法。

(2) 解析法

解析法是通过对约束方程或坐标表达式进行变分，以求出虚位移间的关系的一种方法。在如图11-6所示的椭圆规机构中，坐标 x_B、y_A 的约束方程为

$$x_B^2+y_A^2=l^2$$

对等式两边进行变分(与微分类似)，可得

$$2x_B\delta x_B+2y_A\delta y_A=0$$

即

$$\frac{\delta x_B}{\delta y_A}=\frac{-y_A}{x_B}=-\tan\varphi$$

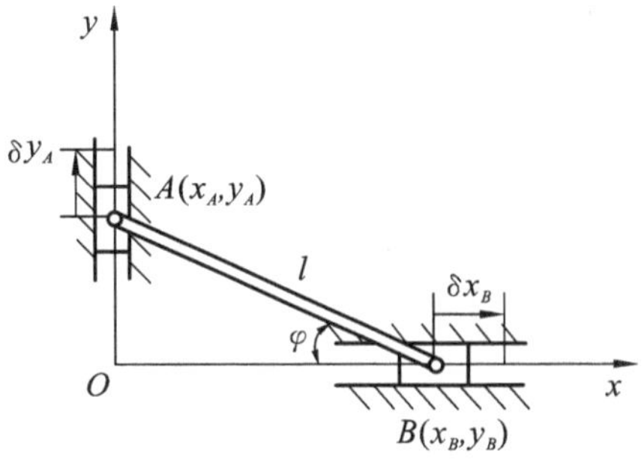

图 11-6

若把 x_B、y_A 表示成 φ 的函数，也可求出虚位移间的关系。由于

$$x_B=l\cos\varphi$$

$$y_A=l\sin\varphi$$

对上述两式进行变分，可得

$$\delta x_B=-l\sin\varphi\delta\varphi$$

$$\delta y_A=l\cos\varphi\delta\varphi$$

于是有

$$\frac{\delta x_B}{\delta y_A}=-\tan\varphi$$

对比两种方法可以看出，几何法较为直观且简便，而解析法的规范性强。

11.3 虚功与理想约束

设某质点上作用有一力 $\boldsymbol{F}$，并给该质点一个虚位移 $\delta\boldsymbol{r}$，如图11-7所示，则力 $\boldsymbol{F}$ 在虚位移 $\delta\boldsymbol{r}$ 上所做的功称为虚功，即

$$\delta W=\boldsymbol{F}\cdot\delta\boldsymbol{r}$$

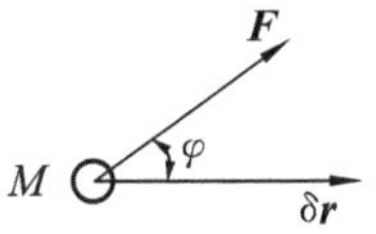

图 11-7

即

$$\delta W=F|\delta r|\cos(\boldsymbol{F},\delta\boldsymbol{r}) \tag{11-4}$$

显然，虚功也是假设的，并且与虚位移是同阶无穷小量。明确了虚功的意义后，下面介绍理想约束这个概念。如果在质点系的任何虚位移中，所有约束反力所做的虚功之和等于零，则这种约束称为理想约束，即理想约束应满足如下条件

$$\sum\delta W_{Ni}=\sum\boldsymbol{F}_{Ni}\cdot\delta\boldsymbol{r}_i=0 \tag{11-5}$$

其中，$\boldsymbol{F}_{Ni}$ 为约束反力，$\delta\boldsymbol{r}_i$ 为虚位移。理想约束的实例已在本章的8.1小节中叙述过了，这里不再重复。

11.4 虚位移原理

虚位移原理是分析力学的基础，应用这个原理解决非自由质点系的静力学问题非常

方便。

具有理想约束的质点系在某一位置处于平衡状态的必要充分条件是：作用于质点系上的所有主动力在任何虚位移上所做的虚功之和等于零。这一原理称为虚位移原理。

如果作用于质点系内任一质点 M_i 上的主动力为 $\boldsymbol{F}_i$，约束反力为 $\boldsymbol{F}_{Ni}$，给定的虚位移为 $\delta\boldsymbol{r}_i$，则

$$\sum\delta W_F=\sum\boldsymbol{F}_i\cdot\delta\boldsymbol{r}_i=0 \tag{11-6}$$

1. 必要性证明

必要性即证明如果质点系处于平衡，则式(11-6)必然成立。

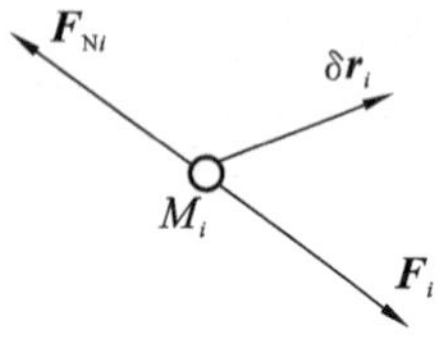

图 11-8

由于质点系处于平衡，所以质点系内各质点也都处于平衡。取质点系内任一质点 M_i，如图 11-8 所示，则作用在该质点上的主动力的合力 $\boldsymbol{F}_i$ 与约束反力的合力 $\boldsymbol{F}_{Ni}$ 间的关系为 $\boldsymbol{F}_i+\boldsymbol{F}_{Ni}=0$。

任给质点系一组虚位移，其中质点 M_i 的虚位移为 $\delta\boldsymbol{r}_i$，则 $\boldsymbol{F}_i$ 和 $\boldsymbol{F}_{Ni}$ 所做的虚功之和必等于零，即

$$\delta W_{F_i}+\delta W_{F_{Ni}}=(\boldsymbol{F}_i+\boldsymbol{F}_{Ni})\cdot\delta\boldsymbol{r}_i=0$$

对其他质点仍可列出这样一个等式，将所有等式相加，则有

$$\sum\delta W_F+\sum\delta W_{F_N}=\sum\boldsymbol{F}_i\cdot\delta\boldsymbol{r}_i+\sum\boldsymbol{F}_{Ni}\cdot\delta\boldsymbol{r}_i=0$$

由于质点系的约束都是理想约束，故由式(11-5)可得

$$\sum\delta W_{F_N}=\sum\boldsymbol{F}_{Ni}\cdot\delta\boldsymbol{r}_i=0$$

于是有

$$\sum\delta W_F=\sum\boldsymbol{F}_i\cdot\delta\boldsymbol{r}_i=0$$

必要性条件得以证明。

2. 充分性证明

充分性即证明如果式(11-6)成立，则质点系必平衡。

应用反证法证明。设式(11-6)成立，但质点系在所有力的作用下不能平衡，其中某些质点由静止进入运动状态，则作用在任一质点 M_j 上的主动力 $\boldsymbol{F}_j$ 和约束反力 $\boldsymbol{F}_{Nj}$ 的合力为 $\boldsymbol{F}_{Rj}$，如图 11-9 所示。

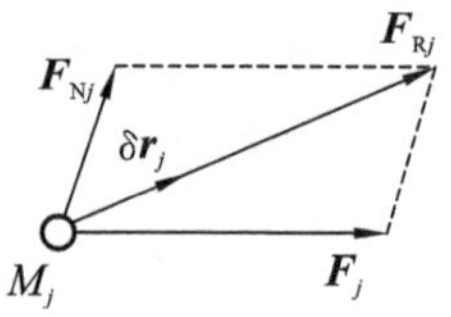

图 11-9

该质点在合力 $\boldsymbol{F}_{Rj}$ 的作用下有一微小实位移 $\mathrm{d}\boldsymbol{r}_j$，方向与 $\boldsymbol{F}_{Rj}$ 的方向相同，在定常的完整约束条件下，实位移属于虚位移中的一种，此时有

$$\delta W_{F_j}+\delta W_{F_{Nj}}=\boldsymbol{F}_{Rj}\cdot\delta\boldsymbol{r}_j>0$$

对于质点系，有

$$\sum\delta W_F+\sum\delta W_{F_N}>0$$

由理想约束的性质可得

$$\sum\delta W_{F_N}=0$$

于是有

$$\sum\delta W_F>0$$

上述结果与我们假设的条件矛盾，即若式(11-6)成立，则质点系不可能由静止进入运动状态，而是保持平衡状态，这就是充分性的证明。将式(11-6)写成解析形式，则有

$$\sum \delta W_F = \sum (F_{ix}\delta x_i + F_{iy}\delta y_i + F_{iz}\delta z_i) = 0 \tag{11-7}$$

式中，F_{ix}、F_{iy}、F_{iz} 分别表示作用于质点系内任一质点 M_i 上的主动力 $\boldsymbol{F}_i$ 在坐标轴上的投影，δx_i、δy_i、δz_i 则表示质点 M_i 的虚位移 $\delta \boldsymbol{r}_i$ 在坐标轴上的投影。式(11-6) 和式(11-7) 称为虚功方程或静力学普遍方程。

由于式(11-6) 和式(11-7) 中都不含有约束反力，因此在理想约束的条件下，应用虚位移原理解决静力学问题时，只需考虑主动力，这样处理问题时就非常方便了。如果约束不是理想约束而具有摩擦时，只要把摩擦力当作主动力，在虚功方程中计入摩擦力所做的虚功即可。

【例 11-1】 在如图 11-10 所示的机构中，摇杆 OB 的长度为 l，摇杆和滑块的重量以及摩擦均忽略不计。求在图示平衡位置时，主动力 $\boldsymbol{F}_1$ 与 $\boldsymbol{F}_2$ 之间的关系。

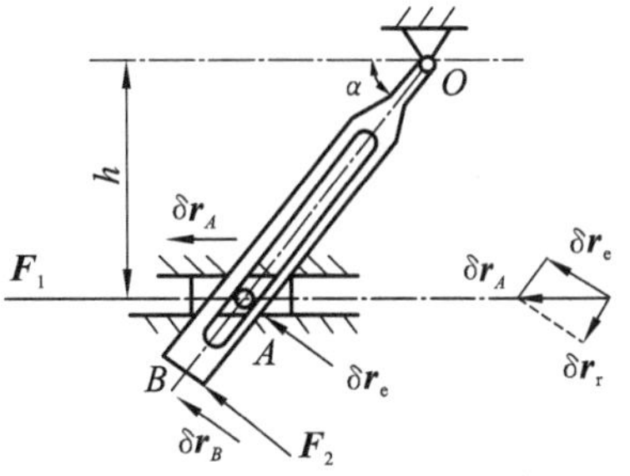

图 11-10

【解】 (1) 取研究对象。取系统为研究对象。

(2) 受力分析。作用在系统上的主动力有 $\boldsymbol{F}_1$ 和 $\boldsymbol{F}_2$。

(3) 运动分析，求虚位移间的关系。机构在滑块 A 和摇杆顶点 B 处有主动力，首先给滑块 A 一虚位移 $\delta \boldsymbol{r}_A$，方向水平向左，则 B 点的虚位移 $\delta \boldsymbol{r}_B$ 的方向如图 11-10 所示。用几何法求解虚位移之间的关系。滑块 A 的虚位移与摇杆上 A 点的虚位移之间的关系可用点的合成运动的概念分析，而 A 点的虚位移可用点的合成运动的速度分析，如图 11-10 所示，则有

$$\delta r_A \sin\alpha = \delta r_e$$

摇杆上 A、B 两点的虚位移之间的关系为

$$\frac{\delta r_e}{h}\sin\alpha = \frac{\delta r_B}{l}$$

即

$$\delta r_B = \frac{l}{h}\delta r_e \sin\alpha = \frac{l}{h}\sin^2\alpha \delta r_A \tag{1}$$

(4) 列出虚功方程，求解未知量。由虚位移原理可得

$$F_2 \delta r_B - F_1 \delta r_A = 0$$

即

$$\frac{F_1}{F_2} = \frac{\delta r_B}{\delta r_A} \tag{2}$$

将式(1) 代入式(2) 中，可得

$$\frac{F_1}{F_2} = \frac{\delta r_B}{\delta r_A} = \frac{l}{h}\sin^2\alpha$$

【例 11-2】 在如图 11-11 所示的曲柄连杆机构中，设水平力 $\boldsymbol{F}_1$ 作用在滑块 B 上，在曲柄销 A 上作用一阻力 $\boldsymbol{F}_2$，方向垂直于 OA。求曲柄连杆机构的平衡条件。

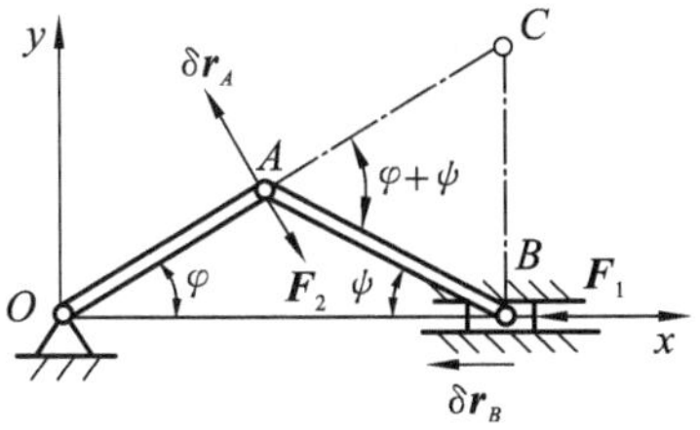

图 11-11

【解】 (1) 取研究对象。取系统为研究对象。

(2) 受力分析。作用在机构上的主动力有 $\boldsymbol{F}_1$ 和 $\boldsymbol{F}_2$。

(3) 运动分析，求虚位移间的关系。本题应用几何法求解虚位移之间的关系。给 A 点一虚位移 $\delta \boldsymbol{r}_A$，方向向上，则 B 点的虚位移的方向一定水平向左，如图 11-11 所示。

连杆 AB 的瞬心 C 的位置如图 11-11 所示，则 A、B 两点的速度为

$$v_B = \omega \cdot BC, v_A = \omega \cdot AC \tag{1}$$

由图 11-11 可知，$\angle ABC = 90° - \psi$，$\angle CAB = \varphi + \psi$，根据正弦定理可得

$$\frac{BC}{AC} = \frac{\sin(\varphi + \psi)}{\sin(90° - \psi)}$$

(4) 列出虚功方程，求解未知量。由虚位移原理可得

$$F_1 \delta r_B - F_2 \delta r_A = 0$$

即

$$\frac{F_2}{F_1} = \frac{\delta r_B}{\delta r_A} = \frac{v_B}{v_A} \tag{3}$$

将式(1) 和式(2) 代入式(3) 中，可得

$$\frac{F_2}{F_1} = \frac{v_B}{v_A} = \frac{BC}{AC} = \frac{\sin(\varphi + \psi)}{\cos\psi}$$

以上两例是应用虚功方程式(11-6) 和求虚位移之间的关系的几何法求解的。实际上，有些问题应用几何法求虚位移之间的关系并不方便，在这种情况下，首先列出系统的约束方程或把质点系内各质点的坐标表示成参数形式，然后进行变分运算，确定虚位移之间的关系，最后代入式(11-7) 中求解。

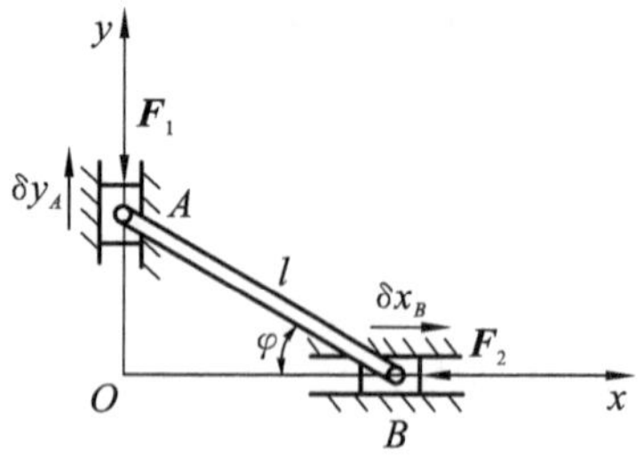

图 11-12

【例 11-3】 在如图 11-12 所示的椭圆规机构中，连杆 AB 的长度为 l，连杆的重量和滑道、铰链上的摩擦均忽略不计。求机构在图示平衡位置时，主动力 $\boldsymbol{F}_1$ 和 $\boldsymbol{F}_2$ 之间的关系。

【解】 (1) 取研究对象。取系统为研究对象。

(2) 受力分析。在应用式(11-7) 时，式中的 F_{ix}、F_{iy}、F_{iz} 是各主动力在坐标轴上的投影。在本题中，有

$$F_{Ax} = 0, F_{Ay} = F_1$$

$$F_{Bx} = -F_2, F_{By} = 0$$

(3) 运动分析，求虚位移间的关系。式(11-7) 中的 δx_i、δy_i、δz_i 是主动力作用点的位置坐标的变分，它们均按坐标轴的正方向计算，如图 11-12 所示。

虚位移 δx_B 和 δy_A 之间的关系可用以下两种方法求解。

Ⅰ. 利用对约束方程进行变分求解。显然，坐标 x_B、y_A 之间的关系为

$$y_A^2 + x_B^2 = l^2$$

对等式两边进行变分，可得

$$2y_A \delta y_A + 2x_B \delta x_B = 0$$

即

$$\frac{\delta x_B}{\delta y_A} = \frac{-y_A}{x_B} = -\tan\varphi$$

Ⅱ. 利用 φ 角求解。坐标 x_B、y_A 用 φ 表示为

$$x_B = l\cos\varphi$$

$$y_A = l\sin\varphi$$

即

$$\delta x_B = -l\sin\varphi\delta\varphi$$

$$\delta y_A = l\cos\varphi\delta\varphi$$

于是有

$$\frac{\delta x_B}{\delta y_A}=-\tan\varphi$$

(4) 列出虚功方程,求解未知量。由虚位移原理可得

$$-F_1\delta y_A-F_2\delta x_B=0$$

即

$$\frac{F_1}{F_2}=-\frac{\delta x_B}{\delta y_A}$$

将虚位移间的关系表达式代入上式中,可得

$$\frac{F_1}{F_2}=\tan\varphi$$

【例 11-4】 在如图 11-13(a) 所示的由两杆组成的几何可变结构中,A、C 为铰链,B 为辊轴,C 上挂有一重物 W,其质量为 m,B 上系有一弹簧,其刚性系数为 k,原长为$\overline{AD}$(即 B 与 A 重合时,弹簧不变形)。不计杆重,求系统平衡时 θ 角的大小。

【解】 (1) 取研究对象。取系统为研究对象。

(2) 受力分析。作用于系统上的主动力有重物的重力 $\boldsymbol{G}$ 和弹簧的弹性力 $\boldsymbol{F}$,它们在坐标轴上的投影分别为

$$F_{Bx}=-kx_B=-k\cdot 2l\sin\theta,\quad F_{By}=0,\quad F_{Cx}=0,\quad F_{Cy}=-mg$$

(3) 运动分析,求虚位移间的关系。本题用解析法求解虚位移间的关系。由图 11-13(b) 可知

$$y_C=l\cos\theta,\quad x_B=2l\cos\theta$$

对等式两边进行变分,可得

$$\delta y_C=-l\sin\theta\delta\theta,\quad \delta x_B=2l\cos\theta\delta\theta$$

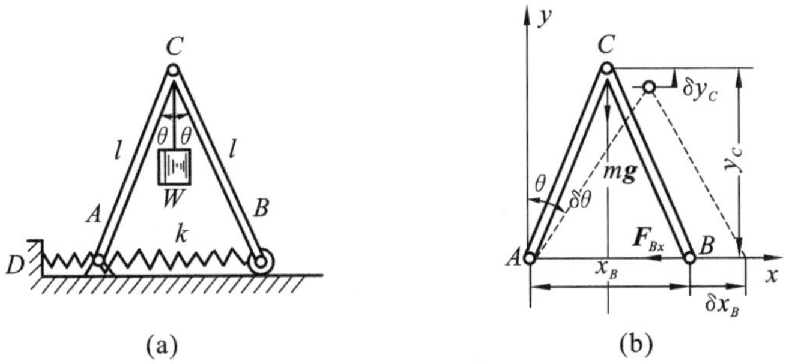

图 11-13

(4) 列出虚功方程,求解未知量。由虚位移原理可得

$$F_{Bx}\delta x_B+F_{Cy}\delta y_C=0$$

将 F_{Bx}、F_{Cy}、δx_B、δy_C 代入上式中,可得

$$-k\cdot 2l\sin\theta(2l\cos\theta\delta\theta)-mg\cdot(-l\sin\theta\delta\theta)=0$$

即

$$-4kl^2\sin\theta\cos\theta\delta\theta+mgl\sin\theta\delta\theta=0$$

由于 $\delta\theta$ 为任意小的变分,且不为零,故有

$$mgl\sin\theta-4kl^2\sin\theta\cos\theta=0$$

即

$$\sin\theta(mgl - 4kl^2\cos\theta) = 0$$

显然有 $\sin\theta = 0$，即 $\theta = 0$ 为一平衡位置。

由 $mg - 4kl\cos\theta = 0$ 解出另一平衡位置为 $\theta = \arccos\frac{mg}{4kl}$。当 $mg > 4kl$ 时，此平衡位置不存在。

前面几个例题是求解机构的平衡问题，下面介绍应用虚位移原理求解结构的约束反力的方法。由于结构是不可能有虚位移的，因此求解前须将结构转化为机构。将结构转化为机构的方法是解除某一约束，用约束反力代替约束的作用，此时应将约束反力按主动力处理。

【例 11-5】 如图 11-14(a)所示为一三铰拱支架。求在不对称载荷 $\boldsymbol{F}_1$ 和 $\boldsymbol{F}_2$ 的作用下，铰链 B 处所引起的水平反力 $\boldsymbol{F}_{Bx}$。

【解】 (1) 取研究对象。取系统为研究对象。

(2) 受力分析。为了求出 B 点的水平反力 $\boldsymbol{F}_{Bx}$，先解除铰链 B 在水平方向的约束，使之成为活动铰支座，并把活动铰支座的约束反力和 $\boldsymbol{F}_1$、$\boldsymbol{F}_2$ 一起当作主动力。

(3) 运动分析，求虚位移间的关系。给构件 OA 一虚转角 $\delta\varphi_A$，此时构件 OB 作平面运动，故 B 点有相应的虚位移 $\delta\boldsymbol{r}_B$，方向水平向右，构件 OB 有虚转角 $\delta\varphi_C$，如图 11-14(b) 所示。由于 $AO = CO$，所以 $\delta\varphi_A = \delta\varphi_C$。

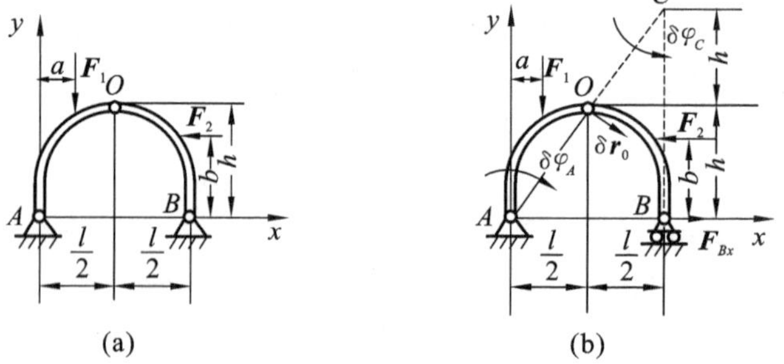

图 11-14

(4) 列出虚功方程，求解未知量。由虚位移原理可得

$$\sum\delta W_F = M_C(\boldsymbol{F}_{Bx})\delta\varphi_C + M_C(\boldsymbol{F}_2)\delta\varphi_C + M_A(\boldsymbol{F}_1)\delta\varphi_A = 0$$

即

$$F_{Bx}\cdot 2h\delta\varphi_C - F_2(2h-b)\delta\varphi_C + F_1 a\delta\varphi_A = 0$$

解得

$$F_{Bx} = \frac{1}{2h}[F_2(2h-b) - F_1 a]$$

应该注意的是，式(11-6) 和式(11-7) 为虚位移原理的两种不同的表达式。若应用式(11-6) 求解，则首先应给定虚位移；然后确定作用在质点系上的主动力在给定的虚位移上所做的虚功，方向相同取正号，反之，取负号；最后用几何法求虚位移间的关系。

如果应用式(11-7) 求解，应按如下步骤进行。首先，分别求出各主动力在坐标轴上的投影；其次，计算主动力在虚位移上所做的虚功，由于在此种情况下，主动力作用点的虚位移在坐标轴上的投影均按坐标轴的正方向计算，所以主动力在坐标轴上的投影为正，则虚功取正号，反之，虚功取负号；然后，对各主动力作用点的坐标进行变分，从而确定虚位移之间的关系；最后，将上述结果代入式(11-7) 中进行求解。

解题时，应用何种形式的虚功方程要视具体情况而定。

11.5 质点系的自由度与广义坐标

确定一个自由质点在空间的位置需要三个独立的参数，即三个坐标，也就是说，自由质点在空间有三个自由度(平面上的自由质点则有两个自由度)。显然，一个由 n 个质点组成的自由质点系具有 $3n$ 个自由度。实际上，工程中我们常处理的质点系由于受到约束的作用，其运动不可能是完全自由的(例如图 11-2 中的曲柄连杆机构)，这样的质点系称为非自由质点系。又由于约束方程建立了坐标间的关系，所以确定非自由质点系位置的坐标并不都是独立的。例如图 11-1 所示的在铅垂平面内运动的单摆，它的两个坐标 x、y 由约束方程 $x^2+y^2=l^2$ 建立了关系，所以确定其位置的坐标只有一个是独立的，因此单摆只有一个自由度；又例如图 11-2 所示的曲柄连杆机构，确定机构位置的四个坐标 x_A、y_A、x_B、y_B 由约束方程

$$x_A^2+y_A^2=r^2,(x_B-x_A)^2+(y_B-y_A)^2=l^2,y_B=0$$

建立了关系，其位置只要一个独立参数即能确定，所以这个质点系也具有一个自由度。因此，在完整约束的条件下，确定质点系位置的独立参数的数目等于系统的自由度的数目。

确定一个质点系位置的独立参数的选取并不是唯一的。例如图 11-1 所示的单摆可选坐标 x、y 中的任意一个作为独立参数，也可选摆角 φ 作为独立参数；又如如图 11-2 所示的曲柄连杆机构可选 φ 角作为独立参数，也可选 x_B 作为独立参数。习惯上我们把决定质点系位置的独立参数称为广义坐标。

一般地，具有 n 个质点的质点系如果作用有 s 个完整约束，则其自由度的数目为

$$k=3n-s \tag{11-8}$$

也就是说，确定该质点系的位置要有 $(3n-s)$ 个独立参数，或具有 $(3n-s)$ 个广义坐标。

若用 $q_1,q_2,\cdots,q_k$ 表示这个质点系的广义坐标，则各质点的坐标都可写成这些广义坐标的函数。对于定常的完整约束，各质点的坐标可写成如下广义坐标的函数形式，即

$$\begin{aligned}x_i&=x_i(q_1,q_2,\cdots,q_k)\ (i=1,2,\cdots,n)\\ y_i&=y_i(q_1,q_2,\cdots,q_k)\ (k=3n-s)\\ z_i&=z_i(q_1,q_2,\cdots,q_k)\end{aligned} \tag{11-9}$$

如图 11-2 所示的曲柄连杆机构的坐标 x_A、y_A、x_B、y_B 用广义坐标 φ 可表示为

$$x_A=r\cos\varphi,\quad y_A=r\sin\varphi,\quad x_B=r\cos\varphi+\sqrt{l^2-r^2\sin\varphi},\quad y_B=0$$

通常，坐标的变分也可用广义坐标表示，类似于多元函数求微分的方法。可将式(11-9)进行变分运算，若对坐标 x_i 求变分，则有

$$\delta x_i=\frac{\partial x_i}{\partial q_1}\delta q_1+\frac{\partial x_i}{\partial q_2}\delta q_2+\cdots+\frac{\partial x_i}{\partial q_k}\delta q_k$$

上式建立了质点坐标的变分与其广义坐标的变分之间的关系。同理可得坐标 y_i 和 z_i 的变分表达式。式(11-9) 中各坐标的变分表达式可写成

$$\begin{cases}\delta x_i=\sum\limits_{j=1}^{k}\dfrac{\partial x_i}{\partial q_j}\delta q_j\\ \delta y_i=\sum\limits_{j=1}^{k}\dfrac{\partial y_i}{\partial q_j}\delta q_j & \begin{matrix}(i=1,2,\cdots,n)\\(k=3n-s)\end{matrix}\\ \delta z_i=\sum\limits_{j=1}^{k}\dfrac{\partial z_i}{\partial q_j}\delta q_j\end{cases} \tag{11-10}$$

式中，δq_j 称为广义虚位移。

11.6 用广义坐标表示的质点系的平衡条件

虚位移原理表达式(11-7)是用质点的直角坐标的变分来表示虚位移的，但这些虚位移不一定是独立的虚位移，所以在解题时还要建立虚位移之间的关系，才能将问题解决。如果我们直接用广义坐标的变分来表示虚位移，则虚位移之间是相互独立的，这时虚位移原理可以表示为更简洁的形式。将虚位移表达式(11-10)代入虚功方程(11-7)中，可得

$$\begin{aligned}\sum\delta W_F &= \sum_{i=1}^{n}\left(F_{ix}\sum_{j=1}^{k}\frac{\partial x_i}{\partial q_j}\delta q_j + F_{iy}\sum_{j=1}^{k}\frac{\partial y_i}{\partial q_j}\delta q_j + F_{iz}\sum_{j=1}^{k}\frac{\partial z_i}{\partial q_j}\delta q_j\right)\\ &= \sum_{j=1}^{k}\left[\sum_{i=1}^{n}F_{ix}\frac{\partial x_i}{\partial q_j} + \sum_{i=1}^{n}F_{iy}\frac{\partial y_i}{\partial q_j} + \sum_{i=1}^{n}F_{iz}\frac{\partial z_i}{\partial q_j}\right]\delta q_j \qquad (11\text{-}11)\\ &= 0 \quad (j = 1,2,\cdots,3n-s)\,(i = 1,2,\cdots,n)\\ &\quad\ (k = 3n-s)\end{aligned}$$

如果令

$$Q_j = \sum_{i=1}^{n}F_{ix}\frac{\partial x_i}{\partial q_j} + \sum_{i=1}^{n}F_{iy}\frac{\partial y_i}{\partial q_j} + \sum_{i=1}^{n}F_{iz}\frac{\partial z_i}{\partial q_j} \quad \begin{matrix}(i = 1,2,\cdots,n)\\(j = 1,2,\cdots,3n-s)\end{matrix} \qquad (11\text{-}12)$$

则式(11-11)可简写为

$$\sum\delta W_F = \sum_{j=1}^{k}Q_j\delta q_j = 0 \quad (k = 3n-s) \qquad (11\text{-}13)$$

因上式中的 δq_j 为广义虚位移，$Q_j\delta q_j$ 具有功的量纲，所以 Q_j 称为广义力。广义力的量纲由与它相对应的虚位移确定。当 δq_j 为线位移时，Q_j 的量纲为力的量纲；当 δq_j 为角位移时，Q_j 的量纲为力矩的量纲。

由于广义坐标都是相互独立的，而广义虚位移是任意的，为使式(11-13)成立，必须有

$$Q_1 = Q_2 = \cdots = Q_{3n-s} = 0 \qquad (11\text{-}14)$$

式(11-14)表明：质点系的平衡条件是所有的广义力都等于零。这就是用广义坐标表示的质点系的平衡条件。

用广义坐标表示的质点系的平衡条件是一个方程组，方程的数目等于系统广义坐标的数目。因此，对于具有一个自由度的机构的平衡问题，列出一个平衡方程就足够了；对于具有两个或多个自由度的系统的平衡问题，就需要列出由两个或多个平衡方程组成的方程组。可见，在应用广义坐标表示的质点系的平衡条件解决实际问题时，关键在于如何求广义力。

通常有两种方法可以求解广义力，一种是采用式(11-12)进行计算；另一种是给质点系一个广义虚位移 δq_j，且 δq_j 不等于零，而令其他 $(k-1)$ 个广义坐标的虚位移都等于零，此时式(11-13)中所有主动力在相应虚位移上所做的虚功之和用 $\sum\delta W'_F$ 表示，则有

$$\sum\delta W'_F = Q_j\delta q_j$$

因此求得广义力为

$$Q_j = \frac{\sum\delta W'_F}{\delta q_j} \quad (j = 1,2,\cdots,3n-s) \qquad (11\text{-}15)$$

在解决实际问题时，第二种方法更为方便。

【例 11-6】 在如图 11-15 所示的双锤摆中，摆锤 M_1、M_2 的重量分别为 P_1 和 P_2，摆杆 OM_1 和摆杆 M_1M_2 的长度分别为 a 和 b。若在摆锤 M_2 上作用一水平力 Q 以维持平衡，不计摆杆的重量，求平衡时摆杆与铅垂线的夹角 φ 及 ψ。

【解】 (1) 取研究对象。取系统为研究对象，杆 OM_1 和杆 M_1M_2 的位置可由 x_1、y_1、x_2、y_2 四个坐标完全确定。由于杆 OM_1 和杆 M_1M_2 的长度一定，故可列出两个平衡方程，即

$$x_1^2+y_1^2=a^2,(x_2-x_1)^2+(y_2-y_1)^2=b^2$$

因此系统有两个自由度，它的位置由 φ 和 ψ 两个广义坐标完全确定。

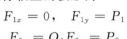

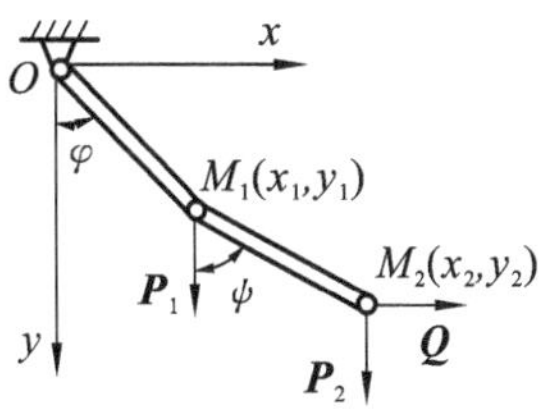

图 11-15

(2) 受力分析。作用于系统上的主动力有水平力 $\boldsymbol{Q}$ 和重力 $\boldsymbol{P}_1$、$\boldsymbol{P}_2$，它们在如图 11-15 所示的坐标轴上的投影为

$$F_{1x}=0,\quad F_{1y}=P_1$$
$$F_{2x}=Q,F_{2y}=P_2$$

(3) 运动分析，求虚位移间的关系。坐标的变分 δx_1、δx_2、δy_1、δy_2 均按坐标轴的正方向计算，则摆锤 M_1 和摆锤 M_2 的坐标为

$$x_1=a\sin\varphi,\quad y_1=a\cos\varphi$$
$$x_2=a\sin\varphi+b\sin\psi,\quad y_2=a\cos\varphi+b\cos\psi$$

(4) 应用式(11-14) 求解未知量。

(Ⅰ) 应用式(11-12) 求解。

由式(11-12) 可得

$$\begin{cases}Q_1=P_1\dfrac{\partial y_1}{\partial\varphi}+Q\dfrac{\partial x_2}{\partial\varphi}+P_2\dfrac{\partial y_2}{\partial\varphi}\\Q_2=P_1\dfrac{\partial y_1}{\partial\psi}+Q\dfrac{\partial x_2}{\partial\psi}+P_2\dfrac{\partial y_2}{\partial\psi}\end{cases}\tag{1}$$

$$\begin{cases}\dfrac{\partial y_1}{\partial\varphi}=-a\sin\varphi\\\dfrac{\partial y_1}{\partial\psi}=0\\\dfrac{\partial x_2}{\partial\varphi}=a\cos\varphi\\\dfrac{\partial x_2}{\partial\psi}=b\cos\psi\\\dfrac{\partial y_2}{\partial\varphi}=-a\sin\varphi\\\dfrac{\partial y_2}{\partial\psi}=-b\sin\psi\end{cases}\tag{2}$$

将式(2) 代入式(1) 中，可得

$$Q_1=-P_1a\sin\varphi+Qa\cos\varphi-P_2a\sin\varphi$$
$$Q_2=0+Qb\cos\psi-P_2b\sin\psi$$

根据式(11-14)，应有

$$Q_1=Q_2=0$$

解得

$$\tan\varphi=\frac{Q}{P_1+P_2},\quad\tan\psi=\frac{Q}{P_2}$$

(Ⅱ) 应用式(11-15) 求解。

令 $\delta\psi=0$，则有

$$Q_1 = \frac{\sum \delta W'_F}{\delta\varphi} = \frac{P_1\delta y_1 + Q\delta x_2 + P_2\delta y_2}{\delta\varphi} \tag{3}$$

对坐标进行变分，可得

$$\begin{aligned} \delta y_1 &= -a\sin\varphi\delta\varphi \\ \delta x_2 &= a\cos\varphi\delta\varphi + b\cos\psi\delta\psi \\ \delta y_2 &= -a\sin\varphi\delta\varphi - b\sin\psi\delta\psi \end{aligned} \tag{4}$$

将式(4) 代入式(3) 中，且 $\delta\psi = 0$，可得

$$Q_1 = -P_1 a\sin\varphi + Qa\cos\varphi - P_2 a\sin\varphi$$

再令 $\delta\varphi = 0$，对应于 $\delta\psi$ 的广义力为 $Q_2 = \dfrac{\sum \delta W'_F}{\delta\psi}$，由此可得

$$Q_2 = Qb\cos\psi - P_2 b\sin\psi$$

根据式(11-14)，应有

$$Q_1 = Q_2 = 0$$

解得

$$\tan\varphi = \frac{Q}{P_1 + P_2}, \quad \tan\psi = \frac{Q}{P_2}$$

在理想约束条件下，如果作用在质点系上的主动力均为有势力，则广义力 Q_j 也可用势能 V 表示。根据第 8 章中的式(8-39)，可将虚功方程(11-7) 中的各主动力的投影 F_{ix}、F_{iy}、F_{iz} 写成势能 V 的表达式，即

$$F_{ix} = -\frac{\partial V}{\partial x_i}, \quad F_{iy} = -\frac{\partial V}{\partial y_i}, \quad F_{iz} = -\frac{\partial V}{\partial z_i}$$

则虚功可表示为

$$\sum \delta W_F = \sum (F_{ix}\delta x_i + F_{iy}\delta y_i + F_{iz}\delta z_i) = -\sum \left(\frac{\partial V}{\partial x_i}\delta x_i + \frac{\partial V}{\partial y_i}\delta y_i + \frac{\partial V}{\partial z_i}\delta z_i\right)$$

如果质点系的位置用广义坐标 $q_1, q_2, \cdots, q_{3n-s}$ 表示，则质点系的势能也可以写成广义坐标的函数，即

$$V = V(q_1, q_2, \cdots, q_{3n-s})$$

这样，广义力 Q_j 用势能表示的表达式为

$$\begin{aligned} Q_j &= \sum \left(F_{ix}\frac{\partial x_i}{\partial q_j} + F_{iy}\frac{\partial y_i}{\partial q_j} + F_{iz}\frac{\partial z_i}{\partial q_j}\right) \\ &= -\sum \left(\frac{\partial V}{\partial x_i}\frac{\partial x_i}{\partial q_j} + \frac{\partial V}{\partial y_i}\frac{\partial y_i}{\partial q_j} + \frac{\partial V}{\partial z_i}\frac{\partial z_i}{\partial q_j}\right) \\ &= -\frac{\partial V}{\partial q_j} \quad (j = 1, 2, \cdots, 3n - s) \end{aligned} \tag{11-16}$$

根据式(11-14) 可以得到在理想约束条件下，有势力场中的质点系的平衡条件为

$$Q_j = -\frac{\partial V}{\partial q_j} = 0 \quad (j = 1, 2, \cdots, 3n - s)$$

即势能对每个广义坐标的偏导数分别等于零。

思考与习题

1. 如图 11-16 所示，在曲柄式压榨机的中间铰链 B 上作用一水平力 $\boldsymbol{P}$。若 $AB = BC$，$\angle ABC = 2\alpha$，求在图示平衡位置时压榨机对物体的压力。

2. 如图 11-17 所示，在压榨机的手轮上作用一力偶矩为 $\boldsymbol{M}$ 的力偶，手轮轴两端的螺距均

为 h，但螺纹的转向相反，螺纹上套有螺母，这两个螺母用销子分别与边长为 a 的菱形杆框架的两顶点相连，此菱形框架的上顶点 D 固定不动，下顶点 C 连接在压榨机的水平钢板上。试求当菱形框架的顶角等于 2α 时，压榨机对被压物体的压力。

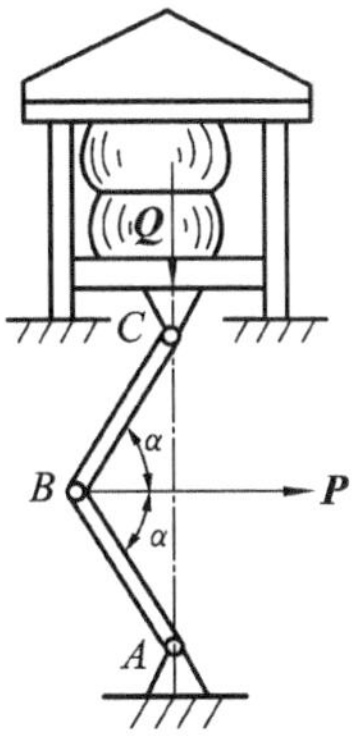

图 11-16

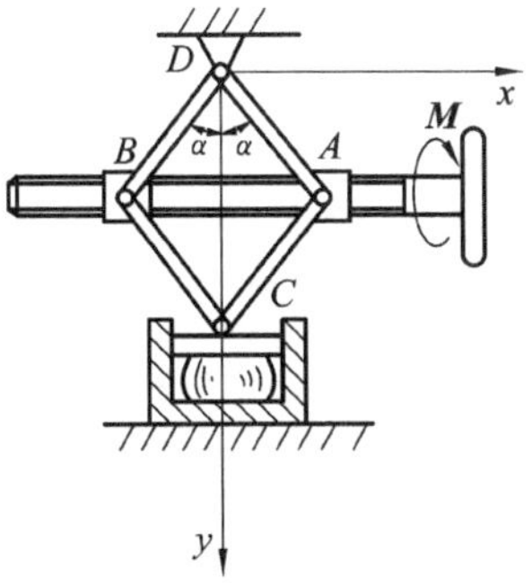

图 11-17

3. 在如图 11-18 所示的连杆机构中，当曲柄 OC 绕 O 轴摆动时，套筒 A 沿曲柄 OC 自由滑动，从而带动杆 AB 在铅垂导槽 K 内移动。已知 $OK = l$，在曲柄 OC 上作用一力偶 $\boldsymbol{M}$，而在 B 点沿 BA 方向作用一力 $\boldsymbol{P}$，试求机构在图示平衡位置时力偶 $\boldsymbol{M}$ 与力 $\boldsymbol{P}$ 之间的关系。

4. 在如图 11-19 所示的系统中，已知 $a = 0.6$ m，$b = 0.7$ m，系统在铅垂力 $P = 200$ N的作用下处于平衡时，$\varphi = 45°$，弹簧 CD 的变形量 $\delta = 50$ mm。试用虚位移原理求弹簧的刚性系数。

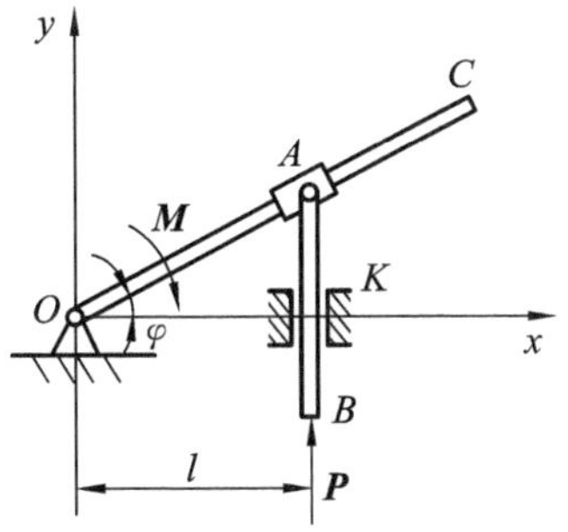

图 11-18

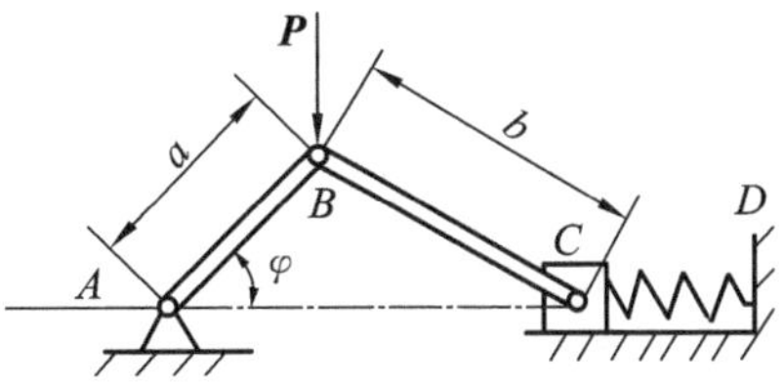

图 11-19

5. 在如图 11-20 所示的机构中，曲柄 OA 上作用一力偶，其力偶矩为 $\boldsymbol{M}$，滑块 D 上作用一水平力 $\boldsymbol{P}$，机构的尺寸如图所示。求当机构处于平衡时力 $\boldsymbol{P}$ 与力偶矩 $\boldsymbol{M}$ 之间的关系。

6. 如图 11-21 所示为一地秤简图，AB 为杠杆，可绕 O 轴转动，BCE 为台面，B、C、D 为铰链。若各构件的重量均忽略不计，求地秤处于平衡时砝码的质量 m 与被称物体的质量 M 之间的关系。图中 $W_2 = Mg$，$W_1 = mg$。

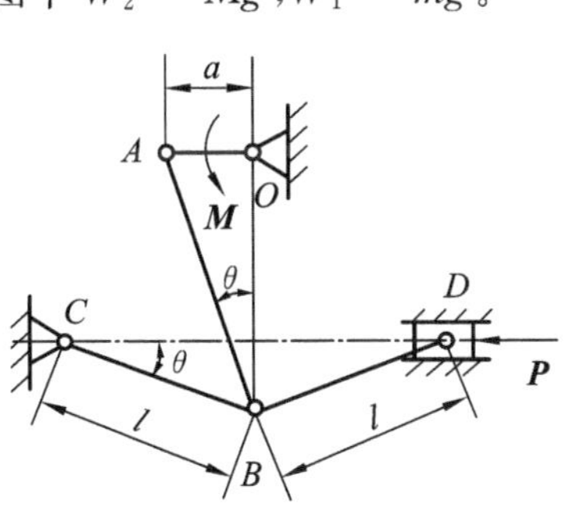

图 11-20

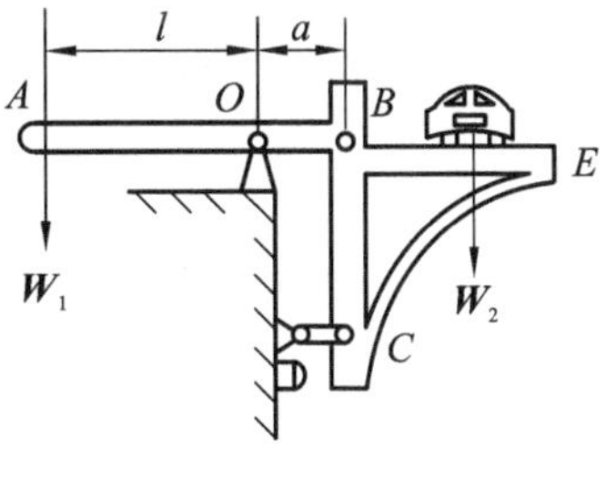

图 11-21

7. 如图 11-22 所示，两根等长杆 AB 和 BC 在 B 点用铰链连接，又在杆的 D、E 两点连有一弹簧，弹簧的刚性系数为 k，当 AC 的距离等于 a 时，弹簧的内力为零。若在 C 点作用一水平力 $\boldsymbol{F}$，求杆系处于平衡状态时 AC 的距离。设 $AB = l$，$BD = b$，杆的重量忽略不计。

8. 如图 11-23 所示，滑套 D 套在光滑的直杆 AB 上，并带动杆 CD 在铅垂滑道上滑动。已知 $\theta = 0°$ 时，弹簧等于原长，且弹簧的刚性系数 $k = 5$ kN/m，试问要使机构在任意位置（θ 角）平衡，应加多大的力偶矩 M？

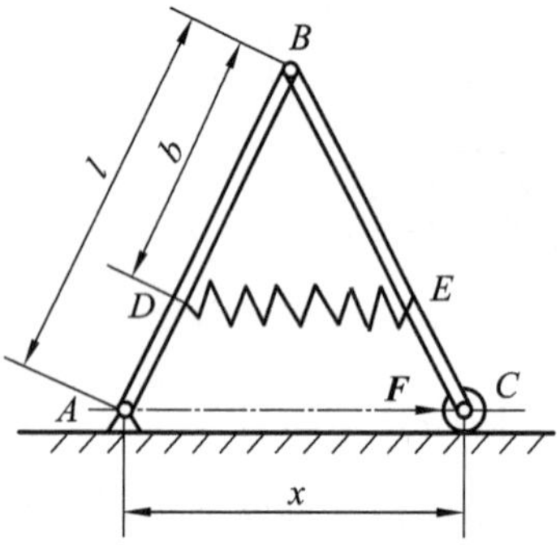

图 11-22

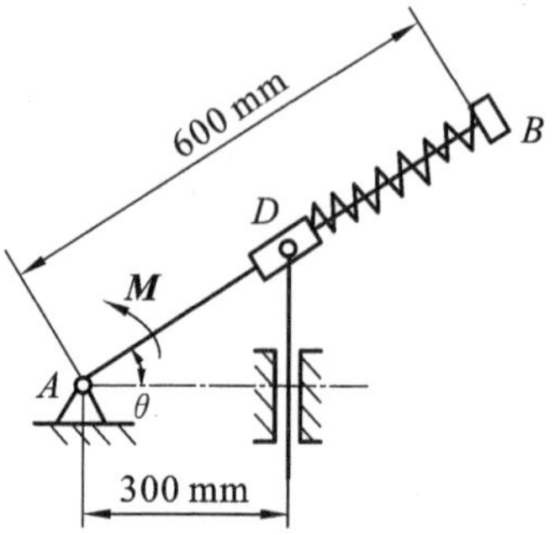

图 11-23

9. 长度为 l 的带槽摇杆 OA 可绕 O 轴自由转动，并通过销钉带动滑块 B 沿光滑的水平导槽运动，如图 11-24 所示。试求系统在图示位置平衡时，两水平力 $\boldsymbol{P}$ 和 $\boldsymbol{Q}$ 之间的关系。

10. 在如图 11-25 所示的铰接机构中，设 $Q = 500$ N，$P = 200$ N。求机构平衡时 θ 角的大小。

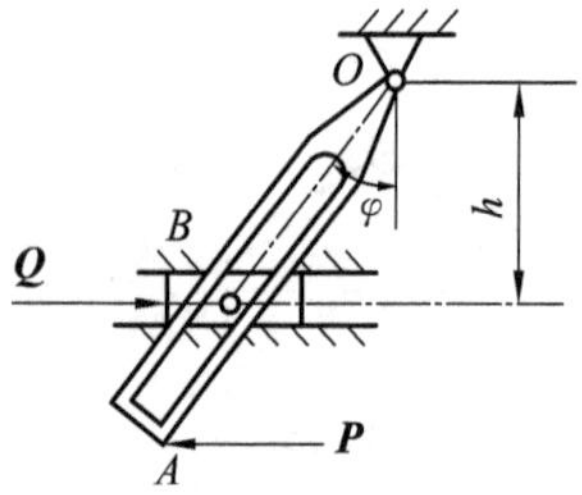

图 11-24

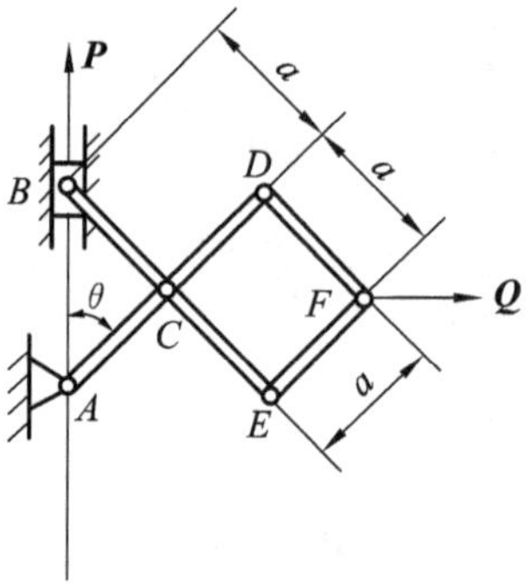

图 11-25

11. 计算图 11-26 所示的机构在图示平衡位置时主动力之间的关系。机件的重量及摩擦阻力均忽略不计。

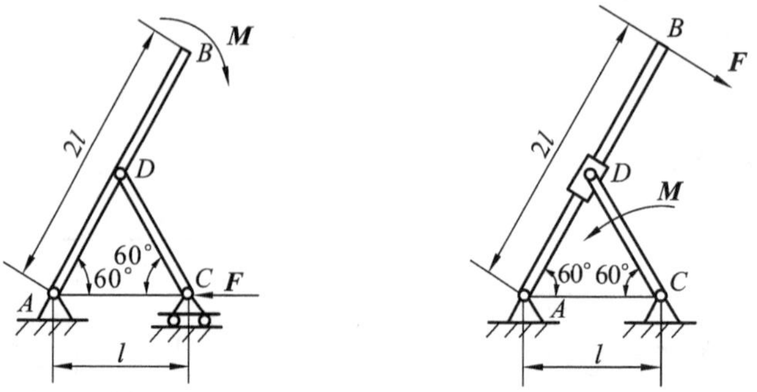

(a) (b)

图 11-26

12. 如图 11-27 所示为一平面机构，不计各杆和滑块的重量以及各接触面的摩擦，求在图示平衡位置时 **M** 与 **Q** 之间的关系。

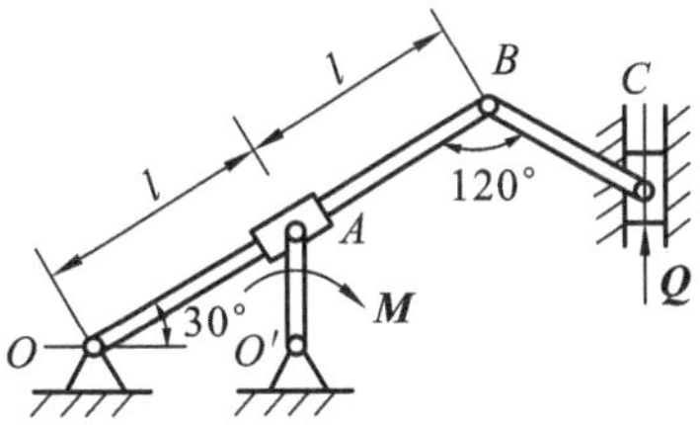

图 11-27

13. 杆 AB、CD 由铰链 C 连接，并由铰链 A、D 固定，如图 11-28 所示。在杆 AB 上作用一铅垂力 **F**，在杆 CD 上作用一力偶 **M** 和水平力 **Q**，不计杆重。求系统平衡时各主动力间的关系。

14. 在如图 11-29 所示的系统中，杆 AB 和 CD 铰接于 E 点，杆的 A 端为铰链，C 端放于摩擦系数 $f=\dfrac{1}{3}$ 的水平面上，D 端系有一绳子，绳子绕过 B 端的小滑轮后悬挂一重物 M。设 $AB=CD=l$，$AE=CE=\dfrac{l}{3}$，不计小滑轮的半径及两杆和绳的自重，试求系统在铅垂面内能维持平衡的 θ 角。

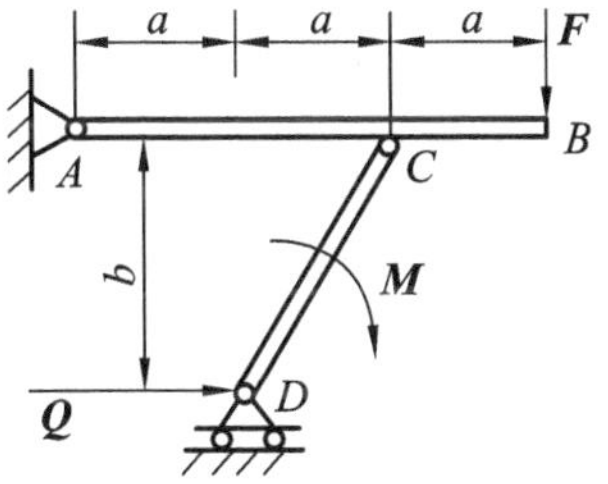

图 11-28

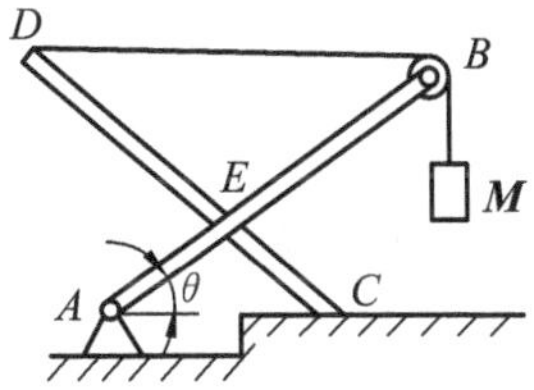

图 11-29

15. 不计梁重，求图 11-30 所示的水平梁在支座 B、C 处的约束力。

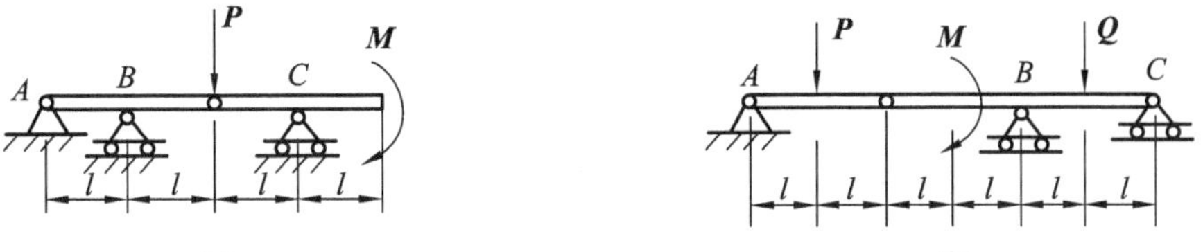

(a)　　(b)

图 11-30

16. 在如图 11-31 所示的系统中，不计杆重，求固定端 A 的约束力主矢的铅垂分量。

17. 用八根直杆铰接成正六边形后悬挂于 A 点，如图 11-32 所示。设六个边的直杆的重量均为 W，杆 BF 和杆 CE 的重量忽略不计，求杆 BF 与杆 CE 的内力。

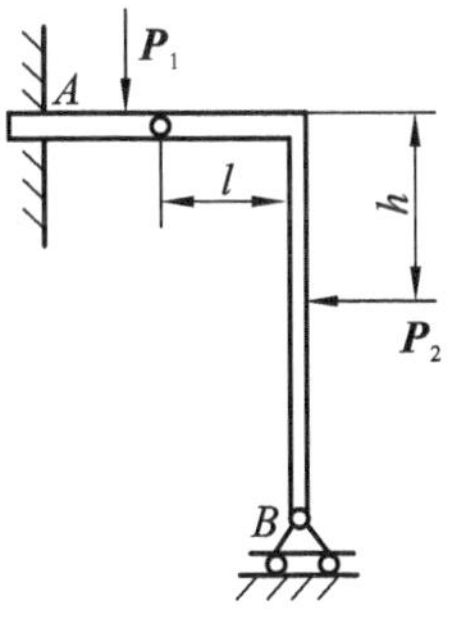

图 11-31

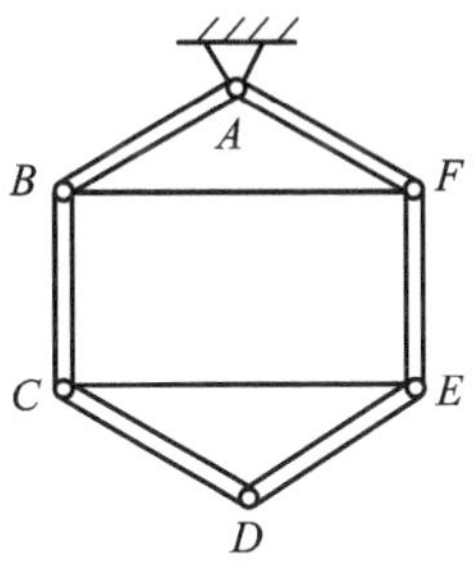

图 11-32

18. 在如图 11-33 所示的三角形结构中，已知 $AB = AC = BC = a$，在点 C 处作用一铅垂力 $\boldsymbol{P}$，求杆 AB 的内力。

19. 如图 11-34 所示，两重物 P_1、P_2 系在细绳的两端，并分别放在倾斜角为 α 和 β 的斜面上，细绳绕过两定滑轮与一动滑轮相连，动滑轮上悬挂一重物 W。不计摩擦及滑轮、滑车、细绳的重量，试求系统平衡时 P_1 和 P_2 的值。

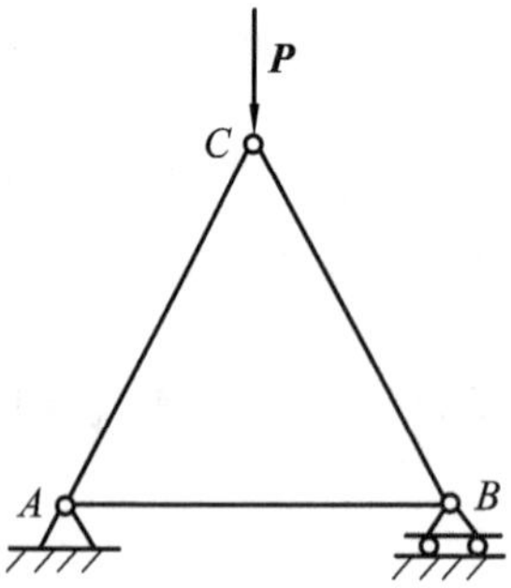

图 11-33

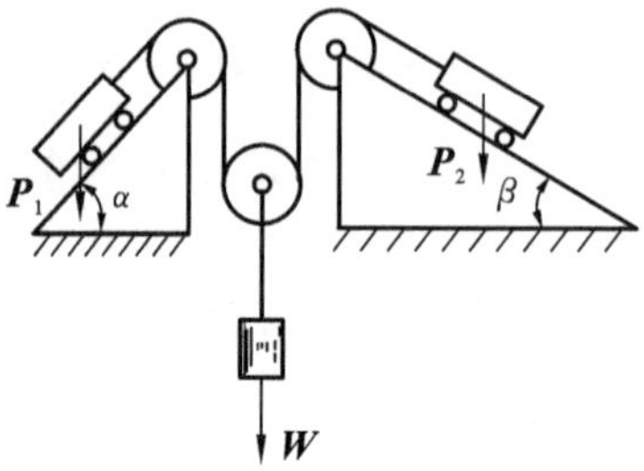

图 11-34

20. 均质杆 OA 可绕水平轴 O 自由转动，在杆 OA 的 A 端铰接另一均质杆 AB，如图 11-35 所示。已知两杆的长度分别为 l_1 和 l_2，质量分别为 m_1 和 m_2。若在杆 AB 的 B 端作用一水平力 $\boldsymbol{F}$，试求系统平衡时两杆与铅垂线的夹角 α 和 β。

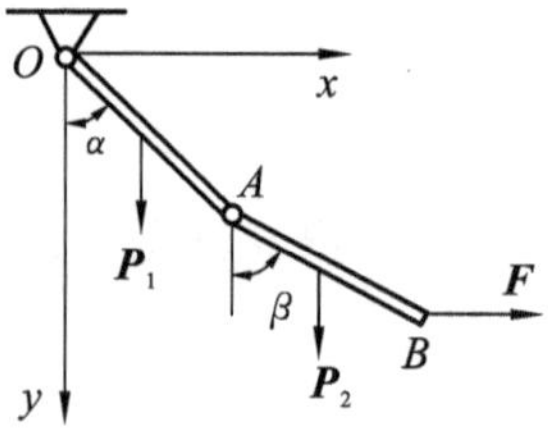

图 11-35

第12章 动力学普遍方程与拉格朗日方程

虚位移原理是用分析法研究静力学问题的基本原理。根据达朗伯原理，在质点系上假想加上惯性力，可在形式上将动力学问题转化为静力学问题。本章将虚位移原理与达朗伯原理结合，推导出动力学普遍方程和拉格朗日方程。动力学普遍方程和拉格朗日方程是解决任意质点系的动力学问题的最普遍而有效的方法，是分析动力学的基础。

12.1 动力学普遍方程

设一具有理想约束的质点系由 n 个质点组成，作用在其第 i 个质点上的主动力的合力为 $\boldsymbol{F}_i$，约束反力的合力为 $\boldsymbol{F}_{Ni}$，该质点的加速度为 $\boldsymbol{a}_i$，质量为 m_i，则假想加在该质点上的惯性力为 $\boldsymbol{F}_{gi}=-m_i\boldsymbol{a}_i$。根据达朗伯原理可知，力 $\boldsymbol{F}_i$、$\boldsymbol{F}_{Ni}$、$\boldsymbol{F}_{gi}$ 应构成平衡力系。

给质点系一虚位移，并假设第 i 个质点的虚位移为 $\delta\boldsymbol{r}_i$，则根据虚位移原理可得

$$\sum_{i=1}^{n}(\boldsymbol{F}_i+\boldsymbol{F}_{Ni}+\boldsymbol{F}_{gi})\cdot\delta\boldsymbol{r}_i=0$$

由理想约束条件 $\sum_{i=1}^{n}\boldsymbol{F}_{Ni}\cdot\delta\boldsymbol{r}_i=0$，可得

$$\sum_{i=1}^{n}(\boldsymbol{F}_i+\boldsymbol{F}_{gi})\cdot\delta\boldsymbol{r}_i=0$$

即

$$\sum_{i=1}^{n}(\boldsymbol{F}_i-m_i\boldsymbol{a}_i)\cdot\delta\boldsymbol{r}_i=0 \tag{12-1}$$

上式就是将达朗伯原理与虚位移原理结合而推导出的动力学普遍方程，也称为达朗伯-拉格朗日方程。该方程表明：在理想约束条件下，任一瞬时作用在质点系上的所有主动力与惯性力，在该瞬时质点系的任意虚位移上的元功之和等于零。

将 $\boldsymbol{F}_i$、$\boldsymbol{a}_i$、$\delta\boldsymbol{r}_i$ 的矢量表达式 $\boldsymbol{F}_i=F_{ix}\boldsymbol{i}+F_{iy}\boldsymbol{j}+F_{iz}\boldsymbol{k}$，$\boldsymbol{a}_i=\ddot{x}_i\boldsymbol{i}+\ddot{y}_i\boldsymbol{j}+\ddot{z}_i\boldsymbol{k}$，$\delta\boldsymbol{r}_i=\delta x_i\boldsymbol{i}+\delta y_i\boldsymbol{j}+\delta z_i\boldsymbol{k}\ (i=1,2,\cdots,n)$ 代入式(12-1)中，则可得到动力学普遍方程(12-1)的解析表达式为

$$\sum_{i=1}^{n}[(F_{ix}-m_i\ddot{x}_i)\delta x_i+(F_{iy}-m_i\ddot{y}_i)\delta y_i+(F_{iz}-m_i\ddot{z}_i)\delta z_i]=0 \tag{12-2}$$

动力学普遍方程是用分析法求解质点系的动力学问题的基础。应用该方程求解动力学问题是方便的，只要把加在质点系上的惯性力视为主动力，其他步骤与应用虚位移原理求解静力学问题的步骤相同。下面举例说明这一方程的应用。

【例 12-1】 一绳跨过两定滑轮 A 与 B，并吊起一动滑轮 C，动滑轮 C 上吊有一重量 $G=40$ N 的重物，绳的两端分别挂有重量为 $G_1=20$ N 和 $G_2=30$ N 的重物，如图 12-1 所示。若滑轮与绳的重量以及轴承的摩擦均可忽略不计，试求这三个重物的加速度。

【解】 (1) 取研究对象，分析力。取整个系统为研究对象，作用于系统上的主动力有三个，即三个重物的重力 $\boldsymbol{G}$、$\boldsymbol{G}_1$、$\boldsymbol{G}_2$。

(2) 分析系统的运动，加惯性力。系统中三个重物均作直线运动，动滑轮作平面运动。取坐标系 Oxy，三个重物的位置可分别用它们的坐标 x、x_1、x_2 确定。由于绳子的长度保持不变，故约束方程为

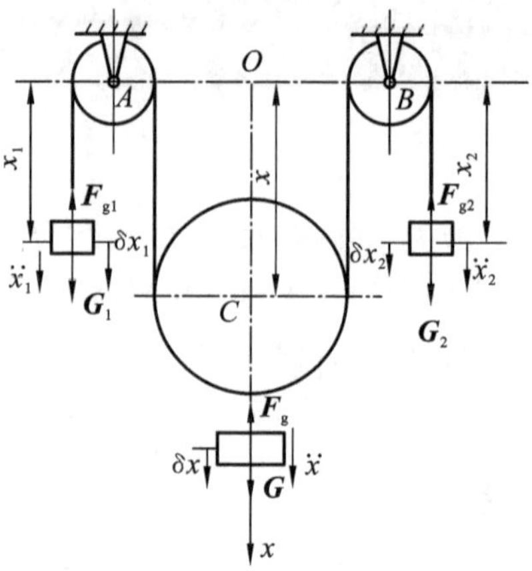

图 12-1

$$x_1 + 2x + x_2 = a \text{（}a\text{ 为常数）} \tag{1}$$

对式(1) 求时间 t 的二阶导数，可得

$$\ddot{x}_1 + 2\ddot{x} + \ddot{x}_2 = 0 \tag{2}$$

于是有

$$\ddot{x} = -\frac{1}{2}(\ddot{x}_1 + \ddot{x}_2) \tag{3}$$

在三个重物上分别加惯性力，其大小分别为

$$F_g = \frac{G}{g}\ddot{x}, F_{g1} = \frac{G_1}{g}\ddot{x}_1, F_{g2} = \frac{G_2}{g}\ddot{x}_2$$

各惯性力的方向分别与各自加速度的方向相反，如图 12-1 所示。

(3) 给系统虚位移。三个重物的虚位移如图 12-1 所示，它们之间的几何关系可由式(1) 求一阶变分得到，即

$$\delta x_1 + 2\delta x + \delta x_2 = 0$$

于是有

$$\delta x = -\frac{1}{2}(\delta x_1 + \delta x_2) \tag{4}$$

(4) 列出动力学普遍方程，求解未知量。由动力学普遍方程可得

$$(G - F_g)\delta x + (G_1 - F_{g1})\delta x_1 + (G_2 - F_{g2})\delta x_2 = 0$$

即

$$\left(G - \frac{G}{g}\ddot{x}\right)\delta x + \left(G_1 - \frac{G_1}{g}\ddot{x}_1\right)\delta x_1 + \left(G_2 - \frac{G_2}{g}\ddot{x}_2\right)\delta x_2 = 0 \tag{5}$$

将式(4) 代入式(5) 中，可得

$$\left[G_1 - \frac{G_1}{g}\ddot{x}_1 - \frac{1}{2}\left(G - \frac{G}{g}\ddot{x}\right)\right]\delta x_1 + \left[G_2 - \frac{G_2}{g}\ddot{x}_2 - \frac{1}{2}\left(G - \frac{G}{g}\ddot{x}\right)\right]\delta x_2 = 0 \tag{6}$$

由于虚位移 δx_1、δx_2 为独立变量，为使式(6) 成立，必有如下方程组成立，即

$$\begin{cases} G_1 - \dfrac{G_1}{g}\ddot{x}_1 - \dfrac{1}{2}\left(G - \dfrac{G}{g}\ddot{x}\right) = 0 \\ G_2 - \dfrac{G_2}{g}\ddot{x}_2 - \dfrac{1}{2}\left(G - \dfrac{G}{g}\ddot{x}\right) = 0 \end{cases} \tag{7}$$

将式(3) 代入式(7) 中，整理可得

$$\begin{cases}(G+4G_1)\ddot{x}_1+G\ddot{x}_2=(4G_1-2G)g\\ G\ddot{x}_1+(G+4G_2)\ddot{x}_2=(4G_2-2G)g\end{cases} \tag{8}$$

解得

$$\ddot{x}_1=-\frac{1}{11}g,\quad \ddot{x}_2=\frac{3}{11}g$$

将上述两式代入式(3) 中,可得

$$\ddot{x}=-\frac{1}{11}g$$

【例 12-2】 重量为 P_A、倾斜角为 α 的三角块 A 可沿水平面移动,重量为 P_B 的直杆 BC 可沿铅垂滑槽上下滑动,如图 12-2 所示。假设三角块 A 与水平面间的摩擦系数为 f,其余各处表面均为光滑的,试求三角块 A 在水平力 $\boldsymbol{F}$ 的作用下的加速度。

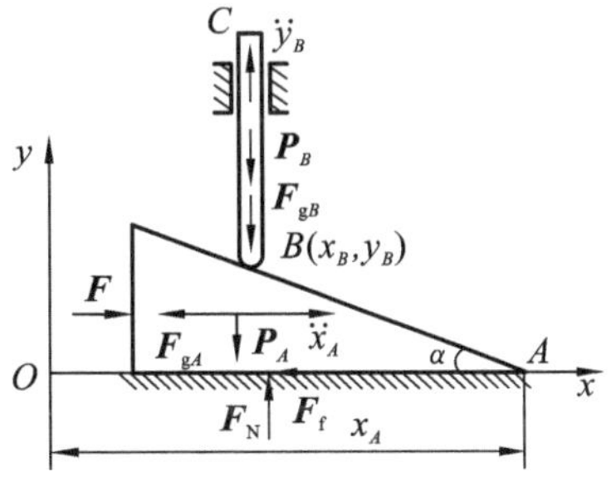

图 12-2

【解】 (1) 取研究对象,分析力。取整个系统为研究对象,作用在系统上的主动力有四个,即三角块 A 的重力 $\boldsymbol{P}_A$、杆 BC 的重力 $\boldsymbol{P}_B$、外力 $\boldsymbol{F}$ 及三角块 A 与水平面间的摩擦力 $\boldsymbol{F}_f$,其中 $\boldsymbol{F}_f$ 是约束反力,但这里按主动力处理,且 $F_f=(P_A+P_B)f$。

(2) 分析系统的运动,加惯性力。系统中各物体均作直线平动。取坐标系 Oxy,则约束方程为

$$y_B=(x_A-x_B)\tan\alpha \tag{1}$$

对式(1) 求时间 t 的二阶导数,且 $x_B=$ 常数,于是有

$$\ddot{y}_B=\ddot{x}_A\tan\alpha \tag{2}$$

在三角块 A 和杆 BC 上加惯性力,其大小分别为

$$F_{gA}=\frac{P_A}{g}\ddot{x}_A,\quad F_{gB}=\frac{P_B}{g}\ddot{y}_B$$

各惯性力的方向分别与各自加速度的方向相反,如图 12-2 所示。

(3) 给系统虚位移。沿运动方向给各重物虚位移,虚位移之间的几何关系可由式(1) 求一阶变分得到,即

$$\delta y_B=\delta x_A\tan\alpha \tag{3}$$

(4) 列出动力学普遍方程,求解未知量。由动力学普遍方程可得

$$\left(F-\frac{P_A}{g}\ddot{x}_A-F_f\right)\delta x_A-\left(P_B+\frac{P_B}{g}\ddot{y}_B\right)\delta y_B=0 \tag{4}$$

将式(3) 代入式(4) 中,可得

$$\left[F-\frac{P_A}{g}\ddot{x}_A-F_f-\left(P_B+\frac{P_B}{g}\ddot{y}_B\right)\tan\alpha\right]\delta x_A=0 \tag{5}$$

由于 δx_A 为非零的独立变量,所以有

$$F-\frac{P_A}{g}\ddot{x}_A-F_f-\left(P_B+\frac{P_B}{g}\ddot{y}_B\right)\tan\alpha=0 \tag{6}$$

将式(2) 和 $F_f=f(P_A+P_B)$ 代入式(6) 中,可得

$$F-\frac{P_A}{g}\ddot{x}_A-f(P_A+P_B)-\left(P_B+\frac{P_B}{g}\ddot{x}_A\tan\alpha\right)\tan\alpha=0$$

解得

$$\ddot{x}_A=\frac{F-f(P_A+P_B)-P_B\tan\alpha}{P_A+P_B\tan^2\alpha}g$$

可见，① 若 $F>f(P_A+P_B)+P_B\tan\alpha$，则 $\ddot{x}_A>0$；

② 若 $F<f(P_A+P_B)+P_B\tan\alpha$，则 $\ddot{x}_A<0$；

③ 若 $F=f(P_A+P_B)+P_B\tan\alpha$，则 $\ddot{x}_A=0$。

12.2 拉格朗日方程

从例 12-1 中不难看出，虽然动力学普遍方程是动力学分析的基本方程，但应用该方程解决复杂的非自由质点系的动力学问题并不方便。其原因是在动力学普遍方程中采用了非独立的直角坐标，即式(12-1) 中的 δr_i 和式(12-2) 中的 δx_i、δy_i、δz_i 都不是彼此独立的，解方程时还要联立求解一系列的约束方程组，而且还涉及质点系的惯性力和虚位移的分析计算。解决这一难点的方法是考虑系统的约束条件，利用广义坐标和动能的概念，将动力学普遍方程转化为用广义坐标表示的微分方程组，这就是本节要阐述的拉格朗日方程，又称为第二类拉格朗日方程。

由动力学普遍方程 $\sum_{i=1}^{n}(\boldsymbol{F}_i-m_i\boldsymbol{a}_i)\cdot\delta\boldsymbol{r}_i=0$ 推导出用广义坐标表示的完整系统的拉格朗日方程。

设具有完整理想约束的质点系由 n 个质点组成，质点系的自由度为 k，即用 k 个广义坐标 $q_1,q_2,\cdots,q_k$ 可确定质点系的位置。如果质点系的约束为非定常约束，则质点系的第 i 个质点的矢径 $\boldsymbol{r}_i$ 可表示为

$$\boldsymbol{r}_i=\boldsymbol{r}_i(q_1,q_2,\cdots,q_k;t)\quad(i=1,2,\cdots,n)\tag{12-3}$$

由第 11 章 11.6 小节中的式(11-13) 可得，主动力所做的虚功的表达式为

$$\delta W_F=\sum_{i=1}^{n}\boldsymbol{F}_i\cdot\delta\boldsymbol{r}_i=\sum_{j=1}^{k}Q_j\delta q_j\tag{1}$$

其中，Q_j 是对应于广义坐标 q_i 的广义主动力，其表达式为

$$Q_j=\sum_{i=1}^{n}\boldsymbol{F}_i\frac{\partial\boldsymbol{r}_i}{\partial q_i}\quad(j=1,2,\cdots,k)\tag{2}$$

由此可完全类似地写出惯性力 $\boldsymbol{F}_{gi}=-m_i\boldsymbol{a}_i\,(i=1,2,\cdots,n)$ 所做的元功的表达式，即

$$\delta W_{F_g}=-\sum_{i=1}^{n}m_i\boldsymbol{a}_i\cdot\delta\boldsymbol{r}_i=-\sum_{j=1}^{k}Q_{gj}\delta q_j\tag{3}$$

其中，Q_{gj} 称为广义惯性力，其表达式为

$$Q_{gj}=\sum_{i=1}^{n}m_i\boldsymbol{a}_i\cdot\frac{\partial\boldsymbol{r}_i}{\partial q_j}=\sum_{i=1}^{n}m_i\frac{\mathrm{d}^2\boldsymbol{r}_i\partial\boldsymbol{r}_i}{\mathrm{d}t^2\partial q_j}\tag{4}$$

下面来推导 Q_{gj} 的表达式。由于

$$\frac{\mathrm{d}}{\mathrm{d}t}\left(\sum_{i=1}^{n}m_i\dot{\boldsymbol{r}}_i\cdot\frac{\partial\boldsymbol{r}_i}{\partial q_j}\right)=\sum_{i=1}^{n}m_i\frac{\mathrm{d}\dot{\boldsymbol{r}}_i}{\mathrm{d}t}\cdot\frac{\partial\boldsymbol{r}_i}{\partial q_j}+\sum_{i=1}^{n}m_i\dot{\boldsymbol{r}}_i\cdot\frac{\mathrm{d}}{\mathrm{d}t}\left(\frac{\partial\boldsymbol{r}_i}{\partial q_j}\right)$$

所以式(4) 可改写为

$$Q_{gj}=\sum_{i=1}^{n}m_i\frac{\mathrm{d}^2\boldsymbol{r}_i}{\mathrm{d}t^2}\cdot\frac{\partial\boldsymbol{r}_i}{\partial q_j}=\frac{\mathrm{d}}{\mathrm{d}t}\left(\sum_{i=1}^{n}m_i\dot{\boldsymbol{r}}_i\cdot\frac{\partial\boldsymbol{r}_i}{\partial q_j}\right)-\sum_{i=1}^{n}m_i\dot{\boldsymbol{r}}_i\frac{\mathrm{d}}{\mathrm{d}t}\left(\frac{\partial\boldsymbol{r}_i}{\partial q_j}\right)\tag{5}$$

根据式(12-3)可得速度 $\boldsymbol{v}_i$ 的表达式为

$$\boldsymbol{v}_i = \dot{\boldsymbol{r}}_i = \sum_{i=1}^{k} \frac{\partial \boldsymbol{r}_i}{\partial q_j}\dot{q}_j + \frac{\partial \boldsymbol{r}_i}{\partial t} \tag{6}$$

式中,$\dot{q}_j$ 是广义坐标对时间 t 的变化率,称为广义速度。上式表明:质点系内任意一个质点的速度$\dot{\boldsymbol{r}}_i$ 可表示为广义速度的线性函数。由式(12-3)可知,$\frac{\partial \boldsymbol{r}_i}{\partial q_j}$、$\frac{\partial \boldsymbol{r}_i}{\partial t}$ 仅是广义坐标和时间 t 的函数,与速度无关,则由式(6)可得到以下关系式

$$\frac{\partial \boldsymbol{v}_i}{\partial \dot{q}_j} = \frac{\partial \dot{\boldsymbol{r}}_i}{\partial \dot{q}_j} = \frac{\partial \boldsymbol{r}_i}{\partial q_j} \quad (i = 1,2,\cdots,n;j = 1,2,\cdots,k) \tag{7}$$

另外,由式(6)又可得到

$$\frac{\partial \dot{\boldsymbol{r}}_i}{\partial q_j} = \sum_{j=1}^{k} \frac{\partial^2 \boldsymbol{r}_i}{\partial q_j^2}\dot{q}_j + \frac{\partial^2 \boldsymbol{r}_i}{\partial q_j \partial t} = \frac{\mathrm{d}}{\mathrm{d}t}\left(\frac{\partial \boldsymbol{r}_i}{\partial q_j}\right) \quad (i = 1,2,\cdots,n;j = 1,2,\cdots,k) \tag{8}$$

将式(7)、式(8)代入式(5)中,可得

$$\begin{aligned} Q_{gj} &= \frac{\mathrm{d}}{\mathrm{d}t}\left(\sum_{i=1}^{n} m_i \dot{\boldsymbol{r}}_i \cdot \frac{\partial \dot{\boldsymbol{r}}_i}{\partial \dot{q}_j}\right) - \sum_{i=1}^{n} m_i \dot{\boldsymbol{r}}_i \cdot \frac{\partial \dot{\boldsymbol{r}}_i}{\partial q_j} \\ &= \frac{\mathrm{d}}{\mathrm{d}t}\left(\sum_{i=1}^{n} m_i \boldsymbol{v}_i \cdot \frac{\partial \boldsymbol{v}_i}{\partial \dot{q}_j}\right) - \sum_{i=1}^{n} m_i \dot{\boldsymbol{r}}_i \cdot \frac{\partial \boldsymbol{v}_i}{\partial q_j} \\ &= \frac{\mathrm{d}}{\mathrm{d}t}\frac{\partial}{\partial \dot{q}_j}\left(\sum_{i=1}^{n} \frac{1}{2} m_i v_i^2\right) - \frac{\partial}{\partial q_j}\left(\sum_{i=1}^{n} \frac{1}{2} m_i v_i^2\right) \\ &= \frac{\mathrm{d}}{\mathrm{d}t}\left(\frac{\partial T}{\partial \dot{q}_j}\right) - \frac{\partial T}{\partial q_j} \end{aligned} \tag{12-4}$$

这里引入了质点系的动能表达式 $T = \sum_{i=1}^{n} \frac{1}{2} m_i v_i^2$。

由动力学普遍方程可得

$$\delta W_F + \delta W_{F_g} = 0$$

将式(1)、式(3)代入上式中,可得

$$\sum_{j=1}^{k} (Q_j - Q_{gj})\delta q_j = 0 \tag{12-5}$$

由于广义虚位移 δq_j 是彼此独立的,因此只有当 δq_j 前的系数等于零时,式(12-5)才能成立,由此可得

$$Q_j = Q_{gj} \quad (j = 1,2,\cdots,k) \tag{12-6}$$

上式表明:质点系的广义力与广义惯性力相互平衡。根据式(12-4),式(12-6)可改写为

$$\frac{\mathrm{d}}{\mathrm{d}t}\left(\frac{\partial T}{\partial \dot{q}_j}\right) - \frac{\partial T}{\partial q_j} = Q_j \ (j = 1,2,\cdots,k) \tag{12-7}$$

式(12-7)称为拉格朗日方程。

由于系统的动能 T 是时间 t、广义坐标 q_j 和广义速度$\dot{q}_j$ 的函数,因此式(12-7)经过导数运算后是一组由 k 个方程组成的关于广义坐标、广义速度的二阶常微分方程组。先将这个二阶常微分方程组进行积分,再利用质点系运动的初始条件 q_{j0}、$\dot{q}_{j0}$,最后可确定 $2k$ 个积分常数,即最后可求得用广义坐标表示的质点系的运动方程,即

$$q_j = q_j(t) \quad (j = 1,2,\cdots,k)$$

对于保守系统(即作用在质点系上的主动力是有势力),由式(11-16)可得广义力为

$$Q_j = -\frac{\partial V}{\partial q_j}$$

于是式(12-7) 可改写为

$$\frac{\mathrm{d}}{\mathrm{d}t}\left(\frac{\partial T}{\partial \dot{q}_j}\right) - \frac{\partial T}{\partial q_j} = -\frac{\partial V}{\partial q_j} \quad (j = 1,2,\cdots,k) \tag{12-8}$$

因为对于保守系统,质点系的势能仅是广义坐标的函数,与广义速度无关,所以

$$\frac{\partial V}{\partial \dot{q}_j} = 0$$

因此,式(12-8) 又可写为

$$\frac{\mathrm{d}}{\mathrm{d}t}\frac{\partial}{\partial \dot{q}_j}(T - V) - \frac{\partial}{\partial q_j}(T - V) = 0$$

即

$$\frac{\mathrm{d}}{\mathrm{d}t}\left(\frac{\partial L}{\partial \dot{q}_j}\right) - \frac{\partial L}{\partial q_j} = 0 \quad (j = 1,2,\cdots,k) \tag{12-9}$$

其中,$L = T - V$,它表示质点系的动能和势能之差,称为拉格朗日函数。式(12-9) 称为保守系统的拉格朗日方程。

拉格朗日方程主要用于建立多自由度非自由质点系的运动微分方程,该方程在多自由度振动系统和刚体的动力学问题中应用较广泛。应用拉格朗日方程求解质点系的动力学问题时,可不必考虑理想约束反力。

应用拉格朗日方程求解动力学问题时,可按如下步骤进行。

(1) 分析题意,选择研究对象。

(2) 分析质点系的运动,判断其自由度的数目,选择合适的广义坐标。

(3) 计算质点系的动能,并用广义坐标和广义速度表示。

(4) 计算广义力,当主动力为有势力时,应先将质点系的势能表示为广义坐标的函数,然后根据 $Q_j = -\frac{\partial V}{\partial q_j}$ 计算广义力,或者根据 $L = T - V$ 计算拉格朗日函数。

(5) 计算 $\frac{\partial T}{\partial q_j}$、$\frac{\partial T}{\partial \dot{q}_j}$ 和 $\frac{\mathrm{d}}{\mathrm{d}t}\left(\frac{\partial T}{\partial \dot{q}_j}\right)$ 或 $\frac{\partial L}{\partial q_j}$、$\frac{\partial L}{\partial \dot{q}_j}$ 和 $\frac{\mathrm{d}}{\mathrm{d}t}\left(\frac{\partial L}{\partial \dot{q}_j}\right)$。

(6) 将上述计算结果代入拉格朗日方程中,利用初始条件求解 k 个二阶常微分方程。

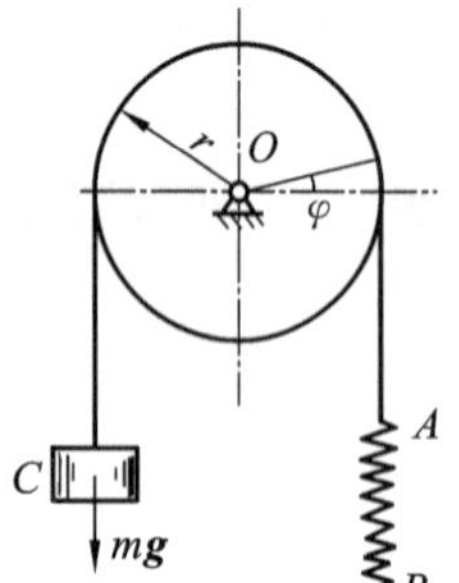

图 12-3

【例 12-3】 一质量为 M 的滑轮可绕水平轴 O 转动,滑轮上套有一不可伸长的柔绳,绳的一端挂有质量为 m 的重物 C,而另一端则用刚性系数为 k 的铅垂弹簧 AB 系于固定点 B,如图 12-3 所示。设滑轮的质量均匀地分布在轮缘上,绳与轮缘间无相对滑动,试求重物 C 的振动周期 T。绳和弹簧的质量均忽略不计。

【解】 (1) 取研究对象,选择广义坐标。取重物、滑轮为研究对象,系统只有一个自由度,选择滑轮的转角 φ 为广义坐标。

(2) 分析系统的运动,计算系统的动能 T。由题意可知,滑轮作定轴转动,重物 C 作直线平动。系统的动能为

$$T = \frac{1}{2}m(r\dot{\varphi})^2 + \frac{1}{2}Mr^2\dot{\varphi}^2 = \frac{1}{2}(M + m)r^2\dot{\varphi}^2$$

（3）计算$\frac{\partial T}{\partial \varphi}$、$\frac{\partial T}{\partial \dot{\varphi}}$和$\frac{\mathrm{d}}{\mathrm{d}t}\left(\frac{\partial T}{\partial \dot{\varphi}}\right)$。

由上式可得

$$\frac{\partial T}{\partial \varphi}=0$$

$$\frac{\partial T}{\partial \dot{\varphi}}=(M+m)r^2\dot{\varphi}$$

$$\frac{\mathrm{d}}{\mathrm{d}t}\left(\frac{\partial T}{\partial \dot{\varphi}}\right)=(M+m)r^2\ddot{\varphi}$$

（4）计算广义力。

$$Q_\varphi=\frac{\left[\sum \delta W_F\right]_\varphi}{\delta\varphi}=\frac{mgr\delta\varphi-k(\lambda_s+r\varphi)r\delta\varphi}{\delta\varphi}$$

将 $k\lambda_s=mg$ 代入上式中，可得

$$Q_\varphi=-kr^2\varphi$$

（5）列出拉格朗日方程。

将上述表达式代入拉格朗日方程$\frac{\mathrm{d}}{\mathrm{d}t}\left(\frac{\partial T}{\partial \dot{\varphi}}\right)-\frac{\partial T}{\partial \varphi}=Q_\varphi$中，可得

$$(M+m)\ r^2\ddot{\varphi}-0=-kr^2\varphi$$

即

$$\ddot{\varphi}+\frac{k}{M+m}\varphi=0$$

故重物 C 的振动周期为

$$T=2\pi\sqrt{\frac{M+m}{k}}$$

【例 12-4】 如图 12-4 所示为一水平面内的行星轮系，系杆 AB 绕 O 轴转动，其两端点 A、B 分别用铰链连接半径为 r 的齿轮 Ⅱ，齿轮 Ⅱ 与固定齿轮 Ⅲ 相啮合，同时又与活套在 O 轴上的齿轮 Ⅲ 啮合。已知系杆 AB 为均质杆，其质量为 m，长度为 $2l$，齿轮 Ⅱ、Ⅲ 的质量分别为 m_2 和 m_3，且有 $m_2=m$，$m_3=\frac{5}{3}m$，齿轮 Ⅱ 视为均质圆轮，齿轮 Ⅲ 视为均质圆环。若在齿轮 Ⅲ 上作用一不变力 $\boldsymbol{F}$，在系杆 AB 上作用一不变力矩$\boldsymbol{M}$，方向如图所示，试求系杆 AB 的角加速度 ε。

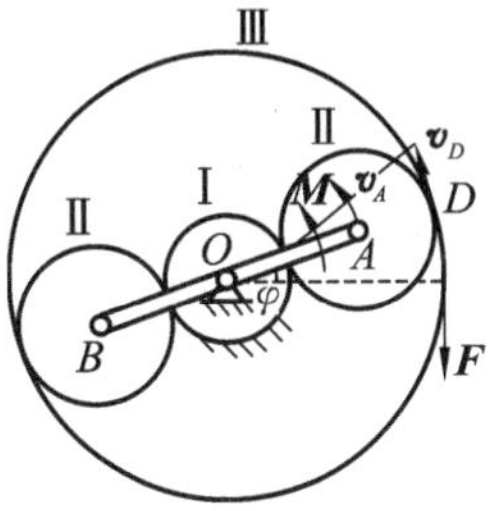

图 12-4

【解】 （1）取研究对象，选择广义坐标。取整个轮系为研究对象，根据已知条件，该轮系具有一个自由度，故选取系杆 AB 的转角 φ 为广义坐标。

（2）分析系统的运动，计算系统的动能。该系统由四个构件组成，各个构件的运动为系杆 AB 和齿轮 Ⅲ 均作定轴转动，齿轮 Ⅱ 作平面运动，C 点为其瞬心，则 A 点的速度为

$$v_A=l\omega=l\dot{\varphi}$$

所以齿轮 Ⅱ 的角速度为

$$\omega_{\mathrm{II}}=\frac{v_A}{r}=\frac{l}{r}\dot{\varphi}$$

齿轮 Ⅲ 上 D 点的速度为

$$v_D = 2r\omega_{\text{II}} = 2l\dot{\varphi}$$

所以齿轮 Ⅲ 的角速度为

$$\omega_{\text{III}} = \frac{v_D}{l+r} = \frac{2l}{l+r}\dot{\varphi}$$

系杆 AB 的动能为

$$T_{AB} = \frac{1}{2}I_{AB}\omega^2 = \frac{1}{2}\cdot\frac{1}{12}m\ (2l)^2\ \dot{\varphi}^2 = \frac{1}{6}ml^2\ \dot{\varphi}^2$$

齿轮 Ⅱ 的动能为

$$T_{\text{II}} = \frac{1}{2}m_2 v_A^2 + \frac{1}{2}I_2\omega_{\text{II}}^2 = \frac{1}{2}m_2 l^2\ \dot{\varphi}^2 + \frac{1}{2}\cdot\frac{1}{2}m_2 r^2\left(\frac{l}{r}\right)^2\dot{\varphi}^2 = \frac{3}{4}ml^2\ \dot{\varphi}^2$$

齿轮 Ⅲ 的动能为

$$T_{\text{III}} = \frac{1}{2}I_3\omega_{\text{III}}^2 = \frac{1}{2}m_3\ (l+r)^2\omega_{\text{III}}^2 = \frac{1}{2}\cdot\frac{5}{3}m\ (l+r)^2\left(\frac{2l}{l+r}\right)^2\dot{\varphi}^2 = \frac{10}{3}ml^2\ \dot{\varphi}^2$$

故系统的动能为

$$T = T_{AB} + 2T_{\text{II}} + T_{\text{III}} = \frac{1}{6}ml^2\ \dot{\varphi}^2 + 2\cdot\frac{3}{4}ml^2\ \dot{\varphi}^2 + \frac{10}{3}ml^2\ \dot{\varphi}^2 = 5ml^2\ \dot{\varphi}^2$$

（3）计算广义力。

$$Q_\varphi = \frac{\left[\sum \delta W_F\right]_\varphi}{\delta\varphi} = \frac{M\delta\varphi - F(l+r)\delta\varphi_{\text{III}}}{\delta\varphi}$$

由 $\omega_{\text{III}} = \dfrac{2l}{l+r}\dot{\varphi}$ 可得

$$\delta\varphi_{\text{III}} = \frac{2l}{l+r}\delta\varphi$$

将上式代入 $Q_\varphi = \dfrac{M\delta\varphi - F(l+r)\delta\varphi_{\text{III}}}{\delta\varphi}$ 中，可得

$$Q_\varphi = \frac{M\delta\varphi - 2lF\delta\varphi}{\delta\varphi} = M - 2lF$$

（4）计算 $\dfrac{\partial T}{\partial\varphi}$、$\dfrac{\partial T}{\partial\dot{\varphi}}$ 和 $\dfrac{\mathrm{d}}{\mathrm{d}t}\left(\dfrac{\partial T}{\partial\dot{\varphi}}\right)$。

$$\frac{\partial T}{\partial\varphi} = 0$$

$$\frac{\partial T}{\partial\dot{\varphi}} = 10ml^2\dot{\varphi}$$

$$\frac{\mathrm{d}}{\mathrm{d}t}\left(\frac{\partial T}{\partial\dot{\varphi}}\right) = 10ml^2\ddot{\varphi}$$

（5）列出拉格朗日方程。

将上述各项代入拉格朗日方程 $\dfrac{\mathrm{d}}{\mathrm{d}t}\left(\dfrac{\partial T}{\partial\dot{\varphi}}\right) - \dfrac{\partial T}{\partial\varphi} = Q_\varphi$ 中，可得

$$10ml^2\ddot{\varphi} = M - 2lF$$

所以系杆 AB 的角加速度为

$$\varepsilon = \ddot{\varphi} = \frac{M-2lF}{10ml^2}$$

【例 12-5】 如图 12-5 所示，长度为 $3r$、质量为 m 的均质杆 OA，用光滑的销钉连接在半径为 r、质量为 m 的均质圆盘的中心 O 上。已知圆盘在水平轨道上作纯滚动，求此系统的运动

微分方程。机构的位置及几何尺寸如图 12-5 所示。

【解】 (1) 取研究对象,选择广义坐标。取整个系统为研究对象。由于确定系统在任意时刻的位置需要两个参数,因此系统有两个自由度,选取 θ、φ 为广义坐标。

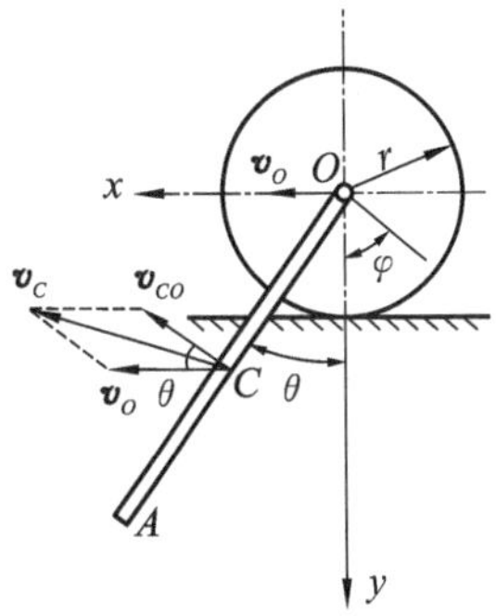

图 12-5

(2) 分析系统的运动,计算系统的动能。杆 OA 和圆盘 O 均作平面运动,圆盘 O 的动能为

$$T_O = \frac{1}{2}mv_O^2 + \frac{1}{2}I_O\dot{\varphi}^2$$

将 $v_O = r\dot{\varphi}, I_O = \frac{1}{2}mr^2$ 代入上式中,可得

$$T_O = \frac{1}{2}mr^2\dot{\varphi}^2 + \frac{1}{2}\cdot\frac{1}{2}mr^2\dot{\varphi}^2 = \frac{3}{4}mr^2\dot{\varphi}^2$$

杆 OA 的动能为

$$T_{OA} = \frac{1}{2}mv_C^2 + \frac{1}{2}I_C\dot{\theta}^2 \tag{1}$$

杆 OA 质心 C 的速度 v_C 可用平面运动速度分析 —— 基点法计算。取 O 点为基点,则 C 点的速度为

$$\boldsymbol{v}_C = \boldsymbol{v}_O + \boldsymbol{v}_{CO} \tag{2}$$

其中,$v_O = r\dot{\varphi}, v_{CO} = \frac{3}{2}r\dot{\theta}$,$\boldsymbol{v}_O$、$\boldsymbol{v}_{CO}$ 的方向如图 12-5 所示。选取如图 12-5 所示的坐标系 Oxy,则式(2) 在坐标轴上的投影为

$$v_{Cx} = r\dot{\varphi} + \frac{3}{2}r\dot{\theta}\cos\theta$$

$$v_{Cy} = -\frac{3}{2}r\dot{\theta}\sin\theta$$

于是有

$$\begin{aligned}
v_C^2 &= v_{Cx}^2 + v_{Cy}^2 \\
&= \left(r\dot{\varphi} + \frac{3}{2}r\dot{\theta}\cos\theta\right)^2 + \left(-\frac{3}{2}r\dot{\theta}\sin\theta\right)^2 \\
&= r^2\dot{\varphi}^2 + 3r^2\dot{\theta}\dot{\varphi}\cos\theta + \frac{9}{4}r^2\dot{\theta}^2\cos^2\theta + \frac{9}{4}r^2\dot{\theta}^2\sin^2\theta \\
&= r^2\dot{\varphi}^2 + 3r^2\dot{\theta}\dot{\varphi}\cos\theta + \frac{9}{4}r^2\dot{\theta}^2
\end{aligned}$$

由于杆的振动幅度微小,故有 $\cos\theta \approx 1$,于是可得

$$v_C^2 = r^2\dot{\varphi}^2 + 3r^2\dot{\theta}\dot{\varphi} + \frac{9}{4}r^2\dot{\theta}^2 \tag{3}$$

将式(3) 代入式(1) 中,且 $I_C = \frac{1}{12}m(3r)^2 = \frac{3}{4}mr^2$,于是有

$$\begin{aligned}
T_{OA} &= \frac{1}{2}m\left(r^2\dot{\varphi}^2 + 3r^2\dot{\theta}\dot{\varphi} + \frac{9}{4}r^2\dot{\theta}^2\right) + \frac{3}{8}mr^2\dot{\theta}^2 \\
&= \frac{1}{2}m(r^2\dot{\varphi}^2 + 3r^2\dot{\theta}\dot{\varphi} + 3r^2\dot{\theta}^2) \\
&= \frac{1}{2}mr^2(\dot{\varphi}^2 + 3\dot{\theta}\dot{\varphi} + 3\dot{\theta}^2)
\end{aligned}$$

故系统的动能为

$$T = T_O + T_{OA} = \frac{1}{2}mr^2\left(\frac{5}{2}\dot{\varphi}^2 + 3\dot{\varphi}\dot{\theta} + 3\dot{\theta}^2\right)$$

(3) 计算系统的势能 V 和拉格朗日函数 L。

由于作用在系统的各个构件上的主动力均为有势力 —— 重力，取 Ox 轴为重力势能的零势面，则系统的势能为

$$V = -mg \cdot \frac{3}{2}r\cos\theta \approx -mg \cdot \frac{3}{2}r\left(1 - \frac{\theta^2}{2}\right) = -\frac{3}{2}mgr + \frac{3}{4}mgr\theta^2$$

拉格朗日函数为

$$L = T - V = \frac{1}{2}mr^2\left(\frac{5}{2}\dot{\varphi}^2 + 3\dot{\theta}\dot{\varphi} + 3\dot{\theta}^2\right) + \frac{3}{2}mgr - \frac{3}{4}mgr\theta^2$$

(4) 计算$\frac{\partial L}{\partial q_j}$、$\frac{\partial L}{\partial \dot{q}_j}$ 和$\frac{\mathrm{d}}{\mathrm{d}t}\left(\frac{\partial L}{\partial \dot{q}_j}\right)(j = 1,2)$。

设 $q_1 = \varphi, q_2 = \theta$，则

$$\frac{\partial L}{\partial \varphi} = 0, \frac{\partial L}{\partial \theta} = -\frac{3}{2}mgr\theta$$

$$\frac{\partial L}{\partial \dot{\varphi}} = \frac{5}{2}mr^2\dot{\varphi} + \frac{3}{2}mr^2\dot{\theta}, \frac{\partial L}{\partial \dot{\theta}} = \frac{3}{2}mr^2\dot{\varphi} + 3mr^2\dot{\theta}$$

$$\frac{\mathrm{d}}{\mathrm{d}t}\left(\frac{\partial L}{\partial \dot{\varphi}}\right) = mr^2\left(\frac{5}{2}\ddot{\varphi} + \frac{3}{2}\ddot{\theta}\right), \frac{\mathrm{d}}{\mathrm{d}t}\left(\frac{\partial L}{\partial \dot{\theta}}\right) = mr^2\left(\frac{3}{2}\ddot{\varphi} + 3\ddot{\theta}\right)$$

(5) 列出拉格朗日方程。

将上述计算结果代入拉格朗日方程$\frac{\mathrm{d}}{\mathrm{d}t}\left(\frac{\partial L}{\partial \dot{q}_j}\right) - \frac{\partial L}{\partial q_j} = 0 \quad (j = 1,2)$中，可得

$$mr^2\left(\frac{5}{2}\ddot{\varphi} + \frac{3}{2}\ddot{\theta}\right) = 0, \quad mr^2\left(\frac{3}{2}\ddot{\varphi} + 3\ddot{\theta}\right) + \frac{3}{2}mgr\theta = 0$$

即

$$5\ddot{\varphi} + 3\ddot{\theta} = 0, \quad \ddot{\varphi} + 2\ddot{\theta} + \frac{g}{r}\theta = 0$$

思考与习题

1. 试求下列系统对应于各广义坐标的广义力。

(1) 长度为 l、质量为 M 的均质杆 AB 因重力的作用而在铅垂平面内摆动，同时杆的 A 端沿着与水平面成 α 角的斜面无摩擦地滑动，如图 12-6(a) 所示，滑块 A 的质量忽略不计。

(2) 两个完全相同的均质圆盘 A、B 的半径为 r，重量为 Q，圆盘 A、B 用一根不计质量和拉伸变形的软绳缠绕连接，如图 12-6(b) 所示。(圆盘 A、B 均在铅垂平面内)

(3) 在如图 12-6(c) 所示的质量 - 弹簧系统中，已知弹簧的原长为 l_0，弹簧的刚性系数为 k，小球的质量为 m。(弹簧与小球均在铅垂平面内)

(4) 质量为 m_1 和 m_2 的两个球分别刚性地连接在一个无重量的杆的两端，并在重力的作用下在铅垂平面 Oxy 内自由运动，如图 12-6(d) 所示，假定杆不作纯转动。

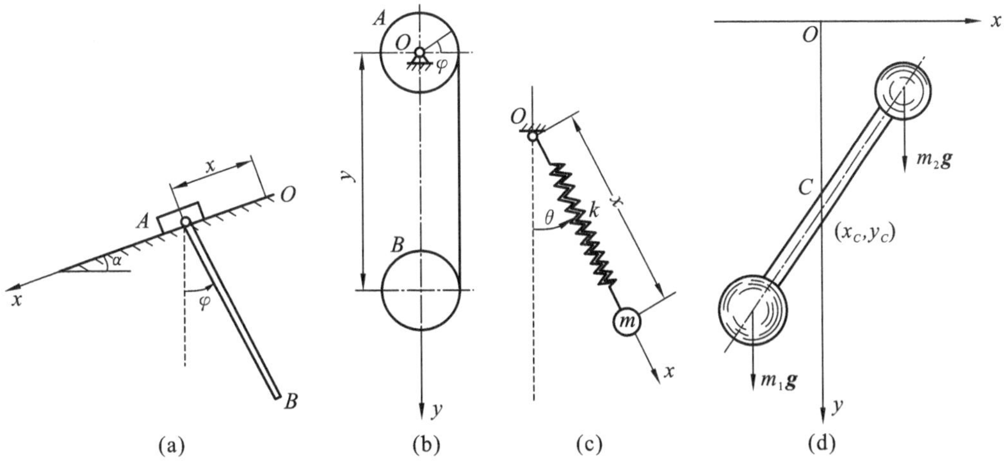

图 12-6

2. 如图 12-7 所示，离心调速器以角速度 ω 绕铅垂轴转动，每个球的重量为 P，套管 O 和杆的重量忽略不计。已知 $OC=EC=AC=OD=ED=BD=a$，求离心调速器稳定旋转时，两臂 OA 和 OB 与铅垂轴的夹角 α。

3. 在如图 12-8 所示的滑轮组中，一不可伸长的绳的一端挂有重物 A，此绳绕过定滑轮 B 和动滑轮 C，再绕过定滑轮 D，最后与水平面上的重物 E 相连。设重物 A、E 的质量均为 m，吊在动滑轮 C 上的重物 K 的质量为 m_K，重物 E 与水平面之间的摩擦系数为 f。已知系统中各重物的初速度为零，试问在何种条件下重物 K 才能下降？并求其加速度。绳及滑轮的质量均忽略不计。

4. 如图 12-9 所示，电动绞车提升一重量为 P 的物体，在绞车的主动轴上作用一不变力矩 $\boldsymbol{M}$。已知主动轴和从动轴连同安装在这两个轴上的齿轮以及其他附属零件对各自转动轴的转动惯量分别为 I_1 和 I_2，传动比 $z_2 : z_1 = i$，吊绳缠绕在鼓轮上，鼓轮的半径为 R。若轴承的摩擦和吊绳的质量均忽略不计，求重物的加速度。

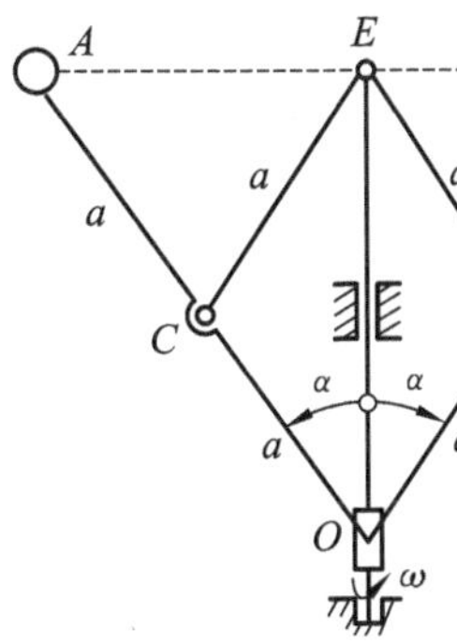

图 12-7

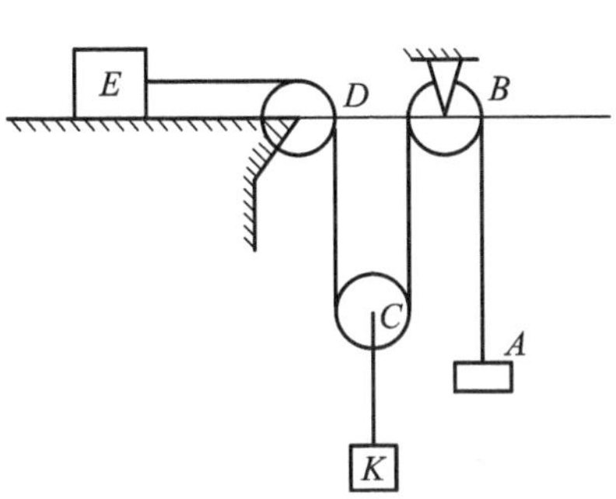

图 12-8

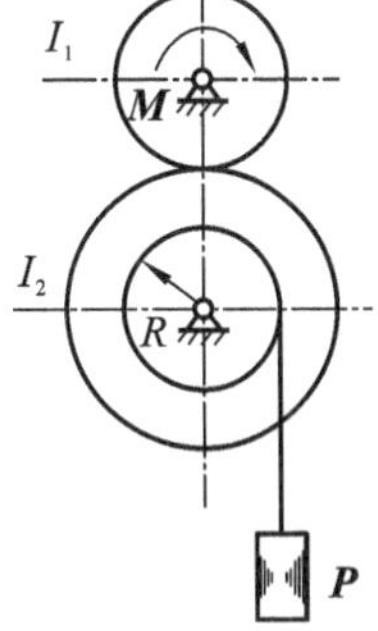

图 12-9

5. 如图 12-10 所示，三棱柱 A 沿三棱柱 B 的光滑斜面滑动，三棱柱 A 和三棱柱 B 的重量分别为 P 和 W，三棱柱 B 的斜面与水平面的夹角为 α。若开始时系统处于静止，求三棱柱 B 的加速度 $\boldsymbol{a}_B$。不计摩擦。

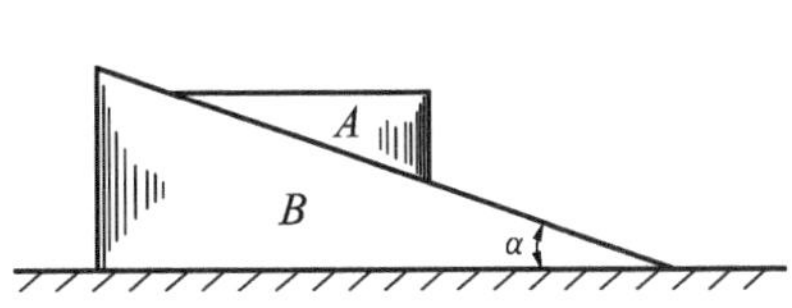

图 12-10

6. 如图 12-11 所示，分别以下列参数为广义坐标，应用拉格朗日方程推导出单摆的运动微分方程：

(1) 转角 φ；

(2) 水平坐标 x；

(3) 铅垂坐标 y。

7. 在如图 12-12 所示的水平放置的行星齿轮机构中，系杆 OA 带动行星齿轮 Ⅰ 在固定大齿轮 Ⅱ 上滚动。已知系杆 OA 为均质杆，其质量为 m_0；行星齿轮 Ⅰ 可视为均质圆盘，其质量为 m_1，半径为 r_1；固定大齿轮 Ⅱ 的半径为 r_2。若在系杆 OA 上作用一不变转矩 $\boldsymbol{M}$，试求系杆 OA 的角加速度 ε。

8. 如图 12-13 所示，质量为 m 的单摆缠绕在一半径为 r 的固定圆柱体上。设在平衡位置时，绳的下垂部分的长度为 l_0，不计绳的质量，求摆的运动微分方程。

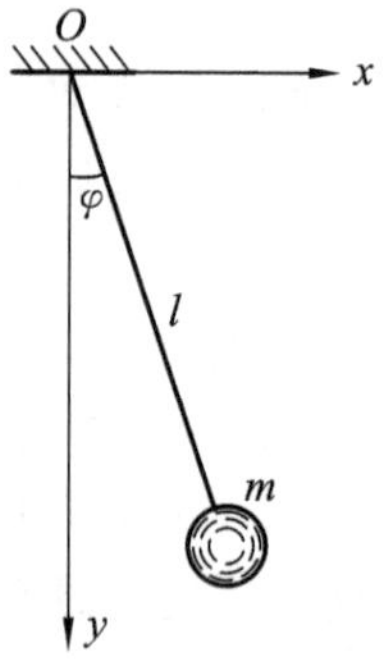

图 12-11

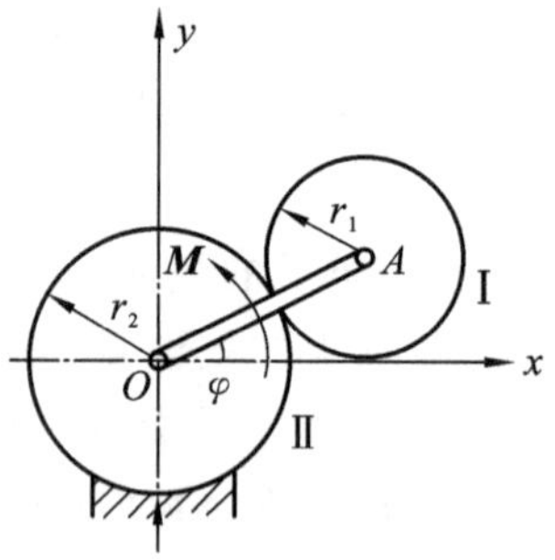

图 12-12

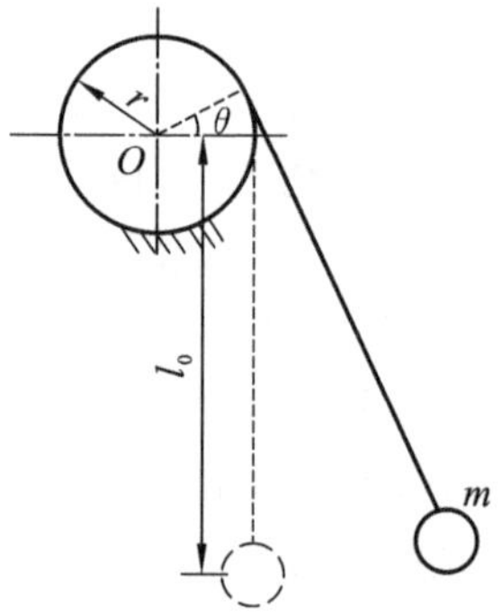

图 12-13

9. 如图 12-14 所示，一单摆悬挂于滑块 A 上，单摆摆锤 B 的质量为 m，摆长为 l，滑块 A 的两端分别与刚性系数均为 k 的弹簧相连。若不计滑块 A 的质量，试求系统在平衡位置附近作微振动的周期。

10. 如图 12-15 所示，弹簧的一端连接在水平轴 O 上，另一端系有一质量为 m 的小球。已知弹簧的原长为 r_0，刚性系数为 k，弹簧的质量和小球的几何尺寸均忽略不计。设小球在铅垂面内运动，试求小球的运动微分方程。

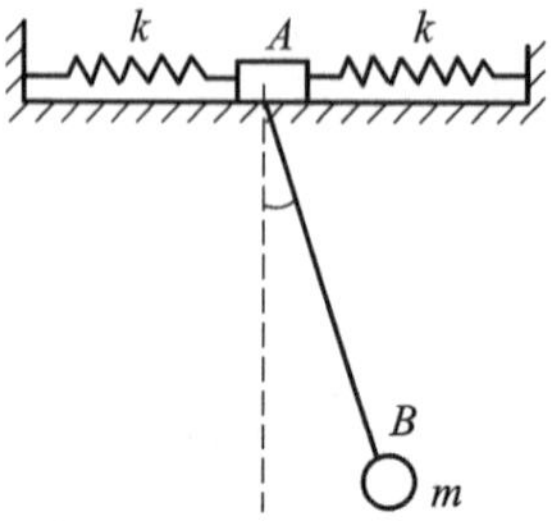

图 12-14

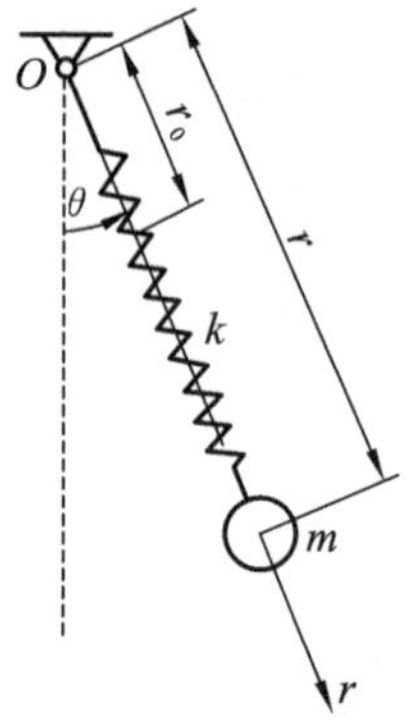

图 12-15

11. 如图 12-16 所示，半径为 R 的均质空心圆柱可绕水平轴 O 作定轴转动，空心圆柱对 O 轴的转动惯量为 I_O，空心圆柱的内壁足够粗糙，半径为 r、质量为 m 的均质圆球 O' 沿空心圆柱的内壁作纯滚动。试写出系统的运动微分方程。

12. 如图 12-17 所示，质量为 m 的质点 A 沿着物体 B 的光滑半圆形槽运动，槽的半径为 R，物体 B 的质量为 M，物体 B 可在光滑的水平面上运动，与其连接的弹簧的刚性系数为 k。试求系统的运动微分方程。

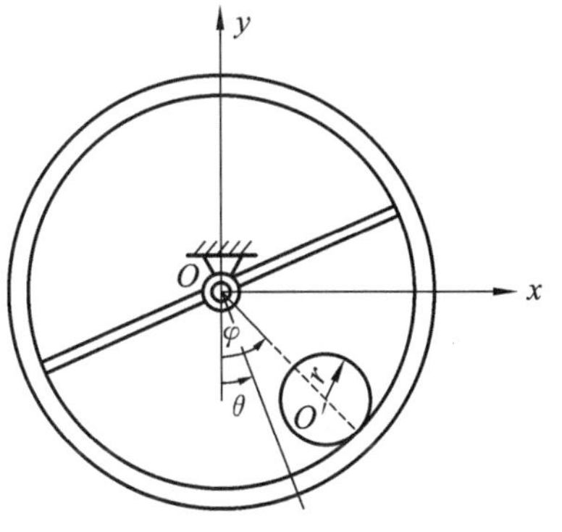

图 12-16

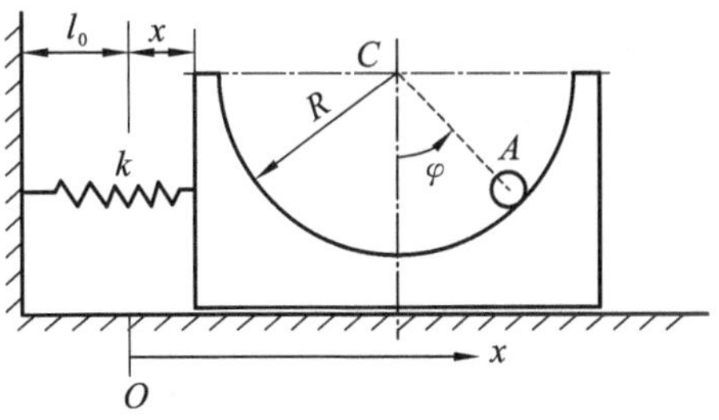

图 12-17

13. 如图 12-18 所示，质量为 m 的小球在光滑的圆圈上滑动。已知圆圈的半径为 R，圆圈以匀角速度 ω 绕铅垂直径 AB 转动。求小球相对于圆圈的运动微分方程。

14. 在上题中，为了维持圆圈以匀角速度 ω_0 转动，在圆圈上必须加多大的转矩？

15. 如图 12-19 所示，质量为 m_A 的圆球 A 沿足够粗糙的质量为 m_B 的斜面 B 向下运动。试以 x 和 s 为广义坐标建立系统的运动微分方程。

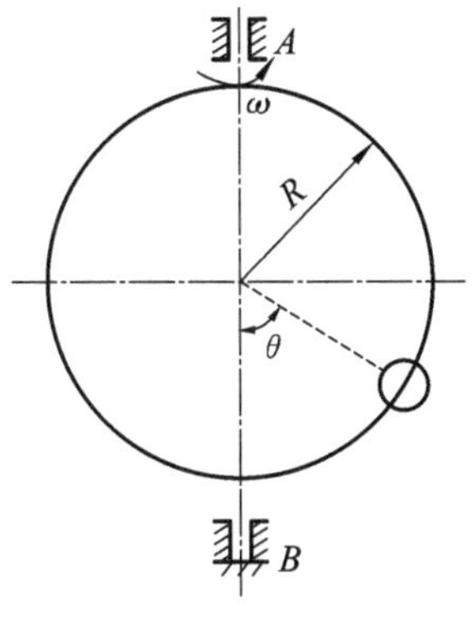

图 12-18

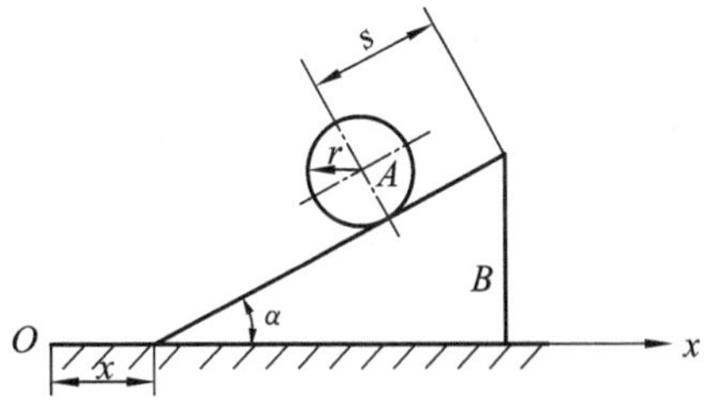

图 12-19

第13章 机械振动基础

振动是日常生活和工程中最常见的机械运动之一，这种运动的特点是：物体总是在其平衡位置附近作周期性的往复运动。例如钟摆的来回摆动、行驶中的汽车车身因道路不平引起的上下振动、切削工件时车刀的抖动、回转机器运转时因质量偏心引起的基础振动、轧钢时引起的轧钢机架的弹跳、因地震引起的建筑物的纵向振动与横向晃动等都属于振动。

振动在很多场合下是有害的。振动除了会影响机器的正常运行外，还会大大降低机械的使用寿命，严重时可直接引起机器构件的破坏；振动引起的噪声会污染人类的生活环境与工作环境，影响人的健康等。但在有些场合下，可利用振动为人类服务。根据振动原理及工作目的，人类设计制造了多种振动机械，例如振动运输机、振动筛、蛙式打夯机、振动造型机等，这些振动机械大大减轻了人的劳动强度，提高了劳动效率。

经济建设的发展、新技术的不断出现向广大工程技术人员展示了许多新的要求更高的更复杂的需要研究、分析和处理的振动问题。振动理论的应用不仅涉及机械、电机、电子、电讯、铁路、道路、土建等工程，而且在航空航天工程、海洋工程、生物医疗工程、声学工程及地球物理工程中也有着广泛的应用。因此，掌握振动规律就显得十分重要，也只有在掌握了振动的规律和特征后，才能有效地利用振动有益的方面，限制其有害的方面，充分利用振动为人类服务。

振动系统的特性应用及外界激励不同，振动系统的响应就有不同的特点，所以需要对振动系统的类型加以分类。从不同的角度看，振动可有不同的分类。

按振动系统的自由度分类，可将振动分为单自由度系统的振动、多自由度系统的振动和连续系统（弹性体）的振动；按振动产生的原因分类，可将振动分为自由振动（分为无阻尼的自由振动和有阻尼的自由振动，即衰减振动）、强迫振动（分为无阻尼的强迫振动和有阻尼的强迫振动）、自激振动和参数激振。

本章仅讨论单自由度系统的自由振动和强迫振动。

13.1 振动系统最简单的力学模型

实际的振动系统往往是很复杂的。为了研究振动系统的某些动力学特性，必须将振动系统简化为某种理想的力学模型。通常将振动系统简化为由若干个“无质量”的弹簧和“无弹性”的质量所组成的质量-弹簧系统，其中仅有一个质量-弹簧系统是振动系统最简单的力学模型。如图 13-1 所示，质量块可在铅垂方向上作上下运动，因此质量块的位置可由一个独立坐标 x 确定，通常称这类系统为单自由度振动系统，工程中许多问题可简化成这种力学模型。如图 13-2(a) 所示为简支梁振动实验装置，电动机固定在简支梁上，现在研究电动机随梁的变形而产生的上下振动。如果电动机的质量远远大于梁的质量，我们就可将电动机视为只有质量而无弹性的质点，将梁视为只有弹性而无质量的弹簧，其力学模型与图 13-1 相似，质量-弹簧系统如图 13-2(b) 所示。

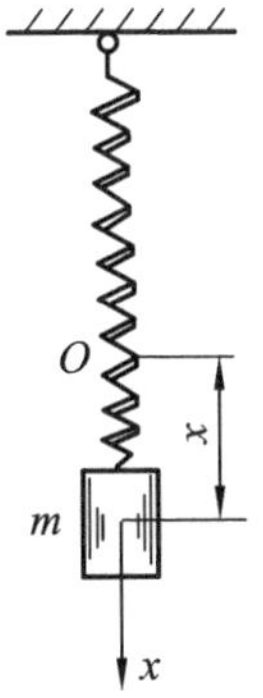

图 13-1

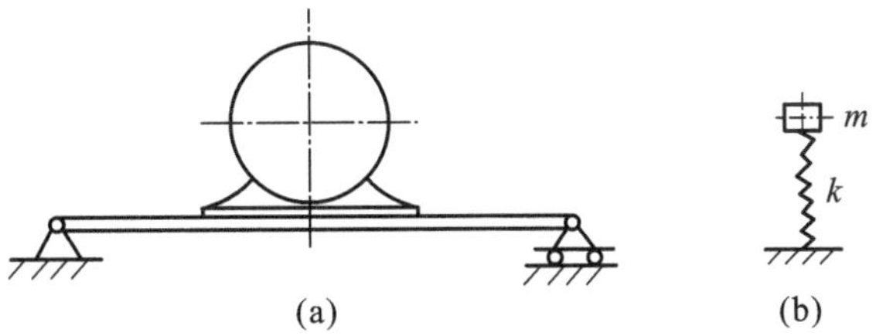

图 13-2

如图 13-3 所示均属于单自由度振动系统，均可以简化为如图 13-1 所示的力学模型。又如在研究如图 13-4(a) 所示的汽车车身的振动时，如果车身的前后颠簸和左右晃动比其上下振动均小很多，则汽车车身的振动系统同样可以简化为如图 13-1 所示的力学模型，按单自由度振动系统处理；如果车身前后颠簸的幅度不能忽略，则汽车车身的振动系统应简化为如图 13-4(b) 所示的平板弹簧振动系统，该振动系统是两个自由度振动系统，可取车身质心高度 x_C 及车身绕质心的转角 θ 为该系统的广义坐标。

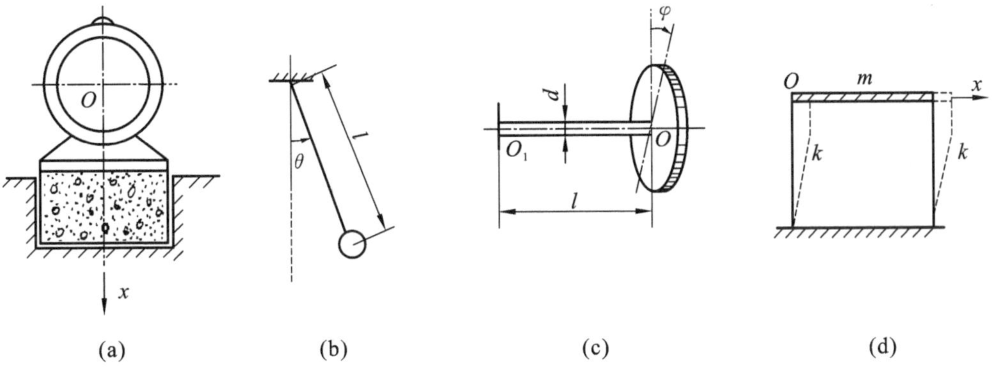

图 13-3

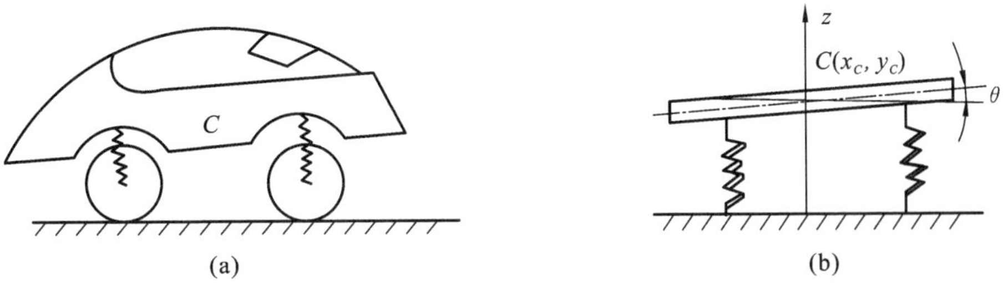

图 13-4

虽然本章只研究最简单的振动系统，即单自由度振动系统的动态特性，但由此得到的结论可完全反映振动系统的最基本规律。

【例 13-1】 质量为 m 的物体与刚性系数分别为 k_1 和 k_2 的两弹簧按如图 13-5(a) 所示串联成一个振动系统，按如图 13-5(b) 所示并联成一个振动系统。若将这两个振动系统等效为相同质量的单个弹簧系统，如图 13-5(c) 所示，试求等效弹簧的刚性系数。

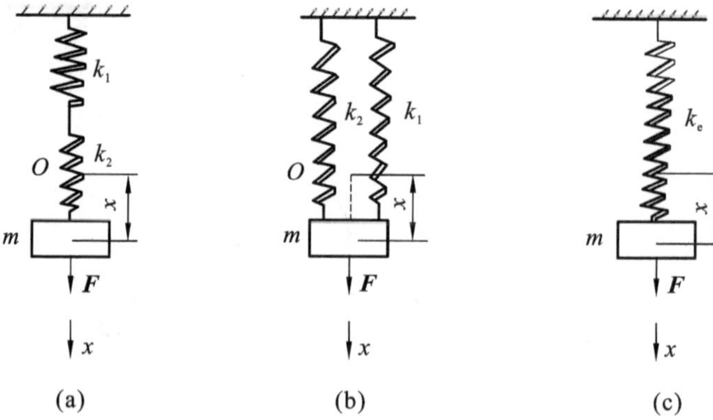

图 13-5

【解】 等效弹簧是指在相同力的作用下，振动体产生的静位移相等时的一个代替弹簧，常称该代替弹簧为原来弹簧组的等效弹簧。

1. 两弹簧并联

在力 $\boldsymbol{F}$ 的作用下，原系统的振动体的静位移 x 即为两弹簧各自的静伸长量，即

$$x=\lambda_{s1}=\lambda_{s2} \tag{1}$$

由静力平衡条件可得

$$k_1\lambda_{s1}+k_2\lambda_{s2}=F \tag{2}$$

将式(1) 代入式(2) 中，可得

$$x=\frac{F}{k_1+k_2}$$

设等效弹簧的刚性系数为 k_e，则根据等效弹簧的定义，应有

$$x=\frac{F}{k_e}=\frac{F}{k_1+k_2}$$

由此可得

$$k_e=k_1+k_2$$

这一结果可推广到 n 个弹簧并联的情况，此时等效弹簧的刚性系数为

$$k_e=\sum_{i=1}^{n}k_i$$

2. 两弹簧串联

在力 $\boldsymbol{F}$ 的作用下，原系统的振动体的静位移 x 应等于两弹簧各自的静伸长量之和，即

$$x=\lambda_{s1}+\lambda_{s2} \tag{3}$$

由静力平衡条件可得

$$k_1\lambda_{s1}=k_2\lambda_{s2}=F$$

由此可得

$$\lambda_{s1}=\frac{F}{k_1},\quad \lambda_{s2}=\frac{F}{k_2}$$

将上述两式代入式(3) 中，可得

$$x=F\left(\frac{1}{k_1}+\frac{1}{k_2}\right)$$

设等效弹簧的刚性系数为 k_e，根据等效弹簧的定义，应有

$$x = \frac{F}{k_e} = F(\frac{1}{k_1} + \frac{1}{k_2})$$

由此可得

$$\frac{1}{k_e} = \frac{1}{k_1} + \frac{1}{k_2}$$

即

$$k_e = \frac{k_1 k_2}{k_1 + k_2}$$

这一结果也可以推广到 n 个弹簧串联的情况，此时等效弹簧的刚性系数为

$$\frac{1}{k_e} = \sum_{i=1}^{n} \frac{1}{k_i}$$

13.2 单自由度系统的自由振动

本小节将讨论单自由度系统的自由振动问题。

13.2.1 自由振动微分方程的建立

单自由度系统自由振动的力学模型如图 13-6(a) 所示，重物可视为质量为 m 的质点，弹簧的原长为 l_0，刚性系数为 k，O 点为质点的静平衡位置。设重物的自重为 W，则有

$$W = k\lambda_s$$

即

$$\lambda_s = \frac{W}{k}$$

如果给重物一初始扰动(偏离平衡位置或初速度)，则重物将在平衡位置附近振动。重物偏离平衡位置后，因弹簧变形而产生的弹性恢复力将它拉回到平衡位置；而当重物回到平衡位置后，又因为自身的惯性而继续运动，从而又偏离了平衡位置，如此不断重复就形成了振动。

振动系统在受到初扰动(初位移或初速度) 后，仅在弹性恢复力的作用下在其平衡位置附近所作的振动，称为自由振动。

为建立重物的运动微分方程，取重物的平衡位置 O 为坐标原点，设 x 轴向下为正。在重物距离平衡位置为 x 时，其所受的力有重力 $\boldsymbol{W}$ 和弹性恢复力 $\boldsymbol{F}$，$\boldsymbol{F}$ 的方向朝上。重物的受力图如图 13-6(b) 所示，根据动力学基本方程的投影式可得

$$m\ddot{x} = W - F$$

在小变形情况下，我们认为弹性恢复力与变形间的关系为线性的，即弹性恢复力的大小正比于变形量，故有

$$F = k(\lambda_s + x)$$

将上式代入 $m\ddot{x} = W - F$ 中，可得

$$m\ddot{x} = W - k(\lambda_s + x) = -kx$$

即

$$m\ddot{x} = -kx \tag{13-1}$$

将上式各项除以 m，并令

$$\omega_n^2 = \frac{k}{m} \tag{13-2}$$

整理后可得

$$\ddot{x}+\omega_n^2 x=0 \tag{13-3}$$

上式就是无阻尼自由振动微分方程的标准形式，它是一个二阶常系数线性齐次微分方程。

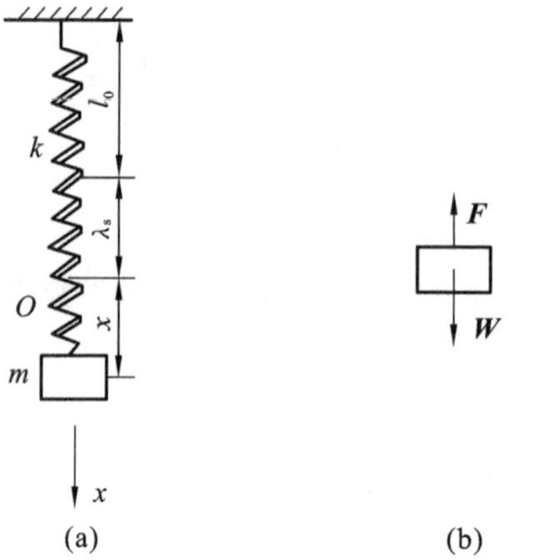

图 13-6

13.2.2 微分方程的解——振动方程

微分方程(13-3)的解为如下形式(见高等数学常微分方程部分)

$$x=e^{rt}$$

其中，r 为待定常数，通常称为特征根。将上式代入微分方程(13-3)中，消去公因子 e^{rt}，可得到特征方程

$$r^2+\omega_n^2=0$$

解得上述特征方程的两个特征根为

$$r_1=+i\omega_n,\quad r_2=-i\omega_n$$

其中，$i=\sqrt{-1}$，r_1 和 r_2 是两个共轭虚数。因此，微分方程(13-3)的通解为

$$x=C_1\cos\omega_n t+C_2\sin\omega_n t \tag{13-4}$$

其中，C_1 和 C_2 为积分常数，由运动的初始条件决定。如果假设 $C_1=A\sin\alpha$，$C_2=A\cos\alpha$，则微分方程(13-3)的通解可改写为

$$x=A\sin(\omega_n t+\alpha) \tag{13-5}$$

式(13-4)和式(13-5)均为重物的自由振动方程。

由式(13-5)可知，自由振动是重物在平衡位置附近所作的简谐运动。作出自由振动方程(13-5)的 $x-t$ 曲线(称为运动曲线，又称为响应曲线)，如图 13-7 所示。

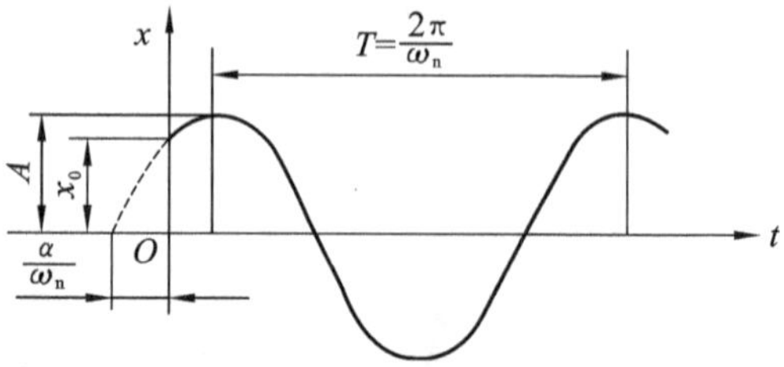

图 13-7

13.2.3 无阻尼自由振动的动态特性

(1) 振幅和初相位

在简谐振动的表达式(13-5) 中，A 表示重物偏离平衡位置 O 点(又称为振动中心) 的最大距离，称为振动的振幅；而($\omega_n t + \alpha$) 称为相位(或相角)，它表示重物在 t 瞬时的位置，它的单位为弧度(rad)。不难看出，α 是 $t = 0$ 时的相位，称为振动的初相位。

振动的振幅 A 和相位 α 仅与重物运动的初始条件有关。设当 $t = 0$ 时，$x = x_0$，$\dfrac{dx}{dt} = v_0$，则由式(13-4) 可得

$$x_0 = A\sin\alpha$$

$$v_0 = A\omega_n\cos\alpha$$

将上述两式联立求解，可得 A 和 α 的表达式为

$$\begin{cases} A = \sqrt{x_0^2 + \left(\dfrac{v_0}{\omega_n}\right)^2} \\ \tan\alpha = \dfrac{\omega_n x_0}{v_0} \end{cases} \tag{13-6}$$

因此，如果重物运动的初始条件已知，便可利用式(13-6) 求出单自由度系统的自由振动的振幅和相位。

(2) 周期和频率

无阻尼自由振动是简谐振动，而简谐振动是一种周期振动。所谓周期振动，是指在任意瞬时 t，其振动方程 $x(t)$ 总可以写为

$$x(t) = x(t + T) \tag{13-7}$$

其中，T 为常数，称为周期，单位为秒(s)。

对于正弦函数，经过一个周期 T，其相位增加 2π。因此，如果设起始瞬时为 t，则经过一个周期后，时间应为 $t + T$，根据式(13-5)，应有

$$[\omega_n(t + T) + \alpha] - (\omega_n t + \alpha) = 2\pi$$

由此可得，自由振动的周期为

$$T = \frac{2\pi}{\omega_n} = 2\pi\sqrt{\frac{m}{k}} \tag{13-8}$$

重物每秒钟内振动的次数称为频率，其单位为赫兹(Hz)，用 f 表示，它等于周期 T 的倒数，即

$$f = \frac{1}{T} = \frac{1}{2\pi}\sqrt{\frac{k}{m}} \tag{13-9}$$

根据式(13-2)，应有

$$\omega_n = \sqrt{\frac{k}{m}} \tag{13-10}$$

由此可得

$$\omega_n = 2\pi f \tag{13-11}$$

ω_n 表示重物在 2π 秒内振动的次数，称为圆频率(或角频率)，其单位为弧度每秒(rad/s)。

式(13-10) 表明：自由振动的圆频率 ω_n 只与振动系统的质量 m 和弹簧的刚性系数 k 有

关，而与运动的初始条件无关。因此，ω_n 是振动系统本身固有的动力学常数，称为固有频率或自然频率。

由于 $m=\dfrac{W}{g}$，$k=\dfrac{W}{\lambda_s}$，故式(13-10) 可改写为

$$\omega_n=\sqrt{\frac{g}{\lambda_s}} \tag{13-12}$$

上式表明：对于上述振动系统，只要知道该系统在重力作用下的静变形量，就可以求得系统的固有频率。振动系统的静变形量可根据材料力学公式计算，也可通过实验直接测量。在应用式(13-12) 计算固有频率 ω_n 时，g 和 λ_s 的单位应统一使用国际单位制。

固有频率 ω_n、振幅 A、初相位 α 是表示振动系统动态特性的重要物理参数，常称为振动三要素。

13.2.4 其他类型的单自由度振动系统

工程实际中，除了前面已经研究过的质量-弹簧振动系统外，还有很多其他类型的振动系统，如在图 13-3 中提到的摆动系统、扭振系统等，这些系统在形式上虽然不同，但它们的运动微分方程的形式却是相同的。

例如，如图 13-8(a) 所示为一摆长为 l 的数学摆，φ 表示数学摆偏离铅垂线的角度，则该数学摆的运动微分方程为

$$\ddot{\varphi}+\frac{g}{l}\varphi=0$$

若设 $\omega_n=\sqrt{\dfrac{g}{l}}$，则上式可改写为

$$\ddot{\varphi}+\omega_n^2\varphi=0$$

如图 13-8(b) 所示为一扭振系统，扭杆的一端固定在 A 点，另一端刚性固连在一圆盘上。已知圆盘对中心轴的转动惯量为 I_0，扭杆的扭转刚性系数为 k(其物理意义与弹簧的刚性系数相类似，表示圆盘绕中心轴产生单位扭转角所需的力矩)，分析圆盘的运动。

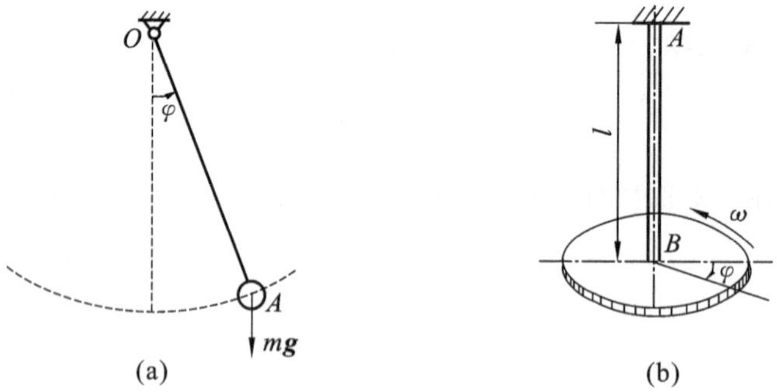

(a) (b)

图 13-8

根据刚体绕定轴转动微分方程可得

$$I_0\ddot{\varphi}=-k\varphi$$

其中，φ 为圆盘的扭转角。设 $\omega_n^2=\dfrac{k}{I_0}$，则上式可改写为

$$\ddot{\varphi}+\omega_n^2\varphi=0$$

上式就是扭振系统的运动微分方程。

虽然上述振动系统在形式上有所不同，但它们的运动微分方程与质量-弹簧系统的自由振动微分方程(13-3)在形式上是完全相同的，因此它们的运动微分方程的解与质量-弹簧系统的自由振动微分方程(13-3)的解在形式上也是完全相同的。所以，研究质量-弹簧系统的振动具有普遍的理论意义。

【例 13-2】 如图 13-9(a)所示，质量 $m=5\ 100$ kg 的升降机罐笼以 $v_0=3$ m/s 的速度匀速下降。设钢索的弹性系数 $k=4\ 000$ kN/m，不计钢索的重量，试求钢索上端突然被卡住时罐笼的运动方程和钢索的最大张力。

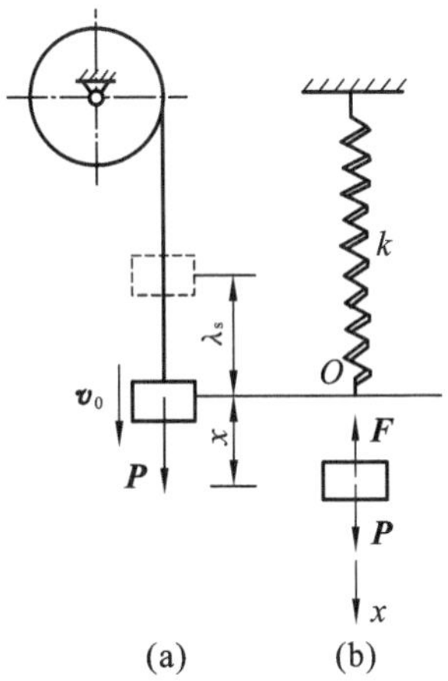

图 13-9

【解】 (1) 取研究对象。取罐笼为研究对象，选取如图 13-9(b)所示的坐标系。

(2) 受力分析。罐笼所受的力有重力 $\boldsymbol{P}$ 和钢索的弹性力 $\boldsymbol{F}$，且弹性力 $\boldsymbol{F}$ 的大小为 $F=k(\lambda_s+x)$，其中 λ_s 表示钢索在罐笼重力的作用下的静伸长量。

(3) 运动分析。在罐笼匀速下降的过程中，当钢索上端被卡住时，罐笼与钢索构成一质量-弹簧自由振动系统，其运动的初始条件为：当 $t=0$ 时(指钢索上端被卡住的瞬时)，$x=0$，$v_0=3$ m/s。

(4) 应用自由振动系统的基本公式，建立罐笼的运动方程并求钢索的最大张力。由式(13-10)可得，系统的固有频率为

$$\omega_n=\sqrt{\frac{k}{m}}=\sqrt{\frac{4\ 000\times10^3}{5\ 100}}\ \text{rad/s}=28\ \text{rad/s}$$

根据式(13-6)可得，系统的振幅为

$$A=\sqrt{x_0^2+\frac{v_0^2}{\omega_n^2}}=\sqrt{0+\frac{3^2}{28^2}}\times100\ \text{cm}=10.7\ \text{cm}$$

初相位为

$$\alpha=\arctan\frac{\omega_n x_0}{v_0}=0$$

于是根据式(13-5)可得，罐笼自由振动的运动方程为

$$x=A\sin(\omega_n t+\alpha)=10.7\sin 28t$$

钢索的最大张力为

$$\begin{aligned}F_{\max}&=k(\lambda_s+A)=k\left(\frac{P}{k}+A\right)\\&=mg+kA=(5\ 100\times9.8+4\ 000\times10^3\times10.7\times10^{-2})\ \text{N}\\&=477\ 980\ \text{N}=477.98\ \text{kN}\end{aligned}$$

当钢索未被卡住且匀速下降时，钢索的张力就等于罐笼的重力 P(即为 50 kN 的静载荷)；而当钢索被卡住或罐笼急刹车时，罐笼将作自由振动，这时钢索的张力增加了近 9 倍。因此在设计钢索时，必须考虑到这种突加载荷的影响。

【例 13-3】 如图 13-10(a)所示为一弹簧摆，摆锤为一质量为 m 的小球，摆杆的长度为 l，其质量可忽略不计。若在距离铰链 O 为 a 的摆杆的两侧各放置一刚性系数为 k 的弹簧，试

建立系统的自由振动微分方程，并求系统的固有频率。

【解】 (1) 取整个系统为研究对象。

(2) 当摆杆按图示方向偏转 φ 角时，系统的受力情况如图 13-10(b) 所示，此时系统所受的力有摆球的重力 $\boldsymbol{G}$；弹簧的弹性力 $\boldsymbol{F}_1$、$\boldsymbol{F}_2$，且 $F_1 = F_2 = ak\sin\varphi$；轴承的反力 $\boldsymbol{F}_{Ox}$、$\boldsymbol{F}_{Oy}$。

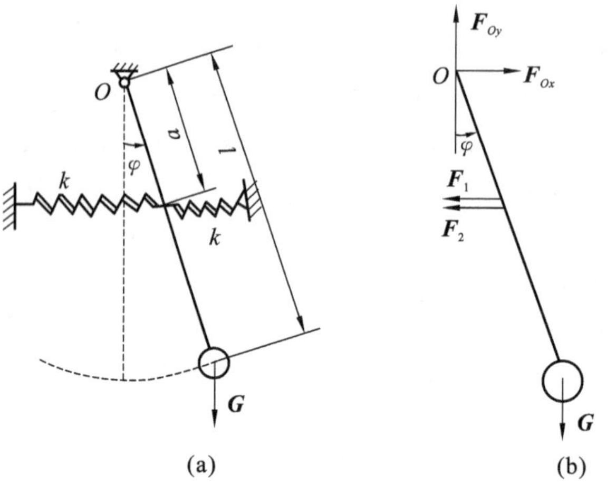

图 13-10

(3) 系统的运动为摆球绕 O 轴的摆动，因此，可用刚体绕定轴转动微分方程建立系统的自由振动微分方程。

由刚体绕定轴转动微分方程可得

$$ml^2\ddot{\varphi} = -ka^2\sin\varphi - ka^2\sin\varphi - mgl\sin\varphi$$

由于 φ 角很小，故可取 $\sin\varphi \approx \varphi$，代入上式中，可得

$$\ddot{\varphi} + \left(\frac{2ka^2}{ml^2} + \frac{g}{l}\right)\varphi = 0$$

上式即为系统的自由振动微分方程，则系统的固有频率为

$$\omega_n = \sqrt{\frac{2ka^2}{ml^2} + \frac{g}{l}}$$

利用系统中的两弹簧为并联，其等效刚性系数 $k_e = 2k$ 这一条件，也可以建立系统的自由振动微分方程。

对于复杂的系统，特别是由较多个元件组成的单自由度系统或多自由度系统，常用拉格朗日方程来建立系统的自由振动微分方程。下面通过例 13-4 来说明这一方法的应用，这也是对前一章内容的复习。

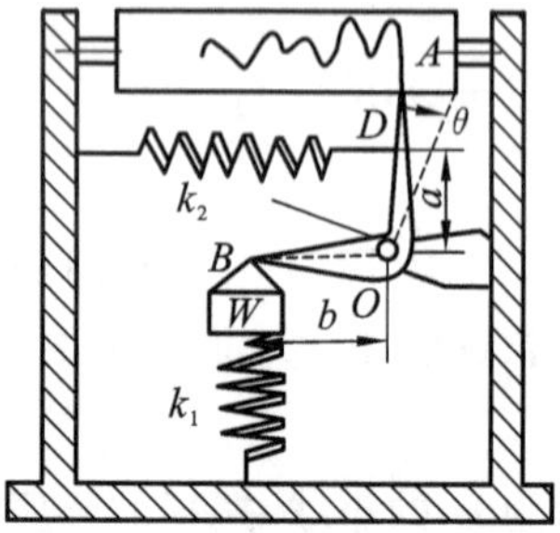

图 13-11

【例 13-4】 如图 13-11 所示为一地震记录仪，重量为 W 的重物 C 装在刚性系数为 k_1 的弹簧上，重物 C 的上端与指针 BOA 铰接，又有一刚性系数为 k_2 的水平弹簧连接在指针和框架之间。设指针对 O 轴的转动惯量为 I_O，且其质心与转轴 O 重合。已知 $OD = a$，$OB = b$，试用拉格朗日方程建立系统的自由振动微分方程，并求出该系统的固有频率。

【解】 (1) 取研究对象及广义坐标。取整个地震记录仪为研究对象，并选指针 BOA 的转角 θ 为广义坐标，如图 13-11 所示。

(2) 分析运动，计算系统的动能。由于指针 BOA 绕 O 轴作定轴转动，重物 C 作直线平动，因此系统的动能为

$$T=\frac{1}{2}I_O\dot{\theta}^2+\frac{1}{2}\frac{W}{g}(b\dot{\theta})^2=\frac{1}{2}\left(I_O+\frac{W}{g}b^2\right)\dot{\theta}^2$$

(3) 计算势能 V 及拉格朗日函数 L。

设系统处于平衡时，指针处于铅垂位置，即 $\theta=0$，两弹簧的静伸长量分别为 δ_1 和 δ_2。现取平衡位置为势能零点的基准面，则系统在任意位置的势能为

$$\begin{aligned}V&=\frac{1}{2}k_1[(b\theta-\delta_1)^2-\delta_1^2]+\frac{1}{2}k_2[(a\theta-\delta_2)^2-\delta_2^2]+Wb\theta\\&=\frac{1}{2}k_1(b^2\theta^2-2b\delta_1\theta)+\frac{1}{2}k_2(a^2\theta^2-2\delta_2a\theta)+Wb\theta\end{aligned}$$

系统处于平衡时，应有

$$Wb-k_1b\delta_1-k_2a\delta_2=0$$

将上式代入势能 V 的表达式中，可得

$$V=\frac{1}{2}(k_1b^2+k_2a^2)\theta^2$$

则拉格朗日函数 L 为

$$L=T-V=\frac{1}{2}\left(I_O+\frac{W}{g}b^2\right)\dot{\theta}^2-\frac{1}{2}(k_1b^2+k_2a^2)\theta^2$$

(4) 计算 $\frac{\partial L}{\partial\theta}$、$\frac{\partial L}{\partial\dot{\theta}}$ 和 $\frac{\mathrm{d}}{\mathrm{d}t}\left(\frac{\partial L}{\partial\dot{\theta}}\right)$。

$$\frac{\partial L}{\partial\theta}=-(k_1b^2+k_2a^2)\theta$$

$$\frac{\partial L}{\partial\dot{\theta}}=\left(I_O+\frac{W}{g}b^2\right)\dot{\theta}$$

$$\frac{\mathrm{d}}{\mathrm{d}t}\left(\frac{\partial L}{\partial\dot{\theta}}\right)=\left(I_O+\frac{W}{g}b^2\right)\ddot{\theta}$$

(5) 应用拉格朗日方程建立系统的自由振动微分方程。

将 $\frac{\partial L}{\partial\theta}$、$\frac{\mathrm{d}}{\mathrm{d}t}\left(\frac{\partial L}{\partial\dot{\theta}}\right)$ 的表达式代入拉格朗日方程 $\frac{\mathrm{d}}{\mathrm{d}t}\left(\frac{\partial L}{\partial\dot{\theta}}\right)-\frac{\partial L}{\partial\theta}=0$ 中，可得

$$\left(I_O+\frac{W}{g}b^2\right)\ddot{\theta}+(k_1b^2+k_2a^2)\theta=0$$

所以系统的自由振动微分方程为

$$\ddot{\theta}+\frac{k_1b^2+k_2a^2}{I_O+\frac{W}{g}b^2}\theta=0$$

即

$$\ddot{\theta}+\omega_{\mathrm{n}}^2\theta=0$$

其中

$$\omega_{\mathrm{n}}=\sqrt{\frac{k_1b^2+k_2a^2}{I_O+\frac{W}{g}b^2}}$$

上式即为系统的固有频率 ω_n 的表达式。

13.3 计算单自由度系统的固有频率的能量法

固有频率是振动系统的一个重要参数。由上节的论述不难看出，对于单自由度振动系统，只要能建立系统的自由振动微分方程，就可以求出系统的固有频率。但对于某些复杂的系统，建立系统的自由振动微分方程也是比较困难的。对于保守系统，如果仅需要求系统的固有频率，应用能量法比较方便。能量法的理论依据是机械能守恒定律。

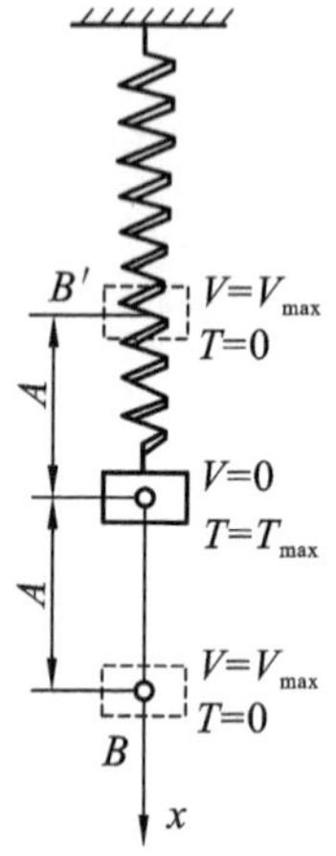

图 13-12

如图 13-12 所示为一单自由度无阻尼自由振动系统，由于该系统在振动过程中没有能量损失，因此根据机械能守恒定律，应有

$$T+V=\text{常数}$$

式中，T 为系统的动能，V 为系统的势能。现取系统的平衡位置为势能零点，则系统在任意位置时，应有

$$\begin{cases}T=\dfrac{1}{2}mv^2\\ V=\dfrac{1}{2}kx^2\end{cases}\tag{13-13}$$

由于该振动系统是按简谐振动的规律变化的，所以当质量块通过平衡位置，即 $x=0$ 时，其速度为最大值，此时有 $V=0$，$T=T_{max}$；而当质量块到达偏离平衡位置最大处，即 B 或 B' 时，其速度 $\dot{x}=0$，动能 $T=0$，势能达到最大值，即 $V=V_{max}$。由机械能守恒定律可得

$$T_{max}=V_{max}\tag{13-14}$$

根据简谐振动规律 $x=A\sin(\omega_n t+\alpha)$，可以计算出质量块在任意位置时的速度，即

$$v=A\omega_n\cos(\omega_n t+\alpha)$$

由此可得，质量块偏离平衡位置的最大值为

$$x_{max}=A$$

质量块通过平衡位置时的最大速度为

$$v_{max}=A\omega_n=\omega_n x_{max}$$

由式(13-13) 可得

$$T_{max}=\frac{1}{2}mv_{max}^2=\frac{1}{2}mA^2\omega_n^2$$

$$V_{max}=\frac{1}{2}kx_{max}^2=\frac{1}{2}kA^2$$

将上述两式代入式(13-14) 中，可得

$$\frac{1}{2}mA^2\omega_n^2=\frac{1}{2}kA^2$$

从而可得固有频率为

$$\omega_n=\sqrt{\frac{k}{m}}$$

上式与式(13-10) 完全相同。

应用能量法计算振动系统的固有频率的步骤是：(1) 假设系统的振动形式；(2) 计算系统的最大动能与最大势能；(3) 应用机械能守恒定律求解固有频率。

【例 13-5】 一重量为 W 的小球固接在无重杆 OB 的上端，已知弹簧的刚性系数为 k，几何尺寸如图 13-13(a) 所示。当杆 OB 处于铅垂位置时，弹簧无变形。若弹簧的质量与小球的尺寸均忽略不计，求系统的固有频率。

【解】 (1) 取系统为研究对象。

(2) 因系统的运动是单自由度无阻尼自由振动，即简谐振动，故设小球 M 的运动规律为 $\varphi = A\sin\omega_n t$。对时间 t 求导数，可得小球 M 的角速度为

$$\dot{\varphi} = A\omega_n\cos\omega_n t$$

故小球 M 的最大角速度为

$$\dot{\varphi}_{\max} = A\omega_n$$

(3) 计算系统的最大动能。

系统的最大动能为

$$T_{\max} = \frac{1}{2}mv_{\max}^2$$

由于 $v_{\max} = l\dot{\varphi}_{\max} = lA\omega_n$，代入上式中，可得

$$T_{\max} = \frac{W}{2g}(lA\omega_n)^2$$

(4) 计算系统的最大势能。

当 $\varphi_0 = \varphi_{\max}$ 时，系统的势能达到最大值，如图 13-13(b) 所示，此时弹簧的伸长量为 $a\varphi_{\max}$，故弹簧的最大势能为

$$V_1 = \frac{1}{2}kx_{\max}^2 = \frac{1}{2}k(a\varphi_{\max})^2$$

小球的重心自平衡位置下降的距离为

$$h = l(1-\cos\varphi_{\max}) = l\left(1-1+2\sin^2\frac{\varphi_{\max}}{2}\right)$$

$$= 2l\sin^2\frac{\varphi_{\max}}{2} \approx 2l\left(\frac{\varphi_{\max}}{2}\right)^2 = \frac{1}{2}l\varphi_{\max}^2$$

则小球的最大势能为

$$V_2 = -\frac{1}{2}l\varphi_{\max}^2 W$$

故系统的最大势能为

$$V_{\max} = V_1 + V_2 = \frac{1}{2}k(a\varphi_{\max})^2 - \frac{1}{2}l\varphi_{\max}^2 W$$

$$= \frac{1}{2}k(aA)^2 - \frac{1}{2}lA^2W = \frac{1}{2}A^2(ka^2 - lW)$$

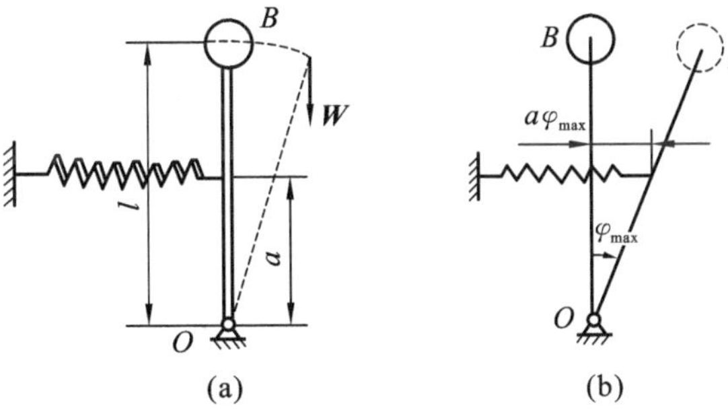

图 13-13

(5) 应用机械能守恒定律求解固有频率。

将 T_{max}、V_{max} 的表达式代入式(13-14)中,可得

$$\frac{W}{2g}(lA\omega_n)^2=\frac{1}{2}A^2(ka^2-lW)$$

因此,系统的固有频率为

$$\omega_n=\sqrt{\frac{(ka^2-lW)g}{Wl^2}}=\sqrt{\frac{g}{l}\left(\frac{ka^2}{Wl}-1\right)}$$

13.4 单自由度系统的有阻尼自由振动

13.4.1 阻尼

上一节研究的是单自由度系统的自由振动,其振动规律为简谐振动,即振动一经发生,便永远保持等幅的周期运动。但实际现象表明,自由振动的振幅总是不断衰减,直到最后停止振动,这是因为我们在前面的讨论中忽略了阻力的影响。事实上任何振动系统总是存在着阻力,它将不断消耗系统的振动能量,使振动的振幅不断衰减。

习惯上将振动过程中的阻力称为阻尼。阻尼有各种不同的形式,例如黏性阻尼、干摩擦阻尼及由于结构材料的变形而产生的结构阻尼等,这里仅讨论最简单也是最常见的黏性阻尼。

当重物以不大的速度振动时,由周围介质(如空气、油类等)的黏性引起的阻力的大小近似地与物体速度的一次方成正比,阻力的方向始终与物体速度的方向相反。如果设物体的振动速度为 $\boldsymbol{v}$,黏性阻力为 $\boldsymbol{F}_R$,则有

$$\boldsymbol{F}_R=-\mu\boldsymbol{v} \tag{13-15}$$

其中,μ 为黏性阻力系数,它的大小与物体的形状、大小和介质的材质有关,它的单位为千克每秒(kg/s)。

13.4.2 有阻尼的单自由度系统的运动微分方程的建立

如图13-14(a)所示为具有阻尼的单自由度系统的力学模型,重物的质量为 m,弹簧的刚性系数为 k,黏性阻力系数为 μ。取重物的平衡位置 O 为坐标原点,x 轴以铅垂向下为正。

当重物偏离原点为 x 时,重物除了受重力 $\boldsymbol{P}$ 及弹性力 $\boldsymbol{F}$ 的作用外,还受黏性阻力 $\boldsymbol{F}_R$ 的作用。重物的受力情况如图13-14(b)所示,故力 $\boldsymbol{F}$ 和 $\boldsymbol{F}_R$ 在 x 轴上的投影为

$$F_x=-k(\lambda_s+x),\quad F_{Rx}=-\mu\dot{x}$$

于是,系统的运动微分方程为

$$m\ddot{x}=P-k(\lambda_s+x)-\mu\dot{x}=-kx-\mu\dot{x}$$

将上式中的各项均除以 m,并令 $\omega_n^2=\frac{k}{m}$,$2n=\frac{\mu}{m}$,其中 n 为阻尼系数,单位为1/秒(1/s),则上式可改写为

$$\ddot{x}+2n\dot{x}+\omega_n^2x=0 \tag{13-16}$$

上式就是单自由度系统的有阻尼自由振动微分方程。

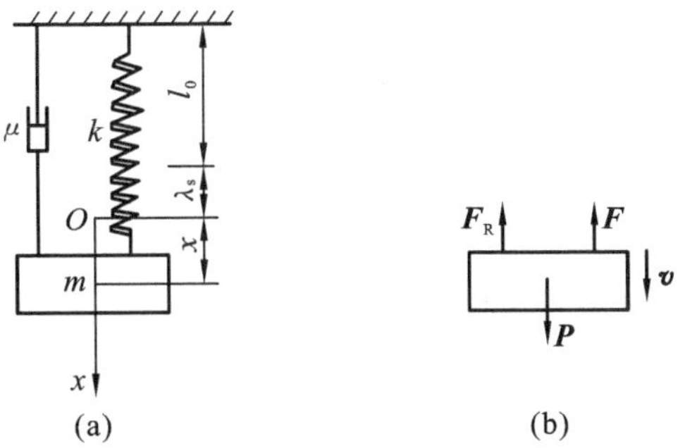

图 13-14

13.4.3 微分方程的解——振动方程

微分方程(13-16)是一个二阶常系数线性齐次微分方程,它的解的形式仍为

$$x = e^{rt}$$

将上式代入式(13-16)中,消去公因子 e^{rt},可得到特征方程

$$r^2 + 2nr + \omega_n^2 = 0$$

解得上述特征方程的两个根为

$$r_1 = -n + \sqrt{n^2 - \omega_n^2}, r_2 = -n - \sqrt{n^2 - \omega_n^2}$$

因此,微分方程(13-16)的通解为

$$x = C_1 e^{r_1 t} + C_2 e^{r_2 t} \tag{13-17}$$

当阻尼系数不同时,可使式(13-17)中的特征根为实数根或复数根,相应的运动规律也有很大的差别。下面分三种情况讨论阻尼对单自由度系统的自由振动的影响。

13.4.4 阻尼对自由振动的影响

1. 小阻尼情形

当 $n < \omega_n$(即 $\zeta < 1$)时,黏性阻力系数 $\mu < 2\sqrt{mk}$,这时阻尼较小,称为小阻尼情形。在这种情况下,特征方程的根为两个共轭复根,即

$$\begin{cases} r_1 = -n + i\sqrt{\omega_n^2 - n^2} \\ r_2 = -n - i\sqrt{\omega_n^2 - n^2} \end{cases}$$

故式(13-17)可根据欧拉公式改写为

$$x = A e^{-nt} \sin\left(\sqrt{\omega_n^2 - n^2}\, t + \alpha\right) \tag{13-18}$$

其中,A 和 α 为两个积分常数,由运动的初始条件决定。

设当 $t = 0$ 时,$x = x_0$,$\dot{x} = v_0$,代入上式中,可得

$$A = \sqrt{x_0^2 + \frac{(v_0 + nx_0)^2}{\omega_n^2 - n^2}} \tag{13-19}$$

$$\tan\alpha = \frac{x_0\sqrt{\omega_n^2 - n^2}}{v_0 + nx_0} \tag{13-20}$$

式(13-18)是在小阻尼情形下的自由振动方程,这种振动的振幅在黏性阻力的作用下不断衰减,所以这种振动又称为衰减振动,其运动图如图 13-15 所示。阻尼对自由振动的影响可表现为以下两个方面。

(1) 振动周期变大

由衰减振动的表达式(13-18)可知,这种振动已不是周期运动,因为这种振动已不符合

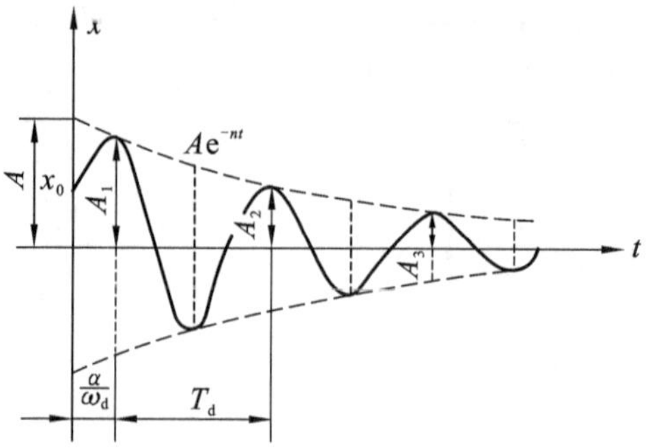

图 13-15

周期振动的定义，但这种振动仍然是相对于平衡位置的往复运动，而且重物往复一次所需的时间还是一定的。因此，我们仍将重物从一个最大偏离位置运动到下一个最大偏离位置所需的时间称为衰减振动的周期，用 T_d 表示，则由式(13-18) 可得，有阻尼自由振动的圆频率 ω_d 和周期 T_d 分别为

$$\begin{cases} \omega_d = \sqrt{\omega_n^2 - n^2} \\ T_d = \dfrac{2\pi}{\sqrt{\omega_n^2 - n^2}} \end{cases} \tag{13-21}$$

T_d 可改写为

$$T_d = \frac{2\pi}{\omega_n \sqrt{1 - \left(\dfrac{n}{\omega_n}\right)^2}} = \frac{2\pi}{\omega_n \sqrt{1 - \zeta^2}} \tag{13-22}$$

其中

$$\zeta = \frac{n}{\omega_n} = \frac{\mu}{2\sqrt{mk}} \tag{13-23}$$

常称 ζ 为阻尼比。

现将 T_d 的表达式(13-22) 近似地用 ζ 的级数表示，即

$$T_d = T\left[1 + \frac{1}{2}\zeta^2 + \cdots\right]$$

可见，由于阻尼的作用，振动的周期增大了。然而，衰减振动是在小阻尼情形($n < \omega_n$) 下发生的，因此阻尼对周期的影响不大。例如 $\zeta = \dfrac{n}{\omega_n} = 0.05$ 时，$T_d = 1.001\,25T$，即周期仅增加了 0.125%，故一般可认为 $T_d = T$。

(2) 振幅按等比级数衰减

设相邻两次振动的振幅分别为 A_i 和 A_{i+1}，则由式(13-18) 可得，两次振幅的比值为

$$d = \frac{A_i}{A_{i+1}} = \frac{Ae^{-nt_i}}{Ae^{-n(t_i+T_d)}} = e^{nT_d} \tag{13-24}$$

这个比值称为减幅系数。若仍以 $\zeta = \dfrac{n}{\omega_n} = 0.05$ 为例，则可计算出

$$d = 1.37$$

$$A_{i+1} = \frac{A_i}{d} = 0.73A_i$$

即系统每振动一次，振幅将减小 27%。如果将这一结果与上述(1) 中的计算结果进行比较，

不难看出，在小阻尼情形下，虽然周期增大得很微小，但振幅却按等比级数迅速衰减。

对式(13-24)的两边取自然对数，可得

$$\delta = \ln \frac{A_i}{A_{i+1}} = nT_d \tag{13-25}$$

式中，δ 称为对数衰减率，它表示振幅衰减的快慢程度。

2. 临界阻尼情形

当 $n = \omega_n$（即 $\zeta = 1$）时，称为临界阻尼情形。此时系统的阻力系数用 μ_c 表示，称为临界阻力系数。由式(13-23)可得

$$\mu_c = 2\sqrt{mk} \tag{13-26}$$

在这种情形下，特征方程 $r^2 + 2nr + \omega_n^2 = 0$ 的根为两个相等的负实根，即 $r_1 = r_2 = -n$，则微分方程(13-16)的解为

$$x = e^{-nt}(C_1 + C_2 t)$$

将系统运动的初始条件，即当 $t = 0$ 时，$x = x_0$，$\dot{x} = v_0$ 代入上式中，可求得两个积分常数为

$$\begin{cases} C_1 = x_0 \\ C_2 = v_0 + nx_0 \end{cases}$$

故微分方程(13-16)的解可写为

$$x = e^{-nt}[x_0 + (v_0 + nx_0)t] \tag{13-27}$$

在临界阻尼情形下的运动方程(13-27)表明系统不发生振动，因为微分方程(13-16)的解不是周期解。

3. 大阻尼情形

当 $n > \omega_n$（即 $\zeta > 1$）时，称为大阻尼（过阻尼）情形，此时阻力系数 $\mu > \mu_c$。

在这种情形下，特征方程 $r^2 + 2nr + \omega_n^2 = 0$ 的根为两个不等的实根，即

$$r_1 = -n + \sqrt{n^2 - \omega_n^2}, \quad r_2 = -n - \sqrt{n^2 - \omega_n^2}$$

所以微分方程(13-16)的解为

$$x = e^{-nt}\left(C_1 e^{\sqrt{n^2-\omega_n^2}\,t} + C_2 e^{-\sqrt{n^2-\omega_n^2}\,t}\right) \tag{13-28}$$

其中，C_1、C_2 为两个积分常数，可由运动的初始条件确定。重物的运动图如图 13-16 所示。

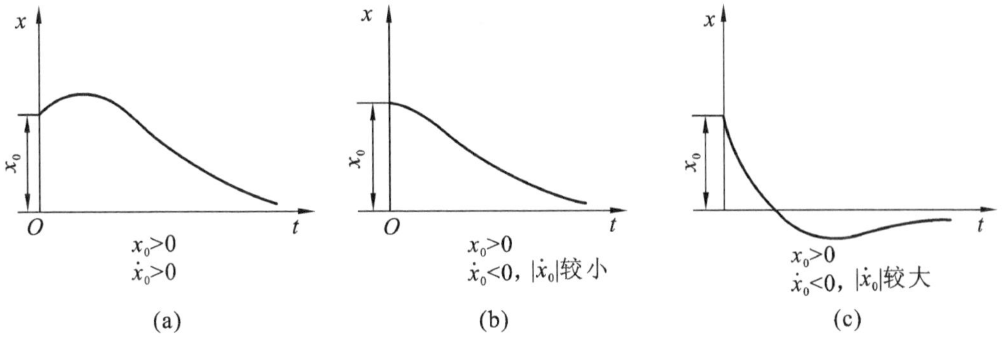

图 13-16

为了便于全面了解阻尼对单自由度系统的自由振动的影响，现将三种情形分别列于下表中。

表 13-1 阻尼对单自由度系统的自由振动的影响的三种情形

阻尼大小	特征方程 $r^2+2nr+\omega_n^2=0$ 的两个根 r_1、r_2	微分方程(13 16)的通解
小阻尼($n<\omega_n$)	共轭复根 $-n\pm i\sqrt{\omega_n^2-n^2}$	$x=Ae^{-nt}\sin(\sqrt{\omega_n^2-n^2}t+\alpha)$
临界阻尼($n=\omega_n$)	相等实根 $-n$	$x=e^{-nt}(C_1+C_2t)$
大阻尼($n>\omega_n$)	相异实根 $-n\pm\sqrt{n^2-\omega_n^2}$	$x=e^{-nt}(C_1e^{\sqrt{n^2-\omega_n^2}t}+C_2e^{-\sqrt{n^2-\omega_n^2}t})$

【例 13-6】 在一有阻尼的质量-弹簧系统中，已知重物的质量 $m=0.9$ kg，测得振动周期 $T_d=0.5$ s。已知经过 10 个周期后，振幅从 $A_1=60$ mm 衰减到 $A_{11}=25$ mm，试求阻力系数 μ；如果要求系统不发生振动，则阻力系数的最小值应为多大？

【解】 (1) 求阻力系数 μ。

将阻力系数 μ 与阻尼系数 n 的关系式 $2n=\dfrac{\mu}{m}$ 与式(13-24)联立，可求出阻力系数 μ。首先求减幅系数 d。根据减幅系数 d 的定义 $d=\dfrac{A_i}{A_{i+1}}$，有

$$\frac{A_1}{A_{11}}=\frac{A_1}{A_2}\cdot\frac{A_2}{A_3}\cdot\frac{A_3}{A_4}\cdot\cdots\cdot\frac{A_{10}}{A_{11}}=d^{10}$$

解得

$$d=\sqrt[10]{\frac{A_1}{A_{11}}}=\sqrt[10]{\frac{60}{25}}=1.091$$

对式(13-24)的两边同时取自然对数，可得

$$n=\frac{\ln d}{T_d}=\frac{\ln 1.091}{0.5}\ \text{s}^{-1}=0.174\ 2\ \text{s}^{-1}$$

所以阻力系数 μ 为

$$\mu=2nm=2\times0.174\ 2\times0.9\ \text{kg/s}=0.314\ \text{kg/s}$$

(2) 只有当系统的阻尼为临界阻尼或大阻尼时，系统才能不发生振动，即阻尼系数 n 应为 $n\geqslant\omega_n$。将 $2n=\dfrac{\mu}{m}$ 代入上述不等式中，可得

$$\mu\geqslant 2m\omega_n$$

根据式(13-21)可得，系统的固有频率为

$$\omega_n=\sqrt{\left(\frac{2\pi}{T_d}\right)^2+n^2}=\sqrt{\left(\frac{2\pi}{0.5}\right)^2+0.174\ 2^2}\ \text{rad/s}=12.57\ \text{rad/s}$$

所以系统不发生振动的阻力系数为

$$\mu\geqslant2\times0.9\times12.57\ \text{kg/s}=22.63\ \text{kg/s}$$

13.5 单自由度系统的无阻尼强迫振动

系统在弹性恢复力的作用下可发生自由振动。除此之外，系统在随时间变化的力的作用下也可以发生振动。这种随时间变化的力称为激振力，由激振力引起的振动称为强迫振动。

激振力的类型有很多，一般可分为周期变化的激振力和非周期变化的激振力两类。周

期变化的激振力在工程中是常见的，一般回转机械、往复机械等都会引起周期变化的激振力。

下面将要研究的是在简谐激振力的作用下发生的强迫振动。简谐激振力是周期变化的激振力中的一种最典型的情况，它的表达式为

$$F_s = H\sin\omega t \tag{13-29}$$

式中，H 称为激振力的幅值，ω 为激振力的频率。H 和 ω 都是定值。

13.5.1 强迫振动的微分方程及其解

如图 13-17(a) 所示为一不计黏性阻尼的质量-弹簧系统，其上作用着简谐激振力 $F_s = H\sin\omega t$。

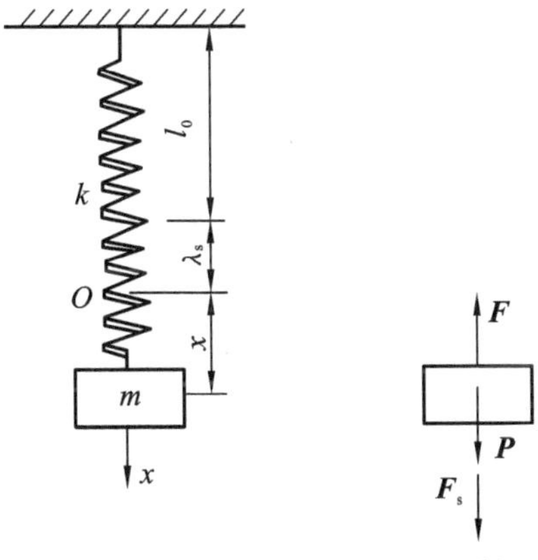

图 13-17

取重物的静平衡位置为坐标原点 O，x 轴以铅垂向下为正。当重物偏离坐标原点 x 时，作用于重物上的力有重力 $\boldsymbol{P}$、弹性力 $\boldsymbol{F}$ 和简谐激振力 $\boldsymbol{F}_s$，如图 13-17(b) 所示。应用动力学基本方程可得

$$m\ddot{x} = P - k(\lambda_s + x) + H\sin\omega t = -kx + H\sin\omega t$$

将上式中的各项均除以 m，并令 $\omega_n^2 = \dfrac{k}{m}$，$h = \dfrac{H}{m}$，则上式可改写为

$$\ddot{x} + \omega_n^2 x = h\sin\omega t \tag{13-30}$$

上式是无阻尼强迫振动微分方程的标准形式，它是一个二阶常系数线性非齐次微分方程。由微分方程理论可知，该方程的解由两部分组成，即

$$x = x_1 + x_2$$

其中，x_1 为微分方程(13-30)的齐次方程 $\ddot{x} + \omega_n^2 x = 0$ 的通解，x_2 为微分方程(13-30)的特解。根据 13.2 小节的内容可知，齐次方程 $\ddot{x} + \omega_n^2 x = 0$ 的通解为

$$x_1 = A\sin(\omega_n t + \alpha)$$

设微分方程(13-30)的特解为

$$x_2 = B\sin\omega t$$

其中，B 为待定系数。将上式代入微分方程(13-30)中，可得

$$-B\omega^2\sin\omega t + B\omega_n^2\sin\omega t = h\sin\omega t$$

解得

$$B=\frac{h}{\omega_{\rm n}^2-\omega^2}$$

于是，微分方程(13-30)的特解为

$$x_2=\frac{h}{\omega_{\rm n}^2-\omega^2}\sin\omega t \tag{13-31}$$

因此，微分方程(13-30)的通解为

$$x=A\sin(\omega_{\rm n}t+\alpha)+\frac{h}{\omega_{\rm n}^2-\omega^2}\sin\omega t \tag{13-32}$$

式中，A 与 α 为积分常数，可由系统运动的初始条件根据式(13-6)确定。

式(13-32)表明，无阻尼强迫振动由两部分组成：第一部分是以系统的固有频率 $\omega_{\rm n}$ 为振动频率的自由振动；第二部分是以激振力的频率为振动频率的简谐振动，称为强迫振动，它与初始条件无关。

在实际振动系统中，总是存在着阻尼，在阻尼的影响下，自由振动部分会迅速衰减。因此，我们需要深入讨论强迫振动的一些动态特征。

13.5.2 激振力的频率对强迫振动的振幅的影响

由于强迫振动振幅的大小在许多工程问题中具有重要意义，因此，强迫振动振幅的变化规律最值得我们研究。

强迫振动的振幅为

$$B=\frac{h}{\omega_{\rm n}^2-\omega^2}=\frac{h}{\omega_{\rm n}^2}\frac{1}{1-\left(\frac{\omega}{\omega_{\rm n}}\right)^2}$$

由于 $h=\frac{H}{m}$，$\omega_{\rm n}^2=\frac{k}{m}$，故有 $\frac{h}{\omega_{\rm n}^2}=\frac{H}{k}$，它相当于弹簧在激振力的幅值 H 的静力作用下的静变形量，用 B_0 表示，于是有

$$\beta=\frac{B}{B_0}=\frac{1}{1-(\frac{\omega}{\omega_{\rm n}})^2}=\frac{1}{1-\lambda^2} \tag{13-33}$$

上式是一个无量纲表达式，其中，β 称为动力放大系数(或振幅比)，其大小反映了激振力对振动系统的动力作用的能力；$\lambda=\frac{\omega}{\omega_{\rm n}}$ 称为频率比，它是以系统的固有频率为基准的激振力频率的相对值。根据式(13-33)可画出幅频特性曲线，如图13-18所示。该曲线表明了动力放大系数 β 与频率比 λ 之间的关系。

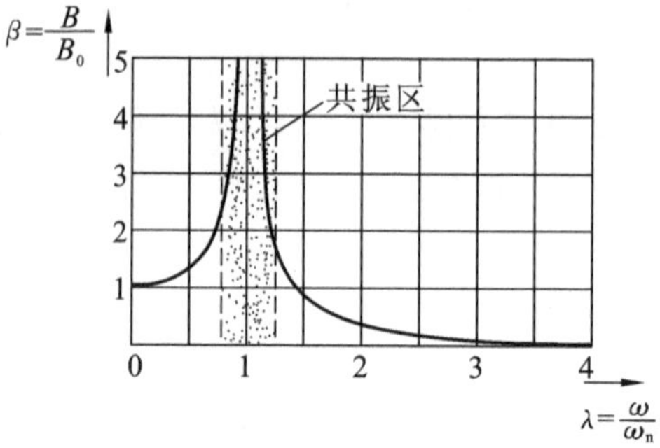

图 13-18

(1) 当 $\omega \to 0$ 时,激振力的周期趋近于无穷大,即激振力趋近于恒力,此时 $\beta \to 1$,即

$$B \approx B_0 = \frac{H}{k}$$

(2) 当 $\omega < \omega_n$ 时,振幅 B 随激振力频率 ω 的增大而增大。当 ω 接近于 ω_n 时,振幅 B 趋近于无穷大。

(3) 当 $\omega > \omega_n$ 时,由式(13-33)可知,振幅 B 为负值,此时振动的相位与激振力的相位相反,即两相位相差 180°;振幅 B 随激振力频率 ω 的增大而减小,且当 $\omega \to \infty$ 时,振幅将趋近于零。

13.5.3 共振现象

在上述分析中,值得注意的是,当 $\omega = \omega_n$ 时,强迫振动的振幅 B 在理论上应趋近于无穷大,这种现象称为共振,此时激振力的频率称为共振频率。

根据微分方程理论可知,当 $\omega = \omega_n$ 时,微分方程(13-30)的特解应为

$$x_2 = Bt\cos\omega_n t$$

将上式代入式(13-30)中,可得

$$B = -\frac{h}{2\omega_n}$$

因此,共振时强迫振动的运动规律为

$$x_2 = -\frac{h}{2\omega_n}t\cos\omega_n t = \frac{h}{2\omega_n}t\sin\left(\omega_n t - \frac{\pi}{2}\right) \tag{13-34}$$

可见,在系统发生共振时,强迫振动的振幅随时间无限增大。在一般情况下,共振是有害的,它将使机器构件因变形过大而产生过大的应力,甚至直接造成构件的破坏。因此,在实际工程中,如何防止共振的发生是一个极为重要的课题。当然,人们在充分了解共振条件的情况下,也可利用共振现象设计制造各种振动机械为生产服务,提高工作效率。

在共振频率 $\omega = \omega_n$ 或 $\lambda = 1$ 附近的区域称为共振区。一般规定共振区的范围为 $0.75 \leqslant \lambda \leqslant 1.25$,如图 13-18 所示。

【例 13-7】 如图 13-19(a)所示,质量 $m = 800$ kg 的电机安装在弹性梁的中部。已知电机的转速 $n = 1\ 450$ r/min,由转子偏心引起的激振力的幅值 $H = 600$ N,梁的静变形量 $\lambda_s = 0.4$ cm,不计梁的重量及阻尼,求强迫振动的振幅及共振时电机的临界转速。

【解】 (1) 取研究对象及简化系统。取电机和梁为研究对象,可将它们简化为质量-弹簧系统,取电机的静平衡位置为坐标原点 O,x 轴以铅垂向下为正,如图 13-19(b)所示。

(2) 受力分析。当电机偏离原点 x 时,作用在电机上的力有重力 $\boldsymbol{P}$ 和弹性力 $\boldsymbol{F}$,且 $F = k(\lambda_s + x)$,其中 k 为梁的等效刚性系数。

(3) 运动分析,加惯性力。电机整体沿 x 轴平动,在图示位置时,其加速度的大小为 $\ddot{x}$,方向沿 x 轴的正方向,则惯性力 $\boldsymbol{F}_g$ 的大小应为 $F_g = m\ddot{x}$,方向如图 13-19(b)所示。

电机的偏心转子绕电机轴匀速转动,则质心的加速度 $a_C^n = e\omega^2$,其中 e 为偏心距,ω 为偏心转子的转动角速度。若设偏心转子的质量为 m',则偏心转子的惯性力 $\boldsymbol{F}_g^n$ 的大小应为 $F_g^n = e\omega^2 m'$,方向如图 13-19(b)所示。

(4) 建立运动微分方程并求解。根据达朗伯原理可得,电机所受的力在 x 轴上的投影方程为

$$\sum F_x + \sum F_{gx} = 0$$

即

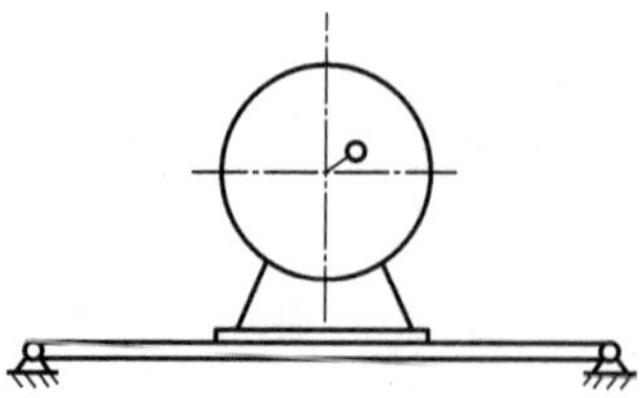

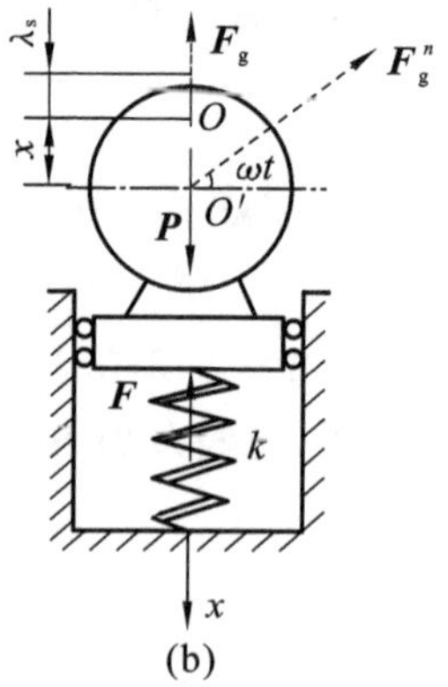

图 13-19

$$P - k(\lambda_s + x) - m\ddot{x} - e\omega^2 m' \sin\omega t = 0$$

整理后可得

$$m\ddot{x} + kx = -e\omega^2 m' \sin\omega t$$

将上式两边同除以 m，且令 $\omega_n^2 = \dfrac{k}{m}, H = e\omega^2 m'$，可得

$$\ddot{x} + \omega_n^2 x = h\sin(\omega t - \pi)$$

根据式(13-12)可得，系统的固有频率为

$$\omega_n = \sqrt{\frac{g}{\lambda_s}} = \sqrt{\frac{980}{0.4}}\ \text{rad/s} = 49.5\ \text{rad/s}$$

激振力的频率为

$$\omega = \frac{n\pi}{30} = \frac{1\,450\pi}{30}\ \text{rad/s} = 151.8\ \text{rad/s}$$

单位质量的激振力的幅值为

$$h = \frac{H}{m} = \frac{600}{800} \times 1\,000\ \text{mm/s}^2 = 750\ \text{mm/s}^2$$

因此，强迫振动的振幅为

$$B = \frac{h}{|\omega_n^2 - \omega^2|} = \frac{750}{|49.5^2 - 151.8^2|}\ \text{mm} = 0.036\,4\ \text{mm}$$

当激振力的频率，即偏心转子的角速度等于系统的固有频率 ω_n 时，系统将发生共振，此时电机的转速称为临界转速，即

$$\omega_C = \omega_n = 49.5\ \text{rad/s}$$

则

$$n_C = \frac{30\omega_C}{\pi} = \frac{30 \times 49.5}{\pi}\ \text{r/min} = 472.7\ \text{r/min}$$

【例 13-8】 如图 13-20(a) 所示为测振仪的示意图。已知测振仪的平台 MN 按 $x_1 = a\sin\omega t$ 的规律沿铅垂方向作简谐运动。若在 A 点悬挂一刚性系数为 k 的弹簧，求弹簧下端的重物 K 的振幅(相对于定参考系)。

【解】 (1) 取研究对象。取重物 K 为研究对象，取重物 K 的静平衡位置 O 为坐标原点，x 轴以铅垂向下为正，如图 13-20(b) 所示。

(2) 受力分析。当重物 K 在偏离坐标原点 x 处时，作用于重物 K 上的力有重力 $\boldsymbol{P}$ 及弹性

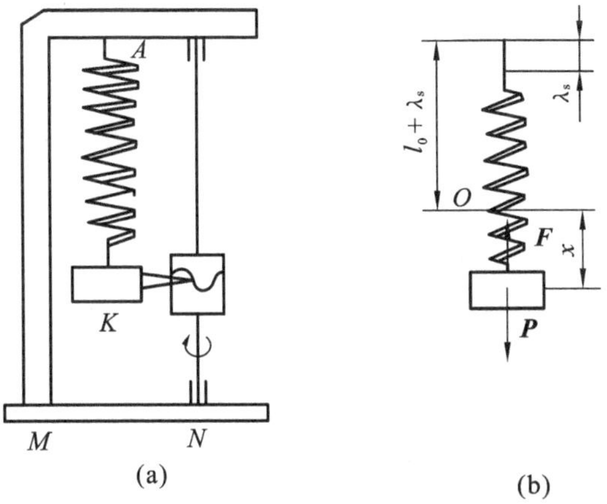

图 13-20

力 **F**。由于弹簧的变形量为

$$\lambda = (l_0 + \lambda_s + x - x_1) - l_0 = x + \lambda_s - x_1$$

式中，λ_s 为由重物的重力引起的静变形量，x_1 为平台 MN 的位移，故弹性力 **F** 的大小应为

$$F = k\lambda = k(x + \lambda_s - x_1)$$

(3) 列出运动微分方程并求解。根据动力学基本方程可得，重物 K 的运动微分方程为

$$m\ddot{x} = P - k(x + \lambda_s - x_1)$$

将 $P = k\lambda_s$ 及 $x_1 = a\sin\omega t$ 代入上式中，可得

$$m\ddot{x} + kx = ka\sin\omega t$$

即

$$\ddot{x} + \omega_n^2 x = \frac{ka}{m}\sin\omega t$$

可见，弹簧端点 A 的简谐位移干扰相当于在重物 K 上施加一简谐激振力。由式(13-31)可得，重物 K 的强迫振动的运动方程为

$$x_2 = \frac{ka/m}{\omega_n^2 - \omega^2}\sin\omega t = \frac{\omega_n^2}{\omega_n^2 - \omega^2}a\sin\omega t$$

其振幅为

$$B = \frac{\omega_n^2 a}{\omega_n^2 - \omega^2}$$

(4) 分析讨论。

若忽略自由振动部分，则测振仪所记录的振动是重物对框架的相对运动，应为

$$x_2 - x_1 = \frac{\omega_n^2}{\omega_n^2 - \omega^2}a\sin\omega t - a\sin\omega t = \frac{\omega^2}{\omega_n^2 - \omega^2}a\sin\omega t$$

即

$$x_2 - x_1 = \frac{a}{\left(\frac{\omega_n}{\omega}\right)^2 - 1}\sin\omega t$$

上式表明，如果所选的测振仪的弹簧很弱，而重物较重，干扰位移的频率较大时，则有

$$\frac{\omega_n}{\omega} \to 0, \quad (x_2 - x_1) \to -x_1$$

此时重物相对于周围不动的定参考系几乎静止不动。因此，固定在重物上的笔尖在随外壳作

铅垂振动的卷筒上记录的振动曲线，较精确地反映了被测物体的振动，这就是测振仪的基本原理。

13.6 单自由度系统的有阻尼强迫振动

在上一小节里研究了无阻尼强迫振动，现在我们研究线性阻尼对强迫振动的影响。

13.6.1 振动微分方程的建立

如图 13-21 所示为一有阻尼强迫振动系统。

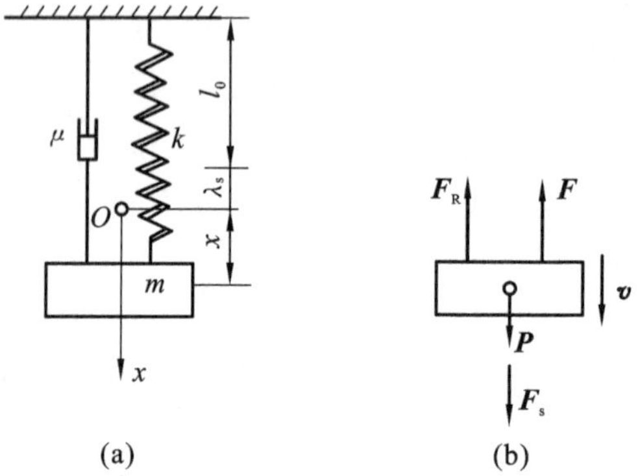

图 13-21

取重物的静平衡位置 O 为坐标原点，x 轴以铅垂向下为正。当重物在偏离坐标原点 x 处时，重物除了受重力 $\boldsymbol{P}$、弹性力 $\boldsymbol{F}$ 和简谐激振力 $\boldsymbol{F}_s$ 的作用外，还受线性黏性阻力 $\boldsymbol{F}_R$ 的作用，重物的受力情况如图 13-21(b) 所示。因此，重物沿 x 轴的运动微分方程为

$$m\ddot{x} = P - k(\lambda_s + x) + H\sin\omega t - \mu\dot{x}$$

将上式中的各项均除以 m，且令 $\omega_n^2 = \dfrac{k}{m}$，$2n = \dfrac{\mu}{m}$，$h = \dfrac{H}{m}$，则上式可改写为

$$\ddot{x} + 2n\dot{x} + \omega_n^2 x = h\sin\omega t \tag{13-35}$$

上式是有阻尼强迫振动微分方程的标准形式，它是一个二阶常系数线性非齐次微分方程。根据微分方程理论可知，该方程的解由两部分组成，即

$$x = x_1 + x_2$$

其中，x_1 为微分方程(13-35) 的齐次方程的通解，在小阻尼情形($n < \omega_n$) 下，有

$$x_1 = Ae^{-nt}\sin(\sqrt{\omega_n^2 - n^2}\,t + \alpha) \tag{13-36}$$

x_2 为微分方程(13-35) 的特解，设

$$x_2 = B\sin(\omega t - \varphi) \tag{13-37}$$

将上式代入微分方程(13-35) 中，可得

$$B = \frac{h}{\sqrt{(\omega_n^2 - \omega^2)^2 + 4n^2\omega^2}} \tag{13-38}$$

$$\varphi = \arctan\frac{2n\omega}{\omega_n^2 - \omega^2} \tag{13-39}$$

于是，微分方程(13-35) 的通解为

$$x = Ae^{-nt}\sin(\sqrt{\omega_n^2 - n^2}\,t + \alpha) + B\sin(\omega t - \varphi) \tag{13-40}$$

其中，A 和 α 为积分常数，由运动的初始条件根据式(13-19)、式(13-20) 确定。

式(13-40) 表明，有阻尼强迫振动由两部分组成，如图 13-22 所示，第一部分为衰减振动(见图 13-22(a))，第二部分为强迫振动(见图 13-22(b))。其中，衰减振动部分经过一定的时间后就会消失，以后只剩下强迫振动部分。振动开始后，两部分同时存在的过程称为瞬态过程，仅剩下强迫振动的过程称为稳态过程，如图 13-22(c) 所示。

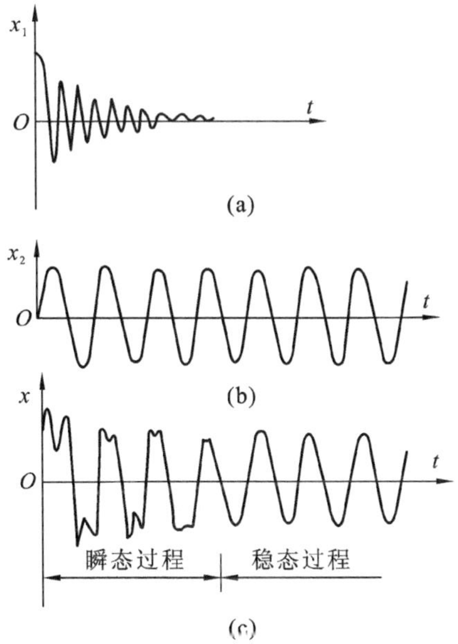

图 13-22

这里仅讨论强迫振动的稳态过程。式(13-40) 表明，在简谐激振力作用下的有阻尼强迫振动仍为等幅简谐振动，其振动的频率等于激振力的频率 ω；其相位较激振力的相位落后 φ 角；振幅 B 和相位差 φ 仅与系统的固有参考系数(质量 m、弹簧的刚性系数 k、阻力系数 μ) 和激振力的幅值 H、频率 ω 有关(见式(13-38)、式(13-39))，而与初始条件无关。

13.6.2 阻尼对强迫振动的振幅的影响

在上一小节的讨论里没有考虑阻尼对强迫振动的影响，实际上，阻尼对强迫振动的影响是不能忽略的。为了清楚地表达阻尼及其他因素对强迫振动的振幅的影响，我们首先将式(13-38) 改写为

$$B = \frac{h}{\omega_{\mathrm{n}}^2 \sqrt{\left[1-\left(\frac{\omega}{\omega_{\mathrm{n}}}\right)^2\right]^2 + 4\left(\frac{n}{\omega_{\mathrm{n}}}\right)^2\left(\frac{\omega}{\omega_{\mathrm{n}}}\right)^2}} = \frac{B_0}{\sqrt{(1-\lambda^2)^2 + 4\zeta^2\lambda^2}} \tag{13-41}$$

即

$$\beta = \frac{B}{B_0} = \frac{1}{\sqrt{(1-\lambda^2)^2 + 4\zeta^2\lambda^2}} \tag{13-42}$$

上述两式中，$B_0 = \frac{h}{\omega_{\mathrm{n}}^2} = \frac{H/m}{k/m} = \frac{H}{k}$(弹簧在激振力的幅值 H 的静力作用下的静变形量)，$\lambda = \frac{\omega}{\omega_{\mathrm{n}}}$(频率比)，$\zeta = \frac{n}{\omega_{\mathrm{n}}}$(阻尼比)，$\beta = \frac{B}{B_0}$(动力放大系数)。

根据式(13-42) 画出以 ζ 为参变量的 β-λ 曲线，这些曲线称为振幅-频率特性曲线，简称

幅频特性曲线，如图 13-23 所示。由图可看出：

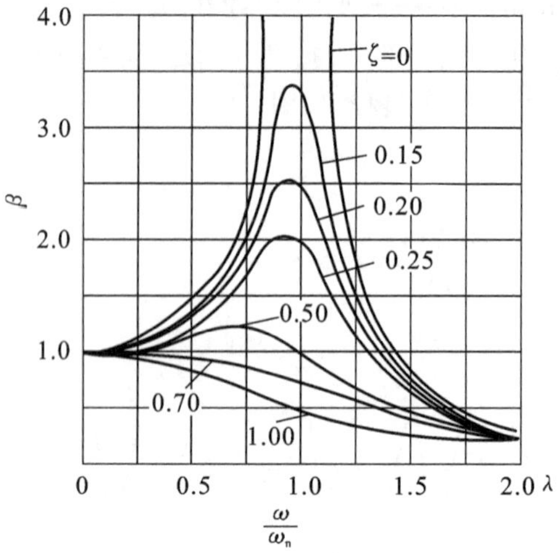

图 13-23

(1) 当 $\omega \ll \omega_n$(即 $\lambda \ll 1$) 时，$\beta \to 1$，阻尼对振幅的影响很小，此时可忽略系统的阻尼，将系统当作无阻尼强迫振动系统处理；

(2) 当 $\omega \gg \omega_n$(即 $\lambda \gg 1$) 时，$\beta \to 0$，阻尼对振幅的影响也很小，此时又可以忽略阻尼，将系统当作无阻尼强迫振动系统处理；

(3) 当 $\omega \to \omega_n$(即 $\lambda \to 1$) 时，阻尼对振幅的影响显著。当 $\zeta < 0.707$ 时，动力放大系数 β 显著增大，且存在最大值 β_{max}。随着阻尼的增大，振幅明显下降。

由式(13-42)可知，当 $\lambda = \sqrt{1-2\zeta^2}$ 时，动力放大系数 β 达到最大值，相应的强迫振动的最大振幅为

$$B_{max} = \beta_{max} B_0 = \frac{B_0}{2\zeta\sqrt{1-\zeta^2}} \tag{13-43}$$

此时频率为

$$\omega = \omega_n \sqrt{1-2\zeta^2}$$

该频率称为共振频率。

在一般情况下，当阻尼比 $\zeta \ll 1$ 时，可以取 $\omega \approx \omega_n$，即当激振力的频率等于系统的固有频率时，系统发生共振，共振时的振幅为

$$B_{max} = \frac{B_0}{2\zeta} \tag{13-44}$$

回转机械，如电机、涡轮机等在运转时经常发生振动，当转速增至某个特定值时，振幅会突然增加；当转速超过这个特定值时，振幅又会很快下降。这是由于转动部件的加工和安装等造成质量偏心，转动时不平衡质量引起的离心惯性力具有激振力的作用，这种激振力的圆频率等于转动轴的角速度 ω，转动轴相当于质量-弹簧系统。所以，当转动轴的转动角速度 ω 等于转动轴横向振动的固有频率 ω_n 时，转动轴将发生激烈的横向振动，此时的转速称为转动轴的临界转速，用 n_C 表示，即

$$n_C = \frac{30}{\pi}\omega_n \tag{13-45}$$

由于在临界转速下运转会引起轴的激烈振动，导致机器的损坏，因此在设计回转机械

时，应避免转动轴的转速在临界转速附近。

13.6.3 阻尼对强迫振动的相位的影响

由式(13-37)可知，有阻尼强迫振动的位移响应相位总是比激振力的相位落后一个相位角 φ，φ 称为相位差。由式(13-39)可得

$$\varphi = \arctan\frac{2\zeta\lambda}{1-\lambda^2} \tag{13-46}$$

根据式(13-46)可画出以 ζ 为参变量的 φ-λ 曲线，这些曲线称为相频特性曲线，如图 13-24 所示。

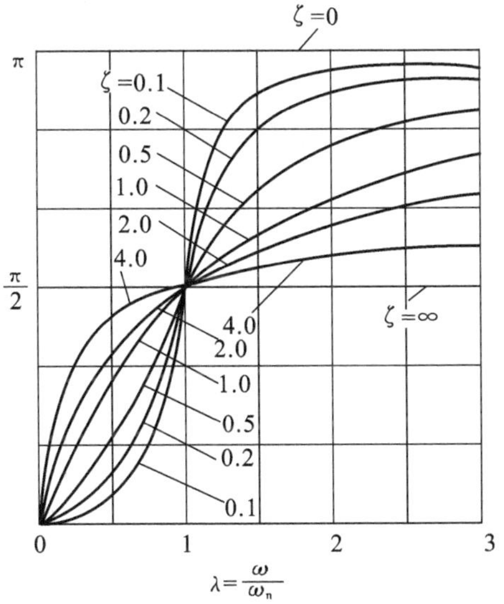

图 13-24

由图可以看出：当 $\lambda \ll 1$ 时，相位差 $\varphi \approx 0$，即强迫振动的位移与激振力同相位，当 λ 增大时，φ 增大；当 $\lambda \gg 1$ 时，相位差 $\varphi \approx \pi$，此时强迫振动的位移的相位与激振力的相位反相；当 $\lambda = 1$ 时，相位差 $\varphi = \frac{\pi}{2}$，仅在此时阻尼对相位差没有影响，这是强迫振动共振时的另一个重要特性。

13.7 隔振

在工程实际中，振动现象是不可避免的。为了防止或限制振动带来的影响和危害，我们只能采用各种方法来减振和隔振。用弹性元件和阻尼元件将振源与需要防振的物体进行隔离，这种措施称为隔振。隔振分为主动隔振和被动隔振。主动隔振是将振源与支持振源的基础隔离，被动隔振是将需要防振的物体单独与振源隔开。主动隔振是隔力，被动隔振是隔幅。下面介绍隔振的基本原理。

13.7.1 主动隔振

如图 13-25 所示为已采用主动隔振措施的电动机安装示意图。电动机本身为一振源，电动机与地基之间用橡胶块隔离开，以减少电动机传到地基上的激振力，降低通过地基传到周围结构上的振动。

主动隔振的力学模型如图 13-26 所示。

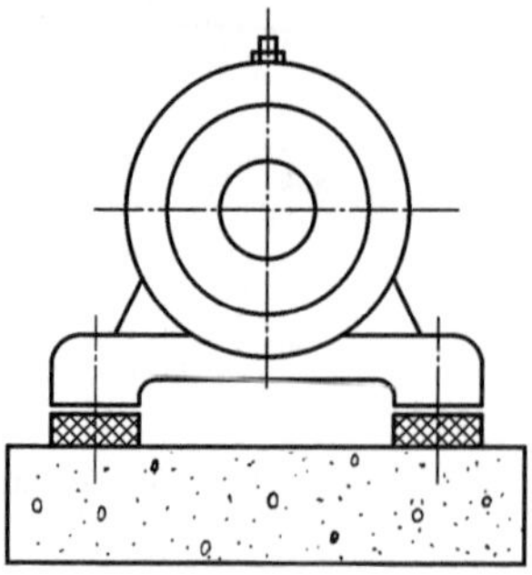

图 13-25

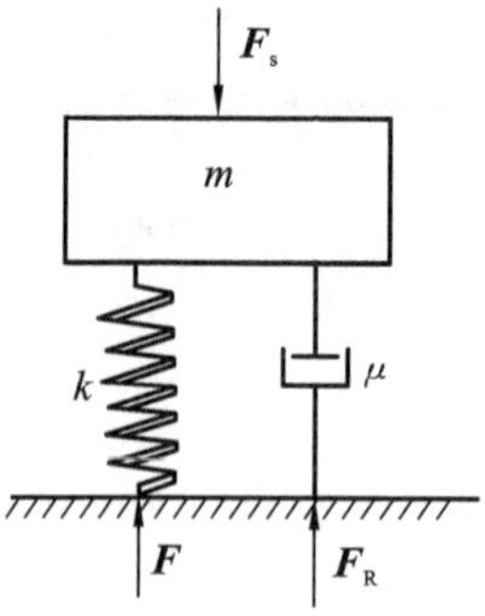

图 13-26

振源为电动机本身，它产生的激振力 $F_s = H\sin\omega t$ 作用在质量为 m 的物体上。如果电动机直接安装在地基上，则传递给地基的最大载荷等于激振力的最大值 H；如果在电动机与地基之间安装隔振器，则根据 13.6 小节中的有阻尼强迫振动理论可知，电动机的强迫振动方程为

$$x = B\sin(\omega t - \varphi)$$

其振幅为

$$B = \frac{B_0}{\sqrt{(1-\lambda^2)^2 + 4\zeta^2\lambda^2}}$$

电动机振动时，通过两个通道将力传递到地基上：一是通过弹性元件，传递到地基上的力为

$$F = kx = kB\sin(\omega t - \varphi)$$

二是通过阻尼元件，传递到地基上的力为

$$F_R = \mu\dot{x} = \mu B\omega\cos(\omega t - \varphi)$$

这两部分力的相位差为 90°，频率相同，因此可以合成为一个同频率的合力，合力的最大值为

$$F_{Nmax} = \sqrt{F_{max}^2 + F_{Rmax}^2} = \sqrt{(kB)^2 + (\mu B\omega)^2}$$

即

$$F_{Nmax} = kB\sqrt{1 + 4\zeta^2\lambda^2}$$

电动机传递到地基上的力的最大值 F_{Nmax} 与 H 的比值 η 表示隔振的效果，称为隔振系数，即

$$\eta = \frac{F_{Nmax}}{H} = \frac{kB\sqrt{1 + 4\zeta^2\lambda^2}}{H}$$

将 B 的表达式代入上式中，且令 $B_0 = \dfrac{H}{k}$，可得

$$\eta = \frac{\sqrt{1 + 4\zeta^2\lambda^2}}{\sqrt{(1-\lambda^2)^2 + 4\zeta^2\lambda^2}} \tag{13-47}$$

以 ζ 为参变量，根据式(13-47) 可画出隔振系数 η 与频率比 λ 之间的关系曲线图，如图 13-27 所示。由图可看出：

(1) 无论阻尼多大，要想达到隔振的目的，即使 $\eta < 1$，也必须使 $\lambda = \frac{\omega}{\omega_n} > \sqrt{2}$，即 $\sqrt{\frac{k}{m}} < \frac{\omega}{\sqrt{2}}$。因此，隔振器应采用刚性系数较小的弹性元件或者适当加大电动机及其底座的质量，以满足隔振的基本条件。λ 越大，隔振效果就越好。在实际应用中，通常取 $\lambda = 2.5 \sim 5$。

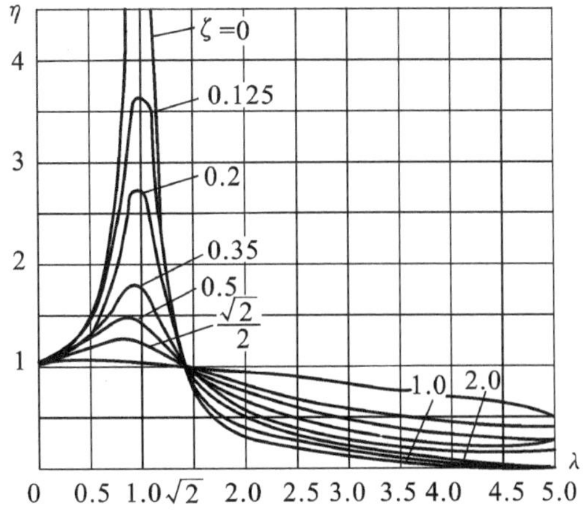

图 13-27

(2) 增大隔振器的阻尼比 ζ，可降低机器通过共振区时的最大振幅，但当 $\lambda > \sqrt{2}$ 时，增大隔振器的阻尼比 ζ 反而会使 η 增大，即隔振效果降低。

因此，阻尼材料的选择应综合考虑上述两个方面。

13.7.2 被动隔振

此时地基为振源，地基的振动方程为

$$x_1 = a\sin\omega t$$

隔振系数 η 为隔振后电动机的振幅 B 与振源的振幅 a 的比值，即 $\eta = \dfrac{B}{a}$，因此可推导出

$$\eta = \frac{\sqrt{1 + 4\zeta^2\lambda^2}}{\sqrt{(1-\lambda^2)^2 + 4\zeta^2\lambda^2}} \tag{13-48}$$

上式与主动隔振的隔振系数 η 的表达式(13-47) 完全相同。因此，主动隔振的分析结果可完全应用在被动隔振的分析中。

思考与习题

1. 求如图 13-28 所示的质量为 m 的物体的振动周期。已知三个弹簧都在铅垂方向上，且 $k_2 = 2k_1$，$k_3 = 3k_1$。

2. 用弹簧挂一质量为 m 的物体，弹簧的刚性系数为 k，开始时系统处于平衡，突然有一质量为 m_1 的物体从 h 高度处落下，撞到物体 m 后不再回跳，如图 13-29 所示。求此后两物体一起运动的规律。

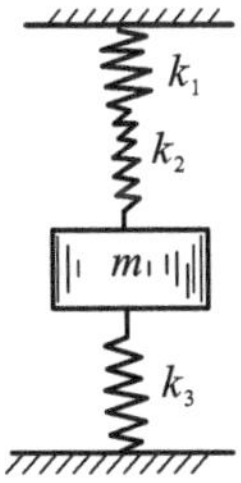

图 13-28

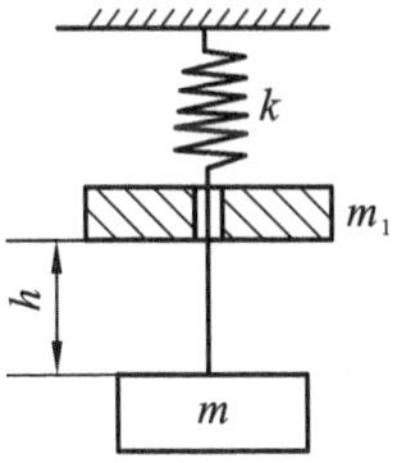

图 13-29

3. 如图 13-30 所示，一盘悬挂在弹簧上，当盘上放一重量为 P 的物体时，盘作微幅振动，测得振动周期为 T_1；若盘上换一重量为 G 的物体时，测得振动周期为 T_2。求弹簧的刚性系数 k。

4. 如图 13-31 所示，一初速度为零的重物 G 自高度 $h=1$ m 处落下，打在水平梁的中部，梁的两端固定，在荷重 G 的作用下，该梁中点的静止挠度 $\delta_0=0.5$ cm。若以重物 G 在梁上的静止平衡位置 O 为原点，取铅垂向下的轴为 y 轴，并以此轴为坐标轴，试写出重物 G 的运动方程。不计梁的重量。

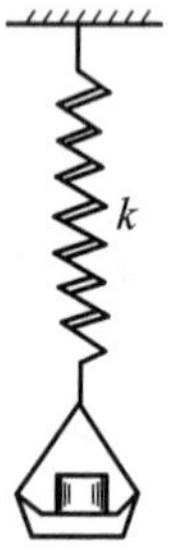

图 13-30

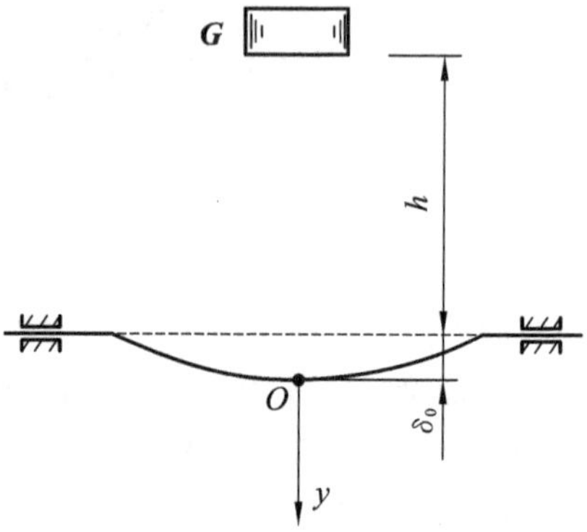

图 13-31

5. 重量为 W 的圆柱形软木塞的横截面积为 A，高度为 h，木塞的一部分浸没在比重为 γ 的液体中，一条光滑的金属棒穿过木塞的轴向小孔，以保持木塞处于铅垂位置，如图 13-32 所示。试求木塞在铅垂方向作微振动的微分方程。

6. 质量 $m_1=30$ kg 的物块 A 与质量 $m_2=20$ kg 的物块 B 用绳子相连，并悬挂于一弹簧上，如图 13-33 所示。设在静平衡时弹簧的伸长量 $\delta=0.1$ m，试求将绳子剪断，物块 B 脱离后物块 A 的运动规律。

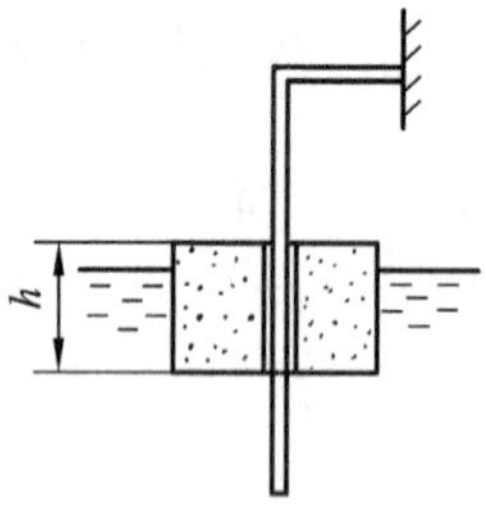

图 13-32

图 13-33

7. 如图 13-34 所示，质量 $m=50$ kg 的小车 A 从静止开始沿倾斜角 $\alpha=30°$ 的光滑斜面下滑，当下滑距离 $s=2$ m 时与缓冲器 B 相碰撞，碰撞后两者不再分离。若缓冲器的质量忽略不计，弹簧的刚性系数 $k=600$ N/m，试求小车 A 与缓冲器 B 相碰撞后的运动规律。

8. 如图 13-35 所示，一质量为 m 的小球 P 紧系在完全弹性的线 AB 的中点，线的长度为 $2l$。设线完全拉紧时张力的大小为 F_t，当小球作水平运动时，张力不变。若不计线的重量，试证明小球在水平线上的运动为简谐振动，并求其振动周期。

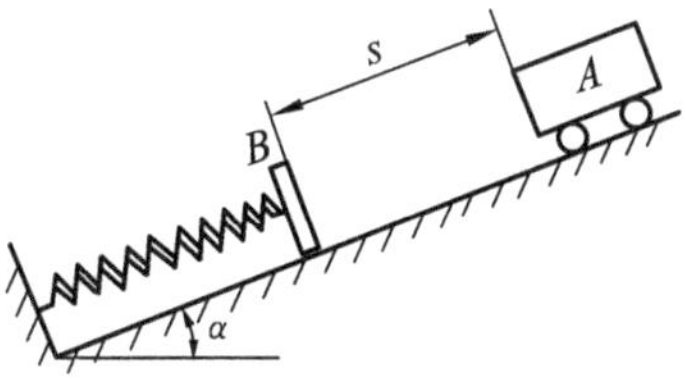

图 13-34

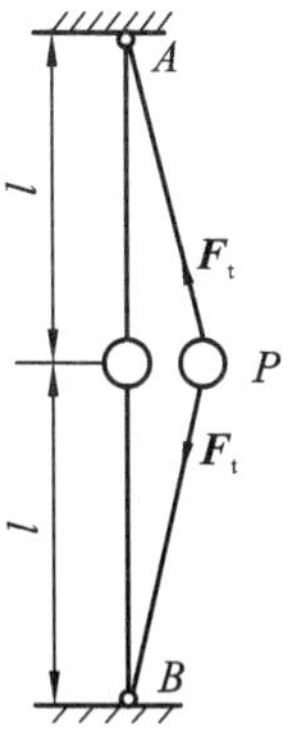

图 13-35

9. 如图 13-36 所示，重量为 P 的物体 A 悬挂于一不可伸长的绳子上，绳子跨过滑轮与固定弹簧相连，弹簧的刚性系数为 k。设滑轮是均质的，其重量为 P，半径为 r，并能绕 O 点的水平轴转动，求该系统的自由振动频率。

10. 如图 13-37 所示，一重量为 P 的物体悬挂在杆 AB 上。若杆 AB 的重量忽略不计，两弹簧的刚性系数分别为 k_1 和 k_2，且 $AC = a$，$AB = b$，求物体自由振动的频率。

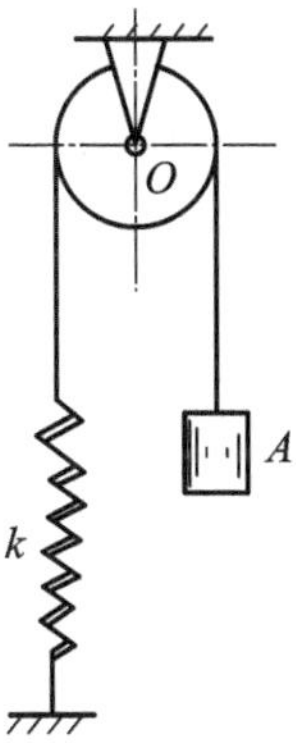

图 13-36

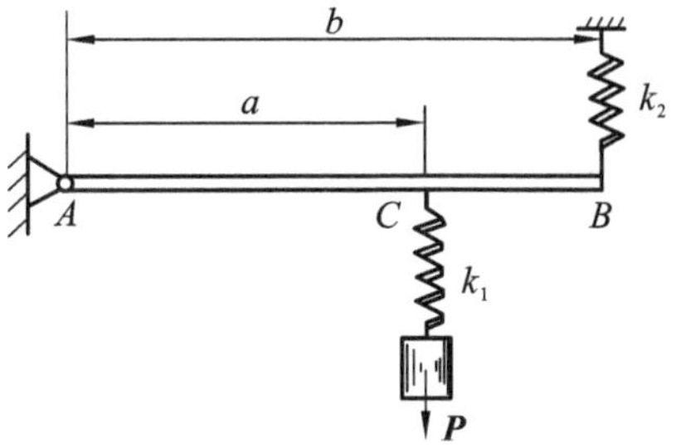

图 13-37

11. 弹簧上悬挂一质量 $m = 6$ kg 的物体，物体作无阻尼自由振动的周期 $T_1 = 0.47\pi$ s，而作线性阻尼自由振动的周期 $T_2 = 0.5\pi$ s。设开始时弹簧从平衡位置拉长 4 cm，求物体被自由释放后的运动规律，并求速度 $v = 1$ cm/s 时的阻力。

12. 用下列方法测定液体的阻尼系数。如图 13-38 所示，在弹簧上悬挂一薄板 A，测定薄板 A 在空气中作自由振动的周期为 T_1，然后将薄板 A 放在欲测阻尼系数的液体中，令其振动，测定振动周期为 T_2。已知液体与薄板 A 间的阻力等于 $2s\mu v$，其中 $2s$ 为薄板 A 的表面积，v 为薄板 A 的速度，μ 为阻力系数。若薄板 A 的重量为 P，试根据实验测得的数据 T_1 和 T_2，求阻力系数 μ。薄板与空气间的阻力忽略不计。

13. 试求如图 13-39 所示的有阻尼自由振动系统的振动频率。已知物体 B 的质量为 m，弹簧的刚性系数为 k，黏性阻力系数为 μ，杆的自重忽略不计。

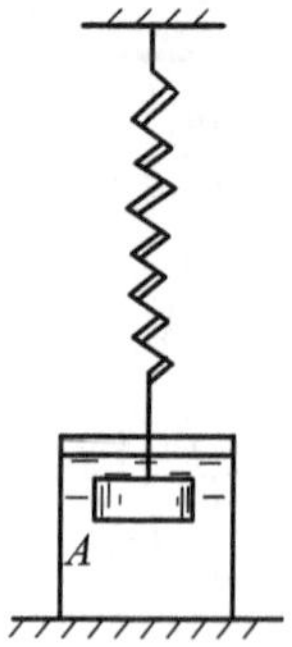

图 13-38

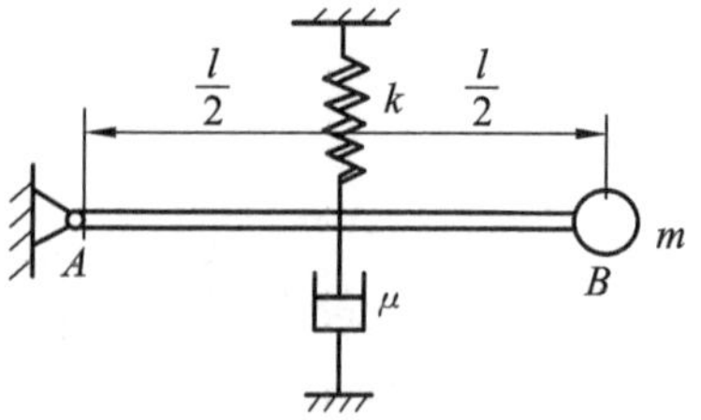

图 13-39

14. 在如图 13-40 所示的减振系统中，已知 $k_1 = k_2 = 87.5$ N/cm，$m = 22.7$ kg，$\mu = 3.5$ N·s/cm，系统开始时处于静止。在给振动体一个冲击后，振动体就开始以初速度 $v_0 = 12.7$ cm/s 沿 x 轴的正向运动。试求系统衰减振动的周期 T_d、对数衰减率 δ 和物体离开平衡位置的最大距离。

15. 如图 13-41 所示，发动机及其底座的总质量 $m = 800$ kg，支承弹簧的总刚性系数 $k = 2$ kN/m。当发动机运转时，会产生一外加力 $F = 50\sin 2t$，其中时间 t 的单位为秒(s)，力 F 的单位为牛顿(N)。试求发动机稳态振动的规律。

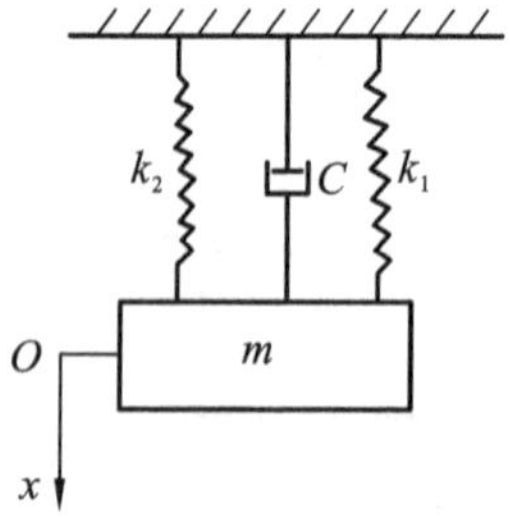

图 13-40

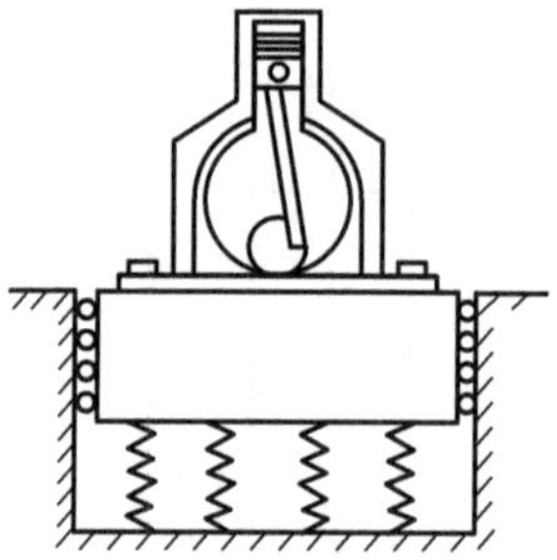

图 13-41

16. 如图 13-42 所示，一台仪器对称地放于平台 A 的中心，仪器和平台的总质量 $m = 8$ kg，平台用四根弹簧支承，每根弹簧的刚性系数 $k = 200$ N/m。若底座沿铅垂方向作简谐振动，其频率 $f = 2$ Hz，振幅 $\delta = 10$ mm，试求平台和仪器沿铅垂方向振动的振幅。

17. 如图 13-43 所示，质量 $m = 300$ kg 的拖车沿路面作匀速运动，路面近似为正弦曲线，其幅值为 50 mm，波长为 4 m。设支承拖车的两根弹簧的刚性系数均为 $k = 800$ N/m，试求：(1) 引起拖车共振的速度 v_k；(2) 当车速为 7.2 km/h 时拖车的振幅 B。

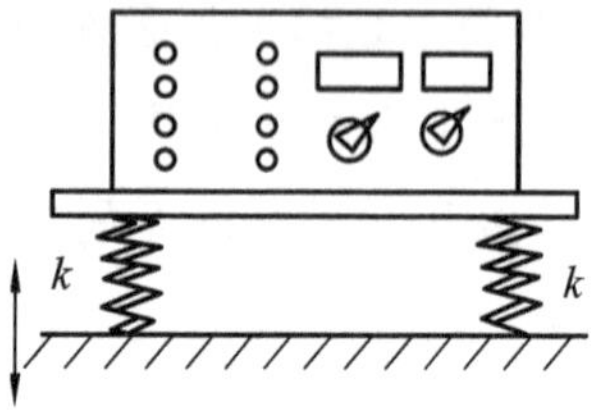

图 13-42

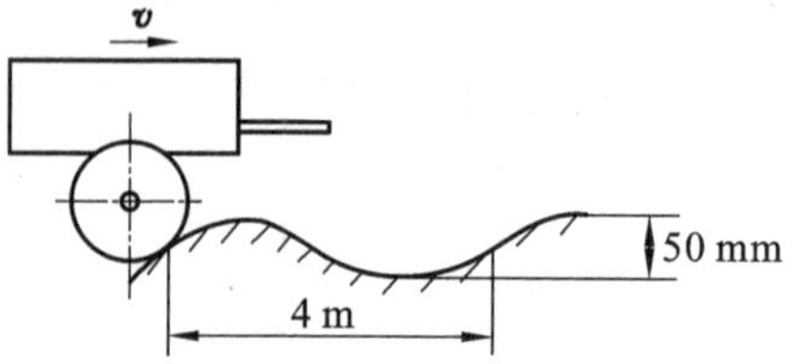

图 13-43

18. 一重量为 2 500 N 的电动机由四个刚性系数 $k = 300$ N/cm 的弹簧支承，如图 13-44

所示。在电动机转子上装有一重量为 2 N 的物体，物体与转轴间的距离 $e=10$ mm。已知电动机被限制在铅垂方向运动，求：(1) 发生共振时电动机的转速；(2) 当转速为 1 000 r/min 时，电动机稳定振动的振幅。

19. 如图 13-45 所示为蒸汽机的示功计，活塞 B 由弹簧 D 支承，并能在圆筒 A 中活动，活塞 B 与杆 BC 相连，在杆 BC 上连有一画针 C。设蒸汽对活塞的压强按 $P=40+30\sin\frac{2\pi}{T}t$ 的规律变化，其中 P 的单位为 N/cm^2，T 表示卷筒每转一周所需的秒数。设卷筒每秒转 3 转，示功计的活塞的面积 $A=4\ cm^2$，示功计活动部分（活塞和杆）的重量 $G=10$ N，弹簧每压缩 1 厘米需力 30 N。求画针 C 所作的强迫振动的振幅。

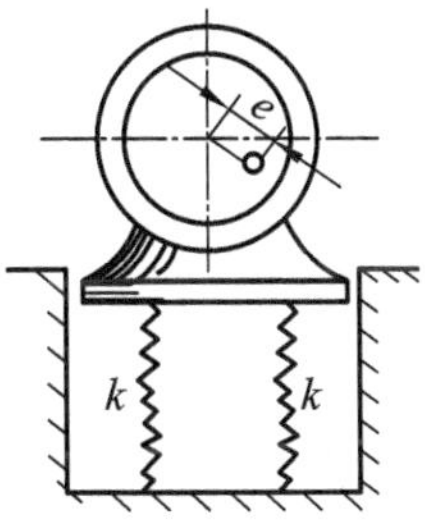

图 13-44

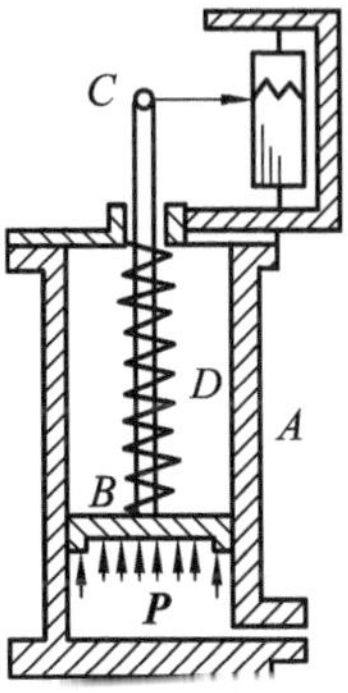

图 13-45

20. 如图 13-46 所示，物体 M 悬挂于弹簧 AB 上，弹簧的上端作铅垂直线简谐振动，其振幅为 a，频率为 ω，即 $O_1C=a\sin\omega t$。已知物体 M 的重量为 4 N，弹簧在 0.4 N 力的作用下伸长 1 cm，$a=2$ cm，$\omega=7$ rad/s，求物体 M 的强迫振动规律。

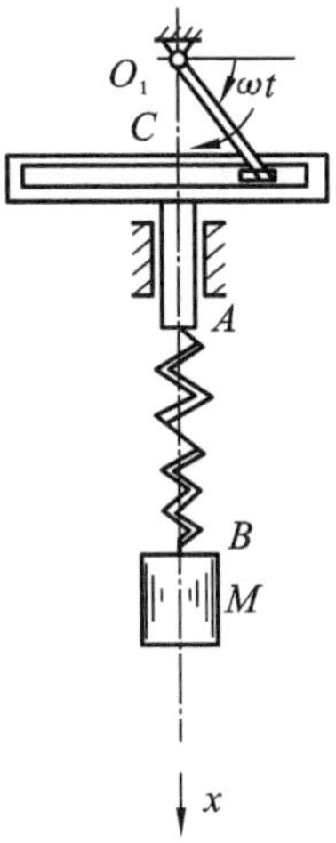

图 13-46

第14章 质点相对运动的动力学基础

我们知道，牛顿第一定律和牛顿第二定律只适用于惯性坐标系，而对非惯性坐标系是不适用的。但是在工程实际中，有一些关于非惯性坐标系的动力学问题需要研究。例如，研究涡轮机中气流相对于旋转叶片的运动；研究洲际导弹相对于地球的运动时，必须考虑地球的自转，此时地球应看成非惯性坐标系。为此，需要建立在非惯性坐标系中作用于质点上的力与其运动的关系，这就是质点相对运动的动力学基本方程。

14.1 质点相对运动的动力学基本方程

设质量为 m 的质点 M 相对于动坐标系 $Oxyz$（非惯性坐标系）作相对运动，如图 14-1 所示。现在研究质点相对于动坐标系的运动与作用在质点上的力之间的关系。

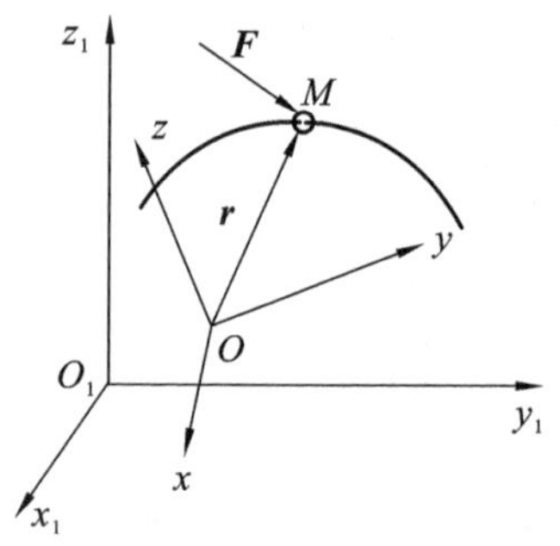

图 14-1

取定坐标系 $O_1x_1y_1z_1$（惯性坐标系），动坐标系 $Oxyz$ 相对于定坐标系 $O_1x_1y_1z_1$ 的运动为牵连运动。对于定坐标系 $O_1x_1y_1z_1$，牛顿第二定律成立，即

$$m\boldsymbol{a}_{\mathrm{a}} = \boldsymbol{F} \tag{1}$$

式中，$\boldsymbol{a}_{\mathrm{a}}$ 为质点 M 的绝对加速度，$\boldsymbol{F}$ 为作用在质点上的合力。根据运动学中的加速度合成定理，有

$$\boldsymbol{a}_{\mathrm{a}} = \boldsymbol{a}_{\mathrm{e}} + \boldsymbol{a}_{\mathrm{r}} + \boldsymbol{a}_{\mathrm{k}} \tag{2}$$

式中，$\boldsymbol{a}_{\mathrm{e}}$ 为牵连加速度；$\boldsymbol{a}_{\mathrm{r}}$ 为相对加速度；$\boldsymbol{a}_{\mathrm{k}}$ 为科氏加速度，且 $\boldsymbol{a}_{\mathrm{k}} = 2\boldsymbol{\omega} \times \boldsymbol{v}_{\mathrm{r}}$。将式(2) 代入式(1) 中并整理，得

$$m\boldsymbol{a}_{\mathrm{r}} = \boldsymbol{F} - m\boldsymbol{a}_{\mathrm{e}} - m\boldsymbol{a}_{\mathrm{k}} \tag{14-1}$$

应用达朗伯原理可得

$$\begin{cases} \boldsymbol{F}_{\mathrm{ge}} = -m\boldsymbol{a}_{\mathrm{e}} \\ \boldsymbol{F}_{\mathrm{gk}} = -m\boldsymbol{a}_{\mathrm{k}} \end{cases} \tag{14-2}$$

其中，$\boldsymbol{F}_{\mathrm{ge}}$ 称为牵连惯性力，$\boldsymbol{F}_{\mathrm{gk}}$ 称为科氏惯性力。于是，式(14-1) 可写成与牛顿第二定律相类似的形式，即

$$m\boldsymbol{a}_{\mathrm{r}} = \boldsymbol{F} + \boldsymbol{F}_{\mathrm{ge}} + \boldsymbol{F}_{\mathrm{gk}} \tag{14-3}$$

即质点的质量与相对加速度的乘积，等于作用于质点上的力与牵连惯性力、科氏惯性力的矢量和，这就是质点相对运动的动力学基本方程。式(14-3) 可写成微分方程的形式，即

$$m\frac{\mathrm{d}^2\boldsymbol{r}}{\mathrm{d}t^2} = \boldsymbol{F} + \boldsymbol{F}_{\mathrm{ge}} + \boldsymbol{F}_{\mathrm{gk}} \tag{14-4}$$

其中，$\boldsymbol{r}$ 表示质点 M 在动坐标系中的矢径。式(14-4) 称为质点相对运动微分方程的矢量形式。在应用该方程解题时，应取它的投影式。若向非惯性坐标系 $Oxyz$ 投影，则质点相对运动微分方程的直角坐标形式为

$$\begin{cases} m\dfrac{\mathrm{d}^2x}{\mathrm{d}t^2} = F_x + F_{\mathrm{ge}x} + F_{\mathrm{gk}x} \\ m\dfrac{\mathrm{d}^2y}{\mathrm{d}t^2} = F_y + F_{\mathrm{ge}y} + F_{\mathrm{gk}y} \\ m\dfrac{\mathrm{d}^2z}{\mathrm{d}t^2} = F_z + F_{\mathrm{ge}z} + F_{\mathrm{gk}z} \end{cases} \tag{14-5}$$

下面分析几种特殊情况。

(1) 设动坐标系相对于定坐标系作平动，此时 $\boldsymbol{a}_k = 0$，则 $\boldsymbol{F}_{gk} = 0$，于是式(14-3) 可改写为

$$m\boldsymbol{a}_r = \boldsymbol{F} + \boldsymbol{F}_{ge} \tag{14-6}$$

(2) 设动坐标系相对于定坐标系作匀速直线平动，此时由于 $\boldsymbol{a}_e = \boldsymbol{a}_k = 0$，则 $\boldsymbol{F}_{ge} = \boldsymbol{F}_{gk} = 0$，于是式(14-3) 可改写为

$$m\boldsymbol{a}_r = \boldsymbol{F} \tag{14-7}$$

即此种情况下，质点相对运动的动力学基本方程与牛顿第二定律一致。也就是说，凡是相对于惯性坐标系作匀速直线平动的动坐标系都是惯性坐标系。式(14-7) 说明，当动坐标系作惯性运动时，质点的相对运动不受牵连运动的影响。因此，发生在惯性坐标系中的任何力学现象，都无助于发觉该坐标系本身的运动情况，这就是古典力学的相对性原理。

(3) 设质点相对于动坐标系静止，此时 $\boldsymbol{a}_r = 0$，$\boldsymbol{v}_r = 0$，则 $\boldsymbol{F}_{gk} = 0$，于是式(14-3) 可改写为

$$\boldsymbol{F} + \boldsymbol{F}_{ge} = 0 \tag{14-8}$$

即当质点在非惯性坐标系中保持相对静止时，作用在质点上的力与质点的牵连惯性力相互平衡，这就是质点相对静止的平衡方程。

14.2 基本方程的应用举例

利用质点相对运动的动力学基本方程及其微分方程，就可以求解质点相对运动的两类动力学问题，即如果已知质点的相对运动，可求出作用于质点上的力；如果已知作用于质点上的力，对微分方程积分后就可求出质点的相对运动，当然还需要给出相应的初始条件。下面举例说明求解过程。

【例 14-1】 在以匀加速度 $\boldsymbol{a}$ 向右运动的车厢中，有一重量为 P 的质点 M，在 $t=0$ 时从高度为 h 的 M_0 点由静止自由下落，如图 14-2 所示。求质点 M 相对于车厢的运动轨迹。

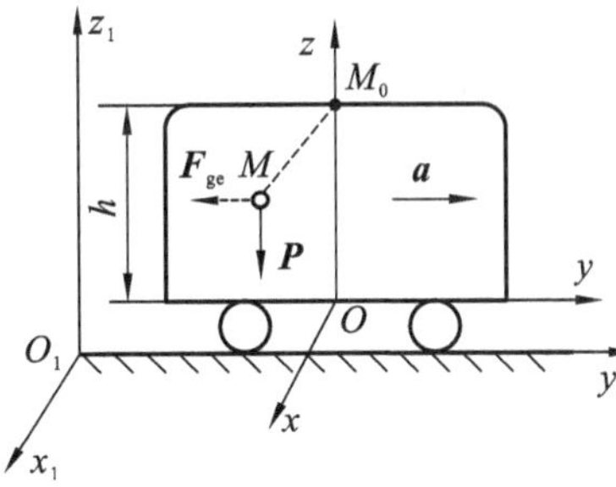

图 14-2

【解】 (1) 取质点 M 为研究对象，取动坐标系 $Oxyz$，并令 z 轴铅垂向上经过 M_0 点，坐标原点在车厢的地板上。

(2) 作用于质点上的力只有重力 $\boldsymbol{P}$。

(3) 因动坐标系作平动，故只加牵连惯性力 $\boldsymbol{F}_{ge}$，其大小为 $F_{ge} = mg$，方向如图 14-2 所示。

(4) 列出质点 M 的相对运动微分方程。

$$m\frac{\mathrm{d}^2x}{\mathrm{d}t^2} = 0,\quad m\frac{\mathrm{d}^2y}{\mathrm{d}t^2} = -ma,\quad m\frac{\mathrm{d}^2z}{\mathrm{d}t^2} = -mg$$

即

$$\frac{\mathrm{d}^2x}{\mathrm{d}t^2} = 0,\quad \frac{\mathrm{d}^2y}{\mathrm{d}t^2} = -a,\quad \frac{\mathrm{d}^2z}{\mathrm{d}t^2} = -g$$

对上式进行积分，可得

$$\frac{\mathrm{d}x}{\mathrm{d}t} = C_1,\quad \frac{\mathrm{d}y}{\mathrm{d}t} = -at + C_2,\quad \frac{\mathrm{d}z}{\mathrm{d}t} = -gt + C_3$$

对上式再进行积分，可得

$$x = C_1 t + D_1, \quad y = -\frac{1}{2}at^2 + C_2 t + D_2, \quad z = -\frac{1}{2}gt^2 + C_3 t + D_3$$

式中，C_1、C_2、C_3、D_1、D_2、D_3 为积分常数，可由相对运动的初始条件确定。

当 $t = 0$ 时，$x_0 = y_0 = 0, z_0 = h, \frac{dx}{dt} = \frac{dy}{dt} = \frac{dz}{dt} = 0$，代入上式中，可得

$$C_1 = C_2 = C_3 = D_1 = D_2 = 0, \quad D_3 = h$$

于是，质点 M 的相对运动方程为

$$x = 0, \quad y = -\frac{1}{2}at^2, \quad z = h - \frac{1}{2}gt^2$$

消去上式中的 t，可得

$$z = h + \frac{g}{a}y$$

可见，质点 M 的相对运动轨迹是一线段，如图 14-2 中虚线所示。

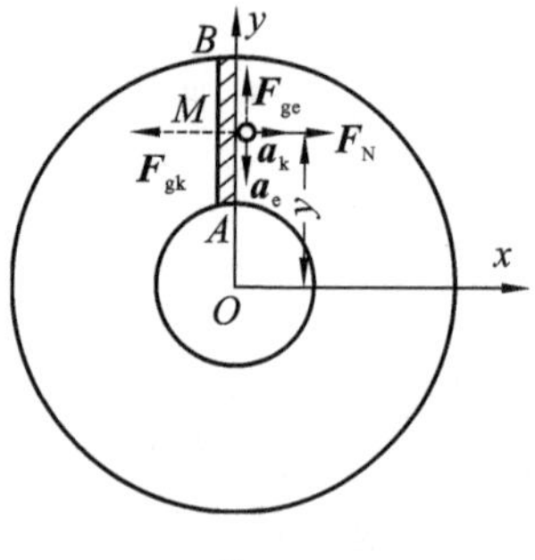

图 14-3

【例 14-2】 抛丸机叶轮以等角速度 ω 绕 O 轴转动，迫使铁丸 M 沿径向叶片向外运动，如图 14-3 所示。叶片的内半径为 r_1，外半径为 r_2，铁丸 M 进入叶片时，在 A 处的相对初速度为零。求铁丸 M 沿叶片相对运动时叶片对铁丸的反力，并求铁丸 M 离开叶片时的相对速度。不计摩擦，并设铁丸 M 的质量为 m，铁丸的自重与其他力相比很小，可忽略不计。

【解】 (1) 取铁丸 M 为研究对象，在叶轮上取动坐标系 Oxy。

(2) 铁丸 M 所受的力有叶片对铁丸的反力 $\boldsymbol{F}_N$。

(3) 分析运动。铁丸 M 的牵连加速度的大小为 $a_e = y\omega^2$，科氏加速度的大小为 $a_k = 2v_r\omega$，故加牵连惯性力 $F_{ge} = my\omega^2$，加科氏惯性力 $F_{gk} = 2mv_r\omega$，方向如图 14-3 所示。

(4) 列出质点相对运动微分方程。

$$0 = F_N - F_{gk}, \quad m\frac{d^2y}{dt^2} = F_{ge}$$

即

$$0 = F_N - 2mv_r\omega, \quad \frac{d^2y}{dt^2} = \omega^2 y \tag{1}$$

在上式中，由于 $\frac{d^2y}{dt^2} = \frac{dv_r}{dt} \cdot \frac{dy}{dy} = v_r\frac{dv_r}{dy}$，于是可得

$$\int_0^{v_r} v_r dv_r = \int_{r_1}^{y} \omega^2 y dy$$

对上式进行积分，可得

$$\frac{v_r^2}{2} = \frac{\omega^2}{2}(y^2 - r_1^2)$$

解得

$$v_r = \omega\sqrt{y^2 - r_1^2} \tag{2}$$

上式可改写为 $\frac{dy}{dt} = \omega\sqrt{y^2 - r_1^2}$，再进行积分，可得

$$\int_{r_1}^{y} \frac{dy}{\sqrt{y^2 - r_1^2}} = \int_0^t \omega dt$$

解得

$$\operatorname{arch}\frac{y}{r_1}=\omega t$$

即

$$\frac{y}{r_1}=\operatorname{ch}(\omega t)$$

于是有

$$y=r_1\operatorname{ch}(\omega t)=r_1\frac{e^{\omega t}+e^{-\omega t}}{2} \tag{3}$$

上式就是铁丸 M 沿叶片运动的方程。

由式(1) 可得

$$F_N=2mv_r\omega \tag{4}$$

对式(3) 求导数,可得

$$v_r=\frac{dy}{dt}=r_1\omega\frac{e^{\omega t}-e^{-\omega t}}{2}$$

将上式代入式(4) 中,可得

$$F_N=mr_1\omega^2(e^{\omega t}-e^{-\omega t})$$

可将 $y=r_2$ 代入式(2) 中,求铁丸 M 离开叶片时的相对速度,即

$$v_{r2}=\omega\sqrt{r_2^2-r_1^2}$$

【例 14-3】 如图 14-4 所示,细管 AB 以匀角速度 ω 绕铅垂轴 z 转动,细管内有一质量为 m 的光滑小球 M。欲使小球 M 在管内任何位置处于相对静止,或沿细管作相对匀速运动,则细管 AB 应在铅垂平面 Oyz 内弯成何种曲线?

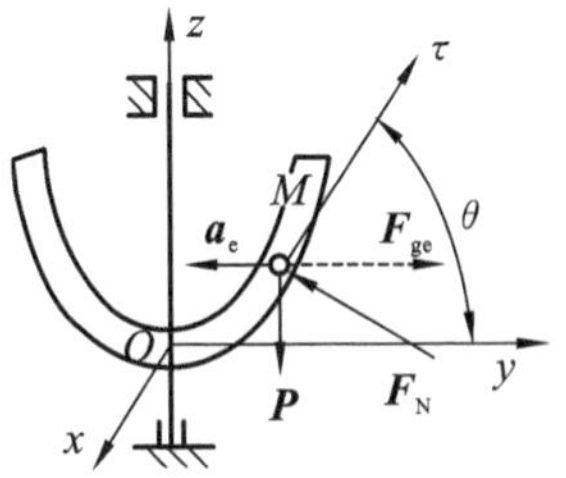

图 14-4

【解】 (1) 取小球 M 为研究对象,设细管 AB 弯成如图 14-4 所示的形状,取非惯性坐标系 $Oxyz$,以细管 AB 的最低点为坐标原点。

(2) 小球所受的力有重力 $\boldsymbol{P}$ 和管壁的反力 $\boldsymbol{F}_N$。

(3) 分析运动。小球在细管内任一位置的坐标为 y、z,其牵连加速度为 $a_e=\omega^2|y|$,加牵连惯性力 $F_{ge}=m\omega^2|y|$,方向如图 14-4 所示;因科氏加速度 $\boldsymbol{a}_k=2\boldsymbol{\omega}\times\boldsymbol{v}_r$,即科氏惯性力的方向垂直于 Oyz 平面,当小球处于相对静止时,$v_r=0$,故有 $F_{gk}=0$。

(4) 列出质点相对运动微分方程。当小球相对于细管作匀速运动时,其相对加速度 $\boldsymbol{a}_r$ 的方向垂直于细管曲线的切线,把相对运动的动力学基本方程 $m\boldsymbol{a}_r=\boldsymbol{P}+\boldsymbol{F}_N+\boldsymbol{F}_{ge}+\boldsymbol{F}_{gk}$ 投影到切线方向上,同时 $\boldsymbol{a}_r$、$\boldsymbol{F}_N$ 和 $\boldsymbol{F}_{gk}$ 都垂直于切线,故有

$$F_{ge\tau}-P_\tau=0$$

即

$$my\omega^2\cos\theta-mg\sin\theta=0$$

其中,θ 为切线与 Oy 轴的夹角。由此可得,曲线的斜率为

$$\tan\theta=\frac{\omega^2}{g}y$$

又由于 $\frac{dz}{dy}=\tan\theta$,所以有

$$\frac{dz}{dy}=\frac{\omega^2}{g}y$$

对上式进行积分，可得

$$\int_0^z dz = \frac{\omega^2}{g}\int_0^y y dy$$

解得

$$z = \frac{\omega^2}{2g}y^2 + C$$

将初始条件，即当 $y = 0$ 时，$z = 0$ 代入上式中，可得 $C = 0$，于是细管的曲线方程为

$$z = \frac{\omega^2}{2g}y^2$$

可见，细管应弯成抛物线形状。

本例题的结论也适用于绕铅垂轴转动的容器中的自由液面的相对平衡。在离心浇铸时，常遇到这类问题。

【例 14-4】 质量为 m 的质点 M 以初速度 $\boldsymbol{v}_0$ 沿铅垂线向上抛射，设发射点在北纬 φ 处，如图 14-5(a) 所示。不计空气阻力，求质点上升的最高点和重新落回地面的位置。

【解】 (1) 取质点 M 为研究对象，动坐标系 $Oxyz$ 固连在地球上，以抛射点 O 为坐标原点，如图 14-5(a) 所示。由于本题需考虑地球的自转，故为非惯性坐标系的动力学问题。

(2) 受力分析。质点只受重力 $\boldsymbol{P}$ 的作用。

(3) 分析运动，加惯性力。由于地球自转的角速度很小，故可忽略牵连惯性力，其科氏惯性力为 $F_{\mathrm{gk}} = -ma_{\mathrm{k}}$。设 $\boldsymbol{i}$、$\boldsymbol{j}$、$\boldsymbol{k}$ 为动坐标系 $Oxyz$ 各对应坐标的单位矢量，则

$$\begin{aligned}\boldsymbol{F}_{\mathrm{gk}} &= -2m\boldsymbol{\omega}\times\boldsymbol{v}_{\mathrm{r}} = -2m\begin{vmatrix}\boldsymbol{i} & \boldsymbol{j} & \boldsymbol{k}\\ -\omega\cos\varphi & 0 & \omega\sin\varphi\\ \dot{x} & \dot{y} & \dot{z}\end{vmatrix}\\ &= 2m\omega\dot{y}\sin\varphi\boldsymbol{i} - 2m\omega(\dot{z}\cos\varphi + \dot{x}\sin\varphi)\boldsymbol{j} + 2m\omega\dot{y}\cos\varphi\boldsymbol{k}\\ &= F_{\mathrm{gk}x}\boldsymbol{i} + F_{\mathrm{gk}y}\boldsymbol{j} + F_{\mathrm{gk}z}\boldsymbol{k}\end{aligned}$$

(4) 列出质点相对运动微分方程的投影式。

$$m\frac{d^2x}{dt^2} = F_{\mathrm{gk}x} \tag{1}$$

$$m\frac{d^2y}{dt^2} = F_{\mathrm{gk}y} \tag{2}$$

$$m\frac{d^2z}{dt^2} = -mg + F_{\mathrm{gk}z} \tag{3}$$

在式(3) 中，科氏惯性力远小于重力 mg，因此可忽略不计。所以根据给定的初始条件，对式(3) 进行积分，可得

$$\frac{dz}{dt} = v_0 - gt$$

$$z = v_0 t - \frac{1}{2}gt^2 \tag{4}$$

科氏惯性力使质点 M 在水平方向产生附加的运动，但是这个附加运动的速度与质点沿 z 轴方向的运动速度 $\dot{z}$ 相比很小，因此科氏惯性力主要应由 $\dot{z}$ 引起，即可认为 $F_{\mathrm{gk}x} = 0$，$F_{\mathrm{gk}y} \approx -2m\omega\dot{z}\cos\varphi$。于是式(1)、式(2) 可改写为

$$\frac{d^2x}{dt^2} = 0$$

$$\frac{d^2 y}{dt^2} = 2\omega\cos\varphi(gt - v_0)$$

对上述两式进行两次积分并代入初始条件，可得

$$x = 0$$

$$y = 2\omega\cos\varphi\left(\frac{gt^3}{6} - \frac{1}{2}v_0 t^2\right) \tag{5}$$

质点 M 到达最高点的时间 t_1（此时 $\dot{z} = 0$）和重新落回地面的时间 t_2（此时 $z = 0$）分别为

$$t_1 = \frac{v_0}{g}, \quad t_2 = \frac{2v_0}{g} = 2t_1$$

将 t_1、t_2 分别代入式(4)和式(5)中，求得最高点和落地点的坐标为

$$x_1 = 0, \quad y_1 = -\frac{2{v_0}^3}{3g^2}\omega\cos\varphi, \quad z_1 = \frac{{v_0}^2}{2g}$$

$$x_2 = 0, \quad y_2 = -\frac{4{v_0}^3}{3g^2}\omega\cos\varphi, \quad z_2 = 0$$

y_1、y_2 为负值，表示质点偏到抛射点以西。当上抛时，由于科氏惯性力向西，质点 M 会偏西运动是正常的；当重新下落时，科氏惯性力向东，质点 M 似乎会偏东运动，但因为在最高点时质点 M 已具有向西的水平速度，在此后的运动中，向东的科氏惯性力只减小了向西的速度分量，所以质点仍继续偏西运动，如图 14-5(b) 所示。如果质点 M 无初速度地自由下落，则落地点必偏东，如图 14-5(c) 所示。这种落地偏东的现象可以通过精确的实验加以验证。

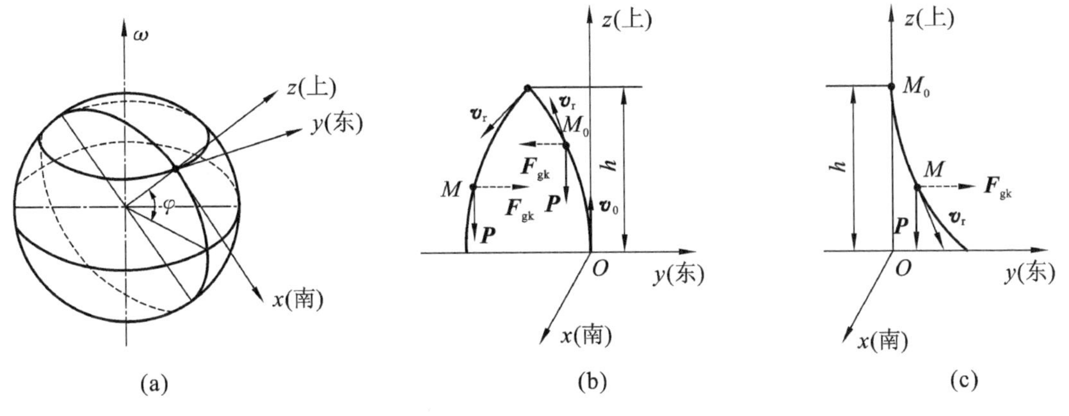

图 14-5

思考与习题

1. 如图 14-6 所示，电梯以等加速度 $\boldsymbol{a}$ 下降，且 $a < g$。求悬挂于电梯中的单摆微振动的周期。已知摆长为 l。

2. 如图 14-7 所示为一摆动筛，筛面可近似为沿 x 轴作往复运动，其运动方程为 $x = r\sin\omega t$（ω 为曲柄的角速度，r 为曲柄的长度），筛面与水平面间的夹角为 β。已知颗粒与筛面间的摩擦角为 φ，求能使不通过筛孔的颗粒自动下滑的曲柄转速 n。

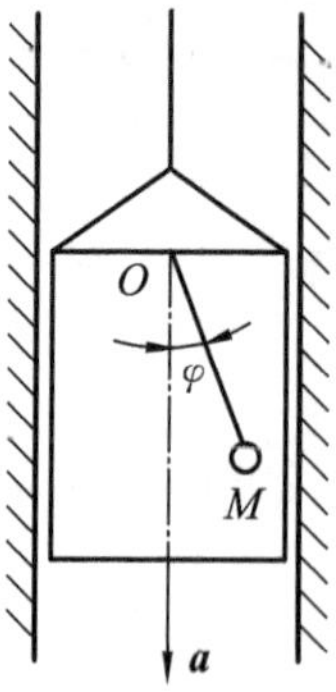

图 14-6

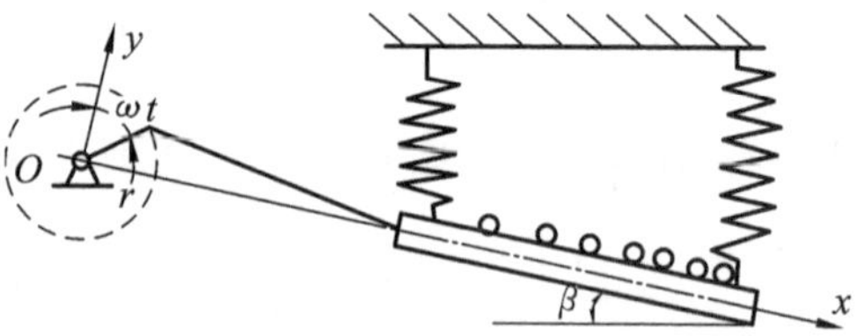

图 14-7

3. 如图 14-8 所示，倾斜角为β的直角斜坡沿水平面以等加速度$\boldsymbol{a}$滑动，质量为m的物块A在斜面上。(1) 求物块A能在斜面上相对静止的加速度$\boldsymbol{a}$的值；(2) 若加速度$\boldsymbol{a}$小于物块A相对静止时的加速度，求物块A对斜坡的相对加速度、绝对加速度及斜坡的反力。不计摩擦。

4. 如图 14-9 所示为一用细绳悬挂的小球，小球在纬度为φ角的地球表面静止不动。求细绳相对于地球半径的偏差角和重力加速度随纬度变化的规律。设赤道处的重力加速度为$g_0 = 9.780\ 3\ \text{m/s}^2$。

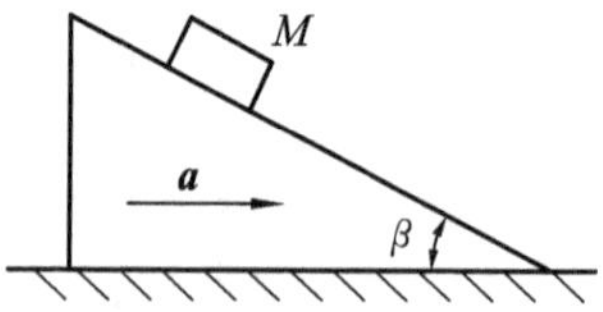

图 14-8

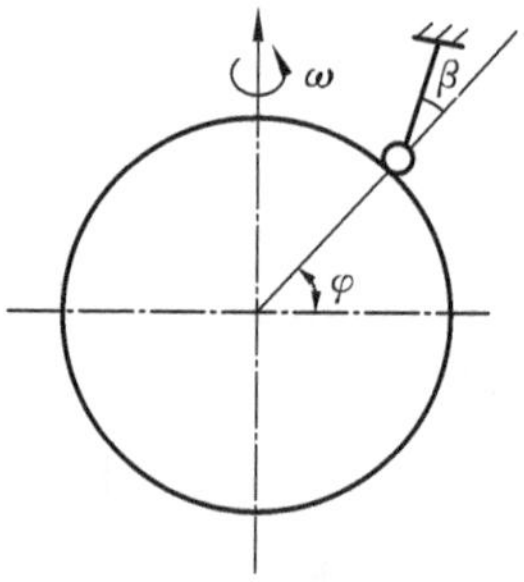

图 14-9

5. 如图 14-10 所示为一离心分离机，鼓室的半径为R，高度为H，鼓室以匀角速度ω绕Oy轴转动。试求：

(1) 鼓室旋转时，在Oxy平面内的液面所形成的曲线形状；

(2) 当鼓室无盖时，为使分离的液体不致溢出，注入液体的最大高度h。

6. 如图 14-11 所示，一长度$l = 0.5$ m 的直杆AO可绕过端点O的z轴在水平面内匀速转动，其转动的角速度$\omega = 2\pi$ rad/s，在杆AO上有一重量为P的套筒B，设开始运动时，套筒B在杆AO的中点处于相对静止。若不计摩擦，求套筒B运动到端点A所需的时间。

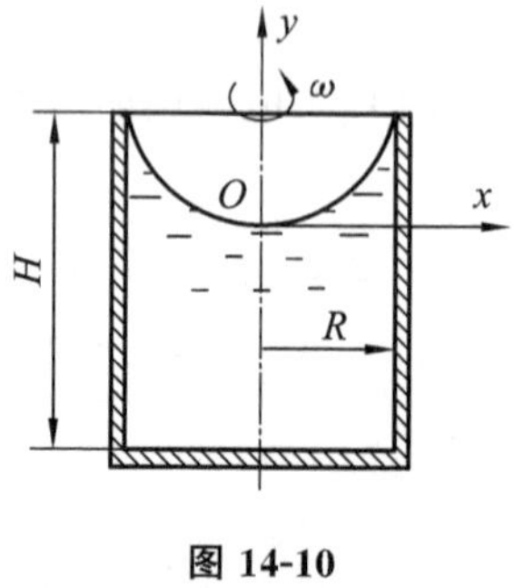

图 14-10

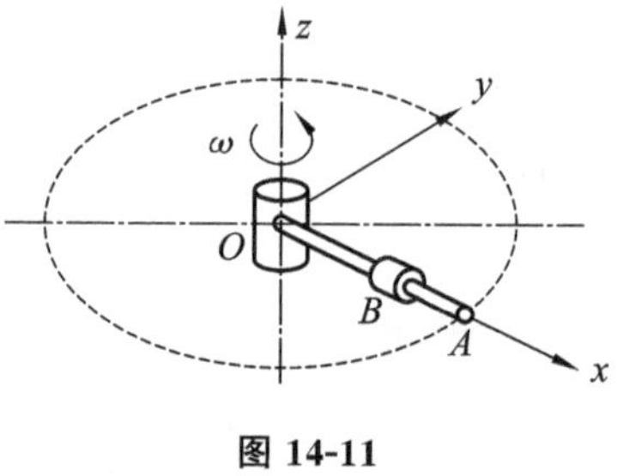

图 14-11

7. 如图 14-12 所示，一圆盘以匀角速度 ω 在水平面内绕过其中心 C 的铅垂轴转动，现有一质量为 m 的质点 M 可沿光滑弦线 AB 滑动。若此质点 M 用固连于 A、B 两点的刚性系数均为 0.5k 的两个弹簧相连，假定弦线 AB 的中点 O 为质点 M 的相对平衡位置，求质点 M 的自由振动周期。

8. 质量为 m 的质点 M 在铅垂平面 Oxz 内不受摩擦地自由运动，Oxz 平面以匀角速度 ω 绕固定铅垂轴 z 转动，如图 14-13 所示。开始时质点的坐标为 x_0 及 z_0，相对速度为零。求质点 M 的相对运动规律及转动平面对质点 M 的反力。

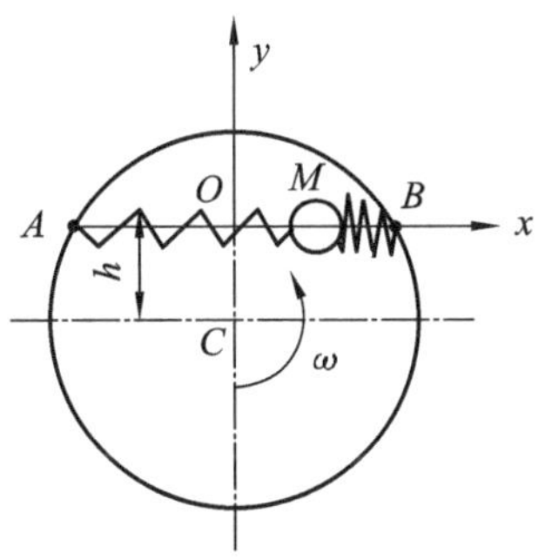

图 14-12

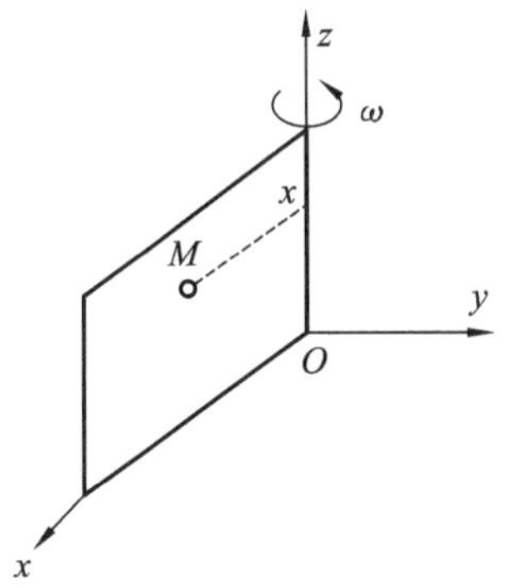

图 14-13

9. 在北半球上有一质点自 h 高处自由地落到地面，该地的纬度为 φ。若计入地球的自转，且地球自转的角速度为 ω，忽略空气阻力，问质点落到地面时向东偏离了多少距离？

10. 一铁路沿经线铺设，质量为 2 000 t 的列车以 54 km/h 的速度从南向北行驶，某瞬时经过北纬 45°，求此时列车对铁轨的侧压力。地球自转的角速度 $\omega = 7.29 \times 10^{-5}$ rad/s。

附　录

附录 A　国际单位制(SI)与工程单位制及其换算关系表

量	国际单位制(SI)			工程单位制		两种单位制之间的换算关系式
	名称	代号		名称	代号	
		中文	国际			
长度	米	米	m	米	m	
质量	公斤(千克)	公斤(千克)	kg	工程质量单位	$kgf\cdot s^2/m$	1 工程质量单位=9.81 公斤
时间	秒	秒	s	秒	s	
平面角	弧度	弧度	rad	弧度	rad	
速度	米每秒	米/秒	m/s	米/秒	m/s	
加速度	米每二次方秒	米/秒^2	m/s^2	米/秒^2	m/s^2	
角速度	弧度每秒	弧度/秒	rad/s	弧度/秒	rad/s	
角加速度	弧度每二次方秒	弧度/秒^2	rad/s^2	弧度/秒^2	rad/s^2	
频率	赫兹	赫	Hz	赫兹	Hz	
力	牛顿	牛	N	公斤力(千克力)	kgf	1 kgf=9.81 N
力矩	牛顿米	牛·米	N·m	公斤力·米	kgf·m	1 kgf·m=9.81 N·m
压力(压强) 应力	帕斯卡	帕	Pa(N/m^2)	公斤力/厘米^2 或 公斤力/毫米^2	kgf/cm^2 或 kgf/mm^2	$1\ kgf/cm^2=9.81\times10^4$ Pa =98.1 kPa $1\ kgf/mm^2=9.81\times10^6$ Pa =9.81 Mpa
能、功	焦耳	焦	J(N·m)	公斤力·米	kgf·m	1 kgf·m=9.81 N·m=9.81 J
功率	瓦特	瓦	W(J/s)	公斤力·米/秒	kgf· m/s	1 kgf·m/s =9.81 N·m/s =9.81 J/s =9.81 W
转动惯量	公斤二次方米	公斤·米^2	$kg\cdot m^2$ ($N\cdot s^2\cdot m$)	工程质量单位 二次方米	$kgf\cdot s^2\cdot m$	$1\ kgf\cdot s^2\cdot m=9.81\ kg\cdot m^2$
动量	公斤米每秒	公斤·米/秒	kg· m/s (N·s)	工程质量单位 米每秒	kgf·s	1 kgf·s=9.81 N·s
冲量	牛顿秒	牛·秒	N·s	公斤力·秒	kgf·s	1 kgf·s=9.81 N·s
动量矩	公斤二次方米 每秒	公斤·米^2/秒	$kg\cdot m^2/s$ (N·s·m)	工程质量单位 二次方米每秒	kgf·s·m	1 kgf·s·m=9.81 N·s·m

附录 B 习题答案

第一章

1. $x=6+4\sin 5t, x_1=6, x_2=8.83$。
2. (1) $3x-2y=18$;(2) $(x-3)^2+y^2=25$;(3) $y=x+2$。
3. $s=0.54t^3$。
4. $v=\dfrac{k}{ab}\sqrt{b^4x^2+a^2y^2}, a=k^2\sqrt{x^2+y^2}, \dfrac{x^2}{a^2}+\dfrac{y^2}{b^2}=1$。
5. $v=10.8\ \text{cm/s}, a=10.08\ \text{cm/s}^2$。
6. $x=r\cos\omega t+\sqrt{l^2-(r\sin\omega t+h)^2}$。
7. $v=111.8\ \text{mm/s}, a=200\ \text{mm/s}^2$。
8. $x=l\cos\omega t, y=l\sin\omega t, z=ut, \rho=l+\dfrac{u^2}{l\omega^2}$。
9. $\rho=6.25\ \text{m}$。
10. $a_\tau=1.29\ \text{m/s}^2, a_n=90\ \text{m/s}^2$。
11. $a_{min}=0, a_{max}=5.93\ \text{m/s}^2$。
12. $t=80\ \text{s}, a_0=0.257\ \text{m/s}^2, a_t=0.127\ \text{m/s}^2$。
13. $x=30\cos 4t-10\cos 12t$, $y=30\sin 4t-10\sin 12t$。
14. $a=3.12\ \text{m/s}^2$。
15. $x=3\,970\ \text{m}$。

第二章

4. $v=80\ \text{cm/s}, a=322\ \text{cm/s}^2$。
5. $v_M=9.42\ \text{cm/s}, a_M=444.15\ \text{cm/s}^2$。
6. $\theta=\arctan\dfrac{\sin\omega_0 t}{\dfrac{h}{r}-\cos\omega_0 t}$。
7. $\omega=5\cos^2\varphi, \varepsilon=-50\sin\varphi\cos^3\varphi$。
8. $R=1.25\ \text{m}$。
9. $\varepsilon=\pi\ \text{rad/s}^2, N=225\ \text{r}$。
10. 赤道上的点:$v=466.6\ \text{m/s}, a=0.034\ \text{m/s}^2$;北极处的点:$v=0, a=0$。
11. $\omega=\dfrac{u}{2l}, \varepsilon=-\dfrac{u^2}{2l^2}$。
12. $\omega_4=\dfrac{r_3}{r_2r_4}a\omega\cos\omega t, \varphi_4=\varphi_0+\dfrac{r_3}{r_2r_4}a\sin\omega t$。
13. $v_0=168\ \text{cm/s}, a_{AB}=a_{CD}=0, a_{AD}=3\,300\ \text{cm/s}^2, a_{BC}=1\,320\ \text{cm/s}^2$。
14. $\omega=-2k, a_B=-30\boldsymbol{i}-40\boldsymbol{j}$。
15. $\varepsilon=\dfrac{u^2a}{2\pi r^3}$。

第三章

6. 相对轨迹为圆：$(x'-4)^2+y'^2=16$；绝对轨迹为圆：$(x+4)^2+y^2=16$。

7. $v=l\omega\cos\varphi$。

8. $v=h\omega/\cos^2\varphi$。

9. $v_A=lau/x^2+a^2$。

10. $\varphi=0°$时，$v=\frac{\sqrt{3}}{3}r\omega$，方向向左；$\varphi=30°$时，$v=0$；$\varphi=60°$时，$v=\frac{\sqrt{3}}{3}r\omega$，方向向右。

11. $v_C=\frac{au}{2l}$。

12. $\beta=57.3°$。

13. $a=5\ \text{cm/s}^2$，方向向下。

14. $v_r=\frac{2}{\sqrt{3}}u$，$a_r=\frac{8\sqrt{3}u^2}{9R}$。

15. $v_a=9.1\ \text{cm/s}$，$a_a=9.0\ \text{cm/s}^2$，$v_r=15.7\ \text{cm/s}$，$a_r=17.3\ \text{cm/s}^2$。

16. $a_C=13.66\ \text{cm/s}^2$，$a_r=3.66\ \text{cm/s}^2$。

17. $v_1=\sqrt{2}v_0$，$v_2=2v_0$，$v_3=\sqrt{2}v_0$，$v_4=0$，$a_1=\sqrt{{a_0}^2+\left(a_0+\frac{{v_0}^2}{R}\right)^2}$，$a_2=2a_0$，$a_3=\sqrt{{a_0}^2+\left(a_0+\frac{{v_0}^2}{R}\right)^2}$，$a_4=0$。

18. $a_A=r\omega_1\sqrt{\omega_1^2+4\omega_2^2}$，$a_B=r\sqrt{\omega_1^4+\frac{1}{2}\omega_2^4+3\omega_1^2\omega_2^2}$，$a_C=r(\omega_1^2+\omega_2^2)$。

19. (a) $\omega_2=1.5\ \text{rad/s}$，$\varepsilon_2=0$；(b) $\omega_2=2\ \text{rad/s}$，$\varepsilon_2=-4.62\ \text{rad/s}^2$。

20. $v=80\ \text{cm/s}$，$a=145\ \text{cm/s}^2$。

21. $v_{BC}=\frac{r\omega\cos(\theta-\varphi)}{\sin\theta}$，方向向左；$a_{BC}=\frac{r\omega^2\sin(\theta-\varphi)}{\sin\theta}$，加速运动；$v_r=\frac{r\omega\cos\varphi}{\sin\theta}$，方向向上；$a_r=\frac{r\omega^2\sin\varphi}{\sin\theta}$，减速运动。

22. $v_{AB}=\frac{2}{\sqrt{3}}a\omega_0$，方向向上；$a_{AB}=\frac{2}{9}a\omega_0^2$，方向向下。

23. $v=17.3\ \text{cm/s}$，$a=35\ \text{cm/s}^2$。

24. $v=32.5\ \text{cm/s}$，$a=65.5\ \text{cm/s}^2$。

25. $v=\frac{1}{\sin\alpha}\sqrt{v_1^2+v_2^2-2v_1v_2\cos\alpha}$。

第四章

2. $x_C=r\cos\omega_0t$，$y_C=r\sin\omega_0t$，$\varphi=-\omega_0t$。

3. $v_D=5.77\ \text{cm/s}$。

4. $v_B=34.6\ \text{cm/s}$，$\omega_{BC}=1.5\ \text{rad/s}$(顺时针转向)。

5. $v_F=R\omega\cos\varphi$(方向向下)。

6. $\beta=0$ 时，$\omega_B=\dfrac{2v_A}{r}$；$\beta=90^\circ$时，$\omega_B=\dfrac{v_A}{r}$。

7. $\omega=\dfrac{v_1-v_2}{2r}$，$v_O=\dfrac{v_1+v_2}{2}$。

8. (a) $v_O=10.47$ cm/s；(b) $v_O=5.23$ cm/s。

9. $v_D=\dfrac{2}{3}r\omega_0$。

10. $\omega=1.85$ rad/s(顺时针转向)。

11. $v_F=46.19$ cm/s，$\omega_{EF}=1.33$ rad/s。

12. $\omega=3.75$ rad/s，$\omega_{\mathrm{I}}=6$ rad/s。

13. $v_F=129.5$ cm/s。

14. $a_B=2.31\ \mathrm{m/s^2}$，$\varepsilon=0.58\ \mathrm{rad/s^2}$。

15. $\varepsilon_{BC}=-6\ \mathrm{rad/s^2}$，$\varepsilon_{CD}=6\ \mathrm{rad/s^2}$。

16. $\omega_{AB}=0.32$ rad/s，$\varepsilon_{AB}=0.21\ \mathrm{rad/s^2}$，$v_B=29.5$ cm/s，$a_B=35.8\ \mathrm{cm/s^2}$。

17. $a_A=(R+r)\omega_1^2\left(1+\dfrac{R+r}{r}\right)$，$a_B=(R+r)\omega_1^2\sqrt{1+\left(\dfrac{R+r}{r}\right)^2}$。

18. $\omega_B=\dfrac{2}{\sqrt{3}}\pi$ rad/s，$\varepsilon_B=0.2\ \mathrm{rad/s^2}$。

19. $a_C=2r\omega_0^2$。

20. $v_C=\dfrac{3}{2}r\omega_0$，$a_C=\dfrac{\sqrt{3}}{12}r\omega_0^2$。

21. $n_3=60$ r/min (顺时针方向)。

22. $v_M=\sqrt{10}R\omega_0$，$a_M=R\sqrt{10(\varepsilon_0^2+\omega_0^4)-12\omega_0^2\varepsilon_0}$。

23. $\omega_{\mathrm{I}}=2\omega_0\left(1+\dfrac{r_2}{r_1}\right)$，$\omega_{\mathrm{IV}}=\omega_0\dfrac{(r_1+r_2)(r_2+r_3)}{r_2(r_1+r_2+r_3)}$。

24. $v_C=r\omega$，$a_C=r\omega^2\left(\dfrac{2r}{z}-1\right)$。

25. $\omega=9.2$ rad/s，$\varepsilon=-31.9\ \mathrm{rad/s^2}$。

26. $\omega_{AB}=\omega$，$\varepsilon_{AB}=2.5\omega^2$。

27. $v=\sqrt{\dfrac{7}{3}}l\omega$，$a=\sqrt{\dfrac{19}{3}}l\omega^2$。

28. $\omega_{CD}=\omega$，$\omega_{DE}=\omega$，$\varepsilon_{CD}=-4\sqrt{3}\omega^2$，$\varepsilon_{DE}=-3\sqrt{3}\omega^2$。

第五章

1. $F=k^2m$。

2. $F_t=m\dfrac{r^4\omega^2x^2}{(x^2-y^2)^{5/2}}$。

3. $x=v_0+\cos\alpha$，$y=v_0t\sin\alpha+\dfrac{1}{2}gt^2$。

4. (1) $F_t=W\cos\alpha$；(2) $F_t=W(3-2\cos\alpha)$。

5. $F_{\mathrm{Nmax}}=5.84$ kN，$F_{\mathrm{Nmin}}=5.36$ kN。

6. $a=\dfrac{\sin\alpha+f\cos\alpha}{\cos\alpha-\sin\alpha}g$，$F_N=\dfrac{mg}{\cos\alpha-f\sin\alpha}$。

7. $\varphi=48°11'23''$。

8. (1) $v_0=7.22\ \text{m/s}$；(2) $\alpha_0=31°$。

9. 运动方程：$x=\dfrac{v_0}{k}(1-e^{-kt})$，$y=h-\dfrac{g}{k}t+\dfrac{g}{k^2}(1-e^{-kt})$；轨迹方程：$y=h-\dfrac{g}{k^2}\ln\dfrac{v_0}{v_0-kx}+\dfrac{gx}{kv_0}$。

10. $x=3(\sqrt[3]{5t+1}-1)$。

11. $y=\dfrac{eA}{mk^2}\left(\cos\dfrac{kx}{v_0}-1\right)$。

12. $v_1=\dfrac{v_0}{\sqrt{1+\dfrac{kv_0{}^2}{g}}}$。

13. $F_{NA}=170\ \text{N}$。

14. $\omega=\sqrt{\dfrac{2gR}{r}}$。

15. $v=\left\{l\left[\dfrac{F}{m}-gf(1+\ln 4)\right]\right\}^{\frac{1}{2}}$。

第六章

1. $f=\tan\alpha-(v/gt\cos\alpha)$。

2. $t=0.102\ \text{s}$。

3. $F_y=16.9\ \text{kN}$。

4. $S_x=200\ \text{N·s}$，$S_y=247\ \text{N·s}$。

5. $v=0.4\ \text{m/s}$，$F_x=2.04\ \text{kN}$，$F_y=2.54\ \text{kN}$。

6. (1) $u=1.87\ \text{m/s}$；(2) 距 B 端 $s=0.112\ \text{m}$。

7. (1) $F_x=\rho Av^2(1-\cos\theta)$，$F_y=\rho Av^2\sin\theta$；
(2) $F_x=\rho A(v-u)^2(1-\cos\theta)$，$F_y=\rho A(v-u)^2\sin\theta$。

8. $F=\rho Qv\sin\theta$，$Q_1=\dfrac{Q}{2}(1+\cos\theta)$，$Q_2=\dfrac{Q}{2}(1-\cos\theta)$。

9. 向左移动 0.138 m。

10. $l=\dfrac{1}{4}(a-b)$，向左移动。

11. $4x^2+y^2=l^2$。

12. $s=\dfrac{2Pl\sin\theta_0}{P+W}$；$\left(1+\dfrac{P}{W}\right)^2(x-x_C)^2+y^2=l^2$，其中 $x_C=\dfrac{Pl}{P+W}\sin\theta_0$。

13. $F_{Rx}=F+\dfrac{r\omega^2}{g}\left(\dfrac{p}{2}+P\right)$。

14. $F_x=-\dfrac{P+W}{g}e\omega^2\sin\omega t$，$F_y=P+W-\dfrac{W}{g}e\omega^2\sin\omega t$。

15. $F=P_1+P_2-\dfrac{1}{2g}(2P_1-P_2)a$。

16. $x=\frac{m_1 l\omega^2}{k-(m+m_1)\omega^2}\sin\omega t$。

17. $k\geqslant\frac{W(e\omega^2-g)}{(2e+\lambda)g}$。

18. $x=(av_r-g)\frac{t^2}{2}, h_{max}=av_r(av_r-g)\frac{t_0{}^2}{2h}$。

19. $a=0.913\ m/s^2$。

20. $a=\frac{-m_0 v_0 q}{(m_0+qt)}, v=\frac{m_0-v_0}{m_0+qt}$。

第七章

1. $v=2v_0, F_T=\frac{8Pv_0{}^2}{gr}$。

2. $t=\frac{l}{\alpha}\ln\alpha$。

3. $\omega=\frac{a^2}{(a+l\sin\alpha)^2}\omega_0$。

4. $\omega=0.12\ rad/s$。

5. $a=\frac{(W_1-W_2)g}{W_1+W_2+\frac{I_0}{r}g}$。

6. (1) $\omega=\frac{I_1\omega_0}{I_1+I_2}$；(2) $M_f=\frac{I_1 I_2\omega_0}{(I_1+I_2)t}$。

7. $t=\frac{1}{\alpha}\ln 2, n=\frac{I\omega_0}{4\pi\alpha}$。

8. $I_{z_1}=I_{z_2}=\frac{7}{48}Ml^2$。

9. (1) $I_x=\frac{M}{3}(a^2+2ab+2b^2)$；(2) $I_x=\frac{5}{6}M(a^2+3ab+3b^2)$。

10. $I_x=0.076\ 7\ kg\cdot m^2, \rho_x=0.084\ 9\ m$。

11. $I=1\ 080\ kg\cdot m^2, M_f=6.05\ N\cdot m$。

12. $a_A=\frac{2(M-m_A gr)}{(m_B+m_C+2m_A)r}$。

13. $\varepsilon_1=\frac{M_1-\frac{M_2}{i_{12}}}{I_1+\frac{I_2}{i_{12}}}$。

14. $T=2\pi\sqrt{\frac{ml^2}{(mgl+2ka^2)}}$。

15. $b=\frac{\sqrt{2}}{2}r, T_{min}=7.48\sqrt{\frac{r}{g}}$。

16. $\varepsilon=\frac{2(R_2M_1-R_1M_2)}{(m_1+m_2)R_2R_1^2}$。

17. $t=\dfrac{\omega r_1}{2f'g\left(1+\dfrac{P_1}{P_2}\right)}$。

18. $v_C=\dfrac{2}{3}\sqrt{3gh}, F_T=\dfrac{1}{3}mg$。

19. $a_A=\dfrac{Pg(r+R)^2}{P(R+r)^2+W(\rho^2+R^2)}$。

20. $a_{Cx}=\dfrac{1}{5}g, a_{Cy}=-\dfrac{4}{5}g, F_T=\dfrac{\sqrt{2}}{5}mg$。

21. $a=\dfrac{F-f'(P_1+P_2)}{P_1+\dfrac{P_2}{3}}g$。

22. (1) $a_B=\dfrac{4}{5}g$；(2) $M>2Pr$。

23. $T=2\pi\sqrt{\dfrac{(R-r)(1+\rho^2/r^2)}{g}}$。

第八章

5. $W_1=Ps(\sin\theta-f'\cos\theta)-\dfrac{1}{2}s^2, W_2=-P\lambda(\sin\theta-f'\cos\theta)+\dfrac{k}{2}(2\lambda s-\lambda^2)$。

6. $W=F_Ts\left(\cos\theta+\dfrac{r}{R}\right)-\delta(P-F_T\sin\theta)\dfrac{s}{R}$。

7. $\delta=\sqrt{\dfrac{2Pl(1-\cos\theta)}{k}}$。

8. (1) $F_{max}=98$ N；(2) $v_{max}=0.8$ m/s。

9. $F=102$ kN。

10. (a) $T=\dfrac{P}{6g}l^2\omega^2$；(b) $T=\dfrac{P}{4g}r^2\omega^2$；(c) $T=\dfrac{P}{4g}(r^2+2e^2)\omega^2$；(d) $T=\dfrac{3P}{4g}v^2$。

11. $T=\dfrac{2P+3Q}{2g}v^2$。

12. $T=\dfrac{P}{6g}l^2\omega^2\sin^2\theta$。

13. $m=541$ kg, $F_T=606$ N。

14. $v=\sqrt{\dfrac{2gPR(R-r)h}{P(R^2+r^2)+G\rho^2}}, a=\dfrac{PR(R-r)h}{P(R^2+r^2)+G\rho^2}$。

15. 2.35 转。

16. $\omega_0=2\sqrt{\dfrac{kg}{3P}}$。

17. $v=\sqrt{\dfrac{2(M-PR\sin\theta)gs}{R(G+P)}}, a=\dfrac{(M-PR\sin\theta)g}{R(G+P)}$。

18. $v=\sqrt{\dfrac{4(P+W_1-2G)gh}{2P+3W_2+4W_1+8G}}, a=\dfrac{2(P+W_2-2G)g}{2P+3W_2+4W_1+8G}$。

19. $v=\sqrt{3gh}$。

20. $v_0=h\sqrt{\dfrac{2k}{15m}}$。

21. $v=\sqrt{\dfrac{3Mg\pi+(P+3W+3G)u^2}{P+W}}$。

22. $\omega=\sqrt{\dfrac{12M\varphi}{(2m+9m_1)l^2}}$，$\varepsilon=\dfrac{6M}{(2m+9m_1)l^2}$。

23. $\rho=0.113\ \text{m}$。

24. $h=\dfrac{3(10m_1+7m_2)v_0^2}{4g[(1-2f')m_1+m_2]}$。

25. $a_A=\dfrac{3Gg}{4G+9P}$。

26. $v=\sqrt{\dfrac{8gh}{5}}$。

27. (1) $\beta<\arcsin\dfrac{P}{P+G}$；(2) $v=\sqrt{\dfrac{[P-(P+G)\sin\beta]gs}{G+P(1-\sin\beta)}}$。

28. $P=0.369\ \text{kW}$。

29. $36.7\ \text{m}^3/\text{h}$。

30. $P_{主}=3.92\ \text{kW}$，$P_f=0.83\ \text{kW}$，$P_{电}=5.23\ \text{kW}$。

31. $M_{主}=188\ \text{N·m}$，$M_{电}=42.4\ \text{N·m}$，$P_{电}=6.3\ \text{kW}$。

32. 变速阶段：$P=\left[\left(\dfrac{P_1+P_2+ql}{g}+\dfrac{I_1}{r_1^2}+\dfrac{I_2}{r_2^2}+\dfrac{I_3}{r_3^2}\right)a+P_1+P_2\right]at$，式中 t 是电动机的工作时间；等速阶段：$P=(P_1-P_2)v_{\max}$。

33. $\varphi=48°11'33''$。

34. $v=2\cos\varphi\sqrt{gR\left(1+\dfrac{kR}{P}\right)}$，$F_N=2kR\sin^2\varphi-P\cos^2\varphi-4(P+kR)\cos^2\varphi$。

35. $k=4.9\ \text{N/cm}$。

36. $h=r+r\cos\theta+\dfrac{r}{2\cos\theta}$；当 $\theta=45°$ 时，h 为最小值。

37. $\varphi=\arccos\left[\dfrac{h}{l}\left(\dfrac{3}{2}+\cos\beta\right)-\dfrac{3}{2}\right]$，张力增加了 $2mg\dfrac{h}{l}\left(\dfrac{3}{2}+\cos\beta\right)$。

38. $a=\dfrac{P\sin 2\beta}{2(G+P\sin^2\beta)}g$。

39. $v_A=\sqrt{\dfrac{km_2}{m_1(m_1+m_2)}}(l-l_0)$，$v_B=-\sqrt{\dfrac{km_1}{m_2(m_1+m_2)}}(l-l_0)$。

40. $\omega_B=\dfrac{I\omega}{I+mR^2}$，$v_B=\sqrt{\dfrac{2mgR+I\omega^2\left[1-\dfrac{I^2}{(I+mR^2)^2}\right]}{m}}$，$\omega_C=\omega$，$v_C=2\sqrt{gR}$。

41. $\varepsilon=\dfrac{2(M-RP\sin\beta)g}{R^2(G+3P)}$，$F_x=\dfrac{P\cos\beta(3M+RG\sin\beta)}{R(G+3P)}$。

42. $a_C=\dfrac{(G\sin\beta-P)g}{2G+P}$，$F=\dfrac{G(G\sin\beta-P)}{2(2G+P)}$，$F_T=\dfrac{3GP+(G^2+2GP)\sin\beta}{2(2G+P)}$。

43. $a=\dfrac{W(R+r)^2g}{W(R+r)^2+4P\rho^2}$，$F_T=\dfrac{W}{2}\left(1-\dfrac{a}{g}\right)$，$F_{Ox}=0$，$F_{Oy}=P+W\left(1-\dfrac{a}{g}\right)$。

44. $v_C=4.49\sqrt{h}\ \text{m/s}$，$a_C=10.08\ \text{m/s}^2$，$F_{HD}=42.84\ \text{N}$，$F_{AB}=41.58\ \text{N}$。

45. $\omega=\sqrt{\frac{3g}{l}(1-\cos\varphi)}$，$\varepsilon=\frac{3g}{2l}\sin\varphi$，$F_{NA}=\frac{9}{4}P\sin\varphi\left(\cos\varphi-\frac{2}{3}\right)$，$F_{NB}=\frac{P}{4}\left[1+9\cos\varphi\left(\cos\varphi-\frac{2}{3}\right)\right]$。

46. $F=\frac{1}{3}mg\sin\theta, F_N=\frac{7}{3}mg\cos\theta$。

第九章

1. $S_x=-10.96\ \mathrm{N\cdot s}, S_y=3.96\ \mathrm{N\cdot s}, F=583\ \mathrm{N}$。

2. $s=\frac{1+k^2}{1-k^2}h, t=\frac{1+k}{1-k}\sqrt{\frac{2h}{g}}$。

3. $x=0.617\ \mathrm{m}$。

4. $k=0.24$。

5. $u_1=-0.904\ \mathrm{m/s}, u_2=0.452\ \mathrm{m/s}$。

6. $\frac{v_A}{v_B}=\frac{1+k}{1-k}$。

7. $AB=\frac{4kS}{m}\sqrt{\frac{h}{2g}}$。

8. $F=798.5\ \mathrm{kN}, \Delta T=882\ \mathrm{J}$。

9. $\Delta T=33\ 333\ \mathrm{J}, T_2=4\ 167\ \mathrm{J}, \eta=0.89$。

10. $\omega=\frac{I_0\omega_0}{I_0+mr^2}, v=\frac{rI_0\omega_0}{I_0+mr^2}, S=\frac{mrI_0\omega_0}{I_0+mr^2}$。

11. $s=\frac{3lm^2}{2f'(m+3m_1)^2}$。

12. $k=\sqrt{2}\sin\frac{\varphi}{2}, x=\frac{2}{3}l$。

13. $\omega=\frac{3v}{4a}, S_{Bx}=\frac{5}{8}mv, S_{By}=\frac{3}{8}mv$。

14. $u_y=\frac{3-4k}{7}v_0, \omega=\frac{12v_0}{7l}(1+k)$。

15. $\omega=\frac{\omega_0}{4}$。

16. $\omega=\frac{\omega_0}{2}$。

第十章

1. (1) $a\leqslant2.92\ \mathrm{m/s^2}$；(2) $\frac{h}{d}\geqslant5$。

2. $F_T=Q+\frac{Q}{g}r\omega^2(\cos\omega t+\frac{r}{l}\cos2\omega t)$。

3. $g\tan(\theta-\varphi)\leqslant a\leqslant g\tan(\theta+\varphi)$。

4. $P=177\ \mathrm{N}, F_A=228\ \mathrm{N}, F_B=360\ \mathrm{N}$。

5. $\varepsilon=\dfrac{Qr-PR}{Ig+PR^2+Qr^2}g$。

6. $(I+mr^2\sin^2\varphi)\varphi''+mr^2\varphi^2\cos\varphi\sin\varphi+f'mgr\sin\varphi=M$。

7. $k=\dfrac{W_1(e\omega^2-g)}{(2e+b)g}$。

8. $M=\dfrac{\sqrt{3}}{4}(P+2Q)r-\dfrac{\sqrt{3}Q}{4g}r^2\omega^2$，$F_{Ox}=-\dfrac{\sqrt{3}}{4g}Pr\omega^2$，$F_{Oy}=P+Q-\dfrac{2Q+P}{4g}r\omega^2$。

9. $M=\left(Q-\dfrac{P_2}{g}r\omega^2\cos\omega t\right)r\sin\omega t-\dfrac{P_1r}{2}\cos\omega t$，$F_{Ox}=Q-\dfrac{r\omega^2}{g}\left(\dfrac{P_1}{2}+P_2\right)\cos\omega t$，$F_{Oy}=P_1-\dfrac{P_2}{2g}\omega^2\sin\omega t$。

10. $\omega^2=\dfrac{2m_1+m_2}{2m_1(a+l\sin\varphi)}g\tan\varphi$。

11. $\beta=\arccos\left(\dfrac{3g}{2l\omega^2}\right)$，$F_{\mathrm{R}}=\dfrac{Pl\omega^2}{2g}\sqrt{1+\dfrac{7g^2}{4l^2\omega^2}}$。

12. $\omega^2=3g\dfrac{b^2\cos\varphi-a^2\sin\varphi}{(b^3-a^3)\sin2\varphi}$。

13. $a=\dfrac{8P}{11Q}g$。

14. $F_{\mathrm{T}}=\sqrt{2}W/5$。

15. $a_B=\dfrac{3}{7}g$（铅垂向上），$a_D=\dfrac{9}{7}g$（铅垂向下）。

16. $P<34fmg$。

17. $\varepsilon_{AB}=-3.81\ \mathrm{rad/s^2}$，$\varepsilon_C=19.33\ \mathrm{rad/s^2}$。

18. $F_{Dx}=6.96\ \mathrm{N}$，$F_{Dy}=31.2\ \mathrm{N}$。

19. $a=280\ \mathrm{cm/s^2}$。

20. $F_{\mathrm{N}A}=-F_{\mathrm{N}B}=73.5\ \mathrm{N}$。

21. $F_{\mathrm{N}}=P_1\dfrac{P_1\sin\alpha-P_2}{P_1+P_2}\cos\alpha$。

22. $F_{\mathrm{N}}=m\left(\dfrac{3}{2}g-\dfrac{11}{3}r\omega^2\right)$，$F_{\mathrm{f}}=2\sqrt{3}mr\omega^2$。

23. $I_{xy}=\dfrac{ml^2}{6}\sin2\alpha$。

24. $F_{Ay}=-F_{By}=\dfrac{PR^2\omega^2}{8g(m+n)}\sin2\alpha$。

25. $F_{Ax}=\dfrac{P}{2g}\left[e\cos\alpha+\dfrac{\sin^2\alpha}{2a}\left(2e^2+\dfrac{r^2}{4}\right)\right]\omega^2$，$F_{Bx}=\dfrac{P}{2g}\left[e\cos\alpha-\dfrac{\sin^2\alpha}{2a}\left(2e^2+\dfrac{r^2}{4}\right)\right]\omega^2$。

第十一章

1. $Q=P\dfrac{\tan\alpha}{2}$。

2. $P=\dfrac{\pi}{h}M\cot\alpha$。

3. $\dfrac{M}{P}=\dfrac{l}{\cos^2\alpha}$。

4. $k=2.27\ \text{kN/m}$。

5. $P=\dfrac{M}{a}\cot 2\theta$。

6. $M=\dfrac{l}{a}m$。

7. $x=a+\dfrac{F}{k}\left(\dfrac{l}{b}\right)^2$。

8. $M=450\ \dfrac{\sin\theta(1-\cos\theta)}{\cos^3\theta}\ \text{N}\cdot\text{m}$。

9. $\dfrac{P}{Q}=\dfrac{h}{l\cos^3\varphi}$。

10. $\theta=75.1°$。

11. (a) $M-\sqrt{3}lF=0$;(b) $M-Fl=0$。

12. $M=\dfrac{\sqrt{3}}{2}Ql$。

13. $3aF-2bQ+2M=0$。

14. $31°\leqslant\theta\leqslant 45°$。

15. (a) $F_B=2(P-M/l)$,$F_C=M/l$;(b) $F_B=(2P+Q-M/l)/2$,$F_C=(M/l+Q-P)/2$。

16. $F_{Ay}=P_1-P_2h/l$。

17. $F_{BF}=-\dfrac{5\sqrt{3}}{2}W$,$F_{CE}=-\dfrac{\sqrt{3}}{2}W$。

18. $F=\dfrac{\sqrt{3}}{6}P$。

19. $P_1=\dfrac{W}{2\sin\alpha}$,$P_2=\dfrac{W}{2\sin\beta}$。

20. $\alpha=\arctan\dfrac{2F}{(m_1+2m_2)g}$,$\beta=\arctan\dfrac{2F}{m_2g}$。

第十二章

1. (1) $Q_x=Mg\sin\alpha$,$Q_\varphi=-\dfrac{Mgl}{2}\sin\varphi$;(2) $Q_y=P$,$Q_\varphi=0$;

(3) $Q_x=(x-l_0)k+mg\cos\theta$,$Q_\theta=-mgx\sin\theta$;

(4) $Q_x=0$,$Q_y=(m_1+m_2)g$,$Q_\theta=0$。

2. $\alpha=\arctan\dfrac{2Q}{P}$。

3. $m_K>(1+f)m$,$a=\dfrac{m_K-(1+f)m}{2m+m_K}g$。

4. $a=\dfrac{(Mi-PR)R}{\dfrac{PR^2}{g}+(I_1i^2+I_2)}$。

5. $a_B=\dfrac{P\sin 2\alpha}{2(W+P\sin^2\alpha)}g$。

6. (1) $\ddot{\varphi}+\frac{g}{l}\sin\varphi=0$;

(2) $l^2[(l^2-x^2)\ddot{x}+x\dot{x}^2]+gx(l^2-x^2)^{3/2}=0$;

(3) $l^2[(l^2-y^2)\ddot{y}+y\dot{y}^2]-g(l^2-y^2)^2=0$。

7. $\varepsilon=\ddot{\varphi}=\dfrac{2M}{3m_1(r_1+r_2)^2\left(1+\dfrac{2m_0}{9m_1}\right)}$。

8. $(l_0+r\ddot{\theta})\theta+r\dot{\theta}^2+g\sin\theta=0$。

9. $T=2\pi\sqrt{\dfrac{mg+2kl}{2kg}}$。

10. $m\ddot{r}-mr\ddot{\theta}+k(r-r_0)-mg\cos\theta=0$, $\ddot{r}^2r+2r\ddot{r}\theta+gr\sin\theta=0$。

11. $\frac{2}{5}mR(R-r)\ddot{\varphi}-\left(I_O+\frac{2}{5}mR^2\right)\ddot{\theta}=0$, $\frac{7}{5}(R-r)\ddot{\varphi}-\frac{2}{5}R\ddot{\theta}+g\sin\varphi=0$。

12. $(M+m)\ddot{x}+Rm\ddot{\varphi}\cos\varphi+2kx=0$, $R\ddot{\varphi}+\ddot{x}\cos\varphi+g\sin\varphi=0$。

13. $\ddot{\theta}+\left(\dfrac{R}{g}-\omega^2\cos\theta\right)\sin\theta=0$。

14. $T=2mR^2\omega_0\theta\sin\theta\cos\theta$。

15. $\ddot{x}=\dfrac{5m_A\sin\alpha\cos\alpha}{7(m_A+m_B)-5m_A\cos^2\alpha}g$, $\ddot{s}=\dfrac{5(m_A+m_B)\sin\alpha}{7(m_A+m_B)-5m_A\cos^2\alpha}g$。

第十三章

1. $T=2\pi\sqrt{\dfrac{3m}{11k_1}}$。

2. $x=\dfrac{m_1}{k}\sqrt{\dfrac{(m_1+m)g+2ghk}{m_1+m}}\sin\left[\sqrt{\dfrac{k}{m_1+m}}t-\sqrt{\dfrac{g(m_1+m)}{2kh}}\right]$。

3. $k=\dfrac{4\pi^2(P-G)}{g(T_1^2-T_2^2)}$。

4. $y=-0.5\cos44.3t+10\sin44.3t$。

5. $\ddot{x}+\dfrac{A\gamma g}{W}x=0$。

6. $x=10\cos12.78t$。

7. $x=1.342\sin(3.46t-0.0984\pi)$。

8. $T=2\pi\sqrt{\dfrac{ml}{2F_t}}$。

9. $\omega_n=\sqrt{\dfrac{2kg}{3P}}$。

10. $f=\dfrac{b}{2\pi}\sqrt{\dfrac{k_1k_2}{P(a^2k_1+b^2k_2)}g}$。

11. $x=5e^{-2t}\left(\sin4t+\arctan\dfrac{4}{3}\right)$, $F_R=0.36\ \text{N}$。

12. $\mu=\dfrac{2\pi P}{gT_1T_2}\sqrt{T_2^2-T_1^2}$。

13. $\omega_n=\sqrt{\dfrac{k}{4m}-\dfrac{\mu^2}{64m^2}}$。

14. $T_d=0.235$ s，$\delta=1.81$，$x_{max}=0.303$ cm。

15. $x=41.7\sin 2t$。

16. $B=17.27$ mm。

17. (1) $v_k=5.29$ km/h；(2) $B=29.4$ mm。

18. (1) $\omega=21.71$ rad/s；(2) $B=0.000\ 84$ cm。

19. $B=4.8$ cm。

20. $x=4\sin 7t$。

第十四章

1. $T=2\pi\sqrt{\dfrac{l}{g-a}}$。

2. $300\sqrt{\dfrac{\sin(\varphi-\beta)}{r\cos\varphi}}<n<300\sqrt{\dfrac{\sin(\varphi+\beta)}{r\cos\varphi}}$。

3. (1) $a=g\tan\beta$；(2) $a_r=g\sin\beta-a\cos\beta$，$a_a=\sqrt{g^2+a^2}\sin\beta$，$F_N=mg\left(\cos\beta+\dfrac{a}{g}\sin\beta\right)$。

4. $\beta=\arcsin\left(\dfrac{R\omega^2}{2g}\sin 2\varphi\right)$，$g=g_0\left(1+\dfrac{R\omega^2}{g_0}\sin^2\varphi\right)$。

5. (1) $y=\dfrac{\omega^2x^2}{2g}$；(2) $h=H-\dfrac{\omega^2R^2}{4g}$。

6. $t=0.21$ s。

7. $T=2\pi\sqrt{\dfrac{m}{k-m\omega^2}}$。

8. $x=\dfrac{x_0}{2}(e^{\omega t}+e^{-\omega t})$，$z=z_0-\dfrac{1}{2}gt^2$，$F_N=m\omega^2x_0(e^{\omega t}-e^{-\omega t})$。

9. $s=\dfrac{1}{3}\omega\sqrt{\dfrac{8h^3}{g}}\cos\varphi$。

10. 3.09 kN，作用于右侧，即东边的铁轨上。

参考文献

[1] 哈尔滨工业大学理论力学教研室. 理论力学[M]. 4 版. 北京:高等教育出版社,1981.
[2] 南京工学院,西安交通大学. 理论力学[M]. 北京:人民教育出版社,1978.
[3] 吴镇. 理论力学[M]. 上海:上海交通大学出版社,1990.
[4] 罗远祥,官飞,关冀华,等. 理论力学[M]. 北京:高等教育出版社,1981.
[5] 西北工业大学,北京航空学院,南京航空学院. 理论力学[M]. 北京:人民教育出版社,1981.